2e

基礎微積分
解析導引

李英豪

國家圖書館出版品預行編目資料

基礎微積分解析導引 / 李英豪作. -- 2版. -- 臺北市 : 臺灣東華, 2019.09

680 面 ; 19x26 公分

ISBN 978-957-483-980-3 (平裝)

1. 微積分

314.1　　　　　　　　　　　　　　108015012

基礎微積分解析導引

著　　　者	李英豪
發 行 人	陳錦煌
出 版 者	臺灣東華書局股份有限公司
地　　　址	臺北市重慶南路一段一四七號三樓
電　　　話	(02) 2311-4027
傳　　　眞	(02) 2311-6615
劃撥帳號	00064813
網　　　址	www.tunghua.com.tw
讀者服務	service@tunghua.com.tw
門　　　市	臺北市重慶南路一段一四七號一樓
電　　　話	(02) 2371-9320

2026 25 24 23 22　TS　6 5 4 3 2

ISBN　　978-957-483-980-3

版權所有 · 翻印必究

推薦序

　　李英豪教授是我的好友亦是同事，我們在逢甲大學應用數學系共事已超過二十餘年，他深受學生的愛戴與敬重，又得過校級優良教師獎，其教學功力可見一斑。

　　微積分書籍琳瑯滿目，這一本書有什麼地方不一樣呢？李老師是以學生的觀點來寫這一本書，這就是他的特色。書中定義與定理用英文來描述，讓它不失原汁原味，而其他的內容用中文來描述，讓學生更容易了解微積分的核心概念。書中系統地闡述了微積分的基本理論及其應用，在敘述上作者做到嚴謹又易懂，並指出概念之間的內在聯繫與直觀背景。

　　為使讀者免除初學微積分的心理障礙，本書在內容上沒有繁瑣的計算及艱澀的理論，並配合圖表敘述使讀者輕易掌握微積分學習的竅門，打破微積分深奧難學的迷思，是初學者的入門好書，亦是課堂上教學使用的好教材。在此極力推薦給微積分的愛好者參考使用。

中部區域教學資源中心主任
逢甲大學應用數學
系教授

張 桂 芳　謹序

西元 2019 年 8 月

自　序

　　微積分的重要性，相信只要是理、工、商、管理學院的學生都心知肚明，例如：理、工學院的物理學及工程數學，商、管理學院的統計學及經濟學，微積分都應用得非常廣泛。當然還有很多的後續課程也少不了它。既然微積分那麼重要，初學者要如何學好微積分呢？聽課聽了好多遍還是無法體會微積分真義的學生，又要如何早一點擺脫重修的惡夢呢？相信本書的出現，能給這些同學得到實質的幫助。也希望本書的出現，讓學習微積分不再是一件苦差事，而是一趟快樂又能得到滿足的微積分之旅。

　　本人在逢甲大學任教二十餘年，看到很多學子剛進入大學就陷入微積分的痛苦深淵中而無法自拔，又看到很多學子在課堂上因為要抄筆記而無法專心聽講，除了筆記內容錯誤百出之外，也因分心而無法當場體會課堂上的內容，如此惡性循環，想學好微積分就不太可能了。作者基於上述考量，於是興起了出版此書的念頭，有了此書的幫助，學生不必花太多的時間抄筆記，而上課有不懂或不清楚的地方也可以立即藉由本書而得到滿意地答覆。從此以後，大家就可以快樂而有效率的學習微積分了。

　　本書之書名為基礎微積分解析導引，其中基礎的意思是本書著重於微積分之基本概念而無介紹太多的應用，因為如果微積分有了好的基礎，應用課程自然可以得心應手；而解析導引的意思是本書對於計算公式的推導，大部分都有明確的交待，對於理論部分有興趣的同學可以獲得相當多的樂趣，當然，沒有興趣的同學可以直接跳過複雜艱深的推理過程，只要知道並牢記各個計算過程就可以了（如商管學院之同學）。而本書也有豐富的幾何圖形做搭配，透過平面或空間解析的對照，可以讓讀者更容易理解微積分之真義。

　　由於定義及定理部分，如果也透過中文來翻譯，往往會失去它們的味道或曲解它們的原意，因此，此二部分我們還是堅持以英文呈現，一方面可以保持它們的特色，另一方面又可兼顧國際化之需要。

　　本書之範例皆為一時之選，難易適中，再搭配精心設計挑選之習題，讀者只要一路跟隨本書之節奏，有信心、有耐心及有恆心的往前走，相信會有意想不到的收穫及成就感。就像一些特殊才藝一樣，其基本功夫的養成過程總是既辛苦又枯燥無味的，同學一定要堅持到最後一刻，那麼才有機會採擷到那又香又甜的果實。

本書雖然以微積分之基礎觀念為主要討論範圍，但整體而言已包含大部分理、工、商、管理等學院在一學年內所教授之微積分內容（除了少部分之應用單元外）。竭誠歡迎各大專院校使用此書教授微積分課程，讓此書嘉惠更多的學子。當然，本書也是大學或技術學院準新鮮人作為微積分先修教材的最佳選擇。

　　感謝東華書局給作者這個機會出版此書，並感謝東華書局陳宗薊經理的幫忙與提醒，也要感謝本系所有同仁的寶貴意見及鼓勵，更要感謝本系施素貞及蔡佩熹兩位資深微積分助教幫忙校稿，讓本書的錯誤率可以降至最低。我還要感謝我的內人陳梅琼小姐，由於她全心全意的照顧家庭，讓我完全無後顧之憂，此書才得以如期完成。很高興看到這一本書之誕生，衷心希望這一本書能達到作者預期的成效，也希望這一本書能對多數的學子有所幫助。

　　本書之習題有一些對初學者而言較困難，因此作者另外將本書之所有習題解題過程出版成冊，希望讀者能學習到更多的解題技巧。當然，請讀者不要過度依賴解答本，以免影響學習效果。

　　由於作者才疏學淺且文學造詣不深，疏漏在所難免，還請諸位先進不吝指正賜教，以匡不逮，讓此書有機會再版時得以更完美呈現。

李英豪　謹序

2019 年 8 月於
逢甲大學應用數學系

目　　錄

推薦序　iii

自序　iv

第 0 章　基礎微積分預備知識回顧　　1

- 0-1　實數及其基本性質　2
- 0-2　平面幾何　12
- 0-3　函數及基本函數之圖形　20
- 0-4　函數之運算與合成函數　25
- 0-5　三角函數　27
- 0-6　極座標　32

第 1 章　函數之極限與連續　　39

- 1-1　函數之極限　40
- 1-2　極限之性質　53
- 1-3　單邊極限與包含無窮大之極限　63
- 1-4　函數之連續　82
- 1-5　連續函數之性質　88

第 2 章　導函數　　97

- 前言　導數的動機　98
- 2-1　函數之導數與導函數　99
- 2-2　基本微分公式　106
- 2-3　三角函數之微分公式　115
- 2-4　鍊鎖律　121
- 2-5　隱函數之微分　128
- 2-6　高階導函數　132
- 2-7　微分量與線性估計　137

第 3 章　導數的應用　　143

- 3-1　極大值與極小值　144
- 3-2　洛爾定理與均值定理　153
- 3-3　函數之遞增、遞減與第一階導數檢定法　159
- 3-4　函數之凹性、反曲點與第二階導數檢定法　166
- 3-5　函數圖形之描繪　172
- 3-6　反導函數　177

第 4 章　積分　185

- 4-1　面積問題　186
- 4-2　定積分之定義　195
- 4-3　微積分基本定理　204
- 4-4　不定積分與代換積分　211
- 4-5　曲線間之面積　220
- 4-6　函數之平均值與積分均值定理　228
- 4-7　立體體積之計算　231
- 4-8　曲線之弧長　241
- 4-9　旋轉體曲面之表面積　245

第 5 章　一些超越函數　249

- 5-1　反函數及其導函數公式　250
- 5-2　自然對數函數　255
- 5-3　自然指數函數　265
- 5-4　一般指數函數與一般對數函數　271
- 5-5　反三角函數　279
- 5-6　雙曲線函數　290
- 5-7　不定型與 L'Hôpital's Rule　303

第 6 章　積分技巧　315

- 6-1　基本微分公式及基本積分公式之回顧　316
- 6-2　部分積分　323
- 6-3　三角函數之積分　332
- 6-4　三角代換　337
- 6-5　有理式函數之積分　343
- 6-6　特殊代換　349

第 7 章　瑕積分　353

- 7-1　第一類型瑕積分　354
- 7-2　第二類型瑕積分　360
- 7-3　第一類型瑕積分之比較檢定　364
- 7-4　第二類型瑕積分之比較檢定　368

第 8 章　無窮序列　373

- 8-1　無窮序列之收斂與發散　374
- 8-2　序列極限之計算　383
- 8-3　序列之單調收斂定理　390

第 9 章　無窮級數　　387

9-1　無窮級數之收斂與發散　398
9-2　積分檢定法　410
9-3　基本比較法與極限比較法　416
9-4　交錯級數　423
9-5　絕對收斂與條件收斂　429
9-6　冪級數　436
9-7　函數之冪級數表示　446
9-8　麥克勞林級數與泰勒級數　454
9-9　二項級數　470

第 10 章　多變數函數　　475

10-1　多變數函數　476
10-2　多變數函數之極限與連續　483
10-3　偏導函數　497
10-4　(全) 微分量及線性估計　508
10-5　鍊鎖律　520
10-6　方向導數與梯度　529
10-7　曲面之切平面與法線　541
10-8　兩個變數函數之極值　548
10-9　拉格朗吉乘數　563
10-10　最小平方法　571

第 11 章　二重積分　　577

11-1　四方形區域之二重積分　578
11-2　疊積分與 *Fubini's Theorem*　588
11-3　一般區域之二重積分　595
11-4　極座標之二重積分　608
11-5　二重積分之變數變換　616

參考書目　　625

習題答案　　626

CHAPTER 0

基礎微積分預備知識回顧

- 0-1 實數及其基本性質
- 0-2 平面幾何
- 0-3 函數及基本函數之圖形
- 0-4 函數之運算與合成函數
- 0-5 三角函數
- 0-6 極座標

0-1 實數及其基本性質

實數（real numbers）的定義

1. 1, 2, 3, …等數稱為**自然數**（natural numbers）或**正整數**（positive numbers），我們以符號 N 或 Z^+ 表示所有自然數所成的集合，即 $N = \{1, 2, 3, \cdots\}$ 或 $Z^+ = \{1, 2, 3, \cdots\}$。

2. $0, \pm 1, \pm 2, \pm 3, \cdots$ 等數稱為**整數**（integers），我們以符號 Z 表示所有整數所成的集合，即 $Z = \{0, \pm 1, \pm 2, \pm 3, \cdots\}$。

3. 所有可表示成分數 $\dfrac{m}{n}$ 的數稱為**有理數**（rational numbers），其中 $n, m \in Z$ 且 $n \neq 0$，我們以符號 Q 表示所有有理數所成的集合，即

$$Q = \left\{ \dfrac{m}{n} \middle| n, m \in Z, n \neq 0 \right\}。$$

例如：$3 = \dfrac{9}{3}, -\dfrac{1}{2} = \dfrac{-1}{2}, \dfrac{4}{7}, -3 = \dfrac{-3}{1}$ 都是有理數。

【註】① 有理數是可以表示成分數 $\dfrac{m}{n}$ 的數，如果取 $n = 1$ 時且 $m \in Z$ 時，則 $\dfrac{m}{n} = \dfrac{m}{1} = m \in Z$，換言之，所有整數都是有理數；如果取 $n = 1$ 且 $m \in Z^+$ 時，則 $\dfrac{m}{n} = \dfrac{m}{1} = m \in Z^+$，換言之，所有自然數也都是有理數。

② 任何有限小數或無限循環小數都可以化簡成分數，換言之，它們都是有理數。例如：$4.125 = \dfrac{4125}{1000}$、$3.5555\cdots = 3.\overline{5} = 3 + \dfrac{5}{9} = \dfrac{32}{9}$、$2.3868686\cdots = 2.3\overline{86} = 2 + \dfrac{386 - 3}{990} = \dfrac{2363}{990}$ 等等。

（循環小數化簡成分數的方法將在無窮級數之章節介紹）

4. **無理數**（irrational numbers）所成的集合，以符號 Q^c 表示，是指那些無法用有限小數或無限循環小數來表現的數所成的集合，例如：$\sqrt{3}$、$\sqrt[4]{7}$、π、$1.01001000100001\cdots$ 都是無理數。

5. **實數**（real numbers）集合，以符號 $\mathbb{R}$ 表示，是所有有理數與無理數所成的集合，換言之，$\mathbb{R} = Q \cup Q^C$。

【註】這些數之間的關係如下：$N \subset Z \subset Q \subset \mathbb{R}$。

（符號 $A \subset B$ 的意思為 A 是 B 的一個子集合，即集合 A 中的元素都是集合 B 中的元素。例如：$\{3, 5, 7, 9\} \subset \{1, 3, 5, 7, 9\}$）

實數線（real line）

為了方便起見，實數裡的每一個**值**（number）或**點**（point）都可描繪在一條直線上，而這一條直線就稱為實數線。其做法是將水平直線上的任意一處先定為 0，此處即稱為原點，再選擇一個固定的長度（此長度就是自然數 1）依序往右邊方向記成 1、2、3、4…，而往左邊方向記成 −1、−2、−3、−4…。利用畢氏定理，我們也可以描繪出有理數或無理數的點。

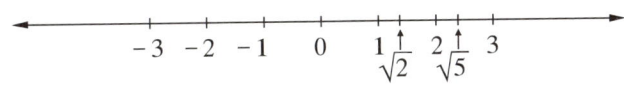

圖 0-1 實數線

實數之不等式（inequalities of real numbers）

設 a, b, c, d 皆為實數，我們有
1. 如果 $a < b$，則 $a + c < b + c$。
2. 如果 $a < b$ 且 $c < d$，則 $a + c < b + d$。
3. 如果 $a < b$，則 $\begin{cases} ac < bc & (c > 0) \\ ac > bc & (c < 0) \end{cases}$。
4. 如果 $a < b$ 且 $b < c$，則 $a < c$。
5. 如果 $a < b$ 且 $ab > 0$，則 $\dfrac{1}{a} > \dfrac{1}{b}$。

區間（intervals）

1. **有界區間**（bounded intervals）

    設 a, b 皆為實數且 $a < b$，我們定義

    ① $(a,b) = \{x \in \mathbb{R} \mid a < x < b\}$　　[此區間稱為**開區間**（open interval）]

    ② $(a,b] = \{x \in \mathbb{R} \mid a < x \leq b\}$

    ③ $[a,b) = \{x \in \mathbb{R} \mid a \leq x < b\}$

    ④ $[a,b] = \{x \in \mathbb{R} \mid a \leq x \leq b\}$　　[此區間稱為**閉區間**（closed interval）]

    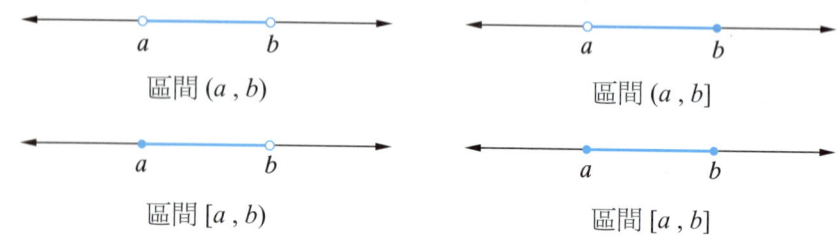

    圖 0-2　有界區間

2. **無界區間**（unbounded intervals）

    設 a, b 皆為實數，我們定義

    ① $(a, \infty) = \{x \in \mathbb{R} \mid a < x < \infty\}$

    ② $[a, \infty) = \{x \in \mathbb{R} \mid a \leq x < \infty\}$

    ③ $(-\infty, b) = \{x \in \mathbb{R} \mid -\infty < x < b\}$

    ④ $(-\infty, b] = \{x \in \mathbb{R} \mid -\infty < x \leq b\}$

    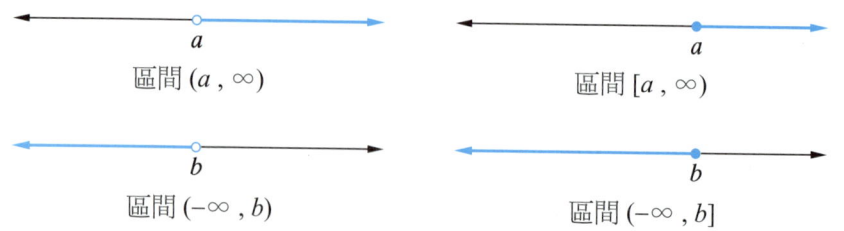

    圖 0-3　無界區間

【註】我們特別定義 $\mathbb{R} = (-\infty, \infty)$（換言之，實數本身是一個最大的開區間），而所有有界與無界區間（共 8 個）都是實數 $\mathbb{R}$ 的子區間，例如：$(a,b) \subset \mathbb{R}$、$(a, \infty) \subset \mathbb{R}$ …等等。

 **範例 1**

試解不等式 $9x < 15 + 4x$。

解 將不等式 $9x < 15 + 4x$ 中右邊的 $4x$ 移到左邊，我們可得

$$9x - 4x < 15 \quad 或 \quad 5x < 15。$$

再將不等式 $5x < 15$ 的兩邊同除以 5，我們可得

$$\frac{5x}{5} < \frac{15}{5} \quad 或 \quad x < 3。$$

因此，此題的解集合為 $\{x \in \mathbb{R} \mid x < 3\}$ (或 $(-\infty, 3)$)。

 **範例 2**

試解不等式 $x^2 > x + 2$。

解 將不等式 $x^2 > x + 2$ 中右邊的 $x + 2$ 移到左邊，我們可得

$$x^2 - x - 2 > 0 \quad 或 \quad (x+1)(x-2) > 0。$$

解法 1：

(i) 如果 $x + 1 < 0$ 且 $x - 2 < 0$，則 $(x+1)(x-2) > 0$。而 $x + 1 < 0$ 可解得 $x < -1$ [或 $x \in (-\infty, -1)$] 且 $x - 2 < 0$ 可解得 $x < 2$ [或 $x \in (-\infty, 2)$]。

因此，此部分的解集合為

$$\{x \in \mathbb{R} \mid x < -1\} \cap \{x \in \mathbb{R} \mid x < 2\} = \{x \in \mathbb{R} \mid x < -1\}$$

或 $(-\infty, -1)$。

(ii) 如果 $x + 1 > 0$ 且 $x - 2 > 0$，則 $(x+1)(x-2) > 0$。而 $x + 1 > 0$ 可解得 $x > -1$ [或 $x \in (-1, \infty)$] 且 $x - 2 > 0$ 可解得 $x > 2$ [或 $x \in (2, \infty)$]。

因此，此部分的解集合為

$$\{x \in \mathbb{R} \mid x > -1\} \cap \{x \in \mathbb{R} \mid x > 2\} = \{x \in \mathbb{R} \mid x > 2\}$$

或 $(2, \infty)$。

由 (i) 及 (ii) 可得本題之解集合為

$$\{x \in \mathbb{R} | x < -1\} \cup \{x \in \mathbb{R} | x > 2\}$$

或 $(-\infty, -1) \cup (2, \infty)$。

解法 2：

令 $(x+1)(x-2) = 0$，則可解得 $x = -1$ 或 $x = 2$。

此時 $x = -1$ 及 $x = 2$ 將實數 $\mathbb{R}$ 分割成三個子區間，即 $(-\infty, -1)$、$(-1, 2)$ 及 $(2, \infty)$。我們利用下列表格即可找到此題之解：

區間	$(x+1)$ 之正負號	$(x-2)$ 之正負號	$(x+1)(x-2)$ 之正負號
$x \in (-\infty, -1)$	$---$	$---$	$+++$ （✓）
$x \in (-1, 2)$	$+++$	$---$	$---$ （✗）
$x \in (2, \infty)$	$+++$	$+++$	$+++$ （✓）

【註】$---$ 表示負號；$+++$ 表示正號。

因此，本題之解集合為

$$\{x \in \mathbb{R} | x < -1\} \cup \{x \in \mathbb{R} | x > 2\}$$

或 $(-\infty, -1) \cup (2, \infty)$。

範例 3

試解不等式 $\dfrac{x-2}{x+3} > 2x$。

解 (i) 如果 $x + 3 > 0$ 或 $x > -3$，則將不等式 $\dfrac{x-2}{x+3} > 2x$ 之兩邊同乘 $x + 3$，我們可得

$x - 2 > 2x(x+3)$ 或 $x - 2 > 2x^2 + 6x$ 或

$2x^2 + 5x + 2 < 0$ 或 $(x+2)(2x+1) < 0$。

令 $(x+2)(2x+1) = 0$，則可解得 $x = -2$ 或 $x = -\dfrac{1}{2}$。

此時 $x = -2$ 及 $x = -\dfrac{1}{2}$ 將實數 $\mathbb{R}$ 分割成三個子區間，即 $(-\infty, -2)$、$\left(-2, -\dfrac{1}{2}\right)$ 及 $\left(-\dfrac{1}{2}, \infty\right)$。我們利用下列表格即可找到此部分之解：

區間	$(x+2)$ 之正負號	$(2x+1)$ 之正負號	$(x+2)(2x+1)$ 之正負號
$x \in (-\infty, -2)$	$---$	$---$	$+++$ (✘)
$x \in \left(-2, -\dfrac{1}{2}\right)$	$+++$	$---$	$---$ (✔)
$x \in \left(-\dfrac{1}{2}, \infty\right)$	$+++$	$+++$	$+++$ (✘)

因此，此部分之解集合為

$$\{x \in \mathbb{R} \mid x > -3\} \cap \left\{x \in \mathbb{R} \,\middle|\, -2 < x < -\dfrac{1}{2}\right\} = \left\{x \in \mathbb{R} \,\middle|\, -2 < x < -\dfrac{1}{2}\right\}$$

或 $\left(-2, -\dfrac{1}{2}\right)$。

(ii) 如果 $x+3 < 0$ 或 $x < -3$，則將不等式 $\dfrac{x-2}{x+3} > 2x$ 之兩邊同乘 $x+3$，我們可得 $x - 2 < 2x(x+3)$ 或 $x - 2 < 2x^2 + 6x$ 或 $2x^2 + 5x + 2 > 0$ 或 $(x+2)(2x+1) > 0$。

令 $(x+2)(2x+1) = 0$，則可解得 $x = -2$ 或 $x = -\dfrac{1}{2}$。

此時 $x = -2$ 及 $x = -\dfrac{1}{2}$ 將實數 $\mathbb{R}$ 分割成三個子區間，即 $(-\infty, -2)$，$\left(-2, -\dfrac{1}{2}\right)$ 及 $\left(-\dfrac{1}{2}, \infty\right)$。我們利用下列表格即可找到此部分之解：

區間	$(x+2)$ 之正負號	$(2x+1)$ 之正負號	$(x+2)(2x+1)$ 之正負號
$x \in (-\infty, -2)$	$---$	$---$	$+++$ (✔)
$x \in \left(-2, -\dfrac{1}{2}\right)$	$+++$	$---$	$---$ (✘)
$x \in \left(-\dfrac{1}{2}, \infty\right)$	$+++$	$+++$	$+++$ (✔)

因此，此部分之解集合為

$$\{x \in \mathbb{R} | x < -3\} \cap \left[\{x \in \mathbb{R} | x < -2\} \cup \left\{x \in \mathbb{R} | x > -\frac{1}{2}\right\}\right] = \{x \in \mathbb{R} | x < -3\}$$

或 $(-\infty, -3)$。

最後，由（i）及（ii）可得本題之解集合為

$$\{x \in \mathbb{R} | x < -3\} \cup \left\{x \in \mathbb{R} \left| -2 < x < -\frac{1}{2}\right.\right\} \quad 或 \quad (-\infty, -3) \cup \left(-2, -\frac{1}{2}\right)。$$

實數的絕對值（absolute value of a real number）

1. 絕對值的定義

> 設 $a \in \mathbb{R}$，則 a 的絕對值以 $|a|$ 表示，且定義為
> $$|a| = \begin{cases} -a, & a < 0 \\ 0, & a = 0 \\ a, & a > 0 \end{cases}。$$

例如：$|3| = 3$、$|0| = 0$、$|-3| = 3$。

【註】（絕對值的根號表現）$|a| = \sqrt{a^2}$。

2. 絕對值的性質（一）

> 設 $a, b \in \mathbb{R}$，則
> ① $|a| \geq 0$
> ② $|-a| = |a|$
> ③ $-|a| \leq a \leq |a|$
> ④ $|a + b| \leq |a| + |b|$ （三角不等式）
> ⑤ $|ab| = |a||b|$
> ⑥ $\left|\dfrac{a}{b}\right| = \dfrac{|a|}{|b|}$ （$b \neq 0$）
> ⑦ $||a| - |b|| \leq |a - b|$

3. 絕對值的性質（二）

> 設 $a, b \in \mathbb{R}$，則
> ① $|a| = |b|$ 若且唯若 $a = b$ 或 $a = -b$。
> ② $|a| < b$ 若且唯若 $-b < a < b$。$(b > 0)$
> ③ $|a| > b$ 若且唯若 $a > b$ 或 $a < -b$。$(b > 0)$

【註】"敘述 A 若且唯若 敘述 B" 表示此二敘述可相互推得。

試解方程式 $|2x + 5| = 7$。

解 由方程式 $|2x + 5| = 7$ 可得 $2x + 5 = 7$ 或 $2x + 5 = -7$。

(i) 若 $2x + 5 = 7$，則可解得 $x = 1$。
(ii) 若 $2x + 5 = -7$，則可解得 $x = -6$。

由 (i) 及 (ii) 可得方程式之解為 $x = -6$ 或 $x = 1$。

範例 5

試解不等式 $|2x + 5| > 7$。

解 由不等式 $|2x + 5| > 7$ 可得 $2x + 5 > 7$ 或 $2x + 5 < -7$。

(i) 若 $2x + 5 > 7$，則可解得 $x > 1$。
(ii) 若 $2x + 5 < -7$，則可解得 $x < -6$。

由 (i) 及 (ii) 可得不等式之解集合為 $\{x \in \mathbb{R} | x < -6\} \cup \{x \in \mathbb{R} | x > 1\}$。

試解不等式 $|2x + 5| < 7$。

解 由不等式 $|2x + 5| < 7$ 可得 $-7 < 2x + 5 < 7$ 或 $-12 < 2x < 2$

或 $-6 < x < 1$。

因此，不等式之解集合為 $\{x \in \mathbb{R} | -6 < x < -1\}$。

實數的完備性（the completeness property of the real numbers）

設 S 為實數 $\mathbb{R}$ 的一個部分集合。我們介紹一些定義如下：

1. 對每一個 $s \in S$，如果存在一個實數 M 使得 $s \leq M$，則我們稱集合 S 有**上界**（bounded above）。此時，每一個滿足不等式 $s \leq M$ 的實數 M 都是 S 的一個上界。
2. 對每一個 $s \in S$，如果存在一個實數 m 使得 $s \geq m$，則我們稱集合 S 有**下界**（bounded above）。此時，每一個滿足不等式 $s \geq m$ 的實數 m 都是 S 的一個下界。
3. 對每一個 $s \in S$，如果存在一個正實數 M 使得 $-M \leq s \leq M$，則我們稱集合 S **有界**（bounded）。
4. 如果 u 為集合 S 的一個上界且集合 S 的任何其他上界 M 都滿足不等式 $u \leq M$，則我們稱 u 為集合 S 的一個**最小上界**（least upper bound）。
5. 如果 v 為集合 S 的一個下界且集合 S 的任何其他下界 m 都滿足不等式 $v \geq m$，則我們稱 v 為集合 S 的一個**最大下界**（greatest lower bound）。

最後，我們介紹實數之完備性公設。（此公設乃我們賦予實數之最後一個性質）

完備性公設（the completeness axiom）

設集合 S 為實數 $\mathbb{R}$ 的一個部分集合且 $S \neq \emptyset$。

1. 如果 S 有一個上界，則 S 必有一個最小上界。
2. 如果 S 有一個下界，則 S 必有一個最大下界。（可以由公設 1 獲得）

範例 7

集合 $S = \{1, 2, 3, 4, 5, 6, 7, 8\}$ 的上界為任意大於或等於 8 的實數，因為，對每一個 $s \in S$，$s \leq 8$；而集合 S 的下界為任意小於或等於 1 的實數，因為，對每一個 $s \in S$，$s \geq 1$。

集合 $S = \{1, 2, 3, 4, 5, 6, 7, 8\}$ 的最小上界為 8；而集合 S 的最大下界為 1。

範例 8

集合 $S = \{x \in \mathbb{R} | -2 \leq x \leq 5\}$ 的上界為任意大於或等於 5 的實數，因為，對每一個 $s \in S$，$s \leq 5$；而集合 S 的下界為任意小於或等於 -2 的實數，因為，對每一個 $s \in S$，$s \geq -2$。

集合 $S = \{x \in \mathbb{R} | -2 \leq x \leq 5\}$ 的最小上界為 5；而集合 S 的最大下界為 -2。

範例 9

集合 $S = \{x \in \mathbb{R} | -2 < x < 5\}$ 的上界為任意大於或等於 5 的實數，因為，對每一個 $s \in S$，$s \leq 5$；而集合 S 的下界為任意小於或等於 -2 的實數，因為，對每一個 $s \in S$，$s \geq -2$。

集合 $S = \{x \in \mathbb{R} | -2 < x < 5\}$ 的最小上界為 5；而集合 S 的最大下界為 -2。

範例 10

集合 $S = \left\{1, \dfrac{1}{2}, \dfrac{1}{3}, \cdots\right\}$ 的下界為任意小於或等於 0 的實數，因為，對每一個 $s \in S$，$s \geq 0$，而集合 S 的最大下界為 0。

範例 11

集合 $S = \left\{-1, -\dfrac{1}{2}, -\dfrac{1}{3}, \cdots\right\}$ 的上界為任意大於或等於 0 的實數，因為，對每一個 $s \in S$，$s \leq 0$，而集合 S 的最小上界為 0。

【註】最小上界或最大下界有可能不屬於集合 S，如範例 9、10 及 11。

習題演練

試解第 1 題至第 6 題之等式或不等式。

1. $4x < 11 - 2x$
2. $x < 2x^2 - 3$
3. $\dfrac{3-x}{x+2} < 2x$
4. $|3x-7| = 5$
5. $|3x-7| > 5$
6. $|3x-7| < 5$

試找出第 7 題至第 9 題區間的最小上界 v 及最大下界 u。

7. $S = [0, 5]$
8. $S = (0, 5]$
9. $S = (0, 5)$

0-2 平面幾何

笛卡爾座標系或平面（the cartesian coordinate system or plane）

將兩條實數線互相垂直並且讓這兩條實數線的原點重疊（如圖 0-4 所示），水平的實數線稱為 x-軸（x-axis），而垂直的實數線稱為 y-軸（y-axis）。此時，x-軸與 y-軸就將平面分割成四個象限（如圖 0-4 所示），其定義如下：

第一象限（或象限 I）= $\{(x,y) | x \in \mathbb{R}^+, y \in \mathbb{R}^+\}$ （$\mathbb{R}^+$ 表示正實數）

第二象限（或象限 II）= $\{(x,y) | x \in \mathbb{R}^-, y \in \mathbb{R}^+\}$ （$\mathbb{R}^-$ 表示負實數）

第三象限（或象限 III）= $\{(x,y) | x \in \mathbb{R}^-, y \in \mathbb{R}^-\}$

第四象限（或象限 IV）= $\{(x,y) | x \in \mathbb{R}^+, y \in \mathbb{R}^-\}$

通過平面上的任何一個點，我們先做一條垂直線，此垂直線與 x-軸相交的點稱為 x-座標；再做一條平行線，此平行線與 y-軸相交的點稱為 y-座標。

設 x-座標的值為 a 且 y-座標的值為 b，則平面上的點就用有序對 (a,b) 來表示，而任何一個有序對 (a,b) 我們都可以在平面上找到一個點與之對應。我們稱此平面為**笛卡爾座標平面**或**直角座標平面**（rectangular coordinate plane）。有時我們用符號 $\mathbb{R}^2$ 來表示此平面。

【註】 $\mathbb{R}^2 = \mathbb{R} \times \mathbb{R} = \{(x,y) | x \in \mathbb{R}, y \in \mathbb{R}\}$

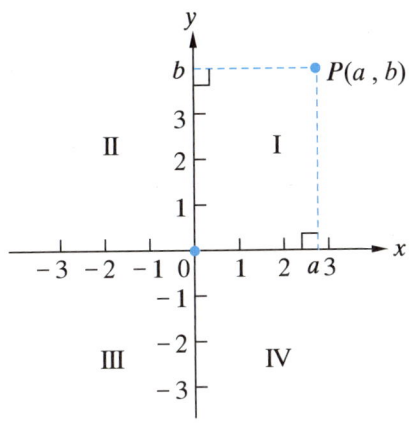

圖 0-4　直角座標平面

距離公式（distance formula）

我們知道實數線上的任意兩點 a 與 b 的距離為 $d=|a-b|$，現在我們就可利用**畢氏定理**來得到平面上任意兩點間之距離公式（請參考圖 0-5）。

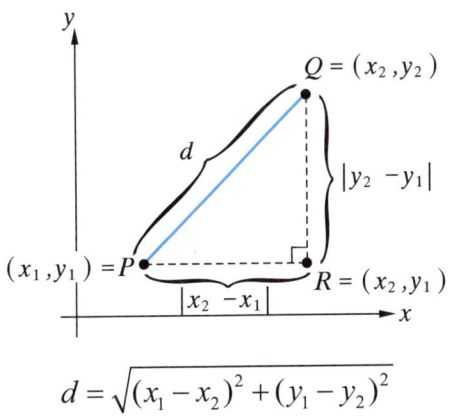

圖 0-5　距離公式

> **距離公式**
>
> 設 $P_1=(x_1,y_1)$ 與 $P_2=(x_2,y_2)$ 為直角座標平面上的兩個點，則此兩點間之距離 d 為
> $$d=\sqrt{(x_1-x_2)^2+(y_1-y_2)^2}　。$$

範例 1

試計算平面上的兩個點 $P_1 = (3, 5)$ 與 $P_2 = (2, -3)$ 之間的距離。

解 由距離公式可知，$P_1 = (3, 5)$ 與 $P_2 = (2, -3)$ 之間的距離為

$$d = \sqrt{(3-2)^2 + (5-(-3))^2} = \sqrt{1^2 + 8^2} = \sqrt{65} \text{。}$$

直線（the straight line）

我們知道通過平面上之任意兩個點可以決定一條直線，而這一條直線該如何來描述呢？

1. **斜率（slope）的定義**

> 設 $P_1 = (x_1, y_1)$ 與 $P_2 = (x_2, y_2)$ 為平面上的兩個相異點且 $x_1 \neq x_2$，則直線 $\overline{P_1 P_2}$ 之斜率 m 定義為 $m = \dfrac{y_1 - y_2}{x_1 - x_2} = \dfrac{y_2 - y_1}{x_2 - x_1}$ 。

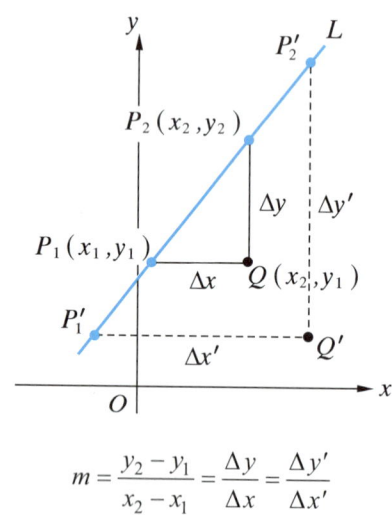

$$m = \frac{y_2 - y_1}{x_2 - x_1} = \frac{\Delta y}{\Delta x} = \frac{\Delta y'}{\Delta x'}$$

圖 0-6　直線的斜率

有了斜率的定義，我們就可以嘗試去描述直線的方程式了。

2. 直線的方程式

> ① **點斜式**（point-slope-form）
>   設一直線 L 通過點 (a,b) 且其斜率為 m，則此直線 L 之方程式為
> $$y - b = m(x - a)$$
>
> ② **兩點式**（two-point-form）
>   設 $P_1 = (x_1, y_1)$ 與 $P_2 = (x_2, y_2)$ 為直線上的兩個相異點且 $x_1 \neq x_2$，則此直線 L 之方程式為 $y - y_2 = \dfrac{y_2 - y_1}{x_2 - x_1} \cdot (x - x_2)$ 或 $y - y_1 = \dfrac{y_2 - y_1}{x_2 - x_1} \cdot (x - x_1)$。

 範例 2

已知一條直線之斜率為 -3 且知其通過點 $P = (3, -2)$，試求此直線之方程式。

解 由點斜式可知，此直線之方程式為
$$y - (-2) = (-3)(x - 3) \quad \text{或} \quad y + 3x - 7 = 0 \text{。}$$

 範例 3

已知一條直線通過點 $P_1 = (3, -2)$ 與點 $P_2 = (5, 1)$，試求此直線之方程式。

解 由兩點式可知，此直線之方程式為
$$y - (-2) = \dfrac{1 - (-2)}{5 - 3} \cdot (x - 3) \quad \text{或} \quad y - \dfrac{3}{2}x + \dfrac{13}{2} = 0 \text{。}$$

【註】如果直線與 x-軸垂直，而此直線與 x-軸之交點為 $(a, 0)$，則此直線之方程式為 $x = a$。

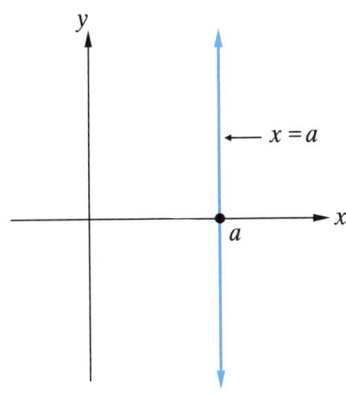

圖 0-7　垂直直線

3. 平行條件與垂直條件

①平行條件

設直線 L_1 的斜率為 m_1 且直線 L_2 的斜率為 m_2。
若 L_1 與 L_2 兩條直線互相平行，則 $m_1 = m_2$。（反之亦然）

②垂直條件

設直線 L_1 的斜率為 m_1 且直線 L_2 的斜率為 m_2。
若 L_1 與 L_2 兩條直線互相垂直，則 $m_1 \cdot m_2 = -1$。（反之亦然）

 範例 4

(a) 直線 $y = 4x - 5$ 與直線 $y = 4x + 2$ 互相平行，因為它們的斜率都等於 4。

(b) 直線 $y = 4x - 5$ 與直線 $y = -\frac{1}{4}x + 2$ 互相垂直，因為它們的斜率乘積等於 $4 \cdot \left(-\frac{1}{4}\right) = -1$。

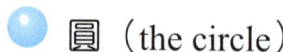 圓（the circle）

圓的定義

設 (a,b) 為平面上的任意點，再設 r 為一個正數。
一個圓就是一個集合 C，定義為

$$C = \left\{ (x,y) \,\Big|\, \sqrt{(x-a)^2 + (y-b)^2} = r \right\}。$$

換言之，一個圓就是所有平面上的點，與點 (a,b) 之距離為 r，所成之集合。點 (a,b) 稱為圓的**圓心**（center），而 r 稱為圓的**半徑**（radius）。

由定義可知，描述圓之方程式為

$(x-a)^2 + (y-b)^2 = r^2$。

常用的圓是以原點 $(0,0)$ 為圓心且半徑 $r = 1$ 的單位圓，其方程式為

$x^2 + y^2 = 1$。

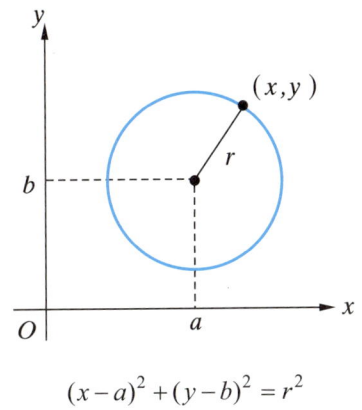

$$(x-a)^2+(y-b)^2=r^2$$

圖 0-8　圓

 範例 5

設一圓之方程式為 $x^2+y^2-4x+6y-3=0$，試求此圓之圓心與半徑。

解　透過完全平方之方法，方程式變成

$$(x^2-4x+4)+(y^2+6y+9)=3+4+9 \text{ 或 } (x-2)^2+(y+3)^2=4^2 \text{。}$$

因此，此圓之圓心為 $(2,-3)$，而其半徑為 4。

拋物線（parabola）

> **描述拋物線之方程式**
>
> 設 (a,b) 為平面上的一個點，再設 c 為任意實數。
> 拋物線之方程式為
>
> $$y-b=c(x-a)^2 \text{。}$$
>
> 點 (a,b) 稱為此拋物線之頂點，而直線 $x=a$ 稱為此拋物線之軸。

常用到的拋物線是以原點 $(0,0)$ 為頂點，而以 $x=0$ 或 y-軸為其軸之拋物線，其方程式為 $y=cx^2$。

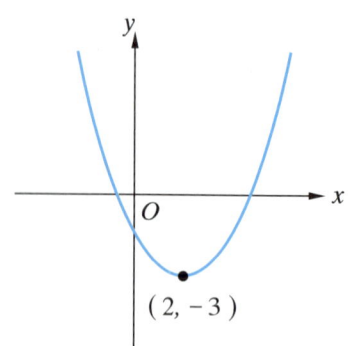

$$y-(-3)=\frac{1}{2}(x-2)^2$$

圖 0-9 拋物線

$y=cx^2(c>0)$

$y=cx^2(c<0)$

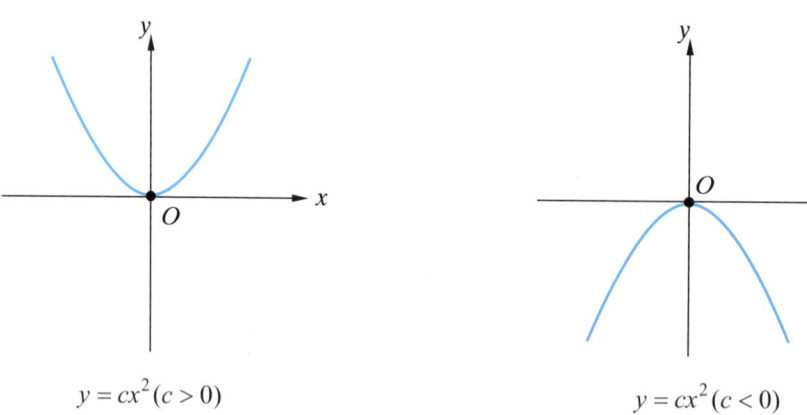

圖 0-10 拋物線

橢圓（ellipse）

描述橢圓之方程式

設 a 與 b 爲兩個正實數。
橢圓之方程式爲

$$\frac{x^2}{a^2}+\frac{y^2}{b^2}=1\text{ 。}$$

原點 $(0,0)$ 稱爲橢圓之中心，橢圓之長軸爲頂點 $(-a,0)$ 與頂點 $(a,0)$ 間之線段，其長度爲 $2a$，而橢圓之短軸爲頂點 $(0,-b)$ 與頂點 $(0,b)$ 間之線段，其長度爲 $2b$ 。

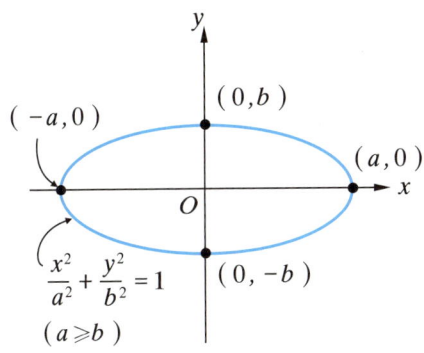 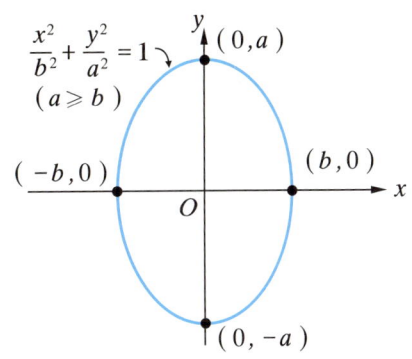

圖 0-11　橢圓

雙曲線（hyperbola）

描述雙曲線之方程式

設 a 與 b 為兩個正實數。

雙曲線之方程式為

$$\frac{x^2}{a^2} - \frac{y^2}{b^2} = 1 \text{。}$$

原點 $(0,0)$ 稱為雙曲線之中心，而點 $(-a,0)$ 與點 $(a,0)$ 稱為雙曲線的頂點。

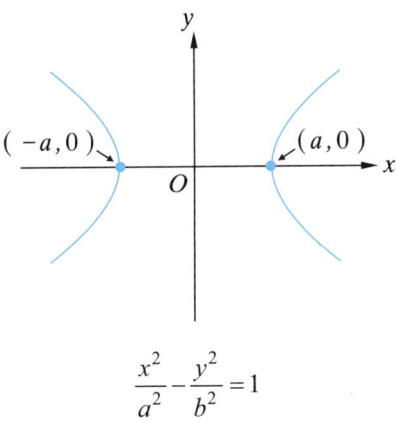

圖 0-12　雙曲線

常用到的雙曲線是以原點 (0,0) 為中心,而以 (−1,0) 與 (1,0) 為頂點之雙曲線,其方程式為 $x^2 - y^2 = 1$。

1. 已知一條直線之斜率為 $\frac{3}{2}$ 且知其通過點 $P = (-1, 3)$,試求此直線之方程式。
2. 已知一條直線通過點 $P_1 = (-1, 4)$ 與點 $P_2 = (5, 2)$,試求此直線之方程式。
3. 已知點 $A(4,7)$ 在圓 $x^2 + y^2 - 2x - 6y - 15 = 0$ 上。試求通過圓上 A 點之切線之方程式。

0-3　函數及基本函數之圖形

函數的定義

設 $D \subseteq \mathbb{R}$ 且 $B \subseteq \mathbb{R}$。
一個**自變數**為 x 的函數,符號記成 f,是在描述集合 D 與集合 B 之間的規則或某一種對應關係,此規則為集合 D 內的任何一個元素 x 值恰好在集合 B 內可以找到唯一的元素 y 值與之對應,而此 y 值稱為**應變數**,我們用符號 $f(x)$ 表示,即 $y = f(x)$。而 $y = f(x)$ 就是描述一個函數的符號,例如:
$$y = 2x+1 \quad 或 \quad f(x) = 2x+1$$
$$y = x^2 \quad 或 \quad f(x) = x^2$$
$$y = \sqrt{x} \quad 或 \quad f(x) = \sqrt{x}$$
及 $\quad y = |x| \quad 或 \quad f(x) = |x|$。

集合 D 或 D_f 稱為函數 f 的**定義域**(domain),而函數 f 的**值域**(range),符號記成 R_f 或 R,其元素為所有函數值 $f(x)$ 所成之集合,即
$$R_f = \{f(x) \mid x \in D\}。當然,R_f \subseteq B。$$

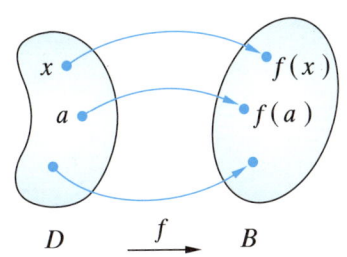

圖 0-13　函數之定義

【註】有時我們用下列的符號來定義一個實數函數：
$$f : D \subseteq \mathbb{R} \longrightarrow \mathbb{R}$$
（表示函數 f 是從集合 D 對應到集合 $\mathbb{R}$ 的函數）
$$x \in D \xrightarrow{f} y = f(x)$$
（表示 x 的函數值為 y，記成 $y = f(x)$）

範例 1

試求函數 $f(x) = 2x + 1$ 之定義域與值域。

解　(i) 如果 $x \in \mathbb{R}$，則 $f(x) = 2x + 1 \in \mathbb{R}$。因此，$D = \mathbb{R}$。

(ii) 設 $y = 2x + 1$，則 x 的解為 $x = \dfrac{y-1}{2}$。此乃表示所有的 $y \in \mathbb{R}$，都會有一個 x 值與之對應，因此，$R_f = \mathbb{R}$。

例如：(a) 若 $y = 0$，則 $f\left(-\dfrac{1}{2}\right) = 2 \cdot \left(-\dfrac{1}{2}\right) + 1 = (-1) + 1 = 0$。

(b) 若 $y = 5$，則 $f(2) = 2 \cdot 2 + 1 = 5$。

範例 2

試求函數 $f(x) = x^2$ 之定義域與值域。

解　(i) 如果 $x \in \mathbb{R}$，則 $f(x) = x^2 \in \mathbb{R}$。因此，$D = \mathbb{R}$。

(ii) 設 $y = x^2$，則 x 的解為 $x = \pm\sqrt{y}$。此乃表示所有的 $y \geq 0$，都會有兩個 x 值與之對應（$y = 0$ 除外），因此，$R_f = [0, \infty)$。

例如：(a) 若 $y = 0$，則 $f(0) = 0^2 = 0$。

(b) 若 $y = 5$，則 $f(\sqrt{5}) = (\sqrt{5})^2 = 5$ 且 $f(-\sqrt{5}) = (-\sqrt{5})^2 = 5$。

範例 3

試求函數 $f(x) = \sqrt{x}$ 之定義域與值域。

解 (i) 如果 $x \geq 0$，則 $f(x) = \sqrt{x} \in \mathbb{R}$。因此，$D = [0, \infty)$。

(ii) 設 $y = \sqrt{x}$，則 x 的解為 $x = y^2$。此乃表示所有的 $y \geq 0$，都會有一個 x 值與之對應，因此，$R_f = [0, \infty)$。

例如：(a) 若 $y = 0$，則 $f(0) = \sqrt{0} = 0$。
(b) 若 $y = 5$，則 $f(25) = \sqrt{25} = 5$。

範例 4

試求函數 $f(x) = |x|$ 之定義域與值域。

解 (i) 如果 $x \in \mathbb{R}$，則 $f(x) = |x| \in \mathbb{R}$。因此，$D = \mathbb{R}$。

(ii) 設 $y = |x|$，則 x 的解為 $x = \pm y$。此乃表示所有的 $y \geq 0$，都會有兩個 x 值與之對應（$y = 0$ 除外），因此，$R_f = [0, \infty)$。

例如：(a) 若 $y = 0$，則 $f(0) = |0| = 0$。
(b) 若 $y = 5$，則 $f(-5) = |-5| = -(-5) = 5$ 且 $f(5) = |5| = 5$。

範例 5

設 $f(x) = \sqrt{x-1}$，$x \geq 1$。試計算
(a) $f(1)$ (b) $f(5)$ (c) $f(2+h)$（$h \geq -1$）
(d) $\dfrac{f(2+h) - f(2)}{h}$（$h \neq 0$ 且 $h \geq -1$） (e) $\dfrac{f(x) - f(2)}{x - 2}$（$x \neq 2$）

解 (a) $f(1) = \sqrt{1-1} = 0$

(b) $f(5) = \sqrt{5-1} = \sqrt{4} = 2$

(c) $f(2+h) = \sqrt{(2+h)-1} = \sqrt{1+h}$

(d) $\dfrac{f(2+h) - f(2)}{h} = \dfrac{\sqrt{(2+h)-1} - \sqrt{2-1}}{h} = \dfrac{\sqrt{1+h} - 1}{h}$

$$= \frac{\sqrt{1+h}-1}{h} \cdot \frac{\sqrt{1+h}+1}{\sqrt{1+h}+1} = \frac{(\sqrt{1+h})^2 - 1^2}{h(\sqrt{1+h}+1)} = \frac{(1+h)-1}{h(\sqrt{1+h}+1)}$$

$$= \frac{h}{h(\sqrt{1+h}+1)} = \frac{1}{\sqrt{1+h}+1}$$

(e) $\dfrac{f(x)-f(2)}{x-2} = \dfrac{\sqrt{x-1}-\sqrt{2-1}}{x-2} = \dfrac{\sqrt{x-1}-1}{x-2}$

$$= \frac{\sqrt{x-1}-1}{x-2} \cdot \frac{\sqrt{x-1}+1}{\sqrt{x-1}+1} = \frac{(\sqrt{x-1})^2 - 1^2}{(x-2)(\sqrt{x-1}+1)}$$

$$= \frac{(x-1)-1}{(x-2)(\sqrt{x-1}+1)} = \frac{x-2}{(x-2)(\sqrt{x-1}+1)}$$

$$= \frac{1}{\sqrt{x-1}+1}$$

基本函數之圖形

> 設函數 $y = f(x)$，$x \in D$。則函數 f 之圖形為一集合 $C \subseteq \mathbb{R}^2$ 定義為
> $$C = \{(x, y) \mid y = f(x), x \in D\} 。$$

函數 $y = f(x)$ 之圖形，一般來說，會是一條**曲線**（curve）。
下面是幾個基本函數之圖形：

1. $f(x) = c$

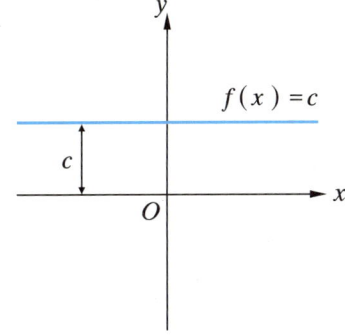

圖 0-14

2. $f(x) = 2x + 1$

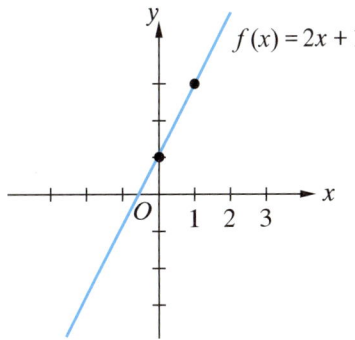

圖 0-15

3. $f(x) = x^2$

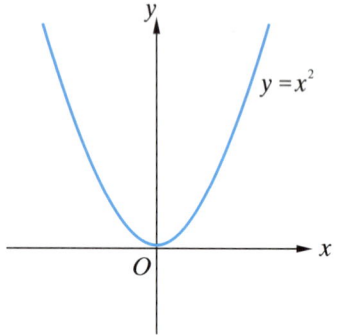

圖 0-16

4. $f(x) = x^3$

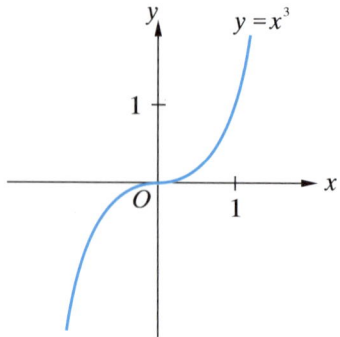

圖 0-17

5. $f(x) = x^{1/3} = \sqrt[3]{x}$

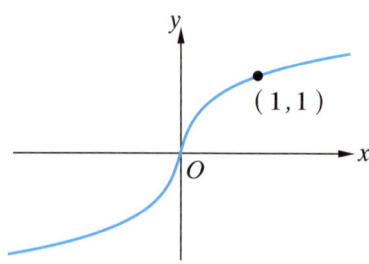

圖 0-18

6. $f(x) = x^{1/2} = \sqrt{x}$

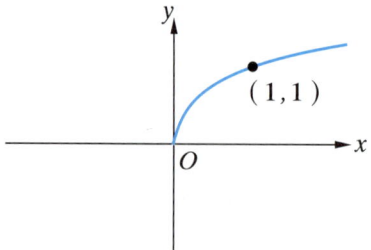

圖 0-19

7. $f(x) = x^{2/3} = \sqrt[3]{x^2}$

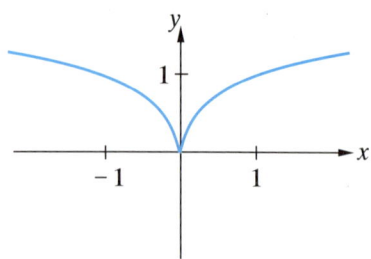

圖 0-20

8. $f(x) = |x|$

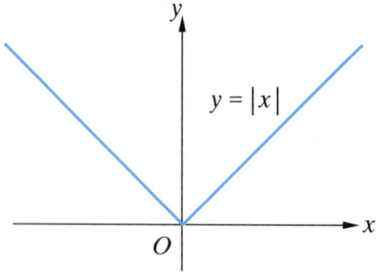

圖 0-21

 習題演練

試求第 1 題與第 2 題函數之定義域與值域。

1. $f(x) = x^{1/3}$　　　　2. $f(x) = x^{-1}$

設 $f(x) = \dfrac{3-x}{x-1}$，$x \neq 1$。試計算

3. $f(-3)$　　　　4. $f(-6)$　　　　5. $f(-3+h)$（$h \in \mathbb{R}$ 且 $-3+h \neq 1$）

6. $\dfrac{f(-3+h)-f(-3)}{h}$（$h \neq 0$ 且 $-3+h \neq 1$）　　　7. $\dfrac{f(x)-f(-3)}{x+3}$（$x \neq -3$）

0-4　函數之運算與合成函數

● 函數之運算（the combinations of functions）

設函數 f 的定義域為 D_f 且函數 g 的定義域為 D_g，再設 $c \in \mathbb{R}$。則我們定義函數 cf、$f+g$、$f-g$、$f \cdot g$ 及 $\dfrac{f}{g}$ 如下：

1. $(cf)(x) = cf(x)$，$x \in D_f$

2. $(f+g)(x) = f(x) + g(x)$，$x \in D_f \cap D_g$

3. $(f-g)(x) = f(x) - g(x)$，$x \in D_f \cap D_g$

4. $(f \cdot g)(x) = f(x) \cdot g(x)$，$x \in D_f \cap D_g$

5. $\left(\dfrac{f}{g}\right)(x) = \dfrac{f(x)}{g(x)}$，$x \in D_f \cap D_g$（且 $g(x) \neq 0$）

範例 1

設 $f(x)=\sqrt{x}$, $x\in D_f=[0,\infty)$,再設 $g(x)=\sqrt{1-x}$, $x\in D_g=(-\infty,1]$。則

(a) $(2f)(x)=2f(x)=2\sqrt{x}$, $x\in D_{2f}=D_f=[0,\infty)$

(b) $(f+g)(x)=f(x)+g(x)=\sqrt{x}+\sqrt{1-x}$, $x\in D_{f+g}=D_f\cap D_g=[0,1]$

(c) $(f-g)(x)=f(x)-g(x)=\sqrt{x}-\sqrt{1-x}$, $x\in D_{f-g}=D_f\cap D_g=[0,1]$

(d) $(f\cdot g)(x)=f(x)\cdot g(x)=\sqrt{x}\cdot\sqrt{1-x}=\sqrt{x-x^2}$, $x\in D_{f\cdot g}=D_f\cap D_g=[0,1]$

(e) $\left(\dfrac{f}{g}\right)(x)=\dfrac{f(x)}{g(x)}=\dfrac{\sqrt{x}}{\sqrt{1-x}}=\sqrt{\dfrac{x}{1-x}}$, $x\in D_{\frac{f}{g}}=[0,1)$

函數之合成（the composition of functions）

設函數 f 的定義域為 D_f 且函數 g 的定義域為 D_g,再假設 $R_g\subseteq D_f$。則函數 f 與函數 g 之合成函數,其符號記成 $f\circ g$,定義為 $(f\circ g)(x)=f(g(x))$。合成函數之定義域為 $D_{f\circ g}=\left\{x\in D_g\,\middle|\,g(x)\in D_f\right\}$。

【註】在做函數之合成時,若 $g(x)\notin D_f$,則 $x\notin D_{f\circ g}$。

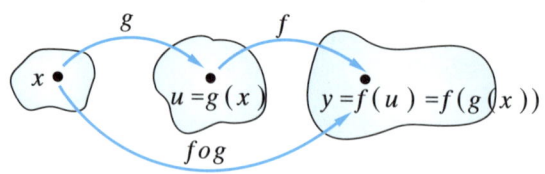

圖 0-22　合成函數

範例 2

設 $f(x) = \sqrt{x-1}$，$x \in D_f = [1, \infty)$，再設 $g(x) = x^3$，$x \in D_g = (-\infty, \infty)$。

則 $(f \circ g)(x) = f(g(x)) = \sqrt{g(x) - 1} = \sqrt{x^3 - 1}$，$x \in D_{f \circ g} = [1, \infty)$。

（因為 $g(x) = x^3$ 必須大於或等於 1，因此，$x \geq 1$）

範例 3

設 $f(x) = \dfrac{1}{x}$，$x \in D_f = (-\infty, 0) \cup (0, \infty)$，再設 $g(x) = x^3$，$x \in D_g = (-\infty, \infty)$。

則 $(f \circ g)(x) = f(g(x)) = \dfrac{1}{g(x)} = \dfrac{1}{x^3}$，$x \in D_{f \circ g} = (-\infty, 0) \cup (0, \infty)$。

（因為 $g(x) = x^3$ 必須不等於 0，因此，$x \neq 0$）

試指出第 1 題與第 2 題函數之定義域。

1. $f(x) = \dfrac{2x+1}{x-3} + 3\sqrt{x} - \dfrac{2}{x^2}$
2. $f(x) = \dfrac{1}{\sqrt{x^2+7} - 3}$

3. 設 $f(x) = \sqrt{x}$，$x \in D_f = [0, \infty)$，再設 $g(x) = \dfrac{x+1}{x-1}$，$x \in D_g = (-\infty, 1) \cup (1, \infty)$。

   則指出合成函數 (a) $(f \circ g)(x)$ 及 (b) $(g \circ f)(x)$ 的定義域。

0-5 三角函數

三角函數的定義（the definition of the trigonometric functions）

在直角座標平面上以原點 (0,0) 當起始點，順著 x-軸之正的方向畫一射線，而此射線就當成起始射線。接著畫出以原點 (0,0) 為圓心且半徑為 r 的圓（$r \neq 0$）。

（當然可以考慮單位圓，即 $r=1$）

設 $\theta \in \mathbb{R}$，θ 在這裡代表以原點 $(0,0)$ 為頂點，而以起始射線為始邊並以逆時鐘方向或順時鐘方向旋轉之有向角之角度。若以逆時鐘方向旋轉，則 $\theta \geq 0$；若以順時鐘方向旋轉，則 $\theta \leq 0$。

當 θ 給定之後，我們令此有向角之終邊與之前畫的圓相交於點 (x,y)。（請參考圖 0-23）現在我們就可以定義三角函數了。

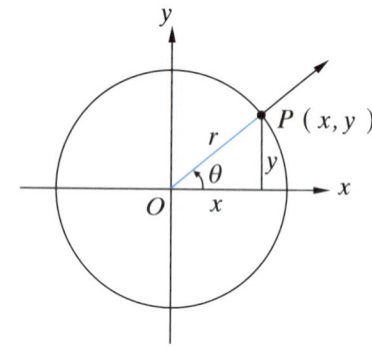

圖 0-23　三角函數之定義

三角函數的定義

1. $\sin \theta = \dfrac{y}{r}$，$\theta \in \mathbb{R}$

2. $\cos \theta = \dfrac{x}{r}$，$\theta \in \mathbb{R}$

3. $\tan \theta = \dfrac{y}{x} = \dfrac{\sin \theta}{\cos \theta}$，　$\theta \neq \dfrac{(2n+1)\pi}{2}$　$(n \in Z)$

4. $\cot \theta = \dfrac{x}{y} = \dfrac{\cos \theta}{\sin \theta}$，　$\theta \neq n\pi$　$(n \in Z)$

5. $\sec \theta = \dfrac{r}{x} = \dfrac{1}{\cos \theta}$，　$\theta \neq \dfrac{(2n+1)\pi}{2}$　$(n \in Z)$

6. $\csc \theta = \dfrac{r}{y} = \dfrac{1}{\sin \theta}$，　$\theta \neq n\pi$　$(n \in Z)$

三角函數之值（the value of the trigonometric functions）

我們介紹一些特別角度的三角函數之值。

弳度	0	$\dfrac{\pi}{6}$	$\dfrac{\pi}{4}$	$\dfrac{\pi}{3}$	$\dfrac{\pi}{2}$	$\dfrac{2\pi}{3}$	$\dfrac{3\pi}{4}$	$\dfrac{5\pi}{6}$	π	$\dfrac{3\pi}{2}$	2π
度度量	$0°$	$30°$	$45°$	$60°$	$90°$	$120°$	$135°$	$150°$	$180°$	$270°$	$360°$
$\sin\theta$	0	$\dfrac{1}{2}$	$\dfrac{\sqrt{2}}{2}$	$\dfrac{\sqrt{3}}{2}$	1	$\dfrac{\sqrt{3}}{2}$	$\dfrac{\sqrt{2}}{2}$	$\dfrac{1}{2}$	0	-1	0
$\cos\theta$	1	$\dfrac{\sqrt{3}}{2}$	$\dfrac{\sqrt{2}}{2}$	$\dfrac{1}{2}$	0	$-\dfrac{1}{2}$	$-\dfrac{\sqrt{2}}{2}$	$-\dfrac{\sqrt{3}}{2}$	-1	0	1
$\tan\theta$	0	$\dfrac{1}{\sqrt{3}}$	1	$\sqrt{3}$	無定義	$-\sqrt{3}$	-1	$-\dfrac{1}{\sqrt{3}}$	0	無定義	0
$\cot\theta$	無定義	$\sqrt{3}$	1	$\dfrac{1}{\sqrt{3}}$	0	$-\dfrac{1}{\sqrt{3}}$	-1	$-\sqrt{3}$	無定義	0	無定義
$\sec\theta$	1	$\dfrac{2}{\sqrt{3}}$	$\sqrt{2}$	2	無定義	-2	$-\sqrt{2}$	$-\dfrac{2}{\sqrt{3}}$	-1	無定義	1
$\csc\theta$	無定義	2	$\sqrt{2}$	$\dfrac{2}{\sqrt{3}}$	1	$\dfrac{2}{\sqrt{3}}$	$\sqrt{2}$	2	無定義	-1	無定義

【註】$1° = \dfrac{\pi}{180}$（弳度）[在微積分的討論是以弳度（radian）量為主]

三角函數之值域（the range of the trigonometric functions）

1. 正弦函數 $y = \sin x$ 之值域為 $R_{\sin} = [-1, 1]$
2. 餘弦函數 $y = \cos x$ 之值域為 $R_{\cos} = [-1, 1]$
3. 正切函數 $y = \tan x$ 之值域為 $R_{\tan} = \mathbb{R}$
4. 餘切函數 $y = \cot x$ 之值域為 $R_{\cot} = \mathbb{R}$
5. 正割函數 $y = \sec x$ 之值域為 $R_{\sec} = (-\infty, -1] \cup [1, \infty)$
6. 餘割函數 $y = \csc x$ 之值域為 $R_{\csc} = (-\infty, -1] \cup [1, \infty)$

三角函數之圖形及其週期

（The Graphs and Periods of the Trigonometric Functions）

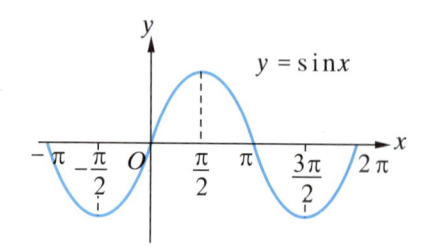

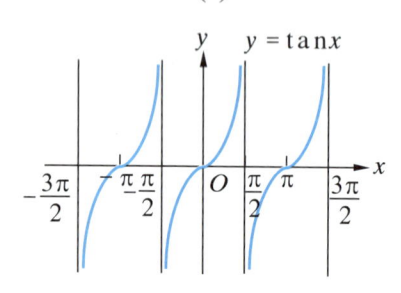

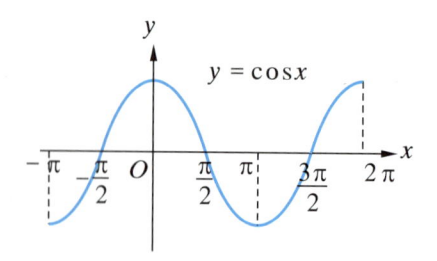

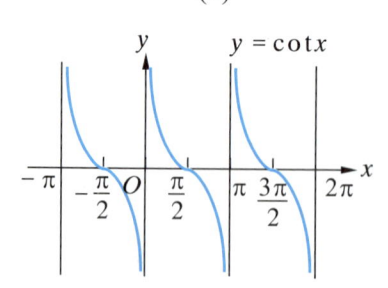

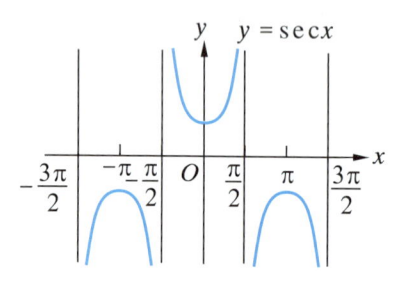

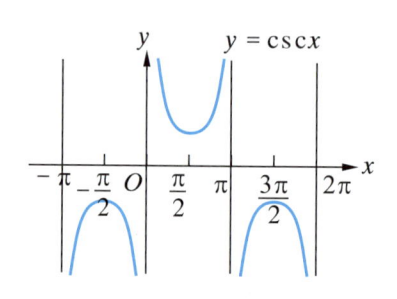

$y = \sin x$

週期：2π

(a)

$y = \cos x$

週期：2π

(b)

$y = \tan x$

週期：π

(c)

$y = \cot x$

週期：π

(d)

$y = \sec x$

週期：2π

(e)

$y = \csc x$

週期：2π

(f)

圖 0-24 三角函數之圖形與週期

基本的三角等式（elementary trigonometric identities）

1. $\sin^2\theta + \cos^2\theta = 1$
2. $\sec^2\theta = 1 + \tan^2\theta$
3. $\csc^2\theta = 1 + \cot^2\theta$
4. $\sin(\alpha+\beta) = \sin\alpha\cos\beta + \cos\alpha\sin\beta$
5. $\sin(\alpha-\beta) = \sin\alpha\cos\beta - \cos\alpha\sin\beta$
6. $\cos(\alpha+\beta) = \cos\alpha\cos\beta - \sin\alpha\sin\beta$
7. $\cos(\alpha-\beta) = \cos\alpha\cos\beta + \sin\alpha\sin\beta$
8. $\sin(2\theta) = 2\sin\theta\cos\theta$
9. $\cos(2\theta) = \cos^2\theta - \sin^2\theta = 2\cos^2\theta - 1 = 1 - 2\sin^2\theta$
10. $\sin^2\theta = \dfrac{1-\cos(2\theta)}{2}$
11. $\cos^2\theta = \dfrac{1+\cos(2\theta)}{2}$
12. $\sin(-\theta) = -\sin\theta$
13. $\cos(-\theta) = \cos\theta$

範例 1

試解方程式 $\cos(2\theta) = 2 - 3\sin\theta$，$\theta \in [0, 2\pi]$。

解 利用等式 $\cos(2\theta) = 1 - 2\sin^2\theta$，原方程式變成 $1 - 2\sin^2\theta = 2 - 3\sin\theta$ 或

$2\sin^2\theta - 3\sin\theta + 1 = 0$ 或 $(2\sin\theta - 1)(\sin\theta - 1) = 0$。

如果 $2\sin\theta - 1 = 0$，則 $\sin\theta = \dfrac{1}{2}$，此時 $\theta = \dfrac{\pi}{6}$ 或 $\theta = \dfrac{5\pi}{6}$。

如果 $\sin\theta - 1 = 0$，則 $\sin\theta = 1$，此時 $\theta = \dfrac{\pi}{2}$。

因此，此方程式的解為 $\theta = \dfrac{\pi}{6}$、$\theta = \dfrac{\pi}{2}$ 或 $\theta = \dfrac{5\pi}{6}$。

習題演練

1. 如果 $\tan x = 5$，試求 $\sin 2x + \cos 2x$ 之值。

0-6 極座標

極座標（polar coordinate）

極座標的定義

設點 $P(x,y)$ 為直角座標平面上異於原點 $O(0,0)$ 之點，若射線 $\overline{OP}$ 與起始射線之夾角為 θ 且線段 $\overline{OP}$ 的長度為 r，此時我們稱點 $P(x,y)$ 之極座標為 (r,θ)。原點 $O(0,0)$ 稱為極座標之**極點**（pole），而起始射線稱為極座標之**極軸**（polar axis）。（參見圖 0-25）

【註】起始射線即以原點 $(0,0)$ 當起始點，順著 x-軸正方向之射線。

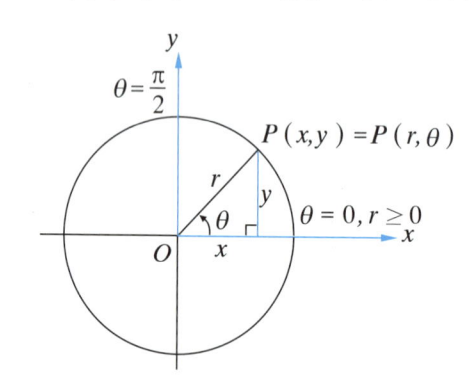

圖 0-25　極座標的定義

由圖，我們可以得到極座標為 (r, θ) 與直角座標 (x, y) 的關係：

$$\begin{cases} x = r\cos\theta \\ y = r\sin\theta \end{cases}, \quad x^2 + y^2 = r^2, \quad \tan\theta = \frac{y}{x}$$

【註】$P(x,y)$ 之極座標表示並不是唯一的，除了 (r,θ) 之外，還有很多選擇，例如：

因為 $\begin{cases} x = r\cos(\theta+2\pi) = r\cos\theta \\ y = r\sin(\theta+2\pi) = r\sin\theta \end{cases}$ 、 $\begin{cases} x = r\cos(\theta-2\pi) = r\cos\theta \\ y = r\sin(\theta-2\pi) = r\sin\theta \end{cases}$

$\begin{cases} x = (-r)\cos(\theta+\pi) = (-r)(-\cos\theta) = r\cos\theta \\ y = (-r)\sin(\theta+\pi) = (-r)(-\sin\theta) = r\sin\theta \end{cases}$

及 $\begin{cases} x = (-r)\cos(\theta-\pi) = (-r)(-\cos\theta) = r\cos\theta \\ y = (-r)\sin(\theta-\pi) = (-r)(-\sin\theta) = r\sin\theta \end{cases}$，

所以 $(r,\theta+2\pi)$、$(r,\theta-2\pi)$、$(-r,\theta+\pi)$ 及 $(-r,\theta-\pi)$ 都是 $P(x,y)$ 之極座標表示。

其實，對任意的 $n \in Z$，

$(r,\theta+2n\pi)$ 或 $(-r,\theta+(2n+1)\pi)$ 都是以 $P(x,y)$ 之極座標表示。

範例 1

試找出點 $(-\sqrt{3},1)$ 之所有極座標表示。

解 (i) 我們先找出點 $(-\sqrt{3},1)$ 之極座標 (r,θ)，$\theta \in [0, 2\pi]$。

因為 $\tan\theta = \dfrac{-1}{\sqrt{3}} = -\dfrac{1}{\sqrt{3}}$ 且 $r^2 = (-1)^2 + (\sqrt{3})^2 = 1 + 3 = 4$，

所以 $\theta = \dfrac{2\pi}{3}$ 且 $r = \sqrt{4} = 2$。（點 $(-\sqrt{3},1)$ 在第二象限）

因此，點 $(-\sqrt{3},1)$ 之極座標表示為 $\left(2, \dfrac{2\pi}{3}\right)$。

(ii) 點 $(-\sqrt{3},1)$ 之所有極座標表示為

$\left(2, \dfrac{2\pi}{3} + 2n\pi\right)$ 或 $\left(-2, \dfrac{2\pi}{3} + (2n+1)\pi\right)$，其中 $n \in Z$。

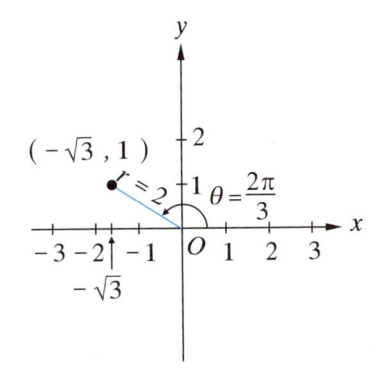

圖 0-26 範例 1 之圖形

簡單的極座標方程式及其圖形（simple polar equation and its graphs）

1. **圓**（circle）

    (a) $r=a$ $(a>0)$ 表示圓心為原點 $(0,0)$ 且半徑為 a 的圓。
    說明：$r=a$ 可推得 $r^2=a^2$ 或 $x^2+y^2=a^2$。

    (b) $r=2a\cos\theta$ $(a>0)$ 表示圓心為點 $(a,0)$ 且半徑為 a 的圓。
    說明：$r=2a\cos\theta$ 可推得 $r^2=2ar\cos\theta$ 或 $x^2+y^2=2ax$，
    而 $x^2+y^2=2ax$ 可推得 $(x-a)^2+y^2=a^2$。

    (c) $r=2a\sin\theta$ $(a>0)$ 表示圓心為點 $(0,a)$ 且半徑為 a 的圓。
    說明：$r=2a\sin\theta$ 可推得 $r^2=2ar\sin\theta$ 或 $x^2+y^2=2ay$，
    而 $x^2+y^2=2ay$ 可推得 $x^2+(y-a)^2=a^2$。

    (d) $r=-2a\cos\theta$ $(a>0)$ 表示圓心為點 $(-a,0)$ 且半徑為 a 的圓。
    說明：$r=-2a\cos\theta$ 可推得 $r^2=-2ar\cos\theta$ 或 $x^2+y^2=-2ax$，
    而 $x^2+y^2=-2ax$ 可推得 $(x+a)^2+y^2=a^2$。

    (e) $r=-2a\sin\theta$ $(a>0)$ 表示圓心為點 $(0,-a)$ 且半徑為 a 的圓。
    說明：$r=-2a\sin\theta$ 可推得 $r^2=-2ar\sin\theta$ 或 $x^2+y^2=-2ay$，
    而 $x^2+y^2=-2ay$ 可推得 $x^2+(y+a)^2=a^2$。

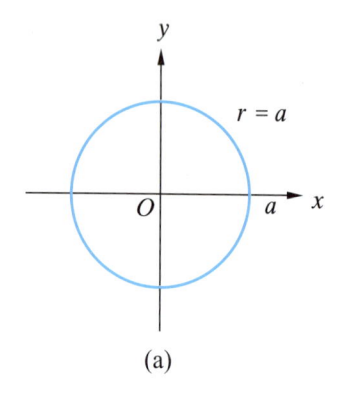

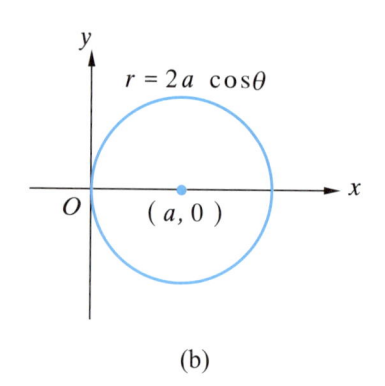

(a)

(b)

圖 0-27

第 0 章 基礎微積分預備知識回顧 35

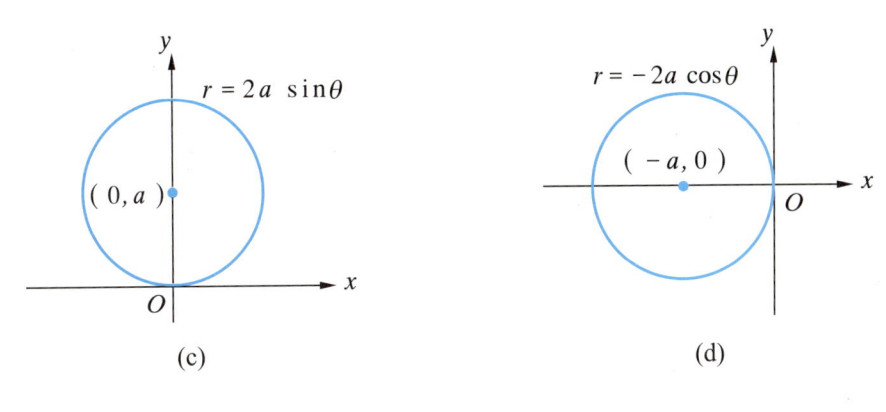

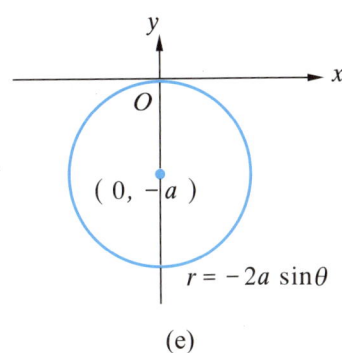

圖 0-27（續）

底下的圖形比較難描繪，讀者只要知道圖形之表示式就可以了。

2. **玫瑰線**（rose curve）
   (a) $r = a\cos(n\theta)$ $(a > 0, n \in Z^+, n \neq 1)$
   (b) $r = a\sin(n\theta)$ $(a > 0, n \in Z^+, n \neq 1)$

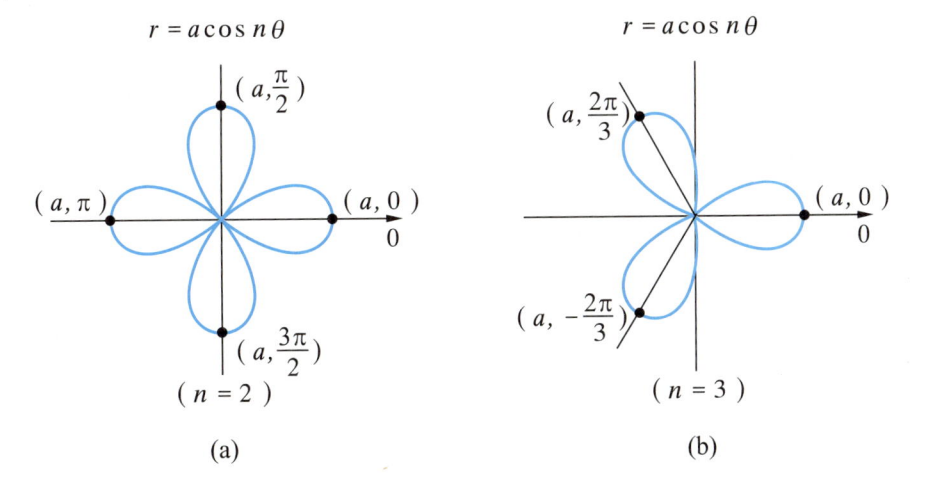

圖 0-28

3. **雙紐線**（lemniscates）
   (a) $r^2 = a^2 \cos(2\theta)$ $(a > 0)$
   (b) $r^2 = a^2 \sin(2\theta)$ $(a > 0)$

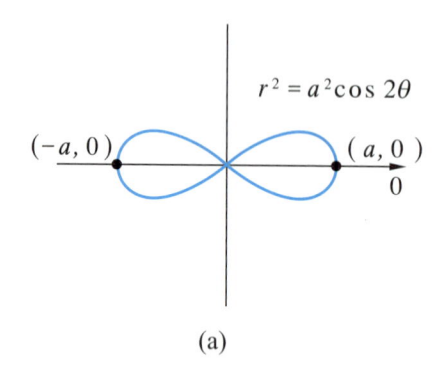

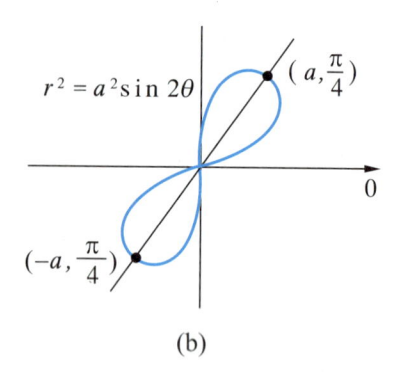

圖 0-29

範例 2

試將直角座標之平面區域 $D = \{(x, y) \mid 1 \leq x^2 + y^2 \leq 9\}$ 以極座標之平面區域表示。

解 由圖 0-30 所示，區域 $D = \{(x, y) \mid 1 \leq x^2 + y^2 \leq 9\}$ 是以原點為中心而半徑分別為 $r = 1$ 與 $r = 3$ 的圓所圍成之區域。

因此，極座標之平面區域為 $\{(r, \theta) \mid 1 \leq r \leq 3, 0 \leq \theta \leq 2\pi\}$。

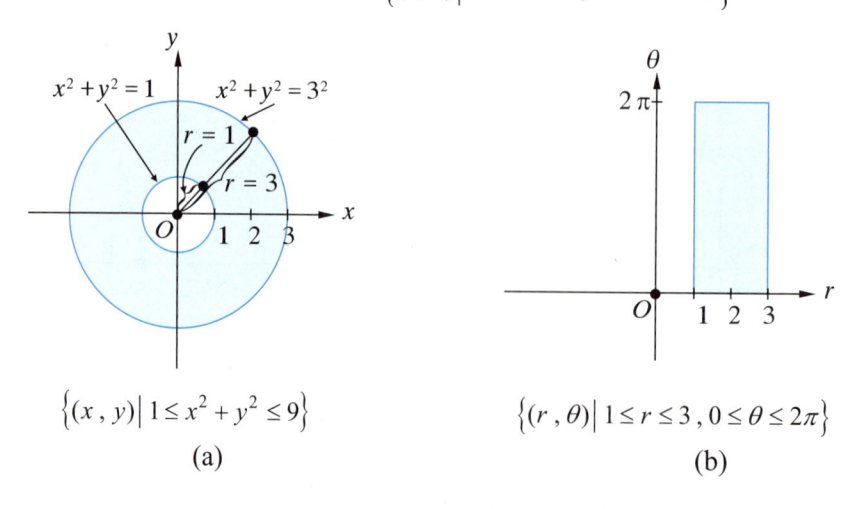

圖 0-30　範例 2 之圖

範例 3

試將直角座標之平面區域 $D = \left\{ (x,y) \mid 0 \leq x \leq \sqrt{3}, 0 \leq y \leq \dfrac{x}{\sqrt{3}} \right\}$ 以極座標之平面區域表示。

解 由圖 0-31 所示，平面區域 $D = \left\{ (x,y) \mid 0 \leq x \leq \sqrt{3}, 0 \leq y \leq \dfrac{x}{\sqrt{3}} \right\}$ 是一個三角形。

首先，我們先定其角度範圍。

因為 $\tan\theta = \dfrac{1}{\sqrt{3}}$，所以 $\theta = \dfrac{\pi}{6}$。因此，角度的範圍為 $0 \leq \theta \leq \dfrac{\pi}{6}$。

接著，我們定出半徑之範圍。

由直線 $x = \sqrt{3}$，我們可得 $r\cos\theta = \sqrt{3}$ 或 $r = \dfrac{\sqrt{3}}{\cos\theta}$。

因此，半徑的範圍為 $0 \leq r \leq \dfrac{\sqrt{3}}{\cos\theta}$。

最後，極座標之平面區域為 $\left\{ (r,\theta) \mid 0 \leq r \leq \dfrac{\sqrt{3}}{\cos\theta}, 0 \leq \theta \leq \dfrac{\pi}{6} \right\}$。

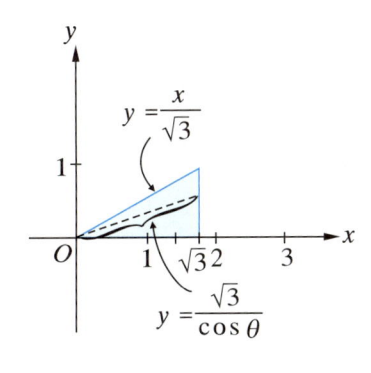

$\left\{ (x,y) \mid 0 \leq x \leq \sqrt{3}, 0 \leq y \leq \dfrac{x}{\sqrt{3}} \right\}$

(a)

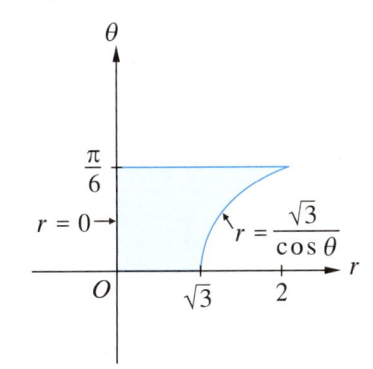

$\left\{ (r,\theta) \mid 0 \leq r \leq \dfrac{\sqrt{3}}{\cos\theta}, 0 \leq \theta \leq \dfrac{\pi}{6} \right\}$

(b)

圖 0-31　範例 3 之圖

習題演練

1. 試找出點 $(-\sqrt{3}, -1)$ 之所有極座標表示。

2. 試將直角座標之平面區域 $D = \left\{ (x,y) \mid 0 \leq x \leq 5 \,,\, 0 \leq y \leq \sqrt{25-x^2} \right\}$ 以極座標之平面區域表示。

3. 試將直角座標之平面區域

$$D = \left\{ (x,y) \mid 0 \leq x \leq 2 \,,\, -\sqrt{1-(x-1)^2} \leq y \leq \sqrt{1-(x-1)^2} \right\}$$

以極座標之平面區域表示。

CHAPTER 1

函數之極限與連續

- 1-1 函數之極限
- 1-2 極限之性質
- 1-3 單邊極限與包含無窮大之極限
- 1-4 函數之連續
- 1-5 連續函數之性質

1-1 函數之極限

函數之極限

極限的概念是整個微積分發展的重要工具，而透過極限的過程，讓我們可以描述函數的連續性、解決通過函數圖形上任一點 $P(a, f(a))$ 之切線問題、解決平面區域之面積問題及其他很多很多的相關問題。

我們想說的是：微積分是一門透過"極限"的過程所發展出來的知識，而有了微積分後，很多的現象可以獲得充分的解釋與了解。而讀者想要學好微積分，當務之急就需要對極限有很好的感覺與認識。我們先給一個極限的直觀定義，有了初步概念後，再介紹極限的嚴格定義，讓讀者比較容易探索極限的意義。

> **Definition 1.1.1** (The Intuitive Definition of The Limit)
> Let f be a function defined on an open interval that contains a number a, except possibly at a itself.
> We say that the limit of the function $f(x)$ as x approaches a is L, and denoted by $\lim_{x \to a} f(x) = L$ or $f(x) \to L$ as $x \to a$, if the value of $f(x)$ can be made as close to the number L as we please by choosing x sufficiently close to a (but not equal to a).

【註】$\lim_{x \to a} f(x) = L$ 的直觀定義為只要 x 的值足夠靠近 a（但不等於 a）時，函數值 $f(x)$ 就可以任意地靠近 L（要多靠近就可以多靠近）。即當 $x \to a$ 時，則 $f(x) \to L$。

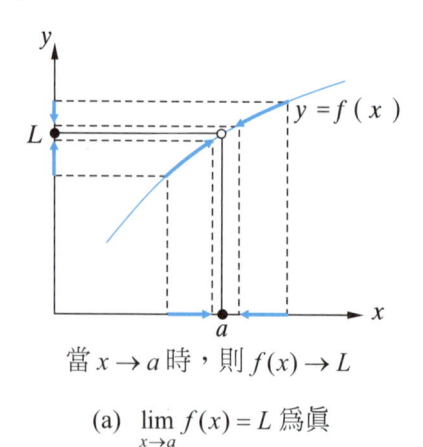

當 $x \to a$ 時，則 $f(x) \to L$

(a) $\lim_{x \to a} f(x) = L$ 為真

圖 1-1 極限的直觀意義

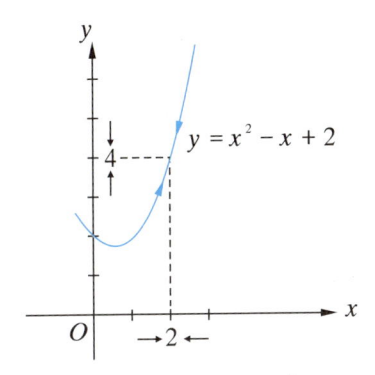

x	$f(x) = x^2 - x + 2$
2.1	4.31
2.01	4.0301
2.001	4.003001
2.0001	4.00030001
↓	↓
2	4
↑	↑
1.9999	3.99970001
1.999	3.997001
1.99	3.9701
1.9	3.71

當 $x \to 2$ 時，則 $f(x) = x^2 - x + 2 \to 4$

(b) $\lim_{x \to 2}(x^2 - x + 2) = 4$ 為真

圖 1-1　（續）

範例 1

試利用直觀定義計算極限 $\lim_{x \to 4}(3x - 5)$。

解　我們可以透過下列的表格數據來猜測此極限的值。

x	3.9	3.99	3.999	3.9999	→4←	4.0001	4.001	4.01	4.1
$3x-5$	6.7	6.97	6.997	6.9997	→7←	7.0003	7.003	7.03	7.3

(x 從 4 的左邊與右邊靠近 4)

由上面的數據顯示，我們可知 (或猜測) $\lim_{x \to 4}(3x - 5) = 7$。

從直觀的角度來思考，當 x 的值往 4 靠近時，$3x$ 的值就會往 12 靠近。

此時，$3x - 5$ 當然就往 $12 - 5$ 靠近了，即 $\lim_{x \to 4}(3x - 5) = 12 - 5 = 7$。

範例 2

試利用直觀定義計算極限 $\lim_{x \to 3} x^2 = 9$。

解　我們可以透過下列的兩個表格數據來猜測此極限的值。

x	2.9	2.99	2.999	2.9999	→3
x^2	8.41	8.9401	8.994001	8.99940001	→9

(x 從 3 的左邊靠近 3)

x	3.1	3.01	3.001	3.0001	$\to 3$
x^2	9.61	9.0601	9.006001	9.00060001	$\to 9$

(x 從 3 的右邊靠近 3)

由上面的數據顯示，我們可知（或猜測）$\lim_{x \to 3} x^2 = 9$。

從直觀的角度來思考，當 x 的值往 3 靠近時，x^2 的值就會往 3^2 靠近。

因此，$\lim_{x \to 3} x^2 = 3^2 = 9$。

範例 3

設函數 $f(x) = \begin{cases} 1, & -1 < x < 0 \\ -1, & 0 < x < 1 \end{cases}$。

試利用直觀定義說明極限 $\lim_{x \to 0} f(x)$ 不存在。

解 我們可以透過下列的表格來猜測此極限不存在。

x	−0.1	−0.01	−0.001	−0.0001	$\to 0 \leftarrow$	0.0001	0.001	0.01	0.1
$f(x)$	1	1	1	1	$\to 1 \parallel -1 \leftarrow$	−1	−1	−1	−1

(x 從 0 的左邊與右邊靠近 0)

由上面的數據顯示，我們可知（或猜測）$\lim_{x \to 0} f(x) \neq 1$ 且 $\lim_{x \to 0} f(x) \neq -1$。

因此，極限 $\lim_{x \to 0} f(x)$ 不存在。

下面的兩個定義是單邊極限的直觀定義。

Definition 1.1.2 (The Definition of The Right-Handed Limit)
Let f be a function defined on an open interval (a,b).
We say that the right-handed limit of the function $f(x)$ as x approaches a is L, and denoted by $\lim_{x \to a^+} f(x) = L$ or $f(x) \to L$ as $x \to a^+$, if the value of $f(x)$ can be made as close to the number L as we please by choosing x sufficiently close to a but $x > a$.

範例 4

由範例 1～範例 3 之表格數據可知，

$$\lim_{x \to 4^+}(3x-5)=7 \text{ 、 } \lim_{x \to 3^+} x^2 = 9 \text{ 及 } \lim_{x \to 0^+} f(x) = -1$$

($f(x)$ 的定義在範例 3)。

Definition 1.1.3 (The Definition of The Left-Handed Limit)
Let f be a function defined on an open interval (b,a).
We say that the left-handed limit of the function $f(x)$ as x approaches a is L, and denoted by $\lim_{x \to a^-} f(x) = L$ or $f(x) \to L$ as $x \to a^-$, if the value of $f(x)$ can be made as close to the number L as we please by choosing x sufficiently close to a but $x < a$.

範例 5

由範例 1～範例 3 之表格數據可知，

$$\lim_{x \to 4^-}(3x-5)=7 \text{ 、 } \lim_{x \to 3^-} x^2 = 9 \text{ 及 } \lim_{x \to 0^-} f(x) = 1$$

($f(x)$ 的定義在範例 3)

【註】 在範例 3 中，由於右極限 $\lim_{x \to 0^+} f(x) = -1$ 且左極限 $\lim_{x \to 0^-} f(x) = 1$，換言之，左右極限存在但不相等，因此可推得極限 $\lim_{x \to 0} f(x)$ 不存在。
我們在 1-3 節將介紹此一定理 (請參考定理 1.3.1)。

有了極限的直觀概念後，我們現在可以介紹極限的嚴格定義了，而後面各章節的其他極限定義，我們也都以嚴格的定義呈現，以顧及理論上的需要。

> **Definition 1.1.4** (The Precise Definition of The Limit)
> Let f be a function defined on an open interval that contains a number a, except possibly at a itself.
> We say that the limit of the function $f(x)$ as x approaches a is L, and denoted by $\lim_{x \to a} f(x) = L$ or $f(x) \to L$ as $x \to a$, if for every positive number ε, there exists a corresponding positive number δ such that if $0 < |x-a| < \delta$ then $|f(x) - L| < \varepsilon$.

【註】1. 定義的符號表現

$$\lim_{x \to a} f(x) = L \Leftrightarrow \forall \varepsilon > 0, \ \exists \delta > 0 \ \text{such that} \ 0 < |x-a| < \delta$$
$$\Rightarrow |f(x) - L| < \varepsilon$$
$$\Leftrightarrow \forall \varepsilon > 0, \ \exists \delta > 0 \ \text{such that} \ x \in (a-\delta, a) \cup (a, a+\delta)$$
$$\Rightarrow f(x) \in (L-\varepsilon, L+\varepsilon)$$

($\forall$ 表示**對每一個**；$\exists$ 表示**存在**；$\Rightarrow$ 表示**可推得**；$\Leftrightarrow$：表示**可互相推得**)

2. 定義的幾何意義

由於定義中的 ε 為任意先給定的正數，所以不等式 $|f(x) - L| < \varepsilon$ 在表現函數值 $f(x)$ 可以任意地靠近 L（例如：$\varepsilon = 0.01$ 或 $\varepsilon = 0.0001$）。定義中的 δ 為希望不等式 $|f(x) - L| < \varepsilon$ 能成立而去尋找的另一個正數，所以不等式 $0 < |x-a| < \delta$ 在表現 x 值與 a 靠近的程度。因此，當正數 δ 被找到時，我們就有下列敘述了：

$$0 < |x-a| < \delta \Rightarrow |f(x) - L| < \varepsilon \text{。}$$

換言之，只要 x 的值足夠靠近 a（但不等於 a）時，函數值 $f(x)$ 就可以任意地靠近 L 了。

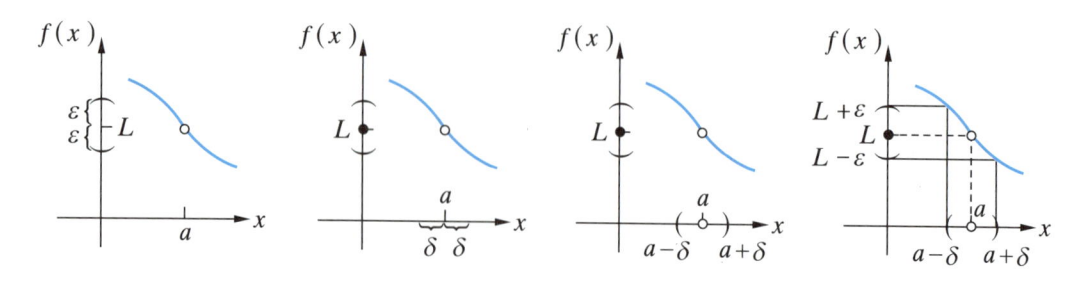

圖 1-2　極限定義的意義

3. 一般情形，δ 會是 ε 的函數。當 ε 之值變小時，δ 之值也會隨之變小。

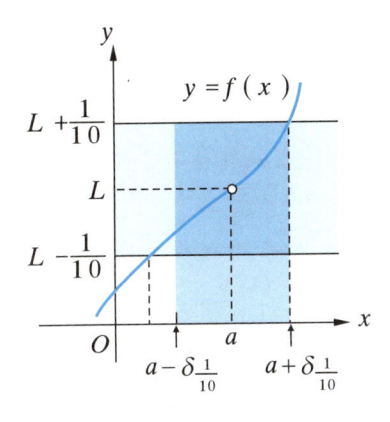

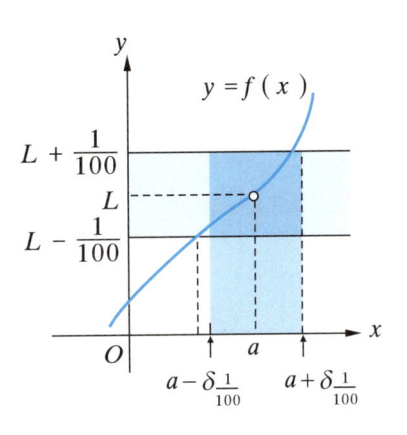

$0 < |x-a| < \delta_{\frac{1}{10}} \Rightarrow |f(x)-L| < \frac{1}{10}$

(a)

$0 < |x-a| < \delta_{\frac{1}{100}} \Rightarrow |f(x)-L| < \frac{1}{100}$

(b)

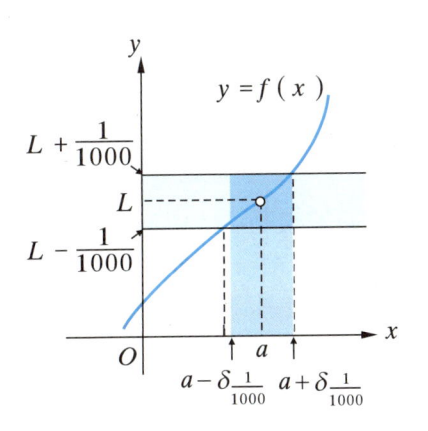

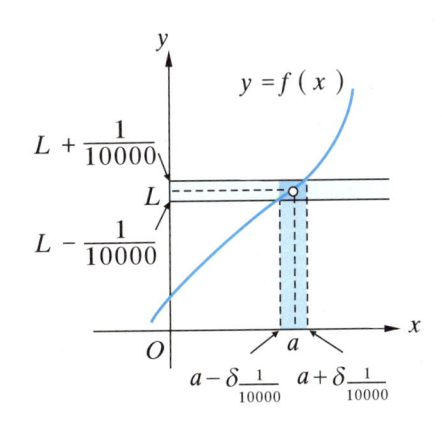

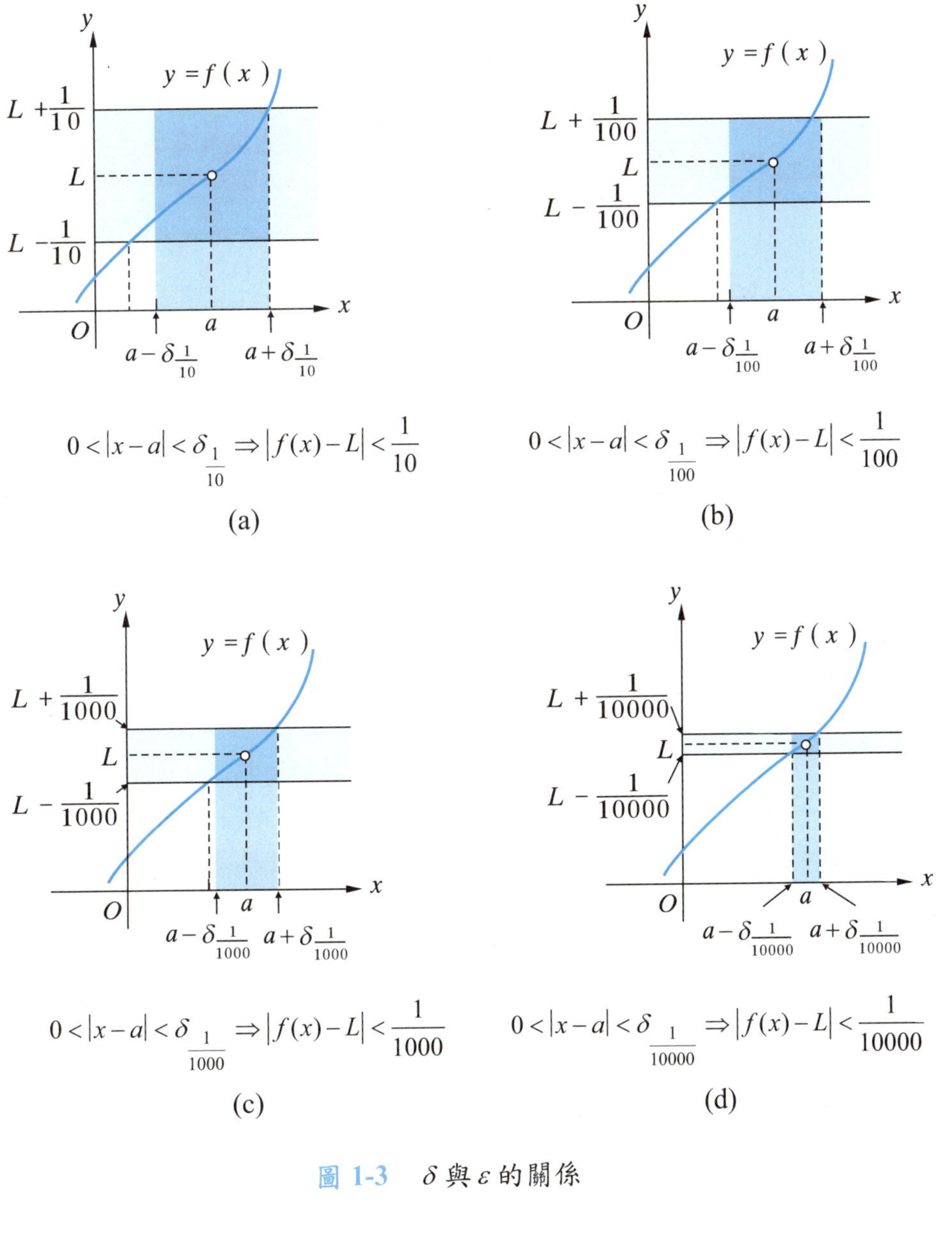

$0 < |x-a| < \delta_{\frac{1}{1000}} \Rightarrow |f(x)-L| < \frac{1}{1000}$

(c)

$0 < |x-a| < \delta_{\frac{1}{10000}} \Rightarrow |f(x)-L| < \frac{1}{10000}$

(d)

圖 1-3　δ 與 ε 的關係

4. 定義 1.1.4 中的正數 δ 並不是唯一的，事實上，其他小於 δ 之正數 δ' 都可以滿足定義。因為，$0 < |x-a| < \delta' < \delta \Rightarrow |f(x)-L| < \varepsilon$．

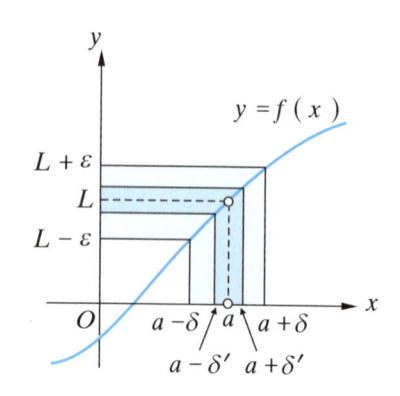

如果 $0<|x-a|<\delta \Rightarrow |f(x)-L|<\varepsilon$ 為真，則 $0<|x-a|<\delta' \Rightarrow |f(x)-L|<\varepsilon$ 亦為真。

圖 1-4　δ 不是唯一的

5. 極限的唯一性（唯一性讓此定義綻放光芒，也才有微積分的精彩內容）

Theorem 1.1　(The Uniqueness of the Limit)

If the limit $\lim\limits_{x \to a} f(x)$ exists, then it is unique.

證明：假設 $\lim\limits_{x \to a} f(x)=L$ 且 $\lim\limits_{x \to a} f(x)=M$，我們必須證明 $L=M$。

對於任意給定的正數 ε，

因為 $\lim\limits_{x \to a} f(x)=L$，所以可以找到一個正數 δ_1 使得

$$0<|x-a|<\delta_1 \Rightarrow |f(x)-L|<\frac{\varepsilon}{2}$$

因為 $\lim\limits_{x \to a} f(x)=M$，所以可以找到一個正數 δ_2 使得

$$0<|x-a|<\delta_2 \Rightarrow |f(x)-M|<\frac{\varepsilon}{2}$$

如果我們選取一個正數 $\delta=\min\{\delta_1,\delta_2\}$，即 δ 為此二正數中比較小的那一個，則

$$0<|x-a|<\delta \Rightarrow \begin{cases} 0<|x-a|<\delta_1 \\ \text{且} \\ 0<|x-a|<\delta_2 \end{cases} \Rightarrow \begin{cases} |f(x)-L|<\dfrac{\varepsilon}{2} \\ \text{且} \\ |f(x)-M|<\dfrac{\varepsilon}{2} \end{cases}。$$

現在我們選一個數 x_0，而此數滿足不等式 $0<|x_0-a|<\delta$，則

$$0 \leq |L-M| = |L-f(x_0)+f(x_0)-M| \leq |L-f(x_0)|+|f(x_0)-M|$$

$$\uparrow$$
$$(\ |a+b| \leq |a|+|b|\ )$$

$$= |f(x_0)-L| + |f(x_0)-M| < \dfrac{\varepsilon}{2} + \dfrac{\varepsilon}{2} = \varepsilon$$

$$\uparrow$$
$$(|a|=|-a|)$$

因為 ε 為任意給的正數，所以 $|L-M|=0$，也因此 $L=M$。

範例 6

試證明極限 $\lim\limits_{x \to 3}(4x-5)=7$。

解 (i) 分析（找 δ 與 ε 的關係）

由下列兩個不等式 $\begin{cases} |(4x-5)-7| = |4x-12| = 4|x-3| < \varepsilon \\ 0<|x-3|<\delta \end{cases}$，我們很容易看得

出 δ 與 ε 的關係。若我們選取 $\delta = \dfrac{\varepsilon}{4}$，則

$$0<|x-3|<\delta \;\Rightarrow\; |(4x-5)-7| = 4|x-3| < 4 \cdot \dfrac{\varepsilon}{4} = \varepsilon。$$

(ii) 證明

任意給定一正數 ε，我們選取 $\delta = \dfrac{\varepsilon}{4}$。

則 $0<|x-3|<\delta \Rightarrow |(4x-5)-7| = |4x-12| = 4|x-3| < 4 \cdot \dfrac{\varepsilon}{4} = \varepsilon$。

所以，由定義可證得 $\lim\limits_{x \to 3}(4x-5)=7$。

另解：(範例 6 之幾何證明法)

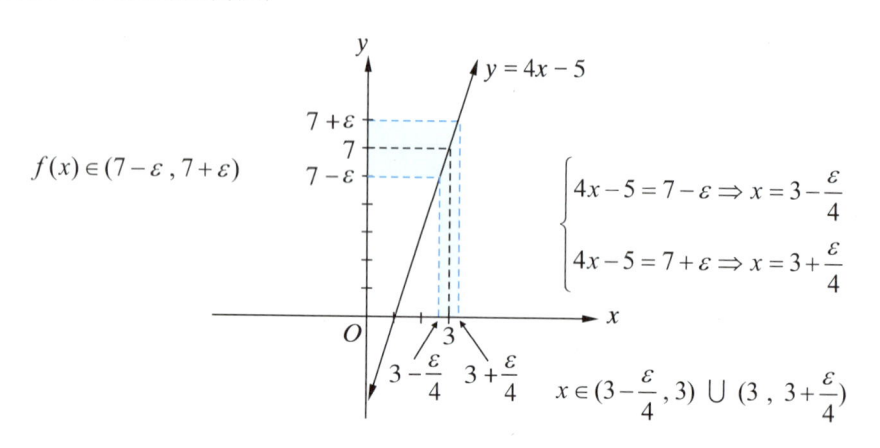

圖 1-5　範例 6 之幾何輔助圖形

由圖 1-5 可知，對任意給定的正數 ε，我們可選取 $\delta = \dfrac{\varepsilon}{4}$，則

$$x \in (3-\delta, 3) \cup (3, 3+\delta) \Rightarrow f(x) = 4x - 5 \in (7-\varepsilon, 7+\varepsilon)。$$

因此，由定義可知 $\lim\limits_{x \to 3}(4x-5) = 7$。

範例 7

試證明極限 $\lim\limits_{x \to 3} x^2 = 9$。

解 (i) 分析（找 δ 與 ε 的關係）

由下列兩個不等式 $\begin{cases} |x^2 - 9| = |x+3||x-3| < \varepsilon \\ 0 < |x-3| < \delta \end{cases}$，我們很難看得出 δ 與 ε 的關係。

如果我們可以找到一個正數 M 使得 $|x+3| < M$，

則 $|x^2 - 9| = |x+3||x-3| < M|x-3|$。

如此一來，如果我們選取 $\delta = \dfrac{\varepsilon}{M}$，

則 $|x^2-9|=|x+3||x-3|<M|x-3|<M\cdot\dfrac{\varepsilon}{M}=\varepsilon$。

我們的工作就剩下如何去找那個正數 M 了。

我們先選取一個正數 $\delta_1=1$，即我們令 $|x-3|<1$，則
$|x+3|=|(x-3)+6|\le|x-3|+6<1+6=7$。（即 $M=7$）

最後，若我們選取 $\delta=\min\left\{1,\dfrac{\varepsilon}{7}\right\}$，則

$0<|x-3|<\delta\Rightarrow|x^2-9|=|x+3||x-3|<7|x-3|<7\cdot\dfrac{\varepsilon}{7}=\varepsilon$。

(ii) 證明

給定任意正數 ε，我們選取 $\delta=\min\left\{1,\dfrac{\varepsilon}{7}\right\}$。則

$0<|x-3|<\delta\Rightarrow\begin{cases}|x-3|<1\\ \text{且}\\ |x-3|<\dfrac{\varepsilon}{7}\end{cases}\Rightarrow\begin{cases}|x+3|=|(x-3)+6|\le|x-3|+6<1+6=7\\ \text{且}\\ |x-3|<\dfrac{\varepsilon}{7}\end{cases}$

$\Rightarrow|x^2-9|=|x+3||x-3|<7\cdot\dfrac{\varepsilon}{7}=\varepsilon$。

所以，由定義可證得 $\lim\limits_{x\to 3}x^2=9$。

另解：（範例 7 之幾何證明法）

$\begin{cases}x^2=9-\varepsilon\Rightarrow x=\sqrt{9-\varepsilon}\\ x^2=9+\varepsilon\Rightarrow x=\sqrt{9+\varepsilon}\end{cases}$

$\delta=\min\{3-\sqrt{9-\varepsilon},\sqrt{9+\varepsilon}-3\}$

$f(x)\in(9-\varepsilon,9+\varepsilon)$
$(\varepsilon<9)$

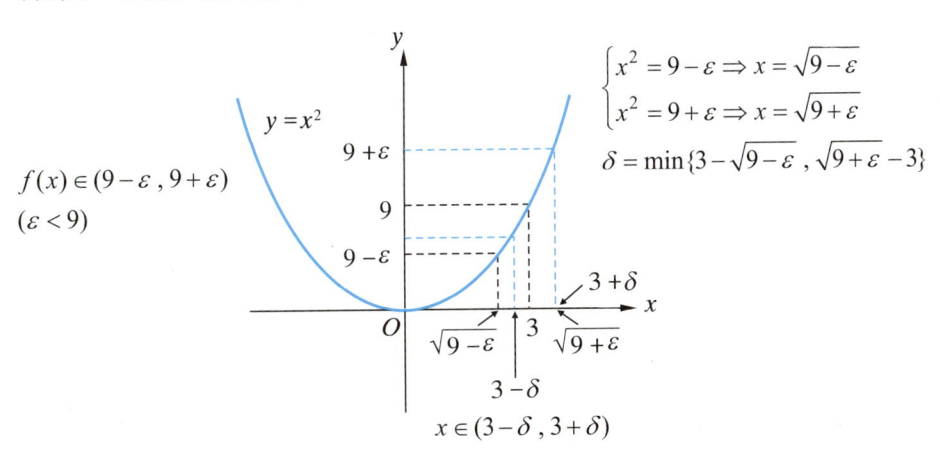

$x\in(3-\delta,3+\delta)$

圖 1-6　範例 7 之幾何輔助圖形

由圖 1-6 可知，

(i) 對任意給定的正數 ε（$\varepsilon < 9$），我們可選取 $\delta = \min\left\{3 - \sqrt{9-\varepsilon}, \sqrt{9+\varepsilon} - 3\right\}$，則
$x \in (3-\delta, 3) \cup (3, 3+\delta) \Rightarrow f(x) = x^2 \in (9-\varepsilon, 9+\varepsilon)$。

(ii) 對任意給定的正數 ε（$\varepsilon \geq 9$），我們可選取 $\delta = \min\left\{3 - \sqrt{9-1}, \sqrt{9+1} - 3\right\}$，則
$x \in (3-\delta, 3) \cup (3, 3+\delta) \Rightarrow f(x) = x^2 \in (9-\varepsilon, 9+\varepsilon)$。

【註】如果 δ 適用於 $\varepsilon < 9$ 時，則此 δ 必適用於 $\varepsilon \geq 9$ 時。

由 (i) 及 (ii) 可知，對任意給定的正數 ε（$\varepsilon < 9$ 或 $\varepsilon \geq 9$），必存在一個正數 δ 使得 $x \in (3-\delta, 3) \cup (3, 3+\delta) \Rightarrow f(x) = x^2 \in (9-\varepsilon, 9+\varepsilon)$。

因此，由定義可知 $\lim\limits_{x \to 3} x^2 = 9$。

範例 8

試證明極限 $\lim\limits_{x \to 0} \dfrac{|x|}{x}$ 不存在。

解 我們利用反證法來證明極限 $\lim\limits_{x \to 0} \dfrac{|x|}{x}$ 不存在。

假設極限 $\lim\limits_{x \to 0} \dfrac{|x|}{x}$ 存在且 $\lim\limits_{x \to 0} \dfrac{|x|}{x} = L$。

對於特別給定的 $\varepsilon = 1$，一定可以找到一個正數 δ 使得
$$0 < |x - 0| < \delta \Rightarrow \left|\dfrac{|x|}{x} - L\right| < 1。$$

因為 $0 < \left|\dfrac{\delta}{2}\right| = \dfrac{\delta}{2} < \delta$ 且 $0 < \left|-\dfrac{\delta}{2}\right| = \dfrac{\delta}{2} < \delta$，所以 $\left|\dfrac{\left|\frac{\delta}{2}\right|}{\frac{\delta}{2}} - L\right| < 1$ 且 $\left|\dfrac{\left|\frac{\delta}{2}\right|}{-\frac{\delta}{2}} - L\right| < 1$。

但是 $\left|\dfrac{\left|\frac{\delta}{2}\right|}{\frac{\delta}{2}} - L\right| = |1 - L| = |L - 1| < 1 \Leftrightarrow 0 < L < 2$

而 $\left|\dfrac{\left|\frac{\delta}{2}\right|}{-\frac{\delta}{2}} - L\right| = |-1 - L| = |L + 1| < 1 \Leftrightarrow -2 < L < 0$。

因為沒有一個實數可以同時大於 0 又小於 0，所以這裡產生了矛盾。

因此，我們假設極限 $\lim_{x\to 0}\frac{|x|}{x}$ 存在是一錯誤之假設，換言之，極限 $\lim_{x\to 0}\frac{|x|}{x}$ 不存在。

習題演練

・基本題

1. 設 $f(x) = \frac{x^2-1}{x-1}$，試利用計算機計算：(a) $f(1.1)$、$f(1.01)$、$f(1.001)$、$f(1.0001)$ 及 (b) $f(0.9)$、$f(0.99)$、$f(0.999)$、$f(0.9999)$，並利用 (a) 與 (b) 之結果計算或猜測極限 $\lim_{x\to 1}\frac{x^2-1}{x-1}$ 之值。(取小數點以下六位數)

2. 設 $f(x) = \frac{x^3+8}{x+2}$，試利用計算機計算：(a) $f(-1.9)$、$f(-1.99)$、$f(-1.999)$、$f(-1.9999)$ 及 (b) $f(-2.1)$、$f(-2.01)$、$f(-2.001)$、$f(-2.0001)$，並利用 (a) 與 (b) 之結果計算或猜測極限 $\lim_{x\to -2}\frac{x^3+8}{x+2}$ 之值。(取小數點以下六位數)

3. 設 $f(x) = \frac{\sin x}{x}$，試利用計算機計算：(a) $f(0.1)$、$f(0.01)$、$f(0.001)$、$f(0.0001)$ 及 (b) $f(-0.1)$、$f(-0.01)$、$f(-0.001)$、$f(-0.0001)$，並利用 (a) 與 (b) 之結果計算或猜測極限 $\lim_{x\to 0}\frac{\sin x}{x}$ 之值。(取小數點以下六位數)

4. 設 $f(h) = (1+h)^{1/h}$，試利用計算機計算：(a) $f(0.1)$、$f(0.01)$、$f(0.001)$、$f(0.0001)$ 及 (b) $f(-0.1)$、$f(-0.01)$、$f(-0.001)$、$f(-0.0001)$，並利用 (a) 與 (b) 之結果計算或猜測極限 $\lim_{h\to 0}(1+h)^{1/h}$ 之值。(取小數點以下六位數)

習題第 5 題至第 8 題，請直接由函數之圖形判定極限 $\lim_{x\to 2} f(x)$。

5.

6.

7.

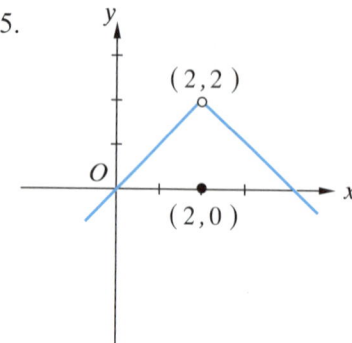

8.

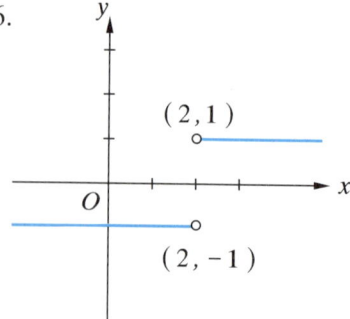

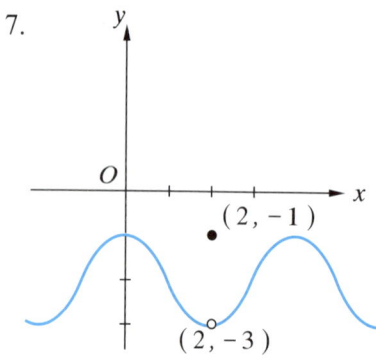

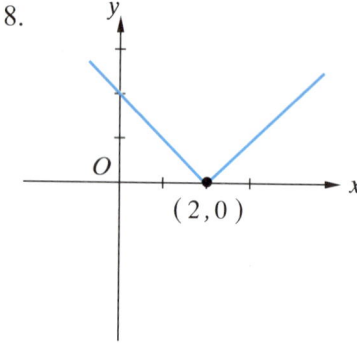

9. 利用極限之 $\delta - \varepsilon$ 定義證明 $\lim\limits_{x \to 4}(5 - 3x) = -7$。

10. 利用極限之 $\delta - \varepsilon$ 定義證明 $\lim\limits_{x \to 2}\dfrac{x^2 - 4}{x - 2} = 4$。

• 進階題

11. 利用極限之 $\delta - \varepsilon$ 定義證明 $\lim\limits_{x \to -4}|1 - x| = 5$。

12. 利用極限之 $\delta - \varepsilon$ 定義證明 $\lim\limits_{x \to 2}\dfrac{1}{x} = \dfrac{1}{2}$。

13. 利用極限之 $\delta - \varepsilon$ 定義證明 $\lim\limits_{x \to 4}\sqrt{x} = 2$。

14. 利用極限之 $\delta - \varepsilon$ 定義證明 $\lim\limits_{x \to 4}(x^2 + x - 4) = 16$。

15. 設 $f(x) = \begin{cases} -1, & x \in Q \\ 1, & x \in Q^c \end{cases}$，證明 $\lim\limits_{x \to 0} f(x)$ 不存在。(提示：參考範例 3)

    (此函數在任意實數 a 都沒有極限)

16. 設 $f(x) = \begin{cases} x, & x \in Q \\ 0, & x \in Q^c \end{cases}$，證明 $\lim\limits_{x \to 0} f(x) = 0$。

17. 如果 $\lim_{x \to a} f(x) = L > 0$，證明必存在一個正數 δ 使得

    $0 < |x - a| < \delta \Rightarrow f(x) > 0$。(提示：取 $\varepsilon = L$)

18. 如果 $\lim_{x \to a} f(x) = L < 0$，證明必存在一個正數 δ 使得

    $0 < |x - a| < \delta \Rightarrow f(x) < 0$。(提示：取 $\varepsilon = -L$)

19. 如果 $\lim_{x \to a} f(x) = L$，證明 $\lim_{x \to a} |f(x)| = |L|$。

    (提示：$\forall a, b \in \mathbb{R} : \big||a| - |b|\big| \le |a - b|$)

20. 試問下列敘述是否為真？

    "如果 $\lim_{x \to a} |f(x)| = L$，則 $\lim_{x \to a} f(x) = -L$ 或 $\lim_{x \to a} f(x) = L$"

    (提示：參考範例 3 或習題第 15 題)

1-2 極限之性質

在這一節，我們將介紹一些極限的性質，而利用這些性質，我們可計算較複雜的極限。

Theorem 1.2.1 (Limit Laws)

Suppose that the limits $\lim_{x \to a} f(x)$ and $\lim_{x \to a} g(x)$ exist and c is a constant. Then

1. $\lim_{x \to a} [f(x) + g(x)] = \lim_{x \to a} f(x) + \lim_{x \to a} g(x)$
2. $\lim_{x \to a} [f(x) - g(x)] = \lim_{x \to a} f(x) - \lim_{x \to a} g(x)$
3. $\lim_{x \to a} cf(x) = c \lim_{x \to a} f(x)$
4. $\lim_{x \to a} [f(x) \cdot g(x)] = \lim_{x \to a} f(x) \cdot \lim_{x \to a} g(x)$
5. $\lim_{x \to a} \dfrac{f(x)}{g(x)} = \dfrac{\lim_{x \to a} f(x)}{\lim_{x \to a} g(x)}$ （$\lim_{x \to a} g(x) \ne 0$）
6. For $n \in Z^+$, $\lim_{x \to a} [f(x)]^n = [\lim_{x \to a} f(x)]^n$

7. $\lim\limits_{x \to a} c = c$
8. $\lim\limits_{x \to a} x = a$
9. $\lim\limits_{x \to a} x^n = a^n$
10. $\lim\limits_{x \to a} \sqrt[n]{x} = \sqrt[n]{a}$ if $n = 1, 3, 5, \cdots$ or $n = 2, 4, 6, \cdots$ and $a > 0$
11. $\lim\limits_{x \to a} \sqrt[n]{f(x)} = \sqrt[n]{\lim\limits_{x \to a} f(x)}$ if $n = 1, 3, 5, \cdots$ or $n = 2, 4, 6, \cdots$ and $\lim\limits_{x \to a} f(x) > 0$

【註】前面三個性質，我們稱為線性性質（或線性計算），以後讀者會發現，幾乎所有的運算都有線性性質。例如第二章之微分與第四章之積分。

證明：我們只證明 1, 3, 7 及 8。(其他證明請參考相關書籍)

1. 假設 $\lim\limits_{x \to a} f(x) = L$ 且 $\lim\limits_{x \to a} g(x) = M$，我們證明

$$\lim_{x \to a} [f(x) + g(x)] = L + M \text{。}$$

給定任意正數 ε，

因為 $\lim\limits_{x \to a} f(x) = L$，所以必存在一個正數 δ_1 使得

$$0 < |x - a| < \delta_1 \Rightarrow |f(x) - L| < \frac{\varepsilon}{2} \text{。}$$

又因為 $\lim\limits_{x \to a} g(x) = M$，所以必存在一個正數 δ_2 使得

$$0 < |x - a| < \delta_2 \Rightarrow |g(x) - M| < \frac{\varepsilon}{2} \text{。}$$

如果我們選取 $\delta = \min\{\delta_1, \delta_2\}$，則

$$0 < |x - a| < \delta \Rightarrow \begin{cases} |f(x) - L| < \dfrac{\varepsilon}{2} \\ \quad \text{且} \\ |g(x) - M| < \dfrac{\varepsilon}{2} \end{cases}$$

$$\Rightarrow |(f(x) + g(x)) - (L + M)|$$
$$= |(f(x) - L) + (g(x) - M)| \leq |f(x) - L| + |g(x) - M| < \frac{\varepsilon}{2} + \frac{\varepsilon}{2} = \varepsilon \text{。}$$

由極限定義可得 $\lim\limits_{x \to a} [f(x) + g(x)] = L + M$。

3. 假設 $\lim_{x \to a} f(x) = L$，我們證明 $\lim_{x \to a} cf(x) = cL$。

給定任意正數 ε，因為 $\lim_{x \to a} f(x) = L$，所以必存在一個正數 δ 使得

$$0 < |x - a| < \delta \Rightarrow |f(x) - L| < \frac{\varepsilon}{1 + |c|} \text{。}$$

但是 $|f(x) - L| < \dfrac{\varepsilon}{1 + |c|} \Rightarrow |cf(x) - cL| = |c||f(x) - L| \leq |c| \cdot \dfrac{\varepsilon}{1 + |c|} < \varepsilon$。

由極限定義可得 $\lim_{x \to a} cf(x) = cL$。

【註】① 我們擔心 $c = 0$，才採用 $\dfrac{\varepsilon}{1 + |c|}$，而不用 $\dfrac{\varepsilon}{|c|}$

② 讀者亦可以 $c = 0$ 及 $c \neq 0$ 來分別討論之

7. 給定任意正數 ε，我們可選任意正數 δ，則

$$0 < |x - a| < \delta \Rightarrow |c - c| = 0 < \varepsilon \text{。}$$

由極限定義可得 $\lim_{x \to a} c = c$。

【註】這裡的 δ 與 ε 沒有關係。

8. 給定任意正數 ε，我們可選取正數 $\delta = \varepsilon$，則

$$0 < |x - a| < \delta \Rightarrow |x - a| < \varepsilon \text{。}$$

由極限定義可得 $\lim_{x \to a} x = a$。

範例 1

試計算下列極限，並交代每一個步驟。

(a) $\lim_{x \to 3}(5x^3 - 7x + 2)$

(b) $\lim_{x \to -3} \dfrac{x^3 - 2x^2 + 3}{2 - 5x}$

解 (a) $\lim_{x \to 3}(5x^3 - 7x + 2) = \lim_{x \to 3} 5x^3 - \lim_{x \to 3} 7x + \lim_{x \to 3} 2$ (利用性質 1 及 2)

$= 5 \lim_{x \to 3} x^3 - 7 \lim_{x \to 3} x + \lim_{x \to 3} 2$ (利用性質 3)

$= 5 [\lim_{x \to 3} x]^3 - 7 \lim_{x \to 3} x + \lim_{x \to 3} 2$ (利用性質 6)

$$= 5 \cdot 3^3 - 7 \cdot 3 + 2 = 116$$

(b) $\displaystyle\lim_{x \to -3} \frac{x^3 - 2x^2 + 3}{2 - 5x} = \frac{\displaystyle\lim_{x \to -3}(x^3 - 2x^2 + 3)}{\displaystyle\lim_{x \to -3}(2 - 5x)}$ (利用性質 5)

$$= \frac{\displaystyle\lim_{x \to -3} x^3 - \lim_{x \to -3} 2x^2 + \lim_{x \to -3} 3}{\displaystyle\lim_{x \to -3} 2 - \lim_{x \to -3} 5x}$$ (利用性質 1 及 2)

$$= \frac{\displaystyle\lim_{x \to -3} x^3 - 2\lim_{x \to -3} x^2 + \lim_{x \to -3} 3}{\displaystyle\lim_{x \to -3} 2 - 5\lim_{x \to -3} x}$$ (利用性質 3)

$$= \frac{[\displaystyle\lim_{x \to -3} x]^3 - 2[\lim_{x \to -3} x]^2 + \lim_{x \to -3} 3}{\displaystyle\lim_{x \to -3} 2 - 5[\lim_{x \to -3} x]}$$ (利用性質 6)

$$= \frac{[-3]^3 - 2[-3]^2 + 3}{2 - 5 \cdot [-3]} = -\frac{42}{17}$$

【註】這兩個例子純粹在介紹如何利用極限性質來計算極限，而爾後之計算並不會如此繁瑣（請看範例 2）。

接著，我們介紹以直接代入法來計算極限。

Definition 1.2.1

(a) A function P is called a polynomial (function) if
$$P(x) = a_0 + a_1 x + a_2 x^2 + \cdots + a_n x^n$$
where $a_0, a_1, a_2, \cdots, a_n$ are constants and $n \in Z^+$.
The domain of P is $D_P = (-\infty, \infty)$.

(b) A function R is called a rational function if
$$R(x) = \frac{P_1(x)}{P_2(x)}$$, where P_1 and P_2 are polynomials.

The domain of R is $D_R = \{x \mid P_2(x) \neq 0\}$.

利用極限定理，我們很容易得到下列極限之計算公式。

> **Theorem 1.2.2** (Direct Substitution)
> (a) $\lim_{x \to a} P(x) = P(a)$ for all values of a.
> (b) $\lim_{x \to a} R(x) = R(a)$ for all values of a in the domain of R.

範例 2

試計算下列極限。（多項式與有理式函數之極限計算）

(a) $\lim_{x \to 3}(5x^3 - 7x + 2)$ 　　(b) $\lim_{x \to -3} \dfrac{x^3 - 2x^2 + 3}{2 - 5x}$

解 (a) $\lim_{x \to 3}(5x^3 - 7x + 2) = 5 \cdot 3^3 - 7 \cdot 3 + 2 = 116$

(b) $\lim_{x \to -3} \dfrac{x^3 - 2x^2 + 3}{2 - 5x} = \dfrac{(-3)^3 - 2 \cdot (-3)^2 + 3}{2 - 5 \cdot (-3)} = -\dfrac{42}{17}$

範例 3

試計算極限 $\lim_{x \to 1} \dfrac{x^2 - 1}{x - 1}$。

解 $\lim_{x \to 1} \dfrac{x^2 - 1}{x - 1} = \lim_{x \to 1} \dfrac{(x-1)(x+1)}{x - 1} = \lim_{x \to 1}(x + 1) = 1 + 1 = 2$
　　　　　↑
　　$[(x^2 - 1) = (x-1)(x+1)]$

【註】我們利用簡單的因式分解來計算極限。

範例 4

試計算極限 $\lim_{h \to 0} \dfrac{\sqrt{1+h} - 1}{h}$。

解 $\lim_{h \to 0} \dfrac{\sqrt{1+h} - 1}{h} = \lim_{h \to 0} \dfrac{\sqrt{1+h} - 1}{h} \cdot \dfrac{\sqrt{1+h} + 1}{\sqrt{1+h} + 1} = \lim_{h \to 0} \dfrac{(\sqrt{1+h})^2 - 1^2}{h(\sqrt{1+h} + 1)}$

$$= \lim_{h \to 0} \frac{(1+h)-1}{h(\sqrt{1+h}+1)} = \lim_{h \to 0} \frac{h}{h\sqrt{1+h}+h} = \lim_{h \to 0} \frac{1}{\sqrt{1+h}+1}$$

$$= \frac{1}{\sqrt{1}+1} = \frac{1}{2}$$

【註】我們利用有理化的技巧來計算極限。當然，爾後我們可以利用導數的觀念，再利用微分公式來計算這一類的極限。當然，也可以利用 5-7 節的 L'Hôpital's Rule 來計算。

範例 5

如果我們定義三個函數分別為

$$f(x) = \frac{x^2-1}{x-1}, \ g(x) = \begin{cases} x+1, & x \neq 1 \\ \sqrt{2}, & x = 1 \end{cases}, \ \text{及} \ h(x) = \begin{cases} x+1, & x \neq 1 \\ 2, & x = 1 \end{cases},$$

試計算 $\lim_{x \to 1} f(x)$、$\lim_{x \to 1} g(x)$ 及 $\lim_{x \to 1} h(x)$。

解 $\lim_{x \to 1} f(x) = \lim_{x \to 1} \frac{x^2-1}{x-1} = \lim_{x \to 1}(x+1) = 2$ (參考範例 4)、

$\lim_{x \to 1} g(x) = \lim_{x \to 1}(x+1) = 1+1 = 2$ 及 $\lim_{x \to 1} h(x) = \lim_{x \to 1}(x+1) = 1+1 = 2$。

【註】 1. 雖然 $f(1)$ 沒有定義，$g(1) = \sqrt{2}$，而 $h(1) = 2$，它們在 $x = 1$ 的極限都是相同的。換言之，函數在 $x = 1$ 的極限和該函數在 $x = 1$ 有沒有定義是無關的。

2. 我們在這一題所得到的訊息是 $f(1)$ 沒有定義，$\lim_{x \to 1} g(x) = 2 \neq \sqrt{2} = g(1)$，及 $\lim_{x \to 1} h(x) = 2 = h(1)$。而這一些訊息正是後面判定函數是否連續的重要依據。

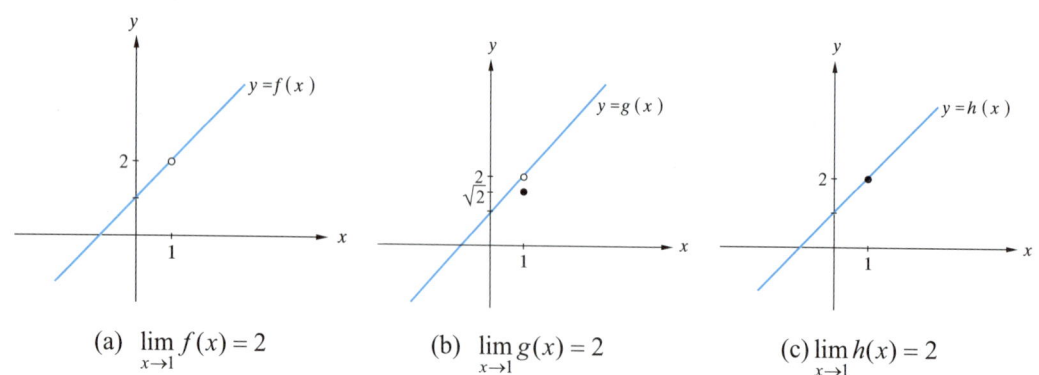

(a) $\lim_{x \to 1} f(x) = 2$ (b) $\lim_{x \to 1} g(x) = 2$ (c) $\lim_{x \to 1} h(x) = 2$

圖 1-7

範例 6

試計算極限 $\lim_{h\to 0}\dfrac{(3+h)^3-27}{h}$。

解
$$\lim_{h\to 0}\dfrac{(3+h)^3-27}{h}=\lim_{h\to 0}\dfrac{(3^3+3\cdot 3^2\cdot h+3\cdot 3\cdot h^2+h^3)-27}{h}$$
$$=\lim_{h\to 0}\dfrac{27h+9h^2+h^3}{h}=\lim_{h\to 0}(27+9h+h^2)=27$$

【註】我們利用二項展開之技巧來計算極限，其公式為

$$(a+b)^n=a^n+\binom{n}{1}a^{n-1}b+\binom{n}{2}a^{n-2}b^2+\cdots+\binom{n}{n-1}ab^{n-1}+b^n，$$

其中 $\binom{n}{k}=\dfrac{n!}{k!(n-k)!}$。

而 $(a+b)^3=a^3+\binom{3}{1}a^{3-1}b+\binom{3}{2}a^{3-2}b^2+b^3=a^3+3a^2b+3ab^2+b^3$。

另解：
$$\lim_{h\to 0}\dfrac{(3+h)^3-3^3}{h}=\lim_{h\to 0}\dfrac{[(3+h)-3][(3+h)^2+(3+h)\cdot 3+3^2]}{h}$$
$$=\lim_{h\to 0}\dfrac{h[(3+h)^2+(3+h)\cdot 3+3^2]}{h}$$
$$=\lim_{h\to 0}[(3+h)^2+(3+h)\cdot 3+3^2]$$
$$=3^2+3^2+3^2=27$$

【註】我們利用因式分解之技巧來計算極限，其公式為

$$a^n-b^n=(a-b)(a^{n-1}+a^{n-2}b+\cdots+ab^{n-2}+b^{n-1})。$$

而 $a^3-b^3=(a-b)(a^{3-1}+a^{3-2}b+b^{3-1})=(a-b)(a^2+ab+b^2)$。

當然，範例 6 也是可以用導數的定義或 *L'Hôpital's Rule* 解之。

在計算極限時，三明治定理或夾擠定理有時候是非常方便的。

Theorem 1.2.3 (The Squeeze Theorem or The Sandwich Theorem)

If $f(x)\le g(x)\le h(x)$ for all x in an open interval that contains a number a, except possibly at a itself, and if $\lim_{x\to a}f(x)=L=\lim_{x\to a}h(x)$, then $\lim_{x\to a}g(x)=L$.

證明：對於任意給定的正數 ε，由第一個條件可知必存在一個正數 δ_1 使得

$$0 < |x-a| < \delta_1 \Rightarrow f(x) \leq g(x) \leq h(x) \text{。}$$

因為 $\lim\limits_{x \to a} f(x) = L$，所以必存在一個正數 δ_2 使得

$$0 < |x-a| < \delta_2 \Rightarrow |f(x) - L| < \varepsilon \text{。}$$

又因為 $\lim\limits_{x \to a} h(x) = L$，所以必存在一個正數 δ_3 使得

$$0 < |x-a| < \delta_3 \Rightarrow |h(x) - L| < \varepsilon \text{。}$$

現在如果我們選取 $\delta = \min\{\delta_1, \delta_2, \delta_3\}$，則

$$0 < |x-a| < \delta \Rightarrow \begin{cases} f(x) \leq g(x) \leq h(x), \\ |f(x) - L| < \varepsilon, \text{ 且 } |h(x) - L| < \varepsilon \end{cases}$$

$$\Leftrightarrow \begin{cases} f(x) \leq g(x) \leq h(x), \\ L - \varepsilon < f(x) < L + \varepsilon, \text{ 且 } L - \varepsilon < h(x) < L + \varepsilon \end{cases}$$

$$\Rightarrow L - \varepsilon < f(x) \leq g(x) \leq h(x) < L + \varepsilon$$

$$\Rightarrow L - \varepsilon < g(x) < L + \varepsilon$$

$$\Leftrightarrow |g(x) - L| < \varepsilon$$

因此，由極限定義可證得 $\lim\limits_{x \to a} g(x) = L$。

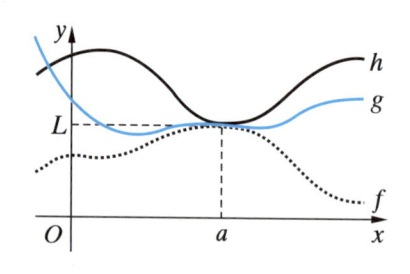

圖 1-8　三明治定理

範例 7

試證明極限 $\lim\limits_{x \to 0} x^2 \sin\dfrac{1}{x} = 0$。

解 為對每一個 $x \neq 0$，我們有不等式 $-1 \leq \sin\dfrac{1}{x} \leq 1$。

所以對每一個 $x \neq 0$，我們也有不等式 $-x^2 \leq x^2 \sin\dfrac{1}{x} \leq x^2$。

又因為 $\lim\limits_{x\to 0}(-x^2) = 0 = \lim\limits_{x\to 0} x^2$，所以利用夾擠定理，我們可得 $\lim\limits_{x\to 0} x^2 \sin\dfrac{1}{x} = 0$。

範例 8

如果 $\lim\limits_{x\to a}|f(x)| = 0$，試證明 $\lim\limits_{x\to a} f(x) = 0$。

解 因為對每一個 $x \neq a$ 且 $f(x)$ 有定義，則我們有不等式 $-|f(x)| \leq f(x) \leq |f(x)|$，

又因為 $\lim\limits_{x\to a}[-|f(x)|] = 0 = \lim\limits_{x\to a}|f(x)|$，所以利用夾擠定理，

我們可得 $\lim\limits_{x\to a} f(x) = 0$。

【註】如果 $\lim\limits_{x\to a} f(x) = 0$，則也可證明 $\lim\limits_{x\to a}|f(x)| = 0$。（讀者可嘗試證之）

談完連續性後，我們的計算過程為 $\lim\limits_{x\to a}|f(x)| = \left|\lim\limits_{x\to a} f(x)\right| = |0| = 0$。

例如：$\lim\limits_{x\to 0} x = 0 \Rightarrow \lim\limits_{x\to 0}|x| = \left|\lim\limits_{x\to 0} x\right| = |0| = 0$。（請看定理 1.5.2）

範例 9

試證明極限 $\lim\limits_{x\to 0} x \sin\dfrac{1}{x} = 0$。

解 因為對每一個 $x \neq 0$，我們有不等式

$0 \leq \left|x \sin\dfrac{1}{x}\right| = |x|\left|\sin\dfrac{1}{x}\right| \leq |x|$，

又因為 $\lim\limits_{x\to 0} 0 = 0 = \lim\limits_{x\to 0}|x|$，所以利用夾擠定理，我們可得 $\lim\limits_{x\to 0}\left|x \sin\dfrac{1}{x}\right| = 0$，

再由範例 8，我們可得 $\lim\limits_{x\to 0} x \sin\dfrac{1}{x} = 0$。

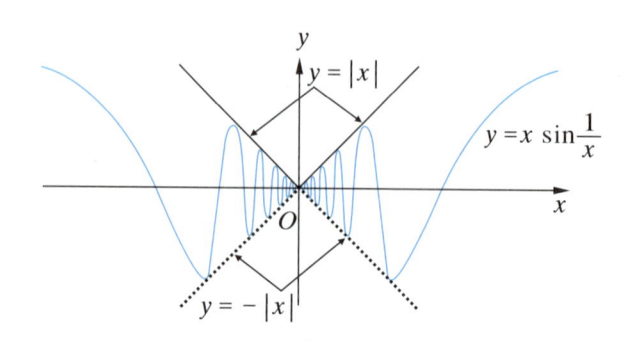

圖 1-9　範例 9 之圖形

習題演練

・基本題

1. 設 $\lim_{x \to a} f(x) = -5$、$\lim_{x \to a} g(x) = 0$ 及 $\lim_{x \to a} h(x) = 3$。下列極限如果存在的話，試計算其值。

   (a) $\lim_{x \to a} [f(x) - h(x)]$
   (b) $\lim_{x \to a} [f(x)]^3$
   (c) $\lim_{x \to a} \dfrac{1}{f(x)}$
   (d) $\lim_{x \to a} \dfrac{f(x)}{h(x)}$
   (e) $\lim_{x \to a} \dfrac{h(x)}{g(x)}$
   (f) $\lim_{x \to a} \sqrt[3]{f(x)}$

習題第 2 題至第 10 題，請利用極限定理計算其極限。

2. $\lim_{x \to -2} (2x^3 + 4x^2 - x + 6)$

3. $\lim_{x \to 3} (x^2 - 4)(x^3 + 4x - 1)$

4. $\lim_{x \to -1} \dfrac{x^3 - 3x + 7}{1 - 2x}$

5. $\lim_{x \to 3} \sqrt[3]{2x^2 - 6x + 27}$

6. $\lim_{x \to -2} \dfrac{x^3 + 8}{x + 2}$

7. $\lim_{x \to 1} \left(\dfrac{x^2}{x - 1} - \dfrac{1}{x - 1} \right)$

8. $\lim_{x \to 16} \dfrac{\sqrt{x} - 4}{x - 16}$

9. $\lim_{x \to -2} \dfrac{x + 2}{(1/x) + (1/2)}$

10. $\lim_{x \to -4} (x + 3)^{2006}$

・進階題

習題第 11 題至第 15 題，試利用極限定理計算其極限。

11. $\lim\limits_{h \to 0} \dfrac{1}{h}\left(\dfrac{1}{\sqrt{1+h}} - 1\right)$

12. $\lim\limits_{x \to 64} \dfrac{\sqrt{x} - 8}{\sqrt[3]{x} - 4}$

13. $\lim\limits_{h \to 0} \dfrac{(3+h)^{-1} - 3^{-1}}{h}$

14. $\lim\limits_{x \to 2} \dfrac{x^{2/3} - 2^{2/3}}{x - 2}$

15. $\lim\limits_{x \to 0} \dfrac{1 - \cos x}{\sin x}$

16. 證明 $\lim\limits_{x \to 0} x^3 \cos\left(\dfrac{25}{x} + \pi\right) = 0$。（提示：利用夾擠定理）

17. 設 $f(x) = \begin{cases} x, & x \in Q \\ -x, & x \in Q^c \end{cases}$，證明 $\lim\limits_{x \to 0} f(x) = 0$。（提示：利用夾擠定理）

18. 如果 $\lim\limits_{x \to a} f(x) = L \neq 0$ 且 $\lim\limits_{x \to a} g(x) = 0$，則說明極限 $\lim\limits_{x \to a} \dfrac{f(x)}{g(x)}$ 不存在。

19. 如果 $\lim\limits_{x \to a} f(x)$ 存在 且 $\lim\limits_{x \to a} g(x)$ 不存在，則說明極限 $\lim\limits_{x \to a} [f(x) + g(x)]$ 不存在。

20. 下列敘述是否為真？

    "如果 $\lim\limits_{x \to a} f(x)$ 不存在且 $\lim\limits_{x \to a} g(x)$ 不存在，則極限 $\lim\limits_{x \to a} [f(x) + g(x)]$ 不存在"

1-3 單邊極限與包含無窮大之極限

單邊極限

Definition 1.3.1 (One-sided Limits)
(a) $\lim\limits_{x \to a^+} f(x) = L \Leftrightarrow \forall \varepsilon > 0$, $\exists \delta > 0$ such that $a < x < a + \delta \Rightarrow |f(x) - L| < \varepsilon$.
(b) $\lim\limits_{x \to a^-} f(x) = L \Leftrightarrow \forall \varepsilon > 0$, $\exists \delta > 0$ such that $a - \delta < x < a \Rightarrow |f(x) - L| < \varepsilon$.

【註】 1. $\lim\limits_{x \to a^+} f(x) = L$ 表示函數在 $x = a$ 之右極限是 L。

2. $\lim\limits_{x \to a^-} f(x) = L$ 表示函數在 $x = a$ 之左極限是 L。

3. 1-2 節中之極限性質及極限定理，都適用於單邊極限。

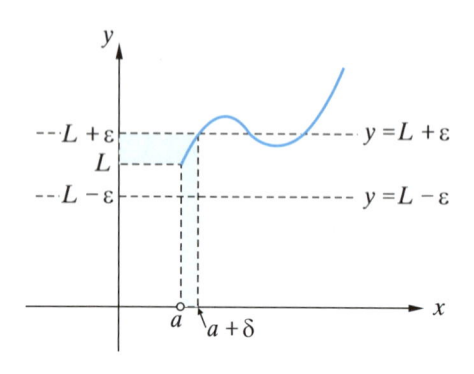

$$a < x < a+\delta \Rightarrow |f(x)-L| < \varepsilon$$

(a) 右極限

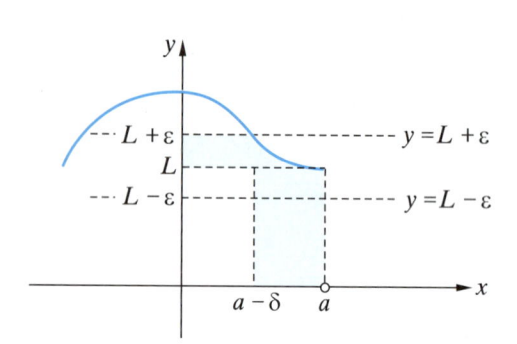

$$a-\delta < x < a \Rightarrow |f(x)-L| < \varepsilon$$

(b) 左極限

圖 1-10

範例 1

試證明極限 $\lim_{x \to 0^+} \sqrt{x} = 0$。

解 對於任意給定的正數 ε，我們選取正數 $\delta = \varepsilon^2$，則

$$0 < x < \delta \Rightarrow |\sqrt{x} - 0| = \sqrt{x} < \sqrt{\delta} = \sqrt{\varepsilon^2} = \varepsilon \text{。}$$

所以，由定義可得 $\lim_{x \to 0^+} \sqrt{x} = 0$。

Theorem 1.3.1

$$\lim_{x \to a} f(x) = L \Leftrightarrow \lim_{x \to a^+} f(x) = L \text{ and } \lim_{x \to a^-} f(x) = L$$

證明：$(\Rightarrow)$ $\lim_{x \to a} f(x) = L \Leftrightarrow \forall \varepsilon > 0$，$\exists \delta > 0$ such that $0 < |x-a| < \delta \Rightarrow |f(x)-L| < \varepsilon$

$\Leftrightarrow \forall \varepsilon > 0$，$\exists \delta > 0$ such that $x \in (a-\delta, a) \cup (a, a+\delta)$
$\Rightarrow |f(x)-L| < \varepsilon$
$\Rightarrow \forall \varepsilon > 0$，$\exists \delta > 0$ such that $a < x < a+\delta \Rightarrow |f(x)-L| < \varepsilon$
$\Leftrightarrow \lim_{x \to a^+} f(x) = L$

同理可證得 $\lim_{x \to a^-} f(x) = L$。

($\Leftarrow$) 對任意給定之正數 ε，因為 $\lim\limits_{x \to a^+} f(x) = L$，必存在一個正數 δ_1 使得

$$a < x < a + \delta_1 \Rightarrow |f(x) - L| < \varepsilon \text{。}$$

又因為 $\lim\limits_{x \to a^-} f(x) = L$，必存在一個正數 δ_2 使得

$$a - \delta_2 < x < a \Rightarrow |f(x) - L| < \varepsilon \text{。}$$

現在如果我們選取 $\delta = \min\{\delta_1, \delta_2\}$，則

$$x \in (a - \delta, a) \cup (a, a + \delta) \Rightarrow |f(x) - L| < \varepsilon \text{。}$$

所以，由極限定義可得 $\lim\limits_{x \to a} f(x) = L$。

【註】這一個定理可計算極限，也可以證明極限不存在。

範例 2

試計算極限 $\lim\limits_{x \to 0} |x|$。

解 因為 $\lim\limits_{x \to 0^+} |x| = \lim\limits_{x \to 0^+} x = 0$（如果 $x > 0$，則 $|x| = x$）且

$$\lim\limits_{x \to 0^-} |x| = \lim\limits_{x \to 0^-} (-x) = 0 \text{（如果 } x < 0\text{，則 } |x| = -x\text{）}$$

所以，由定理可得 $\lim\limits_{x \to 0} |x| = 0$。

範例 3

如果 $f(x) = \begin{cases} x^2 - 1, & x < 1 \\ \sqrt{x - 1}, & x \geq 1 \end{cases}$，試計算極限 $\lim\limits_{x \to 1} f(x)$。

解 因為 $\lim\limits_{x \to 1^+} f(x) = \lim\limits_{x \to 1^+} \sqrt{x - 1} = \lim\limits_{y \to 0^+} \sqrt{y} = 0$（令 $y = x - 1$）且

$$\lim\limits_{x \to 1^-} f(x) = \lim\limits_{x \to 1^-} (x^2 - 1) = 0$$

所以，由定理可得 $\lim\limits_{x \to 1} f(x) = 0$。

範例 4

試證明極限 $\lim\limits_{x\to 0}\dfrac{|x|}{x}$ 不存在。

解 因為 $\lim\limits_{x\to 0^+}\dfrac{|x|}{x}=\lim\limits_{x\to 0^+}\dfrac{x}{x}=\lim\limits_{x\to 0^+}1=1$ 且

$$\lim\limits_{x\to 0^-}\dfrac{|x|}{x}=\lim\limits_{x\to 0^-}\dfrac{(-x)}{x}=\lim\limits_{x\to 0^-}(-1)=-1,$$

所以，由於 $\lim\limits_{x\to 0^+}\dfrac{|x|}{x}\neq\lim\limits_{x\to 0^-}\dfrac{|x|}{x}$，我們可證得 $\lim\limits_{x\to 0}\dfrac{|x|}{x}$ 不存在。

【註】用單邊極限證明極限不存在的確比較簡單。（請與 1-1 節之範例 3 比較）

範例 5

最大整數函數，符號記為 $[\![x]\!]$，定義如下：
若 $n\leq x<n+1$，則 $[\![x]\!]=n$。（n 為任意整數）
例如 $[\![2]\!]=2$，$[\![2.5]\!]=2$，$[\![-2]\!]=-2$，$[\![-2.5]\!]=-3$……等。

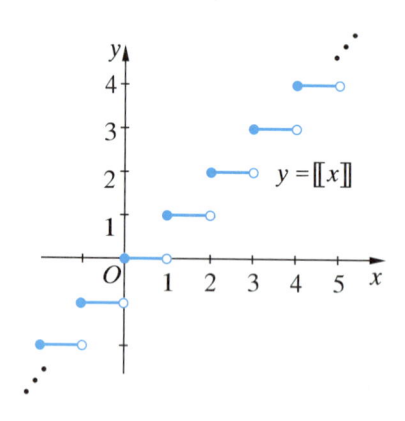

試證明 $\lim\limits_{x\to n}[\![x]\!]$ 不存在。

圖 1-11　最大整數函數之圖形

解 因為 $n\leq x<n+1\Rightarrow[\![x]\!]=n$，所以 $\lim\limits_{x\to n^+}[\![x]\!]=\lim\limits_{x\to n^+}n=n$。

又因為 $n-1\leq x<n\Rightarrow[\![x]\!]=n-1$，所以 $\lim\limits_{x\to n^-}[\![x]\!]=\lim\limits_{x\to n^-}(n-1)=n-1$。

因此，由於 $\lim\limits_{x \to n^+}[\![x]\!] \neq \lim\limits_{x \to n^-}[\![x]\!]$，我們可證得 $\lim\limits_{x \to n}[\![x]\!]$ 不存在。

【註】 1. 範例 5 得到的訊息是 $\lim\limits_{x \to n^+}[\![x]\!] = n = [\![n]\!]$，而 $\lim\limits_{x \to n^-}[\![x]\!] = n-1 \neq n = [\![n]\!]$。

2. 對於任意非整數點 a，$\lim\limits_{x \to a}[\![x]\!]$ 都是存在的。例如 $\lim\limits_{x \to 2.5}[\![x]\!] = 2$，$\lim\limits_{x \to -2.5}[\![x]\!] = -3$ 等。

● 無限大之極限

Definition 1.3.2 (Infinite Limits)

(a) $\lim\limits_{x \to a} f(x) = \infty \Leftrightarrow \forall P > 0$，$\exists \delta > 0$ such that $0 < |x-a| < \delta \Rightarrow f(x) > P$.

(b) $\lim\limits_{x \to a} f(x) = -\infty \Leftrightarrow \forall Q < 0$，$\exists \delta > 0$ such that $0 < |x-a| < \delta \Rightarrow f(x) < Q$.

【註】 1. $\lim\limits_{x \to a} f(x) = \infty$ 或 $\lim\limits_{x \to a} f(x) = -\infty$ 均表示極限不存在，它主要的目的是在於描述函數圖形之趨勢。

2. 單邊極限之定義可參考定義 1.3.1，例如

$\lim\limits_{x \to a^+} f(x) = \infty \Leftrightarrow \forall P > 0$，$\exists \delta > 0$ such that $a < x < a+\delta \Rightarrow f(x) > P$ 及

$\lim\limits_{x \to a^-} f(x) = -\infty \Leftrightarrow \forall Q < 0$，$\exists \delta > 0$ such that $a-\delta < x < a \Rightarrow f(x) < Q$ 等。

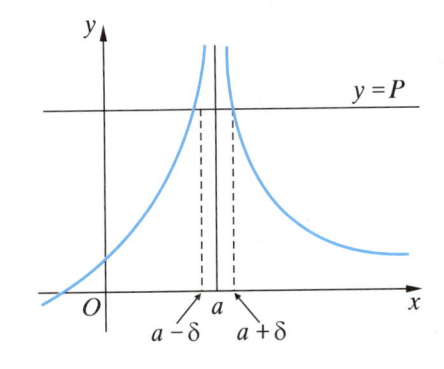

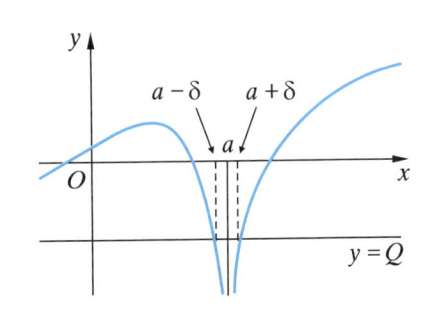

$0 < |x-a| < \delta \Rightarrow f(x) > P$
$\lim\limits_{x \to a} f(x) = \infty$
(a) 無限大之極限

$0 < |x-a| < \delta \Rightarrow f(x) < Q$
$\lim\limits_{x \to a} f(x) = -\infty$
(b) 負無限大之極限

圖 1-12

範例 6

試證明極限 $\lim\limits_{x \to 0} \dfrac{1}{x^2} = \infty$。

解 對於任意給定的正數 P，我們選取 $\delta = \dfrac{1}{\sqrt{P}}$，則

$$0 < |x| < \delta \Rightarrow 0 < x^2 < \delta^2 = \left(\dfrac{1}{\sqrt{P}}\right)^2 = \dfrac{1}{P} \Rightarrow \dfrac{1}{x^2} > P \text{。}$$

所以，由定義可證得 $\lim\limits_{x \to 0} \dfrac{1}{x^2} = \infty$。

【註】 1. 這一類之極限常出現的情況如下：

如果 $\lim\limits_{x \to a} f(x) = L \neq 0$ 且 $\lim\limits_{x \to a} g(x) = 0$，則 $\lim\limits_{x \to a} \left|\dfrac{f(x)}{g(x)}\right| = \infty$。

但是 $\lim\limits_{x \to 0^+} \ln x = -\infty$ 是比較特殊的。（$\ln x$ 是後面會介紹之自然對數函數）

2. 一般都是用直觀的方式來判定這一類之極限，我們不強調它的嚴格性。

範例 7

試計算極限 $\lim\limits_{x \to -1^-} \dfrac{7}{(x+1)^3}$。

解 因為 $\lim\limits_{x \to -1^-} 7 = 7 > 0$，又因為 $\lim\limits_{x \to -1^-} (x+1)^3 = 0$（而 $x < -1 \Rightarrow (x+1)^3 < 0$），

所以 $\lim\limits_{x \to -1^-} \dfrac{7}{(x+1)^3} = -\infty$。（讀者可嘗試用定義證明 $\lim\limits_{x \to -1^-} \dfrac{7}{(x+1)^3} = -\infty$）

Definition 1.3.3 (Vertical Asymptotes)
We say that the line $x = a$ is a vertical asymptote of a function f if
$\lim\limits_{x \to a} f(x) = \pm\infty$ or $\lim\limits_{x \to a^+} f(x) = \pm\infty$ or $\lim\limits_{x \to a^-} f(x) = \pm\infty$.

【註】 共有六種情形可能產生垂直漸近線。

第 1 章 函數之極限與連續 69

(a) $\lim_{x \to a} f(x) = \infty$

(b) $\lim_{x \to a^-} f(x) = -\infty$
$\lim_{x \to a^+} f(x) = \infty$

(c) $\lim_{x \to a^+} f(x) = \infty$

(d) $\lim_{x \to a^-} f(x) = -\infty$

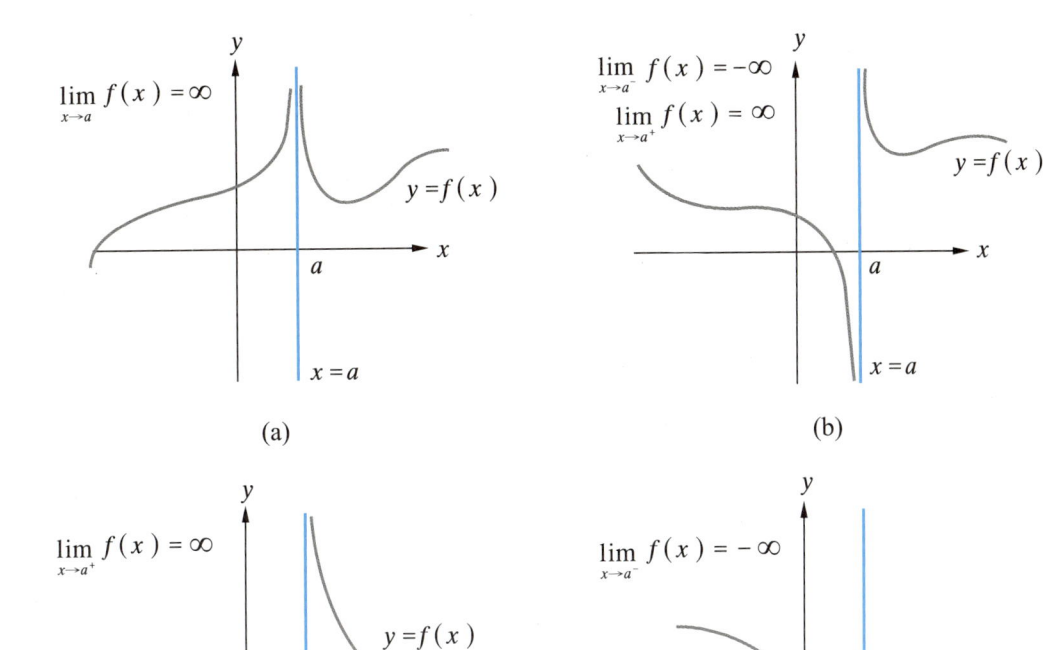

圖 1-13 直線 $x = a$ 是 $y = f(x)$ 的一條垂直漸近線

範例 8

試找出函數 $f(x) = \dfrac{x+1}{x^2 - x - 6}$ 之垂直漸近線。

解 (i) $f(x) = \dfrac{x+1}{x^2 - x - 6} = \dfrac{x+1}{(x+2)(x-3)}$

(ii) 因為 $\lim_{x \to -2^+} f(x) = \lim_{x \to -2^+} \dfrac{x+1}{(x+2)(x-3)} = \infty$

$\lim_{x \to -2^-} f(x) = \lim_{x \to -2^-} \dfrac{x+1}{(x+2)(x-3)} = -\infty$

$\lim_{x \to 3^+} f(x) = \lim_{x \to 3^+} \dfrac{x+1}{(x+2)(x-3)} = \infty$ 且

$$\lim_{x \to 3^-} f(x) = \lim_{x \to 3^-} \frac{x+1}{(x+2)(x-3)} = -\infty$$

所以 $x = -2$ 及 $x = 3$ 是函數 $f(x) = \dfrac{x+1}{x^2-x-6}$ 之兩條垂直漸近線。

● 在無限大之極限

Definition 1.3.4　(Limits at Infinity)

(a) $\lim\limits_{x \to \infty} f(x) = L \Leftrightarrow \forall \varepsilon > 0$, $\exists N > 0$ such that $x > N \Rightarrow |f(x) - L| < \varepsilon$.

(b) $\lim\limits_{x \to -\infty} f(x) = L \Leftrightarrow \forall \varepsilon > 0$, $\exists M < 0$ such that $x < M \Rightarrow |f(x) - L| < \varepsilon$.

【註】1. 這兩個極限之主要的目的也是在於描述函數圖形之趨勢。

2. 1-2 節之極限性質與極限定理亦適用本定義之極限。

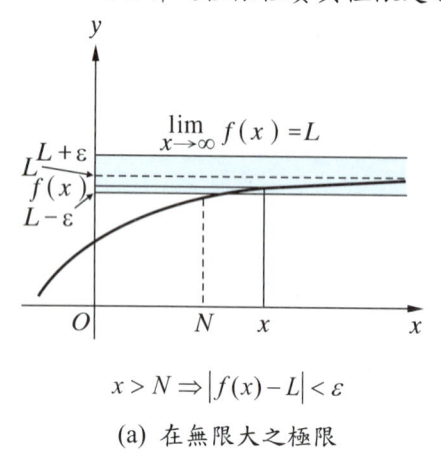

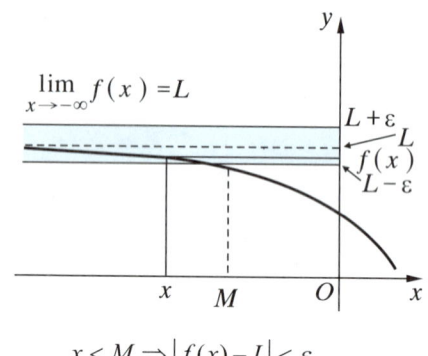

(a) 在無限大之極限　　(b) 在負無限大之極限

圖 1-14

範例 9

證明極限 $\lim\limits_{x \to \infty} \dfrac{1}{x} = 0$。

解　對於任意給定的正數 ε，我們可選取 $N = \dfrac{1}{\varepsilon}$，則

$x > N \Rightarrow x > \dfrac{1}{\varepsilon} \Rightarrow \dfrac{1}{x} < \varepsilon \Rightarrow \left|\dfrac{1}{x} - 0\right| < \varepsilon$。由定義可證得 $\lim\limits_{x \to \infty} \dfrac{1}{x} = 0$。

Theorem 1.3.2

(a) $\lim\limits_{x \to \infty} \dfrac{1}{x^r} = 0$ if r is a positive rational number.

(b) $\lim\limits_{x \to -\infty} \dfrac{1}{x^r} = 0$ if r is a positive rational number and the function $\dfrac{1}{x^r}$ is defined for $x < 0$.

證明：(a) 對於任意給定的正數 ε，我們可選取 $N = \dfrac{1}{\varepsilon^{1/r}}$，則

$$x > N \Rightarrow x > \dfrac{1}{\varepsilon^{1/r}} \Rightarrow \dfrac{1}{x} < \varepsilon^{1/r} \Rightarrow \left(\dfrac{1}{x}\right)^r < \varepsilon \Rightarrow \dfrac{1}{x^r} < \varepsilon \Rightarrow \left|\dfrac{1}{x^r} - 0\right| < \varepsilon \text{ 。}$$

由定義可證得 $\lim\limits_{x \to \infty} \dfrac{1}{x^r} = 0$ 。

(b) 讀者可嘗試證明之。

範例 10

試計算下列極限。

(a) $\lim\limits_{x \to \infty} \dfrac{5x^2 - 7x + 6}{2x^2 + 3x + 9}$ 　　(b) $\lim\limits_{x \to \infty} \dfrac{5x^2 - 7x + 6}{2x^5 + 3x + 9}$ 　　(c) $\lim\limits_{x \to \infty} \dfrac{5x^4 - 7x + 6}{2x^2 + 3x + 9}$

解 (a) $\lim\limits_{x \to \infty} \dfrac{5x^2 - 7x + 6}{2x^2 + 3x + 9} = \lim\limits_{x \to \infty} \dfrac{5 - \dfrac{7}{x} + \dfrac{6}{x^2}}{2 + \dfrac{3}{x} + \dfrac{9}{x^2}} = \dfrac{5 - 0 + 0}{2 + 0 + 0} = \dfrac{5}{2}$

(b) $\lim\limits_{x \to \infty} \dfrac{5x^2 - 7x + 6}{2x^5 + 3x + 9} = \lim\limits_{x \to \infty} \dfrac{\dfrac{5}{x^3} - \dfrac{7}{x^4} + \dfrac{6}{x^5}}{2 + \dfrac{3}{x^4} + \dfrac{9}{x^5}} = \dfrac{0 - 0 + 0}{2 + 0 + 0} = 0$

(c) $\lim\limits_{x \to \infty} \dfrac{5x^4 - 7x + 6}{2x^2 + 3x + 9} = \lim\limits_{x \to \infty} \dfrac{5x^2 - \dfrac{7}{x} + \dfrac{6}{x^2}}{2 + \dfrac{3}{x} + \dfrac{9}{x^2}} = \infty$

【註】$\lim\limits_{x \to \infty} f(x) = \infty$ 乃另一種極限，請看下面的定義。

Definition 1.3.5 (Infinite Limits at Infinity)

(a) $\lim\limits_{x \to \infty} f(x) = \infty \Leftrightarrow \forall P > 0$, $\exists N > 0$ such that $x > N \Rightarrow f(x) > P$.

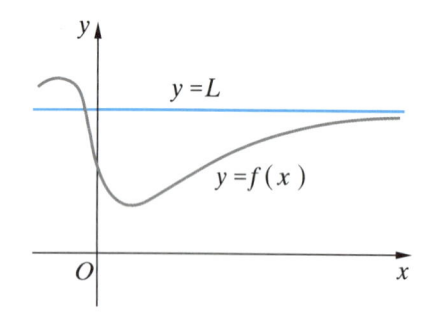

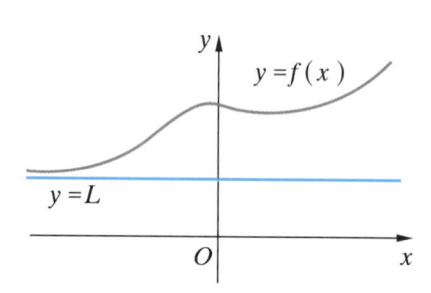

(b) $\lim\limits_{x \to \infty} f(x) = -\infty \Leftrightarrow \forall Q < 0$, $\exists N > 0$ such that $x > N \Rightarrow f(x) < Q$.

(c) $\lim\limits_{x \to -\infty} f(x) = \infty \Leftrightarrow \forall P > 0$, $\exists M < 0$ such that $x < M \Rightarrow f(x) > P$.

(d) $\lim\limits_{x \to -\infty} f(x) = -\infty \Leftrightarrow \forall Q < 0$, $\exists M < 0$ such that $x < M \Rightarrow f(x) < Q$.

【註】這一類的極限我們都用直觀的角度去判定，如範例 9 之 (c)。

Definition 1.3.6 (Horizontal Asymptote)

The line $y = L$ is called a horizontal asymptote of a function f if $\lim\limits_{x \to \infty} f(x) = L$ or $\lim\limits_{x \to -\infty} f(x) = L$.

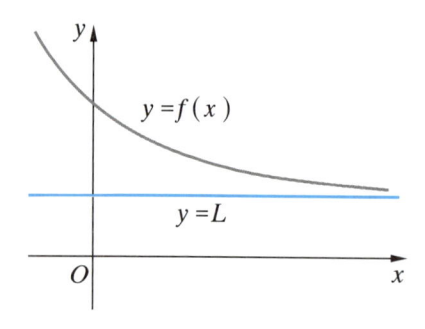

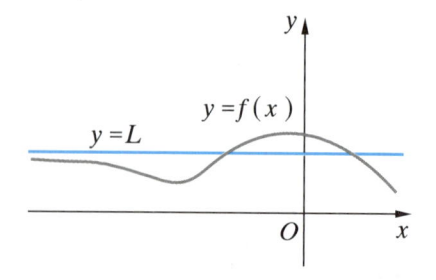

(a) $\lim\limits_{x \to \infty} f(x) = L$ (b) $\lim\limits_{x \to -\infty} f(x) = L$

圖 1-15　直線 $y = L$ 是函數 $y = f(x)$ 的一條水平漸近線

範例 11

試找出函數 $f(x) = \dfrac{\sqrt{3x^2+9}}{7-5x}$ 之水平漸近線。

解

(i) $\displaystyle\lim_{x\to\infty} \dfrac{\sqrt{3x^2+9}}{7-5x} = \lim_{x\to\infty} \dfrac{\sqrt{x^2}\cdot\sqrt{3+\dfrac{9}{x^2}}}{x\left(\dfrac{7}{x}-5\right)} = \lim_{x\to\infty} \dfrac{\sqrt{3+\dfrac{9}{x^2}}}{\dfrac{7}{x}-5} = -\dfrac{\sqrt{3}}{5}$

（$x>0 \Rightarrow \sqrt{x^2}=x$）

(ii) $\displaystyle\lim_{x\to-\infty} \dfrac{\sqrt{3x^2+9}}{7-5x} = \lim_{x\to-\infty} \dfrac{\sqrt{x^2}\cdot\sqrt{3+\dfrac{9}{x^2}}}{x\left(\dfrac{7}{x}-5\right)} = \lim_{x\to-\infty} \dfrac{(-1)\sqrt{3+\dfrac{9}{x^2}}}{\dfrac{7}{x}-5} = \dfrac{\sqrt{3}}{5}$

（$x<0 \Rightarrow \sqrt{x^2} = \sqrt{(-x)^2} = -x$）

由 (i) 及 (ii) 可知，函數 $f(x) = \dfrac{\sqrt{3x^2+9}}{7-5x}$ 之水平漸近線有兩條，即 $y = -\dfrac{\sqrt{3}}{5}$ 及 $y = \dfrac{\sqrt{3}}{5}$。

含無限大的極限之直觀定義 (Intuitive Definition of the Limits Involving Infinity)

Definition 1.3.7 [Infinite Limits (無限大的極限)]

(a) Let a function f be defined on an open interval around a, except perhaps at the point a. Then the statement $\displaystyle\lim_{x\to a} f(x) = \infty$ means that the value of $f(x)$ can be made arbitrarily large (as large as we please) by taking x to be sufficiently close to a (but $x \neq a$). Here, $f(x)$ is positive if x is near a.

(b) Let a function f be defined on an open interval around a, except perhaps at the point a. Then the statement $\displaystyle\lim_{x\to a} f(x) = -\infty$ means that the value of $-f(x)$ can be made arbitrarily large (as large as we please) by taking x to be sufficiently close to a (but $x \neq a$). Here, $f(x)$ is negative if x is near a.

【註】下列四個單邊極限也可以仿 **Definition 1.3.7** 給出類似的直觀定義。
$\lim_{x\to a^+} f(x) = \infty$、$\lim_{x\to a^-} f(x) = \infty$、$\lim_{x\to a^+} f(x) = -\infty$ and $\lim_{x\to a^-} f(x) = -\infty$.

範例 12

設函數 $f(x) = \dfrac{1}{x^2}$，試計算極限 $\lim_{x\to 0} f(x)$。

解 從直觀的方式可知，當自變數 x 往 0 靠近時，x^2 也會更靠近 0 且 $x^2 > 0$。

此時，函數值 $f(x) = \dfrac{1}{x^2}$ 就會隨著 x 往 0 靠近而越來越大，換言之，函數值 $f(x) = \dfrac{1}{x^2}$ 要多大就可以多大，只要 x 選擇足夠靠近 0。

因此，我們可得 $\lim_{x\to 0} f(x) = \lim_{x\to 0} \dfrac{1}{x^2} = \infty$。（請參考此函數圖形）

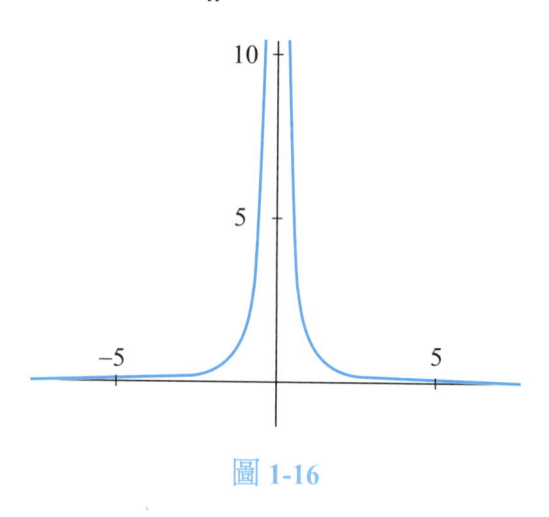

圖 1-16

範例 13

設函數 $f(x) = \dfrac{1}{x-1}$，試計算極限 $\lim_{x\to 1^+} f(x)$ 及 $\lim_{x\to 1^-} f(x)$。

解 (i) 從直觀的方式可知，當自變數 x 往 1 的右側靠近 1 時（即 $x \to 1$，但是 $x > 1$），則 $x - 1 > 0$ 且 $x - 1$ 會靠近 0。此時，函數值 $f(x) = \dfrac{1}{x-1}$ 就會隨著 x 往 1 的右側靠近 1 而越來越大。因此，我們可得 $\lim_{x\to 1^+} f(x) = \lim_{x\to 1^+} \dfrac{1}{x-1} = \infty$。

(ii) 從直觀的方式可知，當自變數 x 往 1 的左側靠近1時（即 $x \to 1$，但是 $x < 1$），則 $x - 1 < 0$ 且 $x - 1$ 會靠近 0。此時，函數值 $f(x) = \dfrac{1}{x-1}$ 就會隨著 x 往 1 的左側靠近1而越來越小（當 $x < 1$ 且靠近1時，$\dfrac{1}{x-1}$ 會是很小很小的負數）。

因此，我們可得 $\lim\limits_{x \to 1^-} f(x) = \lim\limits_{x \to 1^-} \dfrac{1}{x-1} = -\infty$。（請參考圖 1-17）

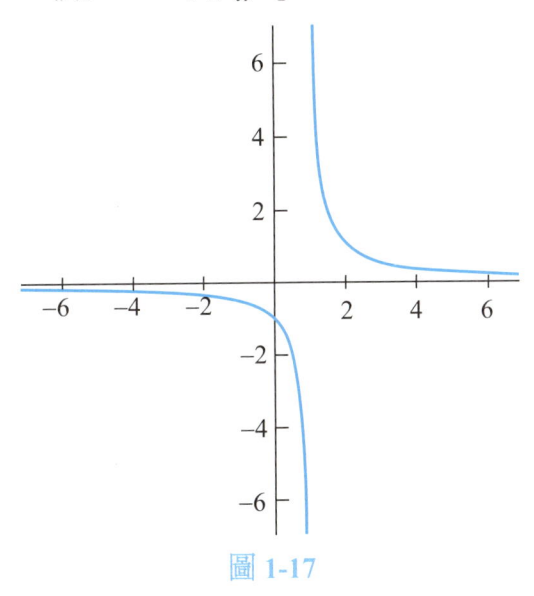

圖 1-17

Definition 1.3.8 Vertical Asymptote (垂直漸近線)

The line $x = a$ is called a vertical asymptote of a function f if at least one of the following statements is true :

$\lim\limits_{x \to a} f(x) = \infty(-\infty)$ ； $\lim\limits_{x \to a^+} f(x) = \infty(-\infty)$ ； $\lim\limits_{x \to a^-} f(x) = \infty(-\infty)$

範例 14

試找出下列給定函數的垂直漸近線。

(a) $f(x) = \dfrac{x}{x^2 - x - 2}$ 　　　　　(b) $f(x) = \dfrac{1+x}{x^2 - x - 2}$

解 (a) 將分母作因式分解，我們可得 $f(x) = \dfrac{x}{x^2 - x - 2} = \dfrac{x}{(x+1)(x-2)}$。

經直觀判定，我們可得下列 4 個極限：

① $\lim\limits_{x \to (-1)^-} \dfrac{x}{(x+1)(x-2)} = -\infty$ $\left(x \to -1 \ ; \ x-2 \to -3 \ ; \ \underbrace{x+1}_{<0} \to 0 \right)$

② $\lim\limits_{x \to (-1)^+} \dfrac{x}{(x+1)(x-2)} = \infty$ $\left(x \to -1 \ ; \ x-2 \to -3 \ ; \ \underbrace{x+1}_{>0} \to 0 \right)$

③ $\lim\limits_{x \to 2^-} \dfrac{x}{(x+1)(x-2)} = -\infty$ $\left(x \to 2 \ ; \ x+1 \to 3 \ ; \ \underbrace{x-2}_{<0} \to 0 \right)$

④ $\lim\limits_{x \to 2^+} \dfrac{x}{(x+1)(x-2)} = \infty$ $\left(x \to 2 \ ; \ x+1 \to 3 \ ; \ \underbrace{x-2}_{>0} \to 0 \right)$

由定義 1.3.8 可知，直線 $x = -1$ 及直線 $x = 2$ 是函數 f 的兩條垂直漸近線.（請參考圖 1-18）

(b) 將分母作因式分解後，再消去 $1+x$，我們可得

$$f(x) = \dfrac{1+x}{x^2-x-2} = \dfrac{1+x}{(x+1)(x-2)} = \dfrac{1}{x-2}.$$

經直觀判定，我們可得下列 2 個極限：

① $\lim\limits_{x \to 2^-} \dfrac{1}{x-2} = -\infty$ ② $\lim\limits_{x \to 2^+} \dfrac{1}{x-2} = \infty$

由定義 1.3.8 可知，直線 $x = 2$ 是函數 f 的垂直漸近線。（請參考圖 1-19）

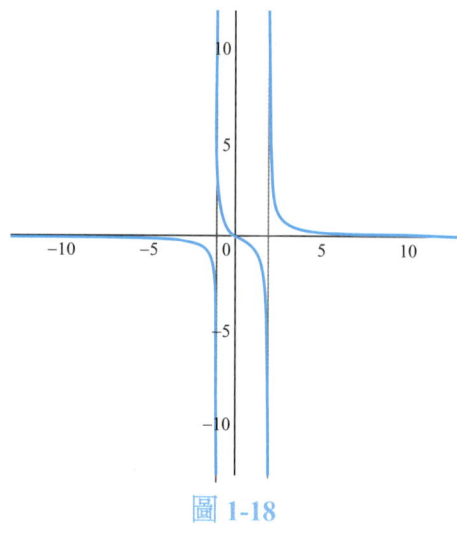

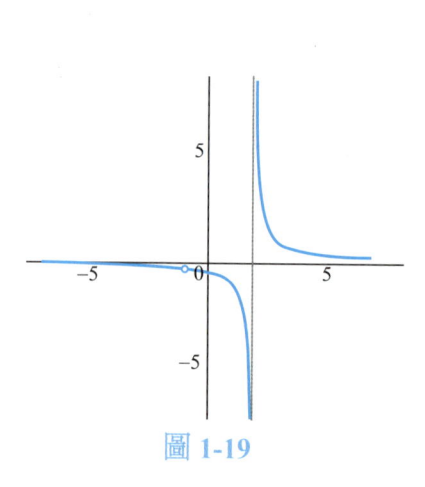

圖 1-18

圖 1-19

Definition 1.3.9 Limits at infinity (在無限大的極限)
(a) Let a function f be defined on an open interval (a, ∞). Then the limit of $f(x)$ as x approaches infinity (increase without bound) is the number L, written by $\lim_{x \to \infty} f(x) = L$, if the values of $f(x)$ can be made arbitrarily close to L by taking x to be sufficiently large.
(b) Let a function f be defined on an open interval $(-\infty, a)$. Then the limit of $f(x)$ as x approaches negative infinity (decrease without bound) is the number L, written by $\lim_{x \to -\infty} f(x) = L$, if the values of $f(x)$ can be made arbitrarily close to L by taking $-x$ to be sufficiently large.

【註】若將定理 1.2.1 的極限改成 $\lim_{x \to \infty} f(x) = L$ 或改成 $\lim_{x \to -\infty} f(x) = L$，則定理 1.2.1 的 11 個極限性質及夾擠定理都一樣會成立。

範例 15

設函數 $f(x) = \dfrac{1}{x^2}$. 試計算極限 $\lim_{x \to \infty} f(x)$。

解 從直觀的方式可知，當自變數 x 慢慢變大時，x^2 也會更快速的變大。

此時，函數值 $f(x) = \dfrac{1}{x^2}$ 就會隨著 x 越來越大而越來越趨近於 0。

因此，我們可得 $\lim_{x \to \infty} f(x) = \lim_{x \to \infty} \dfrac{1}{x^2} = 0$。（請參考圖 1-20）

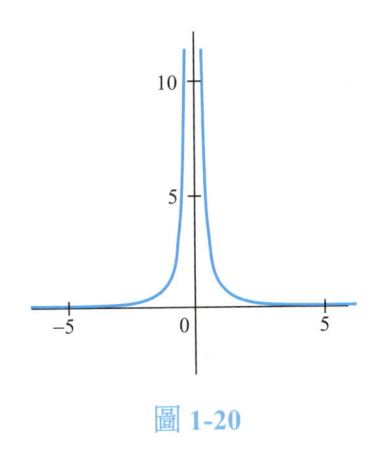

圖 1-20

Definition 1.3.10 Infinite Limits at infinity (在無限大的極限是無限)

The statement $\lim\limits_{x \to \infty} f(x) = \infty$ means that the value of $f(x)$ can be made arbitrarily large (as large as we please) by taking x to be sufficiently large).

【註】下列另外 3 個極限也可以作類似的定義：
$$\lim_{x \to \infty} f(x) = -\infty \; \text{、} \; \lim_{x \to -\infty} f(x) = \infty \; \text{and} \; \lim_{x \to -\infty} f(x) = -\infty.$$

Theorem 1.3.3

For $r \in Q^+$. Then $\lim\limits_{x \to \infty} \dfrac{1}{x^r} = 0$ and $\lim\limits_{x \to -\infty} \dfrac{1}{x^r} = 0$ provided $\dfrac{1}{x^r}$ is defined for $x < 0$.

範例 16

試計算下列給定的極限。

(a) $\lim\limits_{x \to \infty}(2x^3 - x^2 + 1)$ 　　(b) $\lim\limits_{x \to -\infty}(2x^3 - x^2 + 1)$ 　　(c) $\lim\limits_{x \to -\infty} \dfrac{x^2+1}{x-2}$

解

(a) $\lim\limits_{x \to \infty}(2x^3 - x^2 + 1) = \lim\limits_{x \to \infty} x^3(2 - \dfrac{1}{x} + \dfrac{1}{x^3}) = \infty$

(b) $\lim\limits_{x \to -\infty}(2x^3 - x^2 + 1) = \lim\limits_{x \to -\infty} x^3(2 - \dfrac{1}{x} + \dfrac{1}{x^3}) = -\infty$

(c) $\lim\limits_{x \to -\infty} \dfrac{x^2+1}{x-2} = \lim\limits_{x \to -\infty} \dfrac{x + \dfrac{1}{x}}{1 - \dfrac{2}{x}} = -\infty$

Definition 1.3.11 Horizontal asymptote (水平漸近線)

The line $y = L$ is called a horizontal asymptote of a function f if $\lim\limits_{x \to \infty} f(x) = L$ or $\lim\limits_{x \to -\infty} f(x) = L$.

範例 17

試找出下列給定函數的水平漸近線。

(a) $f(x) = \dfrac{2x^2}{3x^2 + 2x - 1}$ 　　(b) $f(x) = \dfrac{3x}{\sqrt{x^2+1}}$

解 (a) 經簡單計算，我們可得下列 2 個極限：

① $\lim\limits_{x \to \infty} \dfrac{2x^2}{3x^2+2x-1} = \lim\limits_{x \to \infty} \dfrac{2}{3+\dfrac{2}{x}-\dfrac{1}{x^2}} = \dfrac{2}{3+0-0} = \dfrac{2}{3}$

② $\lim\limits_{x \to -\infty} \dfrac{2x^2}{3x^2+2x-1} = \lim\limits_{x \to -\infty} \dfrac{2}{3+\dfrac{2}{x}-\dfrac{1}{x^2}} = \dfrac{2}{3+0-0} = \dfrac{2}{3}$

由定義 1.3.11 可知，直線 $y = \dfrac{2}{3}$ 是函數 f 的水平漸近線。（請參考圖 1-21）

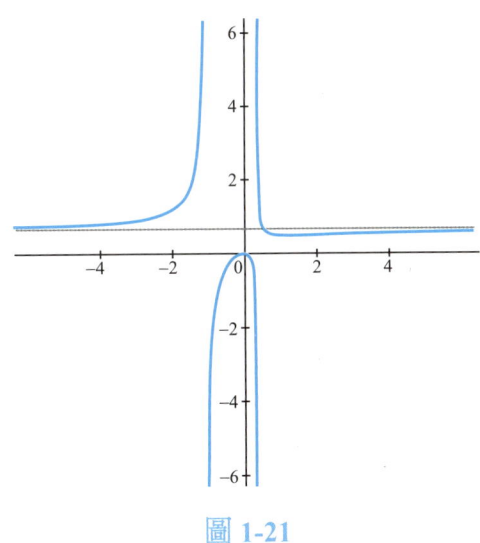

圖 1-21

(b) 經簡單計算，我們可得下列 2 個極限：

① $\lim\limits_{x \to \infty} \dfrac{3x}{\sqrt{x^2+1}} = \lim\limits_{x \to \infty} \dfrac{3x}{x\sqrt{1+\dfrac{1}{x^2}}} = \lim\limits_{x \to \infty} \dfrac{3}{\sqrt{1+\dfrac{1}{x^2}}} = \dfrac{3}{\sqrt{1+0}} = 3$

③ $\lim\limits_{x \to -\infty} \dfrac{3x}{\sqrt{x^2+1}} = \lim\limits_{x \to -\infty} \dfrac{3x}{(-x)\sqrt{1+\dfrac{1}{x^2}}} = \lim\limits_{x \to -\infty} \dfrac{-3}{\sqrt{1+\dfrac{1}{x^2}}} = \dfrac{-3}{\sqrt{1+0}} = -3$

由定義 1.3.11 可知，直線 $y = 3$ 及 $y = -3$ 是函數 f 的兩條水平漸近線。（請參考圖 1-22）

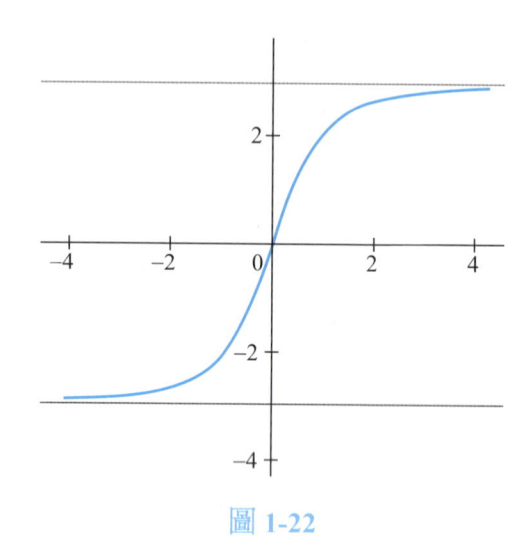

圖 1-22

習題演練

· **基本題**

1. 由函數之圖形判定下列各極限。

   (a) $\lim\limits_{x \to -3^+} f(x)$
   (b) $\lim\limits_{x \to -3^-} f(x)$
   (c) $\lim\limits_{x \to 1^+} f(x)$
   (d) $\lim\limits_{x \to 1^-} f(x)$

   (e) $\lim\limits_{x \to 2^+} f(x)$
   (f) $\lim\limits_{x \to 2^-} f(x)$
   (g) $\lim\limits_{x \to 1} f(x)$
   (h) $\lim\limits_{x \to 2} f(x)$

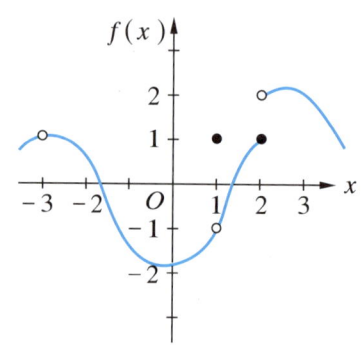

2. 由函數之圖形判定下列各極限。

   (a) $\lim\limits_{x \to -1^+} g(x)$
   (b) $\lim\limits_{x \to -1^-} g(x)$
   (c) $\lim\limits_{x \to 0^+} g(x)$
   (d) $\lim\limits_{x \to 0^-} g(x)$

   (e) $\lim\limits_{x \to 2^+} g(x)$
   (f) $\lim\limits_{x \to 2^-} g(x)$
   (g) $\lim\limits_{x \to -2} g(x)$
   (h) $\lim\limits_{x \to 2} g(x)$

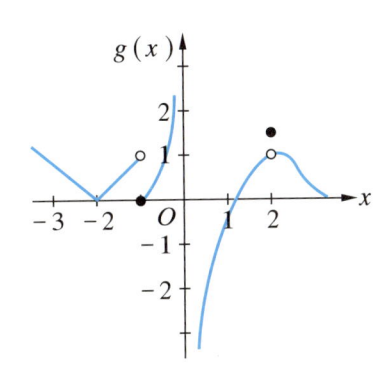

3. 設 $f(x) = \begin{cases} \sqrt{4-x^2}, & -2 \leq x \leq 0 \\ 2+x, & 0 < x < \infty \end{cases}$，試求極限 $\lim_{x \to 0} f(x)$。

習題第 4 題至第 10 題，請計算其極限。

4. $\lim_{x \to -2} \dfrac{|x+2|}{x+2}$

5. $\lim_{x \to -2^-} [\![x - [\![x]\!]]\!]$ （$[\![x]\!]$ 為最大整數函數）

6. $\lim_{x \to 2^-} [\![x - [\![-x]\!]]\!]$

7. $\lim_{x \to \frac{\pi}{2}^-} \dfrac{x+1}{\sin x - 1}$

8. $\lim_{x \to \infty} \dfrac{3x^2 - 5x + 6}{2x^2 + 7x - 3}$

9. $\lim_{x \to -\infty} \dfrac{2-6x}{4+5x}$

10. $\lim_{x \to \infty} (x - \sqrt{x^2 - 5x})$

• **進階題**

習題 11 題至 14 題，請找出該函數所有的水平漸近線與垂直漸近線。

11. $f(x) = \dfrac{\sqrt{1+x^2}}{5-6x}$

12. $f(x) = \dfrac{x-3}{x^2-16}$

13. $f(x) = \dfrac{x^2-3x+2}{x^2-4x}$

14. $f(x) = \dfrac{x^3+4x}{x^2-3x+2}$

設 $y = mx + b$，其中 $m \neq 0$。如果 $\lim_{x \to \pm\infty} [f(x) - (mx+b)] = 0$，則我們稱直線 $y = mx + b$ 為函數 f 的一條**斜的漸近線** (oblique asymptote)。

習題 15 題至 16 題，請找出該函數之斜的漸近線。

15. $f(x) = \dfrac{2x^2+4}{x-1}$

16. $f(x) = \dfrac{x^3-4x}{x^2-3x+2}$

1-4 函數之連續

本節要討論的主題是函數的連續性。在微積分的很多單元中，連續的概念扮演著非常重要的角色，它會是很多定理的單一條件或是定理的多個條件中的一個。

Definition 1.4.1
Let the function f be defined on an open interval that contains a number a. We say that f is continuous at a if $\lim\limits_{x \to a} f(x) = f(a)$.

【註】
1. 由定義可知，若函數 f 在 a 連續時，則函數值 $f(x)$ 在 a 之附近的變化是不能太大的。因為當 x 往 a 靠近時，函數值 $f(x)$ 會往 $f(a)$ 靠近。

2. 極限 $\lim\limits_{x \to a} f(x) = f(a)$ 的 $\delta - \varepsilon$ 表現如下：

    $\lim\limits_{x \to a} f(x) = f(a) \Leftrightarrow \forall \varepsilon > 0$，$\exists \delta > 0$ such that $|x-a| < \delta \Rightarrow |f(x) - f(a)| < \varepsilon$。
    （由於 $|f(a) - f(a)| = 0 < \varepsilon$，所以 $x \neq a$ 的限制可以取消）

3. 函數 f 在 a 連續的條件可以寫成同義的三個條件；即
   函數 f 在 a 連續 $\Leftrightarrow$ (1) 函數 f 在 a 要有定義；
   　　　　　　　　　　　　　　(2) 函數 f 在 a 之極限 $\lim\limits_{x \to a} f(x)$ 要存在；
   　　　　　且　(3) $\lim\limits_{x \to a} f(x) = f(a)$。

   而這三個條件可依序來判定函數 f 在 a 是否連續。

4. （連續的另一種定義）

    函數 f 在 a 連續 $\Leftrightarrow \lim\limits_{h \to 0} f(a+h) = f(a)$。（令 $x - a = h$ 即可得到）

範例 1

試解釋下列函數在 $x = 1$ 都不連續：

(a) $f(x) = \dfrac{x^2 - 1}{x - 1}$，$x \neq 1$

(b) $f(x) = \begin{cases} x + 1, & x \neq 1 \\ \pi, & x = 1 \end{cases}$

(c) $f(x) = [\![x]\!]$

(d) $f(x) = \begin{cases} \dfrac{1}{(x-1)^2}, & x \neq 1 \\ 0, & x = 1 \end{cases}$

解 (a) 因為 $f(1)$ 沒有定義，所以函數 f 在 $x=1$ 不連續。

(b) 因為 $\lim\limits_{x \to 1} f(x) = \lim\limits_{x \to 1}(x+1) = 2 \neq \pi = f(1)$，所以函數 f 在 $x=1$ 不連續。

(c) 因為 $\lim\limits_{x \to 1} [\![x]\!]$ 不存在（左右極限存在但不相等），所以函數 f 在 $x=1$ 不連續。

(d) 因為 $\lim\limits_{x \to 1} f(x) = \lim\limits_{x \to 1} \dfrac{1}{(x-1)^2} = \infty$（表示極限不存在），所以函數 f 在 $x=1$ 不連續。

(a) $f(x) = \dfrac{x^2-1}{x-1}$

(b) $f(x) = \begin{cases} x+1, & x \neq 1 \\ \pi, & x=1 \end{cases}$

(c) $f(x) = [\![x]\!], 0 \leq x < 2$

(d) $f(x) = \begin{cases} \dfrac{1}{(x-1)^2}, & x \neq 1 \\ 0, & x=1 \end{cases}$

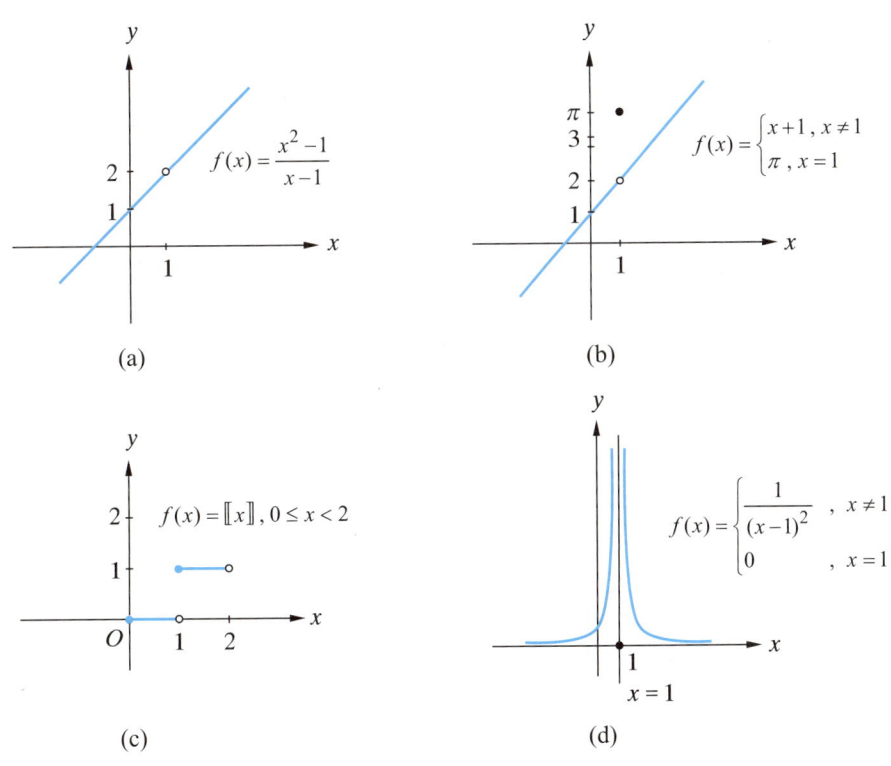

圖 1-23

範例 2

已知對任意的實數 x 與 y，$f(x+y) = f(x) + f(y)$ 且函數 f 在 0 連續，試說明函數會在每一個實數點都連續。

解 對任意的實數 a，
因為

$$\lim_{h \to 0} f(a+h) = \lim_{h \to 0}[f(a)+f(h)] = f(a) + \lim_{h \to 0} f(h) = f(a) + f(0)$$

$$= f(a+0) = f(a)$$

所以函數 f 會在每一個實數點都連續。

Definition 1.4.2 (One-Sided Continuity)

(a) We say that f is right-continuous at a if $\lim_{x \to a^+} f(x) = f(a)$.

(b) We say that f is left-continuous at a if $\lim_{x \to a^-} f(x) = f(a)$.

【註】由定理 1.3.1，我們得到下面的類似結果：

$$\lim_{x \to a} f(x) = f(a) \iff \lim_{x \to a^+} f(x) = f(a) \text{ 且 } \lim_{x \to a^-} f(x) = f(a) \text{。}$$

其意為若函數 f 在 $x=a$ 連續，則函數 f 在 $x=a$ 右連續且函數 f 在 $x=a$ 左連續。而函數 f 在 $x=a$ 右連續且函數 f 在 $x=a$ 左連續，則函數 f 在 $x=a$ 連續。

範例 3

因為 $\lim_{x \to 0^+} \sqrt{x} = 0 = \sqrt{0}$，所以 $y = \sqrt{x}$ 在 $x=0$ 是右連續。

因為 $\lim_{x \to 2^+} [\![x]\!] = 2 = [\![2]\!]$，所以 $y = [\![x]\!]$ 在 $x=2$ 是右連續。

當然我們曉得，最大整數函數 $y = [\![x]\!]$ 在每一個整數點都是右連續。

範例 4

如果 $f(x) = \begin{cases} x^2 - 1 & , \ x < 1 \\ \sqrt{x-1} & , \ x \geq 1 \end{cases}$，則函數 f 在 $x=1$ 是否連續？

解 因為 $\lim_{x \to 1^+} f(x) = \lim_{x \to 1^+} \sqrt{x-1} = 0 = f(1)$，

且 $\lim_{x \to 1^-} f(x) = \lim_{x \to 1^-}(x^2-1) = 0 = f(1)$，

所以函數 f 在 $x=1$ 是連續的。

Definition 1.4.3 (Continuous on an Interval)
(a) We say that the function f is continuous on an open interval (a,b) if f is continuous at every number in (a,b).
(b) We say that the function f is continuous on a closed interval $[a,b]$ if
(i) f is continuous on (a,b) (ii) $\lim_{x \to a^+} f(x) = f(a)$ and (iii) $\lim_{x \to b^-} f(x) = f(b)$.

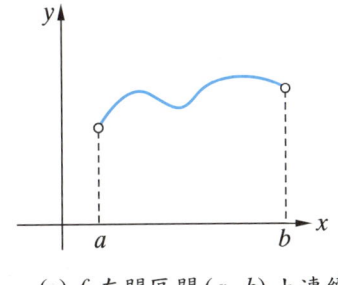

(a) f 在開區間 (a,b) 上連續 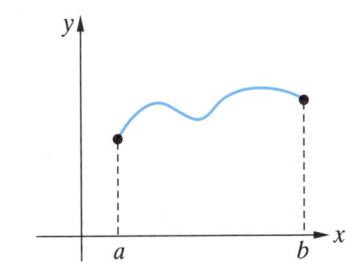　　　　　(b) f 在閉區間 $[a,b]$ 上連續

圖 1-24

【註】1. 其他區間，例如 $(-\infty, b)$、(a, ∞)、$(-\infty, b]$、$[a, \infty)$、$(a, b]$、$[a, b)$ 等，都可以仿照定義 1.4.3 來定義。讀者不妨嘗試給出它們的定義。

2. 函數在閉區間 $[a,b]$ 連續的條件，在後面的很多定理都會用到。例如，中間值定理、極值定理、洛爾定理、均值定理、微積分基本定理、積分均值定理等。

範例 5

試說明函數 $f(x) = \sqrt{4-x^2}$ 在閉區間 $[-2, 2]$ 連續。

解 (i) 對任意滿足不等式 $-2 < a < 2$ 的 a，因為 $\lim_{x \to a} f(x) = \lim_{x \to a} \sqrt{4-x^2} = \sqrt{4-a^2}$
$= f(a)$，所以函數 f 在開區間 $(-2, 2)$ 連續。

(ii) $\lim\limits_{x \to -2^+} f(x) = \lim\limits_{x \to -2^+} \sqrt{4-x^2} = 0 = \sqrt{4-(-2)^2} = f(-2)$

(iii) $\lim\limits_{x \to 2^-} f(x) = \lim\limits_{x \to 2^-} \sqrt{4-x^2} = 0 = \sqrt{4-(2)^2} = f(2)$

由定義可知，函數 f 在閉區間 $[-2,2]$ 連續。

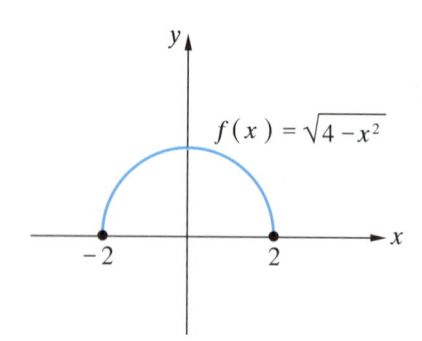

函數 $f(x) = \sqrt{4-x^2}$ 在閉區間 $[-2, 2]$ 上連續

圖 1-25

接著，我們介紹一些常見的連續函數。

Theorem 1.4.1

(a) The polynomial (function) $P(x) = a_0 + a_1 x + a_2 x^2 + \cdots + a_n x^n$ is continuous on $(-\infty, \infty)$.

(b) The rational function $R(x) = \dfrac{P_1(x)}{P_2(x)}$, P_1 and P_2 are polynomials, is continuous on its domain $D_R = \{x \in \mathbb{R} \mid P_2(x) \neq 0\}$.

(c) The root function $y = \sqrt[n]{x}$ is continuous on $(-\infty, \infty)$ if n is odd, and it is continuous on $[0, \infty)$ if n is even.

(d) The absolute value function $y = |x|$ is continuous on $(-\infty, \infty)$.

範例 6

(a) 多項式 (函數) $f(x) = 3x^4 + 7x^3 - 5x + 6$ 在區間 $(-\infty, \infty)$ 上連續。

(b) 有理式函數 $f(x) = \dfrac{2x^3 + 3x^2 - 7}{x^2 - 9}$ 在區間 $(-\infty, -3)$、$(-3, 3)$、及 $(3, \infty)$ 上連續

或在 $(-\infty, -3) \cup (-3, 3) \cup (3, \infty)$ 上連續。

(c) 根式函數 $f(x) = \sqrt[3]{x}$ 在區間 $(-\infty, \infty)$ 上連續。

(d) 根式函數 $f(x) = \sqrt{x}$ 在區間 $[0, \infty)$ 上連續。

習題演練

・基本題

第 1 題至第 4 題，請討論函數在閉區間 $[-1, 3]$ 上的連續性。

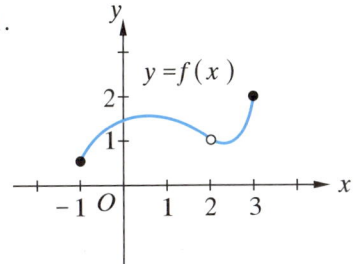

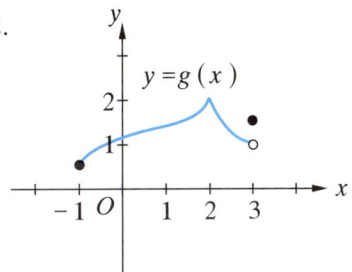

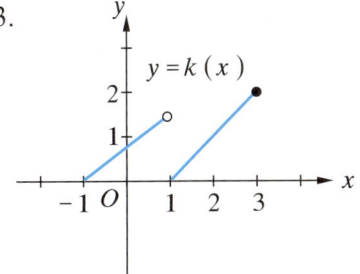

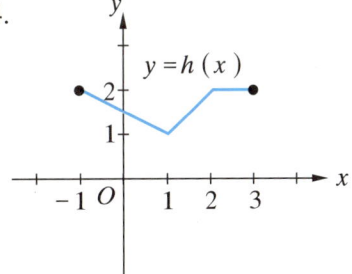

1.

2.

3.

4.

第 5 題至第 8 題，請判定函數 f 在給定的 a 值處連續或不連續並說明理由。

5. $f(x) = \sqrt{2x - 5}$, $a = 7$

6. $f(x) = \dfrac{\sqrt[3]{x+1}}{2x+5}$, $a = -\dfrac{5}{2}$

7. $f(x) = \begin{cases} \sqrt{3-x} , & x \leq 3 \\ x-3 , & x > 3 \end{cases}$, $a = 3$

8. $f(x) = \begin{cases} \dfrac{x^3 - 8}{x - 2} , & x \neq 2 \\ 11.99 , & x = 2 \end{cases}$, $a = 2$

第 9 題至第 10 題，試討論函數的連續性。

9. $f(x) = 3x^3 - 5x + 4$

10. $f(x) = \dfrac{2x^4 - 3x + 7}{x^2 - 4}$

・進階題

第 11 題至第 13 題，試討論函數的連續性。

11. $f(x) = \sqrt[3]{x^2 - 5x - 3}$ 12. $f(x) = \sqrt{1 - x^3}$

13. $f(x) = \left[\!\left[\dfrac{x}{2}\right]\!\right]$，$[\![x]\!]$ 為最大整數函數。

14. 設 $f(x) = \begin{cases} cx + 1, & x \leq 2 \\ cx^2 - 3, & x > 2 \end{cases}$，試找出所有的 c 值使得函數 f 在區間 $(-\infty, \infty)$ 上連續。

15. 設 $f(a+b) = f(a)f(b)$ $\forall a, b \in \mathbb{R}$。如果函數 f 在 $x = 0$ 連續，則證明函數 f 在 $\mathbb{R}$ 上連續。(提示：證明 $\lim\limits_{h \to 0} f(a+h) = f(a)$ $\forall a \in \mathbb{R}$)

1-5 連續函數之性質

這一節我們將介紹如何去創造更複雜的連續函數及中間值定理。

Theorem 1.5.1

If c is a constant and if f and g are continuous at a, then the following functions are also continuous at a:

1. $f + g$ 2. $f - g$ 3. cf 4. fg 5. $\dfrac{f}{g}$ ($g(a) \neq 0$)

證明：**1.** 因為 $\lim\limits_{x \to a}(f+g)(x) = \lim\limits_{x \to a}[f(x) + g(x)] = \lim\limits_{x \to a}f(x) + \lim\limits_{x \to a}g(x)$

$= f(a) + g(a) = (f+g)(a)$，所以 $f+g$ is continuous at a。

2.~5. 的證明都可以利用定理 1.2.1 證之。

範例 1

(a) 因為函數 $f(x) = 2x^2 + 4x + 7$ 在區間 $(-\infty, \infty)$ 上連續且函數 $g(x) = \sqrt[3]{x}$ 在區間 $(-\infty, \infty)$ 上連續，所以函數 $h(x) = f(x) + g(x) = 2x^2 + 4x + 7 + \sqrt[3]{x}$ 也在區間 $(-\infty, \infty)$ 上連續。

(b) 因為函數 $f(x) = 2x^2 + 4x + 7$ 在區間 $(-\infty, \infty)$ 上連續且函數 $g(x) = \sqrt[3]{x}$ 在區間

$(-\infty,\infty)$ 上連續，所以函數 $h(x) = f(x) - g(x) = 2x^2 + 4x + 7 - \sqrt[3]{x}$ 也在區間 $(-\infty,\infty)$ 上連續。

(c) 因為函數 $f(x) = 2x^2 + 4x + 7$ 在區間 $(-\infty,\infty)$ 上連續，所以函數 $h(x) = 5f(x) = 5(2x^2 + 4x + 7)$ 在區間 $(-\infty,\infty)$ 上連續。

(d) 因為函數 $f(x) = 2x^2 + 4x + 7$ 在區間 $(-\infty,\infty)$ 上連續且函數 $g(x) = \sqrt[3]{x}$ 在區間 $(-\infty,\infty)$ 上連續，所以函數 $h(x) = f(x) \cdot g(x) = (2x^2 + 4x + 7) \cdot \sqrt[3]{x}$ 也在區間 $(-\infty,\infty)$ 上連續。

(e) 因為函數 $f(x) = 2x^2 + 4x + 7$ 在區間 $(-\infty,\infty)$ 上連續且函數 $g(x) = \sqrt[3]{x}$ 在區間 $(-\infty,\infty)$ 上連續，所以函數 $h(x) = \dfrac{f(x)}{g(x)} = \dfrac{2x^2 + 4x + 7}{\sqrt[3]{x}}$ 在區間 $(-\infty,0)$ 及 $(0,\infty)$ 上連續。$(x \neq 0)$

(f) 因為函數 $f(x) = 2x^2 + 4x + 7$ 在區間 $(-\infty,\infty)$ 上連續，函數 $g(x) = \dfrac{x^2 + 1}{x - 1}$ 在區間 $(-\infty,1)$ 及 $(1,\infty)$ 上連續且函數 $h(x) = \sqrt[4]{x}$ 在區間 $[0,\infty)$ 上連續。所以函數 $F(x) = f(x) + g(x) - h(x) = (2x^2 + 4x + 7) + \dfrac{x^2 + 1}{x - 1} - \sqrt[4]{x}$ 在區間 $[0,1)$ 及 $(1,\infty)$ 上連續。

現在我們來討論極限與函數之對調問題，而下面的定理可幫助我們計算合成函數之極限。

Theorem 1.5.2

If $\lim\limits_{x \to a} g(x) = L$ and if f is continuous at L, then

$$\lim_{x \to a} f(g(x)) = f(\lim_{x \to a} g(x)) = f(L).$$

證明：設 $y = g(x)$，則 $f(g(x)) = f(y)$。

對於任意給定的正數 ε，因為函數 f 在 $y = L$ 連續，所以必存在一個正數 δ_1

使得 $|y - L| < \delta_1 \Rightarrow |f(y) - f(L)| < \varepsilon$。(*)

又因為極限 $\lim\limits_{x \to a} g(x) = L$，所以必存在一個正數 δ

使得 $0 < |x - a| < \delta \Rightarrow |g(x) - L| < \delta_1$。（我們當然可以控制 $|g(x) - L| < \delta_1$）(**)

由 (*) 及 (**)，我們可得

$$0<|x-a|<\delta \Rightarrow |g(x)-L|<\delta_1 \Leftrightarrow |y-L|<\delta_1 \Rightarrow |f(y)-f(L)|<\varepsilon$$
$$\Leftrightarrow |f(g(x))-f(L)|<\varepsilon \text{。}$$

如此，我們便證明了 $\lim\limits_{x\to a} f(g(x)) = f(L)$。

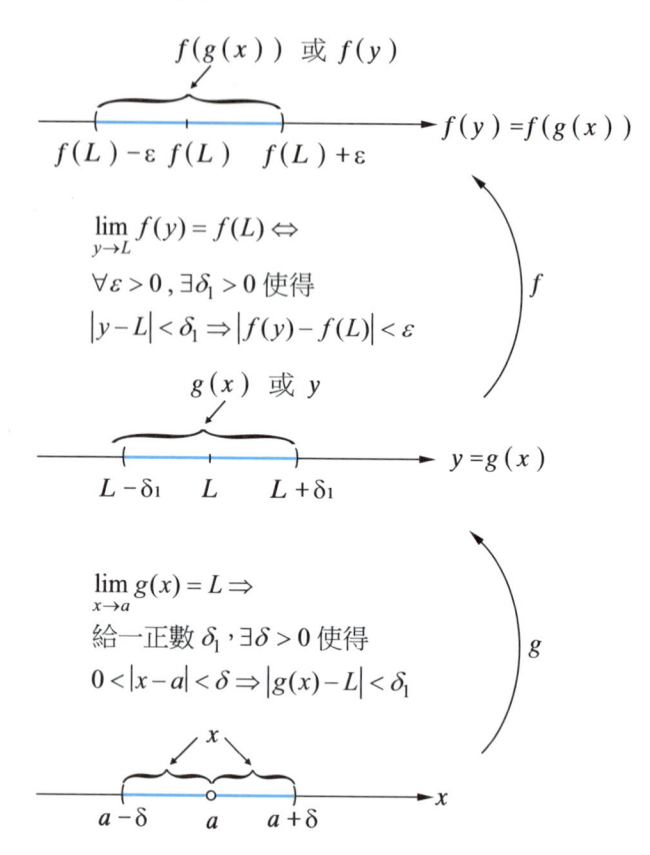

圖 1-26　定理 1.5.2 之證明輔助圖

範例 2

試計算極限 $\lim\limits_{x\to 1}\left(\dfrac{x^2-1}{x-1}\right)^{1/3}$。

解 設 $g(x)=\dfrac{x^2-1}{x-1}$ 且 $f(y)=y^{1/3}$。

因為 $\lim\limits_{x\to 1} g(x) = \lim\limits_{x\to 1}\dfrac{x^2-1}{x-1} = \lim\limits_{x\to 1}(x+1) = 2$ 且 函數 f 在 $y=2$ 連續，

所以 $\lim_{x \to 1}\left(\dfrac{x^2-1}{x-1}\right)^{1/3} = \left(\lim_{x \to 1}\dfrac{x^2-1}{x-1}\right)^{1/3} = 2^{1/3} = \sqrt[3]{2}$。

範例 3

設 $g(x) = \dfrac{x^2-1}{x-1}$ 且 $f(x) = \begin{cases} 4, & x = 2 \\ 5, & x \neq 2 \end{cases}$。試計算

(a) $\lim_{x \to 1} g(x)$　　(b) $f(\lim_{x \to 1} g(x))$　　(c) $\lim_{x \to 1} f(g(x))$。

解　(a) $\lim_{x \to 1} g(x) = \lim_{x \to 1} \dfrac{x^2-1}{x-1} = \lim_{x \to 1}(x+1) = 2$

(b) $f(\lim_{x \to 1} g(x)) = f(2) = 4$

(c) (i) 因為 $g(x) = \dfrac{x^2-1}{x-1} = x + 1 \neq 2 \quad \forall\, x \neq 1$，

所以 $f(g(x)) = 5 \quad \forall x \neq 1$。

(ii) $\lim_{x \to 1} f(g(x)) = \lim_{x \to 1} 5 = 5$。

【註】 與 $\lim_{x \to 1} f(g(x))$ 之答案不相等，是因為函數 f 在 2 不連續。

Theorem 1.5.3

If g is continuous at a and if f is continuous at $g(a)$, then the composite function $f \circ g$ is continuous at a.

證明：由定理 1.5.2，

因為 $\lim_{x \to a}(f \circ g)(x) = \lim_{x \to a} f(g(x)) = f(\lim_{x \to a} g(x)) = f(g(a)) = (f \circ g)(a)$，

所以 $f \circ g$ is continuous at a。

【註】利用合成函數，我們又可創造更多的連續函數。

範例 4

(a) 因為函數 $g(x) = 2x^2 + 4x + 7$ 在區間 $(-\infty, \infty)$ 上連續且
函數 $f(x) = |x|$ 在區間 $(-\infty, \infty)$ 上連續，

所以函數 $h(x) = (f \circ g)(x) = |2x^2 + 4x + 7|$ 也在區間 $(-\infty, \infty)$ 上連續。

(b) 因為函數 $g(x) = x^2 + x - 6$ 在區間 $(-\infty, \infty)$ 上連續且

函數 $f(x)=\sqrt[3]{x}$ 在區間 $(-\infty,\infty)$ 上連續，

所以函數 $h(x)=(f\circ g)(x)=\sqrt[3]{x^2+x-6}$ 也在區間 $(-\infty,\infty)$ 上連續。

(c) 因為函數 $g(x)=x^2+x-6$ 在區間 $(-\infty,\infty)$ 上連續且

函數 $f(x)=\dfrac{1}{x}$ 在區間 $(-\infty,0)$ 及 $(0,\infty)$ 上連續，

所以函數 $h(x)=(f\circ g)(x)=\dfrac{1}{x^2+x-6}$ 也在區間 $(-\infty,-3)$、$(-3,2)$ 及 $(2,\infty)$ 上連續。

【註】因為函數 $x^2+x-6=(x+3)(x-2)$ 出現在分母，所以 $x\neq -3$ 且 $x\neq 2$。

接著我們介紹中間值定理及勘根定理。

Theorem 1.5.4 (The Intermediate Value Theorem)

Suppose that the function f is continuous on a closed interval $[a,b]$ and let W be any number that is strictly between $f(a)$ and $f(b)$ where $f(a)\neq f(b)$. Then there exists a number c in (a,b) such that $f(c)=W$.

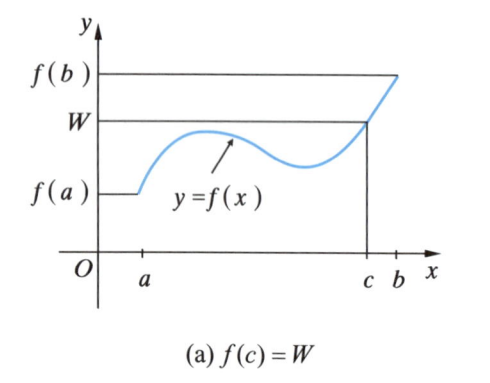

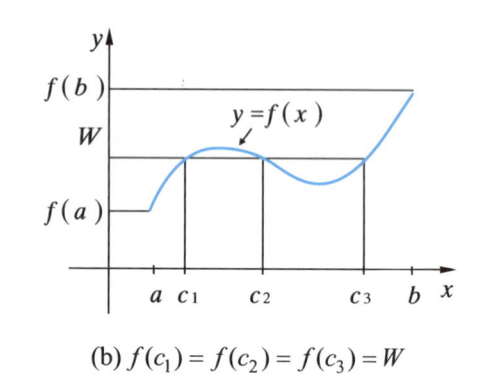

(a) $f(c)=W$

(b) $f(c_1)=f(c_2)=f(c_3)=W$

圖 1-27　中間值定理之幾何意義

Corollary 1.5.4 (The Zero Theorem)

If the function f is continuous on a closed interval $[a,b]$ and if $f(a)\cdot f(b)<0$, then there exists a number c in (a,b) such that $f(c)=0$.

(a) $f(c)=0$　　　　　　　　(b) $f(c_1)=f(c_2)=0$

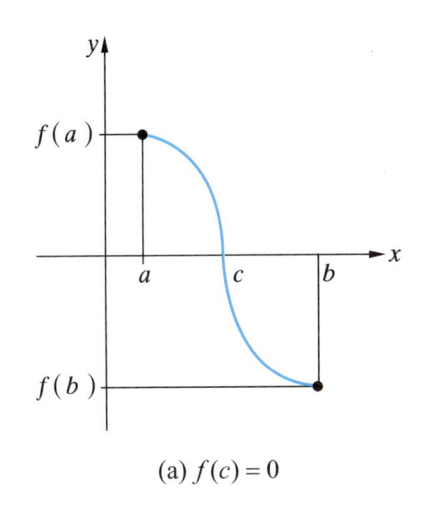

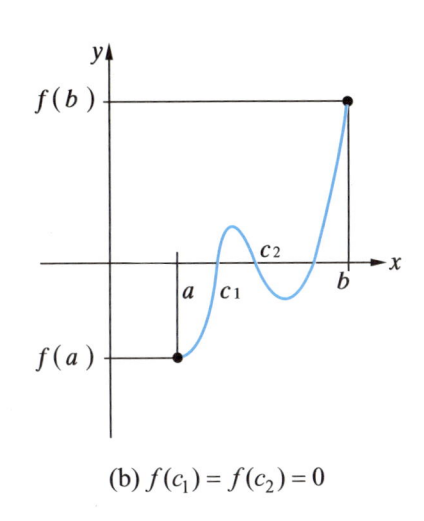

圖 1-28　勘根定理之幾何意義

範例 5

設函數 $f(x)=x^3+x+1$，證明必存在一個實數 c 使得 $f(c)=100$。

解 因為 $f(x)=x^3+x+1$ 為一多項式，所以 f 在閉區間 $[0,10]$ 上連續，又因為 $1=f(0)<100<1011=f(10)$，所以，由中間值定理，必存在一個實數 c 使得 $f(c)=100$。

範例 6

證明方程式 $x^3+x+1=0$ 在開區間 $(-1,0)$ 內必有一個實數根。

解 設函數 $f(x)=x^3+x+1$。

因為 $f(x)=x^3+x+1$ 為一多項式，所以 f 在閉區間 $[-1,0]$ 上連續，又因為 $f(-1)\cdot f(0)=(-1)\cdot 1=-1<0$，所以，由勘根定理，必存在一個實數 c 使得 $f(c)=0$ 或 $c^3+c+1=0$。

換言之，c 就是方程式 $x^3+x+1=0$ 在開區間 $(-1,0)$ 內的一個實數根。

範例 7

〔(Fix point problem（定點問題）〕

設函數 f 在閉區間 $[0,1]$ 上有定義，且其值域亦為閉區間 $[0,1]$。

如果 f 在閉區間 $[0,1]$ 上連續，則證明必存在一個實數 $c \in [0,1]$ 使得 $f(c) = c$。

解 (i) 若 $f(0) = 0$ 或 $f(1) = 1$，則取 $c = 0$ 或 $c = 1$ 就可以了。

(ii) 若 $f(0) \neq 0$ 或 $f(1) \neq 1$，則必須證明必存在一個實數 $c \in (0,1)$ 使得 $f(c) = c$。

【註】$f(0) \neq 0 \Rightarrow f(0) > 0$ 且 $f(1) \neq 1 \Rightarrow f(1) < 1$

我們設函數 $g(x) = f(x) - x$，$x \in [0,1]$。

因為 f 在閉區間 $[0,1]$ 上連續，所以 g 也在閉區間 $[0,1]$ 上連續。又因為 $g(0) \cdot g(1) = [f(0) - 0] \cdot [f(1) - 1] = f(0) \cdot [f(1) - 1] < 0$，則必存在一個實數 $c \in (0,1)$ 使得 $g(c) = 0$。而 $g(c) = 0 \Leftrightarrow f(c) = c$。

【註】這個範例比較難，但是這種證明手法在微積分課程卻是很常見到的。而本範例的幾何意義為：在條件滿足下，函數圖形和直線 $y = x$ 至少會有一個交點。

習題演練

• 基本題

第 1 題至第 5 題，試討論函數之連續性。

1. $f(x) = \dfrac{4x - 1}{2x^2 + x - 3}$

2. $f(x) = \sqrt{5 - 2x} + |x - 3|$

3. $f(x) = \dfrac{3x - 5}{(x + 3)(x^2 + 2x - 8)}$

4. $f(x) = \dfrac{1}{|x| - 1} + \dfrac{1}{2x}$

5. $f(x) = \begin{cases} x + 2, & x < 0 \\ 2x^2, & 0 \leq x \leq 1 \\ 2 - x, & x > 1 \end{cases}$

• 進階題

6. 設 $f(x) = x^2$ 且 $g(x) = \begin{cases} -3, & x \leq 0 \\ |x - 3|, & x > 0 \end{cases}$，

(a) 計算 $\lim_{x\to 0} f(g(x))$

(b) 計算 $\lim_{x\to 0} g(f(x))$

(c) 討論合成函數 $f \circ g$ 及 $g \circ f$ 在 $x = 0$ 處之連續性。

7. 利用中間值定理證明方程式 $x^4 + x - 3 = 0$ 在區間 $(1, 2)$ 內有一個實數根。

8. 如果函數 f 在 $x = a$ 連續，則證明函數 $|f|$ 在 $x = a$ 也連續。

9. 如果函數 f 在區間 $(-\infty, \infty)$ 上連續且滿足 $f(f(0)) = 0$，則證明必存在一個實數 c 使得 $f(c) = c$。

10. 設 $f(x) = \begin{cases} c & , x = -3 \\ \dfrac{9 - x^2}{4 - \sqrt{x^2 + 7}} & , |x| < 3 \\ d & , x = 3 \end{cases}$，試找出 c 值與 d 值使得函數 f 在閉區間 $[-3, 3]$ 上連續。

11. 設 $f(x) = \begin{cases} x^3 & , x \in Q \\ 0 & , x \in Q^c \end{cases}$，則函數 f 在 $x = 0$ 是否連續？(為什麼？)

CHAPTER 2

導函數

- 2-1 函數之導數與導函數
- 2-2 基本微分公式
- 2-3 三角函數之微分公式
- 2-4 鍊鎖律
- 2-5 隱函數之微分
- 2-6 高階導函數
- 2-7 微分量與線性估計

前言　導數的動機

設函數 $y=f(x)$ 在包含 a 的某一個開區間 I 上有定義且假設 $y=f(x)$ 之圖形在此開區間上是**平滑的**（smoothing）。我們有興趣的是想去定義通過函數圖形上的一點 $(a,f(a))$ 之切線 L_T 的**斜率**。

首先，在 a 的附近任意找一個值 $a+h$（$a+h \in I$）。若 $h>0$，則 $a+h$ 在 a 的右邊，而若 $h<0$，則 $a+h$ 在 a 的左邊。此時，通過函數圖形上的兩點 $(a,f(a))$ 與 $(a+h,f(a+h))$ 所決定出的**割線**（secant line）L_S 的斜率為

$$m_{L_S} = \frac{f(a+h)-f(a)}{(a+h)-a} = \frac{f(a+h)-f(a)}{h} \text{。}$$

【註】$\dfrac{f(a+h)-f(a)}{h}$ 就是一般所定義的**平均變化率**（average rate of change）。

當然，此時割線 L_S 與切線 L_T 有著明顯的差異。但是，當 h 慢慢的往 0 靠近時，$a+h$ 就會慢慢的往 a 靠近，而圖形上的點 $(a+h,f(a+h))$ 就會慢慢的往 $(a,f(a))$ 靠近。此時，割線 L_S 就會慢慢的往切線 L_T 靠近，且當 h 非常小時，割線 L_S 與切線 L_T 就幾乎重疊了。因此，我們就定義切線 L_T 的斜率為

$$m_{L_T} = \lim_{h \to 0} \frac{f(a+h)-f(a)}{h} \text{。（假設此極限存在）}$$

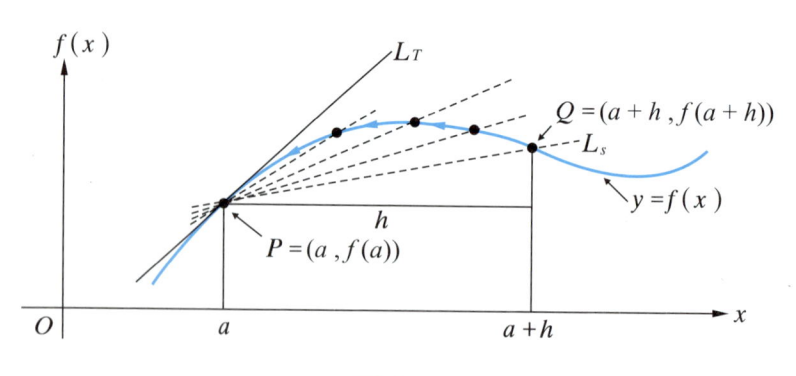

圖 2-1

【註】$\displaystyle\lim_{h \to 0}\dfrac{f(a+h)-f(a)}{h}$ 就是一般所定義的**瞬間變化率**（instantaneous rate of change）。

此時，切線 L_T 的方程式為 $y - f(a) = m_{L_T}(x-a)$。

因為此極限 $\lim\limits_{h \to 0} \dfrac{f(a+h) - f(a)}{h}$ 非常有用，所以，在 2-1 節，我們給它一個很重要的名稱，即函數 f 在 a 的導數。

2-1 函數之導數與導函數

這一節我們將介紹導數的定義、導函數的定義及微分與連續的關係。

> **Definition 2.1.1**
> The derivative of a function f at a number a, denoted by $f'(a)$, is defined by $f'(a) = \lim\limits_{h \to 0} \dfrac{f(a+h) - f(a)}{h}$ if the limit exists.

【註】 1. （導數的另一種定義）

$$f'(a) = \lim_{h \to 0} \frac{f(a+h) - f(a)}{h} = \lim_{x \to a} \frac{f(x) - f(a)}{x - a}$$

（令 $a + h = x$，則 $h = x - a$ 且 $h \to 0 \Rightarrow x \to a$）

2. 如果極限 $\lim\limits_{h \to 0} \dfrac{f(a+h) - f(a)}{h}$ 存在，則我們說函數 f 在 a 是可微分的。當然，如果極限 $\lim\limits_{h \to 0} \dfrac{f(a+h) - f(a)}{h}$ 不存在，則我們說函數 f 在 a 是不可微分的。

3. （導數的幾何意義）

通過函數圖形上一點 $(a, f(a))$ 之切線的斜率為 $m = f'(a)$，而此切線的方程式為 $y - f(a) = f'(a)(x - a)$。

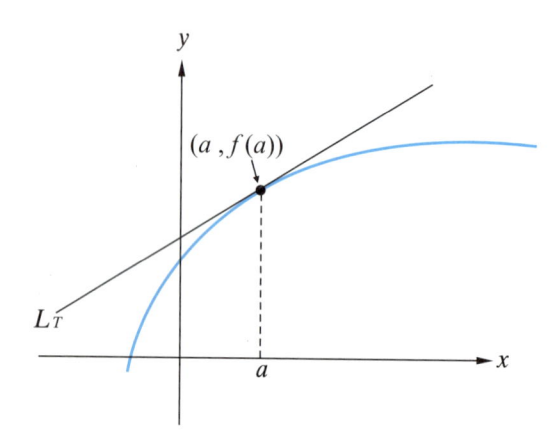

切線 L_T 的斜率 $m_{L_T} = f'(a)$

圖 2-2　導數的幾何意義

範例 1

設 $f(x) = x^2 + 6x - 9$。

(a) 對任意的實數 a，求 $f'(a)$。

(b) 求通過函數 f 圖形上一點 $(1, -2)$ 之切線方程式。

解 (a) 我們用兩個定義來計算 $f'(a)$。

① $f'(a) = \lim\limits_{h \to 0} \dfrac{f(a+h) - f(a)}{h}$

$= \lim\limits_{h \to 0} \dfrac{[(a+h)^2 + 6(a+h) - 9] - [a^2 + 6a - 9]}{h}$

$= \lim\limits_{h \to 0} \dfrac{2ah + h^2 + 6h}{h} = \lim\limits_{h \to 0}(2a + h + 6) = 2a + 6$

② $f'(a) = \lim\limits_{x \to a} \dfrac{f(x) - f(a)}{x - a}$

$= \lim\limits_{x \to a} \dfrac{[x^2 + 6x - 9] - [a^2 + 6a - 9]}{x - a} = \lim\limits_{x \to a} \dfrac{(x^2 - a^2) + (6x - 6a)}{x - a}$

$= \lim\limits_{x \to a} \dfrac{(x-a)(x+a) + 6(x-a)}{x - a} = \lim\limits_{x \to a}[(x+a) + 6] = 2a + 6$

(b) 因為切線之斜率 $m = f'(1) = 2 \cdot 1 + 6 = 8$，所以此切線之方程式為

$y - (-2) = 8(x - 1)$。（也可寫成 $y = 8x - 10$）

Definition 2.1.2 (One-Sided Derivative)

(a) The right-handed derivative of a function f at a number a, denoted by $f'_+(a)$, is defined by $f'_+(a) = \lim\limits_{h \to 0^+} \dfrac{f(a+h) - f(a)}{h}$ if the limit exists.

(b) The left-handed derivative of a function f at a number a, denoted by $f'_-(a)$, is defined by $f'_-(a) = \lim\limits_{h \to 0^-} \dfrac{f(a+h) - f(a)}{h}$ if the limit exists.

【註】由定理 1.3.1，我們得到下面的類似結果：

$$f'(a) \text{ 存在 } \Leftrightarrow f'_+(a) \text{ 及 } f'_-(a) \text{ 都存在且 } f'_+(a) = f'_-(a)$$

範例 2

設 $f(x) = \begin{cases} 2x, & x \geq 1 \\ x^2 + 1, & x < 1 \end{cases}$，試求 $f'(1)$。

解 因為

$$f'_+(1) = \lim_{h \to 0^+} \frac{f(1+h) - f(1)}{h} = \lim_{h \to 0^+} \frac{2(1+h) - 2}{h} = \lim_{h \to 0^+} \frac{2h}{h} = \lim_{h \to 0^+} 2 = 2$$

且 $f'_-(1) = \lim\limits_{h \to 0^-} \dfrac{f(1+h) - f(1)}{h} = \lim\limits_{h \to 0^-} \dfrac{[(1+h)^2 + 1] - 2}{h} = \lim\limits_{h \to 0^-} \dfrac{2h + h^2}{h} = \lim\limits_{h \to 0^-} (2 + h) = 2$，

所以 $f'(1) = f'_+(1) = f'_-(1) = 2$。

Definition 2.1.3 (Differentiable on an Interval)

(a) We say that f is differentiable on an open interval (a, b) if f is differentiable at every number in (a, b).

(b) We say that f is differentiable on a closed interval $[a, b]$ if

(1) f is differentiable on (a, b),

(2) $f'_+(a) = \lim\limits_{h \to 0^+} \dfrac{f(a+h) - f(a)}{h}$ exists, and

(3) $f'_-(b) = \lim\limits_{h \to 0^-} \dfrac{f(b+h) - f(b)}{h}$ exists.

【註】其他區間也可類似定義之。

接著我們就著手定義函數的導函數了。

> **Definition 2.1.4** (Derivative of a Function)
> The derivative of the function f is a function f' defined by
> $$f'(x) = \lim_{h \to 0} \frac{f(x+h) - f(x)}{h}$$ if the limit exists.
> The domain of f' is the set $D_{f'} = \left\{ x \in D_f \;\middle|\; \lim_{h \to 0} \frac{f(x+h) - f(x)}{x} \text{ exists} \right\}$.

【註】如果函數的定義域 D_f 有端點時，則在計算導函數的定義域 $D_{f'}$ 時必須考慮單邊導數。下面的範例 4 可以了解其意思。

範例 3

設 $f(x) = x^2 + 6x - 9$，試求 $f'(x)$。

解
$$f'(x) = \lim_{h \to 0} \frac{f(x+h) - f(x)}{h} = \lim_{h \to 0} \frac{[(x+h)^2 + 6(x+h) - 9] - [x^2 + 6x - 9]}{h}$$
$$= \lim_{h \to 0} \frac{2xh + h^2 + 6h}{h} = \lim_{h \to 0} (2x + h + 6) = 2x + 6$$

【註】在範例 3 中，$D_{f'} = D_f = (-\infty, \infty)$。

範例 4

設 $f(x) = \sqrt{x-3}$，試求 $f'(x)$。

解 這個函數的定義域 $D_f = [3, \infty)$，我們必須分兩個部分來討論。

(i) 若 $x > 3$，則

$$f'(x) = \lim_{h \to 0} \frac{f(x+h) - f(x)}{h} = \lim_{h \to 0} \frac{\sqrt{(x+h) - 3} - \sqrt{x-3}}{h}$$

$$= \lim_{h \to 0} \frac{\sqrt{(x+h) - 3} - \sqrt{x-3}}{h} \cdot \frac{\sqrt{(x+h) - 3} + \sqrt{x-3}}{\sqrt{(x+h) - 3} + \sqrt{x-3}}$$

$$= \lim_{h \to 0} \frac{(\sqrt{(x+h) - 3})^2 - (\sqrt{x-3})^2}{h(\sqrt{(x+h) - 3} + \sqrt{x-3})} = \lim_{h \to 0} \frac{[(x+h) - 3] - (x-3)}{h(\sqrt{(x+h) - 3} + \sqrt{x-3})}$$

$$= \lim_{h \to 0} \frac{1}{\sqrt{(x+h)-3}+\sqrt{x-3}} = \frac{1}{\sqrt{x-3}+\sqrt{x-3}} = \frac{1}{2\sqrt{x-3}}$$

(ii) $f'_+(3) = \lim_{h \to 0^+} \frac{f(3+h)-f(3)}{h} = \lim_{h \to 0^+} \frac{\sqrt{(3+h)-3}-\sqrt{3-3}}{h}$

$$= \lim_{h \to 0^+} \frac{\sqrt{h}}{h} = \lim_{h \to 0^+} \frac{1}{\sqrt{h}} = \infty$$

換言之，$f'_+(3)$ 不存在。

因此，由 (i) 及 (ii) 可得知，$f'(x) = \dfrac{1}{2\sqrt{x-3}}$，$x > 3$。

【註】在範例 4 中，$D_{f'} = (3, \infty) \subset [3, \infty) = D_f$。

範例 5

設 $f(x) = \dfrac{3+x}{4-x}$，試求 $f'(x)$。

解 $f'(x) = \lim_{h \to 0} \dfrac{f(x+h)-f(x)}{h} = \lim_{h \to 0} \dfrac{\dfrac{3+(x+h)}{4-(x+h)} - \dfrac{3+x}{4-x}}{h}$

$$= \lim_{h \to 0} \frac{(3+x+h)(4-x)-(4-x-h)(3+x)}{h(4-x-h)(4-x)} = \lim_{h \to 0} \frac{7h}{h(4-x-h)(4-x)}$$

$$= \lim_{h \to 0} \frac{7}{(4-x-h)(4-x)} = \lim_{h \to 0} \frac{7}{(4-x-h)(4-x)} = \frac{7}{(4-x)^2}$$

【註】在範例 5 中，$D_{f'} = D_f = (-\infty, 4) \cup (4, \infty)$。

下面的定理在描述微分與連續的關係。

Theorem 2.1
If f is differentiable at a, then f is continuous at a.

證明：因為 f 在 a 可微分，所以 $f'(a) = \lim_{x \to a} \dfrac{f(x)-f(a)}{x-a}$ 存在。

而當 $x \neq a$ 時，我們有 $f(x) = \dfrac{f(x)-f(a)}{x-a} \cdot (x-a) + f(a)$。

因為 $\lim_{x \to a} f(x) = \lim_{x \to a} \left[\dfrac{f(x)-f(a)}{x-a} \cdot (x-a) + f(a) \right]$

$$= f'(a) \cdot 0 + f(a)$$
$$= f(a)$$

所以函數 f 在 a 連續。

【註】若函數 f 在 a 不連續，則 f 在 a 一定不可微分，而若函數 f 在 a 連續，則並不能保證 f 在 a 一定可微分。下面的例子就是一個簡單的反例。

範例 6

設 $f(x) = |x|$。

試問：(a) f 在 0 連續嗎？

(b) f 在 0 可微分嗎？

解 (a) 由 1-3 節的範例 2，我們得到 $\lim\limits_{x \to 0} |x| = 0 = |0|$。

所以 f 在 0 連續。

(b) 因為 $f'(0) = \lim\limits_{h \to 0} \dfrac{|0+h| - |0|}{h} = \lim\limits_{h \to 0} \dfrac{|h|}{h}$ 不存在。(由 1-3 節的範例 4)

所以 f 在 0 不可微分。

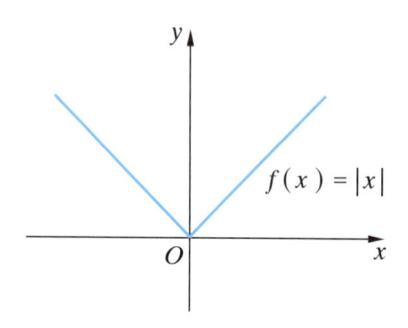

由於函數 $f(x) = |x|$ 的圖形在原點 $(0, 0)$ 處形成一個尖點，因此 $f'(0)$ 不存在。

圖 2-3 函數 $f(x) = |x|$ 的圖形

最後，我們介紹常用的導函數與導數符號。

設 $y = f(x)$，則 $f'(x) = \dfrac{dy}{dx} = \dfrac{d}{dx} f(x) = D_x y = D_x f(x)$ 且

$$f'(a) = \dfrac{dy}{dx}\bigg|_{x=a} = \dfrac{d}{dx} f(x)\bigg|_{x=a} = D_x y \big|_{x=a} = D_x f(x)\big|_{x=a} 。$$

【註】$\dfrac{d}{dx}$ 與 D_x 稱為微分算子，而看到這兩個符號就知道是在微分一個函數或在找一個函數的導函數，例如：

$$\dfrac{d}{dx}(x^2+6x-9)=2x+6 \text{、} \dfrac{d}{dx}\sqrt{x-3}=\dfrac{1}{2\sqrt{x-3}} \text{ 及 } \dfrac{d}{dx}\dfrac{3+x}{4-x}=\dfrac{7}{(4-x)^2}$$

或 $D_x(x^2+6x-9)=2x+6$、$D_x\sqrt{x-3}=\dfrac{1}{2\sqrt{x-3}}$ 及 $D_x\dfrac{3+x}{4-x}=\dfrac{7}{(4-x)^2}$。

習題演練

・基本題

第 1 題至第 5 題，請利用導數定義計算導函數 $f'(x)$ 並決定 f' 的定義域。

1. $f(x)=\pi$
2. $f(x)=4x-5$
3. $f(x)=3-2x+5x^2$
4. $f(x)=\dfrac{1}{(x-1)^2}$
5. $f(x)=\sqrt{5-x}$

第 6 題至第 9 題，每一個極限表示某一個函數 f 在某一個點 a 的導數，試找出合適的函數 f 與 a 值。(答案不是唯一的)

6. $\lim\limits_{h\to 0}\dfrac{(1+h)^5-1}{h}$
7. $\lim\limits_{h\to 0}\dfrac{\sqrt{4+h}-2}{h}$
8. $\lim\limits_{h\to 0}\dfrac{\sin h}{h}$
9. $\lim\limits_{h\to 0}\dfrac{1}{h}\left[\dfrac{1}{\sqrt{9+h}}-\dfrac{1}{3}\right]$

第 10 題至第 11 題，試求函數圖形上通過給定之點 $P(a,f(a))$ 的切線斜率及切線方程式。

10. $f(x)=3-2x+5x^2$; $P(-1,10)$
11. $f(x)=\dfrac{1}{(x-1)^2}$; $P(2,1)$

・進階題

第 12 題至 13 題，請利用導數定義計算導函數 $f'(x)$ 並決定 f' 的定義域。

12. $f(x)=\dfrac{2x+1}{x+3}$
13. $f(x)=\sqrt[3]{2x+1}$
14. 設 $f(x)=\begin{cases}2x+1 &, x\leq 0\\ \sqrt{x+1} &, x>0\end{cases}$，則 $f'(0)$ 是否存在？

(提示：利用單邊導數定義)

15. 設 $f(x) = \begin{cases} x\sin\left(\dfrac{1}{x}\right), & x \neq 0 \\ 0, & x = 0 \end{cases}$，則 $f'(0)$ 是否存在？

    (提示：利用導數定義)

16. 設 $f(x) = \begin{cases} x^2\sin\left(\dfrac{1}{x}\right), & x \neq 0 \\ 0, & x = 0 \end{cases}$，則 $f'(0)$ 是否存在？

    (提示：利用導數定義及夾擠定理)

17. 設 $f(x) = \dfrac{x(x+1)(x+2)(x+3)}{(x-1)(x-2)(x-3)}$，則 $f'(0)$ 是否存在？

    (提示：利用導數定義)

18. 如果函數 f 在 $x = a$ 可微分且 $f(a) \neq 0$，則函數 $|f|$ 在 $x = a$ 是否可微分？[提示：利用 1-1 習題 17 題、18 題及導數定義直接計算 $((|f|)'(a))$]

19. 討論最大整數函數 $f(x) = [\![x]\!]$ 之微分性質。

2-2 基本微分公式

如果導函數都要用定義來計算，將是一件非常痛苦的差事。這一節將介紹一些基本的微分公式，讓我們在計算導函數時，能更簡單、更快速。

Rule 2.2.1（Derivative of a Constant Function）

If $f(x) = c$, then $f'(x) = 0$. (or $\dfrac{d}{dx}c = 0$)

證明：$f'(x) = \lim\limits_{h \to 0} \dfrac{f(x+h) - f(x)}{h} = \lim\limits_{h \to 0} \dfrac{c - c}{h} = \lim\limits_{h \to 0} 0 = 0$。

範例 1

(a) $\dfrac{d}{dx} 3 = 0$ (b) $\dfrac{d}{dx} \pi = 0$ (c) $\dfrac{d}{dx} \sqrt{2} = 0$

Rule 2.2.2 (The Power Rule(I))
(a) If $f(x) = x$, then $f'(x) = 1$
(b) If $f(x) = x^n$ for $n \in Z^+$ and $n \geq 2$, then $f'(x) = nx^{n-1}$.

證明：(a) $f'(x) = \lim\limits_{h \to 0} \dfrac{f(x+h) - f(x)}{h} = \lim\limits_{h \to 0} \dfrac{(x+h) - x}{h} = \lim\limits_{h \to 0} 1 = 1$

(b) $f'(x) = \lim\limits_{h \to 0} \dfrac{f(x+h) - f(x)}{h} = \lim\limits_{h \to 0} \dfrac{(x+h)^n - x^n}{h}$

$= \lim\limits_{h \to 0} \dfrac{[(x+h) - x][(x+h)^{n-1} + (x+h)^{n-2}x + (x+h)^{n-3}x^2 + \cdots + (x+h)x^{n-2} + x^{n-1}]}{h}$

$= \lim\limits_{h \to 0} [(x+h)^{n-1} + (x+h)^{n-2}x + \cdots + (x+h)x^{n-2} + x^{n-1}]$

$= [x^{n-1} + x^{n-2} \cdot x + \cdots + x \cdot x^{n-2} + x^{n-1}]$

$= nx^{n-1}$

【註】這裡我們用到下面的公式：

$a^n - b^n = (a-b)(a^{n-1} + a^{n-2}b + a^{n-3}b^2 + \cdots + ab^{n-2} + b^{n-1})$

我們也可用二項展開式來得到答案，而二項展開式如下：

$(a+b)^n = a^n + \binom{n}{1}a^{n-1}b + \binom{n}{2}a^{n-2}b^2 + \cdots + \binom{n}{n-1}ab^{n-1} + b^n$，

其中 $\binom{n}{k} = \dfrac{n!}{k!(n-k)!}$。

另一種 (b) 的證明：

$f'(x) = \lim\limits_{h \to 0} \dfrac{f(x+h) - f(x)}{h} = \lim\limits_{h \to 0} \dfrac{(x+h)^n - x^n}{h}$

$= \lim\limits_{h \to 0} \dfrac{\left[x^n + \binom{n}{1}x^{n-1}h + \binom{n}{2}x^{n-2}h^2 + \cdots + \binom{n}{n-1}xh^{n-1} + h^n \right] - x^n}{h}$

$= \lim\limits_{h \to 0} \left[\binom{n}{1}x^{n-1} + \binom{n}{2}x^{n-2}h + \cdots + \binom{n}{n-1}xh^{n-2} + h^{n-1} \right]$

$= nx^{n-1}$

範例 2

(a) $\dfrac{d}{dx}x^2 = 2x^{2-1} = 2x$　　(b) $\dfrac{d}{dx}x^5 = 5x^{5-1} = 5x^4$　　(c) $\dfrac{d}{dx}x^8 = 8x^{8-1} = 8x^7$

Rule 2.2.3　(The Constant Multiple Rule)
If c is a constant and f is a differentiable function, then
$$\dfrac{d}{dx}cf(x) = c\dfrac{d}{dx}f(x). \ (\text{or}\ (cf)'(x) = cf'(x))$$

證明：$\dfrac{d}{dx}cf(x) = \lim\limits_{h\to 0}\dfrac{cf(x+h)-cf(x)}{h} = c\lim\limits_{h\to 0}\dfrac{f(x+h)-f(x)}{h} = c\dfrac{d}{dx}f(x)$

範例 3

(a) $\dfrac{d}{dx}2x^5 = 2\dfrac{d}{dx}x^5 = 2\cdot 5x^4 = 10x^4 \left(\text{或}\ \dfrac{d}{dx}2x^5 = 10x^4\right)$

(b) $\dfrac{d}{dx}(-x^3) = (-1)\dfrac{d}{dx}x^3 = (-1)\cdot 3x^2 = -3x^2 \left(\text{或}\ \dfrac{d}{dx}(-x^3) = -3x^2\right)$

Rule 2.2.4　(The Sum Rule)
If f and g are both differentiable, then
$$\dfrac{d}{dx}[f(x)+g(x)] = \dfrac{d}{dx}f(x) + \dfrac{d}{dx}g(x). \ (\text{or}\ (f+g)'(x) = f'(x) + g'(x))$$

證明：$\dfrac{d}{dx}[f(x)+g(x)] = \lim\limits_{h\to 0}\dfrac{[f(x+h)+g(x+h)]-[f(x)+g(x)]}{h}$

$\qquad = \lim\limits_{h\to 0}\left[\dfrac{f(x+h)-f(x)}{h} + \dfrac{g(x+h)-g(x)}{h}\right]$

$\qquad = \dfrac{d}{dx}f(x) + \dfrac{d}{dx}g(x)$

【註】如果 f、g 及 h 都是可微分的函數，則

$\qquad \dfrac{d}{dx}[f(x)+g(x)+h(x)] = \dfrac{d}{dx}\{[f(x)+g(x)]+h(x)\}$

$$= \frac{d}{dx}[f(x)+g(x)] + \frac{d}{dx}h(x) = \frac{d}{dx}f(x) + \frac{d}{dx}g(x) + \frac{d}{dx}h(x) \text{。}$$

換言之，這個公式可推廣到有限個函數相加的微分。

Rule 2.2.5 (The Difference Rule)
If f and g are both differentiable, then
$$\frac{d}{dx}[f(x)-g(x)] = \frac{d}{dx}f(x) - \frac{d}{dx}g(x) \text{. (or } (f-g)'(x) = f'(x) - g'(x))$$

證明：$\dfrac{d}{dx}[f(x)-g(x)] = \lim\limits_{h \to 0} \dfrac{[f(x+h)-g(x+h)] - [f(x)-g(x)]}{h}$

$= \lim\limits_{h \to 0}\left[\dfrac{f(x+h)-f(x)}{h} - \dfrac{g(x+h)-g(x)}{h}\right] = \dfrac{d}{dx}f(x) - \dfrac{d}{dx}g(x)$。

範例 4

$\dfrac{d}{dx}(2x^7 + 3x^6 - 5x^3 + 4x^2 - 9x + 6)$

$= \dfrac{d}{dx}(2x^7) + \dfrac{d}{dx}(3x^6) - \dfrac{d}{dx}(5x^3) + \dfrac{d}{dx}(4x^2) - \dfrac{d}{dx}(9x) + \dfrac{d}{dx}6$

$= 14x^6 + 18x^5 - 15x^2 + 8x - 9$

範例 5

試求通過函數 $f(x) = x^2 - 6x + 3$ 圖形上的一點 $(1, -2)$ 之切線方程式。

解 (i) $f'(x) = \dfrac{d}{dx}(x^2 - 6x + 3) = 2x - 6$

(ii) 因為此切線之斜率為 $m = f'(1) = 2 \cdot 1 - 6 = -4$，所以切線方程式為
$y - (-2) = (-4)(x - 1)$。（或 $y = -4x + 2$）

Rule 2.2.6 (The Product Rule)
If f and g are both differentiable, then
$$\frac{d}{dx}f(x)g(x) = f(x)\frac{d}{dx}g(x) + g(x)\frac{d}{dx}f(x) \text{. (or } (fg)'(x) = f(x)g'(x) + g(x)f'(x))$$

證明：$\dfrac{d}{dx}f(x)g(x) = \lim_{h \to 0}\dfrac{f(x+h)g(x+h) - f(x)g(x)}{h}$

$= \lim_{h \to 0}\dfrac{f(x+h)g(x+h) - f(x+h)g(x) + f(x+h)g(x) - f(x)g(x)}{h}$

$= \lim_{h \to 0}\left[f(x+h)\dfrac{g(x+h) - g(x)}{h} + g(x)\dfrac{f(x+h) - f(x)}{h}\right]$

$= \lim_{h \to 0}f(x+h)\lim_{h \to 0}\dfrac{g(x+h) - g(x)}{h} + g(x)\lim_{h \to 0}\dfrac{f(x+h) - f(x)}{h}$

$= f(x)\dfrac{d}{dx}g(x) + g(x)\dfrac{d}{dx}f(x)$。

【註】因為 f 在 x 可微分，所以 f 在 x 連續。而利用連續的另一種定義，我們可得

$\lim_{h \to 0} f(x+h) = f(x)$。

陷阱：沒有下列乘法公式：$\dfrac{d}{dx}[f(x)g(x)] = \dfrac{d}{dx}f(x) \cdot \dfrac{d}{dx}g(x)$

範例 6

$\dfrac{d}{dx}(2x^3 + 6x - 5)(3x^4 - 4x)$

$= (2x^3 + 6x - 5)\dfrac{d}{dx}(3x^4 - 4x) + (3x^4 - 4x)\dfrac{d}{dx}(2x^3 + 6x - 5)$

$= (2x^3 + 6x - 5)(12x^3 - 4) + (3x^4 - 4x)(6x^2 + 6)$

$= 42x^6 + 90x^4 - 92x^3 - 48x + 20$

【註】當然，我們也可以先乘開來以後再計算。其過程如下：

$\dfrac{d}{dx}(2x^3 + 6x - 5)(3x^4 - 4x) = \dfrac{d}{dx}(6x^7 + 18x^5 - 23x^4 - 24x^2 + 20x)$

$= 42x^6 + 90x^4 - 92x^3 - 48x + 20$

範例 7

(a) 設 $h(x) = f(x)g(x)$，又假設 $f(0) = 2$、$f'(0) = 5$、$g(0) = 1$ 及 $g'(0) = 6$，試求 $h'(0)$。

(b) 設 $H(x) = xg(x)$，又假設 g 在 0 連續，試求 $H'(0)$。

解 (a) 因為 $h'(x) = f(x)g'(x) + g(x)f'(x)$，所以
$h'(0) = f(0)g'(0) + g(0)f'(0) = 2 \cdot 6 + 1 \cdot 5 = 17$。

(b) 因為函數 $g'(0)$ 可能不存在，所以乘法公式就失敗了。而當公式不能用時，只好回頭用定義找答案了。

$$H'(0) = \lim_{h \to 0} \frac{H(0+h) - H(0)}{h} = \lim_{h \to 0} \frac{hg(h) - 0g(0)}{h} = \lim_{h \to 0} \frac{hg(h)}{h} = \lim_{h \to 0} g(h) = g(0)$$

（最後一個等式是因為 g 在 0 連續）

下面的例子就是乘法公式不能用的例子。

範例 8

設 $f(x) = x|x|$，試求 $f'(0)$。

解 $f'(0) = \lim_{h \to 0} \frac{f(0+h) - f(0)}{h} = \lim_{h \to 0} \frac{h|h| - 0}{h} = \lim_{h \to 0} |h| = 0$。

Rule 2.2.7 (The Quotient Rule)

If f and g are both differentiable and $g(x) \neq 0$, then

$$\frac{d}{dx}\frac{f(x)}{g(x)} = \frac{g(x)\frac{d}{dx}f(x) - f(x)\frac{d}{dx}g(x)}{[g(x)]^2} \cdot \left(\text{or } \left(\frac{f}{g}\right)'(x) = \frac{g(x)f'(x) - f(x)g'(x)}{[g(x)]^2} \right)$$

證明：
$$\frac{d}{dx}\frac{f(x)}{g(x)} = \lim_{h \to 0} \frac{\frac{f(x+h)}{g(x+h)} - \frac{f(x)}{g(x)}}{h} = \lim_{h \to 0} \frac{f(x+h)g(x) - g(x+h)f(x)}{hg(x+h)g(x)}$$

$$= \lim_{h \to 0} \frac{f(x+h)g(x) - f(x)g(x) + f(x)g(x) - g(x+h)f(x)}{hg(x+h)g(x)}$$

$$= \lim_{h \to 0} \frac{1}{g(x+h)g(x)} \left[g(x)\frac{f(x+h) - f(x)}{h} - f(x)\frac{g(x+h) - g(x)}{h} \right]$$

$$= \frac{1}{g(x)\lim_{h \to 0} g(x+h)} \left[g(x) \lim_{h \to 0} \frac{f(x+h) - f(x)}{h} - f(x) \lim_{h \to 0} \frac{g(x+h) - g(x)}{h} \right]$$

$$= \frac{g(x)\frac{d}{dx}f(x) - f(x)\frac{d}{dx}g(x)}{[g(x)]^2}$$

【註】因為 g 在 x 可微分，所以 g 在 x 連續。而利用連續的另一種定義，我們可得
$$\lim_{h\to 0} g(x+h) = g(x)。$$

陷阱：沒有下列除法公式：$\dfrac{d}{dx}\dfrac{f(x)}{g(x)} = \dfrac{\dfrac{d}{dx}f(x)}{\dfrac{d}{dx}g(x)}$。

範例 9

$$\dfrac{d}{dx}\dfrac{3+x}{4-x} = \dfrac{(4-x)\dfrac{d}{dx}(3+x) - (3+x)\dfrac{d}{dx}(4-x)}{(4-x)^2} = \dfrac{(4-x) - (3+x)(-1)}{(4-x)^2} = \dfrac{7}{(4-x)^2}$$

【註】與 2-1 節之範例 5 比較，除法公式要方便多了。

Rule 2.2.8 (The Power Rule (II))

If n is a positive integer, then $\dfrac{d}{dx}x^{-n} = (-n)x^{-n-1}$.

證明：$\dfrac{d}{dx}x^{-n} = \dfrac{d}{dx}\dfrac{1}{x^n} = \dfrac{x^n \dfrac{d}{dx}1 - 1\cdot \dfrac{d}{dx}x^n}{(x^n)^2} = \dfrac{-nx^{n-1}}{x^{2n}} = (-n)x^{(n-1)-2n} = (-n)x^{-n-1}$。

範例 10

(a) $\dfrac{d}{dx}\dfrac{1}{x} = \dfrac{d}{dx}x^{-1} = -x^{-1-1} = -x^{-2} = -\dfrac{1}{x^2}$

(b) $\dfrac{d}{dx}\dfrac{3}{x^4} = \dfrac{d}{dx}3x^{-4} = 3\cdot(-4)x^{-4-1} = -12x^{-5} = -\dfrac{12}{x^5}$

Rule 2.2.9 (The Power Rule (III))

If n is a positive integer, then $\dfrac{d}{dx}x^{\frac{1}{n}} = \dfrac{1}{n}x^{\frac{1}{n}-1}$ and $\dfrac{d}{dx}x^{-\frac{1}{n}} = -\dfrac{1}{n}x^{-\frac{1}{n}-1}$.

證明：(i) $\dfrac{d}{dx}x^{\frac{1}{n}} = \lim_{h\to 0}\dfrac{(x+h)^{\frac{1}{n}} - x^{\frac{1}{n}}}{h}$

$$= \lim_{h \to 0} \frac{(x+h)^{\frac{1}{n}} - x^{\frac{1}{n}}}{h} \cdot \frac{[(x+h)^{\frac{1}{n}}]^{n-1} + [(x+h)^{\frac{1}{n}}]^{n-2} x^{\frac{1}{n}} + \cdots + [(x+h)^{\frac{1}{n}}][x^{\frac{1}{n}}]^{n-2} + [x^{\frac{1}{n}}]^{n-1}}{[(x+h)^{\frac{1}{n}}]^{n-1} + [(x+h)^{\frac{1}{n}}]^{n-2} x^{\frac{1}{n}} + \cdots + [(x+h)^{\frac{1}{n}}][x^{\frac{1}{n}}]^{n-2} + [x^{\frac{1}{n}}]^{n-1}}$$

$$= \lim_{h \to 0} \frac{[(x+h)^{\frac{1}{n}}]^n - [x^{\frac{1}{n}}]^n}{h\{[(x+h)^{\frac{1}{n}}]^{n-1} + [(x+h)^{\frac{1}{n}}]^{n-2} x^{\frac{1}{n}} + \cdots + [(x+h)^{\frac{1}{n}}][x^{\frac{1}{n}}]^{n-2} + [x^{\frac{1}{n}}]^{n-1}\}}$$

$$= \lim_{h \to 0} \frac{(x+h) - x}{h\{[(x+h)^{\frac{1}{n}}]^{n-1} + [(x+h)^{\frac{1}{n}}]^{n-2} x^{\frac{1}{n}} + \cdots + [(x+h)^{\frac{1}{n}}][x^{\frac{1}{n}}]^{n-2} + [x^{\frac{1}{n}}]^{n-1}\}}$$

$$= \lim_{h \to 0} \frac{1}{[(x+h)^{\frac{1}{n}}]^{n-1} + [(x+h)^{\frac{1}{n}}]^{n-2} x^{\frac{1}{n}} + \cdots + [(x+h)^{\frac{1}{n}}][x^{\frac{1}{n}}]^{n-2} + [x^{\frac{1}{n}}]^{n-1}}$$

$$= \frac{1}{[x^{\frac{1}{n}}]^{n-1} + [x^{\frac{1}{n}}]^{n-2} x^{\frac{1}{n}} + \cdots + [x^{\frac{1}{n}}][x^{\frac{1}{n}}]^{n-2} + [x^{\frac{1}{n}}]^{n-1}}$$

$$= \frac{1}{nx^{1-\frac{1}{n}}} \quad \text{（分母之每一項都是 } x^{1-\frac{1}{n}} \text{，共有 } n \text{ 項）}$$

$$= \frac{1}{n} x^{\frac{1}{n}-1}$$

(ii) $\dfrac{d}{dx} x^{-\frac{1}{n}} = \dfrac{d}{dx} \dfrac{1}{x^{\frac{1}{n}}} = \dfrac{x^{\frac{1}{n}} \cdot \frac{d}{dx} 1 - 1 \cdot \frac{d}{dx} x^{\frac{1}{n}}}{[x^{\frac{1}{n}}]^2} = \dfrac{-\frac{1}{n} x^{\frac{1}{n}-1}}{x^{\frac{2}{n}}} = -\dfrac{1}{n} x^{-\frac{1}{n}-1}$

範例 11

(a) $\dfrac{d}{dx} \sqrt{x} = \dfrac{d}{dx} x^{\frac{1}{2}} = \dfrac{1}{2} x^{\frac{1}{2}-1} = \dfrac{1}{2} x^{-\frac{1}{2}} = \dfrac{1}{2\sqrt{x}}$, $x > 0$

(b) $\dfrac{d}{dx} \sqrt[5]{x} = \dfrac{d}{dx} x^{\frac{1}{5}} = \dfrac{1}{5} x^{\frac{1}{5}-1} = \dfrac{1}{5} x^{-\frac{4}{5}} = \dfrac{1}{5\sqrt[5]{x^4}}$, $x \neq 0$

範例 12

試求通過函數 $f(x) = \dfrac{\sqrt{x}}{1+x^2}$ 圖形上的一點 $\left(1, \dfrac{1}{2}\right)$ 之切線方程式。

解 (i) $f'(x) = \dfrac{d}{dx}\dfrac{\sqrt{x}}{1+x^2} = \dfrac{(1+x^2)\dfrac{d}{dx}\sqrt{x} - \sqrt{x}\dfrac{d}{dx}(1+x^2)}{(1+x^2)^2} = \dfrac{(1+x^2)\dfrac{1}{2\sqrt{x}} - \sqrt{x}(2x)}{(1+x^2)^2}$

(ii) 因為此切線之斜率 $m = f'(1) = \dfrac{(1+1^2)\dfrac{1}{2\sqrt{1}} - \sqrt{1}(2\cdot 1)}{(1+1^2)^2} = \dfrac{1-2}{4} = -\dfrac{1}{4}$，

所以此切線之方程式為 $y - \dfrac{1}{2} = \left(-\dfrac{1}{4}\right)(x-1)$。（或 $y = -\dfrac{1}{4}x + \dfrac{3}{4}$）

【註】 我們在後面的章節裡，先把**次方律**（power rule）推廣到有理數次方。此公式為 $\dfrac{d}{dx}x^{\frac{m}{n}} = \dfrac{m}{n}x^{\frac{m}{n}-1}$，其中 n 為正整數，而 m 為整數。

而在講到一般指數函數時，將會把次方律推廣到無理數次方。換言之，次方律變成 $\dfrac{d}{dx}x^r = rx^{r-1}$，其中 r 為實數。

習題演練

・基本題

第 1 題至第 8 題，試利用微分公式找函數之導函數 $f'(x)$ 及其定義域。

1. $f(x) = \dfrac{22}{7}$
2. $f(x) = -3x^4$
3. $f(x) = 3x^7 - 4x^5 + 5x^2 - 6$
4. $f(x) = \dfrac{1}{\sqrt{x}} - \sqrt{x}$
5. $f(x) = (x^3 - 6x + 1)(4x^{1/3} - 5x^{-1/5})$
6. $f(x) = (8x^2 - 5x)(23x^2 + 4)$
7. $f(x) = \dfrac{2x+1}{3x^2 - 4x - 4}$
8. $f(x) = \dfrac{1 - x + x^2 - x^3}{1 + x^2 + x^4 + x^6}$

9. 設函數 f 與函數 g 為可微分函數且滿足 $f(3) = 5$、$f'(3) = -2$、$g(3) = 4$ 及 $g'(3) = -3$，試計算

   (a) $(f+g)'(3)$ (b) $(f-g)'(3)$ (c) $(6g)'(3)$ (d) $(fg)'(3)$

(e) $\left(\dfrac{g}{f}\right)'(3)$ (f) $\left(\dfrac{g}{f-g}\right)'(3)$ (g) $(2f+3g)'(3)$ (h) $(ff)'(3)$

第 10 題至第 11 題，試求函數圖形上通過給定之點 $P(a, f(a))$ 的切線斜率及切線方程式。

10. $f(x) = 3 - 2x + 5x^2$；$P(-1, 10)$ 11. $f(x) = \dfrac{1}{(x-1)^2}$；$P(2, 1)$

・進階題

第 12 題至第 15 題，試利用微分公式找函數之導函數 $f'(x)$。

12. $f(x) = \dfrac{x - \sqrt{x}}{x + \sqrt{x}}$ 13. $f(x) = x(x+1)(x+2)$

14. $f(x) = x^2 |x|$ 15. $f(x) = x^2 [\![x]\!]$，$[\![x]\!]$ 為最大整數函數。

16. 設 $f(x) = \begin{cases} x^2, & x \leq 2 \\ mx + b, & x > 2 \end{cases}$，試找出 m 與 b 之值使得函數 f 在 $x = 2$ 可微分。

17. 試計算 $\lim\limits_{x \to 1} \dfrac{x^{2006} - 1}{x - 1}$。（提示：利用導數定義）

2-3 三角函數之微分公式

這一節我們將討論三角函數之連續性與其微分公式。

Theorem 2.3.1
(a) $\lim\limits_{x \to 0} \sin x = 0$ (b) $\lim\limits_{x \to 0} \cos x = 1$
(c) $\lim\limits_{x \to 0} \dfrac{\sin x}{x} = 1$ (d) $\lim\limits_{x \to 0} \dfrac{1 - \cos x}{x} = 0$

證明：(a) (1) 由圖 2-4 可知，當 $0 < x < \dfrac{\pi}{2}$ 時，我們有下列不等式：

$$0 < \sin x < x \text{。}$$

因為 $\lim\limits_{x \to 0^+} 0 = 0 = \lim\limits_{x \to 0^+} x$，所以 $\lim\limits_{x \to 0^+} \sin x = 0$。（由 Squeeze Theorem）

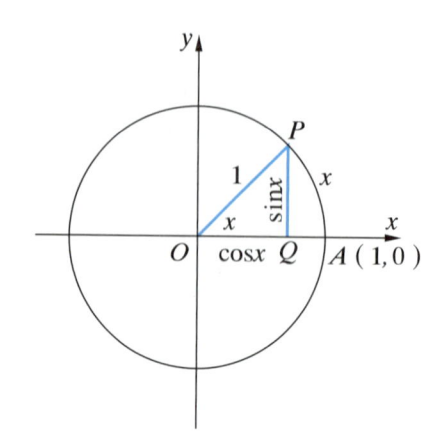

如果 $0 < x < \dfrac{\pi}{2}$，則弧 $\overparen{PA}$ 的長度大於線段 $\overline{PQ}$ 的長度，即 $x > \sin x$。

圖 2-4　證明極限 $\lim\limits_{x \to 0} \sin x = 0$ 之輔助圖

(2) 當 $-\dfrac{\pi}{2} < x < 0$ 時，即 $0 < -x < \dfrac{\pi}{2}$ 時，我們有下列不等式：
$$0 < \sin(-x) < -x \text{。}$$
而　　$0 < \sin(-x) < -x \Leftrightarrow 0 < -\sin x < -x$
$$\Leftrightarrow x < \sin x < 0 \text{。}$$

因為 $\lim\limits_{x \to 0^-} x = 0 = \lim\limits_{x \to 0^-} 0$，所以 $\lim\limits_{x \to 0^-} \sin x = 0$。(由 Squeeze Theorem)

因為 $\lim\limits_{x \to 0^+} \sin x = 0$ 且 $\lim\limits_{x \to 0^-} \sin x = 0$，所以 $\lim\limits_{x \to 0} \sin x = 0$。

(b) 當 $-\dfrac{\pi}{2} < x < \dfrac{\pi}{2}$ 時，我們有下列等式：$\cos x = \sqrt{1 - \sin^2 x}$。

所以 $\lim\limits_{x \to 0} \cos x = \lim\limits_{x \to 0} \sqrt{1 - \sin^2 x} = \sqrt{1} = 1$。

[因為 $\lim\limits_{x \to 0}(1 - \sin^2 x) = 1 - 0^2 = 1 > 0$]

(c) (1) 由圖 2-5 可知，當 $0 < x < \dfrac{\pi}{2}$ 時，

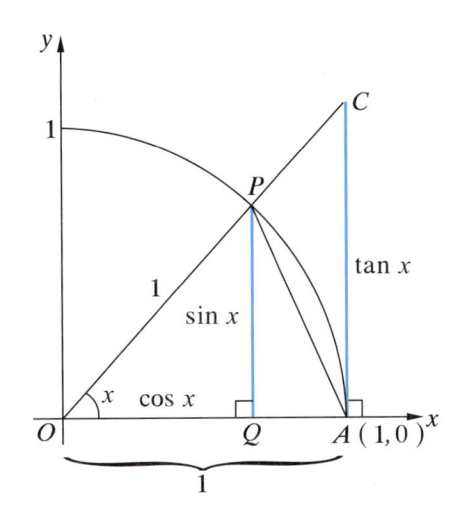

圖 2-5　證明極限 $\lim\limits_{x \to 0} \dfrac{\sin x}{x} = 1$ 之輔助圖

因為 $\triangle OPA$ 的面積 $<$ 扇形 OPA 的面積 $<$ $\triangle OCA$ 的面積，所以我們有下列不等式：$\dfrac{\sin x}{2} < \dfrac{x}{2} < \dfrac{\tan x}{2}$。而

$$\dfrac{\sin x}{2} < \dfrac{x}{2} < \dfrac{\tan x}{2} \Leftrightarrow \sin x < x < \dfrac{\sin x}{\cos x} \Leftrightarrow 1 < \dfrac{x}{\sin x} < \dfrac{1}{\cos x}$$

$$\Leftrightarrow \cos x < \dfrac{\sin x}{x} < 1 \text{。}$$

因為 $\lim\limits_{x \to 0^+} \cos x = 1 = \lim\limits_{x \to 0^+} 1$，所以 $\lim\limits_{x \to 0^+} \dfrac{\sin x}{x} = 1$。(由 Squeeze Theorem)

(2) 當 $-\dfrac{\pi}{2} < x < 0$ 時，即 $0 < -x < \dfrac{\pi}{2}$ 時，我們有下列不等式：

$$\cos(-x) < \dfrac{\sin(-x)}{-x} < 1 \text{。}$$

而 $\cos(-x) < \dfrac{\sin(-x)}{-x} < 1 \Leftrightarrow \cos x < \dfrac{-\sin x}{-x} < 1$

$$\Leftrightarrow \cos x < \dfrac{\sin x}{x} < 1 \text{。}$$

因為 $\lim\limits_{x \to 0^-} \cos x = 1 = \lim\limits_{x \to 0^-} 1$，所以 $\lim\limits_{x \to 0^-} \dfrac{\sin x}{x} = 1$。(由 Squeeze Theorem)

因為 $\lim\limits_{x \to 0^+} \dfrac{\sin x}{x} = 1$ 且 $\lim\limits_{x \to 0^-} \dfrac{\sin x}{x} = 1$，所以 $\lim\limits_{x \to 0} \dfrac{\sin x}{x} = 1$。

(d) $\lim\limits_{x \to 0} \dfrac{1 - \cos x}{x} = \lim\limits_{x \to 0} \dfrac{1 - \cos x}{x} \cdot \dfrac{1 + \cos x}{1 + \cos x} = \lim\limits_{x \to 0} \dfrac{1 - \cos^2 x}{x(1 + \cos x)}$

$= \lim\limits_{x \to 0} \dfrac{\sin^2 x}{x(1 + \cos x)} = \lim\limits_{x \to 0} \sin x \cdot \dfrac{\sin x}{x} \cdot \dfrac{1}{1 + \cos x}$

$= 0 \cdot 1 \cdot \dfrac{1}{2} = 0$

範例 1

試計算下列極限。

(a) $\lim\limits_{x \to 0} \dfrac{\sin 3x}{5x}$ 　　　　　(b) $\lim\limits_{x \to 0} \dfrac{\sin 3x}{\sin 5x}$

(c) $\lim\limits_{x \to 0} \dfrac{x}{\tan x}$ 　　　　　(d) $\lim\limits_{x \to 0} \dfrac{1 - \cos x}{\sin x}$

【解】 (a) $\lim\limits_{x \to 0} \dfrac{\sin 3x}{5x} = \lim\limits_{x \to 0} \dfrac{\sin 3x}{3x} \cdot \dfrac{3}{5} = 1 \cdot \dfrac{3}{5} = \dfrac{3}{5}$

【註】 $\lim\limits_{x \to 0} \dfrac{\sin 3x}{3x} = \lim\limits_{y \to 0} \dfrac{\sin y}{y} = 1$ （令 $y = 3x$，則 $x \to 0 \Rightarrow y \to 0$）

(b) $\lim\limits_{x \to 0} \dfrac{\sin 3x}{\sin 5x} = \lim\limits_{x \to 0} \dfrac{\sin 3x}{3x} \cdot \dfrac{5x}{\sin 5x} \cdot \dfrac{3}{5} = 1 \cdot 1 \cdot \dfrac{3}{5} = \dfrac{3}{5}$

【註】 $\lim\limits_{x \to 0} \dfrac{x}{\sin x} = \lim\limits_{x \to 0} \dfrac{1}{\dfrac{\sin x}{x}} = \dfrac{1}{1} = 1$

(c) $\lim\limits_{x \to 0} \dfrac{x}{\tan x} = \lim\limits_{x \to 0} \dfrac{x}{\dfrac{\sin x}{\cos x}} = \lim\limits_{x \to 0} \dfrac{x}{\sin x} \cdot \cos x = 1 \cdot 1 = 1$

(d) $\lim\limits_{x \to 0} \dfrac{1 - \cos x}{\sin x} = \lim\limits_{x \to 0} \dfrac{1 - \cos x}{x} \cdot \dfrac{x}{\sin x} = 0 \cdot 1 = 0$

接著我們可以討論三角函數的連續性了。

Theorem 2.3.2
The six trigonometric functions are continuous on its domain.

證明：(1) 關於正弦函數 $\sin x$。

對任意的實數 x，

因為 $\lim\limits_{h \to 0} \sin(x+h) = \lim\limits_{h \to 0} [\sin x \cos h + \cos x \sin h] = \sin x$，

所以 $\sin x$ 在區間 $(-\infty, \infty)$ 上連續。

(2) 關於餘弦函數 $\cos x$。

對任意的實數 x，

因為 $\lim\limits_{h \to 0} \cos(x+h) = \lim\limits_{h \to 0} [\cos x \cos h - \sin x \sin h] = \cos x$，

所以 $\cos x$ 在區間 $(-\infty, \infty)$ 上連續。

其他四個函數可用連續的除法性質證之。

例如：

因為 $\sin x$ 在區間 $(-\infty, \infty)$ 上連續，且 $\cos x$ 在區間 $(-\infty, \infty)$ 上連續，所以 $\tan x = \dfrac{\sin x}{\cos x}$ 在集合 D 上連續，而 $D = \{x \in \mathbb{R} \mid \cos x \neq 0\}$。

最後，我們介紹三角函數的微分公式。

Theorem 2.3.3

(a) $\dfrac{d}{dx} \sin x = \cos x$ 　　　　　(b) $\dfrac{d}{dx} \cos x = -\sin x$

(c) $\dfrac{d}{dx} \tan x = \sec^2 x$ 　　　　　(d) $\dfrac{d}{dx} \cot x = -\csc^2 x$

(e) $\dfrac{d}{dx} \sec x = \sec x \tan x$ 　　　　(f) $\dfrac{d}{dx} \csc x = -\csc x \cot x$

證明：我們只證明 (a)、(c) 及 (e)。

(a) $\dfrac{d}{dx} \sin x = \lim\limits_{h \to 0} \dfrac{\sin(x+h) - \sin x}{h}$

$\qquad\qquad = \lim\limits_{h \to 0} \dfrac{\sin x \cos h + \cos x \sin h - \sin x}{h}$

$$= \lim_{h \to 0} \left[\cos x \cdot \frac{\sin h}{h} - \sin x \cdot \frac{1 - \cos h}{h} \right]$$
$$= \cos x \cdot 1 - \sin x \cdot 0 = \cos x$$

【註】讀者可利用 (a) 的證明方法來證明 (b)。即利用公式：
$$\cos(x+h) = \cos x \cos h - \sin x \sin h \text{。}$$

(c) $\dfrac{d}{dx}\tan x = \dfrac{d}{dx}\dfrac{\sin x}{\cos x} = \dfrac{\cos x \cdot \cos x - \sin x \cdot (-\sin x)}{\cos^2 x} = \dfrac{1}{\cos^2 x} = \sec^2 x$

(e) $\dfrac{d}{dx}\sec x = \dfrac{d}{dx}\dfrac{1}{\cos x} = \dfrac{\cos x \cdot 0 - 1 \cdot (-\sin x)}{\cos^2 x} = \dfrac{\sin x}{\cos^2 x} = \dfrac{1}{\cos x} \cdot \dfrac{\sin x}{\cos x} = \sec x \tan x$

範例 2

試微分下列函數。

(a) $\dfrac{d}{dx}x^3 \cos x$　　　　　　(b) $\dfrac{d}{dx}\dfrac{\cos x}{1 + \sec x}$

解

(a) $\dfrac{d}{dx}x^3 \cos x = x^3 \cdot (-\sin x) + \cos x \cdot 3x^2 = -x^3 \sin x + 3x^2 \cos x$。

(b) $\dfrac{d}{dx}\dfrac{\cos x}{1 + \sec x} = \dfrac{(1 + \sec x)(-\sin x) - \cos x \cdot \sec x \tan x}{(1 + \sec x)^2} = \dfrac{-\sin x - 2\tan x}{(1 + \sec x)^2}$。

習題演練

・基本題

第 1 題至第 6 題，試利用微分公式找函數之導函數 $f'(x)$。

1. $f(x) = x - 2\sin x$
2. $f(x) = x^2 \sin x$
3. $f(x) = 4\sec x - 3\tan x$
4. $f(x) = \sec x \tan x$
5. $f(x) = \dfrac{x - 2\csc x}{x + 2\cos x}$
6. $f(x) = \dfrac{\cot x - 3}{1 + \tan x}$

第 7 題至第 8 題，試求函數圖形上通過給定之點 $P(a, f(a))$ 的切線斜率及切線方程式。

7. $f(x) = \tan x$，$P\left(\dfrac{\pi}{4}, 1\right)$
8. $f(x) = x + 2\cos x$，$P(0, 2)$

・進階題

9. 證明微分公式：$\dfrac{d}{dx}\cos x = -\sin x$

第 10 題至第 14 題，計算其極限。

10. $\lim\limits_{x\to 0}\dfrac{\sin 2x}{x}$
11. $\lim\limits_{x\to 0}\dfrac{\sin 2x}{\sin 5x}$
12. $\lim\limits_{x\to 0}\dfrac{\sin x}{x+\tan x}$

13. $\lim\limits_{x\to 0}\dfrac{\sqrt{1-\cos x}}{|x|}$ （提示：$|x|=\sqrt{x^2}$）
14. $\lim\limits_{x\to 0}\dfrac{\cos 2x-1}{x^2}$

15. $\lim\limits_{x\to 0}\left[\!\!\left[\dfrac{\sin x}{x}\right]\!\!\right]$，$[\![x]\!]$ 為最大整數函數。

$$\left[\text{提示：}\cos x<\dfrac{\sin x}{x}<1\,,\;x\in\left(-\dfrac{\pi}{2},0\right)\cup\left(0,\dfrac{\pi}{2}\right)\right]$$

2-4 鍊鎖律

本節要討論的是合成函數的微分公式。

若 $f(x)=(x^2+1)^2$，則

$$f'(x)=\dfrac{d}{dx}(x^2+1)^2=\dfrac{d}{dx}(x^4+2x^2+1)=4x^3+4x\,。$$

若 $f(x)=(x^2+1)^3$，則

$$f'(x)=\dfrac{d}{dx}(x^2+1)^3=\dfrac{d}{dx}(x^6+3x^4+3x^2+1)=6x^5+12x^3+6x\,。$$

若 $f(x)=(x^2+1)^{20}$ 或 $f(x)=\sqrt{x^2+1}$ 且無公式可用時，我們可就要傷腦筋了。

下面這個定理就顯得非常重要了，因為它解決了很多複雜函數的微分問題。

Theorem 2.4.1 (The Chain Rule)
If $y=f(u)$ and $u=g(x)$ are both differentiable functions, then
$\dfrac{dy}{dx}=\dfrac{dy}{du}\dfrac{du}{dx}$. (or $\dfrac{d}{dx}f(g(x))=f'(g(x))g'(x)$).

證明：我們將證明 $\dfrac{d}{dx}f(g(x)) = f'(g(x))g'(x)$。

(i) 粗糙的證明

$$\dfrac{d}{dx}f(g(x)) = \lim_{t \to x}\dfrac{f(g(t)) - f(g(x))}{t - x} \quad \text{（設 } t \text{ 在 } x \text{ 的附近，} g(t) \neq g(x)\text{）}$$

$$= \lim_{t \to x}\dfrac{f(g(t)) - f(g(x))}{g(t) - g(x)} \cdot \dfrac{g(t) - g(x)}{t - x}$$

$$= \lim_{t \to x}\dfrac{f(g(t)) - f(g(x))}{g(t) - g(x)} \cdot \lim_{t \to x}\dfrac{g(t) - g(x)}{t - x}。$$

令 $y = g(t)$，因為 $g'(x)$ 存在，所以 g 在 $t = x$ 連續，即 $\lim\limits_{t \to x} g(t) = g(x)$，

換言之，$t \to x \Rightarrow g(t) \to g(x)$ 或 $y \to g(x)$。

因此，$\dfrac{d}{dx}f(g(x)) = \lim\limits_{y \to g(x)}\dfrac{f(y) - f(g(x))}{y - g(x)} \cdot \lim\limits_{t \to x}\dfrac{g(t) - g(x)}{t - x} = f'(g(x))\,g'(x)$

【註】在粗糙的證明中，有一個假設必須成立，即設 t 在 x 的附近，$g(t) \neq g(x)$。

現在我們在沒有這個條件時，也可證明此公式。

(ii) 嚴格的證明

定義一個輔助函數 F 如下：

$$F(y) = \begin{cases} \dfrac{f(y) - f(g(x))}{y - g(x)}, & y \neq g(x) \\ f'(g(x)), & y = g(x) \end{cases}。$$

因為 $\lim\limits_{y \to g(x)} F(y) = \lim\limits_{y \to g(x)}\dfrac{f(y) - f(g(x))}{y - g(x)} = f'(g(x)) = F(g(x))$，

所以 函數 F 在 $g(x)$ 是連續的。

現在如果 t 在 x 的附近且 $t \neq x$，則不管 $g(t) = g(x)$ 或 $g(t) \neq g(x)$

時，我們都有 $\dfrac{f(g(t)) - f(g(x))}{t - x} = F(g(t)) \cdot \dfrac{g(t) - g(x)}{t - x}$。(說明如下)

當 $g(t) \neq g(x)$ 時，$F(g(t)) \cdot \dfrac{g(t) - g(x)}{t - x} = \dfrac{f(g(t)) - f(g(x))}{g(t) - g(x)} \cdot \dfrac{g(t) - g(x)}{t - x}$

$$= \dfrac{f(g(t)) - f(g(x))}{t - x}。$$

【註】此拆法與粗糙的證明相同。

當 $g(t) = g(x)$ 時，$\dfrac{f(g(t)) - f(g(x))}{t - x} = \dfrac{0}{t - x} = 0$ 且

$$F(g(t)) \cdot \dfrac{g(t) - g(x)}{t - x} = F(g(x)) \cdot 0 = 0 \text{。}$$

【註】此處正是改良的地方。

最後，

$$\dfrac{d}{dx} f(g(x)) = \lim_{t \to x} \dfrac{f(g(t)) - f(g(x))}{t - x}$$

$$= \lim_{t \to x} F(g(t)) \cdot \dfrac{g(t) - g(x)}{t - x}$$

$$= \lim_{t \to x} F(g(t)) \cdot \lim_{t \to x} \dfrac{g(t) - g(x)}{t - x}$$

（因為 $\lim\limits_{t \to x} g(t) = g(x)$ 且 F 在 $g(x)$ 連續）

$$= F(\lim_{t \to x} g(t)) \cdot \lim_{t \to x} \dfrac{g(t) - g(x)}{t - x}$$

$$= F(g(x))g'(x) = f'(g(x))g'(x) \text{。}$$

【註】 1. (鍊鎖律與冪函數)

$$\dfrac{d}{dx}[g(x)]^n = n[g(x)]^{n-1} g'(x) \quad \text{或} \quad \dfrac{d}{dx} u^n = nu^{n-1} \dfrac{du}{dx}$$

2. (鍊鎖律與三角函數)

(1) $\dfrac{d}{dx} \sin(g(x)) = \cos(g(x))g'(x)$ 或 $\dfrac{d}{dx} \sin u = \cos u \dfrac{du}{dx}$

(2) $\dfrac{d}{dx} \cos(g(x)) = -\sin(g(x))g'(x)$ 或 $\dfrac{d}{dx} \cos u = -\sin u \dfrac{du}{dx}$

(3) $\dfrac{d}{dx} \tan(g(x)) = \sec^2(g(x))g'(x)$ 或 $\dfrac{d}{dx} \tan u = \sec^2 u \dfrac{du}{dx}$

(4) $\dfrac{d}{dx} \cot(g(x)) = -\csc^2(g(x))g'(x)$ 或 $\dfrac{d}{dx} \cot u = -\csc^2 u \dfrac{du}{dx}$

(5) $\dfrac{d}{dx} \sec(g(x)) = \sec(g(x))\tan(g(x))g'(x)$ 或 $\dfrac{d}{dx} \sec u = \sec u \tan u \dfrac{du}{dx}$

(6) $\dfrac{d}{dx} \csc(g(x)) = -\csc(g(x))\cot(g(x))g'(x)$ 或 $\dfrac{d}{dx} \csc u = -\csc u \cot u \dfrac{du}{dx}$

3. (鍊鎖律可推廣至三個以上之合成函數)

設 $f(x)$、$g(x)$ 及 $h(x)$ 都是可微分函數，則

$$\frac{d}{dx}f(g(h(x))) = f'(g(h(x)))\frac{d}{dx}g(h(x)) = f'(g(h(x))) \cdot g'(h(x)) \cdot h'(x)$$。

範例 1

若 $f(x) = (x^2+1)^{20}$，試求 $f'(x)$。

解 方法 1：

$$f'(x) = \frac{d}{dx}(x^2+1)^{20} = 20(x^2+1)^{19}\frac{d}{dx}(x^2+1) = 20(x^2+1)^{19} \cdot 2x = 40x(x^2+1)^{19}$$。

方法 2：

設 $y = u^{20}$ 且 $u = x^2+1$，則

$$f'(x) = \frac{dy}{dx} = \frac{dy}{du}\frac{du}{dx} = 20u^{19} \cdot \frac{d}{dx}(x^2+1) = 20(x^2+1)^{19} \cdot 2x = 40x(x^2+1)^{19}$$。

範例 2

若 $f(x) = \sqrt{x^2+1}$，試求 $f'(x)$。

解 方法 1：

$$f'(x) = \frac{d}{dx}\sqrt{x^2+1} = \frac{1}{2}(x^2+1)^{-1/2}\frac{d}{dx}(x^2+1) = \frac{1}{2}(x^2+1)^{-1/2} \cdot 2x = \frac{x}{\sqrt{x^2+1}}$$。

方法 2：

設 $y = \sqrt{u}$ 且 $u = x^2+1$，則

$$f'(x) = \frac{dy}{dx} = \frac{dy}{du}\frac{du}{dx} = \frac{1}{2}u^{-1/2} \cdot \frac{d}{dx}(x^2+1) = \frac{1}{2}(x^2+1)^{-1/2} \cdot 2x = \frac{x}{\sqrt{x^2+1}}$$。

以下之範例，我們都以方法 1 作答。

範例 3

若 $f(x) = \sqrt[3]{x^2 + x + 1}$，試求 $f'(x)$。

解 $f'(x) = \dfrac{d}{dx}\sqrt[3]{x^2 + x + 1}$

$= \dfrac{1}{3}(x^2 + x + 1)^{-2/3} \dfrac{d}{dx}(x^2 + x + 1)$

$= \dfrac{1}{3}(x^2 + x + 1)^{-2/3} \cdot (2x + 1)$。

範例 4

若 $f(x) = (x^2 + 2x + 1)^3(x^3 - 6x^2 - 5)^4$，試求 $f'(x)$。

解 $f'(x) = \dfrac{d}{dx}(x^2 + 2x + 1)^3(x^3 - 6x^2 - 5)^4$

$= (x^2 + 2x + 1)^3 \dfrac{d}{dx}(x^3 - 6x^2 - 5)^4 + (x^3 - 6x^2 - 5)^4 \dfrac{d}{dx}(x^2 + 2x + 1)^3$

$= (x^2 + 2x + 1)^3 \cdot 4(x^3 - 6x^2 - 5)^3 \dfrac{d}{dx}(x^3 - 6x^2 - 5)$

$\quad + (x^3 - 6x^2 - 5)^4 \cdot 3(x^2 + 2x + 1)^2 \dfrac{d}{dx}(x^2 + 2x + 1)$

$= (x^2 + 2x + 1)^3 \cdot 4(x^3 - 6x^2 - 5)^3(3x^2 - 12x)$
$\quad + (x^3 - 6x^2 - 5)^4 \cdot 3(x^2 + 2x + 1)^2(2x + 2)$。

範例 5

若 $f(x) = \left(\dfrac{x-3}{2x-1}\right)^{10}$，試求 $f'(x)$。

解 $f'(x) = \dfrac{d}{dx}\left(\dfrac{x-3}{2x-1}\right)^{10} = 10\left(\dfrac{x-3}{2x-1}\right)^9 \dfrac{d}{dx}\dfrac{x-3}{2x-1}$

$$= 10\left(\frac{x-3}{2x-1}\right)^9 \cdot \frac{(2x-1)\cdot \frac{d}{dx}(x-3)-(x-3)\cdot \frac{d}{dx}(2x-1)}{(2x-1)^2}$$

$$= 10\left(\frac{x-3}{2x-1}\right)^9 \cdot \frac{(2x-1)\cdot 1-(x-3)\cdot 2}{(2x-1)^2} = \frac{50(x-3)^9}{(2x-1)^{11}} \text{。}$$

範例 6

若 $f(x) = \sin^2(x^2+1)$，試求 $f'(x)$。

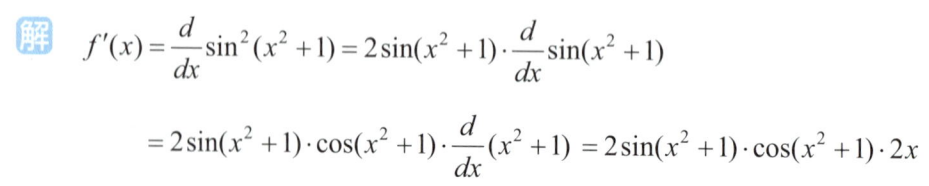

解 $f'(x) = \dfrac{d}{dx}\sin^2(x^2+1) = 2\sin(x^2+1)\cdot \dfrac{d}{dx}\sin(x^2+1)$

$= 2\sin(x^2+1)\cdot \cos(x^2+1)\cdot \dfrac{d}{dx}(x^2+1) = 2\sin(x^2+1)\cdot \cos(x^2+1)\cdot 2x$

範例 7

若 $f(x) = \sin(\cos(\cot x))$，試求 $f'(x)$。

解 $f'(x) = \dfrac{d}{dx}\sin(\cos(\cot x)) = \cos(\cos(\cot x))\dfrac{d}{dx}\cos(\cot x)$

$= \cos(\cos(\cot x))\cdot[-\sin(\cot x)]\dfrac{d}{dx}\cot x = \cos(\cos(\cot x))\cdot[-\sin(\cot x)]\cdot[-\csc^2 x]$ 。

範例 8

若 $f(x) = \sqrt{x+\cos^3 x}$，試求 $f'(x)$。

解 $f'(x) = \dfrac{d}{dx}\sqrt{x+\cos^3 x} = \dfrac{1}{2}(x+\cos^3 x)^{-1/2}\dfrac{d}{dx}(x+\cos^3 x)$

$= \dfrac{1}{2}(x+\cos^3 x)^{-1/2}\cdot\left(1+3\cos^2 x\cdot \dfrac{d}{dx}\cos x\right)$

$= \dfrac{1}{2}(x+\cos^3 x)^{-1/2}\cdot(1+3\cos^2 x\cdot -\sin x)$

現在次方律可以推廣到有理數了。

Theorem 2.4.2 (The Power Rule(IV))
If n is a positive integer and if m is an integer, then
$$\frac{d}{dx}x^{\frac{m}{n}} = \frac{m}{n}x^{\frac{m}{n}-1}.$$

證明：$\frac{d}{dx}x^{\frac{m}{n}} = \frac{d}{dx}(x^{\frac{1}{n}})^m = m(x^{\frac{1}{n}})^{m-1}\frac{d}{dx}x^{\frac{1}{n}} = m(x^{\frac{1}{n}})^{m-1}\cdot\frac{1}{n}x^{\frac{1}{n}-1} = \frac{m}{n}x^{\frac{m}{n}-1}$。

範例 9

(a) $\frac{d}{dx}x^{\frac{3}{2}} = \frac{3}{2}x^{\frac{3}{2}-1} = \frac{3}{2}x^{\frac{1}{2}}$

(b) $\frac{d}{dx}x^{-\frac{3}{4}} = -\frac{3}{4}x^{-\frac{3}{4}-1} = -\frac{3}{4}x^{-\frac{7}{4}}$

範例 10

$\frac{d}{dx}\sqrt[4]{(x^2+2x+2)^7} = \frac{d}{dx}(x^2+2x+2)^{\frac{7}{4}} = \frac{7}{4}(x^2+2x+2)^{\frac{7}{4}-1}\frac{d}{dx}(x^2+2x+2)$

$= \frac{7}{4}(x^2+2x+2)^{\frac{3}{4}}\cdot(2x+2)$。

習題演練

・基本題

第 1 題至第 10 題，試利用微分公式找函數之導函數 $f'(x)$。

1. $f(x) = \cos 4x$
2. $f(x) = \sqrt{3+5x}$
3. $f(x) = \sin^3 x + \sin x^3$
4. $f(x) = \tan\sqrt{x}$
5. $f(x) = (2x-1)^{2006}$
6. $f(x) = (5x^2-3x+1)^{-3}$
7. $f(x) = \left(\dfrac{3x-4}{5x+3}\right)^7$
8. $f(x) = (2x^2-3x+6)^5(3x^4+7x-1)^4$
9. $f(x) = \sqrt{x+\sqrt{x}}$
10. $f(x) = \sin\left(\dfrac{x}{\sqrt{x+1}}\right)$

・進階題

第 11 題至第 14 題，試利用微分公式找函數之導函數 $f'(x)$。

11. $f(x) = \sqrt{x + \sqrt{x + \sqrt{x}}}$

12. $f(x) = [(2x+1)^{10} + 1]^{10}$

13. $f(x) = \sin(\tan(\sqrt{\csc x}))$

14. $f(x) = \sin(\sin(\sin x))$

15. 設 $f(x) = x^2 - 2x + 3$ 且 $g(x) = \dfrac{2x-1}{3x+1}$，試求

  (a) $\dfrac{d}{dx}(f \circ g)(x)$

  (b) $\dfrac{d}{dx}(g \circ f)(x)$

  (c) $\dfrac{d}{dx}(f \circ f)(x)$

  (d) $\dfrac{d}{dx}(g \circ g)(x)$

  (e) $\dfrac{d}{dx} f(g(f(x)))$

2-5 隱函數之微分

我們簡單的區分函數為兩類：第一類為**顯函數**（explicit function），例如：$y = 2x^2 + 6$，$y = \sin x$，$y = \dfrac{\sqrt{2x+4}}{x-1}$，…等。這一些函數很明顯看得出 y 是 x 的函數。而顯函數之微分可直接利用微分公式來計算。

第二類為**隱函數**（implicit function），這一類的函數是隱藏在方程式 $F(x, y) = 0$ 裡面。其定義如下：如果有一個函數 $y = g(x)$，其定義域為 D_g，且滿足 $F(x, g(x)) = 0$ $\forall\ x \in D_g$，則函數 $y = g(x)$ 是隱藏在方程式 $F(x, y) = 0$ 裡面的一個隱函數。

範例 1

函數 $y = \sqrt{25 - x^2}$，$|x| \leq 5$ 及函數 $y = -\sqrt{25 - x^2}$，$|x| \leq 5$ 都是隱藏在方程式 $x^2 + y^2 - 25 = 0$（或 $x^2 + y^2 = 25$）裡面的兩個隱函數。因為，對任意滿足不等式 $|x| \leq 5$ 的 x，我們有 $x^2 + (\sqrt{25 - x^2})^2 - 25 = x^2 + (25 - x^2) - 25 = 0$ 且

$$x^2 + (-\sqrt{25-x^2})^2 - 25 = x^2 + (25-x^2) - 25 = 0 \text{。}$$

若定義函數 $y = \begin{cases} \sqrt{25-x^2}, & -5 \leq x < a \\ -\sqrt{25-x^2}, & a \leq x \leq 5 \end{cases}$,其中 $a \in (-5,5)$,則函數 y 也是隱藏在方程式 $x^2 + y^2 - 25 = 0$ 裡面的一個隱函數。換言之,我們找到了很多很多的隱函數。

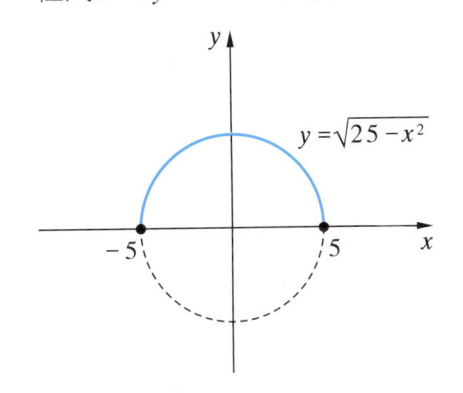

隱函數 $y = \sqrt{25-x^2}$ 的圖形是
方程式 $x^2 + y^2 = 25$ 圖形的一部分
(a)

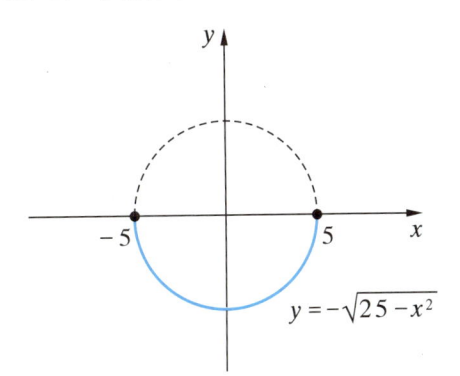

隱函數 $y = -\sqrt{25-x^2}$ 的圖形也是
方程式 $x^2 + y^2 = 25$ 圖形的一部分
(b)

圖 2-6

這一節的重點當然不是要我們找出所有的隱函數,而只是介紹隱函數之微分。在介紹隱函數微分之前,本節有兩個非常重要的假設,即

1. 在這一節所給的方程式 $F(x,y) = 0$ 中,都存在至少有一個隱函數 $y = g(x)$ 隱藏在方程式 $F(x,y) = 0$ 裡面。

2. 我們假設每一個隱函數 $y = g(x)$ 之導函數 y' 或 $\dfrac{dy}{dx}$ 是存在的。

這一節的重點為如何利用隱函數微分法去求得隱函數 $y = g(x)$ 之導函數 y'。我們現在就由範例 2 來介紹隱函數微分法。

範例 2

(a) 設 $x^2 + y^2 - 25 = 0$,利用隱函數微分法求 $\dfrac{dy}{dx}$。

(b) 試求通過方程式 $x^2 + y^2 - 25 = 0$ 的圖形上一點 $(3, -4)$ 之切線方程式。

解 (a) (第一個步驟) 由方程式 $x^2 + y^2 - 25 = 0$ 中之等號兩邊同時對 x 微分，我們可以得到下列方程式：

$$2x + 2y\frac{dy}{dx} = 0 \quad \left(\frac{dy^2}{dx} = \frac{dy^2}{dy} \cdot \frac{dy}{dx} = 2y\frac{dy}{dx}\right)$$

(第二個步驟) 解出方程式 $2x + 2y\frac{dy}{dx} = 0$ 中的 $\frac{dy}{dx}$，我們得到隱函數之導函數為 $\frac{dy}{dx} = -\frac{2x}{2y} = -\frac{x}{y}$。而此過程就稱為隱函數微分法。

(b) 因為此切線之斜率為 $m = \frac{dy}{dx}\bigg|_{\substack{x=3 \\ y=-4}} = -\frac{3}{-4} = \frac{3}{4}$，所以切線方程式為

$$y - (-4) = \frac{3}{4}(x - 3) \quad \text{或} \quad y = \frac{3}{4}x - \frac{25}{4}。$$

【註】隱函數微分公式適用於每一個隱函數，我們以範例 1 中的兩個隱函數說明如下：

(1) 第一個隱函數為 $y = \sqrt{25 - x^2}$，$|x| \leq 5$，而其導函數為

$$\frac{dy}{dx} = \frac{d}{dx}\sqrt{25 - x^2} = \frac{1}{2}(25 - x^2)^{-\frac{1}{2}} \cdot -2x = -\frac{x}{\sqrt{25 - x^2}} = -\frac{x}{y}$$

(2) 第二個隱函數為 $y = -\sqrt{25 - x^2}$，$|x| \leq 5$，

而其導函數為

$$\frac{dy}{dx} = \frac{d}{dx}(-\sqrt{25 - x^2}) = -\frac{1}{2}(25 - x^2)^{-\frac{1}{2}} \cdot -2x = -\frac{x}{-\sqrt{25 - x^2}} = -\frac{x}{y}$$

範例 3

設 $x^3 + x^2y + 4y^2 = 6$，利用隱函數微分法求 $\frac{dy}{dx}$。

解 $x^3 + x^2y + 4y^2 = 6$

$$\xRightarrow{\text{(利用隱微分)}} 3x^2 + \left(x^2\frac{dy}{dx} + y\frac{d}{dx}x^2\right) + 8y\frac{dy}{dx} = 0$$

$$\Leftrightarrow \quad 3x^2 + x^2\frac{dy}{dx} + 2xy + 8y\frac{dy}{dx} = 0$$

$$\Leftrightarrow \quad (x^2 + 8y)\frac{dy}{dx} = -3x^2 - 2xy$$

$$\stackrel{\left(\text{解}\frac{dy}{dx}\right)}{\Rightarrow} \quad \frac{dy}{dx} = -\frac{3x^2 + 2xy}{x^2 + 8y}$$

範例 4

設 $y\sin(x^2) = x\sin(y^2)$，利用隱函數微分法求 $\dfrac{dy}{dx}$。

解 $y\sin(x^2) = x\sin(y^2)$

$$\stackrel{(\text{利用隱微分})}{\Rightarrow} \quad y\frac{d}{dx}\sin(x^2) + \sin(x^2)\frac{dy}{dx} = x\frac{d}{dx}\sin(y^2) + \sin(y^2)\frac{d}{dx}x$$

$$\Leftrightarrow \quad y\cos(x^2)\frac{d}{dx}x^2 + \sin(x^2)\frac{dy}{dx} = x\cos(y^2)\frac{d}{dx}y^2 + \sin(y^2)$$

$$\Leftrightarrow \quad y\cos(x^2)\cdot 2x + \sin(x^2)\frac{dy}{dx} = x\cos(y^2)\cdot 2y\frac{dy}{dx} + \sin(y^2)$$

$$\Leftrightarrow \quad [\sin(x^2) - 2xy\cos(y^2)]\frac{dy}{dx} = \sin(y^2) - 2xy\cos(x^2)$$

$$\stackrel{\left(\text{解}\frac{dy}{dx}\right)}{\Rightarrow} \quad \frac{dy}{dx} = \frac{\sin(y^2) - 2xy\cos(x^2)}{\sin(x^2) - 2xy\cos(y^2)}$$

習題演練

‧基本題

第 1 題至第 6 題，試利用隱函數微分法找隱函數之導函數 $\dfrac{dy}{dx}$。

1. $x^2 - y^2 = 1$
2. $x^3 - xy + 4y = 1$
3. $xy + y^2 = 1$
4. $\sqrt{x} + \sqrt{y} = 1$
5. $x = \sin xy$
6. $y^2 = x\cos y$

· 進階題

第 7 題至第 12 題，試利用隱函數微分法找隱函數之導函數 $\dfrac{dy}{dx}$。

7. $x = \cos\sqrt{xy}$

8. $x^3 + x^2 y + 4y^2 = 6$

9. $y^5 + x^2 y^3 = 1 + x^4 y$

10. $x^2 \sin y = y^2 \cos x$

11. $x^{2/3} + y^{2/3} = 4$

12. $\sin x + \cos y = \sin x \cos y$

13. 證明通過方程式 $\sqrt{x} + \sqrt{y} = \sqrt{c}$ 圖形上任意一條切線之 x-截距與 y-截距之和等於 c。

【註】直線與 x-軸相交的點之 x-座標為 x-截距，而直線與 y-軸相交的點之 y-座標為 y-截距。

第 14 題至第 15 題，試求方程式圖形上通過給定之點 $P(a, f(a))$ 的切線斜率及切線方程式。

14. $x^2 + xy + y^2 = 3$，$P(1,1)$

15. $x^4 + y^4 = 13$，$P(\sqrt{2}, -\sqrt{3})$

2-6 高階導函數

這一節我們將介紹函數之高階導函數。

若函數 $y = f(x)$ 之導函數為 $f'(x)$，則

1. 函數的二階導函數 $f''(x)$ 之定義如下：

$$f''(x) = \frac{d}{dx} f'(x) = \lim_{h \to 0} \frac{f'(x+h) - f'(x)}{h}。$$

2. 函數的三階導函數 $f'''(x)$ 之定義如下：

$$f'''(x) = \frac{d}{dx} f''(x) = \lim_{h \to 0} \frac{f''(x+h) - f''(x)}{h}。$$

以此類推，我們就可定義任意高階導函數了，例如：

$$f^{(n)}(x) = \frac{d}{dx} f^{(n-1)}(x) = \lim_{h \to 0} \frac{f^{(n-1)}(x+h) - f^{(n-1)}(x)}{h},$$

其中 $f^{(n-1)}(x)$ 代表函數 $y = f(x)$ 之 $(n-1)$ 階導函數，而 $f^{(n)}(x)$ 代表函數 $y = f(x)$ 之 n 階導函數。

【註】

1. 若 $y = f(x)$，則其高階導函數之符號如下：

階數：高階導函數

$n = 1$：$y' = f'(x) = \dfrac{dy}{dx} = \dfrac{d}{dx} f(x) = D_x y = D_x f(x)$

　　　　（$y' = y^{(1)}$　且　$f'(x) = f^{(1)}(x)$）

$n = 2$：$y'' = f''(x) = \dfrac{d^2 y}{dx^2} = \dfrac{d^2}{dx^2} f(x) = D_x^2 y = D_x^2 f(x)$

　　　　（$y'' = y^{(2)}$　且　$f''(x) = f^{(2)}(x)$）

$n = 3$：$y''' = f'''(x) = \dfrac{d^3 y}{dx^3} = \dfrac{d^3}{dx^3} f(x) = D_x^3 y = D_x^3 f(x)$

　　　　（$y''' = y^{(3)}$　且　$f'''(x) = f^{(3)}(x)$）

$n = 4$：$y^{(4)} = f^{(4)}(x) = \dfrac{d^4 y}{dx^4} = \dfrac{d^4}{dx^4} f(x) = D_x^4 y = D_x^4 f(x)$

$\vdots$　　$\vdots$　　$\vdots$　　$\vdots$　　$\vdots$　　$\vdots$　　$\vdots$

$n = k$：$y^{(k)} = f^{(k)}(x) = \dfrac{d^k y}{dx^k} = \dfrac{d^k}{dx^k} f(x) = D_x^k y = D_x^k f(x)$

2. 當 $n = 0$ 時，$y^{(0)} = f^{(0)}(x) = f(x)$。（純粹為了方便）

範例 1

試求多項式 $f(x) = 2x^3 - 3x^2 + 6x - 9$ 之各階導函數。

解 如果 $f(x) = 2x^3 - 3x^2 + 6x - 9$，則

$$f'(x) = 6x^2 - 6x + 6$$
$$f''(x) = 12x - 6$$
$$f'''(x) = 12$$
$$f^{(4)}(x) = 0 \text{ 及}$$
$$f^{(n)}(x) = 0 \quad \forall n \geq 5$$

範例 2

如果 $f(x) = \dfrac{1}{1-2x}$，試求 $f^{(n)}(x)$ 及 $f^{(11)}(0)$。

解 (i) 如果 $f(x) = \dfrac{1}{1-2x}$，則

$$f'(x) = \dfrac{d}{dx}(1-2x)^{-1} = (-1)(1-2x)^{-2}(-2)$$

$$f''(x) = (-1)(-2)(1-2x)^{-3}(-2)^2$$

$$f'''(x) = (-1)(-2)(-3)(1-2x)^{-4}(-2)^3$$

$$\vdots$$

當看出通式以後，我們有

$$f^{(n)}(x) = (-1)(-2)(-3)\cdots(-n)(1-2x)^{-(n+1)}(-2)^n$$
$$= (-1)^n n!(1-2x)^{-(n+1)}(-1)^n 2^n$$
$$= 2^n n!(1-2x)^{-(n+1)} \text{。}$$

(ii) 若 $n = 11$ 時，則 $f^{(11)}(0) = 2^{11}(11)!(1-2\cdot 0)^{-12} = 2^{11}(11)!$。

範例 3

若 $x^3 + y^3 = 1$，利用隱微分法求 $\dfrac{d^2y}{dx^2}$。

解 $x^3 + y^3 = 1$

$$\stackrel{(利用隱微分)}{\Rightarrow} 3x^2 + 3y^2\dfrac{dy}{dx} = 0$$

$$\Leftrightarrow x^2 + y^2\dfrac{dy}{dx} = 0 \quad \left(\dfrac{dy}{dx} = -\dfrac{x^2}{y^2}\right)$$

$$\stackrel{(再利用隱微分)}{\Rightarrow} 2x + \left[y^2\dfrac{d^2y}{dx^2} + \dfrac{dy}{dx}\cdot 2y\dfrac{dy}{dx}\right] = 0$$

$$\Leftrightarrow 2x + y^2\dfrac{d^2y}{dx^2} + 2y\left(\dfrac{dy}{dx}\right)^2 = 0$$

$$\xRightarrow{\left(\text{解}\frac{d^2y}{dx^2}\right)} \quad \frac{d^2y}{dx^2} = -\frac{2x+2y\left(\frac{dy}{dx}\right)^2}{y^2} = -\frac{2x+2y\left(-\frac{x^2}{y^2}\right)^2}{y^2} = -\frac{2xy^3+2x^4}{y^5}$$

【註】當利用第一次隱微分求得 $\dfrac{dy}{dx} = -\dfrac{x^2}{y^2}$ 時，我們也可利用除法公式來求得 $\dfrac{d^2y}{dx^2}$，其過程如下：

$$\frac{d^2y}{dx^2} = -\frac{y^2 \cdot 2x - x^2 \cdot 2y\frac{dy}{dx}}{y^4} = -\frac{2xy^2 - 2x^2y \cdot \left(-\frac{x^2}{y^2}\right)}{y^4} = -\frac{2xy^3+2x^4}{y^5} \text{。}$$

範例 4

試求 $\dfrac{d^n}{dx^n}\sin x$ 及 $\dfrac{d^{37}}{dx^{37}}\sin x$。

解 (i) $\dfrac{d}{dx}\sin x = \cos x$

$\dfrac{d^2}{dx^2}\sin x = -\sin x$

$\dfrac{d^3}{dx^3}\sin x = -\cos x$

$\dfrac{d^4}{dx^4}\sin x = -(-\sin x) = \sin x$

$\dfrac{d^5}{dx^5}\sin x = \cos x$

$\dfrac{d^6}{dx^6}\sin x = -\sin x$

$\dfrac{d^7}{dx^7}\sin x = -\cos x$

$\dfrac{d^8}{dx^8}\sin x = \sin x$

$\vdots$

當看出通式以後，我們有

$$\Rightarrow \frac{d^n}{dx^n}\sin x = \begin{cases} \cos x, & n=1,5,9,13,\cdots \\ -\sin x, & n=2,6,10,14,\cdots \\ -\cos x, & n=3,7,11,15,\cdots \\ \sin x, & n=0,4,8,12,\cdots \end{cases}$$

(ii) 如果 $n=37$，則 $\dfrac{d^{37}}{dx^{37}}\sin x = \cos x$。（因為 $37 = 4\cdot 9 + 1$）

習題演練

・基本題

第 1 題至第 4 題，試求函數的第一階及第二階導函數。

1. $f(x) = 2x^5 + 7x^2 - 3x + 1$
2. $f(x) = x^3 - 2\sin x$
3. $f(x) = \sqrt{x^3 + 6}$
4. $f(x) = \cos 2x$

・進階題

第 5 題至第 6 題，試求函數的第三階導函數。

5. $f(x) = \sqrt{5 - 2x}$
6. $f(x) = x^2|x|$

第 7 題至第 8 題，試求函數的第 n 階導函數。

7. $f(x) = \sqrt{3x - 5}$
8. $f(x) = \dfrac{1}{1 - x^2}$

第 9 題至第 10 題，利用隱微分法求 y''。

9. $x^3 + y^3 = 1$
10. $\sqrt{x} + \sqrt{y} = 9$

2-7 微分量與線性估計

  導數的幾何意義就是切線的斜率，而這一節就是討論如何利用此切線來進行函數變化量之估計或函數值之估計。這一節對初學者而言顯得比較抽象，也比較難理解。可能要多看幾遍，才可了解其真正的意思。

  任意給一個函數 $y = f(x)$，若自變數 x 從 $x = a$ 改變成 $x = b$ 時，則 $\Delta x = b - a$ 稱為自變數的**增量**（increment）或變化量，而函數 $y = f(x)$ 的增量或變化量 Δy 定義為 $\Delta y = f(b) - f(a) = f(a + \Delta x) - f(a)$。接著，我們想找一個估計量來估計 Δy。

  假設 $f'(a)$ 有定義（即假設 f 在 a 可微分），則由導數定義，我們可做以下之推論：

$$f'(a) = \lim_{h \to 0} \frac{f(a+h) - f(a)}{h}$$

$$= \lim_{\Delta x \to 0} \frac{f(a + \Delta x) - f(a)}{\Delta x} \text{（我們只是以符號 } \Delta x \text{ 代替 } h \text{ 而已）}$$

$$= \lim_{\Delta x \to 0} \frac{\Delta y}{\Delta x} \approx \frac{\Delta y}{\Delta x} \text{（如果 } \Delta x \approx 0 \text{ 但 } \Delta x \neq 0\text{）}$$

上式可推得 $\Delta y \approx f'(a) \Delta x$（如果 $\Delta x \approx 0$ 但 $\Delta x \neq 0$）。

當 $\Delta x \approx 0$ 時，我們就是利用 $f'(a) \Delta x$ 來估計 Δy。

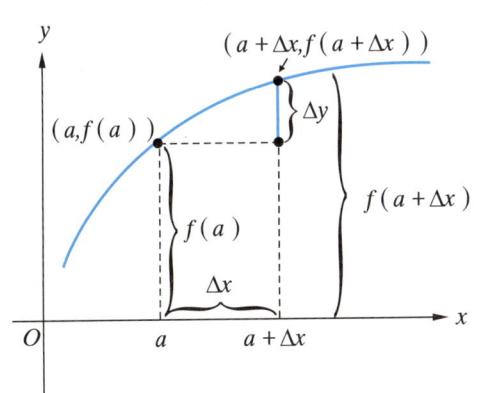

當自變數從 $x = a$ 改變成 $x = a + \Delta x$ 時，則
(1) $\Delta x = (a + \Delta x) - a$ 稱為自變數 x 的增量
(2) $\Delta y = f(a + \Delta x) - f(a)$ 稱為函數 $y = f(x)$ 的增量

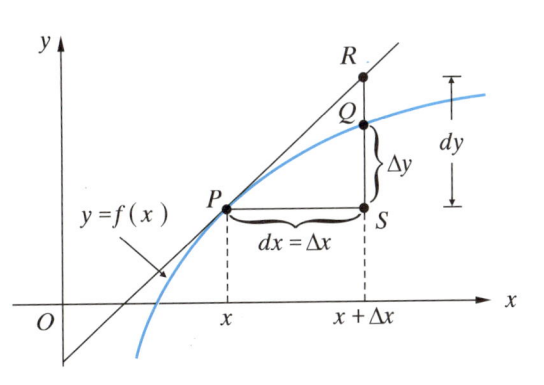

(a)

如果 $\Delta x \approx 0$，則 $\Delta y \approx dy = f'(a) \Delta x$。

(b) Δy 的估計值

圖 2-7

Definition 2.7 (Definition of Differentials)

Let f be a differentiable function of x, and let Δx be an increment of x.

(a) The differential dx of x is defined by $dx = \Delta x$.

(b) The differential dy of y is defined by $dy = f'(x)\Delta x = f'(x)dx$.

【註】當 $dx \neq 0$ 時，$dy = f'(x)dx$ 可推得 $f'(x) = \dfrac{dy}{dx} = dy \div dx$。函數的導函數 $f'(x)$ 只有在這一節可以用 dy 除以 dx 來表現，其他地方 $\dfrac{dy}{dx}$ 只是導函數的符號而已。

範例 1

設函數 $y = f(x) = x^3 + x^2 - 2x + 1$，

(a) 求函數 y 之微分量 dy。

(b) 如果 x 從 $x = 2$ 改變成 $x = 2.07$，試計算 dy。

(c) 如果 x 從 $x = 2$ 改變成 $x = 2.02$，試計算 dy。

解 (a) $dy = f'(x)dx = (3x^2 + 2x - 2)dx$

(b) 因為 $x = 2$ 且 $dx = \Delta x = 2.07 - 2 = 0.07$，所以

$dy = f'(2)dx = (3 \cdot 2^2 + 2 \cdot 2 - 2)(0.07) = 14 \cdot (0.07) = 0.98$

($\Delta y = f(2.07) - f(2) = [(2.07)^3 + (2.07)^2 - 2 \cdot (2.07) + 1] - [2^3 + 2^2 - 2 \cdot 2 + 1]$

$= 1.014643$，而絕對誤差為 $|\Delta y - dy| = 0.034643$)。（不錯的估計值）

(c) 因為 $x = 2$ 且 $dx = \Delta x = 2.02 - 2 = 0.02$，所以

$dy = f'(2)dx = (3 \cdot 2^2 + 2 \cdot 2 - 2)(0.02) = 14 \cdot (0.02) = 0.28$

($\Delta y = f(2.02) - f(2) = [(2.02)^3 + (2.02)^2 - 2 \cdot (2.02) + 1] - [2^3 + 2^2 - 2 \cdot 2 + 1]$

$= 0.282808$，而絕對誤差為 $|\Delta y - dy| = 0.002808$)。（非常好的估計值）

【註】Δx 越靠近 0，則 dy 就越靠近 Δy。

範例 2

試利用微分量估計 $\sqrt{99.9}$ 之值。

解 設函數 $y = f(x) = \sqrt{x}$，則 $dy = f'(x)dx = \dfrac{1}{2\sqrt{x}}dx$。

若我們選取 $x = 100$，則 $dx = \Delta x = 99.9 - 100 = -0.1$。

此時，$\Delta y = f(99.9) - f(100) \approx dy = f'(100)dx = \dfrac{1}{2\sqrt{100}} \cdot (-0.1) = -0.005$

因此，$\sqrt{99.9} \approx \sqrt{100} - 0.005 = 10 - 0.005 = 9.995$。

（由計算機計算可得 $\sqrt{99.9} = 9.994998749$）

現在我們將微分量估計作簡單的變數變換，就可以得到估計另一種呈現方式，特別稱為線性估計或切線估計。

如果 $\Delta x \approx 0$，則微分量之估計為

$$\Delta y = f(a+\Delta x) - f(a) \approx dy = f'(a)\Delta x \quad 或 \quad f(a+\Delta x) \approx f(a) + f'(a)\Delta x$$

現在我們設 $x = a + \Delta x$，則當 $x \approx a$ 時，上面之估計式就轉變成

$$f(x) \approx f(a) + f'(a)(x-a)$$

此函數值之估計值 $f(a) + f'(a)(x-a)$ 稱為函數 f 在 $x=a$ 展開的**線性展式**（linearization），其符號為 $L(x)$，即 $L(x) = f(a) + f'(a)(x-a)$。而這種估計當然可以稱為**線性估計**了。

又因為在函數圖形上通過一點 $(a, f(a))$ 之切線方程式為

$$y - f(a) = f'(a)(x-a) \quad 或 \quad y = f(a) + f'(a)(x-a) \quad 或 \quad y = L(x)$$

換言之，線性估計就是用切線的高度去估計函數值，所以線性估計也可以稱為切線估計了。

範例 3

設 $f(x) = \sqrt{x}$，
(a) 求函數 f 在 $x=100$ 展開的線性展式 $L(x)$。
(b) 利用 $L(x)$ 估計函數值 $\sqrt{99.9}$。

解 (a) $L(x) = f(100) + f'(100)(x-100) \qquad (f'(x) = \dfrac{1}{2\sqrt{x}})$

$= \sqrt{100} + \dfrac{1}{2\sqrt{100}}(x-100) = 10 + \dfrac{1}{20}(x-100)$

(b) $\sqrt{99.9} = f(99.9) \approx L(99.9) = 10 + \dfrac{1}{20}(99.9-100) = 10 + \dfrac{1}{20}(-0.1)$

$= 10 - 0.005 = 9.995$

【註】讀者有沒有發現，範例 2 與範例 3 的答案是相同的。（不是巧合哦！）

範例 4

設 $f(x) = x^{2/3}$，

(a) 求函數 f 在 $x = 8$ 展開的線性展式 $L(x)$。

(b) 利用 $L(x)$ 估計函數值 $f(8.05)$ 與 $f(7.98)$。

解 (a) $L(x) = f(8) + f'(8)(x-8)$ ($f'(x) = \dfrac{2}{3} x^{-1/3}$)

$$= 8^{2/3} + \dfrac{2}{3} 8^{-1/3} (x-8) = 4 + \dfrac{1}{3}(x-8)$$

(b) $f(8.05) \approx L(8.05) = 4 + \dfrac{1}{3}(8.05 - 8) = 4 + \dfrac{1}{3}(0.05) = \dfrac{12.05}{3} \approx 4.0167$

$f(7.98) \approx L(7.98) = 4 + \dfrac{1}{3}(7.98 - 8) = 4 + \dfrac{1}{3}(-0.02) = \dfrac{11.98}{3} \approx 3.9933$

習題演練

・基本題

第 1 題至第 4 題，試求函數 y 之微分量 dy。

1. $y = x^5 + 6x$
2. $y = x^2 \sin x$
3. $y = \sqrt[3]{x^2 + 1}$
4. $y = (1 - 2x)^{-3}$

第 5 題至第 8 題，如果 x 的值從 a 改變成 $b = a + \Delta x$，試利用函數 y 之微分量 dy 估計 Δy。

5. $y = f(x) = 3x^2 + 5x - 2$，$a = 2$，$b = 2.05$
6. $y = f(x) = -3x^3 - 6x^4 + 3x^2 - 2$，$a = 1$，$b = 1.02$
7. $y = f(x) = \tan x$，$a = \dfrac{\pi}{4}$，$b = \dfrac{\pi}{4} - 0.01$
8. $y = f(x) = \dfrac{1}{x+1}$，$a = 2$，$b = 1.99$

・進階題

第 9 題至第 12 題，利用微分量（或線性展式）估計給定的值。

9. $(3.002)^6$
10. $\sqrt{65}$

11. $(26.99)^{2/3}$ 12. $\cos(61°)$ $(1° = \dfrac{\pi}{180})$

13. 設 $y = f(x) = 1 + x + x^2 + x^3 + x^4$，利用微分量 (或線性展式) 估計 $(f \circ f)(0.001)$。

14. 設 $y = f(x) = -3x^3 - 6x^4 + 3x^2 - 2$，(a) 找出函數 f 在 $x = 1$ 的線性展式 $L(x)$
 (b) 利用 (a) 估計 $f(1.02)$。

【註】(b) 之結果可與習題第 6 題比較。

CHAPTER 3

導數的應用

- 3-1 極大值與極小值
- 3-2 洛爾定理與均值定理
- 3-3 函數之遞增、遞減與第一階導數檢定法
- 3-4 函數之凹性、反曲點與第二階導數檢定法
- 3-5 函數圖形之描繪
- 3-6 反導函數

這一章我們將利用一階導數與二階導數來探討函數之極值、函數之遞增與遞減、函數之凹性與反曲點，然後再討論如何描繪函數之圖形。本章之最後一節，我們將介紹與積分有關之反導函數。

3-1 極大值與極小值

Definition 3.1.1 （Local Maximum and Local Minimum）
(a) The function f has a local maximum at a number c if there exists a positive number δ such that $f(c) \geq f(x)$ for all x in $(c-\delta, c+\delta)$. The number $f(c)$ is called a local maximum value of f.
(b) The function f has a local minimum at a number c if there exists a positive number δ such that $f(c) \leq f(x)$ for all x in $(c-\delta, c+\delta)$. The number $f(c)$ is called a local minimum value of f.

【註】局部極大值或局部極小值都可稱為**局部極值**（local extrema）。

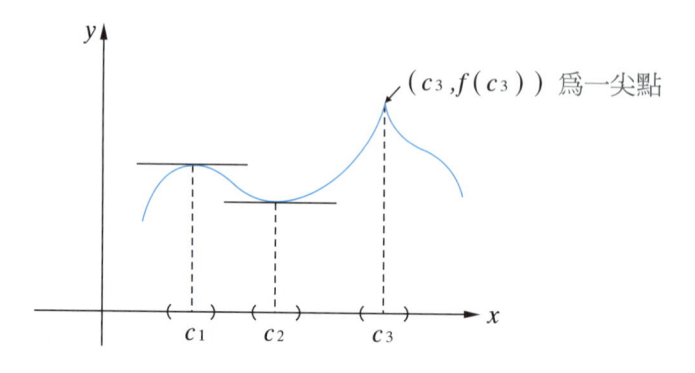

$(c_3, f(c_3))$ 為一尖點

(1) 函數 f 在 c_1 發生局部極大，而 $f(c_1)$ 是函數 f 的一個局部極大值
(2) 函數 f 在 c_2 發生局部極小，而 $f(c_2)$ 是函數 f 的一個局部極小值
(3) 函數 f 在 c_3 發生局部極大，而 $f(c_3)$ 是函數 f 的一個局部極大值

圖 3-1　函數的局部極值

Definition 3.1.2（Absolute Maximum and Absolute Minimum）
Let the function f be defined on a set D, and let $c \in D$.
(a) The function f has an absolute maximum at c if $f(c) \geq f(x)$ for all x in D. The number $f(c)$ is called an absolute maximum value of f on D.
(b) The function f has an absolute minimum at c if $f(c) \leq f(x)$ for all x in D. The number $f(c)$ is called an absolute minimum value of f on D.

【註】絕對極大值或絕對極小值都可稱為**絕對極值**（absolute extrema）。

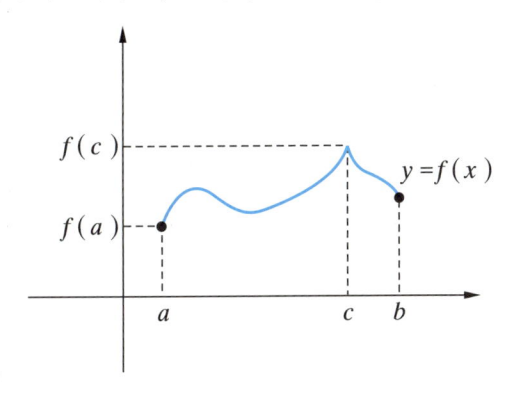

(1) 函數 f 在端點 a 發生絕對極小，而 $f(a)$ 是函數 f 在閉區間 $[a,b]$ 上的一個絕對極小值
(2) 函數 f 在內點 c 發生絕對極大，而 $f(c)$ 是函數 f 在閉區間 $[a,b]$ 上的一個絕對極大值

圖 3-2　函數的絕對極值

範例 1

設函數 $f(x) = x^2$。則對每一個實數 x，我們有下列不等式：

$$f(0) = 0 \leq x^2 = f(x)。$$

因此，$f(0)$ 是函數 f 在區間 $D = (-\infty, \infty)$ 上的絕對極小值，而 $f(0)$ 也是函數 f 的一個局部極小值。

【註】$f'(x) = 2x \Rightarrow f'(0) = 0$（此乃後面定理之結果）
很明顯的，函數 f 在區間 $D = (-\infty, \infty)$ 上沒有絕對極大值，函數 f 也沒有局部極大值。

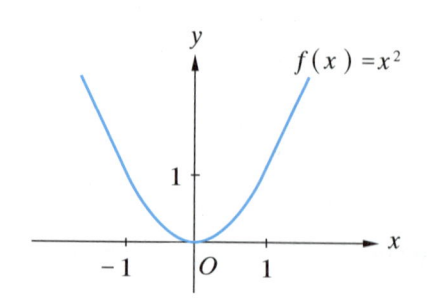

(1) $f(0)=0$ 是函數 f 在 $\mathbb{R}$ 上的絕對極小值
(2) $f(0)=0$ 也是局部極小值

圖 3-3

範例 2

設函數 $f(x)=x^{2/3}$，$x\in[-8,\infty)$。則對每一個實數 $x\geq -8$，我們有下列不等式：

$$f(0)=0\leq x^{2/3}=f(x)。$$

因此，$f(0)$ 是函數 f 在區間 $D=[-8,\infty)$ 上的絕對極小值。而 $f(0)$ 也是函數 f 的一個局部極小值。

【註】 $f'(0)=\lim_{h\to 0}\dfrac{(0+h)^{2/3}-0^{2/3}}{h}=\lim_{h\to 0}\dfrac{h^{2/3}}{h}=\lim_{h\to 0}\dfrac{1}{h^{1/3}}$ 不存在

（$f'(0)$ 不存在是後面定理之結果）

很明顯的，f 在區間 $D=[-8,\infty)$ 上沒有絕對極大值，而函數 f 也沒有局部極大值。

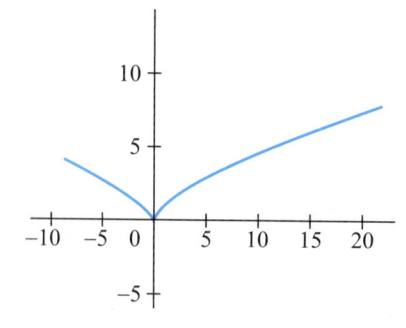

(1) $f(0)=0$ 是函數 f 在 $[-8,\infty)$ 上的絕對極小值
(2) $f(0)=0$ 也是局部極小值

圖 3-4

範例 3

設函數 $f(x) = \begin{cases} 1, & -1 \leq x < 0 \\ -1, & 0 \leq x \leq 1 \end{cases}$。則對每一個實數 $x \in [-1, 1]$，我們有下列不等式：

$1 \geq f(x)$ 且 $-1 \leq f(x)$。

因此，1 是函數 f 在閉區間 $D = [-1, 1]$ 上的絕對極大值且 -1 是函數 f 在閉區間 $D = [-1, 1]$ 上的絕對極小值。

讀者有沒有發現這個函數在很多地方發生極大與極小，例如：

$$f\left(-\frac{2}{3}\right) = f\left(-\frac{1}{2}\right) = f\left(-\frac{1}{7}\right) = 1$$

都是函數 f 在閉區間 $D = [-1, 1]$ 上的絕對極大值，而

$$f\left(\frac{2}{3}\right) = f\left(\frac{1}{2}\right) = f\left(\frac{1}{7}\right) = -1$$

都是函數 f 在閉區間 $D = [-1, 1]$ 上的絕對極小值。

【註】此函數 f 在閉區間 $D = [-1, 1]$ 上不連續。

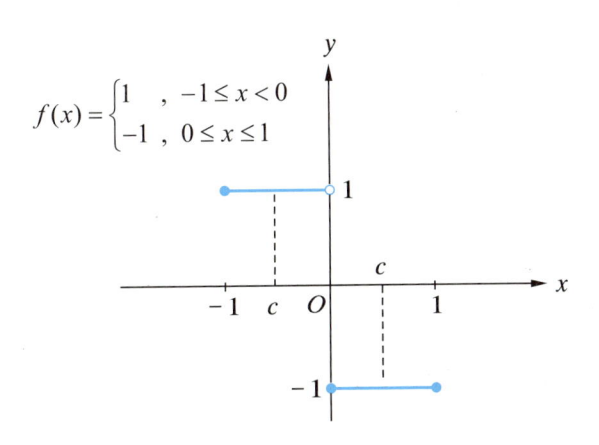

(1) 只要 $-1 \leq c < 0$，$f(c) = 1$ 是函數 f 在閉區間 $[-1, 1]$ 上的絕對極大值

(2) 只要 $0 \leq c \leq 1$，$f(c) = -1$ 是函數 f 在閉區間 $[-1, 1]$ 上的絕對極小值

圖 3-5

範例 4

設函數 $f(x) = x^2 + 1$，$x \in [-2, 5]$。則對每一個實數 $x \in [-2, 5]$，我們有下列不等式：

$$f(5) = 26 \geq f(x) \quad \text{且} \quad f(0) = 1 \leq x^2 + 1 = f(x)。$$

因此，$f(5)$ 是函數 f 在閉區間 $D = [-2, 5]$ 上的絕對極大值且 $f(0)$ 是函數 f 在閉區間 $D = [-2, 5]$ 上的絕對極小值。而 $f(0)$ 也是函數 f 的一個局部極小值。(此時，$f'(x) = 2x \Rightarrow f'(0) = 0$))

【註】由範例 4 可以知道，若函數 f 在閉區間 $[-2, 5]$ 上連續，則函數 f 之值域也會是閉區間 $[1, 26]$，而 26 是函數 f 在閉區間 $D = [-2, 5]$ 上的絕對極大值，且 1 是函數 f 在閉區間 $D = [-2, 5]$ 上的絕對極小值。

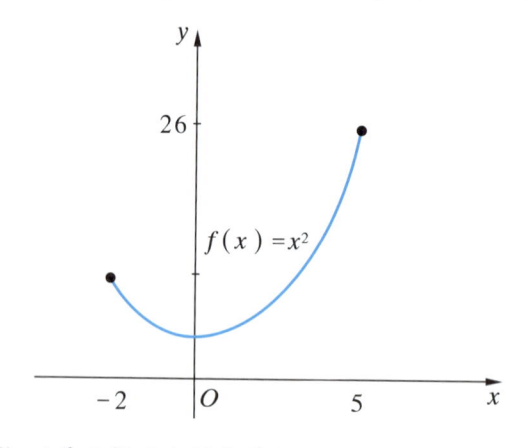

(1) $f(0) = 1$ 是函數 f 在閉區間 $[-2, 5]$ 上的絕對極小值
(2) $f(5) = 26$ 是函數 f 在閉區間 $[-2, 5]$ 上的絕對極大值

圖 3-6

我們利用範例 4 的結果來引出下面的極值定理。

Theorem 3.1.1 (Extreme Value Theorem)
If f is continuous on a closed interval $[a, b]$, then there exists c and d in $[a, b]$ such that $f(c)$ is the absolute maximum value of f on $[a, b]$ and $f(d)$ is the absolute minimum value of f on $[a, b]$.

【註】有時候條件不滿足時，定理的結果也可能得到。在範例 3 中的函數 f 在 0 是不連續的，但函數 f 同時有絕對極大值與絕對極小值。

接著我們想知道，哪些值有可能發生局部極值。請看下面的定理。

Theorem 3.1.2
If f has a local extrema at a number c, then either $f'(c)$ does not exist or $f'(c) = 0$.

證明：(1) 如果 $f'(c)$ 不存在，則我們不須多加證明。

(2) 如果 $f'(c)$ 存在，我們必須證明 $f'(c) = 0$。

如果 f 在 c 發生局部極大值，則必存在一個正數 δ 使得
$f(c) \geq f(x) \quad \forall x \in (c-\delta, c+\delta)$。

設 $h > 0$ 且 $c+h < c+\delta$，則 $\dfrac{f(c+h) - f(c)}{h} \leq 0$。因此

$$f'_+(c) = \lim_{h \to 0^+} \frac{f(c+h) - f(c)}{h} \leq 0。$$

再設 $h < 0$ 且 $c+h > c-\delta$，則 $\dfrac{f(c+h) - f(c)}{h} \geq 0$。因此

$$f'_-(c) = \lim_{h \to 0^-} \frac{f(c+h) - f(c)}{h} \geq 0。$$

由於 $f'(c)$ 存在，於是 $f'(c) = f'_+(c) = f'_-(c) = 0$。

如果函數 f 在 c 發生局部極小時，讀者可仿照上述證明證之。

【註】由定理 3.1.2 可知，只有在 $f'(c)$ 不存在或 $f'(c) = 0$ 時，函數 f 在 c 有可能發生局部極值。換言之，$f'(c)$ 不存在或 $f'(c) = 0$ 時，函數 f 在 c 也可能沒有發生局部極值。至於有沒有發生局部極值，則需要判定。請看下面的例子。

範例 5

設函數 $f(x) = x^3$，則 $f'(x) = 3x^2$。雖然 $f'(0) = 0$，但是函數 f 在 0 並沒有發生局部極值。因為

$$x > 0 \Rightarrow f(x) = x^3 > 0 = f(0) \text{ 且 } x < 0 \Rightarrow f(x) = x^3 < 0 = f(0)。$$

$f(0) = 0$ 沒有發生局部極值

圖 3-7

範例 6

設函數 $f(x) = \begin{cases} x, & x \leq 0 \\ x^2, & x > 0 \end{cases}$，則 $f'(0)$ 不存在（我們很容易算出 $f'_+(0) = 0$ 且 $f'_-(0) = 1$）。雖然 $f'(0)$ 不存在，但是函數 f 在 0 並沒有發生局部極值。因為 $x > 0 \Rightarrow f(x) = x^2 > 0 = f(0)$ 且 $x < 0 \Rightarrow f(x) = x < 0 = f(0)$。

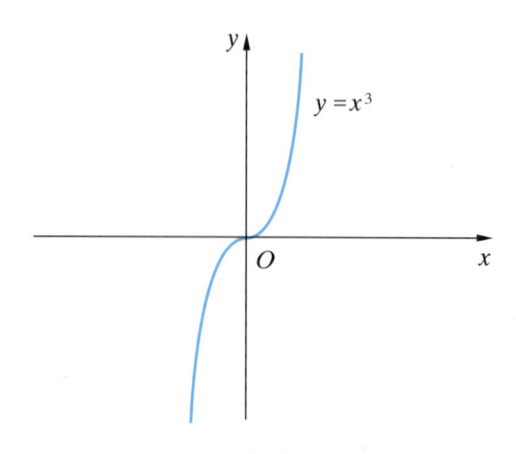

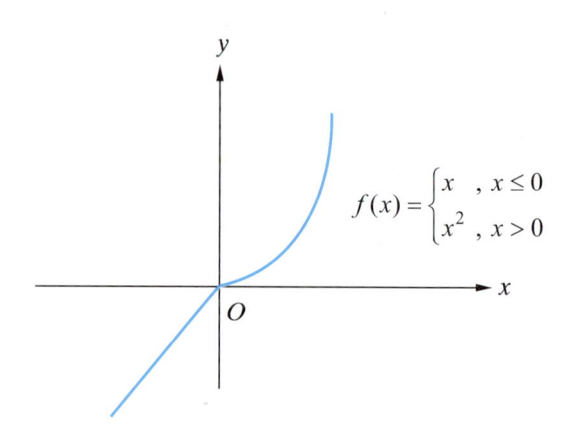

$f(x) = \begin{cases} x, & x \leq 0 \\ x^2, & x > 0 \end{cases}$

$f(0) = 0$ 沒有發生局部極值

圖 3-8

這一些可能發生局部極值的點我們稱為臨界值或臨界點。

Definition 3.1.3 (Critical Number or Critical Point)
The number c is called a critical number of a function f if $f'(c)$ does not exist or $f'(c)=0$.

範例 7

試找出函數 $f(x)=3x^4-16x^3+18x^2$ 之臨界值。

解 $f'(x)=12x^3-48x^2+36x$
$=12x(x^2-4x+3)$
$=12x(x-1)(x-3)$
$\Rightarrow f'(0)=0 \text{、} f'(1)=0 \text{ 且 } f'(3)=0$

所以函數 f 之臨界值為 0、1 與 3。

【註】多項式的臨界值 c 必滿足 $f'(c)=0$。

範例 8

試找出函數 $f(x)=x(4-x)^{3/5}$ 之臨界值。

解 (i) $f'(4)=\lim\limits_{x\to 4}\dfrac{x(4-x)^{3/5}}{x-4}=\lim\limits_{x\to 4}-\dfrac{x(4-x)^{3/5}(-1)}{4-x}=\lim\limits_{x\to 4}-\dfrac{x}{(4-x)^{2/5}}$ 不存在

(ii) 若 $x\neq 4$，則

$$f'(x)=\dfrac{d}{dx}x(4-x)^{3/5}=x\cdot\dfrac{3}{5}(4-x)^{-2/5}(-1)+(4-x)^{3/5}\cdot 1$$

$$=\dfrac{-3x+5(4-x)}{5(4-x)^{2/5}}=\dfrac{4(5-2x)}{5(4-x)^{2/5}} \text{。}$$

因此，$f'\left(\dfrac{5}{2}\right)=0$。

所以，由 (i) 及 (ii) 可知，函數 f 之臨界值為 4 與 $\dfrac{5}{2}$。

由定理 3.1.2 及臨界值之定義，我們有下面的結果。

> **Theorem 3.1.3**
> If f has a local extrema at c, then c is a critical number of f.

　　如果函數 f 在閉區間 $[a,b]$ 上連續，現在我們已經有能力去找出其絕對極大值與絕對極小值了。其步驟如下：

1. 找出函數 f 在開區間 (a,b) 中之所有臨界值，並計算出它們的函數值。
2. 計算兩個端點值 $f(a)$ 與 $f(b)$。
3. 比較前面兩個步驟之所有函數值，最大的值就是絕對極大值，而最小的值就是絕對極小值了。

範例 9

設函數 $f(x) = x^4 - 2x^2 + 3$，試找出函數 f 在閉區間 $[-2,3]$ 上之絕對極值。

解 因為函數 f 是一個多項式，所以函數 f 在閉區間 $[-2,3]$ 上當然連續。

(i) $f'(x) = 4x^3 - 4x = 4x(x^2-1) \Rightarrow f'(-1) = 0$、$f'(0) = 0$ 且 $f'(1) = 0$
因此 -1、0 與 1 為函數 f 的臨界值，而 $f(-1) = 2$、$f(0) = 3$ 且 $f(1) = 2$。

(ii) 兩個端點值為 $f(-2) = 11$ 及 $f(3) = 66$。

比較 (i) 與 (ii) 之所有函數值，我們找到絕對極大值為 $f(3) = 66$，而絕對極小值為 $f(-1) = f(1) = 2$。

習題演練

・基本題

第 1 題至第 6 題，試求函數之臨界值（或臨界點）。

1. $f(x) = 4x^2 - 3x + 2$
2. $f(x) = x^4 - 32x$
3. $f(x) = \sqrt{x^2 - 4}$
4. $f(x) = \sin^2 x - \cos x$
5. $f(x) = \sqrt[3]{x^2 - x - 2}$
6. $f(x) = x^{5/3}$

第 7 題至第 10 題，試求函數在給定之閉區間 $[a,b]$ 上之絕對極值。

7. $f(x) = \dfrac{2}{3}x - 5$, $[-2,3]$

8. $f(x) = x^2 - 1$, $[-1,2]$

9. $f(x) = \sin x$, $\left[-\dfrac{\pi}{2}, \dfrac{5\pi}{6}\right]$

10. $f(x) = \sqrt[3]{x}$, $[-1,8]$

・進階題

第 11 題至第 16 題，試求函數之臨界值 (或臨界點)。

11. $f(x) = x^{1/2} - x^{-2/3}$

12. $f(x) = \dfrac{1+\sin x}{1-\sin x}$

13. $f(x) = \dfrac{2x-3}{x^2-9}$

14. $f(x) = [\![x]\!]$ （$[\![x]\!]$ 為最大整數函數)

15. $f(x) = x\sqrt{4-x^2}$

16. $f(x) = x^{2/3}(x^2-4)$

第 17 題至第 20 題，試求函數在給定之閉區間 $[a,b]$ 上之絕對極值。

17. $f(x) = x^4 - 2x^2 + 3$, $[-2,3]$

18. $f(x) = \dfrac{x}{x^2+1}$, $[0,2]$

19. $f(x) = x\sqrt{4-x^2}$, $[-1,2]$

20. $f(x) = x - 2\cos x$, $[-\pi, \pi]$

3-2 洛爾定理與均值定理

這一節我們將討論洛爾定理與均值定理，並介紹它們的應用。

> **Theorem 3.2.1** (The *Rolle's Theorem*)
> If the function f is continuous on $[a,b]$, differentiable on (a,b) and $f(a) = f(b)$, then there is a number c in (a,b) such that $f'(c) = 0$.

證明：因為函數 f 在閉區間 $[a,b]$ 上連續，由定理 3.1.1 可知必存在 $c_1 \in [a,b]$ 及 $c_2 \in [a,b]$ 使得 $f(c_1)$ 為函數 f 在閉區間 $[a,b]$ 上之絕對極大值，而 $f(c_2)$ 為函數 f 在閉區間 $[a,b]$ 上之絕對極小值。(此時我們可假設 $c_1 < c_2$)

(1) 如果 $f(c_1) = f(c_2)$ （即當極大值與極小值相等時），則函數 f 在閉區間 $[a,b]$ 上必為一個常數函數。即

$f(x) = f(c_1)$ $\forall x \in [a,b]$。

此時，$f'(c) = 0$ $\forall c \in (a,b)$。

(2) 如果 $f(c_1) \neq f(c_2)$（即當極大值與極小值不相等時），則函數 f 之絕對極值至少有一個會發生在開區間 (a,b) 裡面，即

$c_1 \in (a,b)$ 或 $c_2 \in (a,b)$。（此乃因為 $f(a) = f(b)$ 之故）

若 $c_1 \in (a,b)$，則 c_1 一定是函數 f 之臨界值。又函數 f 在開區間 (a,b) 上可微分，所以 $f'(c_1) = 0$。(此時取 $c = c_1$)

若 $c_2 \in (a,b)$，則 c_2 一定是函數 f 之臨界值。又函數 f 在開區間 (a,b) 上可微分，所以 $f'(c_2) = 0$。(此時取 $c = c_2$)

【註】這個定理在描述一個函數在滿足哪些條件時，一定至少有一個導數為 0 的臨界值。

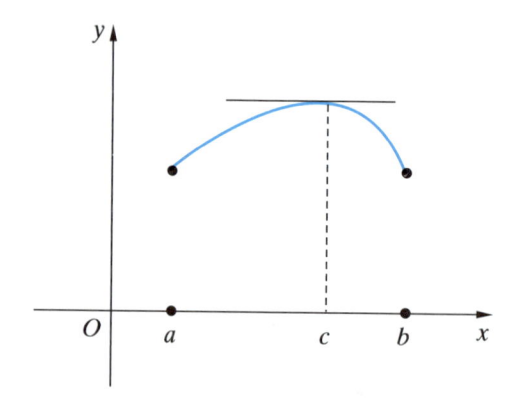

$\exists c \in (a,b)$ 使得 $f'(c) = 0$

圖 3-9　洛爾定理之幾何意義

範例 1

設函數 $f(x) = x^2 - x + 3$。

因為 (a) f 在閉區間 $[0,1]$ 上連續 (函數 f 為一個多項式)

(b) f 在開區間 $(0,1)$ 上可微分 (函數 f 為一個多項式) 且

(c) $f(0) = 3 = f(1)$，

所以由洛爾定理可知，必存在一數 $c \in (0,1)$ 使得 $f'(c) = 0$。

接著我們找出滿足洛爾定理的 c 值。

因為 $f'(x) = 2x - 1$，所以 $f'(c) = 0 \Leftrightarrow 2c - 1 = 0 \Rightarrow c = \dfrac{1}{2}$。換言之，滿足洛爾定理的 $c = \dfrac{1}{2}$。

範例 2

試證明方程式 $x^3+x+1=0$ 恰有一個實數根。

解 (i) (存在性)

在 1-5 節之範例 6,我們已經證明方程式 $x^3+x+1=0$ 在開區間 $(-1,0)$ 內有一個實數根。

(ii) (唯一性)

設函數 $f(x)=x^3+x+1$。

假設 x_1 與 x_2 為方程式 $x^3+x+1=0$ 的兩個相異實數根,我們將找出這一個假設之矛盾處。為了方便,可設 $x_1 < x_2$。

因為 ① 函數 f 在閉區間 $[x_1, x_2]$ 上連續 (f 是多項式)

② 函數 f 在開區間 (x_1, x_2) 上可微分 (f 是多項式)

且 ③ $f(x_1) = x_1^3 + x_1 + 1 = 0 = x_2^3 + x_2 + 1 = f(x_2)$

(x_1 與 x_2 為方程式 $x^3+x+1=0$ 的兩個相異實數根)

所以,由洛爾定理可知必有一數 $c \in (x_1, x_2)$ 使得 $f'(c)=0$。

但是 $f'(x) = 3x^2 + 1 > 0 \quad \forall x \in (x_1, x_2)$,因此我們得到了矛盾,也因此方程式 $x^3+x+1=0$ 不能有兩個相異實數根。

由 (i) 及 (ii),我們證得方程式 $x^3+x+1=0$ 恰有一個實數根。

接著我們介紹很重要的均值定理。

Theorem 3.2.2 (The Mean Value Theorem)

If the function f is continuous on $[a,b]$, differentiable on (a,b), then there is a number c in (a,b) such that $f'(c) = \dfrac{f(b)-f(a)}{b-a}$.

證明:在閉區間 $[a,b]$ 上,我們定義函數 g 如下:

$$g(x) = f(x) - \left[f(a) + \frac{f(b)-f(a)}{b-a}(x-a) \right]。$$

由於函數 g 是函數 f 減去多項式 $f(a) + \dfrac{f(b)-f(a)}{b-a}(x-a)$,

所以函數 f 有的性質,函數 g 也會滿足。

因為函數 f 在閉區間 $[a,b]$ 上連續且在開區間 (a,b) 上可微分,所以函

數 g 也在閉區間 $[a,b]$ 上連續且在開區間 (a,b) 上可微分。再加上 $g(a) = 0 = g(b)$ 的條件，由洛爾定理可知必有一數 $c \in (a,b)$ 使得 $g'(c) = 0$。

計算函數 g 之導函數，我們有 $g'(x) = f'(x) - \dfrac{f(b) - f(a)}{b - a}$，因此

$$g'(c) = 0 \Leftrightarrow f'(c) - \dfrac{f(b) - f(a)}{b - a} = 0 \Leftrightarrow f'(c) = \dfrac{f(b) - f(a)}{b - a}。$$

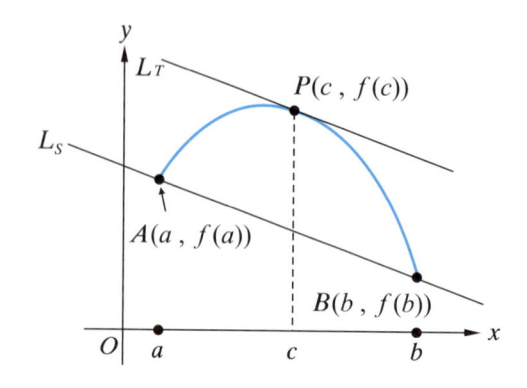

$\exists c \in (a,b)$ 使得 $m_{L_S} = m_{L_T}$ 或 $\dfrac{f(b) - f(a)}{b - a} = f'(c)$

圖 3-10　均值定理之幾何意義

【註】1. （均值定理之幾何意義）

在條件滿足下，我們可找到通過函數 f 圖形上一點 $(c, f(c))$ 之切線與通過函數 f 圖形上兩點 $(a, f(a))$ 及 $(b, f(b))$ 的割線平行。

2. （洛爾定理是均值定理之特例）

如果均值定理再加上 $f(a) = f(b)$ 的條件，則 $f'(c) = \dfrac{f(b) - f(a)}{b - a} = \dfrac{0}{b - a}$
$= 0$。這正是洛爾定理的結果。

當然，沒有洛爾定理，我們將很難證明均值定理。

範例 3

設函數 $f(x) = x^3 + x - 1$，$x \in [0, 2]$。

由於函數 f 為一多項式，所以 f 在閉區間 $[0,2]$ 上連續且 f 在開區間 $(0,2)$ 上可微分。因此，由均值定理可知必存在有一數 $c \in (0,2)$ 使得 $f'(c) = \dfrac{f(2) - f(0)}{2 - 0}$。

接著我們找出滿足均值定理的 c 值。

計算函數 f 之導函數，我們有 $f'(x) = 3x^2 + 1$。因此

$$f'(c) = \frac{f(2) - f(0)}{2 - 0} \Leftrightarrow 3c^2 + 1 = \frac{9 - (-1)}{2} \Leftrightarrow 3c^2 = 4 \Leftrightarrow c^2 = \frac{4}{3} \Rightarrow c = \frac{2}{\sqrt{3}} \text{。}$$

（由於 $c = -\frac{2}{\sqrt{3}} \notin (0, 2)$，所以必須剔除）

換言之，滿足均值定理之 $c = \frac{2}{\sqrt{3}}$。

範例 4

證明不等式 $8 + \frac{1}{18} < \sqrt{65} < 8 + \frac{1}{16}$。

解 設函數 $f(x) = \sqrt{x}$，$x \in [64, 65]$。

(i) $f(x) = \sqrt{x}$ 在區間 $[0, \infty)$ 上連續 $\Rightarrow f(x) = \sqrt{x}$ 在閉區間 $[64, 65]$ 上連續。

(ii) $f(x) = \sqrt{x}$ 在區間 $(0, \infty)$ 上可微分 且 $f'(x) = \frac{1}{2\sqrt{x}}$

$\Rightarrow f(x) = \sqrt{x}$ 在開區間 $(64, 65)$ 上可微分

因此，由均值定理可知必存在一數 $c \in (64, 65)$ 使得 $f'(c) = \frac{f(65) - f(64)}{65 - 64}$。

而 $f'(c) = \frac{f(65) - f(64)}{65 - 64} \Leftrightarrow \frac{1}{2\sqrt{c}} = \sqrt{65} - 8$。

因為 $c > 64$，所以 $\sqrt{65} - 8 < \frac{1}{2\sqrt{64}} = \frac{1}{16} \Rightarrow \sqrt{65} < 8 + \frac{1}{16}$。

因為 $c < 81$，所以 $\sqrt{65} - 8 > \frac{1}{2\sqrt{81}} = \frac{1}{18} \Rightarrow \sqrt{65} > 8 + \frac{1}{18}$。

因此，由上面的兩個不等式，我們證得 $8 + \frac{1}{18} < \sqrt{65} < 8 + \frac{1}{16}$。

【註】均值定理很多時候被利用來證明不等式。

下面的定理也是均值定理的應用，而此證明手法在下一節還會再看到。

> **Theorem 3.2.3**
> If the function f is continuous on $[a,b]$, and if $f'(x)=0$ for all x in (a,b), then there is a constant k such that $f(x)=k$ for all x in $[a,b]$.

證明：在閉區間 $[a,b]$ 內任意選取兩相異數 x_1 與 x_2（設 $x_1<x_2$），
我們將證明 $f(x_1)=f(x_2)$。(此時，$f(x_1)=f(x_2)=k$)
(1) f 在閉區間 $[a,b]$ 上連續 $\Rightarrow$ f 在閉區間 $[x_1,x_2]$ 上連續
（因為 $[x_1,x_2]\subseteq[a,b]$）
(2) f 在開區間 (a,b) 上可微分 $\Rightarrow$ f 在開區間 (x_1,x_2) 上可微分 (因為 $(x_1,x_2)\subseteq(a,b)$)

由均值定理可知必存在一數 $c\in(x_1,x_2)$ 使得

$$f'(c)=\frac{f(x_2)-f(x_1)}{x_2-x_1}\,。$$

而 $c\in(x_1,x_2)\Rightarrow c\in(a,b)\Rightarrow f'(c)=0$，因此

$$\frac{f(x_2)-f(x_1)}{x_2-x_1}=f'(c)=0\Rightarrow f(x_2)-f(x_1)=0\Rightarrow f(x_1)=f(x_2)\,。$$

底下的引理可以直接由定理 3.2.3 的結果獲得。(此乃稱之為引理的理由)

> **Corollary 3.2.4**
> Suppose that the functions f and g are continuous on $[a,b]$.
> If $f'(x)=g'(x)$ for all x in (a,b), then there is a constant k such that $g(x)=f(x)+k$ for all x in $[a,b]$.

證明：設 $h(x)=g(x)-f(x)$，$x\in[a,b]$。
因為 $h'(x)=g'(x)-f'(x)=0\ \forall x\in(a,b)$，
所以，由定理 3.2.3 可知必存在一數 k 使得
$h(x)=k\ \forall x\in[a,b]$。
而 $h(x)=k\Leftrightarrow g(x)-f(x)=k\Leftrightarrow g(x)=f(x)+k$。因此
$g(x)=f(x)+k\ \forall x\in[a,b]$。

【註】這個引理在介紹反導函數時會用到。

習題演練

・基本題

第 1 題至第 4 題，在給定之閉區間 $[a,b]$ 內，試找出滿足洛爾定理之 c 值。

1. $f(x) = x^2 - 4x + 1$, $[0, 4]$
2. $f(x) = x^4 + 4x^2 + 1$, $[-3, 3]$
3. $f(x) = 1 + \sin x$, $[0, \pi]$
4. $f(x) = x^3 - x$, $[-1, 1]$

第 5 題至第 8 題，在給定之閉區間 $[a,b]$ 內，試找出滿足均值定理之 c 值。

5. $f(x) = x + \dfrac{4}{x}$, $[1, 2]$
6. $f(x) = x^3 + x - 1$, $[0, 2]$
7. $f(x) = \sqrt[3]{x}$, $[0, 8]$
8. $f(x) = \dfrac{x}{x+2}$, $[1, 4]$

・進階題

9. 證明方程式 $1 + 2x + 3x^3 + 4x^5 = 0$ 恰有一個實數根。(提示：利用中間值定理與洛爾定理)

10. 證明方程式 $x^4 + 2x + c = 0$ 至多有兩個實數根（其中 $c \in \mathbb{R}$）。(提示：利用洛爾定理)

11. 設 $x > 0$，證明不等式 $\sqrt{1+x} < 1 + \dfrac{1}{2}x$。(提示：利用均值定理)

12. $\forall\ a, b \in \mathbb{R}$，證明不等式 $\left|\sin^2 a - \sin^2 b\right| \leq |a - b|$。(提示：利用均值定理)

13. 證明不等式 $4 + \dfrac{1}{75} < \sqrt[3]{65} < 4 + \dfrac{1}{48}$。(提示：利用均值定理)

3-3 函數之遞增、遞減與第一階導數檢定法

本節將利用函數的一階導數去判定函數圖形之遞增、遞減及如何去判定臨界值有無發生局部極值。

Definition 3.3.1 (Increasing and Decreasing)

(a) We say that the function f is increasing on an interval I if, for any x_1 and x_2 in I, $x_1 < x_2 \Rightarrow f(x_1) < f(x_2)$.

(b) We say that the function f is decreasing on an interval I if, for any x_1 and x_2 in I, $x_1 < x_2 \Rightarrow f(x_1) > f(x_2)$.

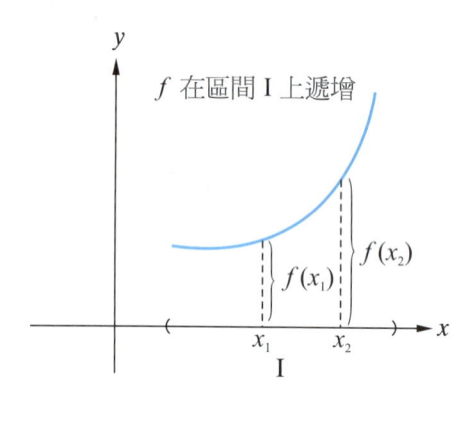

$x_1 < x_2 \Rightarrow f(x_1) < f(x_2)$
(a)

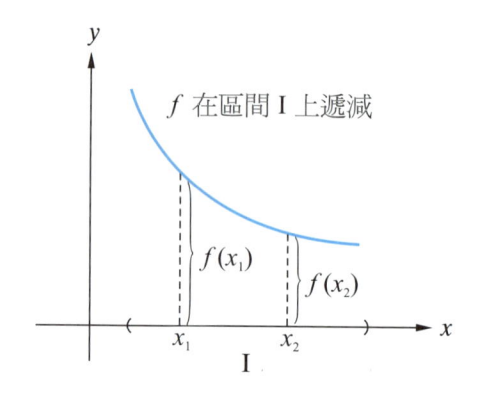

$x_1 < x_2 \Rightarrow f(x_1) > f(x_2)$
(b)

圖 3-11

Theorem 3.3.1 (Test for Increasing and Decreasing)

(a) If f is continuous on $[a,b]$ and $f'(x) > 0$ for all x in (a,b), then f is increasing on $[a,b]$.

(b) If f is continuous on $[a,b]$ and $f'(x) < 0$ for all x in (a,b), then f is decreasing on $[a,b]$.

證明：(a) 在閉區間 $[a,b]$ 內任意選取兩相異數 x_1 與 x_2 (設 $x_1 < x_2$)，我們將證明 $f(x_1) < f(x_2)$。

(i) f 在閉區間 $[a,b]$ 上連續 $\Rightarrow$ f 在閉區間 $[x_1, x_2]$ 上連續(因為 $[x_1, x_2] \subseteq [a,b]$)

(ii) f 在開區間 (a,b) 上可微分 $\Rightarrow$ f 在開區間 (x_1, x_2) 上可微分 (因為 $(x_1, x_2) \subseteq (a,b)$)

由均值定理可知必存在一數 $c \in (x_1, x_2)$ 使得

$$f'(c) = \frac{f(x_2) - f(x_1)}{x_2 - x_1} \text{ 。}$$

而 $c \in (x_1, x_2) \Rightarrow c \in (a,b) \Rightarrow f'(c) > 0$，因此

$$\frac{f(x_2) - f(x_1)}{x_2 - x_1} = f'(c) > 0 \Rightarrow f(x_2) - f(x_1) > 0 \Rightarrow f(x_1) < f(x_2) \text{ 。}$$

因此，由定義 3.3.1(a) 可證明 f 在閉區間 $[a,b]$ 上遞增。

(b) 之證明讀者可仿 (a) 之證明證之。

【註】由定理 3.3.1 可知，分割遞增區間及遞減區間的點 c 為臨界值（$f'(c) = 0$ 或 $f'(c)$ 不存在）與 $f(c)$ 沒有定義之 c 值。請看下列的範例，即可了解其意思。

範例 1

設函數 $f(x) = 3x^4 - 16x^3 + 18x^2 + 3$，$x \in (-\infty, \infty)$，試求函數 f 之遞增區間及遞減區間。

解 (i) 先找分割點，而多項式之分割點只有導數為 0 之值。

$$f'(x) = 12x^3 - 48x^2 + 36x = 12x(x^2 - 4x + 3) = 12x(x-1)(x-3) = 0$$

$\Rightarrow x = 0 \text{ 、 } x = 1 \text{ 或 } x = 3$

因此，分割點為 0、1、及 3。

(ii) 0、1 及 3 將區間 $(-\infty, \infty)$ 分割成四個子區間，而這四個子區間為 $(-\infty, 0]$、$[0, 1]$、$[1, 3]$ 及 $[3, \infty)$。我們只要知道各子區間內 f' 之正號與負號，就可判定函數 f 在這些子區間上之遞增及遞減。

我們以下列表格呈現各子區間內 f' 之正號與負號：

開區間	$f'(x)$ 之正負號	遞增或遞減區間
$x \in (-\infty, 0)$	− − −	f 在區間 $(-\infty, 0]$ 上遞減
$x \in (0, 1)$	+ + +	f 在區間 $[0, 1]$ 上遞增
$x \in (1, 3)$	− − −	f 在區間 $[1, 3]$ 上遞減
$x \in (3, \infty)$	+ + +	f 在區間 $[3, \infty)$ 上遞增

（− − − 表示負號；+ + + 表示正號）

【註】1. 以第一個子區間說明：因為

$-\infty < x < 0 \Rightarrow 12x < 0 \text{ 、 } (x-1) < 0 \text{ 且 } (x-3) < 0$

$$\Rightarrow f'(x) = 12x(x-1)(x-3) < 0$$

所以，f' 在開區間 $(-\infty, 0)$ 內都是負號。因此 f 在區間 $(-\infty, 0]$ 上遞減。

2. 在描述遞增與遞減區間時，如果端點連續時，我們就可以把端點加上去。（有些書本則全部採用開區間來描述遞增與遞減區間）

3. 本例之結論亦可描述如下：

f 在區間 $(-\infty, 0] \cup [1, 3]$ 上遞減且 f 在區間 $[0, 1] \cup [3, \infty)$ 上遞增。

範例 2

設函數 $f(x) = x^{2/3}$，$x \in (-\infty, \infty)$，試求函數 f 之遞增區間及遞減區間。

解 (i) 先找分割點。這個函數須分兩部分討論：

① 因為 $f'(x) = \dfrac{2}{3} x^{-1/3} \neq 0$，$\forall x \neq 0$

所以沒有導數為 0 之分割點。

② $f'(0) = \lim\limits_{x \to 0} \dfrac{x^{2/3} - 0^{2/3}}{x - 0} = \lim\limits_{x \to 0} \dfrac{x^{2/3}}{x} = \lim\limits_{x \to 0} \dfrac{1}{x^{1/3}}$ 不存在。

因此，0 是唯一的一個分割點。

(ii) 0 將區間 $(-\infty, \infty)$ 分割成兩個子區間，而這兩個子區間為 $(-\infty, 0]$ 及 $[0, \infty)$。我們只要知道各子區間內 f' 之正號與負號，就可判定函數 f 在這些子區間上之遞增及遞減。

我們以下列表格呈現各子區間內 f' 之正號與負號：

開區間	$f'(x)$ 之正負號	遞增遞減區間
$x \in (-\infty, 0)$	$---$	f 在區間 $(-\infty, 0]$ 上遞減
$x \in (0, \infty)$	$+++$	f 在區間 $[0, \infty)$ 上遞增

範例 3

設函數 $f(x) = x + \dfrac{1}{x}$，$x \in (-\infty, 0) \cup (0, \infty)$，試求函數 f 之遞增區間及遞減區間。

解 (i) 先找分割點，而 $f(0)$ 沒定義，0 當然是一個分割點，再看看有無導數為 0 之分割點。

$$f'(x) = 1 - \dfrac{1}{x^2} = \dfrac{x^2 - 1}{x^2} = 0 \Rightarrow x = -1 \text{ 或 } x = 1$$

因此，分割點為 -1、0 及 1。

(ii) -1、0 及 1 將區間 $(-\infty, 0) \cup (0, \infty)$ 分割成四個子區間，而這四個子區間為 $(-\infty, -1]$、$[-1, 0)$、$(0, 1]$ 及 $[1, \infty)$。我們只要知道各子區間內 f' 之正號與負號，就可判定函數 f 在這些子區間上之遞增及遞減。

我們以下列表格呈現各子區間內 f' 之正號與負號：

開區間	$f'(x)$ 之正負號	遞增遞減區間
$x \in (-\infty, -1)$	+++	f 在區間 $(-\infty, -1]$ 上遞增
$x \in (-1, 0)$	---	f 在區間 $[-1, 0)$ 上遞減
$x \in (0, 1)$	---	f 在區間 $(0, 1]$ 上遞減
$x \in (1, \infty)$	+++	f 在區間 $[1, \infty)$ 上遞增

接著我們介紹第一階導數試驗法；即透過函數之遞增與遞減來判定函數之臨界值有無發生局部極值。

Theorem 3.3.2 (The First Derivative Test or F.D.T.)

Suppose that c is a critical point of a continuous function f, and suppose that f is differentiable on $(a, c) \cup (c, b)$.

(a) If $f'(x) > 0 \ \forall x \in (a, c)$ and $f'(x) < 0 \ \forall x \in (c, b)$, then f has a local maximum at c.

(b) If $f'(x) < 0 \ \forall x \in (a, c)$ and $f'(x) > 0 \ \forall x \in (c, b)$, then f has a local minimum at c.

(c) If $f'(x) > 0 \ \forall x \in (a, c) \cup (c, b)$ or $f'(x) < 0 \ \forall x \in (a, c) \cup (c, b)$, then f has no local extrema at c.

證明：(a) ① $f'(x) > 0 \ \forall x \in (a, c) \Rightarrow f$ is increasing on $(a, c]$

$\Rightarrow f(x) \leq f(c) \ \forall x \in (a, c]$

② $f'(x) < 0 \ \forall x \in (c, b) \Rightarrow f$ is decreasing on $[c, b)$

$\Rightarrow f(x) \leq f(c) \ \forall x \in [c, b)$

由 ① 及 ② 可知函數 f 在 c 發生局部極大。

讀者可嘗試證明 (b) 與 (c)。

範例 4

設函數 $f(x) = 3x^4 - 16x^3 + 18x^2 + 3$，$x \in (-\infty, \infty)$，試求函數 f 之局部極值。

解 在範例 1 中，我們知道此函數之臨界值為 0、1 及 3。

由範例 1 中之表格（如下所示）

開區間	$f'(x)$ 之正負號	遞增遞減區間
$x \in (-\infty, 0)$	− − −	f 在區間 $(-\infty, 0]$ 上遞減
$x \in (0, 1)$	+ + +	f 在區間 $[0, 1]$ 上遞增
$x \in (1, 3)$	− − −	f 在區間 $[1, 3]$ 上遞減
$x \in (3, \infty)$	+ + +	f 在區間 $[3, \infty)$ 上遞增

及 F.D.T.（第一階導數試驗法）可知，函數 f 在 0 發生局部極小、函數 f 在 1 發生局部極大，及函數 f 在 3 發生局部極小。因此，$f(0) = 3$ 及 $f(3) = -24$ 為函數 f 的局部極小值，而 $f(1) = 8$ 為函數 f 的局部極大值。

範例 5

設函數 $f(x) = x^{2/3}$，$x \in (-\infty, \infty)$，試求函數 f 之局部極值。

解 在範例 2 中，我們知道此函數之臨界值為 0。

由範例 2 中之表格（如下所示）

開區間	$f'(x)$ 之正負號	遞增遞減區間
$x \in (-\infty, 0)$	− − −	f 在區間 $(-\infty, 0]$ 上遞減
$x \in (0, \infty)$	+ + +	f 在區間 $[0, \infty)$ 上遞增

及 F.D.T. 可知，函數 f 在 0 發生局部極小。因此，$f(0) = 0$ 為函數 f 的局部極小值。

範例 6

設函數 $f(x) = x + \dfrac{1}{x}$，$x \in (-\infty, 0) \cup (0, \infty)$，試求函數 f 之局部極值。

解 在範例 3 中，我們知道此函數之臨界值為 −1 及 1。

由範例 3 中之表格（如下所示）

開區間	$f'(x)$ 之正負號	遞增遞減區間
$x \in (-\infty, -1)$	+++	f 在區間 $(-\infty, -1]$ 上遞增
$x \in (-1, 0)$	---	f 在區間 $[-1, 0)$ 上遞減
$x \in (0, 1)$	---	f 在區間 $(0, 1]$ 上遞減
$x \in (1, \infty)$	+++	f 在區間 $[1, \infty)$ 上遞增

及 F.D.T. 可知，函數 f 在 -1 發生局部極大、函數 f 在 1 發生局部極小。因此，$f(-1) = -2$ 為函數 f 的局部極大值，而 $f(1) = 2$ 為函數 f 的局部極小值。

習題演練

・基本題

第 1 題至第 5 題，試找出函數的遞增區間與遞減區間。

1. $f(x) = x^3 - 12x + 5$
2. $f(x) = 3 - 3x^2 + x^3$
3. $f(x) = x - 2\sin x + \pi$, $x \in [0, 2\pi]$
4. $f(x) = x^3 + \dfrac{3}{x}$
5. $f(x) = 4x^3 - 3x^4$

第 6 題至第 10 題，利用第一階導數試驗法找出函數的局部極值。

6. $f(x) = x^3 - 12x + 5$
7. $f(x) = 3 - 3x^2 + x^3$
8. $f(x) = x - 2\sin x + \pi$, $x \in [0, 2\pi]$
9. $f(x) = x^3 + \dfrac{3}{x}$
10. $f(x) = 4x^3 - 3x^4$

・進階題

第 11 題至第 15 題，試找出函數的遞增區間與遞減區間。

11. $f(x) = x^{4/3} + 4x^{1/3}$
12. $f(x) = x\sqrt{4 - x^2}$
13. $f(x) = x^{1/3}(x-4)^{2/3}$
14. $f(x) = \dfrac{x^2}{x^2 + 5}$
15. $f(x) = 2\cos x - \cos 2x$, $x \in [0, 2\pi]$

第 16 題至第 20 題，利用第一階導數試驗法找出函數的局部極值。

16. $f(x) = x^{4/3} + 4x^{1/3}$
17. $f(x) = x\sqrt{4 - x^2}$
18. $f(x) = x^{1/3}(x-4)^{2/3}$
19. $f(x) = \dfrac{x^2}{x^2 + 5}$
20. $f(x) = 2\cos x - \cos 2x$, $x \in [0, 2\pi]$

3-4 函數之凹性、反曲點與第二階導數檢定法

本節將利用函數之二階導數來討論函數圖形之凹性及判定函數之臨界值有無發生局部極值。

Definition 3.4.1 （Concave Upward and Concave Downward）
Let the function f be differentiable on an open interval I.
(a) We say that f is concave upward on I if f' is increasing on I.
(b) We say that f is concave downward on I if f' is decreasing on I.

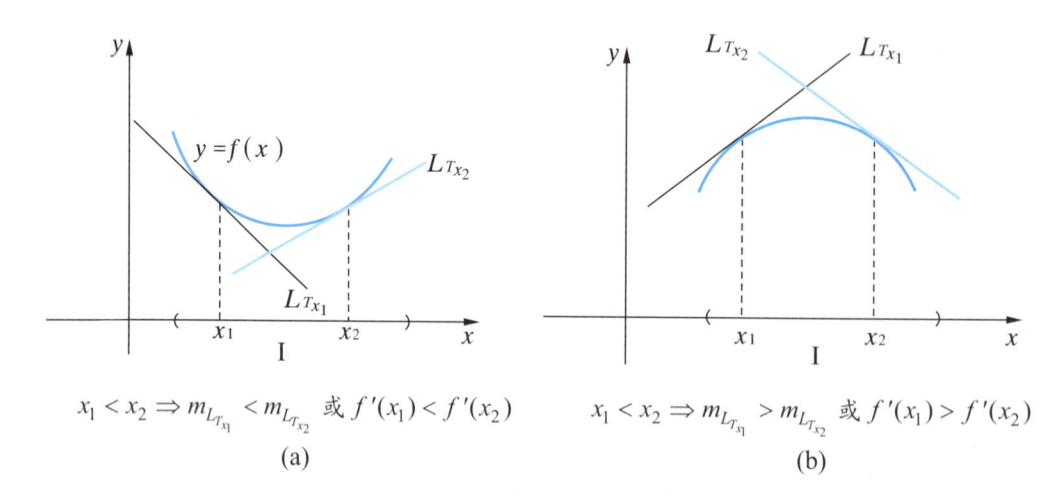

$x_1 < x_2 \Rightarrow m_{L_{T_{x_1}}} < m_{L_{T_{x_2}}}$ 或 $f'(x_1) < f'(x_2)$
(a)

$x_1 < x_2 \Rightarrow m_{L_{T_{x_1}}} > m_{L_{T_{x_2}}}$ 或 $f'(x_1) > f'(x_2)$
(b)

圖 3-12

Theorem 3.4.1 （Tests for Concavity）
Suppose that f is twice differentiable on an open interval I.
(a) f is concave upward on I if $f''(x) > 0$ for all x in I.
(b) f is concave downward on I if $f''(x) < 0$ for all x in I.

證明：(a) $f''(x) > 0$ for all x in I $\Rightarrow$ f' is increasing on I.
$\Rightarrow$ f' is concave upward on I.
(b) $f''(x) < 0$ for all x in I $\Rightarrow$ f' is decreasing on I.
$\Rightarrow$ f' is concave downward on I.

【註】由定理 3.4.1 可知，分割凹向上區間及凹向下區間的點為滿足 $f''(c) = 0$ 或 $f''(c)$ 不存在之 c 值與 $f(c)$ 沒有定義之 c 值。

範例 1

設函數 $f(x) = x^4 - 4x^3 + 10$，$x \in (-\infty, \infty)$，試求函數 f 之凹向上區間及凹向下區間。

解 (i) 先求分割點，而多項式之分割點只有二階導數為 0 的點。

$$f'(x) = 4x^3 - 12x^2 \Rightarrow f''(x) = 12x^2 - 24x = 12x(x-2)$$
$$\Rightarrow f''(0) = 0 \text{ 且 } f''(2) = 0$$

因此，分割點為 0 及 2。

(ii)

開區間	$f''(x)$ 之正負號	凹向上及凹向下區間
$x \in (-\infty, 0)$	+++	f 在區間 $(-\infty, 0)$ 上凹向上
$x \in (0, 2)$	---	f 在區間 $(0, 2)$ 上凹向下
$x \in (2, \infty)$	+++	f 在區間 $(2, \infty)$ 上凹向上

範例 2

設函數 $f(x) = x^{1/3}$，$x \in (-\infty, \infty)$，試求函數 f 之凹向上區間及凹向下區間。

解 (i) 先找分割點。這個函數須分兩部分討論：

① 因為 $f'(x) = \frac{1}{3} x^{-2/3} \Rightarrow f''(x) = -\frac{2}{9} x^{-5/3} \neq 0 \quad \forall x \neq 0$

所以沒有二階導數為 0 之分割點。

② 因為 $f'(0) = \lim_{x \to 0} \frac{x^{2/3} - 0^{2/3}}{x - 0} = \lim_{x \to 0} \frac{x^{2/3}}{x} = \lim_{x \to 0} \frac{1}{x^{1/3}}$ 不存在。

所以 $f''(0)$ 也不存在。

因此，0 是唯一的分割點。

(ii)

開區間	$f''(x)$ 之正負號	凹向上及凹向下區間
$x \in (-\infty, 0)$	+++	f 在區間 $(-\infty, 0)$ 上凹向上
$x \in (0, \infty)$	---	f 在區間 $(0, \infty)$ 上凹向下

接著我們定義反曲點。

> **Definition 3.4.2** (Point of Inflection)
> A point $(c, f(c))$ on the graph of the function $y = f(x)$ is called a point of inflection if f is continuous at c and the graph of f changes from concave upward to concave downward or from concave downward to concave upward at $(c, f(c))$.

範例 3

設函數 $f(x) = x^4 - 4x^3 + 10$，$x \in (-\infty, \infty)$，試求函數 f 之反曲點。

解 由範例 1 之表格，(描述如下)

開區間	$f''(x)$ 之正負號	凹向上及凹向下區間
$x \in (-\infty, 0)$	+++	f 在區間 $(-\infty, 0)$ 上凹向上
$x \in (0, 2)$	---	f 在區間 $(0, 2)$ 上凹向下
$x \in (2, \infty)$	+++	f 在區間 $(2, \infty)$ 上凹向上

我們可知，$(0, f(0))$ 及 $(2, f(2))$ 是函數 f 之兩個反曲點。

範例 4

設函數 $f(x) = x^{1/3}$，$x \in (-\infty, \infty)$，試求函數 f 之反曲點。

解 由範例 2 之表格，(描述如下)

開區間	$f''(x)$ 之正負號	凹向上及凹向下區間
$x \in (-\infty, 0)$	+++	f 在區間 $(-\infty, 0)$ 上凹向上
$x \in (0, \infty)$	---	f 在區間 $(0, \infty)$ 上凹向下

我們可知，$(0, f(0))$ 是函數 f 之反曲點。

下面介紹比較不常用的第二階導數試驗法。

> **Theorem 3.4.2** (Second Derivative Test or S.D.T.)
> Suppose that f'' exist at every point in an open interval (a, b) containing c.
> (a) If $f'(c) = 0$ and $f''(c) < 0$, then f has a local maximum at c.
> (b) If $f'(c) = 0$ and $f''(c) > 0$, then f has a local minimum at c.

證明：證明此定理之前，我們先證明一個預備定理。

> **預備定理**
>
> 如果 $\lim_{x \to c} f(x) = L > 0$（$\lim_{x \to c} f(x) = L < 0$），則必存在一個正數 δ 使得
>
> $$0 < |x-c| < \delta \Rightarrow f(x) > 0 \ (f(x) < 0)$$

證明：（我們只證明 $L > 0$ 部分，而 $L < 0$ 部分可同理證之）

因為 $\lim_{x \to c} f(x) = L > 0$，所以，給定一個正數 $\varepsilon = L$，必存在一個正數 δ 使得

$$0 < |x-c| < \delta \Rightarrow |f(x) - L| < L。$$

而 $|f(x) - L| < L \Leftrightarrow -L < f(x) - L < L \Leftrightarrow 0 < f(x) < 2L \Rightarrow f(x) > 0$。

因此，我們有 $0 < |x-c| < \delta \Rightarrow f(x) > 0$。

現在我們可以開始證明 (a) 部分了。

(a) 因為 $f''(c) = \lim_{x \to c} \dfrac{f'(x) - f'(c)}{x - c} < 0$，所以必存在一個正數 δ 使得下列敘述成立：$0 < |x-c| < \delta \Rightarrow \dfrac{f'(x) - f'(c)}{x - c} < 0$。

而 $\dfrac{f'(x) - f'(c)}{x - c} < 0 \Leftrightarrow \dfrac{f'(x)}{x - c} < 0$。

因此，① 若 $c - \delta < x < c$，則 $f'(x) > 0$；換言之，f 在區間 $(c - \delta, c]$ 上遞增。

② 若 $c < x < c + \delta$，則 $f'(x) < 0$；換言之，f 在區間 $[c, c + \delta)$ 上遞減。

由第一階導數試驗法可知，f 在 c 發生局部極大。

(b) 同理可證。

範例 5

設函數 $f(x) = 3x^4 - 16x^3 + 18x^2 + 3$，$x \in (-\infty, \infty)$，試利用二階導數試驗法求函數 f 之局部極值。

解 (i) 在 3-3 節之範例 1 中，我們知道此函數之臨界值為 0、1 及 3。

(ii) 計算二階導函數。

$$f''(x) = \frac{d}{dx}f'(x) = \frac{d}{dx}(12x^3 - 48x^2 + 36x) = 36x^2 - 96x + 36$$

(iii) ① 因為 $f''(0) = 36 > 0$，所以 f 在 0 發生局部極小。

② 因為 $f''(1) = 36 - 96 + 36 = -24 < 0$，所以 f 在 1 發生局部極大。

③ 因為 $f''(3) = 324 - 288 + 36 = 72 > 0$，所以 f 在 3 發生局部極小。

因此，$f(0) = 3$ 及 $f(3) = -24$ 為函數 f 的局部極小值，而 $f(1) = 8$ 為函數 f 的局部極大值。

【註】二階導數試驗法常常會碰到失敗的情況，例如：

(1) $f'(c)$ 不存在

(2) $f'(c) = 0$，但是 $f''(c) = 0$ 或 $f''(c)$ 不存在。

當二階導數試驗法失敗時，我們就必須利用一階導數試驗法來完成判定。

範例 6

設函數 $f(x) = x^{5/3}$，$x \in (-\infty, \infty)$，試求函數 f 之局部極值。

解 (i) 找導數為 0 之臨界值。

$$f'(x) = \frac{5}{3}x^{2/3} \Rightarrow f'(0) = 0$$

(ii) 因為 $f''(0) = \lim_{x \to 0} \frac{f'(x) - f'(0)}{x - 0} = \lim_{x \to 0} \frac{\frac{5}{3}x^{2/3}}{x} = \frac{5}{3} \lim_{x \to 0} \frac{1}{x^{1/3}}$ 不存在，

所以二階導數試驗法失敗。

由於 $f'(x) = \frac{5}{3}x^{2/3} > 0$ $\forall x \in (-\infty, 0) \cup (0, \infty)$，所以函數 f 在區間 $(-\infty, \infty)$ 上遞增，也因此函數 f 在 0 沒有發生局部極值。

習題演練

・基本題

第 1 題至第 5 題，試找出函數的凹向上區間與凹向下區間及其反曲點。

1. $f(x) = x^3 - 12x + 5$
2. $f(x) = 3 - 3x^2 + x^3$
3. $f(x) = x - 2\sin x + \pi$，$x \in [0, 2\pi]$
4. $f(x) = x^3 + \dfrac{3}{x}$
5. $f(x) = 4x^3 - 3x^4$

第 6 題至第 10 題，利用第二階導數試驗法找出函數的局部極值。（如果第二階導數試驗法失敗，則使用第一階導數試驗法）

6. $f(x) = x^3 - 12x + 5$
7. $f(x) = 3 - 3x^2 + x^3$
8. $f(x) = x - 2\sin x + \pi$，$x \in [0, 2\pi]$
9. $f(x) = x^3 + \dfrac{3}{x}$
10. $f(x) = 4x^3 - 3x^4$

・進階題

第 11 題至第 15 題，試找出函數的凹向上區間與凹向下區間及其反曲點。

11. $f(x) = x^{4/3} + 4x^{1/3}$
12. $f(x) = x\sqrt{4 - x^2}$
13. $f(x) = (x^2 - 1)^3$
14. $f(x) = \dfrac{x^2}{x^2 + 5}$
15. $f(x) = \sin x + \cos x$，$x \in [0, 2\pi]$

第 16 題至第 20 題，利用第二階導數試驗法找出函數的局部極值。（如果第二階導數試驗法失敗，則使用第一階導數試驗法）

16. $f(x) = x^{4/3} + 4x^{1/3}$
17. $f(x) = x\sqrt{4 - x^2}$
18. $f(x) = (x^2 - 1)^3$
19. $f(x) = \dfrac{x^2}{x^2 + 5}$
20. $f(x) = \sin x + \cos x$，$x \in [0, 2\pi]$

21. 設函數 f 滿足 $f''(c) = 0$ 且 $f'''(c) \neq 0$，則證明 $(c, f(c))$ 為函數之反曲點。（提示：$f'''(c) > 0 \Rightarrow \exists\, \delta > 0$ 使得 $0 < |x - c| < \delta \Rightarrow \dfrac{f''(x) - f''(c)}{x - c} = \dfrac{f''(x)}{x - c} > 0$）

22. 設函數 $f(x) = ax^3 + bx^2 + cx + d$，試找出 a、b、c 及 d 之值使得 $f(-2) = 3$ 為函數 f 的局部極大值且 $f(1) = 0$ 為函數 f 的局部極小值。

3-5 函數圖形之描繪

我們這一節來討論如何描繪函數之圖形，而較精確之圖形則必須求助於電腦繪圖軟體了。

描繪函數 $y = f(x)$ 之圖形的步驟如下：

1. 寫出函數之定義域。
2. 嘗試去解方程式 $f(x) = 0$ 找到 x-截距及利用 $f(0)$ 之值找到 y-截距。有了這些資訊，我們就可知道函數 $y = f(x)$ 之圖形與 x-軸及 y-軸相交的點。(如果方程式 $f(x) = 0$ 之解不好求得，我們考慮放棄此資訊)
3. 計算 $\lim\limits_{x \to \infty} f(x)$ 及 $\lim\limits_{x \to -\infty} f(x)$，觀察函數圖形有沒有水平漸近線或可了解函數圖形之走向。
4. 找出函數之垂直漸近線。(如果函數有垂直漸近線)
5. 找出函數之所有臨界值。
6. 找出函數之所有遞增及遞減區間。
7. 利用第一階導數試驗法或第二階導數試驗法找出函數之所有局部極值。
8. 找出函數之所有凹向上及凹向下區間。
9. 找出函數之所有反曲點。
10. 嘗試利用前面的所有資訊來描繪函數 $y = f(x)$ 之圖形。

範例 1

試描繪函數 $f(x) = x^3 - 6x^2 + 9x + 2$ 之圖形。

解 1. 函數之定義域為區間 $(-\infty, \infty)$。

2. ① 因為方程式 $f(x) = 0$ 或 $x^3 - 6x^2 + 9x + 2 = 0$ 的解不易求得，因此我們放棄 x-截距這一項資訊。
    ② 因為 $f(0) = 2$，所以 y-截距為 2。

3. ① $\lim\limits_{x\to-\infty}(x^3-6x^2+9x+2)=\lim\limits_{x\to-\infty}[x^2(x-6)+(9x+2)]=-\infty$

   ② $\lim\limits_{x\to\infty}(x^3-6x^2+9x+2)=\lim\limits_{x\to\infty}[x^2(x-6)+(9x+2)]=\infty$

   （多項式無水平漸近線）

4. 多項式也沒有垂直漸近線。

5. $f'(x)=3x^2-12x+9=3(x^2-4x+3)=3(x-1)(x-3)$

   $\Rightarrow f'(1)=0$ 且 $f'(3)=0$

   因此，1 與 3 為函數之臨界值。

6. 遞增與遞減區間描述如下：

開區間	$f'(x)$ 的正負號	遞增與遞減區間
$x\in(-\infty,1)$	+++	f 在區間 $(-\infty,1]$ 上遞增
$x\in(1,3)$	---	f 在區間 $[1,3]$ 上遞減
$x\in(3,\infty)$	+++	f 在區間 $[3,\infty)$ 上遞增

7. 由第一階導數試驗法可知，f 在 1 發生局部極大且 f 在 3 發生局部極小，而 $f(1)=6$ 為局部極大值且 $f(3)=2$ 為局部極小值。

8. $f''(x)=\dfrac{d}{dx}f'(x)=\dfrac{d}{dx}(3x^2-12x+9)=6x-12=6(x-2)$

   $\Rightarrow f''(2)=0$

   因此，分割凹性的點為 2。

   現在將凹性區間描述如下：

開區間	$f''(x)$ 的正負號	凹向上與凹向下區間
$x\in(-\infty,2)$	---	f 在區間 $(-\infty,2)$ 上凹向下
$x\in(2,\infty)$	+++	f 在區間 $(2,\infty)$ 上凹向上

9. 由定義可知，$(2,f(2))$ 或 $(2,4)$ 為函數之反曲點。

10. 現在就可利用前面的所有資訊來描繪函數 $y=f(x)$ 之圖形了。

$$f(x) = x^3 - 6x^2 + 9x + 2$$

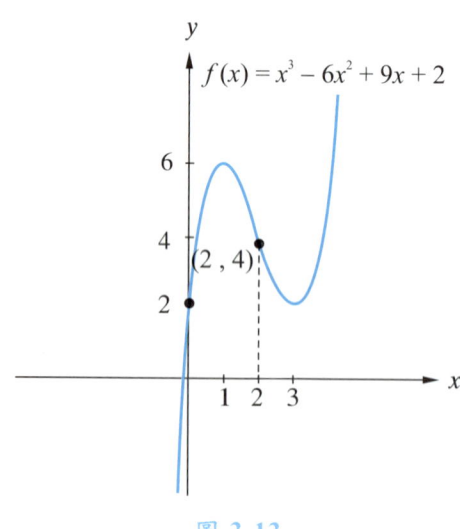

圖 3-13

範例 2

試描繪函數 $f(x) = \dfrac{x+1}{x-1}$ 之圖形。

解 1. 函數之定義域為 $(-\infty, 1) \cup (1, \infty)$。($f(1)$ 沒有定義)

2. ① 方程式 $f(x) = 0$ 或 $\dfrac{x+1}{x-1} = 0$ 的解為 $x = -1$，因此 x-截距為 -1。

   ② 因為 $f(0) = -1$，所以 y-截距為 -1。

3. ① $\lim\limits_{x \to -\infty} \dfrac{x+1}{x-1} = \lim\limits_{x \to -\infty} \dfrac{1+\dfrac{1}{x}}{1-\dfrac{1}{x}} = \dfrac{1+0}{1-0} = 1$

   ② $\lim\limits_{x \to \infty} \dfrac{x+1}{x-1} = \lim\limits_{x \to \infty} \dfrac{1+\dfrac{1}{x}}{1-\dfrac{1}{x}} = \dfrac{1+0}{1-0} = 1$

   因此函數之水平漸近線為 $y = 1$。

4. ① $\lim\limits_{x \to 1^+} \dfrac{x+1}{x-1} = \infty$ ② $\lim\limits_{x \to 1^-} \dfrac{x+1}{x-1} = -\infty$

   因此函數之垂直漸近線為 $x = 1$。

5. 因為 $f'(x) = \dfrac{d}{dx}\dfrac{x+1}{x-1} = \dfrac{(x-1)(1)-(x+1)(1)}{(x-1)^2} = -\dfrac{2}{(x-1)^2} \neq 0 \quad \forall x \neq 1$

因此，此函數無臨界值。

6. 遞增與遞減區間描述如下：

開區間	$f'(x)$ 的正負號	遞增與遞減區間
$x \in (-\infty, 1)$	− − −	f 在區間 $(-\infty,1)$ 上遞減
$x \in (1, \infty)$	− − −	f 在區間 $(1,\infty)$ 上遞減

7. 此函數無局部極值。

8. $f''(x) = \dfrac{d}{dx}f'(x) = \dfrac{d}{dx}\left[-\dfrac{2}{(x-1)^2}\right] = \dfrac{4}{(x-1)^3} \neq 0 \quad \forall x \neq 1$

因此，分割凹性的點為 1。

現在將凹性區間描述如下：

開區間	$f''(x)$ 的正負號	遞增與遞減區間
$x \in (-\infty, 1)$	− − −	f 在區間 $(-\infty,1)$ 上凹向下
$x \in (1, \infty)$	+ + +	f 在區間 $(1,\infty)$ 上凹向上

9. 此函數無反曲點。

10. 現在就可利用前面的所有資訊來描繪函數 $y = f(x)$ 之圖形了。

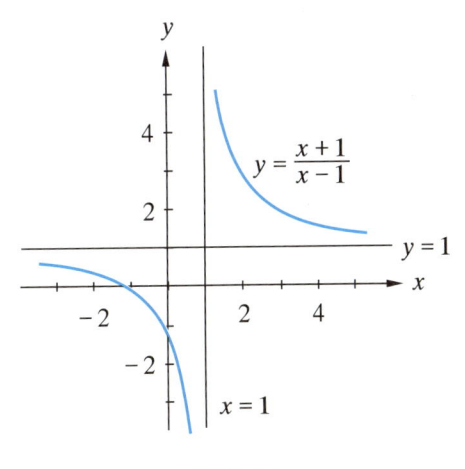

圖 3-14

習題演練

・基本題

第 1 題至第 5 題，請利用所有可能得到之函數性質繪出函數之圖形。

1. $f(x) = x^3 - 2x^2 + x + 1$　[提示：$f'(x) = (3x-1)(x-1)$；$f''(x) = 2(3x-2)$]

2. $f(x) = 3x^4 - 4x^3 + 6$　[提示：$f'(x) = 12x^2(x-1)$；$f''(x) = 12x(3x-2)$]

3. $f(x) = \sqrt[5]{x} - 1$　[提示：$f'(x) = \dfrac{1}{5}x^{-\frac{4}{5}}$；$f''(x) = -\dfrac{4}{25}x^{-\frac{9}{5}}$]

4. $f(x) = x^2 - \dfrac{27}{x^2}$　[提示：$f'(x) = \dfrac{2x^4 + 54}{x^3}$；$f''(x) = \dfrac{2(x^2+9)(x^2-9)}{x^4}$]

5. $f(x) = \dfrac{x}{x^2+1}$　[提示：$f'(x) = \dfrac{1-x^2}{(x^2+1)^2}$；$f''(x) = \dfrac{2x(x^2-3)}{(x^2+1)^3}$]

・進階題

第 6 題至第 10 題，請利用所有可能得到之函數性質繪出函數之圖形。

6. $f(x) = 2x^5 - 5x^2 + 1$　[提示：$f'(x) = 10x(x^3-1)$；$f''(x) = 40\left(x^3 - \dfrac{1}{4}\right)$]

7. $f(x) = x\sqrt{5-x}$　[提示：$f'(x) = \dfrac{3\left(\dfrac{10}{3} - x\right)}{2\sqrt{5-x}}$；$f''(x) = \dfrac{3\left(x - \dfrac{20}{3}\right)}{4(5-x)^{3/2}}$]

8. $f(x) = 3\sin x - \sin^3 x$，$x \in [-2\pi, 2\pi]$
   [提示：$f'(x) = 3\cos^3 x$；$f''(x) = -9\sin x \cos^2 x$]

9. $f(x) = x + \sqrt{|x|}$　[提示：$x > 0 \Rightarrow f'(x) = 1 + \dfrac{1}{2\sqrt{x}}$ 且 $f''(x) = -\dfrac{1}{4}x^{-3/2}$

   $x < 0 \Rightarrow f'(x) = \dfrac{2\sqrt{-x}-1}{2\sqrt{-x}}$ 且 $f''(x) = -\dfrac{1}{4}(-x)^{-3/2}$]

10. $f(x) = x^{2/3}(3x+10)$　[提示：$f'(x) = \dfrac{5(3x+4)}{3x^{1/3}}$；$f''(x) = \dfrac{30\left(x - \dfrac{2}{3}\right)}{9x^{4/3}}$]

3-6 反導函數

我們已經知道，給一個函數 $y = f(x)$，找其導函數 $f'(x)$ 的過程或動作稱為微分。而這一節我們將做一個反向的計算，即如果函數 $y = f(x)$ 的導函數為 $f'(x)$，則我們想求得原函數 $y = f(x)$，這種過程或動作就稱為**反微分**（antidifferentiation）或以後將介紹的**不定積分**（indefinite integral）。

我們先定義反導函數或反導數。

> **Definition 3.6.1** （Antiderivative）
> A function F is called an antiderivative of a function f on an interval I if $F'(x) = f(x)$ for all x in I.

【註】
1. 如果 $I = (a,b)$，則 $F'(x) = f(x)$ $\forall x \in (a,b)$。
2. 如果 $I = [a,b]$，則 "$F'(x) = f(x)$ for all x in I" 的意思是下列三個敘述都是對的：① $F'(x) = f(x)$ $\forall x \in (a,b)$
   ② $F'_+(a) = f(a)$ 且 ③ $F'_-(b) = f(b)$。

範例 1

設函數 $f(x) = x^2$，$x \in (-\infty, \infty)$。

(i) 選取 $F_1(x) = \dfrac{1}{3}x^3$，$x \in (-\infty, \infty)$。

因為 $\dfrac{d}{dx}F_1(x) = \dfrac{d}{dx}\left[\dfrac{1}{3}x^3\right] = x^2 = f(x)$ $\forall x \in I = (-\infty, \infty)$，所以 $F_1(x) = \dfrac{1}{3}x^3$ 為函數 $f(x) = x^2$ 在區間 $(-\infty, \infty)$ 上的一個反導函數。

(ii) 選取 $F_2(x) = \dfrac{1}{3}x^3 + 1$，$x \in (-\infty, \infty)$。

因為 $\dfrac{d}{dx}F_2(x) = \dfrac{d}{dx}\left[\dfrac{1}{3}x^3 + 1\right] = x^2 = f(x)$ $\forall x \in I = (-\infty, \infty)$，所以 $F_2(x) = \dfrac{1}{3}x^3 + 1$ 為函數 $f(x) = x^2$ 在區間 $(-\infty, \infty)$ 上的另一個反導函數。

(iii) 選取 $F_3(x) = \dfrac{1}{3}x^3 + C$，$x \in (-\infty, \infty)$，其中 C 為任意給定之常數。

(① 若 $C=0$，則 $F_3(x)=F_1(x)$；② 若 $C=1$，則 $F_3(x)=F_2(x)$)

因為 $\dfrac{d}{dx}F_3(x) = \dfrac{d}{dx}\left[\dfrac{1}{3}x^3+C\right] = x^2 = f(x) \quad \forall x \in I = (-\infty, \infty)$，

所以 $F_3(x) = \dfrac{1}{3}x^3+C$ 為函數 $f(x)=x^2$ 在區間 $(-\infty, \infty)$ 上的第三個反導函數。

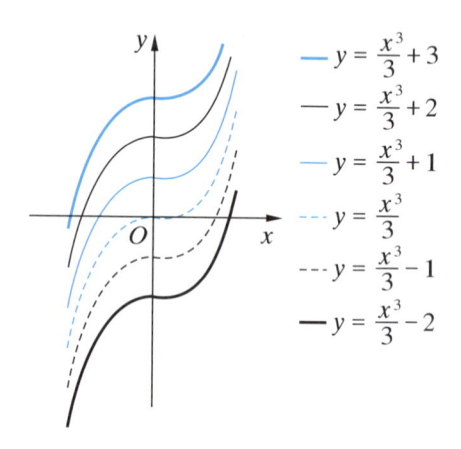

一些函數 $f(x)=x^2$ 之反導函數

圖 3-15　反導數群

我們現在很想知道的是："函數 $f(x)=x^2$ 的反導函數之表示式是否一定是 $\dfrac{1}{3}x^3+C$，而沒有其他不一樣的表示式？"

此問題的答案是肯定的，請看下面的定理。

Theorem 3.6

If F and G are two antiderivatives of f on an interval I, then there exists a constant C such that $G(x)=F(x)+C$ for all x in I.

證明：設 $H(x)=G(x)-F(x)$，$x \in I$。

因為 $H'(x) = \dfrac{d}{dx}[G(x)-F(x)] = f(x)-f(x) = 0 \quad \forall x \in I$，

所以，由引理 3.2.4，必存在一數 C 使得 $H(x)=C \quad \forall x \in I$，而

$H(x)=C \quad \forall x \in I \Leftrightarrow G(x)=F(x)+C \quad \forall x \in I$。

【註】由定理 3.6 可知，如果 $F(x)$ 是 $f(x)$ 在區間 I 上的一個反導函數，則其他任

何一個反導函數 $G(x)$ 必定具有下列的形式：

$$G(x) = F(x) + C \quad \forall x \in I，而此處的 C 為某一個常數。$$

換言之，如果我們找到 $f(x)$ 在區間 I 上的一個反導函數，則我們就找到了 $f(x)$ 在區間 I 上的反導函數族，而此反導函數族為 $\{F(x)+C \mid C \in (-\infty,\infty)\}$。

下面的定義就是給反導函數族一個特別的名稱。

Definition 3.6.2 (The Most General Antiderivative)
If $F(x)$ is an antiderivative of $f(x)$ on an interval I, then the most general antiderivative of $f(x)$ on I is $F(x)+C$, where C is an arbitrary constant. Moreover, $F(x)$ is called a particular antiderivative of $f(x)$ on I.

範例 2

試找出下列函數的最一般性之反導函數。

(a) $f(x) = x^5$　　(b) $f(x) = x^{-2}$　　(c) $f(x) = \sin x$

解　(a) 因為 $\dfrac{d}{dx}\left[\dfrac{1}{6}x^6\right] = x^5 = f(x) \quad \forall x \in (-\infty,\infty)$，所以函數 $f(x) = x^5$ 的最一般性的反導函數為 $F(x) = \dfrac{1}{6}x^6 + C$。

(b) 因為函數 $f(x) = x^{-2}$ 在 0 沒定義，因此我們必須考慮兩個開區間，即 $(-\infty, 0)$ 及 $(0, \infty)$。

因為 $\dfrac{d}{dx}\left[-\dfrac{1}{x}\right] = x^{-2} = f(x) \quad \forall x \in (-\infty,0) \cup (0,\infty)$，

所以函數 $f(x) = x^{-2}$ 的最一般性的反導函數為

$$F(x) = \begin{cases} -\dfrac{1}{x} + C_1, & x \in (-\infty, 0) \\ -\dfrac{1}{x} + C_2, & x \in (0, \infty) \end{cases} \quad (\text{這裡的 } C_1 \text{ 與 } C_2 \text{ 可以不相等})。$$

如果不那麼嚴格的話，函數 $f(x) = x^{-2}$ 的最一般性的反導函數亦可寫成

$$F(x) = -\dfrac{1}{x} + C \quad \forall x \neq 0。(\text{這裡我們選取 } C_1 = C_2 = C)$$

而上述兩種寫法對以後計算定積分不會有影響。

(c) 因為 $\dfrac{d}{dx}[-\cos x] = \sin x = f(x) \quad \forall x \in (-\infty, \infty)$，

所以函數 $f(x) = \sin x$ 的最一般性的反導函數為 $F(x) = -\cos x + C$。

下面的表格在描述一些有關反導函數之計算公式，以後在介紹不定積分時還會再出現一次。

假設 $F' = f$、$G' = g$ 且 k 為一個常數。

表 3.6.1　反導函數之計算公式

函　　數	特別反導函數
1. x^n （n 為有理數且 $n \neq -1$）	1. $\dfrac{x^{n+1}}{n+1}$
2. k	2. kx
3. $\sin x$	3. $-\cos x$
4. $\cos x$	4. $\sin x$
5. $\sec^2 x$	5. $\tan x$
6. $\csc^2 x$	6. $-\cot x$
7. $\sec x \tan x$	7. $\sec x$
8. $\csc x \cot x$	8. $-\csc x$
9. $f(x) + g(x)$	9. $F(x) + G(x)$
10. $f(x) - g(x)$	10. $F(x) - G(x)$
11. $kf(x)$	11. $kF(x)$

【註】以上公式都可用微分公式來驗證。

範例 3

試找出函數 $g(x) = \dfrac{3}{x^2} - x^3 + \dfrac{1}{5}$ 的最一般性的反導函數。

解 函數 $g(x) = \dfrac{3}{x^2} - x^3 + \dfrac{1}{5}$ 的最一般性的反導函數為

$$G(x) = 3 \cdot \dfrac{x^{-2+1}}{-2+1} - \dfrac{x^{3+1}}{3+1} + \dfrac{1}{5}x + C = -\dfrac{3}{x} - \dfrac{x^4}{4} + \dfrac{1}{5}x + C$$

【註】（用微分驗證）

$$G'(x) = (-3)(-1)x^{-2} - \frac{1}{4} \cdot 4x^3 + \frac{1}{5} = \frac{3}{x^2} - x^3 + \frac{1}{5} = g(x)$$

下面兩個公式在計算積分時也很方便。

> **12.** $\sin kx$ 之特別反導函數為 $-\frac{1}{k}\cos kx$ （$k \neq 0$）。
>
> **13.** $\cos kx$ 之特別反導函數為 $\frac{1}{k}\sin kx$ （$k \neq 0$）。

範例 4

試找出函數 $g(x) = \sin 3x - \cos 5x$ 的最一般性的反導函數。

【解】 函數 $g(x) = \sin 3x - \cos 5x$ 的最一般性的反導函數為

$$G(x) = -\frac{1}{3}\cos 3x - \frac{1}{5}\sin 5x + C$$

【註】（用微分驗證）

$$G'(x) = -\frac{1}{3} \cdot -\sin(3x) \cdot 3 - \frac{1}{5} \cdot \cos(5x) \cdot 5 = \sin 3x - \cos 5x = g(x)$$

下面我們介紹兩個解微分方程式的例子。

範例 5

若 $f'(x) = 4x^3 - 4x + 5$ 且 $f(0) = 3$，試找出滿足此二條件之函數 $f(x)$。

【解】 (i) 先找出 $f'(x) = 4x^3 - 4x + 5$ 的最一般性的反導函數。

$f'(x) = 4x^3 - 4x + 5$ 的最一般性的反導函數為

$$f(x) = 4 \cdot \frac{x^4}{4} - 4 \cdot \frac{x^2}{2} + 5x + C = x^4 - 2x^2 + 5x + C$$

(ii) 再利用 $f(0) = 3$ 這個條件來決定 C 值。

將 $x = 0$ 代入方程式 $f(x) = x^4 - 2x^2 + 5x + C$ 中，我們可得

$$3 = f(0) = 0^4 - 2 \cdot 0^2 + 5 \cdot 0 + C = C \quad \text{或} \quad C = 3 \text{。}$$

因此，滿足此二條件之函數 $f(x) = x^4 - 2x^2 + 5x + 3$。

驗證：$f'(x) = \dfrac{d}{dx}(x^4 - 2x^2 + 5x + 3) = 4x^3 - 4x + 5$ 且 $f(0) = 3$

【註】$f'(x) = 4x^3 - 4x + 5$ 稱為**微分方程式**（differential equation），而 $f(0) = 3$ 稱為微分方程式之**初值條件**（initial condition）。

範例 6

若 $f''(x) = 4x^3 - 3x^2 + 5x - 2$、$f'(1) = 1$ 且 $f(0) = 3$，試找出滿足此三條件之函數 $f(x)$。

解 (i) ① 先找出 $f''(x) = 4x^3 - 3x^2 + 5x - 2$ 之最一般性的反導函數。

$f''(x) = 4x^3 - 3x^2 + 5x - 2$ 之最一般性的反導函數為

$$f'(x) = 4 \cdot \dfrac{x^4}{4} - 3 \cdot \dfrac{x^3}{3} + 5 \cdot \dfrac{x^2}{2} - 2x + C_1 = x^4 - x^3 + \dfrac{5}{2}x^2 - 2x + C_1$$

② 再找出 $f'(x) = x^4 - x^3 + \dfrac{5}{2}x^2 - 2x + C_1$ 之最一般性的反導函數。

$f'(x) = x^4 - x^3 + \dfrac{5}{2}x^2 - 2x + C_1$ 之最一般性的反導函數為

$$f(x) = \dfrac{x^5}{5} - \dfrac{x^4}{4} + \dfrac{5}{2} \cdot \dfrac{x^3}{3} - 2 \cdot \dfrac{x^2}{2} + C_1 x + C_2 = \dfrac{x^5}{5} - \dfrac{x^4}{4} + \dfrac{5}{6}x^3 - x^2 + C_1 x + C_2$$

(ii) 利用 $f'(1) = 1$ 及 $f(0) = 3$ 這兩個條件來決定 C_1 與 C_2 之值。

將 $f'(1) = 1$ 及 $f(0) = 3$ 這兩個條件代入方程式

$$f'(x) = x^4 - x^3 + \dfrac{5}{2}x^2 - 2x + C_1 \text{ 及方程式 } f(x) = \dfrac{x^5}{5} - \dfrac{x^4}{4} + \dfrac{5}{6}x^3 - x^2 + C_1 x + C_2$$

中，我們很容易得到 $C_1 = \dfrac{1}{2}$ 及 $C_2 = 3$。

因此，滿足此三條件之函數 $f(x) = \dfrac{x^5}{5} - \dfrac{x^4}{4} + \dfrac{5}{6}x^3 - x^2 + \dfrac{x}{2} + 3$。

驗證：

① $f(0) = 3$

② $f'(x) = \dfrac{1}{5} \cdot 5x^4 - \dfrac{1}{4} \cdot 4x^3 + \dfrac{5}{6} \cdot 3x^2 - 2x + \dfrac{1}{2} = x^4 - x^3 + \dfrac{5}{2}x^2 - 2x + \dfrac{1}{2}$

且 $f'(1) = 1$

③ $f''(x) = \dfrac{d}{dx}\left(x^4 - x^3 + \dfrac{5}{2}x^2 - 2x + \dfrac{1}{2}\right) = 4x^3 - 3x^2 + \dfrac{5}{2} \cdot 2x - 2$

$= 4x^3 - 3x^2 + 5x - 2$

習題演練

・基本題

第 1 題至第 5 題，試找出函數的最一般性之反導函數。

1. $f(x) = 10x^{-9}$
2. $f(x) = 3 + 5x^2 - 4x^3$
3. $f(x) = x^3 + 2\cos x$
4. $f(x) = \sqrt{x} + \dfrac{1}{\sqrt{x}}$
5. $f(x) = 3\sin 4x$

第 6 題至第 7 題，試找出滿足給定條件之函數 f。

6. $f'(x) = 12x^2 - 6x + 1$，$f(1) = 6$
7. $f'(x) = \sqrt{x}(6 + 5x)$，$f(1) = 3$

・進階題

第 8 題至第 12 題，試找出函數的最一般性之反導函數。

8. $f(x) = 2\cos 3x - 5\sec^2 7x$
9. $f(x) = \dfrac{x^4 + \sqrt{x} + \sqrt[3]{x}}{x^2}$
10. $f(x) = (\sin x + \cos x)^2$
11. $f(x) = \sqrt[3]{x^5} + \sqrt[5]{x^3}$
12. $f(x) = \dfrac{x^3 + 3x^2 - 9x - 2}{x - 2}$

第 13 題至第 14 題，試找出滿足給定條件之函數 f。

13. $f''(x) = 12x^2 - 2x + 10$，$f(1) = 3$，$f'(1) = 5$
14. $f''(x) = 2\sin x + 8\cos 2x$，$f(0) = 3$，$f'(0) = 1$

CHAPTER 4

積　分

- 4-1 面積問題
- 4-2 定積分之定義
- 4-3 微積分基本定理
- 4-4 不定積分與代換積分
- 4-5 曲線間之面積
- 4-6 函數之平均值與積分均值定理
- 4-7 立體體積之計算
- 4-8 曲線之弧長
- 4-9 旋轉體曲面之表面積

第 4 章我們將介紹微積分之另一主題，也就是非常重要的定積分。而定積分的動機就是處理有關面積的問題，在爾後的章節中，讀者會發現，定積分的幾何意義就是透過面積來解釋的。

4-1　面積問題

設函數 $y = f(x)$ 在閉區間 $[a,b]$ 上連續，並假設 $f(x) \geq 0$ $\forall x \in [a,b]$。我們的問題是：如何去估計函數圖形下方、x-軸上方與兩條直線 $x = a$ 及 $x = b$ 所圍起來的平面區域 R 之面積？

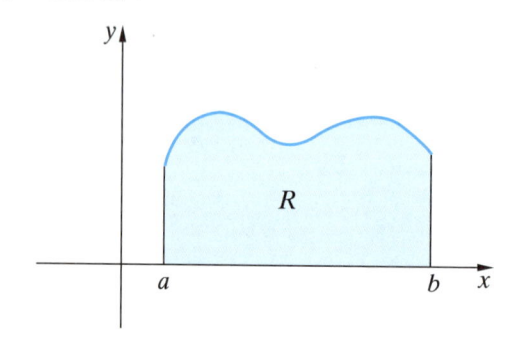

欲定義平面區域 R 的面積

圖 4-1

我們來看看處理此問題的一些過程。

首先，將閉區間 $[a,b]$ 分割成 n 等份，即在開區間 (a,b) 找出 $n-1$ 個點，記成 $x_1, x_2, \cdots, x_{n-1}$，通常我們設 $x_0 = a$ 且 $x_n = b$，那麼閉區間 $[a,b]$ 就被分割成 $[x_0, x_1]$、$[x_1, x_2]$、$\cdots$ 及 $[x_{n-1}, x_n]$ 等 n 個子區間且此 n 個子區間的長度都是 $\dfrac{b-a}{n}$，換言之，$x_i - x_{i-1} = \dfrac{b-a}{n}$ $\forall i = 1, 2, \cdots, n$，而此共同的長度就用 Δx 來表示。此時，原來平面區域 R 就被 $n-1$ 條直線 $x = x_1$、$x = x_2$、$\cdots$ 及 $x = x_{n-1}$ 分割成 n 塊平面小區域了，而此 n 塊平面小區域，由左到右，我們記成 R_1、R_2、$\cdots$ 及 R_n。

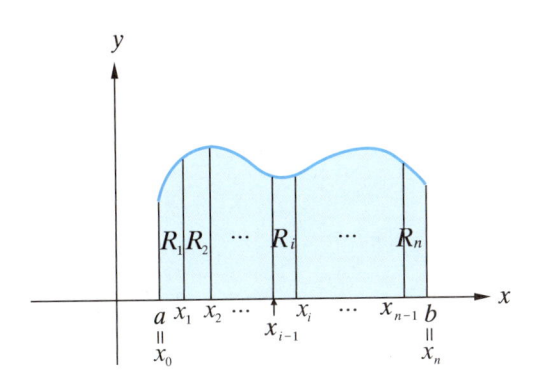

將區域 R 分割成 R_1、R_2、…及 R_n 等 n 個小區域

圖 4-2

接著,我們就可以嘗試去估計平面區域 R 之面積了。

因為函數 $y=f(x)$ 在閉區間 $[a,b]$ 上連續,因此,對每一個 $i=1,2,\cdots,n$,f 在閉區間 $[x_{i-1},x_i]$ 上也會連續。再由極值定理可知,對每一個 $i=1,2,\cdots,n$,函數 f 在閉區間 $[x_{i-1},x_i]$ 上會有極大值與極小值。

對每一個 $i=1,2,\cdots,n$,設 x_i^* 為函數 f 在閉區間 $[x_{i-1},x_i]$ 上發生極大值的地方,即 $f(x_i^*)$ 為函數 f 在閉區間 $[x_{i-1},x_i]$ 上的極大值。

對每一個 $i=1,2,\cdots,n$,我們可以利用長為 $f(x_i^*)$、寬為 Δx 之四方形面積來估計平面小區域 R_i 的面積,即 R_i 的面積 $\approx f(x_i^*)\Delta x$。因此,我們就可利用 n 個四方形面積和來估計平面區域 R 的面積了,即

$$平面區域\ R\ 的面積 A \approx f(x_1^*)\Delta x + f(x_2^*)\Delta x + \cdots + f(x_n^*)\Delta x$$
$$= \sum_{i=1}^{n} f(x_i^*)\Delta x \text{。}$$

很明顯地,當 n 越來越大時或 Δx 越來越靠近 0 時,此估計值就會越來越精確,換言之,n 個四方形面積和 $\sum_{i=1}^{n} f(x_i^*)\Delta x$ 就會越來越靠近平面區域 R 的面積了。

區域 R 的面積 $A \approx \sum_{i=1}^{5} f(x_i^*) \Delta x$

(a)

區域 R 的面積 $A \approx \sum_{i=1}^{n} f(x_i^*) \Delta x$

(b)

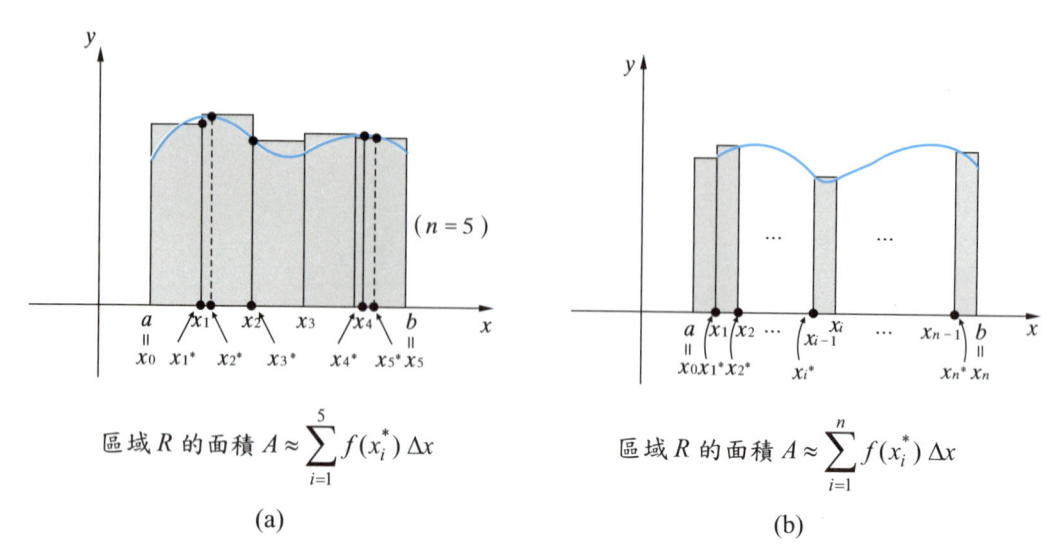

圖 4-3

最後，我們透過極限之過程來定義平面區域 R 的面積。

Definition 4.1 (The Definition of Area)
Suppose that the function f is continuous on $[a,b]$, and $f(x) \geq 0$ for all x in $[a,b]$. The area A of the region R under the graph of f, above the x-axis and from $x = a$ to $x = b$ is defined by
$$A = \lim_{\Delta x \to 0^+} \sum_{i=1}^{n} f(x_i^*) \Delta x = \lim_{n \to \infty} \sum_{i=1}^{n} f(x_i^*) \frac{b-a}{n}.$$

【註】1. 此定義中的極限 $\lim_{\Delta x \to 0^+} \sum_{i=1}^{n} f(x_i^*) \Delta x = \lim_{n \to \infty} \sum_{i=1}^{n} f(x_i^*) \frac{b-a}{n}$ 一定是存在的。（請參考下一節的定理）

2. 此定義中 x_i^* 也可以選擇發生極小值的地方或任何在閉區間 $[x_{i-1}, x_i]$ 內的值。(請參考下一節的定理)

範例 1

設函數 $f(x) = x^2$，$x \in [1,6]$，試估計函數圖形下方、x-軸上方與兩條直線 $x = 1$ 及 $x = 6$ 所圍起來的平面區域 R 之面積 A：
(a) 選取 $n = 5$　　(b) 選取 $n = 10$。

第 4 章 積　分　189

解

$y = x^2$

$(n = 5)$

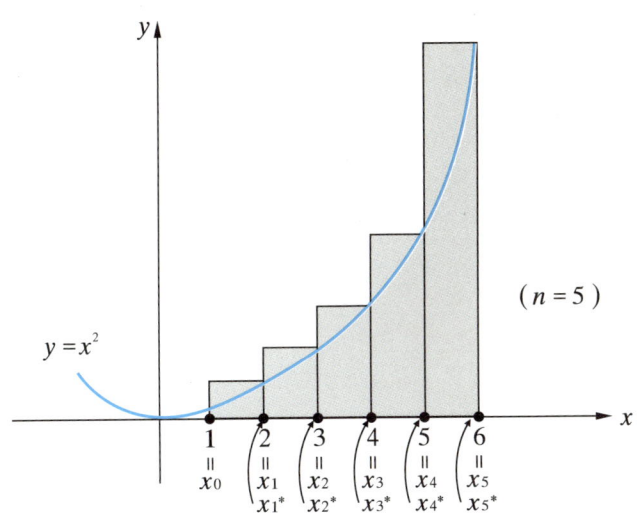

$1 = x_0$
$2 = x_1 = x_1^*$
$3 = x_2 = x_2^*$
$4 = x_3 = x_3^*$
$5 = x_4 = x_4^*$
$6 = x_5 = x_5^*$

區域 R 的面積 $A \approx \sum_{i=1}^{5} f(x_i^*) \dfrac{6-1}{5}$

圖 4-4　範例 1 之圖形

(a) 此時，$\Delta x = \dfrac{6-1}{5} = \dfrac{5}{5} = 1$，而 $x_0 = 1$、$x_1 = 1 + \Delta x = 1 + 1 = 2$、$x_2 = 1 + 2 \cdot \Delta x = 1 + 2 = 3$、$x_3 = 1 + 3 \cdot \Delta x = 1 + 3 = 4$、$x_4 = 1 + 4 \cdot \Delta x = 1 + 4 = 5$ 及 $x_5 = 1 + 5 \cdot \Delta x = 1 + 5 = 6$。

因為函數 f 在閉區間 $[1,6]$ 上遞增，因此 x_i^* 都發生在每一子閉區間的右邊端點，即 $x_1^* = x_1 = 2$、$x_2^* = x_2 = 3$、$x_3^* = x_3 = 4$、$x_4^* = x_4 = 5$ 及 $x_5^* = x_5 = 6$。所以

$$A \approx \sum_{i=1}^{5} f(x_i^*) \Delta x = \sum_{i=1}^{5} f(x_i) \Delta x = \sum_{i=1}^{5} x_i^2 \cdot 1 = 2^2 + 3^2 + 4^2 + 5^2 + 6^2 = 90$$

(b) 此時，$\Delta x = \dfrac{6-1}{10} = \dfrac{1}{2}$，而 $x_0 = 1$、$x_1 = 1 + \Delta x = 1 + \dfrac{1}{2}$、$x_2 = 1 + 2\Delta x = 1 + 2 \cdot \dfrac{1}{2}$、$\cdots$、$x_i = 1 + i \cdot \Delta x = 1 + i \cdot \dfrac{1}{2}$、$\cdots$ 及 $x_{10} = 1 + 10 \cdot \dfrac{1}{2} = 6$。

因為函數 f 在閉區間 $[1,6]$ 上遞增，因此 x_i^* 都發生在每一子閉區間的右邊端點，即 $x_1^* = x_1 = 1 + \dfrac{1}{2}$、$x_2^* = x_2 = 1 + 2 \cdot \dfrac{1}{2}$，$\cdots$ $x_i^* = x_i = 1 + i \cdot \dfrac{1}{2}$，$\cdots$ 及 $x_{10}^* = x_{10} = 1 + 10 \cdot \dfrac{1}{2}$。所以

$$A \approx \sum_{i=1}^{10} f(x_i^*)\Delta x = \sum_{i=1}^{10} f(x_i)\Delta x$$

$$= \sum_{i=1}^{10} f\left(1 + i \cdot \frac{1}{2}\right) \cdot \frac{1}{2} = \sum_{i=1}^{10} \left(1 + i \cdot \frac{1}{2}\right)^2 \cdot \frac{1}{2}$$

$$= \left[\left(\frac{3}{2}\right)^2 + \left(\frac{4}{2}\right)^2 + \left(\frac{5}{2}\right)^2 + \left(\frac{6}{2}\right)^2 + \left(\frac{7}{2}\right)^2 + \left(\frac{8}{2}\right)^2 + \left(\frac{9}{2}\right)^2 + \left(\frac{10}{2}\right)^2 + \left(\frac{11}{2}\right)^2 \right.$$

$$\left. + \left(\frac{12}{2}\right)^2\right] \cdot \frac{1}{2}$$

$$= \frac{645}{8} = 80.625 \text{（已接近範例 2 之答案 71.66667）}$$

【註】當 $n = 100$ 或 $n = 1000$ 時，估計值就更靠近真正的面積了。

面積的計算需要用到下面的和符號 Σ 之運算。(請回味一下)

1. $\sum_{i=1}^{n} c = c + c + \cdots + c = nc$

2. $\sum_{i=1}^{n} i = 1 + 2 + 3 + \cdots + n = \frac{n(n+1)}{2}$

3. $\sum_{i=1}^{n} i^2 = 1^2 + 2^2 + 3^2 + \cdots + n^2 = \frac{n(n+1)(2n+1)}{6}$

4. $\sum_{i=1}^{n} i^3 = 1^3 + 2^3 + 3^3 + \cdots + n^3 = \left[\frac{n(n+1)}{2}\right]^2$

5. $\sum_{i=1}^{n}[ca_i \pm db_i] = c\sum_{i=1}^{n} a_i \pm d\sum_{i=1}^{n} b_i$，

   其中 c、d、a_1、a_2、$\cdots$、a_n、b_1、b_2、$\cdots$ 及 b_n 都是實數。

範例 2

設函數 $f(x) = x^2$，$x \in [1,6]$，試求函數圖形下方、x-軸上方與兩條直線 $x = 1$ 及 $x = 6$ 所圍起來的平面區域 R 之面積 A。

解 先將閉區間 $[1,6]$ 分 n 等份，此時

$$\Delta x = \frac{6-1}{n} = \frac{5}{n}，\text{而 } x_0 = 1，x_1 = 1 + \Delta x = 1 + \frac{5}{n}，x_2 = 1 + 2\Delta x = 1 + 2 \cdot \frac{5}{n}，\cdots$$

$x_i = 1 + i \cdot \Delta x = 1 + i \cdot \dfrac{5}{n}$，$\cdots$ 及 $x_n = 1 + n \cdot \dfrac{5}{n} = 6$。

因為函數 f 在閉區間 $[1,6]$ 上遞增，因此 x_i^* 都發生在每一子閉區間的右邊端點，即 $x_1^* = x_1 = 1 + \dfrac{5}{n}$，$x_2^* = x_2 = 1 + 2 \cdot \dfrac{5}{n}$，$\cdots x_i^* = x_i = 1 + i \cdot \dfrac{5}{n}$，$\cdots$ 及

$x_n^* = x_n = 1 + n \cdot \dfrac{5}{n}$。因此，

$$A = \lim_{n \to \infty} \sum_{i=1}^{n} f(x_i^*) \cdot \dfrac{6-1}{n} = \lim_{n \to \infty} \sum_{i=1}^{n} f(x_i) \cdot \dfrac{5}{n}$$

$$= \lim_{n \to \infty} \sum_{i=1}^{n} x_i^2 \cdot \dfrac{5}{n} = \lim_{n \to \infty} \sum_{i=1}^{n} \left(1 + i \cdot \dfrac{5}{n}\right)^2 \cdot \dfrac{5}{n}$$

$$= \lim_{n \to \infty} \sum_{i=1}^{n} \left(1 + 2i \cdot \dfrac{5}{n} + i^2 \cdot \dfrac{5^2}{n^2}\right) \cdot \dfrac{5}{n} = \lim_{n \to \infty} \dfrac{5}{n}\left(\sum_{i=1}^{n} 1 + \dfrac{10}{n}\sum_{i=1}^{n} i + \dfrac{5^2}{n^2}\sum_{i=1}^{n} i^2\right)$$

$$= \lim_{n \to \infty} \dfrac{5}{n}\left(n + \dfrac{10}{n} \cdot \dfrac{n(n+1)}{2} + \dfrac{5^2}{n^2} \cdot \dfrac{n(n+1)(2n+1)}{6}\right)$$

$$= \lim_{n \to \infty} \left(5 + 25 \cdot \dfrac{n(n+1)}{n^2} + \dfrac{125}{6} \cdot \dfrac{n(n+1)(2n+1)}{n^3}\right)$$

$$= \lim_{n \to \infty} \left[5 + 25 \cdot 1 \cdot \left(1 + \dfrac{1}{n}\right) + \dfrac{125}{6} \cdot 1 \cdot \left(1 + \dfrac{1}{n}\right)\left(2 + \dfrac{1}{n}\right)\right]$$

$$= 5 + 25 + \dfrac{125}{3} = \dfrac{215}{3} \approx 71.66667$$

【註】在第 8 章 (參考定理 8.1.2)，我們有下列結果：

$\lim\limits_{n \to \infty} \dfrac{1}{n^r} = 0$，其中 r 是正有理數。

另解 1：(我們選取每一段發生極小值的地方為 x_i^*)

此時，$x_1^* = x_0 = 1$，$x_2^* = x_1 = 1 + \dfrac{5}{n}$，$\cdots$，$x_i^* = x_{i-1} = 1 + (i-1) \cdot \dfrac{5}{n}$，$\cdots$ 及

$x_n^* = x_{n-1} = 1 + (n-1) \cdot \dfrac{5}{n}$。因此，

$$A = \lim_{n \to \infty} \sum_{i=1}^{n} f(x_i^*) \cdot \dfrac{6-1}{n} = \lim_{n \to \infty} \sum_{i=1}^{n} f(x_{i-1}) \cdot \dfrac{5}{n}$$

$$= \lim_{n\to\infty}\sum_{i=1}^{n}(x_{i-1})^2 \cdot \frac{5}{n} = \lim_{n\to\infty}\sum_{i=1}^{n}\left[1+(i-1)\cdot\frac{5}{n}\right]^2 \cdot \frac{5}{n}$$

$$= \lim_{n\to\infty}\sum_{i=1}^{n}\left[1+2(i-1)\cdot\frac{5}{n}+(i-1)^2\cdot\frac{5^2}{n^2}\right]\cdot\frac{5}{n}$$

$$= \lim_{n\to\infty}\frac{5}{n}\left[\sum_{i=1}^{n}1+\frac{10}{n}\sum_{i=1}^{n}(i-1)+\frac{5^2}{n^2}\sum_{i=1}^{n}(i-1)^2\right]$$

$$= \lim_{n\to\infty}\frac{5}{n}\left[n+\frac{10}{n}\cdot\frac{(n-1)n}{2}+\frac{5^2}{n^2}\cdot\frac{(n-1)n(2n-1)}{6}\right]$$

$$= \lim_{n\to\infty}\left(5+25\cdot\frac{(n-1)n}{n^2}+\frac{125}{6}\cdot\frac{(n-1)n(2n-1)}{n^3}\right)$$

$$= \lim_{n\to\infty}\left[5+25\cdot\left(1-\frac{1}{n}\right)\cdot 1+\frac{125}{6}\cdot\left(1-\frac{1}{n}\right)\cdot 1\cdot\left(2-\frac{1}{n}\right)\right]$$

$$= 5+25+\frac{125}{3}=\frac{215}{3}\approx 71.66667$$

★ 底下的計算有點複雜，沒有興趣的讀者請直接跳過。 ★

另解 2：(我們選取每一段的中點為 x_i^*，即 $x_i^*=\frac{x_{i-1}+x_i}{2}$，$i=1$，$2$，$\cdots$，$n$)

此時 $x_1^*=\frac{x_0+x_1}{2}=\frac{1+\left(1+\frac{5}{n}\right)}{2}=1+\frac{1}{2}\cdot\frac{5}{n}$

$$x_2^*=\frac{x_1+x_2}{2}=\frac{\left(1+\frac{5}{n}\right)+\left(1+2\cdot\frac{5}{n}\right)}{2}=1+\frac{3}{2}\cdot\frac{5}{n}$$

$\vdots$

$$x_i^*=\frac{x_{i-1}+x_i}{2}=\frac{\left[1+(i-1)\cdot\frac{5}{n}\right]+\left[1+i\cdot\frac{5}{n}\right]}{2}=1+\frac{2i-1}{2}\cdot\frac{5}{n}$$

及 $x_n^*=\frac{x_{n-1}+x_n}{2}=\frac{\left[1+(n-1)\cdot\frac{5}{n}\right]+\left[1+n\cdot\frac{5}{n}\right]}{2}=1+\frac{2n-1}{2}\cdot\frac{5}{n}$。因此，

$$A=\lim_{n\to\infty}\sum_{i=1}^{n}f(x_i^*)\cdot\frac{6-1}{n}=\lim_{n\to\infty}\sum_{i=1}^{n}f\left(1+\frac{2i-1}{2}\cdot\frac{5}{n}\right)\cdot\frac{5}{n}$$

$$= \lim_{n\to\infty} \sum_{i=1}^{n}\left(1+\frac{2i-1}{2}\cdot\frac{5}{n}\right)^2\cdot\frac{5}{n} = \lim_{n\to\infty}\sum_{i=1}^{n}\left[1+(2i-1)\cdot\frac{5}{n}+\frac{(2i-1)^2}{4}\cdot\frac{5^2}{n^2}\right]\cdot\frac{5}{n}$$

$$= \lim_{n\to\infty}\frac{5}{n}\left[\sum_{i=1}^{n}1+\frac{5}{n}\sum_{i=1}^{n}(2i-1)+\frac{25}{4n^2}\sum_{i=1}^{n}(2i-1)^2\right]$$

$$= \lim_{n\to\infty}\frac{5}{n}\left[\sum_{i=1}^{n}1+\frac{5}{n}\cdot\left(2\sum_{i=1}^{n}i-\sum_{i=1}^{n}1\right)+\frac{25}{4n^2}\cdot\left(4\sum_{i=1}^{n}i^2-4\sum_{i=1}^{n}i+\sum_{i=1}^{n}1\right)\right]$$

$$= \lim_{n\to\infty}\frac{5}{n}\left[n+\frac{5}{n}\cdot\left(2\cdot\frac{n(n+1)}{2}-n\right)+\frac{25}{4n^2}\left(4\cdot\frac{n(n+1)(2n+1)}{6}-4\cdot\frac{n(n+1)}{2}+n\right)\right]$$

$$= \lim_{n\to\infty}\left[5+\frac{25n(n+1)}{n^2}-\frac{25}{n}+\frac{125n(n+1)(2n+1)}{6n^3}-\frac{125n(n+1)}{2n^3}+\frac{125}{4n^2}\right]$$

$$= \lim_{n\to\infty}\left[5+25\cdot1\cdot\left(1+\frac{1}{n}\right)-\frac{25}{n}+\frac{125}{6}\cdot1\cdot\left(1+\frac{1}{n}\right)\cdot\left(2+\frac{1}{n}\right)-\frac{125\cdot1\cdot\left(1+\frac{1}{n}\right)}{2n}+\frac{125}{4n^2}\right]$$

$$=5+25+\frac{125}{3}=\frac{215}{3}\approx 71.66667$$

【註】1. 只要 $x_i^*\in[x_{i-1},x_i]$，$i=1,2,\cdots,n$，極限 $\lim_{n\to\infty}\sum_{i=1}^{n}f(x_i^*)\frac{6-1}{n}$ 之值都會等於 $\frac{215}{3}$。(前提是要能計算出答案)

2. 如果用定義去計算面積，其過程有一點複雜，還用到下學期才會介紹之序列的極限，不過，當微積分基本定理 (參考定理 4.2.2) 介紹完以後，計算面積就非常容易了。

習題演練

・基本題

第 1 題至第 5 題，試計算各題之和。

1. $\sum_{i=1}^{4}(2i+1)$
2. $\sum_{i=1}^{5}(2i^2+3)$
3. $\sum_{i=1}^{10}c \quad (c\in\mathbb{R})$
4. $\sum_{i=1}^{3}\frac{1}{i(i^2+1)}$
5. $\sum_{i=1}^{6}\frac{3}{5}\left(\frac{i+2}{5}\right)^2$

第 6 題至第 10 題，試將各題之和以和符號 Σ 表示。

6. $1+\dfrac{1}{2}+\left(\dfrac{1}{2}\right)^2+\left(\dfrac{1}{2}\right)^3+\left(\dfrac{1}{2}\right)^4+\left(\dfrac{1}{2}\right)^5+\left(\dfrac{1}{2}\right)^6$

7. $(3\cdot 1^2+4\cdot 1+2)^2+(3\cdot 2^2+4\cdot 2+2)^2+(3\cdot 3^2+4\cdot 3+2)^2$
$+(3\cdot 4^2+4\cdot 4+2)^2+(3\cdot 5^2+4\cdot 5+2)^2$

8. $\sqrt{1+\left(\dfrac{1}{5}\right)^2}+\sqrt{1+2\left(\dfrac{2}{5}\right)^2}+\sqrt{1+3\left(\dfrac{3}{5}\right)^2}+\sqrt{1+4\left(\dfrac{4}{5}\right)^2}+\sqrt{1+5\left(\dfrac{5}{5}\right)^2}$

9. $\dfrac{1}{1\cdot 2}+\dfrac{1}{2\cdot 3}+\cdots+\dfrac{1}{n(n+1)}$ $(n\in Z^+)$

10. $(-1)\dfrac{1}{2}+(-1)^2\dfrac{2}{3}+(-1)^3\dfrac{3}{4}+(-1)^4\dfrac{4}{5}+(-1)^5\dfrac{5}{6}+(-1)^6\dfrac{6}{7}+(-1)^7\dfrac{7}{8}$

・進階題

第 11 題至第 15 題，試計算各題之和。

11. $\displaystyle\sum_{i=1}^{n}\dfrac{1}{n}\left[2\left(\dfrac{i}{n}\right)+1\right]$ 12. $\displaystyle\sum_{i=1}^{n}\dfrac{1}{n}\left[2\left(\dfrac{i}{n}\right)^2+3\right]$ 13. $\displaystyle\sum_{i=1}^{n}\dfrac{1}{n}\left[\left(\dfrac{i}{n}\right)^3+2\right]$

14. $\displaystyle\sum_{i=1}^{n}\dfrac{3}{n}\left(\dfrac{i+2}{n}\right)^2$ 15. $\displaystyle\sum_{i=1}^{n}[(i-1)^5-i^5]$

第 16 題至第 20 題，試計算各題之極限。

16. $\displaystyle\lim_{n\to\infty}\sum_{i=1}^{n}\dfrac{3}{n}\left[2\left(\dfrac{3i}{n}\right)+1\right]$ 17. $\displaystyle\lim_{n\to\infty}\sum_{i=1}^{n}\dfrac{2}{n}\left[2\left(\dfrac{2i}{n}\right)^2+3\right]$ 18. $\displaystyle\lim_{n\to\infty}\sum_{i=1}^{n}\dfrac{1}{n}\left[\left(\dfrac{i}{n}\right)^3+2\right]$

19. $\displaystyle\lim_{n\to\infty}\sum_{i=1}^{n}\dfrac{3}{n}\left(\dfrac{i+2}{n}\right)^2$ 20. $\displaystyle\lim_{n\to\infty}\sum_{i=1}^{n}\dfrac{i^4}{n^5}$ (提示：利用第 15 題)

21. 設函數 $f(x)=2x+1$，$x\in[0,3]$

    (a) 如果將閉區間分割成 5 等份，試估計函數 f 之圖形下方、x-軸之上方及兩條直線 $x=0$ 與 $x=3$ 所圍成區域之面積。

    (b) 如果將閉區間分割成 10 等份，試估計函數 f 之圖形下方、x-軸之上方及兩條直線 $x=0$ 與 $x=3$ 所圍成區域之面積。

    (c) 試求函數 f 之圖形下方、x-軸之上方及兩條直線 $x=0$ 與 $x=3$ 所圍成區域之面積。（提示：利用第 16 題或利用梯形面積公式）

22. 設函數 $f(x)=2x^2+3$，$x\in[0,2]$

    (a) 如果將閉區間分割成 4 等份，試估計函數 f 之圖形下方、x-軸之上方及兩條直線 $x=0$ 與 $x=2$ 所圍成區域之面積。

(b) 如果將閉區間分割成 8 等份，試估計函數 f 之圖形下方、x-軸之上方及兩條直線 $x=0$ 與 $x=2$ 所圍成區域之面積。

(c) 試求函數 f 之圖形下方、x-軸之上方及兩條直線 $x=0$ 與 $x=2$ 所圍成區域之面積。(提示：利用第 17 題)

4-2 定積分之定義

本節將介紹定積分的定義及其性質。

Definition 4.2.1

Let $x_1, x_2, \cdots, x_{n-2}$ and x_{n-1} be $n-1$ distinct numbers.

(a) We say that $P = \{x_0 = a, x_1, x_2, \cdots, x_{n-1}, x_n = b\}$ is a partition of the closed interval $[a, b]$ if $a = x_0 < x_1 < x_2 < \cdots < x_{n-1} < x_n = b$.

(b) For each $i = 1, 2, 3, \cdots, n$, we define $\Delta x_i = x_i - x_{i-1}$.

(c) We define $\|P\| = \max\{\Delta x_1, \Delta x_2, \cdots, \Delta x_n\}$. This means that $\|P\|$ is the largest number of $\Delta x_1, \Delta x_2, \cdots,$ and Δx_n.

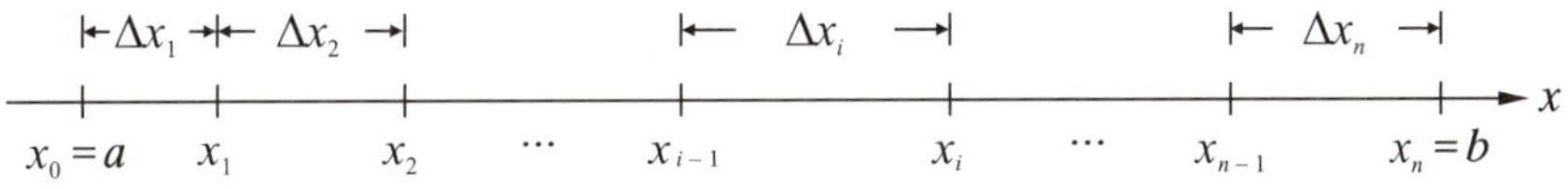

---

(1) $\Delta x_i = x_i - x_{i-1}$，$i = 1, 2, \cdots, n$

(2) $\|P\|$ 為 n 子區中長度最大的那一個值

圖 4-5　分割與 $\|P\|$ 的意義

例如：如果 $P = \{0, 1, 4, 5, 9\}$，則

$\Delta x_1 = 1 - 0 = 1$、$\Delta x_2 = 4 - 1 = 3$、$\Delta x_3 = 5 - 4 = 1$、$\Delta x_4 = 9 - 5 = 4$

而 $\|P\| = \Delta x_4 = 4$。

Definition 4.2.2 (Riemann Sum and its Limit)

Let the function f be defined on a closed interval $[a,b]$.

Let $P=\{x_0=a, x_1, x_2, \cdots, x_{n-1}, x_n=b\}$ be a partition of $[a,b]$.

(a) The sum $R_f(P)=\sum_{i=1}^{n} f(x_i^*)\Delta x_i$ is called a Riemann sum of f associated with the partition P, where $x_i^* \in [x_{i-1}, x_i]$, $i=1,2,\cdots,n$.

(b) We say that the limit of a Riemann sum $\sum_{i=1}^{n} f(x_i^*)\Delta x_i$ is I, denoted by $\lim_{\|P\|\to 0^+} \sum_{i=1}^{n} f(x_i^*)\Delta x_i = I$, if for every $\varepsilon > 0$ there exists a positive number δ such that if P is any partition of $[a,b]$ with $\|P\| < \delta$ then $\left|\sum_{i=1}^{n} f(x_i^*)\Delta x_i - I\right| < \varepsilon$, regardless the choice of $x_i^* \in [x_{i-1}, x_i]$, $i=1,2,\cdots,n$.

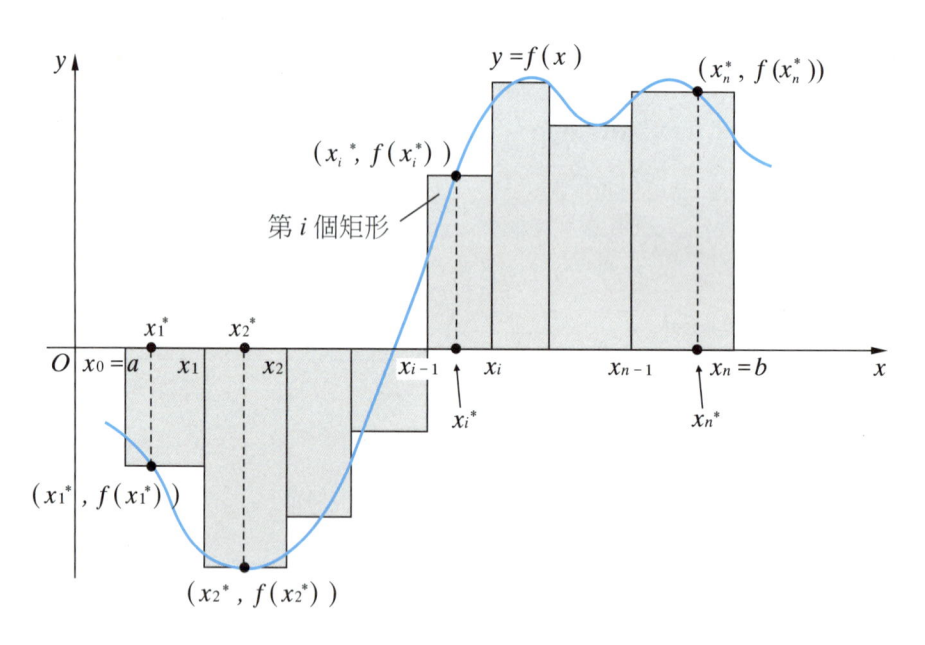

$$\sum_{i=1}^{n} f(x_i^*)\Delta x_i \text{ 稱為黎曼和}$$

圖 4-6　黎曼和的意義

【註】 $\lim_{\|P\|\to 0^+} \sum_{i=1}^{n} f(x_i^*)\Delta x_i = I$ 的嚴格定義，我們將不深入討論。

Definition 4.2.3 (The Definite Integral)

Let the function f be defined on a closed interval $[a,b]$.

The definite integral of f over $[a,b]$, denoted by $\int_a^b f(x)\, dx$, is defined by

$$\int_a^b f(x)\, dx = \lim_{\|P\| \to 0^+} \sum_{i=1}^n f(x_i^*)\Delta x_i$$

provided the limit exists.

1. 定積分 $\int_a^b f(x)\, dx$ 符號的細部解釋如下：

   ① $\int$ 稱為**積分符號** (symbol notation of integration)
   ② a 稱為**積分之下限** (lower limit of integration)
   ③ b 稱為**積分之上限** (upper limit of integration)
   ④ $f(x)$ 稱為**積分底** (integrand)
   ⑤ x 稱為**積分變數** (variable of integration)

2. 定積分 $\int_a^b f(x)\, dx$ 中的變數 x 稱為**啞變數** (dummy variable)，因為此變數可由其他變數替代。例如：

   $$\int_0^1 x\, dx = \int_0^1 y\, dy = \int_0^1 s\, ds = \frac{1}{2}$$ 。(很快就知道為什麼答案是 $\frac{1}{2}$)

3. 因為定積分 $\int_a^b f(x)\, dx$ 是由黎曼和 $R_f(P) = \sum_{i=1}^n f(x_i^*)\Delta x_i$ 之極限來定義的，因此我們稱它為**黎曼積分** (Riemann integral)。

4. (定義)

   如果極限 $\lim\limits_{\|P\| \to 0^+} \sum_{i=1}^n f(x_i^*)\Delta x_i$ 存在，則我們可說函數 f 在閉區間 $[a,b]$ 上是**可積分的** (integrable)。

5. (定理)

   如果函數 f 在閉區間 $[a,b]$ 上連續，則 f 在閉區間 $[a,b]$ 上是可積分的。

【註】可以定積分的函數卻不一定要連續，例如：高斯函數 $[\![x]\!]$ 在 $x=0$、$x=1$、$x=2$ 及 $x=3$ 都不連續，但是可以由定義證得 $\int_0^3 [\![x]\!]\, dx = 3$。

6. 定積分與面積的關係如下：

   如果函數 f 在閉區間 $[a,b]$ 上連續且 $f(x) \geq 0$ $\forall x \in [a,b]$，則函數圖形下方、x-軸上方與兩條直線 $x=a$ 及 $x=b$ 所圍起來的平面區域 R 之面積 A 為

   $$A = \int_a^b f(x)\, dx \text{。}$$

   說明：因為函數 f 在閉區間 $[a,b]$ 上連續，所以 f 在閉區間 $[a,b]$ 上是可積分的，因此

   $$\int_a^b f(x)\, dx = \lim_{\|P\| \to 0^+} \sum_{i=1}^n f(x_i^*) \Delta x_i = \lim_{\Delta x \to 0^+} \sum_{i=1}^n f(x_i^*) \Delta x = A \text{。}$$

   此處，我們可選擇均勻分割，此時 $\|P\| = \Delta x = \dfrac{b-a}{n}$，而同時可選擇 $f(x_i^*)$ 為函數 f 在第 i 段 $[x_{i-1}, x_i]$ 上之極大值。當然，面積就可用定積分來計算了。(後面還有第 7 個註解)

範例 1

試計算下列定積分。

(a) $\displaystyle\int_{-2}^{3} |x|\, dx$ (b) $\displaystyle\int_{-1}^{1} \sqrt{1-x^2}\, dx$

解 當然，我們還沒有介紹計算定積分的方法，但是，利用面積與定積分的關係，就可知道這兩題定積分之值了。

(a) $\displaystyle\int_{-2}^{3} |x|\, dx = \dfrac{1}{2} \cdot 2 \cdot 2 + \dfrac{1}{2} \cdot 3 \cdot 3 = \dfrac{13}{2}$ （兩個三角形面積之和）

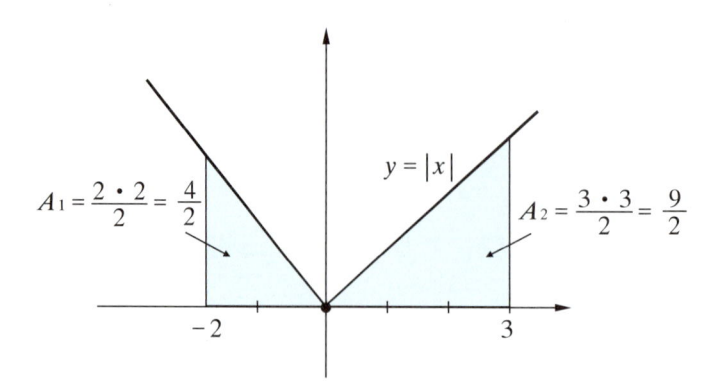

圖 4-7　面積與定積分的關係

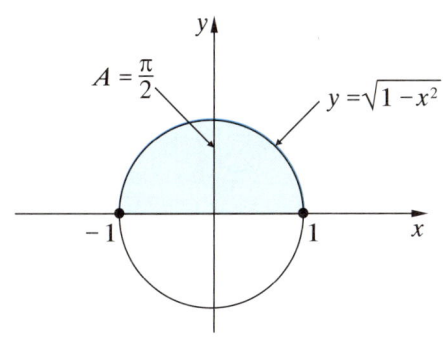

(b) $\int_{-1}^{1} \sqrt{1-x^2}\ dx = \dfrac{\pi \cdot 1^2}{2} = \dfrac{\pi}{2}$ (半徑為 1 的圓之面積的一半)

圖 4-8 面積與定積分的關係

我們繼續看定積分與和的極限之關係。(此為第 7 個註解)

7. 如果函數在閉區間 $[a,b]$ 上連續，則

$$\int_a^b f(x)\ dx = \lim_{n\to\infty} \sum_{i=1}^n f\left(a+i\cdot\dfrac{b-a}{n}\right)\cdot\dfrac{b-a}{n}$$

(選取均勻分割且選擇 $x_i^* = x_i = a+i\cdot\dfrac{b-a}{n}$，$i=1,2,\cdots,n$)

$$= \lim_{n\to\infty} \sum_{i=1}^n f\left(a+(i-1)\cdot\dfrac{b-a}{n}\right)\cdot\dfrac{b-a}{n}$$

(選取均勻分割且選擇 $x_i^* = x_{i-1} = a+(i-1)\cdot\dfrac{b-a}{n}$，$i=1,2,\cdots,n$)

範例 2

將極限 $\displaystyle\lim_{n\to\infty}\sum_{i=1}^n \dfrac{i^4}{n^5}$ 表示成定積分。

解 $\displaystyle\lim_{n\to\infty}\sum_{i=1}^n \dfrac{i^4}{n^5} = \lim_{n\to\infty}\sum_{i=1}^n \dfrac{i^4}{n^4}\cdot\dfrac{1}{n} = \lim_{n\to\infty}\sum_{i=1}^n \left(\dfrac{i}{n}\right)^4\cdot\dfrac{1}{n} = \lim_{n\to\infty}\sum_{i=1}^n \left(0+i\cdot\dfrac{1-0}{n}\right)^4\cdot\dfrac{1-0}{n} = \int_0^1 x^4\ dx$

此時，$f(x)=x^4$、$a=0$ 及 $b=1$。(下一節就可知道 $\int_0^1 x^4\ dx = \dfrac{1}{5}$)

【註】此極限之定積分表示並非唯一，例如：

$$\lim_{n\to\infty}\sum_{i=1}^{n}\frac{i^4}{n^5}=\lim_{n\to\infty}\sum_{i=1}^{n}\frac{i^4}{n^4}\cdot\frac{1}{n}=\lim_{n\to\infty}\sum_{i=1}^{n}\left(\frac{i}{n}\right)^4\cdot\frac{1}{n}$$

$$=\lim_{n\to\infty}\sum_{i=1}^{n}\left[1+\left(i\cdot\frac{2-1}{n}-1\right)\right]^4\cdot\frac{2-1}{n}=\int_{1}^{2}(x-1)^4\,dx$$

或 $\lim_{n\to\infty}\sum_{i=1}^{n}\dfrac{i^4}{n^5}=\lim_{n\to\infty}\sum_{i=1}^{n}\dfrac{i^4}{n^4}\cdot\dfrac{1}{n}=\lim_{n\to\infty}\sum_{i=1}^{n}\left(\dfrac{i}{n}\right)^4\cdot\dfrac{1}{n}$

$$=\lim_{n\to\infty}\sum_{i=1}^{n}\left[-1+\left(i\cdot\frac{0-(-1)}{n}+1\right)\right]^4\cdot\frac{0-(-1)}{n}=\int_{-1}^{0}(x+1)^4\,dx$$

範例 3

將極限 $\displaystyle\lim_{n\to\infty}\frac{\sqrt{n^2-1^2}+\sqrt{n^2-2^2}+\sqrt{n^2-3^2}+\cdots+\sqrt{n^2-n^2}}{n^2}$ 表示成定積分。

解
$$\lim_{n\to\infty}\frac{\sqrt{n^2-1^2}+\sqrt{n^2-2^2}+\sqrt{n^2-3^2}+\cdots+\sqrt{n^2-n^2}}{n^2}$$

$$=\lim_{n\to\infty}\frac{n\sqrt{1-\left(\frac{1}{n}\right)^2}+n\sqrt{1-\left(\frac{2}{n}\right)^2}+n\sqrt{1-\left(\frac{3}{n}\right)^2}+\cdots+n\sqrt{1-\left(\frac{n}{n}\right)^2}}{n^2}$$

$$=\lim_{n\to\infty}\frac{\sqrt{1-\left(\frac{1}{n}\right)^2}+\sqrt{1-\left(\frac{2}{n}\right)^2}+\sqrt{1-\left(\frac{3}{n}\right)^2}+\cdots+\sqrt{1-\left(\frac{n}{n}\right)^2}}{n}$$

$$=\lim_{n\to\infty}\sum_{i=1}^{n}\sqrt{1-\left(\frac{i}{n}\right)^2}\cdot\frac{1}{n}=\lim_{n\to\infty}\sum_{i=1}^{n}\sqrt{1-\left(0+i\cdot\frac{1-0}{n}\right)^2}\cdot\frac{1-0}{n}$$

$$=\int_{0}^{1}\sqrt{1-x^2}\,dx。(由範例 1 可知，\int_{0}^{1}\sqrt{1-x^2}\,dx=\frac{1}{2}\int_{-1}^{1}\sqrt{1-x^2}\,dx=\frac{\pi}{4})$$

此時，$f(x)=\sqrt{1-x^2}$，$a=0$ 及 $b=1$。

【註】其他的幾個定積分表示有

$$\lim_{n\to\infty}\frac{\sqrt{n^2-1^2}+\sqrt{n^2-2^2}+\sqrt{n^2-3^2}+\cdots+\sqrt{n^2-n^2}}{n^2}=\int_{1}^{2}\sqrt{1-(x-1)^2}\,dx \text{ 或}$$

$$\lim_{n\to\infty}\frac{\sqrt{n^2-1^2}+\sqrt{n^2-2^2}+\sqrt{n^2-3^2}+\cdots+\sqrt{n^2-n^2}}{n^2}=\int_{-1}^{0}\sqrt{1-(x+1)^2}\,dx$$

下面我們介紹一些定積分的性質。

假設函數 f 與函數 g 在閉區間 $[a,b]$ 上連續，且 k 是一個常數，則我們有下列定積分的性質：

1. $\int_a^a f(x)\ dx = 0$ （這是一個定義，純粹為了方便）

2. $\int_b^a f(x)\ dx = -\int_a^b f(x)\ dx$ （這也是一個定義，純粹為了方便）

【註】上述兩個定義與下一節的微積分基本定理並不衝突。

3. $\int_a^b kf(x)\ dx = k\int_a^b f(x)\ dx$ （特例：$\int_a^b k\ dx = k(b-a)$）

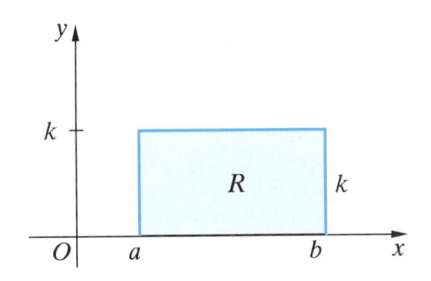

$\int_a^b k\ dx =$ 四方形區域 R 的面積 $= k \cdot (b-a)$

圖 4-9　定積分 $\int_a^b k\ dx$ 的幾何意義

4. $\int_a^b [f(x) \pm g(x)]\ dx = \int_a^b f(x)\ dx \pm \int_a^b g(x)\ dx$

5. 如果 $a < c < b$，則 $\int_a^b f(x)\ dx = \int_a^c f(x)\ dx + \int_c^b f(x)\ dx$

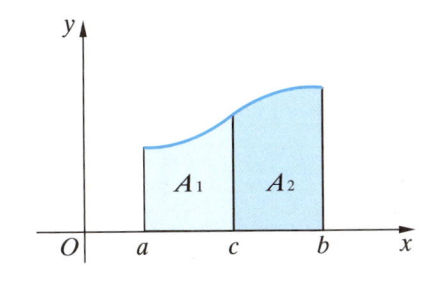

$A = \int_a^b f(x)\ dx = \int_a^c f(x)\ dx + \int_c^b f(x)\ dx = A_1 + A_2$

圖 4-10　定積分的區間可加性

【註】如果 $\int_a^c f(x)\,dx$ 及 $\int_c^b f(x)\,dx$ 都有定義，則 $\int_a^b f(x)\,dx = \int_a^c f(x)\,dx + \int_c^b f(x)\,dx$。(此等式與 a、b 及 c 的順序無關)

例如：設 $a<b<c$，則由性質 5 可得 $\int_a^c f(x)\,dx = \int_a^b f(x)\,dx + \int_b^c f(x)\,dx$。
再利用性質 1 及性質 2 可得

$$\int_a^b f(x)\,dx = \int_a^c f(x)\,dx - \int_b^c f(x)\,dx = \int_a^c f(x)\,dx + \int_c^b f(x)\,dx。$$

6. 如果 $f(x) \geq 0 \quad \forall x \in [a,b]$，則 $\int_a^b f(x)\,dx \geq 0$。

7. 如果 $f(x) \geq g(x) \quad \forall x \in [a,b]$，則 $\int_a^b f(x)\,dx \geq \int_a^b g(x)\,dx$。

8. 如果 $m \leq f(x) \leq M \quad \forall x \in [a,b]$，則 $m \cdot (b-a) \leq \int_a^b f(x)\,dx \leq M \cdot (b-a)$。

範例 4

假設 $\int_{-1}^1 f(x)\,dx = -5$、$\int_1^4 f(x)\,dx = 3$ 及 $\int_1^4 g(x)\,dx = 2$，試求下列定積分之值。

(a) $\int_{-1}^4 f(x)\,dx$ 　　(b) $\int_1^4 [3f(x)+4g(x)]\,dx$

解 (a) $\int_{-1}^4 f(x)\,dx = \int_{-1}^1 f(x)\,dx + \int_1^4 f(x)\,dx = (-5)+3 = -2$

(b) $\int_1^4 [3f(x)+4g(x)]\,dx = \int_1^4 3f(x)\,dx + \int_1^4 4g(x)\,dx$

$$= 3\int_1^4 f(x)\,dx + 4\int_1^4 g(x)\,dx = 3 \cdot 3 + 4 \cdot 2 = 17$$

範例 5

因為 $1 \leq \sqrt{x} \leq 3 \quad \forall x \in [1,9]$，所以

$1 \cdot (9-1) \leq \int_1^9 \sqrt{x}\,dx \leq 3 \cdot (9-1)$ 或 $8 \leq \int_1^9 \sqrt{x}\,dx \leq 24$。

習題演練

・基本題

第 1 題至第 4 題，試利用定積分的幾何意義來計算定積分。

1. $\int_{-2}^{5}(x+1)\,dx$
2. $\int_{-3}^{3}(1-|x|)\,dx$
3. $\int_{-1}^{3}|3x-2|\,dx$
4. $\int_{-3}^{3}\sqrt{9-x^2}\,dx$

5. 設已知 $\int_{1}^{3}f(x)\,dx=4$、$\int_{1}^{3}g(x)\,dx=-2$ 且 $\int_{0}^{1}f(x)\,dx=5$，試計算

    (a) $\int_{1}^{3}[2f(x)-3g(x)]\,dx$
    (b) $\int_{0}^{3}3f(x)\,dx$

第 6 題至第 8 題，試利用定積分的第 8 個性質估計定積分之值。

6. $\int_{0}^{2}\sqrt{x^3+1}\,dx$
7. $\int_{1/10}^{1/5}\frac{1}{x}\,dx$
8. $\int_{\pi/6}^{\pi/3}\sin x\,dx$

・進階題

第 9 題至第 12 題，試將下列的極限表示成定積分。(答案不是唯一的)

9. $\lim\limits_{n\to\infty}\sum\limits_{i=1}^{n}\frac{3}{n}\left[5\left(\frac{3i}{n}\right)+1\right]$
10. $\lim\limits_{n\to\infty}\sum\limits_{i=1}^{n}\frac{2}{n}\left[2\left(\frac{2i}{n}\right)^2+3\right]$
11. $\lim\limits_{n\to\infty}\sum\limits_{i=1}^{n}\frac{(i-1)^4}{n^5}$

12. $\lim\limits_{n\to\infty}\dfrac{\left[\sqrt{n^2+1^2}+\sqrt{n^2+2^2}+\cdots+\sqrt{n^2+n^2}\right]}{n^2}$

第 13 題至第 15 題，試利用和的極限計算定積分之值。

13. $\int_{-2}^{5}(x+3)\,dx$
14. $\int_{0}^{1}(3x^2-2x+5)\,dx$
15. $\int_{-2}^{3}|x+1|\,dx$

16. 設函數 f 在閉區間 $[a,b]$ 上連續，則

    (a) 說明定積分 $\int_{a}^{b}|f(x)|\,dx$ 存在

    (b) 證明不等式 $\left|\int_{a}^{b}f(x)\,dx\right|\leq\int_{a}^{b}|f(x)|\,dx$。

4-3 微積分基本定理

這一節要介紹微積分的一個大定理，即微積分基本定理，它主要描述微分與積分的關係及定積分的計算。有了此定理，面積的計算就簡單多了。

我們先介紹積分均值定理。

> **Theorem 4.3.1** (The Mean Value Theorem for Integral)
> If the function f is continuous on $[a,b]$, then there is a number c in $[a,b]$ such that $\int_a^b f(x)\,dx = f(c)\cdot(b-a)$.

證明：因為函數 f 在閉區間 $[a,b]$ 上連續，所以可以在閉區間 $[a,b]$ 內找到 c_1 與 c_2 使得 $f(c_1)=m$ 為函數 f 在閉區間 $[a,b]$ 上之極小值且 $f(c_2)=M$ 為函數 f 在閉區間 $[a,b]$ 上之極大值。(假設 $c_1<c_2$)

因為 $m\leq f(x)\leq M$ $\forall x\in[a,b]$，所以 $m\cdot(b-a)\leq \int_a^b f(x)\,dx \leq M\cdot(b-a)$。

因此，$f(c_1)=m\leq \dfrac{\int_a^b f(x)\,dx}{b-a}\leq M=f(c_2)$。

又因為函數 f 在閉區間 $[c_1,c_2]$ 上連續（$[c_1,c_2]\subseteq[a,b]$），所以，由中間值定理，必存在一數 $c\in[c_1,c_2]$（當然 $c\in[a,b]$）使得

$$f(c)=\dfrac{\int_a^b f(x)\,dx}{b-a} \quad \text{或} \quad \int_a^b f(x)\,dx = f(c)\cdot(b-a).$$

【註】我們在 4-6 節再來討論此定理之幾何意義及它與函數之平均值的關係。

範例 1

因為函數 $f(x)=\sqrt{1-x^2}$ 在閉區間 $[-1,1]$ 上連續，所以，由積分均值定理，必存在一數 $c\in[-1,1]$ 使得 $\int_{-1}^{1}\sqrt{1-x^2}\,dx = f(c)\cdot(1-(-1))$。

現在我們來找出滿足上面等式之 c 值。

我們已知 $\int_{-1}^{1} \sqrt{1-x^2}\ dx = \dfrac{\pi}{2}$，而 $f(c) = \sqrt{1-c^2}$，因此

$$\int_{-1}^{1} \sqrt{1-x^2}\ dx = f(c)\cdot(1-(-1)) \Rightarrow \dfrac{\pi}{2} = \sqrt{1-c^2}\cdot 2 \Rightarrow \sqrt{1-c^2} = \dfrac{\pi}{4} \Rightarrow 1-c^2 = \dfrac{\pi^2}{16}$$

$$\Rightarrow c^2 = 1 - \dfrac{\pi^2}{16} \Rightarrow c = \pm\sqrt{1-\dfrac{\pi^2}{16}} \approx \pm 0.619 \text{。}$$

所以，滿足積分均值定理之 c 值為 $c = \sqrt{1-\dfrac{\pi^2}{16}}$ 或 $c = -\sqrt{1-\dfrac{\pi^2}{16}}$。

現在我們接著介紹最重要的微積分基本定理。

Theorem 4.3.2　(The Fundamental Theorem of Calculus)

Suppose that the function f is continuous on $[a,b]$.

Part I：

Define a function G on $[a,b]$ by $G(x) = \int_{a}^{x} f(t)\ dt$. Then

$$G'(x) = f(x) \quad \forall x \in [a,b].$$

(This means that G is an antiderivative of f on $[a,b]$.)

Part II：

If F is any antiderivative of f on $[a,b]$, then

$$\int_{a}^{b} f(x)\ dx = F(b) - F(a).$$

證明：先證第一部分。

(i) 設 $x \in [a,b)$、$h > 0$ 且 $x+h \in [a,b)$，則

$$\dfrac{G(x+h)-G(x)}{h}$$

$$= \dfrac{\int_{a}^{x+h} f(t)\ dt - \int_{a}^{x} f(t)\ dt}{h} = \dfrac{\int_{a}^{x+h} f(t)\ dt + \int_{x}^{a} f(t)\ dt}{h} = \dfrac{\int_{x}^{x+h} f(t)\ dt}{h} \text{。}$$

因為 $[x, x+h] \in [a,b]$，所以函數 f 在閉區間 $[x, x+h]$ 上連續，因此，由積分均值定理，必存在一數 $c \in [x, x+h]$ 使得

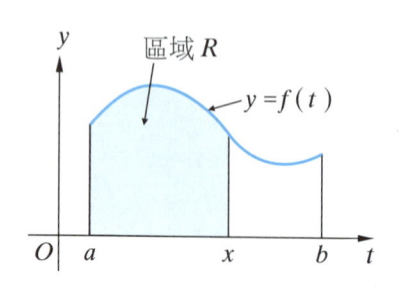

$$G(x) = \int_a^x f(t)\,dt = \text{區域 } R \text{ 面積}$$

圖 4-11

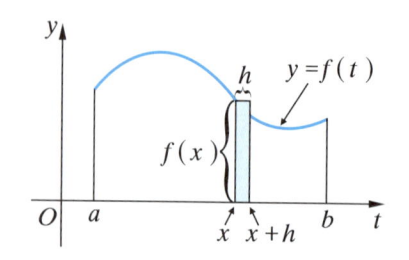

$$\int_a^{x+h} f(t)\,dt - \int_a^x f(t)\,dt = G(x+h) - G(x)$$
$$\approx f(x) \cdot h\ (h \approx 0)$$

圖 4-12

$$\int_x^{x+h} f(t)\,dt = f(c) \cdot [(x+h) - x] = f(c) \cdot h \text{。}$$

這樣一來，我們可得 $\dfrac{G(x+h) - G(x)}{h} = \dfrac{\int_x^{x+h} f(t)\,dt}{h} = \dfrac{f(c) \cdot h}{h} = f(c)$。

因此，$G'_+(x) = \lim\limits_{h \to 0^+} \dfrac{G(x+h) - G(x)}{h} = \lim\limits_{h \to 0^+} f(c) = \lim\limits_{c \to x^+} f(c) = f(x)$。

(這裡我們利用到 ① $h \to 0^+ \Rightarrow c \to x^+$、② 函數 f 在區間 $[a,b]$ 上右連續)

(ii) 設 $x \in (a,b]$、$h < 0$ 且 $x+h \in (a,b]$，則

$$\dfrac{G(x+h) - G(x)}{h} = \dfrac{\int_a^{x+h} f(t)\,dt - \int_a^x f(t)\,dt}{h} = \dfrac{\int_a^{x+h} f(t)\,dt + \int_x^a f(t)\,dt}{h}$$

$$= \dfrac{\int_x^{x+h} f(t)\,dt}{h} = \dfrac{\int_{x+h}^x f(t)\,dt}{-h} \text{。}$$

因為 $[x+h, x] \in [a,b]$，所以函數 f 在閉區間 $[x+h, x]$ 上連續，因此，由積分均值定理，必存在一數 $c \in [x+h, x]$ 使得

$$\int_{x+h}^x f(t)\,dt = f(c) \cdot [x - (x+h)] = f(c) \cdot (-h) \text{。}$$

這樣一來，我們可得 $\dfrac{G(x+h) - G(x)}{h} = \dfrac{\int_{x+h}^x f(t)\,dt}{-h} = \dfrac{f(c) \cdot (-h)}{-h} = f(c)$。

因此，$G'_-(x) = \lim\limits_{h \to 0^-} \dfrac{G(x+h) - G(x)}{h} = \lim\limits_{h \to 0^-} f(c) = \lim\limits_{c \to x^-} f(c) = f(x)$。

(這裡我們利用到 ① $h \to 0^- \Rightarrow c \to x^-$、② 函數在區間 $(a,b]$ 上左連續)

因此，利用 (i) 及 (ii)，我們可推得 $G'(x) = f(x) \quad \forall x \in [a,b]$。

接著，我們證明第二部分。

因為 G 與 F 都是函數 f 在閉區間 $[a,b]$ 上之反導函數，所以，必存在一數 C 使得 $G(x) = F(x) + C \quad \forall x \in [a,b]$。

首先將 $x = a$ 代入方程式 $G(x) = F(x) + C$ 中，我們有 $G(a) = F(a) + C$。

而由於 $G(a) = \int_a^a f(t)\,dt = 0$，因此 $C = -F(a)$。

再將 $x = b$ 及 $C = -F(a)$ 代入方程式 $G(x) = F(x) + C$ 中，我們有

$$\int_a^b f(t)\,dt = F(b) - F(a) \quad \text{或} \quad \int_a^b f(x)\,dx = F(b) - F(a) \text{。}$$

【註】 1. 微積分基本定理第一部分的計算公式如下：

① 設 f 為一個連續函數，則

$$\frac{d}{dx}\int_a^x f(t)\,dt = f(x) \quad \text{且} \quad \frac{d}{dx}\int_x^a f(t)\,dt = -\frac{d}{dx}\int_a^x f(t)\,dt = -f(x) \text{。}$$

此結果可直接由微積分基本定理第一部分獲得。

② 設 f 為一個連續函數且 g 為一個可微分函數，則

$$\frac{d}{dx}\int_a^{g(x)} f(t)\,dt = f(g(x)) \cdot g'(x) \text{ 且 } \frac{d}{dx}\int_{g(x)}^a f(t)\,dt = -f(g(x)) \cdot g'(x) \text{。}$$

說明：

設 $F(x) = \int_a^x f(t)\,dt$，則 $F'(x) = \frac{d}{dx}\int_a^x f(t)\,dt = f(x)$。

因此，$\dfrac{d}{dx}\int_a^{g(x)} f(t)\,dt = \dfrac{d}{dx}F(g(x)) = F'(g(x)) \cdot g'(x)$

$= f(g(x)) \cdot g'(x)$。

(這裡用到了合成函數之微分公式)

③ 設 f 為一個連續函數且 g_1 與 g_2 為兩個可微分函數，則

$$\frac{d}{dx}\int_{g_1(x)}^{g_2(x)} f(t)\,dt = f(g_2(x)) \cdot g_2'(x) - f(g_1(x)) \cdot g_1'(x) \text{。}$$

說明：$\dfrac{d}{dx}\int_{g_1(x)}^{g_2(x)} f(t)\,dt = \dfrac{d}{dx}\left[\int_{g_1(x)}^a f(t)\,dt + \int_a^{g_2(x)} f(t)\,dt\right]$

$= \dfrac{d}{dx}\int_a^{g_2(x)} f(t)\,dt - \dfrac{d}{dx}\int_a^{g_1(x)} f(t)\,dt$

$$= f(g_2(x)) \cdot g_2'(x) - f(g_1(x)) \cdot g_1'(x)。$$

2. 計算定積分之符號如下：

$$\int_a^b f(x)\ dx = F(x)\Big|_a^b = F(b) - F(a)$$

或 $\int_a^b f(x)\ dx = [F(x)]_a^b = F(b) - F(a)$。

（這裡的 $F(x)$ 是 $f(x)$ 在閉區間 $[a,b]$ 上之特別反導函數）

事實上，不管我們用那一個反導函數來計算，所得到的答案都會相同，因為

$$\int_a^b f(x)\ dx = (F(x) + C)\Big|_a^b = (F(b) + C) - (F(a) + C) = F(b) - F(a)。$$

範例 2

試計算 (a) $\dfrac{d}{dx}\int_1^x \sqrt{1+t^2}\ dt$　　(b) $\dfrac{d}{dx}\int_1^{\sin x} \sqrt{1+t^2}\ dt$

(c) $\dfrac{d}{dx}\int_{x^3}^{\tan x} \sqrt{1+t^2}\ dt$

解 (a) $\dfrac{d}{dx}\int_1^x \sqrt{1+t^2}\ dt = \sqrt{1+x^2}$

(b) $\dfrac{d}{dx}\int_1^{\sin x} \sqrt{1+t^2}\ dt = \sqrt{1+\sin^2 x} \cdot \dfrac{d}{dx}\sin x = \sqrt{1+\sin^2 x} \cdot \cos x$

(c) $\dfrac{d}{dx}\int_{x^3}^{\tan x} \sqrt{1+t^2}\ dt = \sqrt{1+\tan^2 x} \cdot \dfrac{d}{dx}\tan x - \sqrt{1+(x^3)^2} \cdot \dfrac{d}{dx}x^3$

$$= \sqrt{1+\tan^2 x} \cdot \sec^2 x - \sqrt{1+x^6} \cdot 3x^2$$

範例 3

試計算 (a) $\int_1^5 x^2\ dx$　　(b) $\int_1^3 \left(3x^2 - 2x + \dfrac{1}{x^2}\right) dx$

(c) $\int_{-2}^3 |x|\ dx$　　(d) $\int_{-\pi/4}^{\pi/2} (2\sin x + 3\cos x)\ dx$

解 (a) $\int_1^5 x^2 \, dx = \left. \frac{x^3}{3} \right|_1^5 = \frac{5^3}{3} - \frac{1^3}{3} = \frac{125}{3} - \frac{1}{3} = \frac{124}{3}$

(b) $\int_1^3 \left(3x^2 - 2x + \frac{1}{x^2} \right) dx = \left[3 \cdot \frac{x^3}{3} - 2 \cdot \frac{x^2}{2} + \frac{x^{-2+1}}{-2+1} \right]_1^3 = \left[x^3 - x^2 - \frac{1}{x} \right]_1^3$

$= \left[3^3 - 3^2 - \frac{1}{3} \right] - [1^3 - 1^2 - 1] = \frac{56}{3}$

(c) $\int_{-2}^3 |x| \, dx = \int_{-2}^0 |x| \, dx + \int_0^3 |x| \, dx$ （利用 $\int_a^b f(x) \, dx = \int_a^c f(x) \, dx + \int_c^b f(x) \, dx$）

$= \int_{-2}^0 (-x) \, dx + \int_0^3 x \, dx$ （$x \leq 0 \Rightarrow |x| = -x$ 且 $x \geq 0 \Rightarrow |x| = x$）

$= \left. \left(-\frac{x^2}{2} \right) \right|_{-2}^0 + \left. \frac{x^2}{2} \right|_0^3 = \left[0 - \left(-\frac{2^2}{2} \right) \right] + \left[\frac{3^2}{2} - 0 \right] = \frac{13}{2}$

【註】 如果我們可以知道函數 $f(x) = |x|$ 之特別反導數為 $F(x) = \frac{x|x|}{2}$，則

$\int_{-2}^3 |x| \, dx = \left. \frac{x|x|}{2} \right|_{-2}^3 = \frac{3^2}{2} - \left(-\frac{2^2}{2} \right) = \frac{13}{2}$ 。

（比較之下，我們還是利用公式 $\int_a^b f(x) \, dx = \int_a^c f(x) \, dx + \int_c^b f(x) \, dx$ 來做計算）

(d) $\int_{-\pi/4}^{\pi/2} (2\sin x + 3\cos x) \, dx = \left. [2(-\cos x) + 3\sin x] \right|_{-\pi/4}^{\pi/2}$

$= \left[-2\cos\frac{\pi}{2} + 3\sin\frac{\pi}{2} \right] - \left[-2\cos\left(-\frac{\pi}{4} \right) + 3\sin\left(-\frac{\pi}{4} \right) \right]$

$= [2 \cdot 0 + 3 \cdot 1] - \left[-2 \cdot \frac{\sqrt{2}}{2} + 3 \cdot \left(-\frac{\sqrt{2}}{2} \right) \right] = 3 + \frac{5\sqrt{2}}{2}$

習題演練

・基本題

第 1 題至第 6 題，試利用微積分基本定理（第一部分）找出下列各函數的導函數。

1. $G(x) = \int_1^x \sqrt{1+t^2} \, dt$ 2. $G(x) = \int_x^3 (1+t^3) \, dt$ 3. $G(x) = \int_1^{x^3} \sqrt{1+t^2} \, dt$

4. $G(x) = \int_{\sqrt{x}}^{3} (1+t^3)\ dt$ 　　5. $G(x) = \int_{\sin x}^{x^2} \sqrt{1+t^2}\ dt$ 　　6. $G(x) = \int_{-x}^{\sqrt{x}} \cos(t^2+1)\ dt$

第 7 題至第 16 題，試利用微積分基本定理（第二部分）計算下列的定積分。

7. $\int_{-1}^{4} 2x\ dx$ 　　8. $\int_{0}^{3} (3x^2+2x+1)\ dx$ 　　9. $\int_{1}^{4} \sqrt{x}\ dx$

10. $\int_{1}^{9} \left(\sqrt{x} - \dfrac{1}{\sqrt{x}}\right) dx$ 　　11. $\int_{2}^{2} (2x-5)^{2006}\ dx$ 　　12. $\int_{\pi/4}^{3\pi/4} \sin x\ dx$

13. $\int_{0}^{\pi/2} (2\cos x + 3\sin x)\ dx$ 　　14. $\int_{\pi/6}^{\pi/3} (\csc^2 x + \sec^2 x)\ dx$

15. $\int_{-\pi/4}^{0} (\sin x - \cos x)^2\ dx$ 　　16. $\int_{0}^{\pi/4} \sec x \tan x\ dx$

・進階題

第 17 題至第 20 題，試利用定積分的定義及微積分基本定理（第二部分）計算下列的極限。

17. $\displaystyle\lim_{n\to\infty} \sum_{i=1}^{n} \dfrac{3}{n}\left[5\left(\dfrac{3i}{n}\right)+1\right]$ 　　18. $\displaystyle\lim_{n\to\infty} \sum_{i=1}^{n} \dfrac{2}{n}\left[2\left(\dfrac{2i}{n}\right)^2+3\right]$

19. $\displaystyle\lim_{n\to\infty} \sum_{i=1}^{n} \dfrac{i^4}{n^5}$

20. $\displaystyle\lim_{n\to\infty} \dfrac{1}{n}\left[\sqrt{\dfrac{1}{n}} + \sqrt{\dfrac{2}{n}} + \cdots + \sqrt{\dfrac{n}{n}}\right]$

21. 設 $G(x) = \int_{2}^{x} f(t)\ dt$，其中 $f(t) = \int_{1}^{t^4} \dfrac{\sqrt{1+u^2}}{u}\ du$。試計算 $G''(2)$。

第 22 題至第 25 題，試利用微積分基本定理（第二部分）及定積分的性質計算下列的定積分。

22. $\int_{-1}^{3} |x-1|\ dx$ 　　23. $\int_{-1}^{4} |3x-5|\ dx$

24. $\int_{0}^{2} f(x)\ dx$，其中 $f(x) = \begin{cases} x^2, & 0 \le x \le 1 \\ x^4, & 1 < x \le 2 \end{cases}$。

25. $\int_{0}^{3} f(x)\ dx$，其中 $f(x) = \begin{cases} x, & 0 \le x \le 1 \\ 1, & 1 < x \le 2 \\ x-1, & 2 < x \le 3 \end{cases}$。

第 26 題至第 29 題，試直接利用微積分基本定理 (第二部分) 計算下列的定積分。

26. $\int_{-1}^{3} |x-1| \, dx$

27. $\int_{-1}^{4} |3x-5| \, dx$

28. $\int_{0}^{2} f(x) \, dx$，其中 $f(x) = \begin{cases} x^2, & 0 \leq x \leq 1 \\ x^4, & 1 < x \leq 2 \end{cases}$。

29. $\int_{0}^{3} f(x) \, dx$，其中 $f(x) = \begin{cases} x, & 0 \leq x \leq 1 \\ 1, & 1 < x \leq 2 \\ x-1, & 2 < x \leq 3 \end{cases}$。

4-4　不定積分與代換積分

這一節我們將介紹不定積分與一個非常有用的積分技巧。

Definition 4.4　(Indefinite Integral)
The indefinite integral of a function f, denoted by $\int f(x) \, dx$, is defined by
$\int f(x) \, dx = F(x) + C$ where $F' = f$ and C is an arbitrary constant.

【註】我們只是給函數 f 的最一般性的反導函數另一個名稱，即函數 f 的不定積分。因此，函數 f 的不定積分就是函數 f 之所有反導函數所成的集合。

Theorem 4.4.1　(Basic Integration Formula)

1. $\int x^n \, dx = \dfrac{x^{n+1}}{n+1} + C \quad (n \neq -1)$
2. $\int \sin x \, dx = -\cos x + C$
3. $\int \cos x \, dx = \sin x + C$
4. $\int \sec^2 x \, dx = \tan x + C$
5. $\int \csc^2 x \, dx = -\cot x + C$
6. $\int \sec x \tan x \, dx = \sec x + C$
7. $\int \csc x \cot x \, dx = -\csc x + C$

【註】通常一個微分公式就有一個相對應的不定積分。

例如，$\dfrac{d}{dx}\dfrac{x^{n+1}}{n+1} = \dfrac{1}{n+1} \cdot (n+1)x^n = x^n \ (n \neq -1) \ \Rightarrow \ \int x^n \, dx = \dfrac{x^{n+1}}{n+1} + C \ (n \neq -1)$、

$\dfrac{d}{dx}(-\cos x) = -(-\sin x) = \sin x \ \Rightarrow \ \int \sin x \, dx = -\cos x + C$ 等。

Theorem 4.4.2 (Properties of the Indefinite Integral)

(a) $\int k f(x) \, dx = k \int f(x) \, dx \quad (k \neq 0)$

(b) $\int [f(x) + g(x)] \, dx = \int f(x) \, dx + \int g(x) \, dx$

(c) $\int [f(x) - g(x)] \, dx = \int f(x) \, dx - \int g(x) \, dx$

範例 1

試計算下列不定積分。

(a) $\int \left(3x^2 + \dfrac{x}{2} - \dfrac{1}{x^2}\right) dx$ (b) $\int (\sqrt{x} + \sqrt[3]{x}) \, dx$

(c) $\int (\sin 2x + \cos 3x) \, dx$ (d) $\int \tan^2 x \, dx$

解 (a) $\int \left(3x^2 + \dfrac{x}{2} - \dfrac{1}{x^2}\right) dx = 3 \cdot \dfrac{x^3}{3} + \dfrac{1}{2} \cdot \dfrac{x^2}{2} - \dfrac{x^{-2+1}}{-2+1} + C = x^3 + \dfrac{x^2}{4} + \dfrac{1}{x} + C$

(b) $\int (\sqrt{x} + \sqrt[3]{x}) \, dx = \dfrac{x^{\frac{1}{2}+1}}{\frac{1}{2}+1} + \dfrac{x^{\frac{1}{3}+1}}{\frac{1}{3}+1} + C = \dfrac{2}{3}x^{3/2} + \dfrac{3}{4}x^{4/3} + C$

(c) $\int (\sin 2x + \cos 3x) \, dx = -\dfrac{1}{2}\cos 2x + \dfrac{1}{3}\sin 3x + C$

（因為 $\dfrac{d}{dx}\cos 2x = -\sin 2x \cdot 2 \Rightarrow \dfrac{d}{dx}\left(-\dfrac{1}{2}\cos 2x\right) = \sin 2x$ 且

$\dfrac{d}{dx}\sin 3x = \cos 3x \cdot 3 \Rightarrow \dfrac{d}{dx}\left(\dfrac{1}{3}\sin 3x\right) = \cos 3x$）

(d) $\int \tan^2 x \, dx = \int (\sec^2 x - 1) \, dx = \tan x - x + C$

（利用等式 $\tan^2 x = \sec^2 x - 1$，就可化簡成基本積分了）

現在我們來介紹很有用的**代換積分** (change of variables)。

假設 $F' = f$ 且 $g'(x)$ 存在，則由合成函數之微分公式，我們有

$$\frac{d}{dx}F(g(x)) = F'(g(x))g'(x) = f(g(x))g'(x)。$$

再由不定積分之定義，我們有

$$\int f(g(x))g'(x)\ dx = F(g(x)) + C \qquad (*)$$

上述之公式 (*) 在計算積分時較不順手，請看下面的範例。

範例 2

試計算積分 $\int 2x(x^2+1)^5\ dx$。

解 設 $f(x) = x^5$ 及 $g(x) = x^2 + 1$，則 $F(x) = \dfrac{x^6}{6}$ 且 $g'(x) = 2x$。

此時，$\int 2x(x^2+1)^5\ dx = \int f(g(x))g'(x)\ dx = F(g(x)) + C = \dfrac{(g(x))^6}{6} + C$

$$= \frac{(x^2+1)^6}{6} + C。$$

若設 $u = g(x)$，則 $du = g'(x)\,dx$。此時，我們就得到了下面的代換積分公式

$$\int f(g(x))g'(x)\ dx = \int f(u)\ du \qquad (**)$$

當然，$\int f(u)\ du = F(u) + C = F(g(x)) + C$，與公式 (*) 之答案相同。

【註】公式 (**) 中，原來積分變數是 x，我們將積分變數換成 u，也因此公式 (**) 又稱為積分的變數變換。

範例 3

試計算積分 $\int 2x(x^2+1)^5\ dx$。

解 設 $u = x^2 + 1$，則 $du = 2x\,dx$。此時，

$$\int 2x(x^2+1)^5\ dx = \int u^5\ du = \frac{u^6}{6} + C = \frac{(x^2+1)^6}{6} + C。$$

【註】與範例 2 比較，範例 3 的寫法就順手多了。

範例 4

試計算下列不定積分。

(a) $\int (5x+1)^{-3}\, dx$
(b) $\int \dfrac{(\sqrt{x}+1)^2}{\sqrt{x}}\, dx$
(c) $\int \sin x \cos x\, dx$

(d) $\int \dfrac{x^2+2}{(x^3+6x+3)^2}\, dx$
(e) $\int x(x-1)^{10}\, dx$
(f) $\int \sec^2(2x+1)\tan^2(2x+1)\, dx$

解 (a) 設 $u=5x+1$，則 $du=5\,dx$ 或 $dx=\dfrac{1}{5}du$。此時，

$$\int (5x+1)^{-3}\, dx = \frac{1}{5}\int u^{-3}\, du = \frac{1}{5}\cdot\frac{u^{-3+1}}{-3+1}+C = -\frac{1}{10}u^{-2}+C = -\frac{1}{10}(5x+1)^{-2}+C$$

(b) 設 $u=\sqrt{x}+1$，則 $du=\dfrac{1}{2\sqrt{x}}dx$ 或 $\dfrac{1}{\sqrt{x}}dx=2du$。此時，

$$\int \frac{(\sqrt{x}+1)^2}{\sqrt{x}}\, dx = 2\int u^2\, du = 2\cdot\frac{u^3}{3}+C = \frac{2}{3}(\sqrt{x}+1)^3+C 。$$

(c) 設 $u=\sin x$，則 $du=\cos x\, dx$。此時，

$$\int \sin x \cos x\, dx = \int u\, du = \frac{u^2}{2}+C = \frac{\sin^2 x}{2}+C 。$$

另解 1：

設 $u=\cos x$，則 $du=-\sin x\, dx$。此時，

$$\int \sin x \cos x\, dx = -\int u\, du = -\frac{u^2}{2}+C = -\frac{\cos^2 x}{2}+C$$

另解 2：

設 $u=2x$，則 $du=2\,dx$。此時，

$$\int \sin x \cos x\, dx = \frac{1}{2}\int \sin 2x\, dx = \frac{1}{4}\int \sin u\, du = -\frac{\cos u}{4}+C = -\frac{\cos 2x}{4}+C$$

【註】這三個答案看起來好像不一樣，事實上，

$$-\frac{\cos^2 x}{2}+C' = -\frac{1-\sin^2 x}{2}+C' = \frac{\sin^2 x}{2}+\left(C'-\frac{1}{2}\right) = \frac{\sin^2 x}{2}+C 。$$

且 $-\dfrac{\cos 2x}{4}+C' = -\dfrac{1-2\sin^2 x}{4}+C' = \dfrac{\sin^2 x}{2}+\left(C'-\dfrac{1}{4}\right) = \dfrac{\sin^2 x}{2}+C$

可見上面的三個答案都是正確的。

(d) 設 $u = x^3 + 6x + 3$，則 $du = (3x^2 + 6)\,dx = 3(x^2 + 2)\,dx$ 或 $(x^2 + 2)\,dx = \dfrac{1}{3}du$。

此時，

$$\int \frac{x^2 + 2}{(x^3 + 6x + 3)^2}\,dx = \frac{1}{3}\int \frac{1}{u^2}\,du = \frac{1}{3}\cdot\frac{u^{-2+1}}{-2+1} + C$$

$$= -\frac{1}{3u} + C = -\frac{1}{3(x^3 + 6x + 3)} + C 。$$

(e) [如果將 $(x-1)^{10}$ 展開來計算，我們就碰到麻煩了]

設 $u = x - 1$，則 $du = dx$ 且 $x = u + 1$。此時，

$$\int x(x-1)^{10}\,dx = \int (u+1)u^{10}\,du = \int (u^{11} + u^{10}) = \frac{u^{11+1}}{11+1} + \frac{u^{10+1}}{10+1} + C$$

$$= \frac{(x-1)^{12}}{12} + \frac{(x-1)^{11}}{11} + C$$

(f) 設 $u = \tan(2x+1)$，則 $du = 2\sec^2(2x+1)\,dx$ 或 $\sec^2(2x+1)\,dx = \dfrac{1}{2}du$。此時，$\displaystyle\int \sec^2(2x+1)\tan^2(2x+1)\,dx = \frac{1}{2}\int u^2\,du = \frac{1}{2}\cdot\frac{u^{2+1}}{2+1} + C$

$$= \frac{1}{6}\tan^3(2x+1) + C 。$$

接著我們將討論如何利用代換積分來計算定積分。

設 $F' = f$、f 在函數 g 的值域上連續且 $g'(x)$ 在閉區間 $[a,b]$ 上連續，則由公式 (*) 可得

$$\int_a^b f(g(x))g'(x)\,dx = F(g(x))\Big|_a^b = F(g(b)) - F(g(a)) 。$$

而

$$\int_{g(a)}^{g(b)} f(u)\,du = F(u)\Big|_a^b = F(g(b)) - F(g(a)) 。$$

因此，我們有了下面的公式

$$\int_a^b f(g(x))g'(x)\,dx = \int_{g(a)}^{g(b)} f(u)\,du \qquad (***)$$

範例 5

計算下列定積分。

(a) $\int_0^2 x\sqrt{2x^2+1}\ dx$ 　　　　(b) $\int_1^5 \dfrac{1}{(2-3x)^2}\ dx$

解 (a) 解法 1：

我們先計算不定積分 $\int x\sqrt{2x^2+1}\ dx$，在找到函數 $f(x)=x\sqrt{2x^2+1}$ 特別的反導函數後，再計算定積分 $\int_0^2 x\sqrt{2x^2+1}\ dx$。

設 $u=2x^2+1$，則 $du=4x\,dx$ 或 $x\,dx=\dfrac{1}{4}du$，此時，

$$\int x\sqrt{2x^2+1}\ dx=\frac{1}{4}\int \sqrt{u}\ du=\frac{1}{4}\cdot\frac{u^{\frac{1}{2}+1}}{\frac{1}{2}+1}+C=\frac{1}{6}u^{3/2}+C=\frac{1}{6}(2x^2+1)^{3/2}+C。$$

因此，$\int_0^2 x\sqrt{2x^2+1}\ dx=\dfrac{1}{6}(2x^2+1)^{3/2}\Big|_0^2=\dfrac{1}{6}(9^{3/2}-1^{3/2})=\dfrac{1}{6}(27-1)=\dfrac{26}{6}$。

解法 2：

我們利用公式 (***) 計算 $\int_0^2 x\sqrt{2x^2+1}\ dx$。

設 $u=g(x)=2x^2+1$，則 $du=4x\,dx$ 或 $x\,dx=\dfrac{1}{4}du$ 且 $g(0)=1$、$g(2)=2\cdot 2^2+1=9$，此時，

$$\int_0^2 x\sqrt{2x^2+1}\ dx=\frac{1}{4}\int_1^9 \sqrt{u}\ du=\frac{1}{4}\cdot\frac{u^{\frac{1}{2}+1}}{\frac{1}{2}+1}\Big|_1^9=\frac{1}{6}u^{3/2}\Big|_1^9=\frac{1}{6}(9^{3/2}-1^{3/2})$$

$$=\frac{1}{6}(27-1)=\frac{26}{6}。$$

(b) 解法 1：

我們先計算不定積分 $\int \dfrac{1}{(2-3x)^2}\ dx$，在找到函數 $\dfrac{1}{(2-3x)^2}$ 特別的反導函數

後，再計算定積分 $\int_1^5 \dfrac{1}{(2-3x)^2} dx$。

設 $u = 2-3x$，則 $du = -3\,dx$ 或 $dx = -\dfrac{1}{3}du$，此時，

$$\int \dfrac{1}{(2-3x)^2} dx = -\dfrac{1}{3}\int \dfrac{1}{u^2}\,du = -\dfrac{1}{3} \cdot \dfrac{u^{-2+1}}{-2+1} + C = \dfrac{1}{3u} + C = \dfrac{1}{3(2-3x)} + C。$$

因此，$\int_1^5 \dfrac{1}{(2-3x)^2} dx = \dfrac{1}{3(2-3x)}\bigg|_1^5 = \dfrac{1}{3}\left[-\dfrac{1}{13} - (-1)\right] = \dfrac{1}{3}\cdot\left(1 - \dfrac{1}{13}\right) = \dfrac{12}{39}$。

解法 2：

我們利用公式 (***) 計算 $\int_1^5 \dfrac{1}{(2-3x)^2} dx$。

設 $u = g(x) = 2-3x$，則 $du = -3\,dx$ 或 $dx = -\dfrac{1}{3}du$ 且 $g(1) = -1$、$g(5) = -13$，

此時，$\int_1^5 \dfrac{1}{(2-3x)^2} dx = -\dfrac{1}{3}\int_{-1}^{-13} \dfrac{1}{u^2}\,du = -\dfrac{1}{3}\cdot\dfrac{u^{-2+1}}{-2+1}\bigg|_{-1}^{-13} = \dfrac{1}{3u}\bigg|_{-1}^{-13} = \dfrac{1}{3}\left[\left(-\dfrac{1}{13}\right) - (-1)\right]$

$= \dfrac{1}{3}\left(1-\dfrac{1}{13}\right) = \dfrac{12}{39}$。

下面討論的是奇函數與偶函數的定積分問題。

> **Theorem 4.4.3**
> (a) If f is continuous on $[-a, a]$ and $f(-x) = -f(x)$ for all x in $[-a, a]$, then $\int_{-a}^{a} f(x)\,dx = 0$. (Here, f is an odd function)
> (b) If f is continuous on $[-a, a]$ and $f(-x) = f(x)$ for all x in $[-a, a]$, then $\int_{-a}^{a} f(x)\,dx = 2\int_{-a}^{0} f(x)\,dx = 2\int_{0}^{a} f(x)\,dx$. (Here, f is an even function)

證明：(a) 設 $u = g(x) = -x$，則 $du = -dx$、$g(a) = -a$ 且 $g(0) = 0$。

此時，$\int_{-a}^0 f(x)\,dx = \int_a^0 f(-u)\cdot -du = \int_a^0 -f(u)\cdot -du = \int_a^0 f(u)\,du$

$$= -\int_0^a f(x)\,dx。$$

因此，$\int_{-a}^{a} f(x)\,dx = \int_{-a}^{0} f(x)\,dx + \int_{0}^{a} f(x)\,dx$

$$= -\int_{0}^{a} f(x)\,dx + \int_{0}^{a} f(x)\,dx = 0 \text{。}$$

(b) 同理可證。

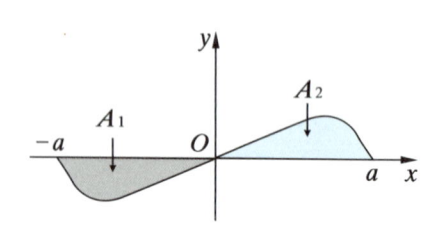

$\int_{-a}^{a} f(x)\,dx = 0$

圖 4-13　奇函數之圖形對稱於原點

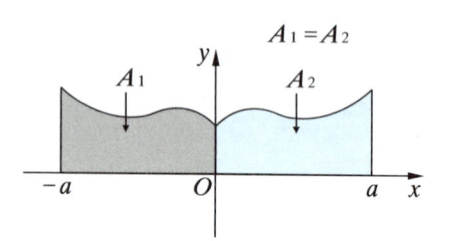

$\int_{-a}^{a} f(x)\,dx = 2\int_{0}^{a} f(x)\,dx$
$\qquad\qquad\quad = 2\int_{-a}^{0} f(x)\,dx$

圖 4-14　偶函數之圖形對稱於 y-軸

範例 6

試計算下列定積分。

(a) $\int_{-1}^{1} \dfrac{\tan x}{1+x^4+x^8}\,dx$ 　　(b) $\int_{-2}^{2} (1+x+x^2+x^3+x^4+x^5+x^6)\,dx$

解　(a) 設　$f(x) = \dfrac{\tan x}{1+x^4+x^8}$。

因為　$f(-x) = \dfrac{\tan(-x)}{1+(-x)^4+(-x)^8} = \dfrac{-\tan x}{1+x^4+x^8} = -f(x)\quad \forall x \in [-1,1]$，

所以　$\int_{-1}^{1} \dfrac{\tan x}{1+x^4+x^8}\,dx = 0$。(由定理 4.4.3 (a))

(b) 設　$f(x) = x + x^3 + x^5$。

因為　$f(-x) = (-x)+(-x)^3+(-x)^5 = -x-x^3-x^5 = -f(x)\quad \forall x \in [-2,2]$，

所以　$\int_{-2}^{2} (x+x^3+x^5)\,dx = 0$。(由定理 4.4.3 (a))

因此，$\int_{-2}^{2}(1+x+x^2+x^3+x^4+x^5+x^6)\,dx$

$$= \int_{-2}^{2}(x+x^3+x^5)\,dx + \int_{-2}^{2}(1+x^2+x^4+x^6)\,dx$$

$$= 0 + \int_{-2}^{2}(1+x^2+x^4+x^6)\,dx = \int_{-2}^{2}(1+x^2+x^4+x^6)\,dx \circ \quad (*)$$

再設 $f(x) = 1+x^2+x^4+x^6$，

因為 $f(-x) = 1+(-x)^2+(-x)^4+(-x)^6 = 1+x^2+x^4+x^6$
$\qquad = f(x) \quad \forall x \in [-2,2]$，

所以 $\int_{-2}^{2}(1+x+x^2+x^3+x^4+x^5+x^6)\,dx$

$$= \int_{-2}^{2}(1+x^2+x^4+x^6)\,dx \qquad\qquad （由 (*)）$$

$$= 2\int_{0}^{2}(1+x^2+x^4+x^6)\,dx \quad (由定理\ 4.4.3\ (b))$$

$$= 2\left(x + \frac{x^3}{3} + \frac{x^5}{5} + \frac{x^7}{7}\right)\Big|_{0}^{2} = 2\left(2 + \frac{2^3}{3} + \frac{2^5}{5} + \frac{2^7}{7}\right) \circ$$

習題演練

・基本題

第 1 題至第 10 題，試利用給定的代換計算下列的不定積分。

1. $\int 2x(x^2+3)^5\,dx \quad (u = x^2+3)$

2. $\int 2x\sin(x^2-1)\,dx \quad (u = x^2-1)$

3. $\int x^3(x^4+5)^3\,dx \quad (u = x^4+5)$

4. $\int (x+3)(x^2+6x-7)^{-2}\,dx \quad (u = x^2+6x-7)$

5. $\int \sec 2x \tan 2x\,dx \quad (u = 2x)$

6. $\int \frac{1}{x^2}\sin\left(\frac{1}{x}\right)dx \quad \left(u = \frac{1}{x}\right)$

7. $\int \frac{1}{\sqrt{x}}(\sqrt{x}+3)^{-4}\,dx \quad (u = \sqrt{x}+3)$

8. $\int \sqrt{2-3x}\,dx \quad (u = 2-3x)$

9. $\int \sin x \cos^2 x\,dx \quad (u = \cos x)$

10. $\int \frac{\cos x}{(1-\sin x)^2}\,dx \quad (u = 1-\sin x)$

第 11 題至第 14 題，試計算下列的定積分。

11. $\int_0^1 x(x^2+3)^3 \, dx$

12. $\int_{-2}^2 \dfrac{4x^3+2x}{\sqrt{1+x^2+x^4}} \, dx$

13. $\int_1^4 \dfrac{1}{\sqrt{x}(\sqrt{x}+1)^2} \, dx$

14. $\int_0^1 x^2(x-1)^{10} \, dx$

・進階題

第 15 題至第 20 題，試計算下列的不定積分。

15. $\int x(2-x)^5 \, dx$

16. $\int \sqrt[3]{x^3+2} \, x^5 \, dx$

17. $\int \left(\dfrac{4x^2-2}{2x^2}\right)^{5/2} \dfrac{1}{x^3} \, dx$

18. $\int \sqrt{x}\,(x^{3/2}-5)^{3/2} \, dx$

19. $\int x\sqrt{x+3} \, dx$

20. $\int x\,(2x+3)^{3/2} \, dx$

21. 設函數 f 為一個連續函數且 $\int_0^6 f(x)\,dx = 4$，則試計算 $\int_0^3 f(2x)\,dx$。

22. 設函數 f 為一個連續函數且 $\int_0^4 f(x)\,dx = 6$，則試計算 $\int_0^2 xf(x^2)\,dx$。

23. 試計算 $\int_0^{\pi/2} \dfrac{\sin\left(\dfrac{\pi}{2}-x\right)}{\sin\left(\dfrac{\pi}{2}-x\right)+\cos\left(\dfrac{\pi}{2}-x\right)} \, dx$。

(提示：$\sin\left(\dfrac{\pi}{2}-x\right) = \cos x$、$\cos\left(\dfrac{\pi}{2}-x\right) = \sin x$)

4-5 曲線間之面積

這一節我們介紹一些如何計算兩曲線間之面積的方法。

Theorem 4.5.1
If f is continuous on $[a,b]$ and $f(x) \geq 0$ for all x in $[a,b]$，then the area A of the region under the graph of f and above the x-axis from $x=a$ to $x=b$ is
$A = \int_a^b f(x)\,dx$.

Theorem 4.5.2

If f is continuous on $[a,b]$ and $f(x) \leq 0$ for all x in $[a,b]$, then the area A of the region above the graph of f and under the x-axis from $x=a$ to $x=b$ is $A = -\int_a^b f(x)\,dx$.

$A = \int_a^b f(x)\,dx$

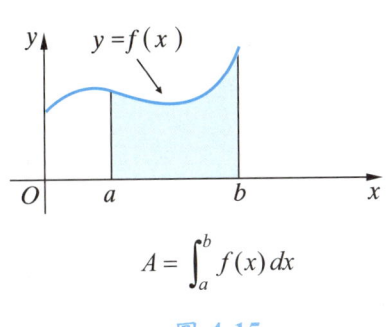

圖 4-15

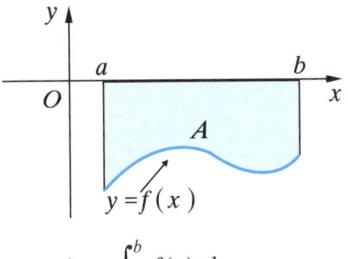

$A = -\int_a^b f(x)\,dx$

圖 4-16

Theorem 4.5.3

If f and g are continuous on $[a,b]$ and $0 \leq f(x) \leq g(x)$ for all x in $[a,b]$, then the area A of the region under the graph of g and above the graph of f from $x=a$ to $x=b$ is $A = \int_a^b [g(x)-f(x)]\,dx$.

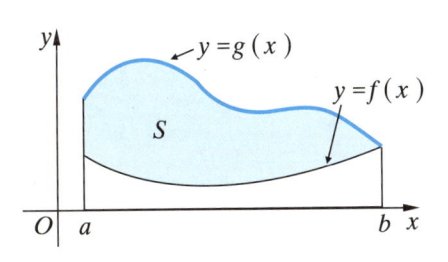

Theorem 4.5.4

If f and g are continuous on $[a,b]$ and $f(x) \leq g(x)$ for all x in $[a,b]$, then the area A of the region under the graph of g and above the graph of f from $x=a$ to $x=b$ is $A = \int_a^b [g(x)-f(x)]\,dx$.

$A = \int_a^b (g(x)-f(x))\,dx$

圖 4-17

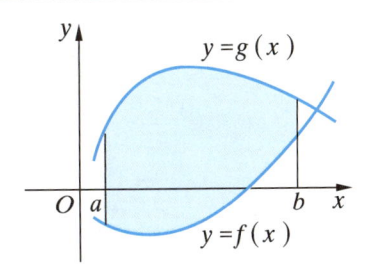

$A = \int_a^b (g(x)-f(x))\,dx$

圖 4-18

Theorem 4.5.5

If h_1 and h_2 are continuous on $[c,d]$ and $h_1(y) \leq h_2(y)$ for all y in $[c,d]$, then the area A of the region under the graph of h_2 and above the graph of h_1 from $y=c$ to $y=d$ is $A = \int_c^d [h_2(y) - h_1(y)] \, dy$.

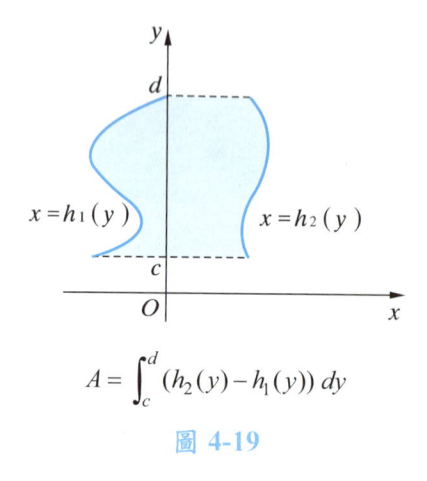

$$A = \int_c^d (h_2(y) - h_1(y)) \, dy$$

圖 4-19

範例 1

試求函數 $f(x) = x^2 + 2x + 1$ 之圖形下方，x-軸之上方，與兩條線 $x = -1$ 及 $x = 2$ 所圍成的區域之面積。

解 因為 $f(x) = x^2 + 2x + 1 = (x+1)^2 \geq 0 \quad \forall x \in [-1, 2]$，所以

$$A = \int_{-1}^{2} (x^2 + 2x + 1) \, dx = \left(\frac{x^3}{3} + x^2 + x \right) \Big|_{-1}^{2} = \left(\frac{8}{3} + 4 + 2 \right) - \left(\frac{-1}{3} + 1 - 1 \right) = 9 \text{。}$$

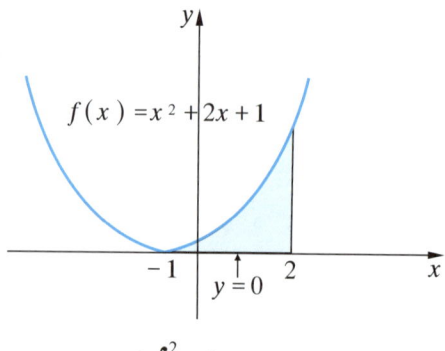

$$A = \int_{-1}^{2} (x^2 + 2x + 1) \, dx$$

圖 4-20

範例 2

試求函數 $f(x) = -x^2 + 4x - 7$ 之圖形上方，x-軸之下方，與兩條線 $x = 1$ 及 $x = 5$ 所圍成的區域之面積。

解 因為 $f(x) = -x^2 + 4x - 7 = -(x-2)^2 - 3 \leq 0$，$\forall x \in [1,5]$，所以

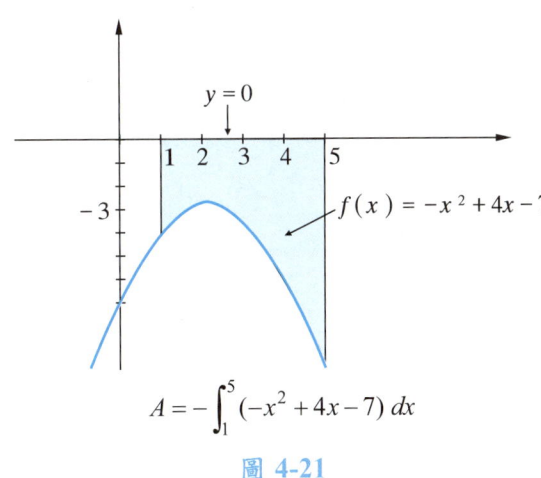

$$A = -\int_1^5 (-x^2 + 4x - 7)\,dx = \int_1^5 (x^2 - 4x + 7)\,dx$$

$$= \left(\frac{x^3}{3} - 2x^2 + 7x\right)\Bigg|_1^5 = \left(\frac{5^3}{3} - 2\cdot 5^2 + 7\cdot 5\right) - \left(\frac{1^3}{3} - 2\cdot 1^2 + 7\cdot 1\right)$$

$$= \frac{64}{3}\,。$$

圖 4-21

範例 3

試求函數 $f(x) = x^2$ 之圖形與函數 $g(x) = 2x$ 之圖形所圍成的區域之面積。

解 方法 1：

(i) 先找出兩函數圖形之交點。

令 $f(x) = g(x)$，則得到一個方程式 $x^2 = 2x$。解此方程式，我們得到 x 之解為 $x = 0$ 或 $x = 2$。換言之，兩函數圖形之交點為 $(0,0)$ 及 $(2,4)$。

(ii) 因為 $g(x) - f(x) = 2x - x^2 = x(2-x) \geq 0$ $\forall x \in [0,2]$，所以

$$A = \int_0^2 [g(x) - f(x)]\,dx = \int_0^2 (2x - x^2)\,dx = \left(x^2 - \frac{x^3}{3}\right)\Bigg|_0^2 = 2^2 - \frac{8}{3} = \frac{4}{3}\,。$$

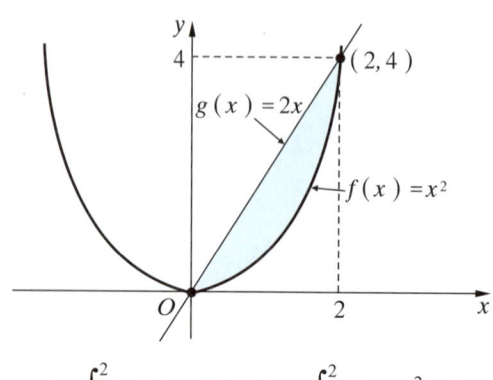

$$A = \int_0^2 (g(x) - f(x))\,dx = \int_0^2 (2x - x^2)\,dx$$

圖 4-22

方法 2：

(i) 先找出兩函數圖形之交點。

令 $f(x) = g(x)$，則得到一個方程式 $x^2 = 2x$。解此方程式，我們得到 x 之解為 $x = 0$ 或 $x = 2$。換言之，兩函數圖形之交點為 $(0,0)$ 及 $(2,4)$。

(ii) 我們嘗試利用定理 4.5.5 來計算此區域的面積。

由於此區域落在第一象限，若令 $y = f(x) = x^2$ 且 $y = g(x) = 2x$，則解此兩個方程式，我們得到 $x = h_2(y) = \sqrt{y}$ 且 $x = h_1(y) = \dfrac{y}{2}$。

因為 $h_2(y) - h_1(y) = \sqrt{y} - \dfrac{y}{2} = \dfrac{\sqrt{y}}{2}(2 - \sqrt{y}) \geq 0 \quad \forall y \in [0,4]$，所以

$$A = \int_0^4 [h_2(y) - h_1(y)]\,dy = \int_0^4 \left(\sqrt{y} - \dfrac{y}{2}\right) dy = \left.\left(\dfrac{2}{3}y^{3/2} - \dfrac{y^2}{4}\right)\right|_0^4 = \dfrac{2}{3} \cdot 4^{3/2} - \dfrac{4^2}{4} = \dfrac{4}{3}$$

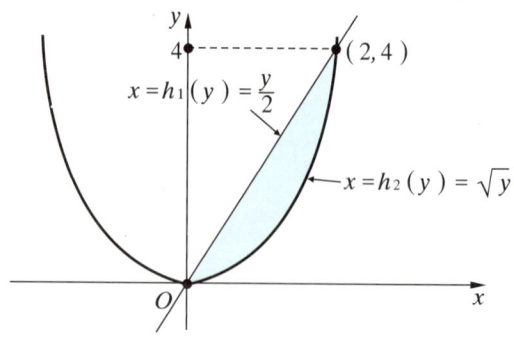

$$A = \int_0^4 (h_2(y) - h_1(y))\,dy = \int_0^4 \left(\sqrt{y} - \dfrac{y}{2}\right) dy$$

圖 4-23

範例 4

試求拋物線 $y^2 = 2x + 6$ 之圖形與直線 $y = x - 1$ 之圖形所圍成的區域之面積。

解 這一題利用定理 4.5.5 來計算其面積比較簡單。

(i) 先找出兩曲線圖形之交點。

  令 $2x + 6 = y^2 = (x-1)^2$，則得到一個方程式 $2x + 6 = x^2 - 2x + 1$ 或 $x^2 - 4x - 5 = 0$ 或 $(x+1)(x-5) = 0$。解此方程式，我們得到 x 之解為 $x = -1$ 或 $x = 5$。換言之，兩函數圖形之交點為 $(-1, -2)$ 及 $(5, 4)$。

(ii) 由方程式 $2x + 6 = y^2$，我們可得 $x = \frac{1}{2}(y^2 - 6) = h_1(y)$。而由 $y = x - 1$，我們得到 $x = h_2(y) = y + 1$。

因為 $h_2(y) - h_1(y) = (y+1) - \frac{1}{2}(y^2 - 6) = -\frac{y^2}{2} + y + 4 = -\frac{1}{2}(y-1)^2 + \frac{9}{2} \geq 0$，

$\forall y \in [-2, 4]$

所以，$A = \int_{-2}^{4} [h_2(y) - h_1(y)] \, dy$

$= \int_{-2}^{4} \left[(y+1) - \frac{1}{2}(y^2 - 6) \right] dy = \int_{-2}^{4} \left(-\frac{1}{2} y^2 + y + 4 \right) dy$

$= \left(-\frac{1}{6} y^3 + \frac{y^2}{2} + 4y \right) \Big|_{-2}^{4}$

$= \left[-\frac{1}{6} 4^3 + \frac{4^2}{2} + 4 \cdot 4 \right] - \left[-\frac{1}{6} \cdot (-2)^3 + \frac{(-2)^2}{2} + 4 \cdot (-2) \right]$

$= 18$。

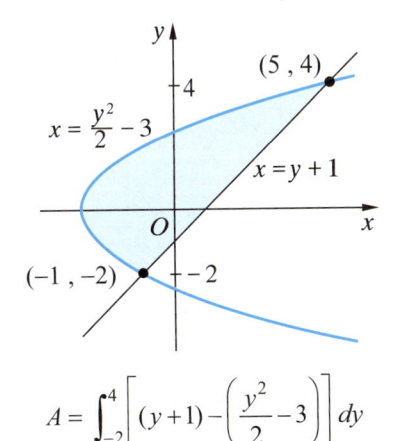

$$A = \int_{-2}^{4} \left[(y+1) - \left(\frac{y^2}{2} - 3 \right) \right] dy$$

圖 4-24

【註】這一題如果要利用定理 4.5.4 來計算面積，必須將區域分割成兩塊小區域後，再分別計算其面積，而此兩區域之面積和即為答案。

由圖 4-25 可知道，此二區域為

$$D_1 = \left\{(x,y) \big| -3 \leq x \leq -1 , -\sqrt{2x+6} \leq y \leq \sqrt{2x+6}\right\} \text{ 及}$$

$$D_2 = \left\{(x,y) \big| -1 \leq x \leq 5 , x-1 \leq y \leq \sqrt{2x+6}\right\} \text{。}$$

因此，$A = $ 區域 D_1 之面積 + 區域 D_2 之面積

$$= \int_{-3}^{-1} [\sqrt{2x+6} - (-\sqrt{2x+6})] \, dx + \int_{-1}^{5} [\sqrt{2x+6} - (x-1)] \, dx$$

$$= \int_{-3}^{-1} 2\sqrt{2x+6} \, dx + \int_{-1}^{5} \sqrt{2x+6} \, dx - \int_{-1}^{5} (x-1) \, dx \qquad (*)$$

(1) 計算 $\int_{-3}^{-1} 2\sqrt{2x+6} \, dx$。

設 $u = g(x) = 2x+6$，則 $du = 2dx$ 或 $dx = \dfrac{1}{2} du$ 且 $g(-3) = 0$、$g(-1) = 4$。

因此，$\int_{-3}^{-1} 2\sqrt{2x+6} \, dx = \int_{0}^{4} \sqrt{u} \, du = \dfrac{2}{3} u^{3/2} \Big|_0^4 = \dfrac{2}{3} 4^{3/2} = \dfrac{16}{3}$。

(2) 計算 $\int_{-1}^{5} \sqrt{2x+6} \, dx$。

設 $u = g(x) = 2x+6$，則 $du = 2dx$ 或 $dx = \dfrac{1}{2} du$ 且 $g(-1) = 4$、$g(5) = 16$。

因此，$\int_{-1}^{5} \sqrt{2x+6} \, dx = \dfrac{1}{2} \int_{4}^{16} \sqrt{u} \, du = \dfrac{1}{3} u^{3/2} \Big|_4^{16} = \dfrac{1}{3} \cdot (16)^{3/2} - \dfrac{1}{3} \cdot 4^{3/2} = \dfrac{56}{3}$。

(3) 計算 $\int_{-1}^{5} (x-1) \, dx$。

$$\int_{-1}^{5} (x-1) \, dx = \left(\dfrac{x^2}{2} - x\right)\Big|_{-1}^{5} = \left(\dfrac{5^2}{2} - 5\right) - \left[\dfrac{(-1)^2}{2} - (-1)\right] = 6 \text{。}$$

最後，由 (*) 及 (1)、(2) 和 (3) 可得

$$A = \int_{-3}^{-1} 2\sqrt{2x+6} \, dx + \int_{-1}^{5} \sqrt{2x+6} \, dx - \int_{-1}^{5} (x-1) \, dx$$

$$= \dfrac{16}{3} + \dfrac{56}{3} - 6 = 18 \text{。}$$

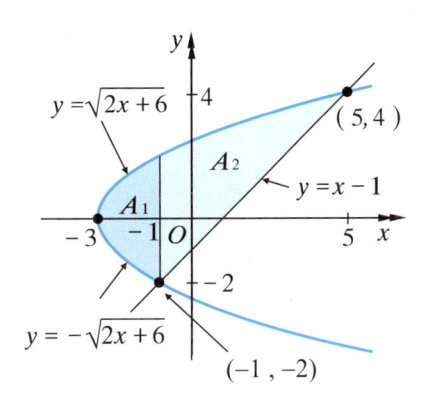

$$A = A_1 + A_2$$
$$= \int_{-3}^{-1} [\sqrt{2x+6} - (-\sqrt{2x+6})]\, dx + \int_{-1}^{5} [\sqrt{2x+6} - (x-1)]\, dx$$

圖 4-25

習題演練

・基本題

第 1 題至第 6 題，試求兩個函數 $y = f(x)$ 及 $y = g(x)$ 之圖形所圍成區域之面積。

1. $f(x) = x$，$g(x) = x^2$
2. $f(x) = x$，$g(x) = x^3$
3. $f(x) = x$，$g(x) = 2 - x^2$
4. $f(x) = \sin x$，$g(x) = \cos x$ ($x \in \left[0, \dfrac{\pi}{2}\right]$)
5. $f(x) = \sqrt{x}$，$g(x) = x^2$
6. $f(x) = x\sqrt{1-x^2}$，$g(x) = 0$

・進階題

第 7 題至第 12 題，試求給定之多個方程式圖形所圍成區域之面積。

7. $y = \sqrt{x}$，$x - y = 2$，$y = 0$
8. $x^2 + y = 0$，$x - y + 2 = 0$，$x = -1$，$x = 1$
9. $y^2 = x$，$x - 2y = 3$
10. $y = x^3 - 4x^2 + 3x$，$y = x^2 - x$
11. $x = y^2$，$x + y = 6$，$y - x = -6$
12. $y = \cos x$，$y = \sin 2x$，$x = \dfrac{\pi}{2}$，$x = \pi$

4-6 函數之平均值與積分均值定理

設函數 f 在閉區間 $[a,b]$ 上連續，這一節我們將討論函數 f 在閉區間 $[a,b]$ 上的平均值。當然，我們不可能把函數 f 在閉區間 $[a,b]$ 上所有的函數值拿來作平均，而必須透過估計的過程去定義它。

首先，將閉區間 $[a,b]$ 分割成 n 等份，即找出 $n+1$ 個點，$x_0, x_1, \cdots,$ x_{n-1}, x_n，使得 $a = x_0 < x_1 < \cdots < x_{n-1} < x_n = b$ 且 $x_i - x_{i-1} = \dfrac{b-a}{n}$，$i = 1, 2, \cdots, n$。

接著，對每一個 $i = 1, 2, \cdots, n$，我們任意選取一個數 $x_i^* \in [x_{i-1}, x_i]$，則我們得到 n 個函數值，即 $f(x_1^*), f(x_2^*), \cdots$ 及 $f(x_n^*)$，而這 n 個函數值的平均數就可拿來估計函數 f 在閉區間 $[a,b]$ 上的平均值了。當然 n 越大，則估計就越精確，因此，我們定義函數 f 在閉區間 $[a,b]$ 上的平均值為

$$\lim_{n \to \infty} \frac{f(x_1^*) + f(x_2^*) + \cdots + f(x_n^*)}{n} \text{。}$$

我們看看上述極限與積分的關係。

$$\lim_{n \to \infty} \frac{f(x_1^*) + f(x_2^*) + \cdots + f(x_n^*)}{n} = \lim_{n \to \infty} \frac{\sum_{i=1}^{n} f(x_i^*)}{n}$$

$$= \frac{1}{b-a} \lim_{n \to \infty} \sum_{i=1}^{n} f(x_i^*) \cdot \frac{b-a}{n} = \frac{1}{b-a} \int_a^b f(x)\, dx \text{。}$$

因此，我們有了下面的定義。

> **Definition 4.6** (The Average Value of a Function)
> Suppose that f is continuous on $[a,b]$. The average value of f over $[a,b]$, denoted by f_{ave}, is defined by $f_{ave} = \dfrac{1}{b-a} \int_a^b f(x)\, dx$.

【註】1. 此定義之幾何意義為把函數圖形下方從 a 到 b 所圍成的區域之面積 $A = \int_a^b f(x)\, dx$，用長為 $b-a$ 及高為平均值 f_{ave} 之四方形區域的面積 $f_{ave} \cdot (b-a)$ 來表示。

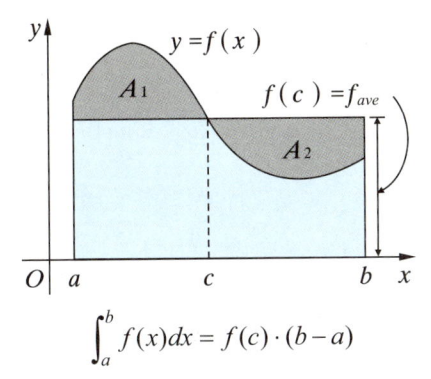

圖 4-26　積分均值定理及平均值的幾何意義

$$\int_a^b f(x)dx = f(c)\cdot(b-a)$$

2. 積分均值定理與平均值 f_{ave} 的關係。

積分均值定理其敘述如下：

> 設函數 f 在閉區間 $[a,b]$ 上連續，則必存在一數 $c \in [a,b]$ 使得
> $\int_a^b f(x)\,dx = f(c)\cdot(b-a)$。

與平均值 f_{ave} 的定義作比較，我們可知積分均值定理中的 $f(c)$ 值就是函數 f 在閉區間 $[a,b]$ 上的平均值 f_{ave}。不管從定義或是從積分均值定理來看平均值，其結果都是一致的。

範例 1

試求函數 $f(x) = \sqrt{x}$ 在閉區間 $[1,4]$ 上的平均值。

解 $f_{ave} = \dfrac{1}{4-1}\int_1^4 \sqrt{x}\,dx = \dfrac{1}{3}\cdot\dfrac{2}{3}x^{3/2}\Big|_1^4 = \dfrac{2}{9}(4^{3/2} - 1^{3/2}) = \dfrac{2}{9}(8-1) = \dfrac{14}{9}$。

$$\int_1^4 \sqrt{x}\,dx = f_{ave}\cdot(4-1)$$

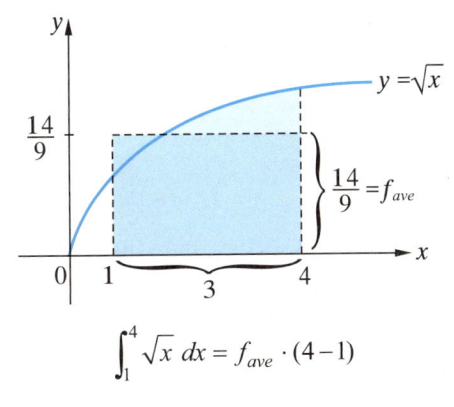

圖 4-27　平均值的幾何意義

範例 2

因為函數 $f(x)=\sqrt{x}$ 在閉區間 $[1,4]$ 上連續，所以，由積分均值定理，必存在一數 $c\in[1,4]$ 使得 $\int_1^4 \sqrt{x}\,dx = f(c)\cdot(4-1)$。

因此，$f(c) = \dfrac{\int_1^4 \sqrt{x}\,dx}{4-1} = f_{ave} = \dfrac{14}{9}$。(由範例 1)

現在我們來找出滿足積分均值定理的 c 值。

$$f(c) = \frac{14}{9} \Rightarrow \sqrt{c} = \frac{14}{9} \Rightarrow c = \left(\frac{14}{9}\right)^2 \approx 2.42 \text{。}$$

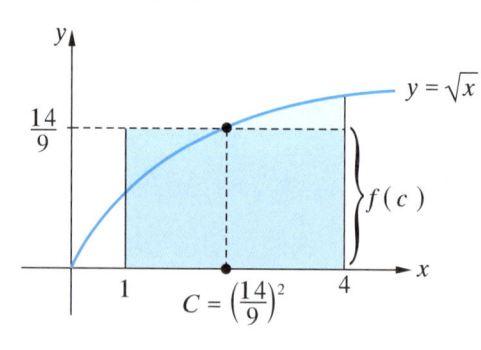

$$\int_1^4 \sqrt{x}\,dx = f(c)\cdot(4-1)$$

圖 4-28　積分均值定理的幾何意義

習題演練

第 1 題至第 4 題，試求滿足積分均值定理之所有 c 值。

1. $f(x) = \sqrt{x}$, $x \in [0,9]$
2. $f(x) = x\sqrt{1-x^2}$, $x \in [-1,1]$
3. $f(x) = \dfrac{1}{x^2}$, $x \in [1,5]$
4. $f(x) = |x|$, $x \in [-1,3]$

第 5 題至第 8 題，試求連續函數 f 在給定之閉區間上的平均值。

5. $f(x) = x^2 - 2x$, $x \in [0,2]$
6. $f(x) = \sin x$, $x \in \left[0, \dfrac{\pi}{2}\right]$
7. $f(x) = \sqrt[3]{x}$, $x \in [1,27]$
8. $f(x) = x^{1/3} + x^{2/3}$, $x \in [0,8]$

4-7 立體體積之計算

這一節我們將介紹三個利用定積分計算立體體積之方法。

圓盤法 (Disk Method)

設函數 $y=f(x)$ 在閉區間 $[a,b]$ 上連續且 $f(x) \geq 0$ $\forall x \in [a,b]$。我們有興趣的是如何計算此函數之圖形下方、x-軸上方及兩條直線 $x=a$ 與 $x=b$ 所圍成的區域繞 x-軸旋轉所形成之立體（或旋轉體）之體積 V？

(a)

(b)

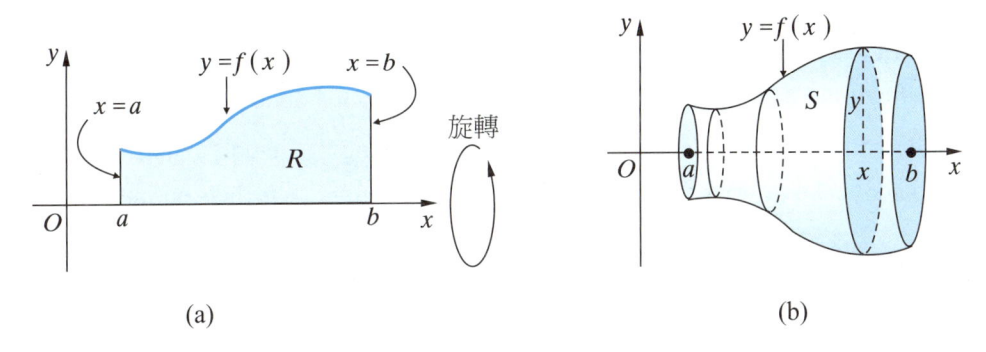

圖 4-29

首先，我們任意找一個閉區間 $[a,b]$ 的分割 $P = \{a = x_0, x_1, \cdots, x_{n-1}, x_n = b\}$，則此分割將此立體切成 n 個小立體，記成 S_i, $i=1,2,\cdots,n$。

現在我們在閉區間 $[x_{i-1}, x_i]$ 內任意找一個值 x_i^*，則我們可以考慮利用底面積為 $\Delta A_i = \pi [f(x_i^*)]^2$ 且高為 $h = x_i - x_{i-1} = \Delta x_i$ 的小圓柱的體積來估計小立體 S_i 之體積，即

$$V_{S_i} \approx \Delta A_i \cdot \Delta x_i = \pi [f(x_i^*)]^2 \Delta x_i, \quad i=1,2,\cdots,n。$$

$$V_{S_i} \approx \pi [f(x_i^*)]^2 \Delta x_i$$

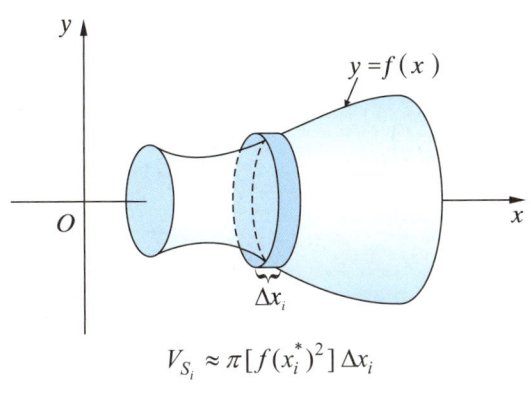

圖 4-30

如此一來，旋轉體之體積 V 就可以利用 n 個小圓柱之體積和來估計了，即

$$V = \sum_{i=1}^{n} V_{S_i} \approx \sum_{i=1}^{n} \pi[f(x_i^*)]^2 \Delta x_i \text{。}$$

我們已定義 $\|P\| = \max\{\Delta x_1, \cdots, \Delta x_n\}$，且由於函數 $y = [f(x)]^2$ 也會在閉區間 $[a,b]$ 上連續，所以極限 $\lim\limits_{\|P\| \to 0^+} \sum_{i=1}^{n} \pi[f(x_i^*)]^2 \Delta x_i$ 一定存在，且

$$\lim\limits_{\|P\| \to 0^+} \sum_{i=1}^{n} \pi[f(x_i^*)]^2 \Delta x_i = \int_a^b \pi[f(x)]^2 \, dx \text{。}$$

因此，我們可以定義此旋轉體之體積為 $V = \int_a^b \pi[f(x)]^2 \, dx$。

Definition 4.7.1 (Volume of the Solid by Revolution(I))
Let the function $y = f(x)$ be nonnegative and continuous on a closed interval $[a,b]$. Then the volume V of the solid generated by revolving the region under the graph of f and above the x-axis from $x = a$ to $x = b$ about the x-axis is defined by

$$V = \int_a^b \pi[f(x)]^2 \, dx \text{.}$$

範例 1

試計算底半徑為 r 且高為 h 的正圓錐體之體積。

解 我們可以把原點 $(0,0)$ 看成正圓錐體的頂點，而此正圓錐體的中心軸則恰好是在 x-軸之正的方向上。如此一來，正圓錐體就可以看成以底為 h 且高為 r 之三角形繞 x-軸旋轉所形成之立體或旋轉體。

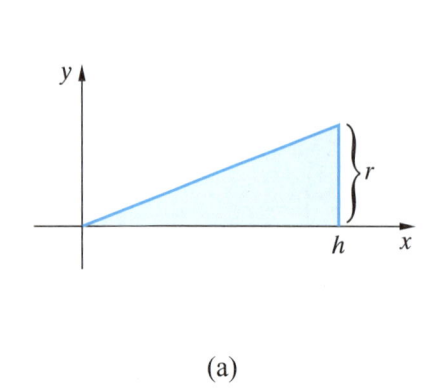

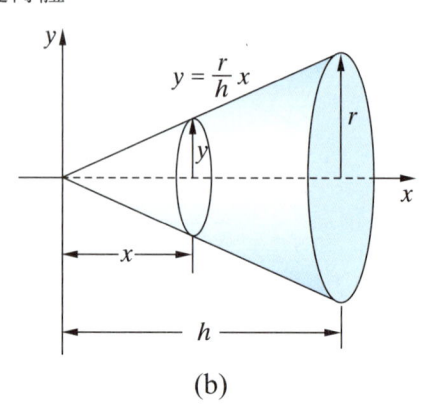

(a)   (b)

圖 4-31

由於此三角形之斜邊為函數 $y=f(x)=mx=\dfrac{r}{h}x$，$x\in[0,h]$ 之圖形，所以正圓錐體之體積為 $V=\displaystyle\int_0^h \pi[f(x)]^2\,dx=\int_0^h \pi\left[\dfrac{r}{h}x\right]^2 dx=\dfrac{\pi r^2}{h^2}\cdot\left(\dfrac{x^3}{3}\right)\bigg|_0^h=\dfrac{\pi r^2}{h^2}\cdot\dfrac{h^3}{3}=\dfrac{\pi r^2 h}{3}$。

範例 2

設平面區域 D 為函數 $f(x)=\dfrac{1}{x}$ 之圖形下方、x-軸之上方與兩條直線 $x=1$ 與 $x=4$ 所圍成的區域。試求此區域繞 x-軸旋轉所形成的旋轉體之體積。

解 此旋轉體之體積為

$$V=\int_1^4 \pi[f(x)]^2\,dx=\int_1^4 \pi\left[\dfrac{1}{x}\right]^2 dx=\pi\left(-\dfrac{1}{x}\right)\bigg|_1^4=\pi\left(1-\dfrac{1}{4}\right)=\dfrac{3\pi}{4}$$。

設函數 $x=h(y)$ 在閉區間 $[c,d]$ 上連續且 $h(y)\geq 0$ $\forall y\in[c,d]$。我們同樣可以定義此函數之圖形下方、y-軸上方及兩條直線 $y=c$ 與 $y=d$ 所圍成之區域繞 y-軸旋轉所形成之旋轉體之體積。

(a)   (b)

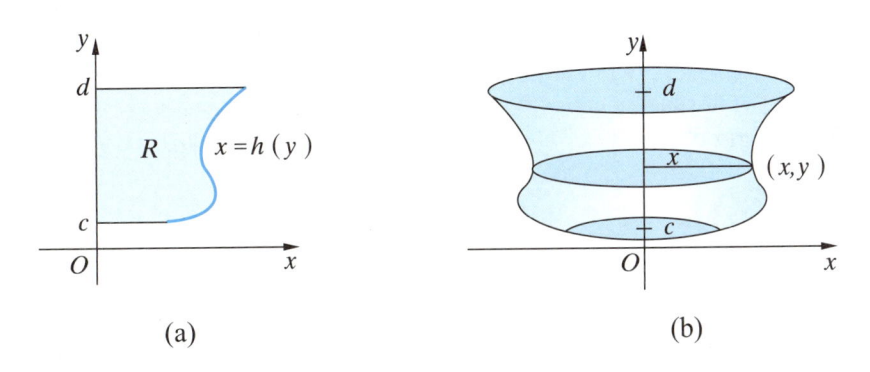

圖 4-32

Definition 4.7.2 (Volume of the Solid by Revolution(II))
Let the function $x=h(y)$ be nonnegative and continuous on a closed interval $[c,d]$. Then the volume V of the solid generated by revolving the region under the graph of h and above the y-axis from $y=c$ to $y=d$ about the y-axis is defined by

$$V=\int_c^d \pi[h(y)]^2\,dy.$$

範例 3

設平面區域 D 為函數 $y = x^3$ 之圖形、y-軸與兩條直線 $y = 1$ 與 $y = 8$ 所圍成之區域。試求此區域繞 y-軸旋轉所形成之旋轉體之體積。

解 由於 $y = x^3 \Leftrightarrow x = h(y) = y^{1/3}$，所以此旋轉體之體積為

$$V = \int_1^8 \pi[h(y)]^2 \, dy = \int_1^8 \pi[y^{1/3}]^2 \, dy = \pi\left(\frac{3}{5} y^{5/3}\right)\bigg|_1^8 = \pi\left(\frac{96}{5} - \frac{3}{5}\right) = \frac{93\pi}{5} \, \text{。}$$

設函數 $y = f(x)$ 及函數 $y = g(x)$ 在閉區間 $[a,b]$ 上連續且

$$0 \leq f(x) \leq g(x) \quad \forall x \in [a,b] \, \text{。}$$

設 $V_g = \int_a^b \pi[g(x)]^2 \, dx$，則 V_g 是函數 $y = g(x)$ 之圖形下方、x-軸上方及兩條直線 $x = a$ 與 $x = b$ 所圍成之區域繞 x-軸旋轉所形成之旋轉體之體積。再設 $V_f = \int_a^b \pi[f(x)]^2 \, dx$，則 V_f 是函數 $y = f(x)$ 之圖形下方、x-軸上方及兩條直線 $x = a$ 與 $x = b$ 所圍成之區域繞 x-軸旋轉所形成之旋轉體之體積。則函數 $y = g(x)$ 之圖形下方、函數 $y = f(x)$ 之圖形上方及兩條直線 $x = a$ 與 $x = b$ 所圍成之區域繞 x-軸旋轉所形成之旋轉體之體積為

$$V = \int_a^b \pi[g(x)]^2 \, dx - \int_a^b \pi[f(x)]^2 \, dx = \int_a^b \pi[g^2(x) - f^2(x)] \, dx \, \text{。}$$

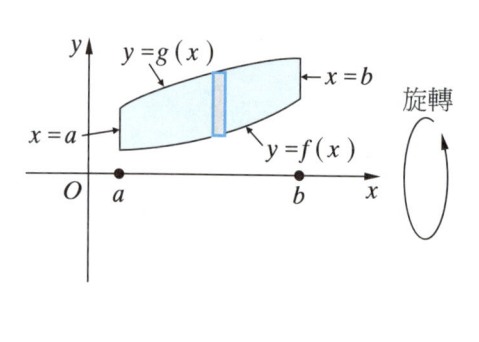

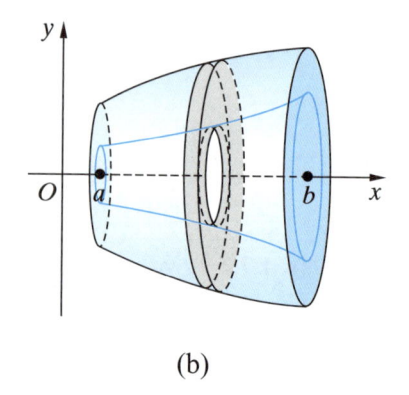

(a)   (b)

圖 4-33

Definition 4.7.3 (Volume of the Solid by Revolution (III))
Let the function f and g be continuous on a closed interval $[a,b]$ and let $0 \le f(x) \le g(x)$ $\forall x \in [a,b]$. Then the volume V of the solid generated by revolving the region under the graph of g and above the graph of f from $x=a$ to $x=b$ about the x-axis is given by

$$V = \int_a^b \pi [g^2(x) - f^2(x)] \, dx.$$

範例 4

試求函數 $y = 1 + x^2$ 之圖形下方、函數 $y = x^2$ 之圖形上方及兩條直線 $x = -1$ 與 $x = 1$ 所圍成之區域繞 x-軸旋轉所形成的旋轉體之體積。

解 此旋轉體之體積為

$$V = \int_{-1}^{1} \pi[(1+x^2)^2 - (x^2)^2]\,dx = \pi \int_{-1}^{1} (1+2x^2)\,dx$$

$$= \pi \left(x + \frac{2x^3}{3} \right) \Big|_{-1}^{1} = 2\pi \left(1 + \frac{2}{3} \right) = \frac{10\pi}{3} \text{。}$$

範例 5

試求函數 $y = 1 + x^2$ 之圖形下方、函數 $y = x^2$ 之圖形上方及兩條直線 $x = -1$ 與 $x = 1$ 所圍成之區域繞直線 $y = 3$ 旋轉所形成之旋轉體之體積。

解 當繞直線 $y = 3$ 旋轉時，兩個函數要改成

$$y = g(x) = 3 - x^2 \quad \text{及} \quad y = f(x) = 3 - (1+x^2) = 2 - x^2 \text{。（為什麼？）}$$

因此，旋轉體之體積為

$$V = \int_{-1}^{1} \pi[(3-x^2)^2 - (2-x^2)^2]\,dx = \pi \int_{-1}^{1} (5 - 2x^2)\,dx = \pi \left(5x - \frac{2x^3}{3} \right) \Big|_{-1}^{1}$$

$$= 2\pi \left(5 - \frac{2}{3} \right) = \frac{26\pi}{3} \text{。}$$

● 圓柱殼法（Cylindrical Shell Method）

設函數 $y = f(x)$ 在閉區間 $[a,b]$ 上連續且 $f(x) \ge 0$ $\forall x \in [a,b]$。我們有興趣的是如何計算此函數之圖形下方、x-軸上方及兩條直線 $x = a$ 與 $x = b$ 所圍成之區域繞

y-軸旋轉所形成的立體或旋轉體之體積 V？

首先，我們任意找一個閉區間 $[a,b]$ 的分割 $P=\{a=x_0,x_1,\cdots,x_{n-1},x_n=b\}$，則此分割將區域分割成 n 個小區域。

現在我們在閉區間 $[x_{i-1},x_i]$ 內找一個值 $x_i^*=\dfrac{x_{i-1}+x_i}{2}$，則第 i 個小區域繞 y-軸旋轉所形成之旋轉體之體積可以用外半徑 $r_2=x_i$、內半徑 $r_1=x_{i-1}$ 且高為 $f(x_i^*)$ 之圓柱殼之體積來估計，即

$$V_i \approx \pi[x_i^2 - x_{i-1}^2]f(x_i^*) = 2\pi\left[\dfrac{x_{i-1}+x_i}{2}\right][x_i - x_{i-1}]f(x_i^*) = 2\pi x_i^* f(x_i^*)\Delta x_i,\ i=1,2,\cdots,n\ 。$$

(a)   (b)

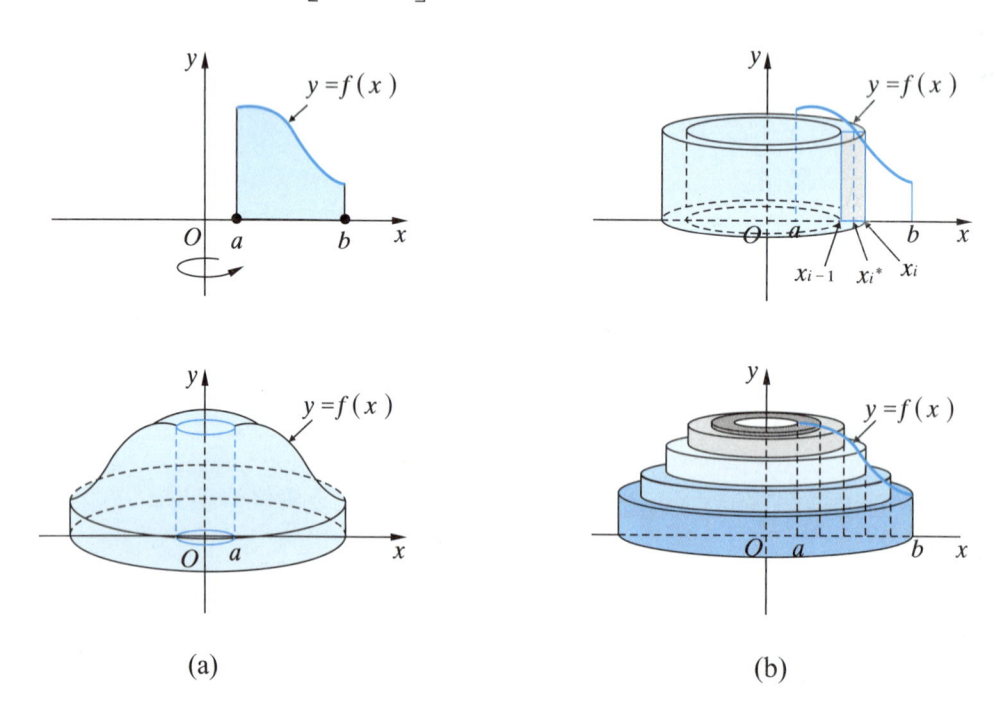

圖 4-34

如此一來，旋轉體之體積 V 就可以利用 n 個小圓柱殼之體積和來估計了，即

$$V = \sum_{i=1}^{n} V_i \approx \sum_{i=1}^{n} 2\pi x_i^* f(x_i^*)\Delta x_i\ 。$$

我們已定義 $\|P\| = \max\{\Delta x_1,\cdots,\Delta x_n\}$，且由於函數 $y=xf(x)$ 也會在閉區間 $[a,b]$ 上連續，所以極限 $\lim\limits_{\|P\|\to 0^+}\sum\limits_{i=1}^{n} 2\pi x_i^* f(x_i^*)\Delta x_i$ 一定存在，且

$$\lim_{\|P\|\to 0^+}\sum_{i=1}^{n} 2\pi x_i^* f(x_i^*)\Delta x_i = \int_a^b 2\pi x f(x)\, dx\ 。$$

因此，我們可以定義此旋轉體之體積 $V = \int_a^b 2\pi x f(x)\,dx$。

> **Definition 4.7.4** (Volume of the Solid Generated by Cylindrical Shells)
> Let the function $y = f(x)$ be nonnegative and continuous on a closed interval $[a,b]$, where $0 \leq a < b$. Then the volume V of the solid generated by revolving the region under the graph of f and above the x-axis from $x = a$ to $x = b$ about the y-axis is defined by
> $$V = \int_a^b 2\pi x f(x)\,dx.$$

範例 6

設平面區域 D 為函數 $f(x) = x^3$ 之圖形、x-軸與兩條直線 $x = 0$ 與 $x = 4$ 所圍成之區域。試求此區域繞 y-軸旋轉所形成的旋轉體之體積。

解 由定義 4.7.4 可知，此旋轉體的體積為

$$V = \int_0^4 2\pi x f(x)\,dx = \int_0^4 2\pi x \cdot x^3\,dx = \left(\frac{2\pi}{5}x^5\right)\bigg|_0^4 = \frac{2048\pi}{5}\,。$$

範例 7

設平面區域 D 為函數 $g(y) = \sqrt{y}$ 之圖形、y-軸與兩條直線 $y = 0$ 與 $y = 4$ 所圍成之區域。試求此區域繞 x-軸旋轉所形成的旋轉體之體積。

解 由定義 4.7.4 之類似定義可知，此旋轉體的體積為

$$V = \int_0^4 2\pi y g(y)\,dy = \int_0^4 2\pi y \cdot \sqrt{y}\,dy = \left(\frac{4\pi}{5}y^{5/2}\right)\bigg|_0^4 = \frac{128\pi}{5}\,。$$

● 截面法 (Slicing Method)

設一個立體 S (請參考圖 4-35)，對每一個閉區間 $[a,b]$ 內的值 x，此立體與平面 $\{(x,y,z)\,|\,y \in \mathbb{R}, z \in \mathbb{R}\}$ 之交集為一個區域 D，並假設此區域 D 之面積為 $A(x)$。

現在我們任意找一個閉區間$[a,b]$的分割 $P = \{a = x_0, x_1, \cdots, x_{n-1}, x_n = b\}$，則此分割將閉區間 $[a,b]$ 分割成 n 個小區間。(請參考圖 4-36)

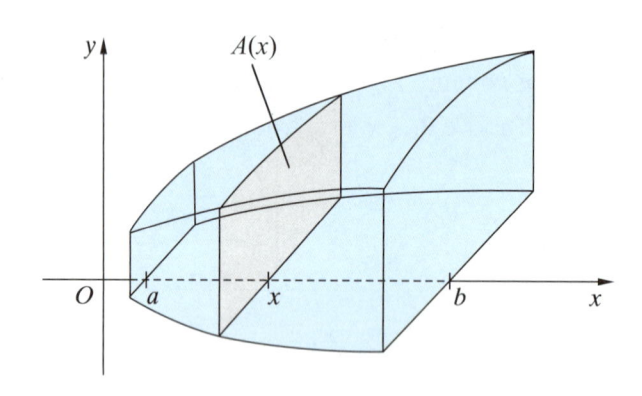

圖 4-35

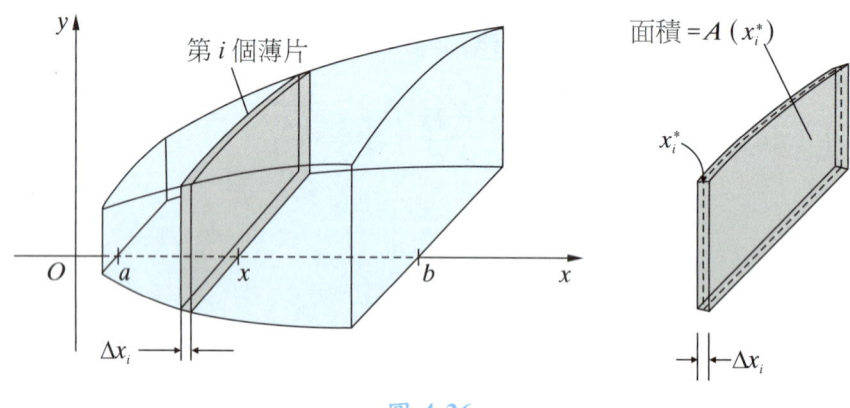

圖 4-36

現在我們在閉區間$[x_{i-1}, x_i]$內任意找一個值 x_i^*，則我們可以考慮利用底面積 $\Delta A_i = A(x_i^*)$ 且高 $h = x_i - x_{i-1} = \Delta x_i$ 的小立體之體積來估計小立體 S_i 之體積，即

$$V_{S_i} \approx A(x_i^*)\Delta x_i \; , \; i = 1, 2, \cdots, n.$$

因此，原立體 S 之體積就可定義為

$$V = \lim_{\|P\| \to 0^+} \sum_{i=1}^{n} V_{S_i} = \lim_{\|P\| \to 0^+} \sum_{i=1}^{n} A(x_i^*)\Delta x_i = \int_a^b A(x) \; dx \; 。$$

(設函數 $y = A(x)$ 在閉區間 $[a,b]$ 上連續)

範例 8

試計算底半徑為 r 且高為 h 之圓柱的體積。

解 我們可以將此圓柱的一邊緊貼於 yz-平面上，而其中心軸恰好為 x-軸之正的方向上。

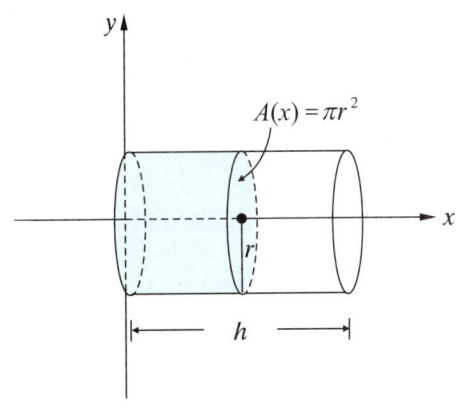

圖 4-37

此時，$A(x) = \pi r^2$，$x \in [0, h]$。

因此，此圓柱的體積 $V = \int_0^h A(x) \, dx = \int_0^h \pi r^2 \, dx = \pi r^2 h$。

範例 9

試計算半徑為 r 的球體之體積。

解 我們將原點 $(0, 0, 0)$ 當成此球體的球心 (請參考圖 4-38)，此時，

$$A(x) = \pi(\sqrt{r^2 - x^2})^2 = \pi(r^2 - x^2), \quad x \in [-r, r]。$$

因此，此球體的體積

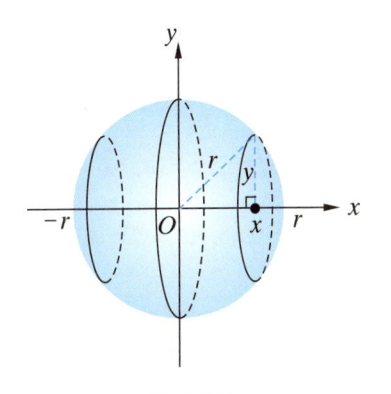

圖 4-38

$$V = \int_{-r}^{r} A(x) \, dx = \int_{-r}^{r} \pi(r^2 - x^2) \, dx = \pi \left(r^2 x - \frac{x^3}{3} \right) \bigg|_{-r}^{r} = \pi \left(2r^3 - \frac{2r^3}{3} \right) = \frac{4\pi r^3}{3}。$$

習題演練

(一) 利用圓盤法計算下列各題之體積

第 1 題至第 8 題，試求給定之多個方程式圖形所圍成之區域繞給定之軸所形成之旋轉體之體積。

1. $y = \sqrt{x}$, $y = 0$, $x = 3$; x-軸
2. $y = x^2$ $(x \geq 0)$, $y = 3$; y-軸
3. $y = x^3$, $x = -3$, $y = 0$; x-軸
4. $x = y^2$, $y - x + 2 = 0$; y-軸
5. $y = x^2$, $y^2 = x$; x-軸
6. $y^2 = x$, $x = 2y$; y-軸
7. $y = \tan x$, $y = 1$, $x = 0$; x-軸
8. $x = y - y^2$, $x = 0$; y-軸

第 9 題至第 12 題，試求給定之多個方程式圖形所圍成之區域繞給定之直線所形成之旋轉體之體積。

9. $y = x$, $y = 0$, $x = 1$, $x = 3$; $x = 1$
10. $y = \sqrt{x}$, $y = 0$, $x = 4$; $x = 4$
11. $y = \sqrt{x}$, $y = 0$, $x = 4$; $y = 3$
12. $y = \sin x$, $y = \cos x$, $x = 0$, $x = \dfrac{\pi}{4}$; $y = 2$

(二) 利用圓柱殼法計算下列各題之體積

第 1 題至第 8 題，試求給定之多個方程式圖形所圍成之區域繞給定之軸所形成之旋轉體之體積。

1. $x = y^2$, $x = 0$, $y = 1$, $y = 3$; x-軸
2. $y = x^2$, $y^2 = 8x$; y-軸
3. $y = x^2$, $y = 3$; x-軸
4. $y = \sqrt{x}$, $y = 0$, $x = 4$; y-軸
5. $y = \sqrt{x}$, $y = 0$, $x + 2y = 3$; x-軸
6. $y = x^2$, $y = 4$, $x \geq 0$; y-軸
7. $y^2 = 2x$, $x^2 = 2y$; x-軸
8. $y = \dfrac{1}{x}$, $y = 0$, $x = 2$, $x = 5$; y-軸

第 9 題至第 12 題，試求給定之多個方程式圖形所圍成之區域繞給定之直線所形成之旋轉體之體積。

9. $x = y$, $x = 2 - y^2$; $x = 2$
10. $y = 1 - x^2$, $y = 0$; $x = 3$
11. $y = \sqrt{x - 1}$, $y = 0$, $x = 5$; $y = 2$
12. $x = 4 - y^2$, $x = 8 - 2y^2$; $y = 4$

(三) 利用截面法計算下列各題之體積

1. 設某立體之底為一個半圓 $y = \sqrt{1-x^2}$ 且設此立體之垂直於 x-軸的截面區域為一個正方形，則試求此立體之體積。
2. 設某立體之底為一個由方程式 $y = x^2 - 1$ 及 $y = 0$ 之圖形所圍成之區域且設此立體之垂直於 x-軸的截面區域為一個正三角形，則試求此立體之體積。
3. 設某立體之底為一個由方程式 $y = x^3$、$x = 0$ 及 $y = 4$ 之圖形所圍成之區域且設此立體之垂直於 x-軸的截面區域為一個正方形，則試求此立體之體積。
4. 設某立體之底為一個由方程式 $y = x^3$、$y = 0$ 及 $x = 1$ 之圖形所圍成之區域且設此立體之垂直於 y-軸的截面區域為一個半圓，則試求此立體之體積。
5. 設某立體之底為一個由方程式 $y = 4 - x^2$ 及 $y = 0$ 之圖形所圍成之區域且設此立體之垂直於 y-軸的截面區域為一個半圓，則試求此立體之體積。
6. 設某立體之底為一個由方程式 $y = 4 - x^2$ 及 $y = 0$ 之圖形所圍成之區域且設此立體之垂直於 y-軸的截面區域為一個等腰三角形，而此等腰三角形的高為其底的一半，則試求此立體之體積。

4-8 曲線之弧長

設函數 $y = f(x)$ 的一階導函數在閉區間 $[a,b]$ 上連續，我們有興趣的是如何定義此函數的圖形（為一條曲線）從點 $(a, f(a))$ 至點 $(b, f(b))$ 之弧長？

首先，我們任意找一個閉區間 $[a,b]$ 的分割 $P = \{a = x_0, x_1, \cdots, x_{n-1}, x_n = b\}$，則此分割將閉區間分割成 n 個小區間。（請參考圖 4-39 (a)及(b)）

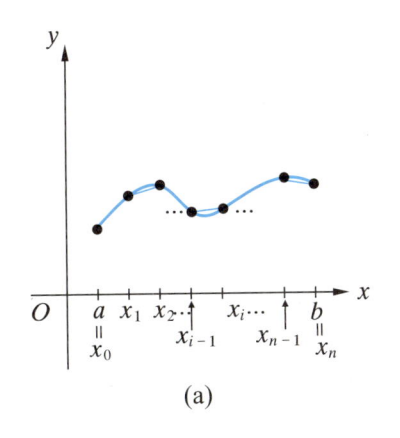

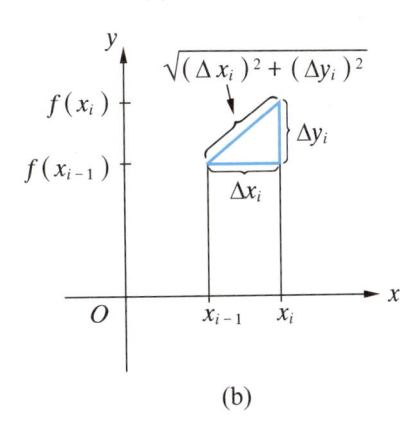

(a)

(b)

圖 4-39

我們可以利用底為 $x_i - x_{i-1}$ 且高 $f(x_i) - f(x_{i-1})$ 的三角形之斜邊來估計此函數在第 i 個小區間的弧長 L_i，即

$$L_i \approx \sqrt{(x_i - x_{i-1})^2 + [f(x_i) - f(x_{i-1})]^2} \ , \ i = 1, 2, \cdots, n.$$

因為函數 $y = f(x)$ 在閉區間 $[x_{i-1}, x_i]$ 上連續且在開區間 (x_{i-1}, x_i) 上可微分，由均值定理可知，必存在一個數 $x_i^* \in (x_{i-1}, x_i)$ 使 $f(x_i) - f(x_{i-1}) = f'(x_i^*)(x_i - x_{i-1})$。

如此一來，$L_i \approx \sqrt{(x_i - x_{i-1})^2 + [f(x_i) - f(x_{i-1})]^2} = \sqrt{(x_i - x_{i-1})^2 + (x_i - x_{i-1})^2 [f'(x_i^*)]^2}$

$= \sqrt{1 + [f'(x_i^*)]^2} \ (x_i - x_{i-1}) = \sqrt{1 + [f'(x_i^*)]^2} \ \Delta x_i \ , \ i = 1, 2, \cdots, n$。

因此，我們就可定義此函數的圖形從點 $(a, f(a))$ 至點 $(b, f(b))$ 之弧長為

$$L = \lim_{\|P\| \to 0^+} \sum_{i=1}^{n} L_i = \lim_{\|P\| \to 0^+} \sum_{i=1}^{n} \sqrt{1 + [f'(x_i^*)]^2} \ \Delta x_i = \int_a^b \sqrt{1 + [f'(x)]^2} \ dx \ 。$$

Definition 4.8.1　(The Arc Length (I))
Let the function f' be continuous on a closed interval $[a, b]$.
The arc length of the graph of f from the point $(a, f(a))$ to the point $(b, f(b))$, denoted by L_a^b, is defined by $L_a^b = \int_a^b \sqrt{1 + [f'(x)]^2} \ dx$.

範例 1

設函數 $f(x) = \dfrac{3}{2} x^{2/3}$，試求函數 f 的圖形從點 $\left(1, \dfrac{3}{2}\right)$ 至點 $(8, 6)$ 之弧長。

解　由定義 4.8.1，函數 f 的圖形從點 $(1, 3)$ 至點 $(8, 12)$ 之弧長為

$$L_1^8 = \int_1^8 \sqrt{1 + \left[\dfrac{d}{dx} \dfrac{3}{2} x^{2/3}\right]^2} \ dx = \int_1^8 \sqrt{1 + \left[\dfrac{1}{x^{1/3}}\right]^2} \ dx = \int_1^8 \dfrac{\sqrt{1 + x^{2/3}}}{x^{1/3}} \ dx \ 。$$

設 $u = 1 + x^{2/3}$，則 $du = \dfrac{2}{3} x^{-1/3} dx$ 且 $\begin{cases} x = 1 \Rightarrow u = 2 \\ x = 8 \Rightarrow u = 5 \end{cases}$，則

$$\int_1^8 \dfrac{\sqrt{1 + x^{2/3}}}{x^{1/3}} \ dx = \dfrac{3}{2} \int_2^5 \sqrt{u} \ du = \dfrac{3}{2} \left(\dfrac{2}{3} u^{3/2}\right)\Bigg|_2^5 = 5^{3/2} - 2^{3/2} \ 。$$

因此，$L_1^8 = 5^{3/2} - 2^{3/2}$。

下面的定義與定義 4.8.1 類似。

> **Definition 4.8.2** (The Arc Length (II))
> Let the function g' be continuous on a closed interval $[c,d]$.
> The arc length of the graph of g from the point $(g(c),c)$ to the point $(g(d),d)$, denoted by L_c^d, is defined by $L_c^d = \int_c^d \sqrt{1+[g'(y)]^2}\, dy$.

範例 2

設函數 $g(y) = \dfrac{y^4}{16} + \dfrac{1}{2y^2}$，試求函數 g 的圖形從點 $\left(\dfrac{9}{16},1\right)$ 至點 $\left(\dfrac{9}{8},2\right)$ 之弧長。

解 我們先計算 $1+[g'(y)]^2$。

$$1+[g'(y)]^2$$

$$= 1 + \left[\frac{d}{dy}\left(\frac{y^4}{16}+\frac{1}{2y^2}\right)\right]^2 = 1+\left[\frac{y^3}{4}-y^{-3}\right]^2 = 1 + \frac{y^6}{16} - \frac{1}{2} + y^{-6} = \frac{y^{12}+8y^6+16}{16y^6}$$

$$= \frac{(y^6+4)^2}{16y^6}。$$

因此，函數 g 的圖形從點 $\left(\dfrac{9}{16},1\right)$ 至點 $\left(\dfrac{9}{8},2\right)$ 之弧長為

$$L_1^2 = \int_1^2 \sqrt{1+[g'(y)]^2}\, dy = \int_1^2 \sqrt{\frac{(y^6+4)^2}{16y^6}}\, dy = \int_1^2 \frac{y^6+4}{4y^3}\, dy = \int_1^2 \left(\frac{y^3}{4}+y^{-3}\right) dy$$

$$= \left.\left(\frac{y^4}{16}-\frac{y^{-2}}{2}\right)\right|_1^2 = \left(1-\frac{1}{8}\right) - \left(\frac{1}{16}-\frac{1}{2}\right) = \frac{21}{16}。$$

【註】設函數 $y=f(x)$ 的一階導函數在閉區間 $[a,b]$ 上連續，則函數圖形從點 $(a,f(a))$ 至點 $(x,f(x))$ 之弧長函數，記成 $s(x)$，為

$$s(x) = \int_a^x \sqrt{1+[f'(t)]^2}\, dt,\ x \in [a,b]。$$

由微積分基本定理及微分量的定義，我們有

$$ds = \left[\frac{d}{dx}\int_a^x \sqrt{1+[f'(t)]^2}\, dt\right] dx = \sqrt{1+[f'(x)]^2}\, dx$$

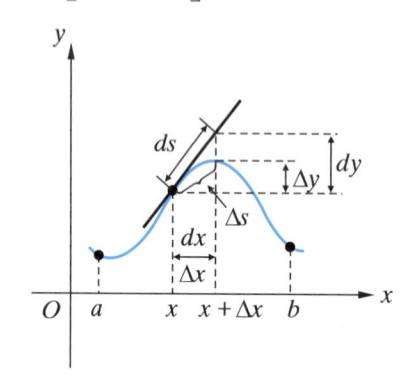

且 $(ds)^2 = [1+[f'(x)]^2](dx)^2 = \left[1+\left(\dfrac{dy}{dx}\right)^2\right](dx)^2 = (dy)^2 + (dx)^2$。

$$(ds)^2 = (dx)^2 + (dy)^2$$

圖 4-40

習題演練

第 1 題至第 6 題，試求下列函數（或方程式）圖形從點 A 至點 B 之弧長。

1. $y = 8 - x^{3/2}$; $A(1,7)$, $B(4,0)$
2. $y = 6x^{2/3} - 5$; $A(1,1)$, $B(8,19)$
3. $y^2 = \dfrac{9}{4}x^3$; $A(0,0)$, $B\left(1, \dfrac{3}{2}\right)$
4. $9y^2 = (x^2-2)^3$; $A(\sqrt{2}, 0)$, $B\left(\sqrt{6}, \dfrac{8}{3}\right)$
5. $xy = \dfrac{y^4}{24} + 2$; $A\left(-\dfrac{19}{6}, -4\right)$, $B\left(-\dfrac{49}{24}, -1\right)$
6. $x = \dfrac{1}{3}(y^2+2)^{3/2}$; $A\left(\dfrac{8}{3}, \sqrt{2}\right)$, $B(9, \sqrt{7})$

4-9 旋轉體曲面之表面積

設函數 $y = f(x)$ 在閉區間 $[a,b]$ 上連續且 $f(x) \geq 0$ $\forall x \in [a,b]$。我們有興趣的是如何計算此函數之圖形下方、x-軸上方及兩條直線 $x = a$ 與 $x = b$ 所圍成的區域繞 x-軸旋轉所形成之旋轉體曲面的表面積 A_S。

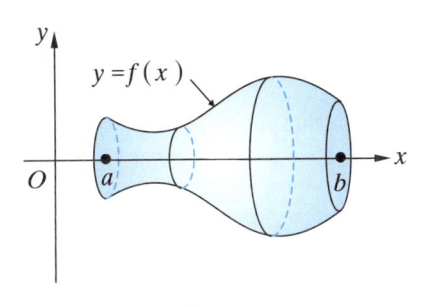

圖 4-41

要解決旋轉體曲面的表面積問題，我們必須先計算正圓錐之側面表面積。假設有一個底半徑為 r 且斜高為 ℓ 之正圓錐，當圖 4-42 中之正圓錐側面虛線部分被剪開後，將它平鋪在平面上，此時，我們將得到一個半徑為 ℓ 且角度 $\theta = \dfrac{2\pi r}{\ell}$ 的一個扇形區域（請參考圖 4-43）。因此，正圓錐之側面表面積為 $A = \dfrac{1}{2} \cdot \ell^2 \cdot \dfrac{2\pi r}{\ell} = \pi r \ell$。

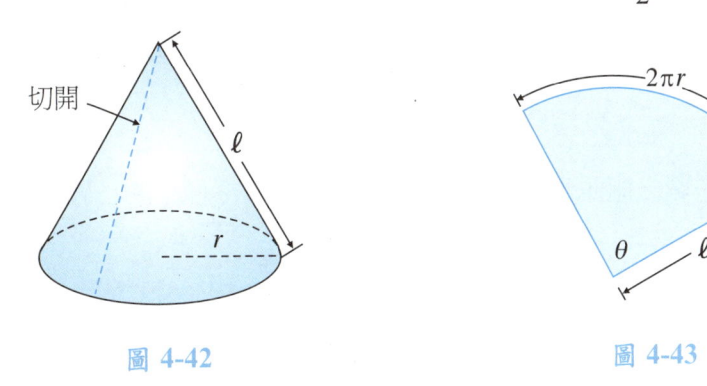

圖 4-42　　　　　　　　　　圖 4-43

現在我們考慮一個底部圓之半徑為 r_2、頂部圓之半徑為 r_1 且斜高為 ℓ 的**正圓錐之截頭體**（frustum of the circular cone）（請參考圖 4-44）。

246　基礎微積分解析導引

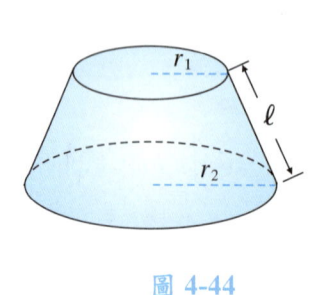

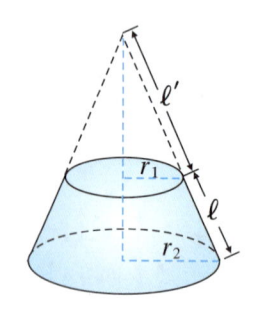

圖 4-44　　　　　　　　　　　　　　圖 4-45

當我們把截去的部分接回去時，設底半徑為 r_1 的圓錐之斜高為 ℓ' (請參考圖 4-45)，則由相似三角形性質，我們有 $\dfrac{\ell'}{\ell+\ell'}=\dfrac{r_1}{r_2}$。所以底半徑為 r_1 的圓錐之斜高為 $\ell'=\dfrac{\ell r_1}{r_2-r_1}$，而底半徑為 r_2 的圓錐之斜高為 $\ell'+\ell=\dfrac{\ell r_1}{r_2-r_1}+\ell=\dfrac{\ell r_2}{r_2-r_1}$。

因此，此截頭體之側面表面積為

$$A=\pi r_2\dfrac{\ell r_2}{r_2-r_1}-\pi r_1\dfrac{\ell r_1}{r_2-r_1}=\pi\ell\cdot\dfrac{r_2^2-r_1^2}{r_2-r}=2\pi\cdot\dfrac{r_1+r_2}{2}\cdot\ell \text{。}$$

現在可以進行如何定義旋轉體曲面的表面積 A_S。

首先，我們任意找一個閉區間 $[a,b]$ 的分割 $P=\{a=x_0,x_1,\cdots,x_{n-1},x_n=b\}$，則此分割將旋轉體分割成 n 個小的正圓錐截頭體 (請參考圖 4-45)。而第 i 個小的正圓錐截頭體的兩個半徑分別為 $r_1=f(x_{i-1})$ 及 $r_2=f(x_i)$，而它的斜高就等於從點 $(x_{i-1},f(x_{i-1}))$ 至點 $(x_i,f(x_i))$ 之弧長，記成 s_i，此弧長 $s_i=\sqrt{1+[f'(x_i^*)]^2}\,\Delta x_i$，其中 $x_i^*\in[x_{i-1},x_i]$。

因此，由截頭體之側面表面積公式，我們可得第 i 個小的正圓錐截頭體之側面表面積為

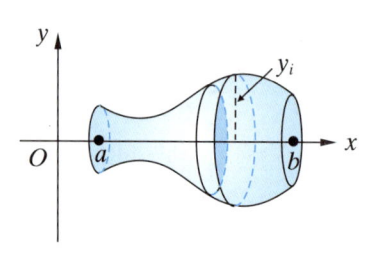

圖 4-46

$$A_i = 2\pi \cdot \frac{f(x_{i-1}) + f(x_i)}{2} \cdot s_i = 2\pi \cdot \frac{f(x_{i-1}) + f(x_i)}{2} \cdot \sqrt{1 + [f'(x_i^*)]^2}\, \Delta x_i \text{。}$$

如此一來,旋轉體曲面的表面積

$$\begin{aligned} A_S &\approx \sum_{i=1}^{n} 2\pi \cdot \frac{f(x_{i-1}) + f(x_i)}{2} \cdot \sqrt{1 + [f'(x_i^*)]^2}\, \Delta x_i \\ &\approx \sum_{i=1}^{n} 2\pi \cdot \frac{f(x_i^*) + f(x_i^*)}{2} \cdot \sqrt{1 + [f'(x_i^*)]^2}\, \Delta x_i \\ &= \sum_{i=1}^{n} 2\pi f(x_i^*)\sqrt{1 + [f'(x_i^*)]^2}\, \Delta x_i \text{。} \end{aligned}$$

最後,我們定義旋轉體之曲面的表面積為

$$A_S = \lim_{\|P\| \to 0^+} \sum_{i=1}^{n} 2\pi f(x_i^*)\sqrt{1 + [f'(x_i^*)]^2}\, \Delta x_i = \int_a^b 2\pi f(x)\sqrt{1 + [f'(x)]^2}\, dx \text{。}$$

Definition 4.9 (Area of Surface of Revolution)
Let the function $y = f(x)$ be nonnegative on a closed interval $[a,b]$ and f' be continuous on $[a,b]$. Then the area of surface A_S of the solid generated by revolving the region under the graph of f and above the x-axis from $x = a$ to $x = b$ about the x-axis is defined by $A_S = \int_a^b 2\pi f(x)\sqrt{1 + [f'(x)]^2}\, dx$.

範例 1

設平面區域 D 為函數 $f(x) = \sqrt{x}$ 之圖形下方、x-軸之上方與兩條直線 $x = 1$ 與 $x = 4$ 所圍成之區域。試求此區域繞 x-軸旋轉所形成之旋轉體之表面積。

解 由定義 4.9,此旋轉體之表面積為

$$\begin{aligned} A_S &= \int_1^4 2\pi f(x)\sqrt{1 + [f'(x)]^2}\, dx \\ &= \int_1^4 2\pi \sqrt{x}\sqrt{1 + \left[\frac{d}{dx}\sqrt{x}\right]^2}\, dx = \int_1^4 2\pi\sqrt{x}\sqrt{1 + \left[\frac{1}{2\sqrt{x}}\right]^2}\, dx \\ &= \int_1^4 \pi\sqrt{1 + 4x}\, dx = \pi \cdot \frac{1}{4} \cdot \frac{2}{3}(1 + 4x)^{3/2} \Big|_1^4 = \frac{\pi}{6}(17^{3/2} - 5^{3/2}) \text{。} \end{aligned}$$

【註】我們也可以利用另一個弧長公式 $L_c^d = \int_c^d \sqrt{1+[g'(y)]^2}\, dy$ 來計算旋轉體之表面積，此時，旋轉體之表面積公式變成

$$A_S = \int_c^d 2\pi y \sqrt{1+[g'(y)]^2}\, dy \text{ 。}$$

因為 $y = f(x) = \sqrt{x} \Leftrightarrow x = g(y) = y^2$ 且 $\begin{cases} x=1 \Rightarrow y=1 \\ x=4 \Rightarrow y=2 \end{cases}$，所以此旋轉體之表面積為 $A_S = \int_1^2 2\pi y \sqrt{1+[g'(y)]^2}\, dy = \int_1^2 2\pi y \sqrt{1+\left[\dfrac{d}{dy}y^2\right]^2}\, dy$

$$= \int_1^2 2\pi y \sqrt{1+4y^2}\, dy = 2\pi \cdot \dfrac{1}{8} \cdot \dfrac{2}{3}(1+4y^2)^{3/2}\Big|_1^2 = \dfrac{\pi}{6}(17^{3/2} - 5^{3/2}) \text{ 。}$$

習題演練

第 1 題至第 4 題，試求在給定的平面區域 D 繞 x-軸所形成之旋轉體的表面積。

1. 平面區域 D 為三條直線 $y = 2x$、$x = 1$ 及 $x = 4$ 所圍成之區域。
2. 平面區域 D 為曲線 $y = x^3$ 及兩條直線 $x = 0$ 及 $x = 9$ 所圍成之區域。
3. 平面區域 D 為曲線 $y = 4\sqrt{x+1}$ 及兩條直線 $x = 0$ 及 $x = 4$ 所圍成之區域。
4. 平面區域 D 為曲線 $y = \sqrt{1-x^2}$ 及兩條直線 $x = -1$ 及 $x = 1$ 所圍成之區域。

第 5 題至第 8 題，試求在給定的平面區域 D 繞 y-軸所形成之旋轉體的表面積。

5. 平面區域 D 為三條直線 $y = 2x$、$y = 1$ 及 $y = 4$ 所圍成之區域。
6. 平面區域 D 為曲線 $y = 2 - x^2$ 及三條直線 $x = 0$、$y = 0$ 及 $x = \sqrt{2}$ 所圍成之區域。
7. 平面區域 D 為曲線 $x = \sqrt{2y - y^2}$ 及兩條直線 $y = 0$ 及 $y = 1$ 所圍成之區域。
8. 平面區域 D 為曲線 $x = y^{1/2}$ 及兩條直線 $y = 1$ 及 $y = 2$ 所圍成之區域。

CHAPTER 5

一些超越函數

- 5-1 反函數及其導函數公式
- 5-2 自然對數函數
- 5-3 自然指數函數
- 5-4 一般指數函數與一般對數函數
- 5-5 反三角函數
- 5-6 雙曲線函數
- 5-7 不定型與 L'Hôpital's Rule

這一章我們將介紹並討論一些非常有用的**超越函數** (transcendental functions)，先介紹**對數與指數函數** (logarithmic and exponential functions)，接著介紹**反三角函數** (inverse trigonometric functions)，最後再介紹**雙曲線函數** (hyperbolic functions)。

5-1 反函數及其導函數公式

Definition 5.1.1 (One to One Function)
Let f be a function with domain A.
We say that f is a one to one function if, for any numbers x_1 and x_2 in A, $x_1 \neq x_2 \Rightarrow f(x_1) \neq f(x_2)$ or $f(x_1) = f(x_2) \Rightarrow x_1 = x_2$.

範例 1

試判定函數 $f(x) = x^3$, $x \in (-\infty, \infty)$ 是否為 1 對 1 (或 1-1) 函數。

解 對任意的兩實數 x_1 與 x_2，因為 $x_1 \neq x_2 \Rightarrow f(x_1) = x_1^3 \neq x_2^3 = f(x_2)$，

所以，函數 $f(x) = x^3$ 是 1-1 函數。

範例 2

試判定函數 $f(x) = x^2$, $x \in (-\infty, \infty)$ 是否為 1-1 函數。

解 選取 $x_1 = 2$ 及 $x_2 = -2$，此時，$x_1 \neq x_2$，但是 $f(x_1) = 2^2 = 4$ 且 $f(x_2) = (-2)^2 = 4$，換言之，我們得到 $f(x_1) = f(x_2)$。
因此，函數 $f(x) = x^2$, $x \in (-\infty, \infty)$ 不是 1-1 函數。

【註】在範例 2 中，如果將函數的定義域縮小，則該函數就可以變成 1-1 函數了。
例如：重新定義函數為 $f(x) = x^2$, $x \in [0, \infty)$，則函數 $f(x) = x^2$, $x \in [0, \infty)$ 就是 1-1 函數了。因為，改了定義域之後，對任意兩個非負的實數 x_1 與 x_2，我們有

$$x_1 \neq x_2 \Rightarrow f(x_1) = x_1^2 \neq x_2^2 = f(x_2)。$$

而這種縮小定義域的做法，在定義反三角函數時就會看到。

Theorem 5.1.1 (Test for One to One Function)
If f is increasing or decreasing on an interval I, then f is a one to one function on I.

解 (i) 設函數 f 在區間 I 上遞增。

因為函數 f 在區間 I 上遞增，所以，對任意在區間 I 內的兩個數 x_1 與 x_2，我們有 $x_1 < x_2 \Rightarrow f(x_1) < f(x_2)$。此時，當然也有 $x_1 \neq x_2 \Rightarrow f(x_1) \neq f(x_2)$。因此，函數 f 在區間 I 上是 1-1 函數。

(ii) 設函數 f 在區間 I 上遞減，則同理可證。

範例 3

試判定函數 $f(x) = 2x + \cos x$, $x \in (-\infty, \infty)$ 是否為 1-1 函數。

解 因為 $f'(x) = 2 - \sin x > 0 \quad \forall x \in (-\infty, \infty)$，所以 f 在區間 $(-\infty, \infty)$ 上遞增。

因此，函數 $f(x) = 2x + \cos x$, $x \in (-\infty, \infty)$ 是 1-1 函數。

【註】在範例 3 中，如果用定義判定就棘手多了。

Definition 5.1.2 (Definition of Inverse Function)
Let f be a 1-1 function with domain A and range B.
An inverse function of f, denoted by f^{-1}, is the function with domain B and range A defined by
$$y = f^{-1}(x) \Leftrightarrow x = f(y)$$
where $x \in B$ and $y \in A$.

【註】（我們討論一些反函數的性質）

1. 由定義 5.1.2，我們有 $\begin{cases} f(f^{-1}(x)) = x &, x \in B \\ f^{-1}(f(x)) = x &, x \in A \end{cases}$。

   換言之，$f \circ f^{-1} = I$ 且 $f^{-1} \circ f = I$，其中 I 為一個自等函數，即 $I(x) = x$。

2. 找反函數 $f^{-1}(x)$ 的步驟如下：

   第一步：
   先將函數 $y = f(x)$ 中的變數 x 與 y 對調，即得 $x = f(y)$。

第二步：

設法求出方程式 $x = f(y)$ 中之 y 的解，設此解為 $y = g(x)$，則 $g(x) = f^{-1}(x)$。

範例 4

試求函數 $y = f(x) = x^3$, $x \in (-\infty, \infty)$ 之反函數。

解 (i) 將 $y = x^3$ 寫成 $x = y^3$。

(ii) 解方程式 $x = y^3$。
$x = y^3 \Rightarrow y = g(x) = x^{1/3}$。

因此，反函數為 $f^{-1}(x) = x^{1/3}$, $x \in (-\infty, \infty)$。

範例 5

試求函數 $y = f(x) = x^2$, $x \in [0, \infty)$ 之反函數。

解 (i) 將 $y = x^2$ 寫成 $x = y^2$。

(ii) 解方程式 $x = y^2$。
$x = y^2 \Rightarrow y = g(x) = \sqrt{x}$。
（由於方程式 $x = y^2$ 中的 $y \geq 0$，因此 $y = -\sqrt{x}$ 必須剔除）

因此，反函數為 $f^{-1}(x) = \sqrt{x}$, $x \in [0, \infty)$。

3. 如果點 (x, y) 為函數 f 圖形上的一個點，則點 (y, x) 必為反函數 f^{-1} 圖形上的一個點。[由於 $x = f^{-1}(y) \Leftrightarrow y = f(x)$]
因此，函數 f 的圖形與函數 f^{-1} 的圖形就會對稱於直線 $y = x$。

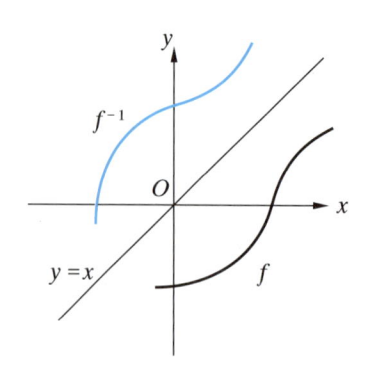

函數與反函數圖形對稱於直線 $y = x$

圖 5-1　函數與反函數圖形之對稱性

4. 利用圖形之對稱關係，我們不難看出底下的結果。這個結果我們只敘述它，而不準備證明它。
   (i) 設函數 f 在閉區間 $[a,b]$ 上連續且遞增，則反函數 f^{-1} 在閉區間 $[f(a), f(b)]$ 上連續且遞增。
   (ii) 設函數 f 在閉區間 $[a,b]$ 上連續且遞減，則反函數 f^{-1} 在閉區間 $[f(b), f(a)]$ 上連續且遞減。

最後，我們介紹反函數的導函數公式。

Theorem 5.1.2
If f is a one to one differentiable function with inverse function f^{-1} and if $f'(f^{-1}(x)) \neq 0$, then f^{-1} is differentiable at x and $\dfrac{d}{dx} f^{-1}(x) = \dfrac{1}{f'(f^{-1}(x))}$.

證明：我們利用導函數定義證明

$$\frac{d}{dx} f^{-1}(x) = \lim_{t \to x} \frac{f^{-1}(t) - f^{-1}(x)}{t - x} = \frac{1}{f'(f^{-1}(x))} \text{。}$$

設 $y = f^{-1}(t)$ 且 $a = f^{-1}(x)$，則我們有 $t = f(y)$ 且 $x = f(a)$。
因為函數 f 在 $f^{-1}(x)$ 可微分，所以函數 f 在 $f^{-1}(x)$ 連續。而函數 f 在 $f^{-1}(x)$ 連續，又可推得反函數 f^{-1} 在 x 連續，即

$$\lim_{t \to x} f^{-1}(t) = f^{-1}(x) \quad \text{或} \quad \lim_{t \to x} y = a$$

因此，

$$\frac{d}{dx} f^{-1}(x) = \lim_{t \to x} \frac{f^{-1}(t) - f^{-1}(x)}{t - x} = \lim_{y \to a} \frac{y - a}{f(y) - f(a)} \quad (t \to x \Rightarrow y \to a)$$

$$= \lim_{y \to a} \frac{1}{\dfrac{f(y) - f(a)}{y - a}} = \frac{1}{\lim_{y \to a} \dfrac{f(y) - f(a)}{y - a}} = \frac{1}{f'(a)} = \frac{1}{f'(f^{-1}(x))}$$

範例 6

設函數 $f(x) = x^3$，$x \in (-\infty, \infty)$，試求 $\dfrac{d}{dx} f^{-1}(x)$。

解 解法 1：

由範例 4，我們有 $f^{-1}(x) = x^{1/3}$。因此，

$$\frac{d}{dx} f^{-1}(x) = \frac{d}{dx} x^{1/3} = \frac{1}{3} x^{-2/3}, \ x \neq 0 \text{。}$$

解法 2：

因為 $f'(x) = 3x^2$ 且 $f^{-1}(x) = x^{1/3}$，所以

$$\frac{d}{dx} f^{-1}(x) = \frac{1}{f'(f^{-1}(x))} = \frac{1}{3(x^{1/3})^2} = \frac{1}{3} x^{-2/3}, \ x \neq 0 \text{。}$$

範例 7

設函數 $f(x) = 2x + \cos x$，$x \in (-\infty, \infty)$，試求 $(f^{-1})'(1)$。

解 我們利用公式 $(f^{-1})'(1) = \dfrac{d}{dx} f^{-1}(x) \bigg|_{x=1} = \dfrac{1}{f'(f^{-1}(1))}$ 來計算。

因為 $f(0) = 2 \cdot 0 + \cos 0 = 1 \Leftrightarrow f^{-1}(1) = 0$ 及 $f'(x) = 2 - \sin x$，所以

$$(f^{-1})'(1) = \frac{1}{f'(f^{-1}(1))} = \frac{1}{f'(0)} = \frac{1}{2 - \sin 0} = \frac{1}{2 - 0} = \frac{1}{2} \text{。}$$

習題演練

第 1 題至第 6 題，(a) 試說明各函數為 1-1 函數

(b) 試找出各函數之反函數

(c) 試找出各函數之反函數的導函數。

1. $f(x) = 2x + 7$
2. $f(x) = x^3 + 1$
3. $f(x) = \sqrt{2x - 3}$，$x \geq \dfrac{3}{2}$
4. $f(x) = \dfrac{1}{x - 2}$，$x > 2$
5. $f(x) = \dfrac{1 + 2x}{5 - 3x}$
6. $f(x) = x^2 + 2x$，$x \geq -1$

第 7 題至第 12 題，試利用反函數之導數公式計算 $(f^{-1})'(a)$。

7. $f(x) = x^3 + 2x + 5$; $a = 5$
8. $f(x) = x^{1/3}$; $a = 2$
9. $f(x) = \dfrac{1}{x-2}$, $x < 2$; $a = -5$
10. $f(x) = \sqrt{x^3 + 2x + 1}$; $a = 1$
11. $f(x) = 2x - \cos x$; $a = \pi$
12. $f(x) = \dfrac{1+2x}{5-3x}$; $a = \dfrac{3}{2}$

13. 設函數 f 在閉區間 $[0,1]$ 上連續且遞增，再設 $f(0) = 0$ 且 $f(1) = 1$。

    如果 $\int_0^1 f(x)\, dx = \dfrac{1}{4}$，試求 $\int_0^1 f^{-1}(x)\, dx$。

5-2 自然對數函數

這一節我們將介紹自然對數函數，而自然對數函數的定義對初學者較難接受，但是當整個循環介紹完後，就可豁然開朗了。

Definition 5.2.1 (The Natural Logarithmic Function)

The natural logarithmic function, denoted by $\ln$, is defined by $\ln x = \int_1^x \dfrac{1}{t}\, dt$ for all $x > 0$.

【註】 1. 在本節我們就可知道為什麼函數 $y = \ln x$ 稱為對數函數，而要到 5-4 節我們才可解釋為什麼函數 $y = \ln x$ 稱為自然對數函數。

2. 函數 $y = \ln x$ 的定義域為 $D_{\ln} = (0, \infty)$。換言之，當 $x \leq 0$ 時，定積分 $\int_1^x \dfrac{1}{t}\, dt$ 是不存在的。(爾後在瑕積分會有討論)

3. ① 如果 $0 < x < 1$，則 $\ln x = \int_1^x \dfrac{1}{t}\, dt = -\int_x^1 \dfrac{1}{t}\, dt < 0$。

   ② 如果 $x = 1$，則 $\ln 1 = \int_1^1 \dfrac{1}{t}\, dt = 0$。(有一點對數的感覺)

   （這個結論表示 $y = \ln x$ 之圖形通過平面上的點 $(1, 0)$）

   ③ 如果 $x > 1$，則 $\ln x = \int_1^x \dfrac{1}{t}\, dt > 0$。

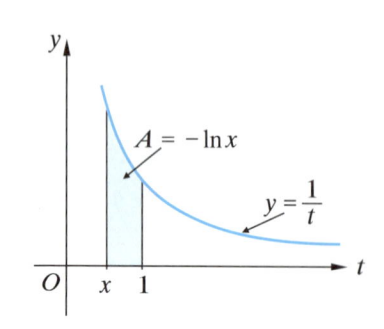

(a) $\ln x = \int_1^x \frac{1}{t} dt = -\int_x^1 \frac{1}{t} dt < 0$ (b) $\ln x = \int_1^x \frac{1}{t} dt > 0$

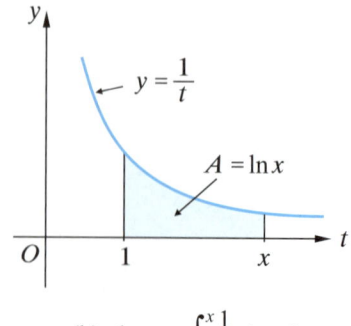

圖 5-2 $\ln x$ 的表現

所以，由上面的推論，函數 $y = \ln x$ 的函數值可以是負的、零或是正的，其實我們很快可以知道函數 $y = \ln x$ 的值域是所有的實數。

4. 由微積分基本定理之第一部分，我們有

$$\frac{d}{dx}\ln x = \frac{d}{dx}\int_1^x \frac{1}{t} dt = \frac{1}{x} > 0 \quad \forall x > 0 \text{ 。}$$

因此，自然對數函數 $y = \ln x$ 在區間 $(0, \infty)$ 上是遞增的。

5. 由於 $\dfrac{d^2}{dx^2}\ln x = \dfrac{d}{dx}\dfrac{1}{x} = -\dfrac{1}{x^2} < 0 \quad \forall x > 0$，因此，自然對數函數 $y = \ln x$ 在區間 $(0, \infty)$ 上是凹向下的。

6. 從 ① 極限 $\lim\limits_{x \to \infty} \ln x = \infty$ 及 ② 極限 $\lim\limits_{x \to 0^+} \ln x = -\infty$，我們不難知道自然對數函數 $y = \ln x$ 的值域為 $(-\infty, \infty)$ 且知道 $x = 0$ 是自然對數函數 $y = \ln x$ 的垂直漸近線。(請看定理 5.2.2)

有了上述資料，我們就可以描繪自然對數函數 $y = \ln x$ 的圖形了。

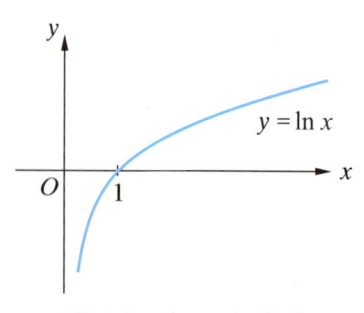

圖 5-3 $\ln x$ 的圖形

Theorem 5.2.1 (Laws of Logarithm)
If x and y are positive numbers and r is a rational number, then
(a) $\ln(xy) = \ln x + \ln y$ (b) $\ln\left(\dfrac{x}{y}\right) = \ln x - \ln y$ (c) $\ln x^r = r \ln x$.

證明：(a) 利用區間可加性，我們有

$$\ln(xy) = \int_1^{xy} \frac{1}{t}\, dt = \int_1^x \frac{1}{t}\, dt + \int_x^{xy} \frac{1}{t}\, dt \cdots\cdots (*)$$

在定積分 $\int_x^{xy} \dfrac{1}{t}\, dt$ 中，我們設 $u = g(t) = \dfrac{t}{x}$，此時，$dt = x\, du$、$t = ux$

及 $g(x) = \dfrac{x}{x} = 1$ 且 $g(xy) = \dfrac{xy}{x} = y$，因此

$$\int_x^{xy} \frac{1}{t}\, dt = \int_1^y \frac{1}{ux} \cdot x\, du = \int_1^y \frac{1}{u}\, du = \ln y \text{ 。}$$

最後，由 (*) 的等式中，我們有

$$\ln(xy) = \int_1^x \frac{1}{t}\, dt + \int_x^{xy} \frac{1}{t}\, dt = \ln x + \ln y \text{ 。}$$

(b) (i) 因為 $0 = \ln 1 = \ln\left(y \cdot \dfrac{1}{y}\right) = \ln y + \ln\left(\dfrac{1}{y}\right)$，

（利用 $\ln(xy) = \ln x + \ln y$）

所以，$\ln\left(\dfrac{1}{y}\right) = -\ln y$ 。

(ii) $\ln\left(\dfrac{x}{y}\right) = \ln\left(x \cdot \dfrac{1}{y}\right) = \ln x + \ln\left(\dfrac{1}{y}\right) = \ln x - \ln y$ 。

（利用 $\ln(xy) = \ln x + \ln y$ 及 $\ln\left(\dfrac{1}{y}\right) = -\ln y$）

(c) 因為 $\dfrac{d}{dx} \ln x = \dfrac{1}{x}$ $\forall x > 0$，所以，如果 $g(x) > 0$ 且 $g'(x) \exists$，則由合成

函數之微分公式，我們有 $\dfrac{d}{dx} \ln g(x) = \dfrac{1}{g(x)} \cdot g'(x)$ 。

有了此微分公式，我們就可證明 $\ln x^r = r \ln x$ 。

因為 $\dfrac{d}{dx} \ln x^r = \dfrac{1}{x^r} \cdot r x^{r-1} = \dfrac{r}{x}$ $\forall x > 0$ 且 $\dfrac{d}{dx} r \ln x = r \cdot \dfrac{1}{x} = \dfrac{r}{x}$ $\forall x > 0$，

所以，由引理 3.2.3，必存在一數 C 使得 $\ln x^r = r \ln x + C$ $\forall x > 0$。

在等式 $\ln x^r = r \ln x + C$ 中，我們特別選取 $x = 1$，則得到

$\ln 1^r = r \ln 1 + C$。

但是 $\ln 1^r = \ln 1 = 0$ 且 $r \ln 1 = r \cdot 0 = 0$，換言之，$C = 0$。

因此，$\ln x^r = r \ln x$。

【註】有了定理 5.2.1，$y = \ln x$ 就可稱之為對數函數了。

範例 1

將 $\dfrac{1}{3}\ln 2 + \dfrac{1}{4}\ln 3$ 表示成一個自然對數。

解 $\dfrac{1}{3}\ln 2 + \dfrac{1}{4}\ln 3 = \ln 2^{1/3} + \ln 3^{1/4} = \ln(2^{1/3} 3^{1/4}) = \ln(\sqrt[3]{2}\sqrt[4]{3})$。

【註】$\ln a$ 稱為 a 的自然對數。

範例 2

化簡（或展開）自然對數 $\ln \dfrac{\sqrt{x}(x+1)^3}{(x^2+1)^5}$。

解
$$\ln \dfrac{\sqrt{x}(x+1)^3}{(x^2+1)^5} = \ln[\sqrt{x}(x+1)^3] - \ln(x^2+1)^5$$
$$= \ln \sqrt{x} + \ln(x+1)^3 - \ln(x^2+1)^5$$
$$= \dfrac{1}{2}\ln x + 3\ln(x+1) - 5\ln(x^2+1)$$

Theorem 5.2.2 (Limits of Natural Logarithmic Function)

(a) $\lim\limits_{x \to \infty} \ln x = \infty$ (b) $\lim\limits_{x \to 0^+} \ln x = -\infty$

證明：(a) 對於任意給定的正數 P，我們必須能找到一個正數 N 使得

$x > N \Rightarrow \ln x > P$。

由於 $\ln 2 > 0$，所以必存在一自然數 n 使得 $n \ln 2 > P$。

（n 只要滿足不等式 $n \geq \left[\!\left[\dfrac{P}{\ln 2}\right]\!\right] + 1$ 即可滿足 $n \ln 2 > P$）

因此，若我們選取 $N = \ln 2^n$，則

$x > N \Rightarrow \ln x > \ln N = \ln 2^n = n \ln 2 > P$。

（這裡我們利用下列兩個性質：① $y = \ln x$ 在區間 $(0, \infty)$ 上遞增

② $\ln x^r = r \ln x$ （$r \in Q$））

由極限定義，我們有　$\lim\limits_{x \to \infty} \ln x = \infty$。

(b) $\lim\limits_{x \to 0^+} \ln x = \lim\limits_{x \to \infty} \ln \dfrac{1}{x} = -\lim\limits_{x \to \infty} \ln x = -\infty$。

(這裡我們利用下列兩個性質：① $\ln \dfrac{1}{x} = -\ln x$　② $\lim\limits_{x \to \infty} \ln x = \infty$)

【註】定理 5.2.2 說明了 $y = \ln x$ 的值域為所有實數。（會證明嗎？）

Definition 5.2.2 (The Natural Number)
The natural number e is the unique real number such that $\ln e = 1$.

【註】
1. 可以證明 e 是一個無理數。在 5-4 節，我們將說明此自然數 e 正是自然對數 $y = \ln x$ 的底，換言之，$\ln x = \log_e x$。而這個理由就是稱 $y = \ln x$ 為自然對數的理由。

2. 在 5-4 節，我們將證明 $e = \lim\limits_{h \to 0}(1+h)^{1/h}$ 及 $e = \lim\limits_{x \to \infty}\left(1 + \dfrac{1}{x}\right)^x$。

3. 在介紹無窮級數時（第 9 章），我們將證明 $e = 1 + 1 + \dfrac{1}{2!} + \dfrac{1}{3!} + \cdots$。

4. 利用 $e = \lim\limits_{h \to 0}(1+h)^{1/h}$ 或 $e = 1 + 1 + \dfrac{1}{2!} + \dfrac{1}{3!} + \cdots$ 去估計 e 值，我們有

$e \approx 2.71828$。

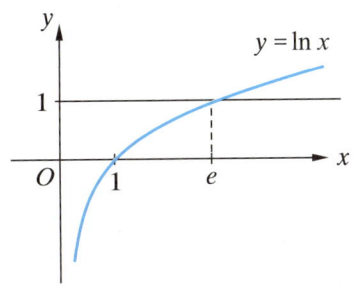

圖 5-4　自然數 e 的定義

> **Theorem 5.2.3**　(Differentiation Formula)
> (a) $\dfrac{d}{dx}\ln x = \dfrac{1}{x}$，$x>0$.
>
> (b) $\dfrac{d}{dx}\ln|x| = \dfrac{1}{x}$，$x \neq 0$.
>
> (c) $\dfrac{d}{dx}\ln g(x) = \dfrac{1}{g(x)} \cdot g'(x)$，$g(x) > 0$ and $g'(x)\ \exists$.
>
> (d) $\dfrac{d}{dx}\ln|g(x)| = \dfrac{1}{g(x)} \cdot g'(x)$，$g(x) \neq 0$ and $g'(x)\ \exists$.

證明：(a) 與 (c) 前面已證明過，我們只須證明 (b)，因爲再利用合成函數之微分公式就可得到公式 (d)。

(i) 設 $x > 0$，則 $\dfrac{d}{dx}\ln|x| = \dfrac{d}{dx}\ln x = \dfrac{1}{x}$。（利用 (a)）

(ii) 設 $x < 0$，則 $\dfrac{d}{dx}\ln|x| = \dfrac{d}{dx}\ln(-x) = \dfrac{1}{-x} \cdot (-1) = \dfrac{1}{x}$。（利用 (c)）

因此，由 (i) 與 (ii) 就可推得 $\dfrac{d}{dx}\ln|x| = \dfrac{1}{x}$，$x \neq 0$。

範例 3

試微分下列各函數。

(a) $f(x) = x\ln x$　　(b) $f(x) = \dfrac{\ln x}{x}$　　(c) $f(x) = \ln(x^3+1)$

(d) $f(x) = \ln|x^3+1|$　　(e) $f(x) = \ln\dfrac{x(x^2+1)}{\sqrt[3]{x^4+3}}$　$(x>0)$

解　(a) $f'(x) = \dfrac{d}{dx}(x\ln x) = x \cdot \dfrac{d}{dx}\ln x + \ln x \cdot \dfrac{d}{dx}x = x \cdot \dfrac{1}{x} + \ln x \cdot 1 = 1 + \ln x$。

(b) $f'(x) = \dfrac{d}{dx}\dfrac{\ln x}{x} = \dfrac{x \cdot \dfrac{d}{dx}\ln x - \ln x \cdot \dfrac{d}{dx}x}{x^2} = \dfrac{x \cdot \dfrac{1}{x} - \ln x \cdot 1}{x^2} = \dfrac{1 - \ln x}{x^2}$。

(c) $f'(x) = \dfrac{1}{x^3+1} \cdot \dfrac{d}{dx}(x^3+1) = \dfrac{3x^2}{x^3+1}$。$(x^3+1 > 0)$

(d) $f'(x) = \dfrac{1}{x^3+1} \cdot \dfrac{d}{dx}(x^3+1) = \dfrac{3x^2}{x^3+1}$。$(x^3+1 \ne 0)$

(e) $f'(x) = \dfrac{d}{dx} \ln \dfrac{x(x^2+1)}{\sqrt[3]{x^4+3}} = \dfrac{d}{dx} \{\ln[x(x^2+1)] - \ln \sqrt[3]{x^4+3}\}$

$= \dfrac{d}{dx} \{\ln x + \ln(x^2+1) - \ln \sqrt[3]{x^4+3}\}$

$= \dfrac{d}{dx} \{\ln x + \ln(x^2+1) - \dfrac{1}{3}\ln(x^4+3)\}$

$= \dfrac{d}{dx} \ln x + \dfrac{d}{dx} \ln(x^2+1) - \dfrac{1}{3}\dfrac{d}{dx}\ln(x^4+3)$

$= \dfrac{1}{x} + \dfrac{1}{x^2+1} \cdot 2x - \dfrac{1}{3} \cdot \dfrac{1}{x^4+3} \cdot 4x^3 = \dfrac{1}{x} + \dfrac{2x}{x^2+1} - \dfrac{4x^3}{3(x^4+3)}$。

Theorem 5.2.4 (Integration Related to Natural Logarithm)

$\displaystyle\int \dfrac{1}{x}\, dx = \ln|x| + C.$

證明：因為 $\dfrac{d}{dx}\ln|x| = \dfrac{1}{x}$ $\forall x \ne 0$，所以 $\displaystyle\int \dfrac{1}{x}\, dx = \ln|x| + C$。

範例 4

試求下列之積分。

(a) $\displaystyle\int \dfrac{1}{\sqrt{x}(1+\sqrt{x})}\, dx$　　(b) $\displaystyle\int \dfrac{x}{1+x^2}\, dx$　　(c) $\displaystyle\int_1^e \dfrac{\ln x}{x}\, dx$

解 (a) 設 $u = 1+\sqrt{x}$，則 $du = \dfrac{1}{2\sqrt{x}}dx$ 或 $\dfrac{1}{\sqrt{x}}dx = 2du$。因此，

$\displaystyle\int \dfrac{1}{\sqrt{x}(1+\sqrt{x})}\, dx = 2\int \dfrac{1}{u}\, du = 2\ln|u| + C = 2\ln(1+\sqrt{x}) + C$。

(b) 設 $u = 1+x^2$，則 $du = 2x\, dx$ 或 $x\, dx = \dfrac{1}{2}du$。因此，

$\displaystyle\int \dfrac{x}{1+x^2}\, dx = \dfrac{1}{2}\int \dfrac{1}{u}\, du = \dfrac{1}{2}\ln|u| + C = \dfrac{1}{2}\ln(1+x^2) + C$。

(c) 設 $u = g(x) = \ln x$，則 $du = \dfrac{1}{x} dx$ 且 $g(1) = \ln 1 = 0$，$g(e) = \ln e = 1$。

因此，$\displaystyle\int_1^e \dfrac{\ln x}{x}\, dx = \int_0^1 u\, du = \left.\dfrac{u^2}{2}\right|_0^1 = \dfrac{1^2}{2} - \dfrac{0^2}{2} = \dfrac{1}{2}$。

Theorem 5.2.5 (Some Integration of Trigonometric Functions)

(a) $\displaystyle\int \tan x\, dx = \ln|\sec x| + C$ 　　　(b) $\displaystyle\int \cot x\, dx = -\ln|\csc x| + C$

(c) $\displaystyle\int \sec x\, dx = \ln|\sec x + \tan x| + C$ 　　(d) $\displaystyle\int \csc x\, dx = -\ln|\csc x + \cot x| + C$

證明：我們只證明 (a) 與 (c)。

(a) $\displaystyle\int \tan x\, dx = \int \dfrac{\sin x}{\cos x}\, dx$ （設 $u = \cos x$，則 $du = -\sin x\, dx$）

$\qquad\qquad = -\displaystyle\int \dfrac{1}{u}\, du = -\ln|u| + C = -\ln|\cos x| + C$

$\qquad\qquad = \ln\left|(\cos x)^{-1}\right| + C = \ln\left|\dfrac{1}{\cos x}\right| + C = \ln|\sec x| + C$。

(c) $\displaystyle\int \sec x\, dx = \int \dfrac{\sec x(\sec x + \tan x)}{\sec x + \tan x}\, dx$

[設 $u = \sec x + \tan x$，則 $du = (\sec x \tan x + \sec^2 x)\, dx$]

$\qquad\qquad = \displaystyle\int \dfrac{1}{u}\, du = \ln|u| + C = \ln|\sec x + \tan x| + C$

最後，我們介紹**對數微分法**（logarithmic differentiation）。

設 $f(x) = f_1(x) \cdot f_2(x) \cdots f_k(x) \neq 0$ 且 $f_i'(x)\; \exists\; \forall i = 1, 2, \cdots, k$，我們想很快的求出函數 f 之導函數 $f'(x)$。底下是對數微分法的步驟：

第一步：$|f(x)| = |f_1(x) \cdot f_2(x) \cdots f_k(x)| = |f_1(x)| \cdot |f_2(x)| \cdots |f_k(x)|$
（等號兩邊取絕對值）

第二步：$\ln|f(x)| = \ln|f_1(x)| \cdot |f_2(x)| \cdots |f_k(x)| = \ln|f_1(x)| + \ln|f_2(x)| + \cdots + \ln|f_k(x)|$
（等號兩邊取對數，再利用公式 $\ln xy = \ln x + \ln y$）

第三步：$\dfrac{f'(x)}{f(x)} = \dfrac{f_1'(x)}{f_1(x)} + \dfrac{f_2'(x)}{f_2(x)} + \cdots + \dfrac{f_k'(x)}{f_k(x)}$

（等號兩邊對 x 微分並利用公式 $\dfrac{d}{dx}\ln|g(x)| = \dfrac{g'(x)}{g(x)}$）

第四步：$f'(x) = f(x) \cdot \left[\dfrac{f_1'(x)}{f_1(x)} + \dfrac{f_2'(x)}{f_2(x)} + \cdots + \dfrac{f_k'(x)}{f_k(x)} \right]$

$\quad\quad\quad\quad = f_1(x) \cdot f_2(x) \cdots f_k(x) \cdot \left[\dfrac{f_1'(x)}{f_1(x)} + \dfrac{f_2'(x)}{f_2(x)} + \cdots + \dfrac{f_k'(x)}{f_k(x)} \right]$

（當左邊分母 $f(x)$ 乘到右邊時，即可得函數 f 之導函數 $f'(x)$）

【註】如果 $f(x) > 0$，則第一步就可以省略。

範例 5

設 $f(x) = \dfrac{(x^3+1)^3 \sin^2 x}{x^2 \sqrt[5]{x^6-7}} \neq 0$，試利用對數微分法求 $f'(x)$。

解 第一步：$|f(x)| = \left| \dfrac{(x^3+1)^3 \sin^2 x}{x^2 \sqrt[5]{x^6-7}} \right| = \left|(x^3+1)^3\right| \cdot \left|\sin^2 x\right| \cdot \left|x^{-2}\right| \cdot \left|(x^6-7)^{-1/5}\right|$

第二步：$\ln|f(x)| = \ln\left|(x^3+1)^3\right| \cdot \left|\sin^2 x\right| \cdot \left|x^{-2}\right| \cdot \left|(x^6-7)^{-1/5}\right|$

$\quad\quad\quad\quad = \ln\left|(x^3+1)^3\right| + \ln\left|\sin^2 x\right| + \ln\left|x^{-2}\right| + \ln\left|(x^6-7)^{-1/5}\right|$

$\quad\quad\quad\quad = 3\ln\left|x^3+1\right| + 2\ln\left|\sin x\right| - 2\ln|x| - \dfrac{1}{5}\ln\left|x^6-7\right|$

第三步：$\dfrac{f'(x)}{f(x)} = 3 \cdot \dfrac{3x^2}{x^3+1} + 2 \cdot \dfrac{\cos x}{\sin x} - 2 \cdot \dfrac{1}{x} - \dfrac{1}{5} \cdot \dfrac{6x^5}{x^6-7}$

$\quad\quad\quad\quad = \dfrac{9x^2}{x^3+1} + \dfrac{2\cos x}{\sin x} - \dfrac{2}{x} - \dfrac{6x^5}{5(x^6-7)}$

第四步：$f'(x) = f(x) \cdot \left[\dfrac{9x^2}{x^3+1} + \dfrac{2\cos x}{\sin x} - \dfrac{2}{x} - \dfrac{6x^5}{5(x^6-7)} \right]$

$\quad\quad\quad\quad = \dfrac{(x^3+1)^3 \sin^2 x}{x^2 \sqrt[5]{x^6-7}} \cdot \left[\dfrac{9x^2}{x^3+1} + \dfrac{2\cos x}{\sin x} - \dfrac{2}{x} - \dfrac{6x^5}{5(x^6-7)} \right]$

【註】這一題如果用除法及乘法微分公式計算就複雜多了。

習題演練

· 基本題

1. 如果給定 $\ln 2 = 0.6931$、$\ln 3 = 1.0986$ 及 $\ln 5 = 1.6094$，試利用自然對數律化簡下列的自然對數之值。

    (a) $\ln 6$ (b) $\ln 50$ (c) $\ln \sqrt{3}$ (d) $\ln \dfrac{1}{200}$ (e) $\ln \dfrac{\sqrt{2}\, 3^{2/3}}{5^{1/3}}$

2. 試利用自然對數律化簡下列的表示式。

    (a) $\ln\left[x^2(x+1)^4\right]$ (b) $\ln \dfrac{x^{2/3}(x^3+1)^{4/5}}{\sqrt{x}}$ (c) $\ln \dfrac{(x^5+1)^4 \sin^2 x}{\sqrt[3]{x^4}}$

第 3 題至第 6 題，試求下列函數之導函數。

3. $f(x) = x^3 \ln x$

4. $f(x) = \sin(\ln x)$

5. $f(x) = x^3 \ln(x^2+3)$

6. $f(x) = \ln\left(\dfrac{2x-1}{3x-2}\right)^4$

第 7 題至第 10 題，試求下列的積分。

7. $\displaystyle\int_{-1}^{-5} \dfrac{1}{x}\, dx$

8. $\displaystyle\int_{4}^{9} \left(\sqrt{x} + \dfrac{1}{\sqrt{x}}\right)^2 dx$

9. $\displaystyle\int \dfrac{1}{x(\ln x)^2}\, dx$

10. $\displaystyle\int \dfrac{\cos x}{1 + \sin x}\, dx$

· 進階題

第 11 題至第 14 題，試求下列函數之第一階及第二階導函數。

11. $f(x) = x \ln x$

12. $f(x) = \dfrac{\ln(x+1)}{\sqrt{x}}$

13. $\ln\left(x + \sqrt{x^2+1}\right)$

14. $f(x) = \ln|\sec x + \tan x|$

第 15 題至第 18 題，試求下列的積分。

15. $\displaystyle\int_{1}^{e^2} \dfrac{(1+\ln x)^3}{x}\, dx$

16. $\displaystyle\int \dfrac{\sqrt{x}}{1 - x\sqrt{x}}\, dx$

17. $\displaystyle\int \dfrac{x \cos x}{x \sin x + \cos x}\, dx$

18. $\displaystyle\int \dfrac{x^2+1}{x^3+3x+1}\, dx$

19. 試利用隱函數微分法求 $\dfrac{dy}{dx}$。

   (a) $x\ln y - y\ln x = 1$ (b) $y^3 + x^2\ln y = 5x + 3$ (c) $\ln(x^2 y) = \dfrac{\ln y}{x}$

20. 試利用對數微分法求 $\dfrac{dy}{dx}$。

   (a) $y = \dfrac{(x+1)(x+2)(x+3)}{(x-1)(x-2)(x-3)}$ (b) $y = \dfrac{\sqrt[3]{(x+1)^2}\,(4x-3)^2}{x^4(3x-2)^3}$。

21. 試討論下列函數之單調性、凹性及局部極值。

   (a) $f(x) = x\ln x$ (b) $f(x) = \dfrac{\ln x}{x}$

22. (a) 試證明 $\dfrac{x-1}{x} \le \ln x \le x - 1 \quad \forall x > 0$。

   (b) 試利用 (a) 證明 $\lim\limits_{x \to 0} \dfrac{\ln(x+1)}{x} = 1$。

23. 設 $n \ge 2$，試證明 $\dfrac{1}{2} + \dfrac{1}{3} + \cdots + \dfrac{1}{n} < \ln n < 1 + \dfrac{1}{2} + \dfrac{1}{3} + \cdots + \dfrac{1}{n-1}$。

5-3 自然指數函數

在 5-2 節，我們已經知道自然對數函數 $y = \ln x$ 在其定義域 $(0, \infty)$ 上遞增。換言之，$y = \ln x$ 為 1-1 函數，因此，我們就可以定義它的反函數。當然，我們還知道 $y = \ln x$ 之值域為 $(-\infty, \infty)$。

> **Definition 5.3.1** (Definition of the Natural Exponential Function)
> The natural exponential function, denoted by $\exp$, is the inverse function of the natural logarithmic function.
> The domain of $\exp$ is $(-\infty, \infty)$ and the range of $\exp$ is $(0, \infty)$.

【註】1. 定義 5.3.1 可以改寫如下：
   $y = \exp x \Leftrightarrow x = \ln y$，其中 $x \in (-\infty, \infty)$ 且 $y > 0$。

換言之，我們定義 $\exp x = \ln^{-1} x$。（$\ln^{-1} x$ 是 $y = \ln x$ 的反函數）

2. 利用函數與反函數的關係，我們有
$$\exp(\ln x) = x, x > 0 \quad 及 \quad \ln(\exp x) = x, x \in (-\infty, \infty)。$$

3. 利用函數與反函數圖形之對稱性（它們對稱於直線 $y = x$），我們很容易描繪出自然指數函數 $y = \exp x$ 之圖形，也可以從它的圖形看到一些此函數之性質。（下面再介紹）

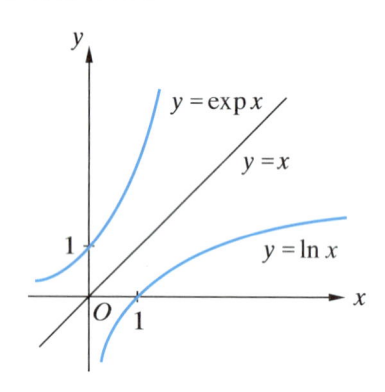

圖 5-5　自然指數函數的圖形

既然 $y = \exp x$ 稱為自然指數函數，我們很想知道這個函數的**底**（base）到底是什麼？

如果 $r \in Q$，則 $\ln(\exp r) = r$ 且 $\ln(e^r) = r \ln e = r$。因此，利用 $y = \ln x$ 是 1-1 的性質，我們有 $\exp r = e^r, r \in Q$。

而當 $r \in Q^c$ 時，即 r 為無理數時，$\exp r$ 是一個有定義的實數。因此，我們特別定義 $e^r = \exp r$。（即 $\exp r$ 這個數用符號 e^r 來表示）

如此一來，我們就有 $e^x = \exp x, x \in (-\infty, \infty)$。因此，自然指數函數 $y = \exp x$ 就可表示成以 e 為底的指數函數 $y = e^x$ 了。

現在就可以把定義 5.3.1 再改寫如下：
$$y = e^x \Leftrightarrow x = \ln y，其中 x \in (-\infty, \infty) 且 y > 0。$$

再利用函數與反函數的關係，我們有
$$e^{\ln x} = x, x > 0 \quad 及 \quad \ln(e^x) = x, x \in (-\infty, \infty)。$$

範例 1

試找出滿足方程式 $\ln(x + 2) = 3$ 的 x 值。

解 利用定義 $y = e^x \Leftrightarrow x = \ln y$，我們有

$$\ln(x+2) = 3 \Leftrightarrow x+2 = e^3 \ 。$$

解方程式 $x+2 = e^3$，可求得 $x = e^3 - 2$。

另解：$\ln(x+2) = 3 \Rightarrow e^{\ln(x+2)} = e^3 \Rightarrow x+2 = e^3 \Rightarrow x = e^3 - 2$。

範例 2

試找出滿足方程式 $e^{2+7x} = 3$ 的 x 值。

解 利用定義 $y = e^x \Leftrightarrow x = \ln y$，我們有

$$e^{2+7x} = 3 \Leftrightarrow 2 + 7x = \ln 3 \ 。$$

解方程式 $2 + 7x = \ln 3$，可求得 $x = \dfrac{\ln 3 - 2}{7}$。

另解：$e^{2+7x} = 3 \Rightarrow \ln e^{2+7x} = \ln 3 \Rightarrow 2 + 7x = \ln 3 \Rightarrow x = \dfrac{\ln 3 - 2}{7}$。

接著我們介紹自然指數律。

Theorem 5.3.1 (Laws of Exponents)
If x and y are real numbers and r is a rational number, then

(a) $e^{x+y} = e^x e^y$ 　　(b) $e^{x-y} = \dfrac{e^x}{e^y}$ 　　(c) $(e^x)^r = e^{rx}$.

證明：證明中我們都利用 $y = \ln x$ 是 1-1 函數。

因為 $\ln e^{x+y} = x + y$ 且 $\ln e^x e^y = \ln e^x + \ln e^y = x + y$，所以 $e^{x+y} = e^x e^y$。

因為 $\ln e^{x-y} = x - y$ 且 $\ln \dfrac{e^x}{e^y} = \ln e^x - \ln e^y = x - y$，所以 $e^{x-y} = \dfrac{e^x}{e^y}$。

因為 $\ln(e^x)^r = r \ln e^x = rx$ 且 $\ln e^{rx} = rx$，所以 $(e^x)^r = e^{rx}$。

Theorem 5.3.2 (Differentiation of Natural Exponential Function)

(a) $\dfrac{d}{dx} e^x = e^x$, $x \in (-\infty, \infty)$

(b) If g is a differentiable function of x, then $\dfrac{d}{dx} e^{g(x)} = e^{g(x)} \cdot g'(x)$.

證明：(a) 設 $f(x) = \ln x$，則 $f^{-1}(x) = e^x$ 且 $f'(x) = \dfrac{1}{x}$。因此，由反函數之導函數公式，我們有 $\dfrac{d}{dx} e^x = \dfrac{d}{dx} f^{-1}(x) = \dfrac{1}{f'(f^{-1}(x))} = \dfrac{1}{f'(e^x)} = \dfrac{1}{\frac{1}{e^x}} = e^x$，

$x \in (-\infty, \infty)$。

(b) 利用合成函數之微分公式。

範例 3

試求下列函數之導函數。

(a) $f(x) = x^2 e^x$ (b) $f(x) = e^{\sqrt{x}}$ (c) $f(x) = e^{2\sin x - 3\cos x}$

解 (a) $f'(x) = x^2 \cdot \dfrac{d}{dx} e^x + e^x \cdot \dfrac{d}{dx} x^2 = x^2 \cdot e^x + e^x \cdot 2x = x^2 e^x + 2x e^x$。

(b) $f'(x) = e^{\sqrt{x}} \cdot \dfrac{d}{dx} \sqrt{x} = e^{\sqrt{x}} \cdot \dfrac{1}{2\sqrt{x}} = \dfrac{e^{\sqrt{x}}}{2\sqrt{x}}$。

(c) $f'(x) = e^{2\sin x - 3\cos x} \cdot \dfrac{d}{dx} (2\sin x - 3\cos x)$

$= e^{2\sin x - 3\cos x} \cdot [2\cos x - 3(-\sin x)]$

$= e^{2\sin x - 3\cos x} \cdot (2\cos x + 3\sin x)$。

Theorem 5.3.3 (Integration of Natural Exponential Function)

$$\int e^x \, dx = e^x + C$$

證明：因為 $\dfrac{d}{dx} e^x = e^x$，所以 $\int e^x \, dx = e^x + C$。

範例 4

試求下列的積分。

(a) $\displaystyle\int x^2 e^{x^3+2} \, dx$ (b) $\displaystyle\int \dfrac{e^{1/x}}{x^2} \, dx$ (c) $\displaystyle\int \dfrac{e^x}{1+e^x} \, dx$

解 (a) 設 $u = x^3 + 2$，則 $du = 3x^2\, dx$ 或 $x^2\, dx = \dfrac{1}{3} du$。因此，

$$\int x^2 e^{x^3+2}\, dx = \dfrac{1}{3} \int e^u\, du = \dfrac{1}{3} \cdot e^u + C = \dfrac{e^{x^3+2}}{3} + C。$$

(b) 設 $u = \dfrac{1}{x}$，則 $du = -\dfrac{1}{x^2} dx$ 或 $\dfrac{1}{x^2} dx = -du$。因此，

$$\int \dfrac{e^{1/x}}{x^2}\, dx = -\int e^u\, du = (-1) \cdot e^u + C = -e^{1/x} + C。$$

(c) 設 $u = 1 + e^x$，則 $du = e^x\, dx$。因此，

$$\int \dfrac{e^x}{1+e^x}\, dx = \int \dfrac{1}{u}\, du = \ln|u| + C = \ln(1+e^x) + C。$$

最後，我們來介紹自然指數函數 $f(x) = e^x$ 的一些性質。（有些資訊可來自它的圖形）

1. 函數 f 的定義域是 $(-\infty, \infty)$，而其值域是 $(0, \infty)$。

2. 函數 f 在區間 $(-\infty, \infty)$ 上遞增。（因為 $\dfrac{d}{dx} e^x = e^x > 0 \quad \forall x \in (-\infty, \infty)$）

3. 函數 f 在區間 $(-\infty, \infty)$ 上凹向上。（因為 $\dfrac{d^2}{dx^2} e^x = e^x > 0 \quad \forall x \in (-\infty, \infty)$）

4. $f(0) = e^0 = 1$。（表示函數 $f(x) = e^x$ 之圖形通過平面上的點 $(0, 1)$）

5. $\lim\limits_{x \to \infty} e^x = \infty$ 及 $\lim\limits_{x \to -\infty} e^x = 0$。（$\lim\limits_{x \to -\infty} e^x = 0$ 表示 $y = 0$ 是函數 $f(x) = e^x$ 之水平漸近線）

範例 5

試計算極限 $\lim\limits_{x \to \infty} \dfrac{e^{2x} - e^{-2x}}{e^{2x} + e^{-2x}}$。

解 $\lim\limits_{x \to \infty} \dfrac{e^{2x} - e^{-2x}}{e^{2x} + e^{-2x}} = \lim\limits_{x \to \infty} \dfrac{1 - e^{-4x}}{1 + e^{-4x}} = \dfrac{1-0}{1-0} = 1$。

習題演練

· 基本題

1. 試求下列方程式之解。

   (a) $5\ln x + 3 = 0$ (b) $\ln(3x+5) = 1$ (c) $e^{2x+3} = 7$ (d) $\dfrac{1}{e^{x+3}} = 5$

第 2 題至第 7 題，試求下列函數之導函數。

2. $f(x) = e^{-3x}$

3. $f(x) = xe^{-2x}$

4. $f(x) = e^{x\ln x}$

5. $f(x) = \cos(e^{-3x})$

6. $f(x) = \ln(e^x - 3)$

7. $f(x) = e^{\frac{1}{x}} + \dfrac{1}{e^x}$

第 8 題至第 12 題，試計算下列的積分。

8. $\displaystyle\int xe^{3-x^2}\, dx$

9. $\displaystyle\int \dfrac{e^{2x}}{1-e^{2x}}\, dx$

10. $\displaystyle\int_0^{\frac{\pi}{2}} \dfrac{\sin x}{e^{\cos x}}\, dx$

11. $\displaystyle\int_{\ln 2}^{\ln 7} \dfrac{e^x}{(1+e^x)^3}\, dx$

12. $\displaystyle\int e^x \sin e^x\, dx$

· 進階題

第 13 題至第 17 題，試求下列函數之導函數。

13. $f(x) = \sqrt{e^{-3x} + 2x}$

14. $f(x) = \dfrac{e^{2x} - e^{-2x}}{e^{2x} + e^{-2x}}$

15. $f(x) = e^{2\cos 3x + 3\sin 4x}$

16. $f(x) = \sqrt[3]{2x + e^{3x}}$

17. $f(x) = \dfrac{e^{2x}\ln x}{1 + e^{3x}}$

第 18 題至第 22 題，試計算下列的積分。

18. $\displaystyle\int \dfrac{e^{-1/x}}{x^2}\, dx$

19. $\displaystyle\int e^{-x}\sqrt{1+e^{-x}}\, dx$

20. $\displaystyle\int \dfrac{e^x - e^{-x}}{e^x + e^{-x}}\, dx$

21. $\displaystyle\int e^{\cos^2 x} \sin 2x\, dx$

22. $\displaystyle\int_0^1 \dfrac{e^x}{4 - e^x}\, dx$

23. 試解方程式 $e^x - 5 + 6e^{-x} = 0$。

24. 試利用隱函數微分法求 $\dfrac{dy}{dx}$。

   (a) $e^{x+y} = xy$ (b) $e^{-x}\sin y = e^{-y}\cos x$

25. 試討論下列函數之單調性、凹性及局部極值。

   (a) $f(x) = e^{-x^2}$ (b) $f(x) = x^2 e^{-x}$

26. 證明 $e^x \geq 1+x$ $\forall x \in \mathbb{R}$。

5-4 一般指數函數與一般對數函數

● 一般指數函數

設 $a > 0$ 且 $r \in Q$，則 $a^r = (e^{\ln a})^r = e^{r \ln a}$。
如果 $r \in Q^c$，則 $e^{r \ln a}$ 是一個有定義的實數。因此，我們定義

$a^r = e^{r \ln a}$，$r \in Q^c$。（即實數 $e^{r \ln a}$ 用符號 $e^{r \ln a}$ 來表示）

例如：$2^{\sqrt{3}} = e^{\sqrt{3} \ln 2} \approx e^{1.20} \approx 3.32$。

如此一來，我們有 $a^x = e^{x \ln a}$，$x \in (-\infty, \infty)$。

> **Definition 5.4.1** (Definition of General Exponential Function)
> For $a > 0$. The function $f(x) = a^x$ is called the exponential function with base a. The domain of f is $(-\infty, \infty)$ and the range of f is $(0, \infty)$.

【註】（對數律 $\ln x^r = r \ln x$ 之推廣）

在 5-2 節中，對數律 $\ln x^r = r \ln x$ 中的 r 必須是有理數才成立。現在 r 就算是無理數也成立了。因為 $\ln x^r = \ln e^{r \ln x} = r \ln x$，$r \in (-\infty, \infty)$。

> **Theorem 5.4.1** (General Laws of Exponents)
> If x and y are real numbers and $a, b > 0$, then
>
> (a) $a^{x+y} = a^x a^y$ (b) $a^{x-y} = \dfrac{a^x}{a^y}$ (c) $(a^x)^y = a^{xy}$
>
> (d) $(ab)^x = a^x b^x$ (e) $\left(\dfrac{a}{b}\right)^x = \dfrac{a^x}{b^x}$

證明：利用一般指數定義 $a^x = e^{x \ln a}$ 及自然對數律。

(a) $a^{x+y} = e^{(x+y) \ln a} = e^{x \ln a + y \ln a} = e^{x \ln a} e^{y \ln a} = a^x a^y$。

(b) $a^{x-y} = e^{(x-y)\ln a} = e^{x\ln a - y\ln a} = \dfrac{e^{x\ln a}}{e^{y\ln a}} = \dfrac{a^x}{a^y}$。

(c) $(a^x)^y = e^{y\ln a^x} = e^{xy\ln a} = a^{xy}$。

(d) $(ab)^x = e^{x\ln ab} = e^{x(\ln a + \ln b)} = e^{x\ln a + x\ln b} = e^{x\ln a} e^{x\ln b} = a^x b^x$。

(e) $\left(\dfrac{a}{b}\right)^x = e^{x\ln \frac{a}{b}} = e^{x(\ln a - \ln b)} = e^{x\ln a - x\ln b} = \dfrac{e^{x\ln a}}{e^{x\ln b}} = \dfrac{a^x}{b^x}$。

Theorem 5.4.2　(Differentiation of General Exponential Function)

(a) $\dfrac{d}{dx} a^x = a^x \ln a$，$x \in (-\infty, \infty)$

(b) If g is a differentiable function of x, then

$$\dfrac{d}{dx} a^{g(x)} = a^{g(x)} \ln a \cdot g'(x)$$

證明：(a) $\dfrac{d}{dx} a^x = \dfrac{d}{dx} e^{x\ln a} = e^{x\ln a} \cdot \dfrac{d}{dx} x\ln a = e^{x\ln a} \cdot \ln a = a^x \ln a$。

(b) 利用合成函數之微分公式。

範例 1

試微分下列函數。

(a) $f(x) = x 2^x$　　(b) $f(x) = 10^{x^2+1} + (x^2+1)^{10}$

解 (a) $f'(x) = x \cdot \dfrac{d}{dx} 2^x + 2^x \cdot \dfrac{d}{dx} x = x \cdot 2^x \ln 2 + 2^x \cdot 1 = x 2^x \ln 2 + 2^x$。

(b) $f'(x) = \dfrac{d}{dx}[10^{x^2+1} + (x^2+1)^{10}] = \dfrac{d}{dx} 10^{x^2+1} + \dfrac{d}{dx}(x^2+1)^{10}$

$= 10^{x^2+1} \ln 10 \cdot \dfrac{d}{dx}(x^2+1) + 10(x^2+1)^9 \cdot \dfrac{d}{dx}(x^2+1)$

$= 10^{x^2+1} \ln 10 \cdot 2x + 10(x^2+1)^9 \cdot 2x$

$= 2x \cdot 10^{x^2+1} \ln 10 + 20x(x^2+1)^9$

> **Theorem 5.4.3** (Integration of General Exponential Function)
> $$\int a^x \, dx = \frac{a^x}{\ln a} + C$$

證明：因為 $\dfrac{d}{dx}\dfrac{a^x}{\ln a} = \dfrac{1}{\ln a} \cdot a^x \ln a = a^x$，所以 $\int a^x \, dx = \dfrac{a^x}{\ln a} + C$。

範例 2

試計算下列積分。

(a) $\int \dfrac{2^{\sqrt{x}}}{\sqrt{x}} \, dx$ (b) $\int (x^3 + 3^x) \, dx$

解 (a) 設 $u = \sqrt{x}$，則 $du = \dfrac{1}{2\sqrt{x}} dx$ 或 $\dfrac{1}{\sqrt{x}} = 2du$。因此，

$$\int \frac{2^{\sqrt{x}}}{\sqrt{x}} \, dx = 2\int 2^u \, du = 2 \cdot \frac{2^u}{\ln 2} + C = \frac{2^{u+1}}{\ln 2} + C = \frac{2^{\sqrt{x}+1}}{\ln 2} + C$$

(b) $\int (x^3 + 3^x) \, dx = \dfrac{x^4}{4} + \dfrac{3^x}{\ln 3} + C$。

我們現在來談一談一般指數函數 $f(x) = a^x$ 的一些性質並描繪其圖形。

第一部分：$f(x) = a^x$（$0 < a < 1$）

1. 函數 f 之定義域為 $(-\infty, \infty)$，而其值域為 $(0, \infty)$。
2. 函數 f 在區間 $(-\infty, \infty)$ 上遞減。（因為 $f'(x) = a^x \ln a < 0 \quad \forall x \in (-\infty, \infty)$）
   換言之，f 為 1-1 函數。
3. 函數 f 在區間 $(-\infty, \infty)$ 上凹向上。

   （因為 $f''(x) = \dfrac{d}{dx} a^x \ln a = a^x (\ln a)^2 > 0 \quad \forall x \in (-\infty, \infty)$）

4. 函數 f 之圖形通過平面上的點 $(0, 1)$。（因為 $f(0) = a^0 = e^{0 \cdot \ln a} = e^0 = 1$）
5. (i) $\lim\limits_{x \to -\infty} a^x = \infty$ (ii) $\lim\limits_{x \to \infty} a^x = 0$

   （說明：(i) $\lim\limits_{x \to -\infty} a^x = \lim\limits_{x \to -\infty} e^{x \ln a} = \infty$（此時 $\ln a < 0$）

   (ii) $\lim\limits_{x \to \infty} a^x = \lim\limits_{x \to \infty} e^{x \ln a} = 0$（此時 $\ln a < 0$））

(a) $0 < a < 1$　　　　　　　　(b) $a > 1$

圖 5-6　指數函數 $y = a^x$ 的圖形

第二部分：$f(x) = a^x$　（$a > 1$）

1. 函數 f 之定義域為 $(-\infty, \infty)$，而其值域為 $(0, \infty)$。

2. 函數 f 在區間 $(-\infty, \infty)$ 上遞增。（因為 $f'(x) = a^x \ln a > 0 \quad \forall x \in (-\infty, \infty)$）
   換言之，f 為 1-1 函數。

3. 函數 f 在區間 $(-\infty, \infty)$ 上凹向上。

   （因為 $f''(x) = \dfrac{d}{dx} a^x \ln a = a^x (\ln a)^2 > 0 \quad \forall x \in (-\infty, \infty)$）

4. 函數 f 之圖形通過平面上的點 $(0, 1)$。（因為 $f(0) = a^0 = e^{0 \cdot \ln a} = e^0 = 1$）

5. (i) $\lim\limits_{x \to -\infty} a^x = 0$　　　(ii) $\lim\limits_{x \to \infty} a^x = \infty$

   （說明：(i) $\lim\limits_{x \to -\infty} a^x = \lim\limits_{x \to -\infty} e^{x \ln a} = 0$（此時 $\ln a > 0$）

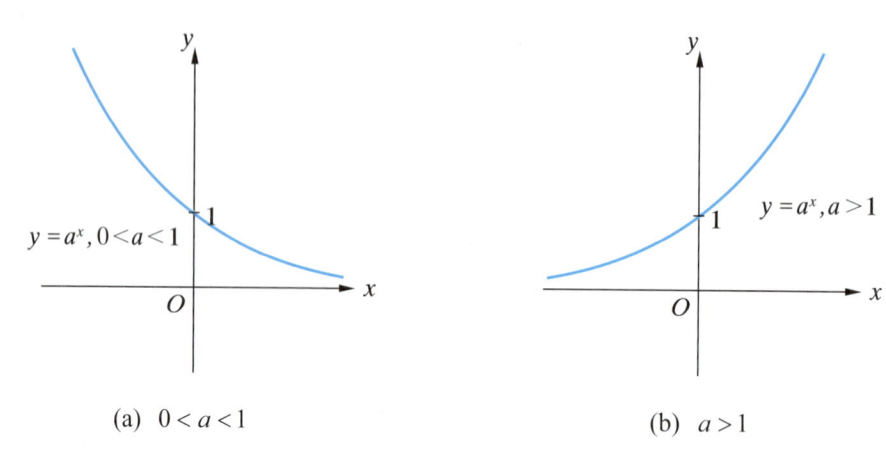

   (ii) $\lim\limits_{x \to \infty} a^x = \lim\limits_{x \to \infty} e^{x \ln a} = \infty$（此時 $\ln a > 0$））

範例 3

(a) $\lim\limits_{x \to -\infty} \left(\dfrac{1}{2}\right)^x = \infty$　　　(b) $\lim\limits_{x \to \infty} 3^x = \infty$

一般冪法則

> **Theorem 5.4.4** (The General Power Rule)
> If r is any real number and $f(x) = x^r$, then $f'(x) = rx^{r-1}$.

證明：我們已證明公式 $\dfrac{d}{dx}x^r = rx^{r-1}$，$r \in Q$。

如果 $r \in Q^C$，則

$$f'(x) = \frac{d}{dx}x^r = \frac{d}{dx}e^{r\ln x} = e^{r\ln x} \cdot \frac{d}{dx}r\ln x = e^{r\ln x} \cdot \frac{r}{x} = x^r \cdot \frac{r}{x} = rx^{r-1} \quad \forall x > 0 \text{。}$$

範例 4

(a) $\dfrac{d}{dx}x^\pi = \pi x^{\pi-1}$

(b) $\dfrac{d}{dx}(x^2+1)^{\sqrt{2}} = \sqrt{2}(x^2+1)^{\sqrt{2}-1} \cdot \dfrac{d}{dx}(x^2+1) = \sqrt{2}(x^2+1)^{\sqrt{2}-1} \cdot 2x = 2\sqrt{2}x(x^2+1)^{\sqrt{2}-1}$

範例 5

設 $y = x^{\sqrt{x}}$，試求 y'。

解

(i) 解法 1：用對數微分法

第一步：$\ln y = \ln x^{\sqrt{x}} = \sqrt{x}\ln x$

第二步：$\dfrac{y'}{y} = \sqrt{x} \cdot \dfrac{d}{dx}\ln x + \ln x \cdot \dfrac{d}{dx}\sqrt{x} = \sqrt{x} \cdot \dfrac{1}{x} + \ln x \cdot \dfrac{1}{2\sqrt{x}} = \dfrac{\sqrt{x}}{x} + \dfrac{\ln x}{2\sqrt{x}}$

第三步：$y' = y\left[\dfrac{\sqrt{x}}{x} + \dfrac{\ln x}{2\sqrt{x}}\right] = x^{\sqrt{x}}\left[\dfrac{\sqrt{x}}{x} + \dfrac{\ln x}{2\sqrt{x}}\right]$

(ii) 解法 2：用指數定義直接微分法

$$y' = \frac{d}{dx}x^{\sqrt{x}} = \frac{d}{dx}e^{\sqrt{x}\ln x} = e^{\sqrt{x}\ln x} \cdot \frac{d}{dx}\sqrt{x}\ln x$$

$$= e^{\sqrt{x}\ln x}\left(\sqrt{x} \cdot \frac{1}{x} + \ln x \cdot \frac{1}{2\sqrt{x}}\right) = x^{\sqrt{x}}\left(\frac{\sqrt{x}}{x} + \frac{\ln x}{2\sqrt{x}}\right)$$

一般對數函數

只要 $a>0$ 且 $a\neq 1$，我們已經知道函數 $f(x)=a^x$ 是 1-1 函數，因此可以定義它的反函數。

> **Definition 5.4.2** (Definition of the General Logarithmic Function)
> The logarithmic function with base a, denoted by $\log_a$, is the inverse function of the exponential function with base a, where $a>0$ and $a\neq 1$.

【註】1. 我們將定義 5.4.2 用符號改寫如下：

$y=\log_a x \Leftrightarrow x=a^y$，其中 $x>0$ 且 $y\in(-\infty,\infty)$。

2. (一般對數之換底公式)

如果 $y=\log_a x$，則 $x=a^y$。在方程式 $x=a^y$ 的左右兩邊同時取自然對數，我們可得 $\ln x = \ln a^y = y\ln a$。因此，$y=\dfrac{\ln x}{\ln a}$。

換言之，我們有了換底公式 $\boxed{\log_a x = \dfrac{\ln x}{\ln a}}$。

有了換底公式後，一般對數就沒那麼重要了。

3. 我們現在可以解釋函數 $y=\ln x$ 稱為自然對數的理由了。

由換底公式，我們有 $\log_e x = \dfrac{\ln x}{\ln e} = \ln x$。原來函數 $y=\ln x$ 是以自然數 e 為底的對數函數。

4. 有了自然對數律，再利用換底公式就可得到一般的對數律。

(i) $\log_a xy = \dfrac{\ln xy}{\ln a} = \dfrac{\ln x + \ln y}{\ln a} = \dfrac{\ln x}{\ln a} + \dfrac{\ln y}{\ln a} = \log_a x + \log_a y$（$x, y>0$）

(ii) $\log_a \dfrac{x}{y} = \dfrac{\ln\frac{x}{y}}{\ln a} = \dfrac{\ln x - \ln y}{\ln a} = \dfrac{\ln x}{\ln a} - \dfrac{\ln y}{\ln a} = \log_a x - \log_a y$（$x, y>0$）

(iii) $\log_a x^r = \dfrac{\ln x^r}{\ln a} = \dfrac{r\ln x}{\ln a} = r\cdot\dfrac{\ln x}{\ln a} = r\log_a x$（$x>0$，$r\in(-\infty,\infty)$）

第 5 章　一些超越函數　277

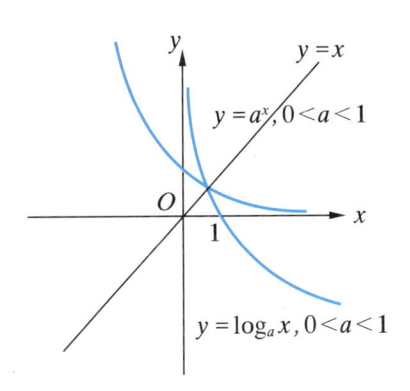

圖 5-7　對數函數 $y = \log_a x$ 的圖形（$0 < a < 1$）

Theorem 5.4.5　(Differentiation of General Logarithmic Function)

(a) $\dfrac{d}{dx}\log_a|x| = \dfrac{1}{x\ln a}$　$(x \neq 0)$

(b) If $g(x) \neq 0$ and $g'(x)$ exists, then $\dfrac{d}{dx}\log_a|g(x)| = \dfrac{1}{g(x)\ln a}\cdot g'(x)$.

證明：(a) $\dfrac{d}{dx}\log_a|x| = \dfrac{d}{dx}\dfrac{\ln|x|}{\ln a} = \dfrac{1}{\ln a}\cdot\dfrac{1}{x} = \dfrac{1}{x\ln a}$。

(b) 利用合成函數微分公式。

範例 6

$\dfrac{d}{dx}\log_3(x^2 - 5\tan x) = \dfrac{1}{\ln 3(x^2 - 5\tan x)}\cdot\dfrac{d}{dx}(x^2 - 5\tan x) = \dfrac{2x - 5\sec^2 x}{\ln 3(x^2 - 5\tan x)}$

自然數 e 的表現

Theorem 5.4.6　(The Representation of the Natural Number)

(a) $e = \lim\limits_{h \to 0}(1 + h)^{\frac{1}{h}}$　　(b) $e = \lim\limits_{x \to \infty}\left(1 + \dfrac{1}{x}\right)^x$

證明：(a) 設 $f(x) = \ln x$，則 $f'(1) = 1$。（因為 $f'(x) = \dfrac{1}{x}$）

再由導數之定義，我們有

$$1 = f'(1) = \lim_{h \to 0} \frac{f(1+h) - f(1)}{h} = \lim_{h \to 0} \frac{\ln(1+h)}{h} = \lim_{h \to 0} \frac{1}{h} \ln(1+h) \text{ 。}$$

因為 $\lim_{h \to 0} \frac{1}{h} \ln(1+h) = 1$ 且 $y = e^x$ 在 $x = 1$ 連續,所以由定理 1.5.2,我們有 $\lim_{h \to 0} (1+h)^{\frac{1}{h}} = \lim_{h \to 0} e^{\frac{1}{h}\ln(1+h)} = e^{\lim_{h \to 0} \frac{1}{h}\ln(1+h)} = e^1 = e$ 。

(b) 因為 $\lim_{h \to 0}(1+h)^{\frac{1}{h}} = e$,所以 $\lim_{h \to 0^+}(1+h)^{\frac{1}{h}} = e$ 。

令 $x = \frac{1}{h}$,此時 $h \to 0^+ \Rightarrow x \to \infty$,因此

$$\lim_{h \to 0^+}(1+h)^{\frac{1}{h}} = \lim_{x \to \infty}\left(1 + \frac{1}{x}\right)^x = e \text{ 。}$$

【註】當然,$\lim_{x \to -\infty}\left(1 + \frac{1}{x}\right)^x = e$ 也是對的。

習題演練

・基本題

第 1 題至第 5 題,試求下列函數之導函數。

1. $f(x) = 6^x$
2. $f(x) = 7^{\sqrt{x}}$
3. $f(x) = \log_{10}\left(\frac{\ln x}{x}\right)$
4. $f(x) = x^2 + 2^x$
5. $\log_5 |2x + \sin 3x|$

第 6 題至第 10 題,試計算下列的積分。

6. $\int_0^1 10^{5x}\, dx$
7. $\int 3^{-7x}\, dx$
8. $\int \frac{9^{1/x}}{x^2}\, dx$
9. $\int x^2 5^{x^3}\, dx$
10. $\int \cos x \, 3^{1+\sin x}\, dx$

・進階題

第 11 題至第 14 題,試求下列函數之導函數。

11. $f(x) = \pi^{x^3+1} + (x^3+1)^\pi$
12. $f(x) = x^{\sin x}$

13. $f(x) = (\cos 2x)^x$ 　　　　14. $f(x) = x^{(x^x)}$

第 15 題至第 20 題，試計算下列的不定積分。

15. $\displaystyle\int \frac{2^x}{2^x+1} dx$ 　　　　16. $\displaystyle\int \frac{8^{\sqrt{x}}}{\sqrt{x}} dx$

17. $\displaystyle\int \frac{8^x - 8^{-x}}{8^x + 8^{-x}} dx$ 　　　　18. $\displaystyle\int \frac{1}{(2^x + 2^{-x})^2} dx$

19. $\displaystyle\int (x^\pi + \pi^x) dx$ 　　　　20. $\displaystyle\int (1+\ln x) x^x dx$

21. 設 $x^y = y^x$，試利用隱函數微分法求 $\dfrac{dy}{dx}$。

22. 設 $f(x) = \dfrac{10^x}{10^x + 1}$，試求 $f^{-1}(x)$ 及 $\dfrac{d}{dx} f^{-1}(x)$。

5-5　反三角函數

我們都知道函數 $y = \sin x$、$y = \cos x$、$y = \tan x$、$y = \cot x$、$y = \sec x$ 及 $y = \csc x$ 都不是 1-1 函數。如果想定義它們的反函數，就必須縮小它們的定義域。

例如：重新定義正弦函數為 $y = \sin x, x \in \left[-\dfrac{\pi}{2}, \dfrac{\pi}{2}\right]$，則 $y = \sin x$ 會在閉區間 $\left[-\dfrac{\pi}{2}, \dfrac{\pi}{2}\right]$ 上遞增。（因為 $y' = \dfrac{d}{dx} \sin x = \cos x > 0 \quad \forall x \in \left(-\dfrac{\pi}{2}, \dfrac{\pi}{2}\right)$）

此時，$y = \sin x$ 在閉區間 $\left[-\dfrac{\pi}{2}, \dfrac{\pi}{2}\right]$ 上就是 1-1 函數，也就可以著手去定義它的反函數了。其他五個三角函數也必須作相同的處理。

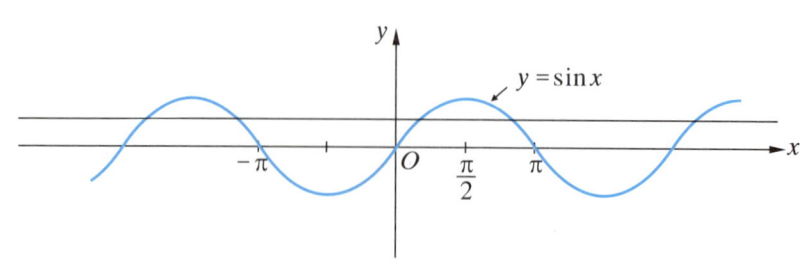

$y = \sin x$ 在 $(-\infty, \infty)$ 上不是 1-1 函數

(a) $x \in (-\infty, \infty)$

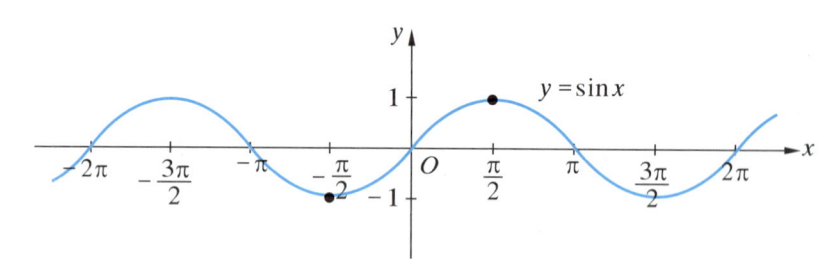

$y = \sin x$ 在 $\left[-\dfrac{\pi}{2}, \dfrac{\pi}{2}\right]$ 上是 1-1 函數

(b) $x \in \left[-\dfrac{\pi}{2}, \dfrac{\pi}{2}\right]$

圖 5-8　$y = \sin x$ 的圖形

Definition 5.5　(Definition of the Inverse Trigonometric Functions)

(a)　$y = \sin^{-1} x \Leftrightarrow x = \sin y$　where　$|x| \leq 1$　and　$y \in \left[-\dfrac{\pi}{2}, \dfrac{\pi}{2}\right]$

(b)　$y = \cos^{-1} x \Leftrightarrow x = \cos y$　where　$|x| \leq 1$　and　$y \in [0, \pi]$

(c)　$y = \tan^{-1} x \Leftrightarrow x = \tan y$　where　$x \in (-\infty, \infty)$　and　$y \in \left(-\dfrac{\pi}{2}, \dfrac{\pi}{2}\right)$

(d)　$y = \cot^{-1} x \Leftrightarrow x = \cot y$　where　$x \in (-\infty, \infty)$　and　$y \in (0, \pi)$

(e)　$y = \sec^{-1} x \Leftrightarrow x = \sec y$　where　$|x| \geq 1$　and　$y \in \left[0, \dfrac{\pi}{2}\right) \cup \left[\pi, \dfrac{3\pi}{2}\right)$

(f)　$y = \csc^{-1} x \Leftrightarrow x = \csc y$　where　$|x| \geq 1$　and　$y \in \left(0, \dfrac{\pi}{2}\right] \cup \left(\pi, \dfrac{3\pi}{2}\right]$

【註】 1. $y = \sin^{-1} x$ 要唸成 "y equals arcsine of x",而

$$\sin^{-1} x \neq \frac{1}{\sin x} = (\sin x)^{-1}。$$

其他五個三角函數也有類似的念法。

2. 由函數與反函數的關係,我們有

(i) $\begin{cases} \sin(\sin^{-1} x) = x, & |x| \leq 1 \\ \sin^{-1}(\sin x) = x, & x \in \left[-\dfrac{\pi}{2}, \dfrac{\pi}{2}\right] \end{cases}$

(ii) $\begin{cases} \cos(\cos^{-1} x) = x, & |x| \leq 1 \\ \cos^{-1}(\cos x) = x, & x \in [0, \pi] \end{cases}$

(iii) $\begin{cases} \tan(\tan^{-1} x) = x, & x \in (-\infty, \infty) \\ \tan^{-1}(\tan x) = x, & x \in \left(-\dfrac{\pi}{2}, \dfrac{\pi}{2}\right) \end{cases}$

(iv) $\begin{cases} \cot(\cot^{-1} x) = x, & x \in (-\infty, \infty) \\ \cot^{-1}(\cot x) = x, & x \in (0, \pi) \end{cases}$

(v) $\begin{cases} \sec(\sec^{-1} x) = x, & |x| \geq 1 \\ \sec^{-1}(\sec x) = x, & x \in \left[0, \dfrac{\pi}{2}\right) \cup \left[\pi, \dfrac{3\pi}{2}\right) \end{cases}$

(vi) $\begin{cases} \csc(\csc^{-1} x) = x, & |x| \geq 1 \\ \csc^{-1}(\csc x) = x, & x \in \left(0, \dfrac{\pi}{2}\right] \cup \left(\pi, \dfrac{3\pi}{2}\right] \end{cases}$

3. 利用函數與反函數之圖形對稱於直線 $y = x$ 的性質,我們很容易繪出此六個反三角函數的圖形,並得到一些它們的性質。例如:

$$\lim_{x \to -\infty} \tan^{-1} x = -\frac{\pi}{2} \quad \text{及} \quad \lim_{x \to \infty} \tan^{-1} x = \frac{\pi}{2}。(此二極限在瑕積分會用到)$$

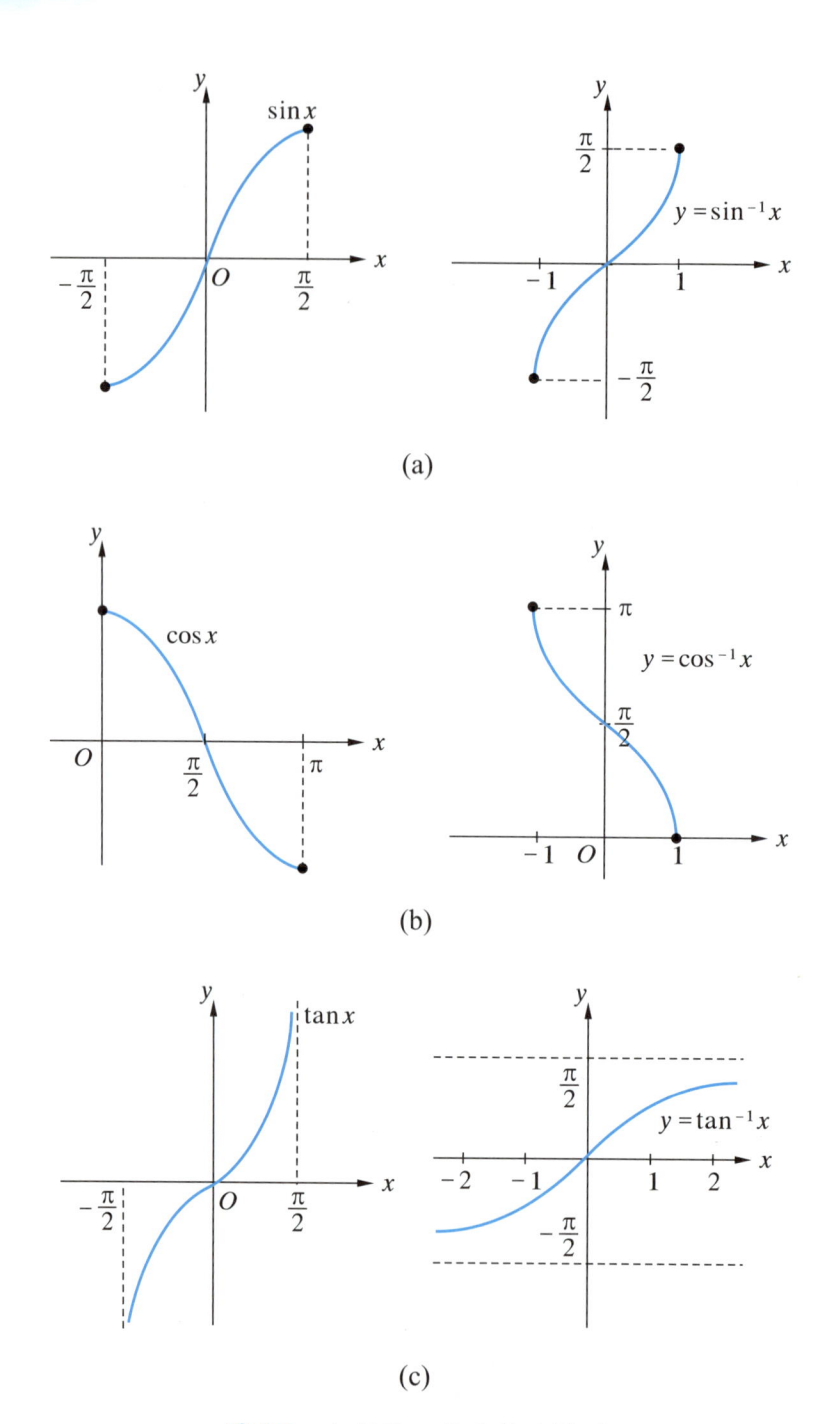

圖 5-9 六個反三角函數的圖形

(d)

(e)

(f)

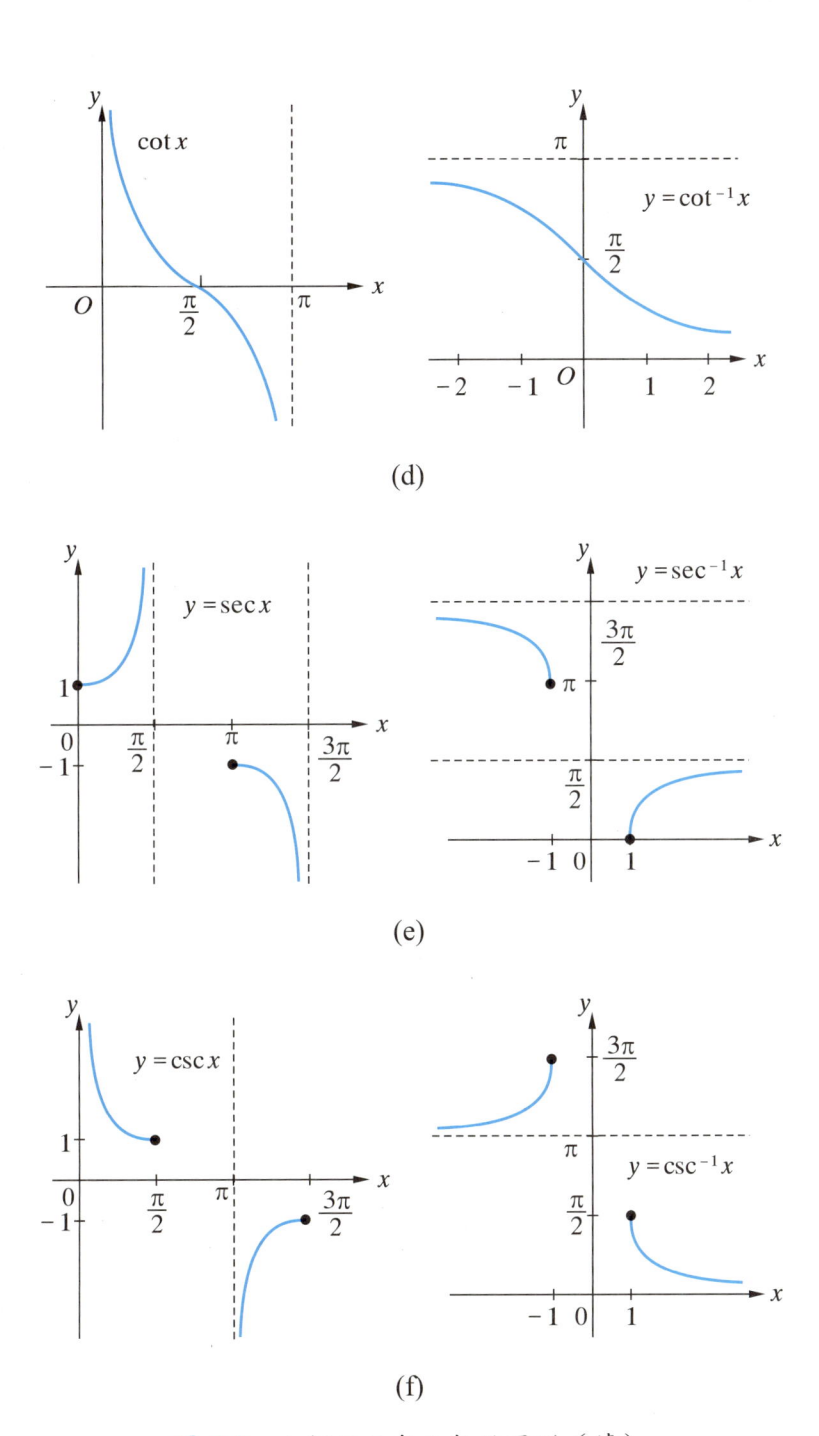

圖 5-9 六個反三角函數的圖形（續）

範例 1

試計算 (a) $\sin^{-1}\dfrac{\sqrt{3}}{2}$ (b) $\tan\left(\sin^{-1}\left(\dfrac{1}{3}\right)\right)$

解 (a) $\sin^{-1}\dfrac{\sqrt{3}}{2} = \dfrac{\pi}{3}$ （因為 $\sin\left(\dfrac{\pi}{3}\right) = \dfrac{\sqrt{3}}{2}$）

(b) 設 $y = \sin^{-1}\left(\dfrac{1}{3}\right)$，則 $\sin y = \dfrac{1}{3}$ 且 $y \in \left(0, \dfrac{\pi}{2}\right)$。此時 $\cos y > 0$。

因此，$\tan\left(\sin^{-1}\left(\dfrac{1}{3}\right)\right) = \tan y = \dfrac{\sin y}{\cos y} = \dfrac{\sin y}{\sqrt{1-\sin^2 y}} = \dfrac{\dfrac{1}{3}}{\sqrt{1-\left(\dfrac{1}{3}\right)^2}} = \dfrac{\dfrac{1}{3}}{\sqrt{\dfrac{8}{9}}} = \dfrac{1}{\sqrt{8}}$。

【註】此題亦可利用直角三角形解之。

範例 2

試計算 (a) $\sin\left(\sin^{-1}\left(\dfrac{1}{12}\right)\right)$ (b) $\sin^{-1}\left(\sin\left(\dfrac{\pi}{12}\right)\right)$ (c) $\sin^{-1}\left(\sin\left(\dfrac{2\pi}{3}\right)\right)$

解 (a) $\sin\left(\sin^{-1}\left(\dfrac{1}{12}\right)\right) = \dfrac{1}{12}$ （因為 $\left|\dfrac{1}{12}\right| = \dfrac{1}{12} \leq 1$）

(b) $\sin^{-1}\left(\sin\left(\dfrac{\pi}{12}\right)\right) = \dfrac{\pi}{12}$ （因為 $\dfrac{\pi}{12} \in \left[-\dfrac{\pi}{2}, \dfrac{\pi}{2}\right]$）

(c) $\sin^{-1}\left(\sin\left(\dfrac{2\pi}{3}\right)\right) = \sin^{-1}\left(\sin\left(\dfrac{\pi}{3}\right)\right) = \dfrac{\pi}{3}$

或 $\sin^{-1}\left(\sin\left(\dfrac{2\pi}{3}\right)\right) = \sin^{-1}\left(\dfrac{\sqrt{3}}{2}\right) = \dfrac{\pi}{3}$

【註】$\sin^{-1}\left(\sin\left(\dfrac{2\pi}{3}\right)\right)$ 絕不等於 $\dfrac{2\pi}{3}$，因為 $y = \sin^{-1} x$ 的值域為 $\left[-\dfrac{\pi}{2}, \dfrac{\pi}{2}\right]$。此時，必須把角度拉回到一、四象限才可找到答案。

Theorem 5.5.1 (Derivatives of the Inverse Trigonometric Functions)

(a) $\dfrac{d}{dx}\sin^{-1} x = \dfrac{1}{\sqrt{1-x^2}}$ $\quad (|x|<1)$

(b) $\dfrac{d}{dx}\cos^{-1} x = -\dfrac{1}{\sqrt{1-x^2}}$ $\quad (|x|<1)$

(c) $\dfrac{d}{dx}\tan^{-1} x = \dfrac{1}{1+x^2}$ $\quad (x\in(-\infty,\infty))$

(d) $\dfrac{d}{dx}\cot^{-1} x = -\dfrac{1}{1+x^2}$ $\quad (x\in(-\infty,\infty))$

(e) $\dfrac{d}{dx}\sec^{-1} x = \dfrac{1}{x\sqrt{x^2-1}}$ $\quad (|x|>1)$

(f) $\dfrac{d}{dx}\csc^{-1} x = -\dfrac{1}{x\sqrt{x^2-1}}$ $\quad (|x|>1)$

證明：我們證明 (a)、(c) 及 (e)。

(a) 設 $f(x)=\sin x$，$x\in\left(-\dfrac{\pi}{2},\dfrac{\pi}{2}\right)$，則 $f^{-1}(x)=\sin^{-1} x$，$|x|<1$

且 $f'(x)=\cos x$。

因此，$\dfrac{d}{dx}\sin^{-1} x = \dfrac{d}{dx}f^{-1}(x) = \dfrac{1}{f'(f^{-1}(x))} = \dfrac{1}{\cos(\sin^{-1} x)}$

$= \dfrac{1}{\sqrt{1-\sin^2(\sin^{-1} x)}} = \dfrac{1}{\sqrt{1-x^2}}$ $\quad (|x|<1)$

[由於 $\sin^{-1} x\in\left(-\dfrac{\pi}{2},\dfrac{\pi}{2}\right)$，因此 $\cos(\sin^{-1} x)>0$]

【註】因為 $f'\left(-\dfrac{\pi}{2}\right)=\cos\left(-\dfrac{\pi}{2}\right)=0$ 且 $f'\left(\dfrac{\pi}{2}\right)=\cos\left(\dfrac{\pi}{2}\right)=0$，所以 $f^{-1}(-1)$ 及 $f^{-1}(1)$ 也就不存在了。

(c) 設 $f(x)=\tan x$，$x\in\left(-\dfrac{\pi}{2},\dfrac{\pi}{2}\right)$，則 $f^{-1}(x)=\tan^{-1} x$，$x\in(-\infty,\infty)$

且 $f'(x)=\sec^2 x$。

因此，$\dfrac{d}{dx}\tan^{-1} x = \dfrac{d}{dx}f^{-1}(x) = \dfrac{1}{f'(f^{-1}(x))} = \dfrac{1}{\sec^2(\tan^{-1} x)}$

$$= \frac{1}{1+\tan^2(\tan^{-1} x)} = \frac{1}{1+x^2} \qquad (x \in (-\infty, \infty))$$

(e) 設 $f(x) = \sec x$, $x \in \left(0, \dfrac{\pi}{2}\right) \cup \left(\pi, \dfrac{3\pi}{2}\right)$，則 $f^{-1}(x) = \sec^{-1} x$,$|x| > 1$

且 $f'(x) = \sec x \tan x$。

因此，$\dfrac{d}{dx} \sec^{-1} x = \dfrac{d}{dx} f^{-1}(x) = \dfrac{1}{f'(f^{-1}(x))} = \dfrac{1}{\sec(\sec^{-1} x) \tan(\sec^{-1} x)}$

$$= \frac{1}{\sec(\sec^{-1} x)\sqrt{\sec^2(\sec^{-1} x) - 1}} = \frac{1}{x\sqrt{x^2 - 1}} \qquad (|x| > 1)$$

[由於 $\sec^{-1} x \in \left(0, \dfrac{\pi}{2}\right) \cup \left(\pi, \dfrac{3\pi}{2}\right)$，因此 $\tan(\sec^{-1} x) > 0$]

範例 3

試微分下列函數

(a) $f(x) = \dfrac{x}{\cos^{-1} x}$ 　　　　　(b) $f(x) = x^3 \tan^{-1} \sqrt{x}$

解 (a) $f'(x) = \dfrac{d}{dx} \dfrac{x}{\cos^{-1} x} = \dfrac{\cos^{-1} x \cdot \dfrac{d}{dx} x - x \cdot \dfrac{d}{dx} \cos^{-1} x}{(\cos^{-1} x)^2} = \dfrac{\cos^{-1} x \cdot 1 - x \cdot \left(-\dfrac{1}{\sqrt{1-x^2}}\right)}{(\cos^{-1} x)^2}$

$$= \frac{\cos^{-1} x + \dfrac{x}{\sqrt{1-x^2}}}{(\cos^{-1} x)^2}$$

(b) (要利用合成函數的微分公式 $\dfrac{d}{dx} \tan^{-1} u = \dfrac{1}{1+u^2} \cdot \dfrac{du}{dx}$)

【註】其他五個反三角函數也有類似公式。

$f'(x) = \dfrac{d}{dx} x^3 \tan^{-1} \sqrt{x} = x^3 \cdot \dfrac{d}{dx} \tan^{-1} \sqrt{x} + \tan^{-1} \sqrt{x} \cdot \dfrac{d}{dx} x^3$

$= x^3 \cdot \dfrac{1}{1+(\sqrt{x})^2} \cdot \dfrac{d}{dx} \sqrt{x} + \tan^{-1} \sqrt{x} \cdot 3x^2$

$= x^3 \cdot \dfrac{1}{1+(\sqrt{x})^2} \cdot \dfrac{1}{2\sqrt{x}} + \tan^{-1} \sqrt{x} \cdot 3x^2 = \dfrac{x^3}{2\sqrt{x}(1+(\sqrt{x})^2)} + 3x^2 \tan^{-1} \sqrt{x}$

範例 4

如果 $x > 0$，試證明 $\tan^{-1} x + \tan^{-1} \dfrac{1}{x} = \dfrac{\pi}{2}$。

解 因為 $\dfrac{d}{dx}\left[\tan^{-1} x + \tan^{-1} \dfrac{1}{x}\right] = \dfrac{1}{1+x^2} + \dfrac{1}{1+\left(\dfrac{1}{x}\right)^2} \cdot \dfrac{d}{dx}\dfrac{1}{x}$

$$= \dfrac{1}{1+x^2} + \dfrac{1}{1+\left(\dfrac{1}{x}\right)^2} \cdot \dfrac{-1}{x^2}$$

$$= \dfrac{1}{1+x^2} - \dfrac{1}{1+x^2}$$

$$= 0 \qquad \forall x > 0$$

所以，由定理 3.2.3，必存在一數 k 使得 $\tan^{-1} x + \tan^{-1} \dfrac{1}{x} = k$，$x > 0$。

現在將 $x = 1$ 代入方程式 $\tan^{-1} x + \tan^{-1} \dfrac{1}{x} = k$ 中，我們有

$$\tan^{-1} 1 + \tan^{-1} \dfrac{1}{1} = 2\tan^{-1} 1 = k \text{。}$$

因此，$k = 2\tan^{-1} 1 = 2 \cdot \dfrac{\pi}{4} = \dfrac{\pi}{2}$。換言之，$\tan^{-1} x + \tan^{-1} \dfrac{1}{x} = \dfrac{\pi}{2}$。

【註】如果 $x < 0$，則可證明 $\tan^{-1} x + \tan^{-1} \dfrac{1}{x} = -\dfrac{\pi}{2}$。（證證看）

Theorem 5.5.2 (Integration Related the Inverse Trigonometric Function-Form I)

(a) $\displaystyle\int \dfrac{1}{\sqrt{1-x^2}}\, dx = \sin^{-1} x + C$

(b) $\displaystyle\int \dfrac{1}{1+x^2}\, dx = \tan^{-1} x + C$

(c) $\displaystyle\int \dfrac{1}{x\sqrt{x^2-1}}\, dx = \sec^{-1} x + C$

證明：直接由微分公式獲得。

Theorem 5.5.3 (Integration Related the Inverse Trigonometric Function-Form II)
Suppose that $a > 0$ and $u = g(x)$ is differentiable.

(a) $\displaystyle\int \frac{1}{\sqrt{a^2 - u^2}}\, du = \sin^{-1} \frac{u}{a} + C$

(b) $\displaystyle\int \frac{1}{a^2 + u^2}\, du = \frac{1}{a} \tan^{-1} \frac{u}{a} + C$

(c) $\displaystyle\int \frac{1}{u\sqrt{u^2 - a^2}}\, du = \frac{1}{a} \sec^{-1} \frac{u}{a} + C$

證明：(a) $\displaystyle\int \frac{1}{\sqrt{a^2 - u^2}}\, du = \int \frac{1}{\sqrt{1 - \left(\frac{u}{a}\right)^2}} \frac{1}{a}\, du$ （設 $y = \dfrac{u}{a}$，則 $dy = \dfrac{1}{a} du$）

$\displaystyle = \int \frac{1}{\sqrt{1 - y^2}}\, dy = \sin^{-1} y + C = \sin^{-1} \left(\frac{u}{a}\right) + C$

(b) $\displaystyle\int \frac{1}{a^2 + u^2}\, du = \frac{1}{a} \int \frac{1}{1 + \left(\frac{u}{a}\right)^2} \frac{1}{a}\, du$ （設 $y = \dfrac{u}{a}$，則 $dy = \dfrac{1}{a} du$）

$\displaystyle = \frac{1}{a} \int \frac{1}{1 + y^2}\, dy = \frac{1}{a} \tan^{-1} y + C = \frac{1}{a} \tan^{-1} \left(\frac{u}{a}\right) + C$

(c) $\displaystyle\int \frac{1}{u\sqrt{u^2 - a^2}}\, du = \frac{1}{a} \int \frac{1}{\frac{u}{a}\sqrt{\left(\frac{u}{a}\right)^2 - 1}} \frac{1}{a}\, du$ （設 $y = \dfrac{u}{a}$，則 $dy = \dfrac{1}{a} du$）

$\displaystyle = \frac{1}{a} \int \frac{1}{y\sqrt{y^2 - 1}}\, dy = \frac{1}{a} \sec^{-1} y + C = \frac{1}{a} \sec^{-1} \left(\frac{u}{a}\right) + C$

範例 5

試計算下列積分。

(a) $\displaystyle\int_0^{1/4} \frac{1}{\sqrt{9 - 4x^2}}\, dx$ 　　(b) $\displaystyle\int \frac{x}{x^4 + 3}\, dx$ 　　(c) $\displaystyle\int \frac{1}{x\sqrt{x-1}}\, dx$

解 (a) $\displaystyle\int_0^{1/4} \frac{1}{\sqrt{9 - 4x^2}}\, dx = \int_0^{1/4} \frac{1}{\sqrt{3^2 - (2x)^2}}\, dx$

（設 $u = g(x) = 2x$，則 $du = 2dx$ 或 $dx = \dfrac{1}{2} du$ 且 $g(0) = 0$ 及 $g\left(\dfrac{1}{4}\right) = \dfrac{1}{2}$）

$$= \frac{1}{2}\int_0^{1/2} \frac{1}{\sqrt{3^2 - u^2}}\, du = \frac{1}{2}\cdot \sin^{-1}\left(\frac{u}{3}\right)\Big|_0^{1/2}$$

$$= \frac{1}{2}\sin^{-1}\left(\frac{1/2}{3}\right) - \frac{1}{2}\sin^{-1}\left(\frac{0}{3}\right) = \frac{1}{2}\sin^{-1}\left(\frac{1}{6}\right)$$

(b) $\int \dfrac{x}{x^4 + 3}\, dx = \int \dfrac{x}{(x^2)^2 + (\sqrt{3})^2}\, dx$ (設 $u = x^2$，則 $du = 2x\,dx$ 或 $x\,dx = \dfrac{1}{2}du$)

$$= \frac{1}{2}\int \frac{1}{u^2 + (\sqrt{3})^2}\, du = \frac{1}{2}\cdot \frac{1}{\sqrt{3}}\tan^{-1}\left(\frac{u}{\sqrt{3}}\right) + C$$

$$= \frac{1}{2\sqrt{3}}\tan^{-1}\left(\frac{x^2}{\sqrt{3}}\right) + C$$

(c) $\int \dfrac{1}{x\sqrt{x - 1}}\, dx = \int \dfrac{1}{(\sqrt{x})^2 \sqrt{(\sqrt{x})^2 - 1}}\, dx$

$$= \int \frac{1}{\sqrt{x}\sqrt{(\sqrt{x})^2 - 1}}\,\frac{1}{\sqrt{x}}\, dx$$

(設 $u = \sqrt{x}$ 則 $du = \dfrac{1}{2\sqrt{x}}dx$ 或 $\dfrac{1}{\sqrt{x}}dx = 2\,du$)

$$= 2\int \frac{1}{u\sqrt{u^2 - 1}}\, du = 2\sec^{-1}u + C = 2\sec^{-1}(\sqrt{x}) + C$$

習題演練

・基本題

第 1 題至第 6 題，試計算下列各題之值。

1. $\cos^{-1}\left(-\dfrac{1}{\sqrt{2}}\right)$
2. $\tan^{-1}(-1)$
3. $\sin\left[\cos^{-1}\left(-\dfrac{1}{3}\right)\right]$

4. $\sec\left[\sin^{-1}\left(-\dfrac{1}{4}\right)\right]$
5. $\sin^{-1}\left[\sin\left(\dfrac{5\pi}{3}\right)\right]$
6. $\cos^{-1}\left[\cos\left(\dfrac{5\pi}{3}\right)\right]$

第 7 題至第 10 題，試求下列函數之導函數。

7. $f(x) = \sin^{-1}(2x + 3)$
8. $f(x) = \cos^{-1}(e^{-x})$
9. $f(x) = \tan^{-1}\left(\dfrac{x - 1}{x + 1}\right)$

10. $f(x) = \sec^{-1}(\sqrt{x})$

第 11 題至第 13 題，試計算下列的積分。

11. $\int_0^4 \dfrac{1}{x^2+16}\,dx$
12. $\int_{-1}^1 \dfrac{1}{\sqrt{4-x^2}}\,dx$
13. $\int_{\frac{\sqrt{2}}{2}}^1 \dfrac{1}{x\sqrt{4x^2-1}}\,dx$

• 進階題

第 14 題至第 17 題，試計算下列各題之值。

14. $\cos\left[\sin^{-1}\left(\dfrac{3}{5}\right)-\tan^{-1}\left(\dfrac{4}{3}\right)\right]$
15. $\sin\left[2\cos^{-1}\left(-\dfrac{4}{5}\right)\right]$

16. $\sin^{-1}\left[\sin\left(\dfrac{12\pi}{11}\right)\right]$
17. $\cos^{-1}\left[\cos\left(\dfrac{12\pi}{11}\right)\right]$

第 18 題至第 21 題，試求下列函數之導函數。

18. $f(x)=\sin^{-1}(2x+3)\ln(2x+3)$
19. $f(x)=\tan^{-1}\left(x-\sqrt{1+x^2}\right)$

20. $f(x)=x\sin x\csc^{-1}x$
21. $f(x)=(\tan x)^{\tan^{-1}x}$

第 22 題至第 26 題，試計算下列的積分。

22. $\int \dfrac{x+1}{x^2+16}\,dx$
23. $\int \dfrac{1}{\sqrt{4x-4x^2}}\,dx$
24. $\int \dfrac{1}{x\sqrt{4x^2-9}}\,dx$

25. $\int \dfrac{1}{\sqrt{e^{2x}-1}}\,dx$
26. $\int \dfrac{1}{x\sqrt{x^6-9}}\,dx$

27. 設 $x^2+x\sin^{-1}y=ye^x$，試利用隱函數微分法求 $\dfrac{dy}{dx}$。

28. 證明 $\sin^{-1}x+\sin^{-1}\sqrt{1-x^2}=\dfrac{\pi}{2}$，$x\in[0,1]$。

5-6 雙曲線函數

雙曲線函數

　　除了大家熟悉的三角函數外，現在要介紹的雙曲線函數在後續課程上也被廣泛的應用，而雙曲線函數與三角函數也有很多相似之處，我們且拭目以待。

Definition 5.6.1 (Definition of the Hyperbolic Functions)

$$\sinh x = \frac{e^x - e^{-x}}{2} \qquad \cosh x = \frac{e^x + e^{-x}}{2}$$

$$\tanh x = \frac{\sinh x}{\cosh x} = \frac{e^x - e^{-x}}{e^x + e^{-x}} \qquad \coth x = \frac{\cosh x}{\sinh x} = \frac{e^x + e^{-x}}{e^x - e^{-x}}$$

$$\operatorname{sech} x = \frac{1}{\cosh x} = \frac{2}{e^x + e^{-x}} \qquad \operatorname{csch} x = \frac{1}{\sinh x} = \frac{2}{e^x - e^{-x}}$$

【註】1. $\sinh x$ 唸成 "hyperbolic sine of x",其他五個雙曲線函數也有類似念法。

2. 我們嘗試討論 $y = \sinh x$ 的性質並描繪 $y = \sinh x$ 的圖形。而其他五個雙曲線函數也可以作類似的討論並描繪其圖形。

① $y = \sinh x$ 的定義域為 $(-\infty, \infty)$,而其值域亦為 $(-\infty, \infty)$。

(因為 e^x 與 e^{-x} 在區間 $(-\infty, \infty)$ 上有定義,所以 $\sinh x = \dfrac{e^x - e^{-x}}{2}$ 的定義域為 $(-\infty, \infty)$。又因為 $\lim\limits_{x \to -\infty} \dfrac{e^x - e^{-x}}{2} = -\infty$ 且 $\lim\limits_{x \to \infty} \dfrac{e^x - e^{-x}}{2} = \infty$,所以其值域亦為 $(-\infty, \infty)$)

② $y = \sinh x$ 的圖形通過原點 $(0,0)$。(因為 $\sinh 0 = \dfrac{e^0 - e^0}{2} = \dfrac{1-1}{2} = 0$)

③ $y = \sinh x$ 在區間 $(-\infty, \infty)$ 上連續。

(因為 e^x 與 e^{-x} 在區間 $(-\infty, \infty)$ 上連續,所以 $\sinh x = \dfrac{e^x - e^{-x}}{2}$ 在區間 $(-\infty, \infty)$ 上連續)

④ $y = \sinh x$ 在區間 $(-\infty, \infty)$ 上遞增。

(因為 $y' = \dfrac{d}{dx} \dfrac{e^x - e^{-x}}{2} = \dfrac{e^x + e^{-x}}{2} > 0 \quad \forall x \in (-\infty, \infty)$)

⑤ $y = \sinh x$ 在區間 $(-\infty, 0)$ 凹向下且 $y = \sinh x$ 在區間 $(0, \infty)$ 凹向上。

(因為 $y'' = \dfrac{d^2}{dx^2} \dfrac{e^x - e^{-x}}{2} = \dfrac{e^x - e^{-x}}{2} < 0 \quad \forall x \in (-\infty, 0)$ 且

$y'' = \dfrac{d^2}{dx^2} \dfrac{e^x - e^{-x}}{2} = \dfrac{e^x - e^{-x}}{2} > 0 \quad \forall x \in (0, \infty)$)

此時,$(0,0)$ 是 $y = \sinh x$ 的一個反曲點。

利用上述資訊，我們就很容易描繪出 $y=\sinh x$ 的圖形了。

(a) $y=\sinh x$，$y=\frac{1}{2}e^x$，$y=\frac{-1}{2}e^{-x}$

(b) $y=\cosh x$，$y=\frac{1}{2}e^x$，$y=\frac{1}{2}e^{-x}$

(c) $y=\tanh x$

(d) $y=\coth x$

(e) $y=\operatorname{sech} x$

(f) $y=\operatorname{csch} x$

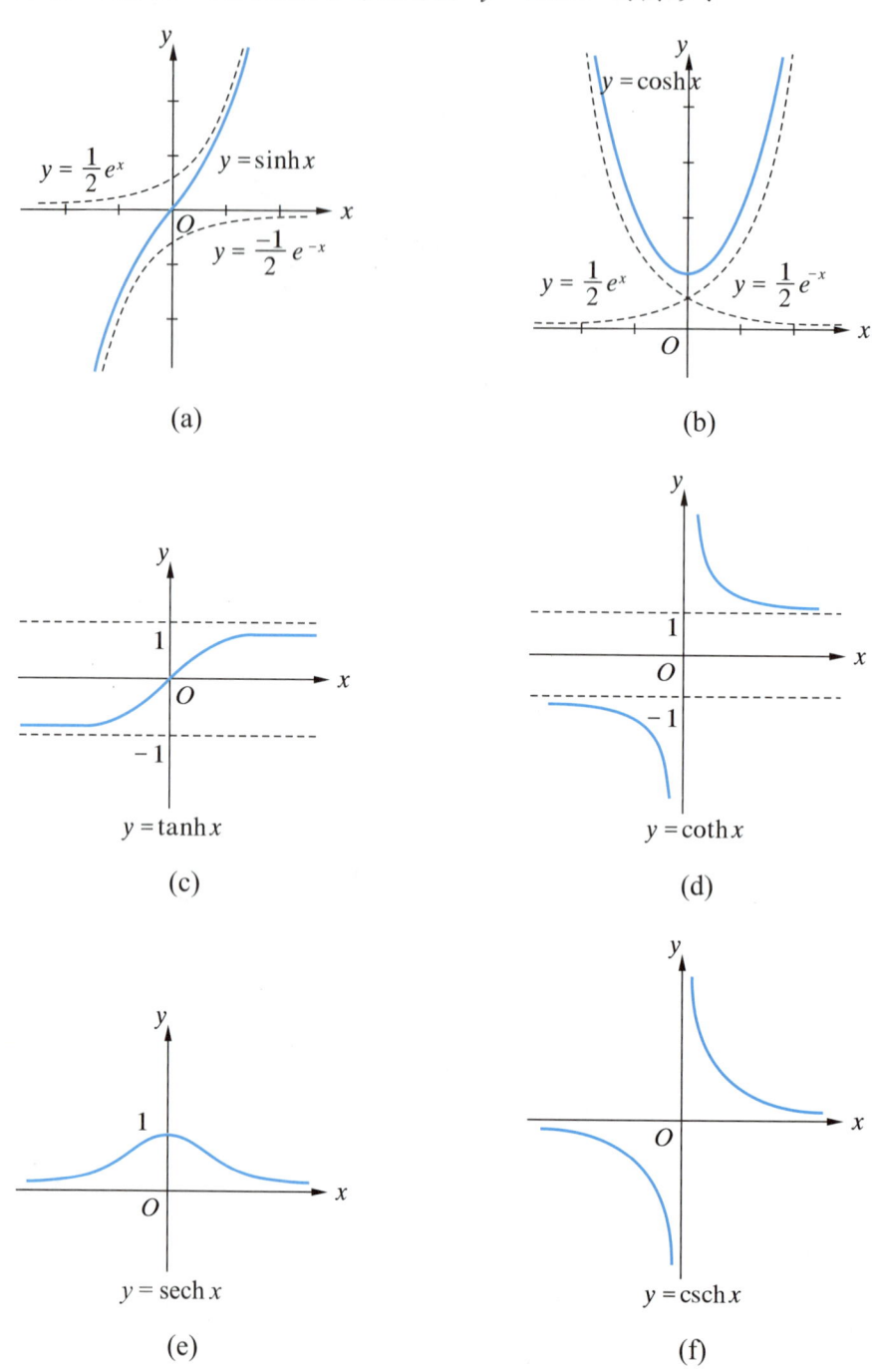

圖 5-10　六個雙曲線函數的圖形

Theorem 5.6.1 (Hyperbolic Identities)
(a) $\sinh(-x) = -\sinh x$
(b) $\cosh(-x) = \cosh x$
(c) $\cosh^2 x - \sinh^2 x = 1$
(d) $1 - \tanh^2 x = \mathrm{sech}^2 x$
(e) $1 - \coth^2 x = -\mathrm{csch}^2 x$
(f) $\sinh(x+y) = \sinh x \cosh y + \cosh x \sinh y$
(g) $\cosh(x+y) = \cosh x \cosh y + \sinh x \sinh y$

證明：(a) $\sinh(-x) = \dfrac{e^{-x} - e^{-(-x)}}{2} = -\dfrac{e^x - e^{-x}}{2} = -\sinh x$

(b) $\cosh(-x) = \dfrac{e^{-x} + e^{-(-x)}}{2} = \dfrac{e^x + e^{-x}}{2} = \cosh x$

(c) $\cosh^2 x - \sinh^2 x = \left(\dfrac{e^x + e^{-x}}{2}\right)^2 - \left(\dfrac{e^x - e^{-x}}{2}\right)^2$

$= \dfrac{e^{2x} + 2 + e^{-2x}}{4} - \dfrac{e^{2x} - 2 + e^{-2x}}{4} = \dfrac{4}{4} = 1$

【註】由於平面上的點 $(x = \cosh t, y = \sinh t)$ 滿足雙曲線方程式 $x^2 - y^2 = 1$，這就是稱此六個函數為雙曲線函數之理由。

(d) $1 - \tanh^2 x = 1 - \left(\dfrac{e^x - e^{-x}}{e^x + e^{-x}}\right)^2 = 1 - \dfrac{e^{2x} - 2 + e^{-2x}}{e^{2x} + 2 + e^{-2x}} = \dfrac{4}{e^{2x} + 2 + e^{-2x}}$

$= \left(\dfrac{2}{e^x + e^{-x}}\right)^2 = \mathrm{sech}^2 x$

或 $\cosh^2 x - \sinh^2 x = 1 \Rightarrow 1 - \dfrac{\sinh^2 x}{\cosh^2 x} = \dfrac{1}{\cosh^2 x} \Rightarrow 1 - \tanh^2 x = \mathrm{sech}^2 x$

(e) $1 - \coth^2 x = 1 - \left(\dfrac{e^x + e^{-x}}{e^x - e^{-x}}\right)^2 = 1 - \dfrac{e^{2x} + 2 + e^{-2x}}{e^{2x} - 2 + e^{-2x}} = \dfrac{-4}{e^{2x} - 2 + e^{-2x}}$

$= -\left(\dfrac{2}{e^x - e^{-x}}\right)^2 = -\mathrm{csch}^2 x$

(f) $\sinh x \cosh y + \cosh x \sinh y = \dfrac{e^x - e^{-x}}{2} \cdot \dfrac{e^y + e^{-y}}{2} + \dfrac{e^x + e^{-x}}{2} \cdot \dfrac{e^y - e^{-y}}{2}$

$= \dfrac{e^{x+y} + e^{x-y} - e^{-x+y} - e^{-x-y}}{4} + \dfrac{e^{x+y} - e^{x-y} + e^{-x+y} - e^{-x-y}}{4}$

$= \dfrac{2e^{x+y} - 2e^{-x-y}}{4} = \dfrac{e^{x+y} - e^{-(x+y)}}{2} = \sinh(x+y)$

(g) $\cosh x \cosh y + \sinh x \sinh y = \dfrac{e^x + e^{-x}}{2} \dfrac{e^y + e^{-y}}{2} + \dfrac{e^x - e^{-x}}{2} \dfrac{e^y - e^{-y}}{2}$

$= \dfrac{e^{x+y} + e^{x-y} + e^{-x+y} + e^{-x-y}}{4} + \dfrac{e^{x+y} - e^{x-y} - e^{-x+y} + e^{-x-y}}{4}$

$= \dfrac{2e^{x+y} + 2e^{-x-y}}{4} = \dfrac{e^{x+y} + e^{-(x+y)}}{2} = \cosh(x+y)$

【註】還有一些等式讀者不妨證看看。例如：

1. $\sinh 2x = 2 \sinh x \cosh x$
2. $\cosh 2x = \cosh^2 x + \sinh^2 x$
3. $\cosh^2 x = \dfrac{\cosh 2x + 1}{2}$
4. $\sinh^2 x = \dfrac{\cosh 2x - 1}{2}$

Theorem 5.6.2 (Derivatives of the Hyperbolic Functions)

(a) $\dfrac{d}{dx} \sinh x = \cosh x$ (b) $\dfrac{d}{dx} \cosh x = \sinh x$

(c) $\dfrac{d}{dx} \tanh x = \operatorname{sech}^2 x$ (d) $\dfrac{d}{dx} \coth x = -\operatorname{csch}^2 x$

(e) $\dfrac{d}{dx} \operatorname{sech} x = -\operatorname{sech} x \tanh x$ (f) $\dfrac{d}{dx} \operatorname{csch} x = -\operatorname{csch} x \coth x$

證明：我們只證明 (a)、(c) 及 (e)。

(a) $\dfrac{d}{dx} \sinh x = \dfrac{d}{dx} \dfrac{e^x - e^{-x}}{2} = \dfrac{e^x + e^{-x}}{2} = \cosh x$

(c) $\dfrac{d}{dx} \tanh x = \dfrac{d}{dx} \dfrac{e^x - e^{-x}}{e^x + e^{-x}}$

$= \dfrac{(e^x + e^{-x}) \cdot (e^x + e^{-x}) - (e^x - e^{-x})(e^x - e^{-x})}{(e^x + e^{-x})^2}$

$= \dfrac{4}{(e^x + e^{-x})^2} = \left(\dfrac{2}{e^x + e^{-x}} \right)^2 = \operatorname{sech}^2 x$

(e) $\dfrac{d}{dx} \operatorname{sech} x = \dfrac{d}{dx} \dfrac{2}{e^x + e^{-x}} = 2 \cdot (-1)(e^x + e^{-x})^{-2}(e^x - e^{-x})$

$= -\dfrac{2}{e^x + e^{-x}} \cdot \dfrac{e^x - e^{-x}}{e^x + e^{-x}} = -\operatorname{sech} x \tanh x$

範例 1

試求下列函數之導函數。

(a) $f(x) = \sinh 3x$ 　　　　　　　(b) $f(x) = \tanh\sqrt{x^2+1}$

解 (a) (利用合成函數微分公式 $\dfrac{d}{dx}\sinh u = \cosh u \cdot \dfrac{du}{dx}$)

$$f'(x) = \cosh 3x \cdot \dfrac{d}{dx} 3x = \cosh 3x \cdot 3 = 3\cosh 3x$$

(b) (利用合成函數微分公式 $\dfrac{d}{dx}\tanh u = \text{sech}^2 u \cdot \dfrac{du}{dx}$)

$$f'(x) = \text{sech}^2\sqrt{x^2+1} \cdot \dfrac{d}{dx}\sqrt{x^2+1} = \text{sech}^2\sqrt{x^2+1} \cdot \dfrac{2x}{2\sqrt{x^2+1}} = \dfrac{x\,\text{sech}^2\sqrt{x^2+1}}{\sqrt{x^2+1}}$$

Theorem 5.6.3 (Integration of the Hyperbolic Functions)

(a) $\displaystyle\int \sinh x\, dx = \cosh x + C$ 　　(b) $\displaystyle\int \cosh x\, dx = \sinh x + C$

(c) $\displaystyle\int \text{sech}^2 x\, dx = \tanh x + C$ 　　(d) $\displaystyle\int \text{csch}^2 x\, dx = -\coth x + C$

(e) $\displaystyle\int \text{sech}\,x \tanh x\, dx = -\text{sech}\,x + C$ 　　(f) $\displaystyle\int \text{csch}\,x \coth x\, dx = -\text{csch}\,x + C$

(g) $\displaystyle\int \tanh x\, dx = -\ln|\text{sech}\,x| + C$ 　　(h) $\displaystyle\int \coth x\, dx = -\ln|\text{csch}\,x| + C$

(i) $\displaystyle\int \text{sech}\,x\, dx = 2\tan^{-1}(e^x) + C$ 　　(j) $\displaystyle\int \text{csch}\,x\, dx = -\ln|\text{csch}\,x + \coth x| + C$

證明：我們只證明 (i)，其他的證明與三角函數之證明類似。

(i) 設 $u = e^x$，則 $du = e^x\, dx$。因此，

$$\int \text{sech}\,x\, dx = \int \dfrac{2}{e^x + e^{-x}}\, dx = 2\int \dfrac{e^x}{1+e^{2x}}\, dx = 2\int \dfrac{1}{1+u^2}\, du$$

$$= 2\tan^{-1}(u) + C = 2\tan^{-1}(e^x) + C$$

範例 2

試計算下列積分。

(a) $\displaystyle\int \frac{\cosh\sqrt{x}}{\sqrt{x}}\, dx$ 　　　　　　(b) $\displaystyle\int \coth(x^3+5)\, x^2\, dx$

解 (a) 設 $u=\sqrt{x}$，則 $du=\dfrac{1}{2\sqrt{x}}\, dx$ 或 $\dfrac{1}{\sqrt{x}}dx=2du$。

因此，$\displaystyle\int \frac{\cosh\sqrt{x}}{\sqrt{x}}\, dx = 2\int \cosh u\, du = 2\sinh u + C = 2\sinh\sqrt{x} + C$

(b) 設 $u=x^3+5$，則 $du=3x^2\, dx$ 或 $x^2 dx = \dfrac{1}{3}du$。

因此，

$$\int \coth(x^3+5)x^2\, dx = \frac{1}{3}\int \coth u\, du = -\frac{1}{3}\ln|\operatorname{csch} u| + C$$

$$= -\frac{1}{3}\ln\left|\operatorname{csch}(x^3+5)\right| + C$$

反雙曲線函數

從雙曲線函數之圖形，我們知道 $\sinh x$、$\tanh x$、$\coth x$ 及 $\operatorname{csch} x$ 是 1-1 函數，所以可以直接去定義它們的反函數。但是 $\cosh x$ 及 $\operatorname{sech} x$ 都不是 1-1 函數，我們必須先將它們的定義域縮小後，再去定義它們的反函數。

Definition 5.6.2 （Definition of the Inverse Hyperbolic Functions）

(a) $y=\sinh^{-1} x \Leftrightarrow x=\sinh y$，其中 $x\in(-\infty,\infty)$ 且 $y\in(-\infty,\infty)$

(b) $y=\cosh^{-1} x \Leftrightarrow x=\cosh y$，其中 $x\in[1,\infty)$ 且 $y\in[0,\infty)$
（$y=\cosh x$ 的定義域本來是 $(-\infty,\infty)$，我們將它縮小為 $[0,\infty)$）

(c) $y=\tanh^{-1} x \Leftrightarrow x=\tanh y$，其中 $x\in(-1,1)$ 且 $y\in(-\infty,\infty)$

(d) $y=\coth^{-1} x \Leftrightarrow x=\coth y$，其中 $x\in(-\infty,-1)\cup(1,\infty)$ 且 $y\in(-\infty,0)\cup(0,\infty)$

(e) $y=\operatorname{sech}^{-1} x \Leftrightarrow x=\operatorname{sech} y$，其中 $x\in(0,1]$ 且 $y\in[0,\infty)$
（$y=\operatorname{sech} x$ 的定義域本來是 $(-\infty,\infty)$，我們將它縮小為 $[0,\infty)$）

(f) $y=\operatorname{csch}^{-1} x \Leftrightarrow x=\operatorname{csch} y$，其中 $x\in(-\infty,0)\cup(0,\infty)$ 且 $y\in(-\infty,0)\cup(0,\infty)$

(a) $y = \sinh x$, $y = x$, $y = \sinh^{-1} x$

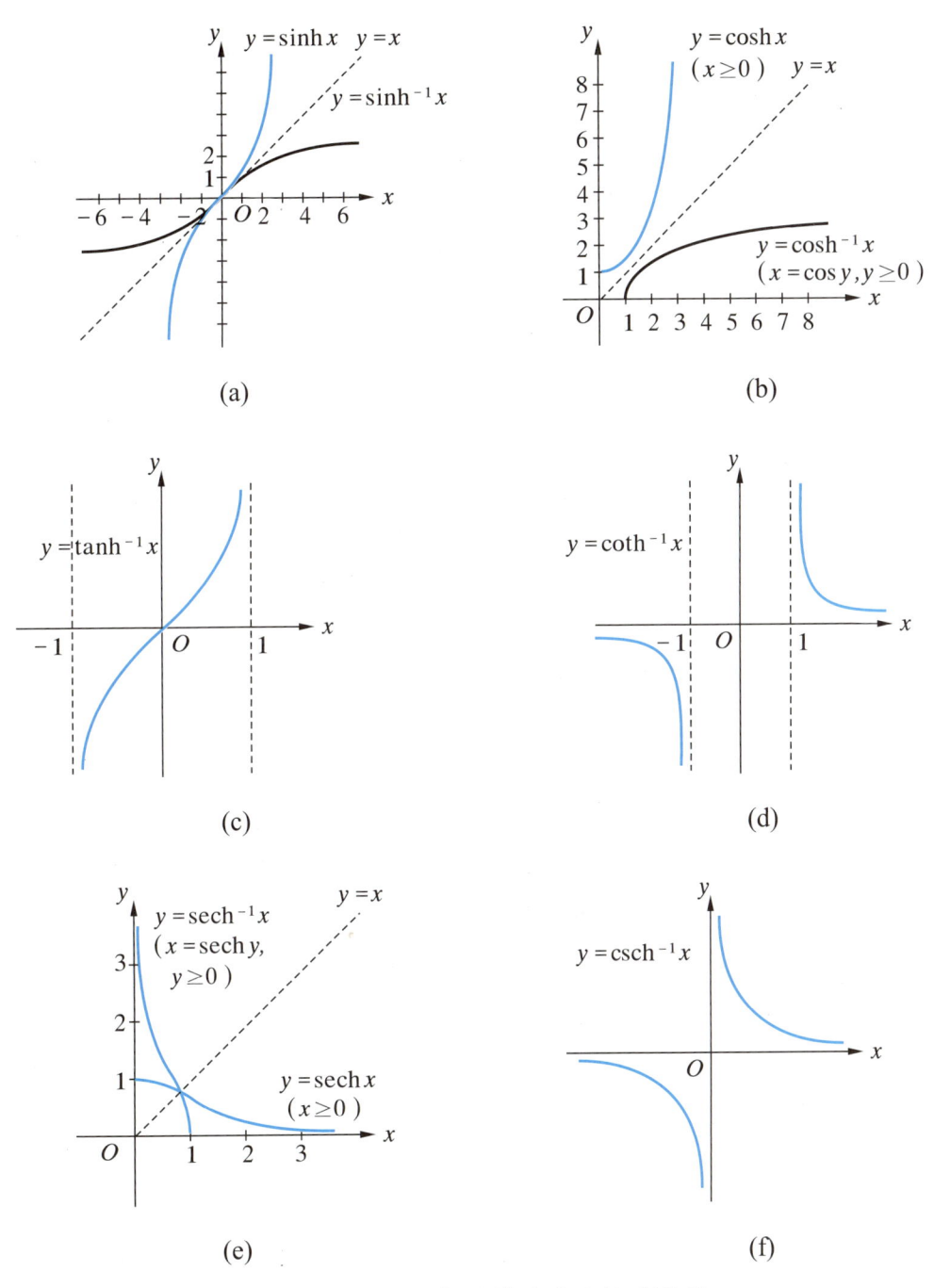

(b) $y = \cosh x$ $(x \geq 0)$, $y = x$, $y = \cosh^{-1} x$ $(x = \cos y, y \geq 0)$

(c) $y = \tanh^{-1} x$

(d) $y = \coth^{-1} x$

(e) $y = \text{sech}^{-1} x$ $(x = \text{sech}\, y, y \geq 0)$, $y = x$, $y = \text{sech}\, x$ $(x \geq 0)$

(f) $y = \text{csch}^{-1} x$

圖 5-11　六個反雙曲線函數的圖形

　　因為雙曲線函數是用自然指數函數來定義的，所以反雙曲線函數也可用自然對數來呈現，並且可以利用這層關係來計算反雙曲線函數的導函數。

Theorem 5.6.4　(Representation of the Inverse Hyperbolic Function as a Logarithm)

(a) $\sinh^{-1} x = \ln(x + \sqrt{x^2 + 1})$ 　　$(x \in (-\infty, \infty))$

(b) $\cosh^{-1} x = \ln(x + \sqrt{x^2 - 1})$ 　　$(x \geq 1)$

(c) $\tanh^{-1} x = \dfrac{1}{2} \ln \dfrac{1+x}{1-x}$ 　　$(|x| < 1)$

(d) $\coth^{-1} x = \dfrac{1}{2} \ln \dfrac{x+1}{x-1}$ 　　$(|x| > 1)$

(e) $\operatorname{sech}^{-1} x = \ln \dfrac{1 + \sqrt{1-x^2}}{x}$ 　　$(0 < x \leq 1)$

(f) $\operatorname{csch}^{-1} x = \ln \left(\dfrac{1}{x} + \dfrac{\sqrt{1+x^2}}{|x|} \right)$ 　　$(x \neq 0)$

證明：我們只證明 (a)、(c) 及 (e)。

(a) 由 $y = \sinh^{-1} x$ 的定義 $y = \sinh^{-1} x \Leftrightarrow x = \sinh y$ 中，我們有

$$x = \sinh y = \dfrac{e^y - e^{-y}}{2}。$$

因此，$e^y - e^{-y} = 2x$ 或 $e^y - 2x - e^{-y} = 0$ 或 $e^{2y} - 2xe^y - 1 = 0$。
而方程式 $e^{2y} - 2xe^y - 1 = 0$ 可以改寫成 $(e^y)^2 - 2x(e^y) - 1 = 0$，再解此方程式，

我們得 $e^y = \dfrac{-(-2x) \pm \sqrt{(-2x)^2 - 4(-1)}}{2} = \dfrac{2x \pm \sqrt{4x^2 + 4}}{2} = x \pm \sqrt{x^2 + 1}$。

但 $e^y > 0$，因此 $e^y = x + \sqrt{x^2 + 1}$（由於 $x - \sqrt{x^2 + 1} < 0$，所以必須剔除），

也因此 $y = \ln(x + \sqrt{x^2 + 1})$。

(c) 由 $y = \tanh^{-1} x$ 的定義 $y = \tanh^{-1} x \Leftrightarrow x = \tanh y$ 中，我們有

$$x = \tanh y = \dfrac{e^y - e^{-y}}{e^y + e^{-y}}。$$

因此，$e^y - e^{-y} = (e^y + e^{-y})x$ 或 $e^{2y} - 1 = (e^{2y} + 1)x$ 或 $(e^y)^2 = \dfrac{1+x}{1-x}$。

解最右邊的方程式，我們得 $e^y = \pm \sqrt{\dfrac{1+x}{1-x}}$。

但 $e^y > 0$，因此 $e^y = \sqrt{\dfrac{1+x}{1-x}}$，也因此 $y = \dfrac{1}{2}\ln\dfrac{1+x}{1-x}$。

(e) 由 $y = \text{sech}^{-1} x$ 的定義 $y = \text{sech}^{-1} x \Leftrightarrow x = \text{sech}\, y$ 中，我們有

$$x = \text{sech}\, y = \dfrac{2}{e^y + e^{-y}}。$$

因此，$2 = (e^y + e^{-y})x$ 或 $xe^y - 2 + xe^{-y} = 0$ 或 $x(e^y)^2 - 2e^y + x = 0$。

解最右邊的方程式，我們得 $e^y = \dfrac{2 \pm \sqrt{4 - 4x^2}}{2x} = \dfrac{1 \pm \sqrt{1-x^2}}{x}$。

因此 $e^y = \dfrac{1 + \sqrt{1-x^2}}{x}$，也因此 $y = \ln\dfrac{1 + \sqrt{1-x^2}}{x}$。

（由於 $\dfrac{1 - \sqrt{1-x^2}}{x} \in (0,1]$，所以 $\ln\dfrac{1 - \sqrt{1-x^2}}{x} < 0 \quad \forall x \in (0,1)$。

但是 $y = \text{sech}^{-1} x \in (0,1]$，因此 $e^y = \dfrac{1 - \sqrt{1-x^2}}{x}$ 必須剔除。）

Theorem 5.6.5 (Derivatives of the Inverse Hyperbolic Functions)

(a) $\dfrac{d}{dx}\sinh^{-1} x = \dfrac{1}{\sqrt{1+x^2}}$, $x \in (-\infty, \infty)$

(b) $\dfrac{d}{dx}\cosh^{-1} x = \dfrac{1}{\sqrt{x^2-1}}$, $x > 1$

(c) $\dfrac{d}{dx}\tanh^{-1} x = \dfrac{1}{1-x^2}$, $|x| < 1$

(d) $\dfrac{d}{dx}\coth^{-1} x = \dfrac{1}{1-x^2}$, $|x| > 1$

(e) $\dfrac{d}{dx}\text{sech}^{-1} x = -\dfrac{1}{x\sqrt{1-x^2}}$, $0 < x < 1$

(f) $\dfrac{d}{dx}\text{csch}^{-1} x = -\dfrac{1}{|x|\sqrt{x^2+1}}$, $x \neq 0$

證明：我們證明 (a)、(c) 及 (e)，其他則同理可證。

(a) 因為 $\sinh^{-1} x = \ln(x + \sqrt{x^2+1})$，

所以 $\dfrac{d}{dx}\sinh^{-1} x = \dfrac{d}{dx}\ln(x + \sqrt{x^2+1}) = \dfrac{1}{x + \sqrt{x^2+1}} \dfrac{d}{dx}(x + \sqrt{x^2+1})$

$$= \frac{1}{x+\sqrt{x^2+1}} \left(1 + \frac{x}{\sqrt{x^2+1}}\right)$$

$$= \frac{1}{x+\sqrt{x^2+1}} \cdot \frac{x+\sqrt{x^2+1}}{\sqrt{x^2+1}}$$

$$= \frac{1}{\sqrt{x^2+1}} \ , \ x \in (-\infty, \infty)$$

【註】可以用反函數之導函數公式證明(a)，而(b)～(f)也可以。請看下面 (a) 之另一種證明。

設 $f(x) = \sinh x$，則 $f^{-1}(x) = \sinh^{-1} x$ 且 $f'(x) = \cosh x$。
由反函數之導函數公式，我們有

$$\frac{d}{dx}\sinh^{-1} x = \frac{d}{dx} f^{-1}(x) = \frac{1}{f'(f^{-1}(x))}$$

$$= \frac{1}{\cosh(\sinh^{-1}(x))} \quad (\cosh^2 x - \sinh^2 x = 1 \Rightarrow \cosh x = \sqrt{1+\sinh^2 x}\,)$$

$$= \frac{1}{\sqrt{1+\sinh^2(\sinh^{-1}(x))}} \quad (\sinh(\sinh^{-1}(x)) = x\,)$$

$$= \frac{1}{\sqrt{1+x^2}} \ , \ x \in (-\infty, \infty)$$

(c) 因為 $\tanh^{-1} x = \frac{1}{2}\ln\frac{1+x}{1-x}$ ，

所以 $\frac{d}{dx}\tanh^{-1} x = \frac{d}{dx}\frac{1}{2}\ln\frac{1+x}{1-x} = \frac{1}{2}\frac{d}{dx}[\ln(1+x) - \ln(1-x)]$

$$= \frac{1}{2}\frac{d}{dx}\left[\frac{1}{1+x} - \frac{-1}{1-x}\right] = \frac{1}{1-x^2} \ , \ |x| < 1$$

(e) 因為 $\text{sech}^{-1} x = \ln\frac{1+\sqrt{1-x^2}}{x}$ ，

所以 $\frac{d}{dx}\text{sech}^{-1} x = \frac{d}{dx}\ln\frac{1+\sqrt{1-x^2}}{x} = \frac{d}{dx}[\ln(1+\sqrt{1-x^2}) - \ln x]$

$$= \frac{1}{1+\sqrt{1-x^2}}\frac{d}{dx}(1+\sqrt{1-x^2}) - \frac{1}{x}$$

$$= \frac{1}{1+\sqrt{1-x^2}} \cdot \frac{-x}{\sqrt{1-x^2}} - \frac{1}{x}$$

$$= \frac{1}{1+\sqrt{1-x^2}} \cdot \frac{1-\sqrt{1-x^2}}{1-\sqrt{1-x^2}} \cdot \frac{-x}{\sqrt{1-x^2}} - \frac{1}{x}$$

$$= \left[\frac{1-\sqrt{1-x^2}}{1-(1-x^2)} \cdot \frac{-x}{\sqrt{1-x^2}} - \frac{1}{x}\right] = -\frac{1}{x\sqrt{1-x^2}} \ , \ 0 < x < 1$$

範例 3

試計算下列函數之導函數。

(a) $f(x) = \coth^{-1}(\sqrt{x}+1)$ (b) $f(x) = \text{sech}^{-1}(e^x)$

解 (a) (利用公式 $\dfrac{d}{dx}\coth^{-1}u = \dfrac{1}{1-u^2} \cdot \dfrac{du}{dx}$)

$$f'(x) = \frac{1}{1-(\sqrt{x}+1)^2} \frac{d}{dx}(\sqrt{x}+1) = \frac{1}{1-(\sqrt{x}+1)^2} \cdot \frac{1}{2\sqrt{x}} = \frac{1}{2\sqrt{x}[1-(\sqrt{x}+1)^2]}$$

(b) (利用公式 $\dfrac{d}{dx}\text{sech}^{-1}u = -\dfrac{1}{u\sqrt{1-u^2}} \cdot \dfrac{du}{dx}$)

$$f'(x) = -\frac{1}{e^x\sqrt{1-e^{2x}}} \cdot \frac{d}{dx}e^x = -\frac{e^x}{e^x\sqrt{1-e^{2x}}} = -\frac{1}{\sqrt{1-e^{2x}}}$$

Theorem 5.6.6 (Integration Related to Inverse Hyperbolic Functions)

(a) $\displaystyle\int \frac{1}{\sqrt{1+x^2}}\,dx = \sinh^{-1}x + C$

(b) $\displaystyle\int \frac{1}{\sqrt{x^2-1}}\,dx = \cosh^{-1}x + C$

(c) $\displaystyle\int \frac{1}{1-x^2}\,dx = \begin{cases} \tanh^{-1}x + C \ , \ |x| < 1 \\ \coth^{-1}x + C \ , \ |x| > 1 \end{cases}$

(d) $\displaystyle\int \frac{1}{x\sqrt{1-x^2}}\,dx = -\text{sech}^{-1}x + C$

(e) $\displaystyle\int \frac{1}{x\sqrt{1+x^2}}\,dx = -\text{csch}^{-1}|x| + C$

證明：直接由微分公式獲得。

範例 4

試計算下列積分。

(a) $\displaystyle\int_1^e \frac{1}{x\sqrt{1+(\ln x)^2}}\,dx$

(b) $\displaystyle\int \frac{1}{x\sqrt{1-16x^2}}\,dx$

解 (a) 設 $u = g(x) = \ln x$，則 $du = \dfrac{1}{x}dx$ 且 $g(1) = \ln 1 = 0$、$g(e) = \ln e = 1$。因此，

$$\int_1^e \frac{1}{x\sqrt{1+(\ln x)^2}}\,dx = \int_0^1 \frac{1}{\sqrt{1+u^2}}\,du = \sinh^{-1} u \Big|_0^1 = \sinh^{-1} 1 - \sinh^{-1} 0 = \sinh^{-1} 1$$

(b) $\displaystyle\int \frac{1}{x\sqrt{1-16x^2}}\,dx = \int \frac{1}{4x\sqrt{1-(4x)^2}}\cdot 4\,dx$

$= \displaystyle\int \frac{1}{u\sqrt{1-u^2}}\,du$（設 $u = 4x$，則 $du = 4\,dx$）

$= -\operatorname{sech}^{-1} u + C$

$= -\operatorname{sech}^{-1}(4x) + C$

習題演練

第 1 題至第 4 題，試證明下面的等式。

1. $\sinh 2x = 2\sinh x \cosh x$
2. $\cosh 2x = \cosh^2 x + \sinh^2 x$
3. $\cosh^2 x = \dfrac{\cosh 2x + 1}{2}$
4. $\sinh^2 x = \dfrac{\cosh 2x - 1}{2}$

第 5 題至第 8 題，試求各函數 f 的導函數。

5. $f(x) = \cosh^3(3x)$
6. $f(x) = \cot^{-1}(\sinh 2x)$
7. $f(x) = \dfrac{\cosh x}{1+\operatorname{sech} x}$
8. $f(x) = (\sinh x)^x$

第 9 題至第 12 題，試求下列的積分。

9. $\displaystyle\int \sinh x \cosh x\,dx$
10. $\displaystyle\int \frac{\sinh x}{\sqrt{1+\sinh^2 x}}\,dx$
11. $\displaystyle\int \sinh^3 x\,dx$
12. $\displaystyle\int_0^{\ln 2} \frac{\cosh x}{\sqrt{9-4\sinh^2 x}}\,dx$

第 13 題至第 16 題，試求各函數 f 的導函數。

13. $f(x) = \cosh^{-1}(3x)$

14. $f(x) = \coth^{-1}\left(\dfrac{x-1}{x+1}\right)$

15. $f(x) = \dfrac{\sinh^{-1} x}{1 + \text{sech}^{-1} x}$

16. $f(x) = e^x \sinh^{-1}(\ln x)$

第 17 題至第 20 題，試求下列的積分。

17. $\displaystyle\int \dfrac{1}{\sqrt{9x^2 + 25}}\, dx$

18. $\displaystyle\int \dfrac{1}{49 - 4x^2}\, dx$

19. $\displaystyle\int \dfrac{1}{x\sqrt{9 - x^4}}\, dx$

20. $\displaystyle\int_0^{1/2} \dfrac{1}{1 - x^2}\, dx$

5-7　不定型與 L'Hôpital's Rule

Definition 5.7.1　(Indeterminate Forms of Types $\dfrac{0}{0}$ and $\dfrac{\infty}{\infty}$)

(a) If $\lim\limits_{x \to a} f(x) = 0$ and $\lim\limits_{x \to a} g(x) = 0$, then $\dfrac{f(x)}{g(x)}$ is said to have an indeterminate form of type $\dfrac{0}{0}$ at a.

(b) If $\lim\limits_{x \to a} f(x) = \pm\infty$ and $\lim\limits_{x \to a} g(x) = \pm\infty$, then $\dfrac{f(x)}{g(x)}$ is said to have an indeterminate form of type $\dfrac{\infty}{\infty}$ at a.

In (a) and (b), $x \to a$ can be replaced by any one of the followings : $x \to a^+$, $x \to a^-$, $x \to \infty$ or $x \to -\infty$.

範例 1

(a) 因為 $\lim\limits_{x \to 0} x^4 = 0$ 且 $\lim\limits_{x \to 0} x^2 = 0$，所以 $\dfrac{x^4}{x^2}$ 在 $x = 0$ 處發生了 $\dfrac{0}{0}$ 這種不定型。

而此時 $\lim\limits_{x \to 0} \dfrac{x^4}{x^2} = \lim\limits_{x \to 0} x^2 = 0$。

(b) 因為 $\lim\limits_{x \to 0} x^2 = 0$ 且 $\lim\limits_{x \to 0} x^4 = 0$，所以 $\dfrac{x^2}{x^4}$ 在 $x=0$ 處發生了 $\dfrac{0}{0}$ 這種不定型。

但此時 $\lim\limits_{x \to 0} \dfrac{x^2}{x^4} = \lim\limits_{x \to 0} \dfrac{1}{x^2} = \infty$。

【註】$\lim\limits_{x \to 0} \dfrac{x^2}{x^4} = \infty$ 表示極限不存在。

(c) 因為 $\lim\limits_{x \to 0} \dfrac{1}{x^2} = \infty$ 且 $\lim\limits_{x \to 0} \dfrac{1}{x^4} = \infty$，所以 $\dfrac{\frac{1}{x^2}}{\frac{1}{x^4}}$ 在 $x=0$ 處發生了 $\dfrac{\infty}{\infty}$ 這種不定型。但此時 $\lim\limits_{x \to 0} \dfrac{\frac{1}{x^2}}{\frac{1}{x^4}} = \lim\limits_{x \to 0} x^2 = 0$。

(d) 因為 $\lim\limits_{x \to 0} \dfrac{1}{x^4} = \infty$ 且 $\lim\limits_{x \to 0} \dfrac{1}{x^2} = \infty$，所以 $\dfrac{\frac{1}{x^4}}{\frac{1}{x^2}}$ 在 $x=0$ 處發生了 $\dfrac{\infty}{\infty}$ 這種不定型。而此時 $\lim\limits_{x \to 0} \dfrac{\frac{1}{x^4}}{\frac{1}{x^2}} = \lim\limits_{x \to 0} \dfrac{1}{x^2} = \infty$。

【註】由範例 1 中的 4 個例子，當 $\dfrac{f(x)}{g(x)}$ 發生 $\dfrac{0}{0}$ 或 $\dfrac{\infty}{\infty}$ 之不定型時，有時候極限 $\lim\limits_{x \to a} \dfrac{f(x)}{g(x)}$ 會存在，但有時候極限 $\lim\limits_{x \to a} \dfrac{f(x)}{g(x)}$ 也會不存在。此時需要透過一些化簡來判定極限，但不能化簡時，只好求助於 L'Hôpital's Rule 了。

Theorem 5.7.1 (*L'Hôpital's Rule*)

Suppose that f and g are differentiable and $g'(x) \neq 0$ for all x in an open interval that contains a (except possibly at a itself). Suppose also that

$$\lim_{x \to a} f(x) = 0 \quad \text{and} \quad \lim_{x \to a} g(x) = 0$$

or that $\lim_{x \to a} f(x) = \pm \infty$ and $\lim_{x \to a} g(x) = \pm \infty$.

(In other words, we have an indeterminate forms of type $\dfrac{0}{0}$ or $\dfrac{\infty}{\infty}$)

Then

$$\lim_{x \to a} \frac{f(x)}{g(x)} = \lim_{x \to a} \frac{f'(x)}{g'(x)}$$

provided that the limit $\lim_{x \to a} \dfrac{f'(x)}{g'(x)}$ exists or $\lim_{x \to a} \dfrac{f'(x)}{g'(x)} = \pm \infty$.

【註】如果條件適當的修正，則定理 5.7.1 的 $x \to a$ 可以用 $x \to a^+$、$x \to a^-$、$x \to \infty$ 或 $x \to -\infty$ 來代替。

我們先介紹柯西均值定理，再來證明一部分的 *L'Hôpital's Rule*。

Theorem 5.7.2 (Cauchy Mean Value Theorem)

If f and g are continuous on $[a, b]$, differentiable on (a, b), and $g'(x) \neq 0$ for all x in (a, b), then there exists a number c in (a, b) such that

$$\frac{f(b) - f(a)}{g(b) - g(a)} = \frac{f'(c)}{g'(c)}.$$

證明：設 $h(x) = [f(b) - f(a)]g(x) - [g(b) - g(a)]f(x)$，$x \in [a, b]$

因為 f 及 g 在閉區間 $[a, b]$ 上連續，所以 h 也在閉區間 $[a, b]$ 上連續。

因為 f 及 g 在開區間 (a, b) 上可微分，所以 h 也在開區間 (a, b) 上可微分。

又因為 $h(a) = [f(b) - f(a)]g(a) - [g(b) - g(a)]f(a)$
$= f(b)g(a) - g(b)f(a)$
$= [f(b) - f(a)]g(b) - [g(b) - g(a)]f(b)$
$= h(b)$

所以由 *Rolle's Theorem* 可知，必存在一數 $c \in (a, b)$ 使得 $h'(c) = 0$。

而 $h'(x) = [f(b)-f(a)]g'(x) - [g(b)-g(a)]f'(x)$，因此，

$$h'(c) = 0 \Leftrightarrow [f(b)-f(a)]g'(c) - [g(b)-g(a)]f'(c) = 0$$

$$\Leftrightarrow \frac{f(b)-f(a)}{g(b)-g(a)} = \frac{f'(c)}{g'(c)}$$

一部分 L'Hôpital's Rule 的證明

設 $\lim_{x \to a} f(x) = 0$ 且 $\lim_{x \to a} g(x) = 0$。如果 $\lim_{x \to a} \frac{f'(x)}{g'(x)} = L$，則我們將證明

$$\lim_{x \to a} \frac{f(x)}{g(x)} = L 。$$

定義函數

$$F(x) = \begin{cases} f(x), & x \neq a \\ 0, & x = a \end{cases} \quad \text{及} \quad G(x) = \begin{cases} g(x), & x \neq a \\ 0, & x = a \end{cases},$$

因為 f 及 g 在包含 a 某一個開區間 I 上連續 (它們可能在 a 不連續)，但是，因為

$$\lim_{x \to a} F(x) = \lim_{x \to a} f(x) = 0 = F(a) \quad \text{及} \quad \lim_{x \to a} G(x) = \lim_{x \to a} g(x) = 0 = G(a)，$$

所以 F 及 G 就會在開區間 I 上連續了。

令 $x \in I$ 且 $x > a$。因為 F 及 G 在閉區間 $[a,x]$ 上連續且 F 及 G 在開區間 (a,x) 可微分，因此，由柯西均值定理，必存在一數 $c \in (a,x)$ 使得 $\frac{F(x)-F(a)}{G(x)-G(a)} = \frac{F'(c)}{G'(c)}$。而

$$\frac{F(x)-F(a)}{G(x)-G(a)} = \frac{F'(c)}{G'(c)} \Leftrightarrow \frac{f(x)-0}{g(x)-0} = \frac{f'(c)}{g'(c)} \Leftrightarrow \frac{f(x)}{g(x)} = \frac{f'(c)}{g'(c)} 。$$

如此一來，$\lim_{x \to a^+} \frac{f(x)}{g(x)} = \lim_{c \to a^+} \frac{f'(c)}{g'(c)} = L$。

令 $x \in I$ 且 $x < a$。因為 F 及 G 在閉區間 $[x,a]$ 上連續且 F 及 G 在開區間 (x,a) 可微分，因此，再由柯西均值定理，必存在一數 $c \in (x,a)$ 使得 $\frac{F(a)-F(x)}{G(a)-G(x)} = \frac{F'(c)}{G'(c)}$。而

$$\frac{F(a)-F(x)}{G(a)-G(x)} = \frac{F'(c)}{G'(c)} \Leftrightarrow \frac{0-f(x)}{0-g(x)} = \frac{f'(c)}{g'(c)} \Leftrightarrow \frac{f(x)}{g(x)} = \frac{f'(c)}{g'(c)} 。$$

如此一來，$\lim\limits_{x \to a^-} \dfrac{f(x)}{g(x)} = \lim\limits_{c \to a^-} \dfrac{f'(c)}{g'(c)} = L$。

因為 $\lim\limits_{x \to a^+} \dfrac{f(x)}{g(x)} = L$ 且 $\lim\limits_{x \to a^-} \dfrac{f(x)}{g(x)} = L$，所以 $\lim\limits_{x \to a} \dfrac{f(x)}{g(x)} = L$。

範例 2

試計算下列極限。

(a) $\lim\limits_{x \to 1} \dfrac{\ln x}{x - 1}$
(b) $\lim\limits_{x \to 0} \dfrac{e^x - 1}{x}$
(c) $\lim\limits_{x \to \infty} \dfrac{x^2}{e^x}$

(d) $\lim\limits_{x \to \infty} \dfrac{\ln x}{\sqrt[5]{x}}$
(e) $\lim\limits_{x \to 0} \dfrac{\tan x - x}{x^3}$

解

(a) 因為 $\lim\limits_{x \to 1} \ln x = 0$ 且 $\lim\limits_{x \to 1}(x-1) = 0$，所以，由 $L'H\hat{o}pital's\ Rule$，

$$\lim\limits_{x \to 1} \dfrac{\ln x}{x - 1} = \lim\limits_{x \to 1} \dfrac{\dfrac{d}{dx}\ln x}{\dfrac{d}{dx}(x-1)} = \lim\limits_{x \to 1} \dfrac{\dfrac{1}{x}}{1} = 1。$$

(b) 因為 $\lim\limits_{x \to 0}(e^x - 1) = 0$ 且 $\lim\limits_{x \to 0} x = 0$，所以，由 $L'H\hat{o}pital's\ Rule$，

$$\lim\limits_{x \to 0} \dfrac{e^x - 1}{x} = \lim\limits_{x \to 0} \dfrac{\dfrac{d}{dx}(e^x - 1)}{\dfrac{d}{dx}x} = \lim\limits_{x \to 0} \dfrac{e^x}{1} = 1。$$

(c) （有時 $L'H\hat{o}pital's\ Rule$ 要使用兩次）

因為 $\lim\limits_{x \to \infty} x^2 = \infty$ 且 $\lim\limits_{x \to \infty} e^x = \infty$，所以，由 $L'H\hat{o}pital's\ Rule$，

$$\lim\limits_{x \to \infty} \dfrac{x^2}{e^x} = \lim\limits_{x \to \infty} \dfrac{\dfrac{d}{dx}x^2}{\dfrac{d}{dx}e^x} = \lim\limits_{x \to \infty} \dfrac{2x}{e^x}。$$

又因為 $\lim\limits_{x \to \infty} 2x = \infty$ 且 $\lim\limits_{x \to \infty} e^x = \infty$，所以，再由 $L'H\hat{o}pital's\ Rule$，

我們有 $\displaystyle\lim_{x\to\infty}\frac{2x}{e^x}=\lim_{x\to\infty}\frac{\frac{d}{dx}2x}{\frac{d}{dx}e^x}=\lim_{x\to\infty}\frac{2}{e^x}=0$。

因此，$\displaystyle\lim_{x\to\infty}\frac{x^2}{e^x}=\lim_{x\to\infty}\frac{2x}{e^x}=0$。

【註】一般寫法為 $\displaystyle\lim_{x\to\infty}\frac{x^2}{e^x}\overset{H}{=}\lim_{x\to\infty}\frac{\frac{d}{dx}x^2}{\frac{d}{dx}e^x}=\lim_{x\to\infty}\frac{2x}{e^x}\overset{H}{=}\lim_{x\to\infty}\frac{\frac{d}{dx}2x}{\frac{d}{dx}e^x}=\lim_{x\to\infty}\frac{2}{e^x}=0$。

（這裡的不定型都是 $\dfrac{\infty}{\infty}$，而符號 H 表示我們使用 $L'H\hat{o}pital's\ Rule$）

(d) 因為 $\displaystyle\lim_{x\to\infty}\ln x=\infty$ 且 $\displaystyle\lim_{x\to\infty}\sqrt[5]{x}=\infty$，所以，由 $L'H\hat{o}pital's\ Rule$，

$$\lim_{x\to\infty}\frac{\ln x}{\sqrt[5]{x}}\overset{H}{=}\lim_{x\to\infty}\frac{\frac{d}{dx}\ln x}{\frac{d}{dx}\sqrt[5]{x}}=\lim_{x\to\infty}\frac{\frac{1}{x}}{\frac{1}{5}x^{-4/5}}=\lim_{x\to\infty}\frac{5}{x^{1/5}}=0$$。

(e) (有時 $L'H\hat{o}pital's\ Rule$ 要使用三次)

因為 $\displaystyle\lim_{x\to 0}(\tan x-x)=0$ 且 $\displaystyle\lim_{x\to 0}x^3=0$，所以，由 $L'H\hat{o}pital's\ Rule$，

$$\lim_{x\to 0}\frac{\tan x-x}{x^3}=\lim_{x\to 0}\frac{\frac{d}{dx}(\tan x-x)}{\frac{d}{dx}x^3}=\lim_{x\to 0}\frac{\sec^2 x-1}{3x^2}$$。

因為 $\displaystyle\lim_{x\to 0}(\sec^2 x-1)=0$ 且 $\displaystyle\lim_{x\to 0}3x^2=0$，所以，由 $L'H\hat{o}pital's\ Rule$，

$$\lim_{x\to 0}\frac{\sec^2 x-1}{3x^2}=\lim_{x\to 0}\frac{\frac{d}{dx}(\sec^2 x-1)}{\frac{d}{dx}3x^2}=\lim_{x\to 0}\frac{2\sec^2 x\tan x}{6x}$$。

因為 $\displaystyle\lim_{x\to 0}2\sec^2 x\tan x=0$ 且 $\displaystyle\lim_{x\to 0}6x=0$，所以，由 $L'H\hat{o}pital's\ Rule$，

$$\lim_{x \to 0} \frac{2\sec^2 \tan x}{6x} = \lim_{x \to 0} \frac{\frac{d}{dx} 2\sec^2 x \tan x}{\frac{d}{dx} 6x} = \lim_{x \to 0} \frac{2\sec^4 x + 4\sec^2 x \tan^2 x}{6} = \frac{2}{6} = \frac{1}{3} \text{。}$$

因此，$\lim_{x \to 0} \dfrac{\tan x - x}{x^3} = \dfrac{1}{3}$。

【註】一般寫法為

$$\lim_{x \to 0} \frac{\tan x - x}{x^3} \overset{H}{=} \lim_{x \to 0} \frac{\frac{d}{dx}(\tan x - x)}{\frac{d}{dx} x^3} = \lim_{x \to 0} \frac{\sec^2 x - 1}{3x^2} \overset{H}{=} \lim_{x \to 0} \frac{\frac{d}{dx}(\sec^2 x - 1)}{\frac{d}{dx} 3x^2}$$

$$= \lim_{x \to 0} \frac{2\sec^2 x \tan x}{6x} \overset{H}{=} \lim_{x \to 0} \frac{\frac{d}{dx} 2\sec^2 x \tan x}{\frac{d}{dx} 6x} = \lim_{x \to 0} \frac{2\sec^4 x + 4\sec^2 x \tan^2 x}{6}$$

$$= \frac{2}{6} = \frac{1}{3} \text{。（這裡的不定型都是 } \frac{0}{0}\text{）}$$

【註】現在我們就很容易計算極限 $\lim_{x \to 0} \dfrac{\sin x}{x}$，因為

$$\lim_{x \to 0} \frac{\sin x}{x} \overset{H}{=} \lim_{x \to 0} \frac{\frac{d}{dx} \sin x}{\frac{d}{dx} x} = \lim_{x \to 0} \frac{\cos x}{1} = 1 \text{。}$$

Definition 5.7.2 (Indeterminate Form of Type $0 \cdot \infty$)

If $\lim_{x \to a} f(x) = 0$ and $\lim_{x \to a} g(x) = \pm\infty$, then $f(x)g(x)$ is said to have an indeterminate form of type $0 \cdot \infty$ at a.

$x \to a$ can be replaced by any one of the followings：

$x \to a^+, x \to a^-, x \to \infty$ or $x \to -\infty$.

【註】對於此不定型，我們有兩個選擇。

第一個選擇：$$\lim_{x \to a} f(x)g(x) = \lim_{x \to a} \frac{f(x)}{\frac{1}{g(x)}}$$

（此時的不定型變成 $\frac{0}{0}$，就可考慮使用 L'Hôpital's Rule）

第二個選擇：$$\lim_{x \to a} f(x)g(x) = \lim_{x \to a} \frac{g(x)}{\frac{1}{f(x)}}$$

（此時的不定型變成 $\frac{\infty}{\infty}$，也就可考慮使用 L'Hôpital's Rule）

至於該採取那一個選擇，要看題目而決定，如果選擇錯誤，我們將發現計算式會越來越複雜。

範例 3

試計算下列極限。

(a) $\lim_{x \to 0^+} x \ln x$ (b) $\lim_{x \to -\infty} x e^x$

解 (a) 因為 $\lim_{x \to 0} x = 0$ 且 $\lim_{x \to 0^+} \ln x = -\infty$，所以，先把 x 移至分母再利用

L'Hôpital's Rule，我們有 $\lim_{x \to 0^+} x \ln x = \lim_{x \to 0^+} \frac{\ln x}{\frac{1}{x}} \overset{H}{=} \lim_{x \to 0^+} \frac{\frac{1}{x}}{-\frac{1}{x^2}} = \lim_{x \to 0^+} (-x) = 0$。

（此時的不定型為 $\frac{\infty}{\infty}$）

【註】如果將 $\ln x$ 移至分母再利用 L'Hôpital's Rule，我們有

$$\lim_{x \to 0^+} x \ln x = \lim_{x \to 0^+} \frac{x}{\frac{1}{\ln x}} \overset{H}{=} \lim_{x \to 0^+} \frac{1}{-\frac{1}{(\ln x)^2} \cdot \frac{1}{x}} = \lim_{x \to 0^+} -x(\ln x)^2$$。

此時的函數 $y = -x(\ln x)^2$ 比原先的函數 $y = x \ln x$ 複雜許多，即表示選錯項了。

(b) 因為 $\lim_{x \to -\infty} x = -\infty$ 且 $\lim_{x \to -\infty} e^x = 0$，所以，先把 e^x 移至分母再利用

L'Hôpital's Rule，我們有 $\lim\limits_{x \to -\infty} xe^x = \lim\limits_{x \to -\infty} \dfrac{x}{e^{-x}} \overset{H}{=} \lim\limits_{x \to -\infty} \dfrac{1}{-e^{-x}} = 0$。

（此時的不定型為 $\dfrac{\infty}{\infty}$）

Definition 5.7.3 (Indeterminate Form of Type $\infty - \infty$)

If $\lim\limits_{x \to a} f(x) = \infty$ and $\lim\limits_{x \to a} g(x) = \infty$ or $\lim\limits_{x \to a} f(x) = -\infty$ and $\lim\limits_{x \to a} g(x) = -\infty$, then $f(x) - g(x)$ is said to have an indeterminate form of type $\infty - \infty$ at a.

$x \to a$ can be replaced by any one of the followings:

$x \to a^+$, $x \to a^-$, $x \to \infty$ or $x \to -\infty$.

範例 4

試計算下列極限。

(a) $\lim\limits_{x \to \left(\frac{\pi}{2}\right)^-} (\sec x - \tan x)$

(b) $\lim\limits_{x \to 0}\left(\dfrac{1}{x} - \dfrac{1}{e^x - 1}\right)$

解 (a) （利用通分技巧，將不定型變成 $\dfrac{0}{0}$）

$$\lim_{x \to \left(\frac{\pi}{2}\right)^-} (\sec x - \tan x) = \lim_{x \to \left(\frac{\pi}{2}\right)^-} \left(\dfrac{1}{\cos x} - \dfrac{\sin x}{\cos x}\right)$$

$$= \lim_{x \to \left(\frac{\pi}{2}\right)^-} \dfrac{1 - \sin x}{\cos x} \overset{H}{=} \lim_{x \to \left(\frac{\pi}{2}\right)^-} \dfrac{-\cos x}{-\sin x} = 0$$

(b) （利用通分技巧，將不定型變成 $\dfrac{0}{0}$）

$$\lim_{x \to 0}\left(\dfrac{1}{x} - \dfrac{1}{e^x - 1}\right) = \lim_{x \to 0} \dfrac{e^x - 1 - x}{x(e^x - 1)} \overset{H}{=} \lim_{x \to 0} \dfrac{e^x - 1}{xe^x + (e^x - 1)} \quad \text{(還是 } \dfrac{0}{0} \text{ 不定型)}$$

$$\overset{H}{=} \lim_{x \to 0} \dfrac{e^x}{xe^x + e^x + e^x} = \dfrac{1}{2}$$

> **Definition 5.7.4** (Indeterminate Forms of Types 0^0、∞^0 and 1^∞)
>
> (a) If $\lim\limits_{x \to a} f(x) = 0$ where $f(x) > 0$ if x is near a and $\lim\limits_{x \to a} g(x) = 0$, then
>
> $[f(x)]^{g(x)}$ is said to have an indeterminate form of type 0^0 at a.
>
> (b) If $\lim\limits_{x \to a} f(x) = \infty$ and $\lim\limits_{x \to a} g(x) = 0$, then $[f(x)]^{g(x)}$ is said to have an
>
> indeterminate form of type ∞^0 at a.
>
> (c) If $\lim\limits_{x \to a} f(x) = 1$ and $\lim\limits_{x \to a} g(x) = \pm\infty$, then $[f(x)]^{g(x)}$ is said to have an
>
> indeterminate form of type 1^∞ at a.
>
> $x \to a$ can be replaced by any one of the followings:
>
> $\quad x \to a^+,\ x \to a^-,\ x \to \infty\ \text{or}\ x \to -\infty$

【註】因為 $\lim\limits_{x \to a}[f(x)]^{g(x)} = \lim\limits_{x \to a} e^{g(x)\ln f(x)}$，又因為 $y = e^x$ 是一個連續函數，所以如

果 $\lim\limits_{x \to a} g(x)\ln f(x) = L$，則 $\lim\limits_{x \to a}[f(x)]^{g(x)} = \lim\limits_{x \to a} e^{g(x)\ln f(x)} = e^{\lim\limits_{x \to a} g(x)\ln f(x)} = e^L$。

而在 (a)、(b) 或 (c) 中，$g(x)\ln f(x)$ 都將變成 $0 \cdot \infty$ 或 $\infty \cdot 0$ 之不定型。換言之，又可利用 $L'\text{Hôpital's Rule}$ 來計算了。

例如：在 (a) 中，$\lim\limits_{x \to a} g(x) = 0$ 且 $\lim\limits_{x \to a} \ln f(x) = -\infty$；

在 (b) 中，$\lim\limits_{x \to a} g(x) = 0$ 且 $\lim\limits_{x \to a} \ln f(x) = \infty$；

而在 (c) 中，$\lim\limits_{x \to a} g(x) = \pm\infty$ 且 $\lim\limits_{x \to a} \ln f(x) = 0$。

範例 5

試計算下列極限。

(a) $\lim\limits_{x \to 0^+} x^x$ 　　(b) $\lim\limits_{x \to \infty} x^{\frac{1}{x}}$ 　　(c) $\lim\limits_{x \to \infty}\left(1 + \dfrac{1}{x}\right)^x$

【解】(a) 因為 $\lim\limits_{x \to 0^+} x \ln x = \lim\limits_{x \to 0^+} \dfrac{\ln x}{\dfrac{1}{x}} \overset{H}{=} \lim\limits_{x \to 0^+} \dfrac{\dfrac{1}{x}}{-\dfrac{1}{x^2}} = \lim\limits_{x \to 0^+} (-x) = 0$，

所以 $\lim\limits_{x \to 0^+} x^x = \lim\limits_{x \to 0^+} e^{x \ln x} = e^0 = 1$。

(b) 因為 $\lim\limits_{x \to \infty} \dfrac{1}{x} \cdot \ln x = \lim\limits_{x \to \infty} \dfrac{\ln x}{x} \overset{H}{=} \lim\limits_{x \to \infty} \dfrac{\frac{1}{x}}{1} = 0$，所以 $\lim\limits_{x \to \infty} x^{\frac{1}{x}} = \lim\limits_{x \to \infty} e^{\frac{1}{x} \ln x} = e^0 = 1$。

(c) (我們已經知道答案等於 e)

因為 $\lim\limits_{x \to \infty} x \ln\left(1 + \dfrac{1}{x}\right) = \lim\limits_{x \to \infty} \dfrac{\ln\left(1 + \dfrac{1}{x}\right)}{\dfrac{1}{x}} \overset{H}{=} \lim\limits_{x \to \infty} \dfrac{\dfrac{1}{1 + \dfrac{1}{x}} \cdot -\dfrac{1}{x^2}}{-\dfrac{1}{x^2}} = \lim\limits_{x \to \infty} \dfrac{1}{1 + \dfrac{1}{x}} = 1$，

所以 $\lim\limits_{x \to \infty} \left(1 + \dfrac{1}{x}\right)^x = \lim\limits_{x \to \infty} e^{x \ln\left(1 + \frac{1}{x}\right)} = e^1 = e$。

習題演練

第 1 題至第 18 題，試計算下列的極限。

1. $\lim\limits_{x \to 0} \dfrac{2^x - 1}{x}$

2. $\lim\limits_{x \to 0^+} \dfrac{\ln x}{\cot x}$

3. $\lim\limits_{x \to 8} \dfrac{x - 8}{\sqrt[3]{x} - 2}$

4. $\lim\limits_{x \to 0} \dfrac{\sin x}{x - \tan x}$

5. $\lim\limits_{x \to 0} \dfrac{x + 1 - e^x}{x^2}$

6. $\lim\limits_{x \to 0} \dfrac{e^x - e^{-x} - 2\sin x}{x \sin x}$

7. $\lim\limits_{x \to \infty} \dfrac{x \ln x}{x + \ln x}$

8. $\lim\limits_{x \to \infty} \dfrac{(\ln x)^3}{x^2}$

9. $\lim\limits_{x \to 0} \dfrac{e^x - 1 - x - \dfrac{x^2}{2}}{x^3}$

10. $\lim\limits_{x \to 0^+} \sqrt{x} \ln x$

11. $\lim\limits_{x \to 0^+} \sqrt{x} \csc x$

12. $\lim\limits_{x \to \infty} x\left(e^{\frac{1}{x}} - 1\right)$

13. $\lim\limits_{x \to 1} \left(\dfrac{1}{x - 1} - \dfrac{1}{\ln x}\right)$

14. $\lim\limits_{x \to \infty} (x - \sqrt{x^2 + 1})$

15. $\lim\limits_{x \to 0} \left(\dfrac{1}{x} - \dfrac{1}{\sin x}\right)$

16. $\lim\limits_{x \to 0^+} x^{\sin x}$

17. $\lim\limits_{x \to \infty} \left(1 + \dfrac{5}{x} + \dfrac{7}{x^2}\right)^{3x}$

18. $\lim\limits_{x \to \infty} (e^x + 3x)^{\frac{1}{2x}}$

CHAPTER 6

積分技巧

- 6-1 基本微分公式及基本積分公式之回顧
- 6-2 部分積分
- 6-3 三角函數之積分
- 6-4 三角代換
- 6-5 有理式函數之積分
- 6-6 特殊代換

在介紹積分技巧前，我們先複習基本微分公式及基本積分公式。

6-1 基本微分公式及基本積分公式之回顧

基本微分公式

1. $\dfrac{d}{dx}x^n = nx^{n-1}$ $(n \in \mathbb{R})$

2. $\dfrac{d}{dx}\ln|x| = \dfrac{1}{x}$, $x \neq 0$

3. $\dfrac{d}{dx}e^x = e^x$

4. $\dfrac{d}{dx}a^x = a^x \ln a$ $(a > 0)$

5. $\dfrac{d}{dx}\log_a |x| = \dfrac{1}{x \ln a}$, $x \neq 0$ $(a > 0, a \neq 1)$

6. $\dfrac{d}{dx}\sin x = \cos x$

7. $\dfrac{d}{dx}\cos x = -\sin x$

8. $\dfrac{d}{dx}\tan x = \sec^2 x$

9. $\dfrac{d}{dx}\cot x = -\csc^2 x$

10. $\dfrac{d}{dx}\sec x = \sec x \tan x$

11. $\dfrac{d}{dx}\csc x = -\csc x \cot x$

12. $\dfrac{d}{dx}\sin^{-1} x = \dfrac{1}{\sqrt{1-x^2}}$, $|x| < 1$

13. $\dfrac{d}{dx}\cos^{-1} x = \dfrac{-1}{\sqrt{1-x^2}}$, $|x| < 1$

14. $\dfrac{d}{dx}\tan^{-1} x = \dfrac{1}{1+x^2}$

15. $\dfrac{d}{dx}\cot^{-1} x = \dfrac{-1}{1+x^2}$

16. $\dfrac{d}{dx}\sec^{-1} x = \dfrac{1}{x\sqrt{x^2-1}}$, $|x| > 1$

17. $\dfrac{d}{dx}\csc^{-1} x = \dfrac{-1}{x\sqrt{x^2-1}}$, $|x| > 1$

微分的性質

1. $\dfrac{d}{dx}c = 0$ $(c \in \mathbb{R})$

2. $\dfrac{d}{dx}cf(x) = c\dfrac{d}{dx}f(x)$ 或 $(cf)'(x) = cf'(x)$

3. $\dfrac{d}{dx}(f(x)+g(x))=\dfrac{d}{dx}f(x)+\dfrac{d}{dx}g(x)$ 或 $(f+g)'(x)=f'(x)+g'(x)$

4. $\dfrac{d}{dx}(f(x)-g(x))=\dfrac{d}{dx}f(x)-\dfrac{d}{dx}g(x)$ 或 $(f-g)'(x)=f'(x)-g'(x)$

5. $\dfrac{d}{dx}f(x)g(x)=f(x)\cdot\dfrac{d}{dx}g(x)+g(x)\cdot\dfrac{d}{dx}f(x)$ 或 $(fg)'(x)=f(x)g'(x)+g(x)f'(x)$

6. $\dfrac{d}{dx}\dfrac{f(x)}{g(x)}=\dfrac{g(x)\cdot\dfrac{d}{dx}f(x)-f(x)\cdot\dfrac{d}{dx}g(x)}{[g(x)]^2}$ 或 $\left(\dfrac{f}{g}\right)'(x)=\dfrac{g(x)f'(x)-f(x)g'(x)}{[g(x)]^2}$

🔵 鍊鎖律

> **The Chain Rule**
>
> Let $y=f(u)$ and $u=g(x)$.
>
> If $\dfrac{dy}{du}$ and $\dfrac{du}{dx}$ do both exist, then
>
> $\dfrac{dy}{dx}=\dfrac{dy}{du}\cdot\dfrac{du}{dx}$ or $\dfrac{d}{dx}f(g(x))=f'(g(x))g'(x)$.

🔵 基本微分公式與鍊鎖律

1. $\dfrac{d}{dx}u^n=nu^{n-1}\cdot\dfrac{du}{dx}$ $(n\in\mathbb{R})$

2. $\dfrac{d}{dx}\ln|u|=\dfrac{1}{u}\cdot\dfrac{du}{dx}$ $(u\neq 0)$

3. $\dfrac{d}{dx}e^u=e^u\cdot\dfrac{du}{dx}$

4. $\dfrac{d}{dx}a^u=a^u\ln a\cdot\dfrac{du}{dx}$ $(a>0)$

5. $\dfrac{d}{dx}\log_a|u|=\dfrac{1}{u\ln a}\cdot\dfrac{du}{dx}$ $(a>0,\,a\neq 1,\,u\neq 0)$

6. $\dfrac{d}{dx}\sin u=\cos u\cdot\dfrac{du}{dx}$

7. $\dfrac{d}{dx}\cos u=-\sin u\cdot\dfrac{du}{dx}$

8. $\dfrac{d}{dx}\tan u=\sec^2 u\cdot\dfrac{du}{dx}$

9. $\dfrac{d}{dx}\cot u=-\csc^2 u\cdot\dfrac{du}{dx}$

10. $\dfrac{d}{dx}\sec u=\sec u\tan u\cdot\dfrac{du}{dx}$

11. $\dfrac{d}{dx}\csc u=-\csc u\cot u\cdot\dfrac{du}{dx}$

12. $\dfrac{d}{dx}\sin^{-1} u = \dfrac{1}{\sqrt{1-u^2}} \cdot \dfrac{du}{dx}$ ($|u|<1$)   13. $\dfrac{d}{dx}\cos^{-1} u = \dfrac{-1}{\sqrt{1-u^2}} \cdot \dfrac{du}{dx}$ ($|u|<1$)

14. $\dfrac{d}{dx}\tan^{-1} u = \dfrac{1}{1+u^2} \cdot \dfrac{du}{dx}$ 15. $\dfrac{d}{dx}\cot^{-1} u = \dfrac{-1}{1+u^2} \cdot \dfrac{du}{dx}$

16. $\dfrac{d}{dx}\sec^{-1} u = \dfrac{1}{u\sqrt{u^2-1}} \cdot \dfrac{du}{dx}$ ($|u|>1$)   17. $\dfrac{d}{dx}\csc^{-1} u = \dfrac{-1}{u\sqrt{u^2-1}} \cdot \dfrac{du}{dx}$ ($|u|>1$)

範例 1

(a) $\dfrac{d}{dx} x^{2/3} = \dfrac{2}{3} x^{-1/3}$ (b) $\dfrac{d}{dx} 2^x = 2^x \ln 2$ (c) $\dfrac{d}{dx} 2006 = 0$

(d) $\dfrac{d}{dx}(x^2+1)^{5/3} = \dfrac{5}{3}(x^2+1)^{2/3} \cdot 2x$ (e) $\dfrac{d}{dx}\ln|x^3+1| = \dfrac{1}{x^3+1} \cdot 3x^2$ ($x^3+1 \neq 0$)

(f) $\dfrac{d}{dx} e^{5x^2+3} = e^{5x^2+3} \cdot 10x$ (g) $\dfrac{d}{dx} 3^{\sqrt{x}} = 3^{\sqrt{x}} \ln 3 \cdot \dfrac{1}{2\sqrt{x}}$

(h) $\dfrac{d}{dx}\log_{10}|x^2-x+5| = \dfrac{1}{(x^2-x+5)\ln 10} \cdot (2x-1)$ ($x^2-x+5 \neq 0$)

(i) $\dfrac{d}{dx}\sin(2x^2) = \cos(2x^2) \cdot 4x$ (j) $\dfrac{d}{dx}\cos(e^x) = -\sin(e^x) \cdot e^x$

(k) $\dfrac{d}{dx}\tan(\sin x) = \sec^2(\sin x) \cdot \cos x$ (l) $\dfrac{d}{dx}\cot(\sqrt{x}+3) = -\csc^2(\sqrt{x}+3) \cdot \dfrac{1}{2\sqrt{x}}$

(m) $\dfrac{d}{dx}\sec\left(\dfrac{1}{x}\right) = \sec\left(\dfrac{1}{x}\right)\tan\left(\dfrac{1}{x}\right) \cdot \dfrac{-1}{x^2}$

(n) $\dfrac{d}{dx}\csc(\sqrt[3]{x^5}) = -\csc(\sqrt[3]{x^5})\cot(\sqrt[3]{x^5}) \cdot \dfrac{5}{3}x^{2/3}$

(o) $\dfrac{d}{dx}\sin^{-1}(x^3+5x-7) = \dfrac{1}{\sqrt{1-(x^3+5x-7)^2}} \cdot (3x^2+5)$

(p) $\dfrac{d}{dx}\cos^{-1}(\ln x) = \dfrac{-1}{\sqrt{1-(\ln x)^2}} \cdot \dfrac{1}{x}$

(q) $\dfrac{d}{dx}\tan^{-1}\left(\dfrac{1}{x^2+3}\right) = \dfrac{1}{1+\left(\dfrac{1}{x^2+3}\right)^2} \cdot \dfrac{-1}{(x^2+3)^2} \cdot 2x$

(r) $\dfrac{d}{dx}\cot^{-1}(2^x) = \dfrac{-1}{1+2^{2x}} \cdot 2^x \ln 2$ (s) $\dfrac{d}{dx}\sec^{-1}(4x) = \dfrac{1}{(4x)\sqrt{(4x)^2-1}} \cdot 4$

(t) $\dfrac{d}{dx}\csc^{-1}(e^x+2x) = \dfrac{-1}{(e^x+2x)\sqrt{(e^x+2x)^2-1}} \cdot (e^x+2)$

範例 2

(a) $\dfrac{d}{dx}3\sin x = 3\dfrac{d}{dx}\sin x = 3\cos x$

(b) $\dfrac{d}{dx}(e^x+\cos x) = \dfrac{d}{dx}e^x + \dfrac{d}{dx}\cos x = e^x - \sin x$

(c) $\dfrac{d}{dx}(e^x-\cos x) = \dfrac{d}{dx}e^x - \dfrac{d}{dx}\cos x = e^x + \sin x$

(d) $\dfrac{d}{dx}e^x\cos x = e^x\dfrac{d}{dx}\cos x + \cos x \dfrac{d}{dx}e^x = -e^x\sin x + e^x\cos x$

(e) $\dfrac{d}{dx}\dfrac{e^x}{\cos x} = \dfrac{\cos x \dfrac{d}{dx}e^x - e^x \dfrac{d}{dx}\cos x}{\cos^2 x} = \dfrac{e^x\cos x + e^x\sin x}{\cos^2 x}$

不定積分的定義

Definition (Definition of the Indefinite Integral)

$$\int f(x)\, dx = F(x) + C$$

where $F' = f$ and C is an arbitrary constant.

不定積分的性質

1. $\int k f(x)\, dx = k \int f(x)\, dx \quad (k \neq 0)$

2. $\int (f(x) \pm g(x))\, dx = \int f(x)\, dx \pm \int g(x)\, dx$

基本積分公式

基礎函數的積分

1. $\int x^n \, dx = \dfrac{x^{n+1}}{n+1} + C \quad (n \neq -1)$

2. $\int e^x \, dx = e^x + C$

3. $\int a^x \, dx = \dfrac{a^x}{\ln a} + C \quad (a > 0, a \neq 1)$

4. $\int \dfrac{1}{x} \, dx = \ln|x| + C$

5. $\int \sin x \, dx = -\cos x + C$

6. $\int \cos x \, dx = \sin x + C$

7. $\int \sec^2 x \, dx = \tan x + C$

8. $\int \csc^2 x \, dx = -\cot x + C$

9. $\int \sec x \tan x \, dx = \sec x + C$

10. $\int \csc x \cot x \, dx = -\csc x + C$

11. $\int \tan x \, dx = \ln|\sec x| + C = -\ln|\cos x| + C$

12. $\int \cot x \, dx = -\ln|\csc x| + C = \ln|\sin x| + C$

13. $\int \sec x \, dx = \ln|\sec x + \tan x| + C$

14. $\int \csc x \, dx = -\ln|\csc x + \cot x| + C = \ln|\csc x - \cot x| + C$

反三角函數之相關積分公式

1. $\int \dfrac{1}{\sqrt{1-x^2}}\,dx = \sin^{-1} x + C$

2. $\int \dfrac{1}{1+x^2}\,dx = \tan^{-1} x + C$

3. $\int \dfrac{1}{x\sqrt{x^2-1}}\,dx = \sec^{-1} x + C$

4. $\int \dfrac{1}{\sqrt{a^2-u^2}}\,du = \sin^{-1}\left(\dfrac{u}{a}\right) + C \quad (a>0)$

5. $\int \dfrac{1}{a^2+u^2}\,du = \dfrac{1}{a}\tan^{-1}\left(\dfrac{u}{a}\right) + C \quad (a>0)$

6. $\int \dfrac{1}{u\sqrt{u^2-a^2}}\,du = \dfrac{1}{a}\sec^{-1}\left(\dfrac{u}{a}\right) + C \quad (a>0)$

定積分的性質

設函數 f 及 g 都在閉區間 $[a,b]$ 上連續。則

1. $\int_a^a f(x)\,dx = 0$

2. $\int_a^b f(x)\,dx = -\int_b^a f(x)\,dx$

3. $\int_a^b (f(x) \pm g(x))\,dx = \int_a^b f(x)\,dx \pm \int_a^b g(x)\,dx$

4. $\int_a^b c\,f(x)\,dx = c\int_a^b f(x)\,dx \quad (c \in \mathbb{R})$

5. $\int_a^b f(x)\,dx = \int_a^c f(x)\,dx + \int_c^b f(x)\,dx \quad (a<c<b)$

(若函數 f 在閉區間 $[a,c]$ 及 $[c,b]$ 上連續，則上面的等式與 a、b 及 c 的順序無關)

6. $f(x) \geq 0 \quad \forall\, x \in [a,b] \Rightarrow \int_a^b f(x)\,dx \geq 0$

7. $f(x) \geq g(x) \quad \forall\, x \in [a,b] \Rightarrow \int_a^b f(x)\,dx \geq \int_a^b g(x)\,dx$

8. $m \leq f(x) \leq M \quad \forall \ x \in [a,b] \Rightarrow m(b-a) \leq \int_a^b f(x) \, dx \leq M(b-a)$

● 微積分基本定理

> **The Fundamental Theorem of Calculus** (Part II)
> If f is continuous on a closed interval $[a,b]$, and if F is any antiderivative of f on $[a,b]$, then $\int_a^b f(x)dx = F(b) - F(a)$.

代換積分 (一)

> ***u*-Substitution (I)**
> If f is a continuous function and g is a differentiable function, then
> $$\int f(g(x))g'(x) \, dx = \int f(u) \, du, \text{ where } u = g(x) \text{ and } du = g'(x) \, dx.$$

範例 3

試計算 $\int 2(x^2+4)^5 x \, dx$。

解 設 $u = x^2 + 4$，則 $du = 2x \, dx$。由代換積分公式(一)，我們有

$$\int 2(x^2+4)^5 x \, dx = \int u^5 \, du = \frac{u^6}{6} + C = \frac{(x^2+4)^6}{6} + C$$

代換積分 (二)

> ***u*-Substitution (II)**
> If f is continuous on the range of g and g' is continuous on $[a,b]$, then
> $$\int_a^b f(g(x))g'(x) \, dx = \int_{g(a)}^{g(b)} f(u) \, du.$$

範例 4

試計算定積分 $\int_1^2 2(x^2+4)^5 x \, dx$。

解 設 $u = g(x) = x^2 + 4$，則 $du = 2x \, dx$ 且

$$\begin{cases} x = 1 \Rightarrow u = g(1) = 1^2 + 4 = 5 \\ x = 2 \Rightarrow u = g(2) = 2^2 + 4 = 8 \end{cases}。$$

由代換積分公式(二)，我們有

$$\int_1^2 2(x^2+4)^5 x \, dx = \int_5^8 u^5 du = \left.\frac{u^6}{6}\right|_5^8 = \frac{8^6}{6} - \frac{5^6}{6}。$$

6-2 部分積分

這一節我們介紹非常有用的**部分積分** (integration by parts)。
若 f 與 g 為二個可微分函數，則由微分之乘法公式可得

$$\frac{d}{dx}[f(x)g(x)] = f(x)g'(x) + g(x)f'(x)。 \tag{6-1}$$

由不定積分的定義，再加上不定積分之計算，我們可得

$$\int [f(x)g'(x) + g(x)f'(x)] dx = f(x)g(x) + C$$

或 $\quad \int f(x)g'(x)dx + \int g(x)f'(x)dx = f(x)g(x) + C$

或 $\quad \int f(x)g'(x)dx = f(x)g(x) - \int g(x)f'(x)dx。 \tag{6-2}$

(6-2) 式就是我們所熟悉之部分積分公式。
為方便計算或記憶，若我們令 $u = f(x)$ 且 $dv = g'(x) \, dx$，則 $du = f'(x) \, dx$ 且 $v = g(x)$。
此時 (6-2) 式就變成

$$\int u \, dv = uv - \int v \, du。 \tag{6-3}$$

【註】(6-3)式中 v 之反導函數若取為 $v = g(x) + K$ $(K \in \mathbb{R})$，則答案是相同的。

我們說明如下：

$$\int u\,dv = u(v+K) - \int (v+K)\,du = uv + Ku - \int v\,du - \int K\,du$$

$$= uv + Ku - \int v\,du - Ku = uv - \int v\,du$$

因此，在使用部分積分公式時，只須選取 v 之**特別的** (particular) 反導函數來做計算就可以了。

接著我們介紹如何利用部分積分公式來計算定積分。

由於定積分與不定積分之關係為 $\int_a^b f(x)\,dx = \left[\int f(x)\,dx\right]_a^b$，所以如果 f' 與 g' 在閉區間 $[a,b]$ 上連續，則由 (6-2) 式，我們有

$$\int_a^b f(x)g'(x)\,dx = \left[f(x)g(x) - \int g(x)f'(x)\,dx\right]_a^b$$

$$= [f(x)g(x)]_a^b - \int_a^b g(x)f'(x)\,dx \tag{6-4}$$

範例 1

試計算 $\int xe^x\,dx$。

解 設 $u=x$，$dv=e^x\,dx$，則 $du=dx$，$v=e^x$。由部分積分公式，我們有
$$\int xe^x\,dx = xe^x - \int e^x\,dx$$
$$= xe^x - e^x + C$$

範例 2

試計算 $\int \ln x\,dx$。

解 設 $u=\ln x$，$dv=dx$，則 $du = \dfrac{1}{x}\,dx$，$v=x$。由部分積分公式，我們有
$$\int \ln x\,dx = x\ln x - \int x\cdot\frac{1}{x}\,dx = x\ln x - \int 1\,dx = x\ln x - x + C$$

範例 3

試計算 $\int x^2 \sin x \, dx$。（本題部分積分須做 2 次）

解 (i) 設 $u = x^2, dv = \sin x \, dx$，則 $du = 2x \, dx, v = -\cos x$。

由部分積分公式，我們有 $\int x^2 \sin x \, dx = -x^2 \cos x + 2\int x \cos x \, dx$。

(ii) 設 $u = x, dv = \cos x \, dx$，則 $du = dx, v = \sin x$。

由部分積分公式，我們有 $\int x \cos x \, dx = x \sin x - \int \sin x \, dx$。

因此，由 (i) 及 (ii)，我們可得

$$\int x^2 \sin x \, dx = -x^2 \cos x + 2\int x \cos x \, dx = -x^2 \cos x + 2\int x \cos x \, dx$$

$$= -x^2 \cos x + 2x \sin x - 2(-\cos x) + C$$

$$= -x^2 \cos x + 2x \sin x + 2\cos x + C$$

範例 4

試計算 $\int e^x \cos x \, dx$。(本題部分積分做 2 次後，再合併項以求得答案)

解 (i) 設 $u = e^x, dv = \cos x \, dx$，則 $du = e^x \, dx, v = \sin x$。

由部分積分公式，我們有 $\int e^x \cos x \, dx = e^x \sin x - \int e^x \sin x \, dx$。

(ii) 設 $u = e^x, dv = \sin x \, dx$，則 $du = e^x \, dx, v = -\cos x$。

由部分積分公式，我們有 $\int e^x \sin x \, dx = -e^x \cos x + \int e^x \cos x \, dx$。

因此，由 (i) 及 (ii)，我們可得

$$\int e^x \cos x \, dx = e^x \sin x - \int e^x \sin x \, dx$$

$$= e^x \sin x - [-e^x \cos x + \int e^x \cos x \, dx]$$

$$= e^x \sin x + e^x \cos x - \int e^x \cos x \, dx$$

將等式右邊的不定積分 $\int e^x \cos x \, dx$ 與左邊合併後，我們可得

$$2\int e^x \cos x \, dx = e^x \sin x + e^x \cos x + C'。$$

（因為左邊為一個不定積分，所以 C' 不要漏掉喔）

最後，我們終於可得

$$\int e^x \cos x \, dx = \frac{1}{2}(e^x \sin x + e^x \cos x) + C$$

【註】這一題之 $C = \dfrac{C'}{2}$。雖然都代表任意實數，我們還是要加以區別。

範例 5

試計算 $\int_0^{1/2} \sin^{-1} x \, dx$。

解 （這一題先利用部分積分後，再利用代換積分即可求得答案）

(i) 設 $u = \sin^{-1} x$，$dv = dx$，則 $du = \dfrac{1}{\sqrt{1-x^2}} dx$，$v = x$

由部分積分公式 (6-4)，我們有

$$\int_0^{1/2} \sin^{-1} x \, dx = (x \sin^{-1} x)\Big|_0^{1/2} - \int_0^{1/2} \frac{x}{\sqrt{1-x^2}} dx。$$

(ii) 設 $y = g(x) = 1 - x^2$，則 $dy = -2x \, dx$ 且 $\begin{cases} x = 0 \Rightarrow y = g(0) = 1 \\ x = \dfrac{1}{2} \Rightarrow y = g\left(\dfrac{1}{2}\right) = \dfrac{3}{4} \end{cases}$。

由代換積分公式，我們有

$$\int_0^{1/2} \frac{x}{\sqrt{1-x^2}} dx = -\frac{1}{2}\int_1^{3/4} \frac{1}{\sqrt{y}} dy = -\sqrt{y}\Big|_1^{3/4} = -\left(\frac{\sqrt{3}}{2} - 1\right) = 1 - \frac{\sqrt{3}}{2}。$$

因此，由 (i) 及 (ii)，我們可得

$$\begin{aligned}\int_0^{1/2} \sin^{-1} x \, dx &= x \sin^{-1} x \Big|_0^{1/2} - \int_0^{1/2} \frac{x}{\sqrt{1-x^2}} dx \\ &= \frac{1}{2} \sin^{-1}\left(\frac{1}{2}\right) - \left(1 - \frac{\sqrt{3}}{2}\right) \\ &= \frac{\pi}{12} + \frac{\sqrt{3}}{2} - 1。\end{aligned}$$

範例 6

試計算 $\int \dfrac{xe^x}{(x+1)^2} dx$。

解 設 $u = xe^x$, $dv = \dfrac{1}{(x+1)^2} dx$，則 $du = (xe^x + e^x) dx = e^x(x+1) dx$, $v = -\dfrac{1}{(x+1)}$。

由部分積分公式，我們有

$$\int \dfrac{xe^x}{(x+1)^2} dx = -\dfrac{xe^x}{(x+1)} + \int \dfrac{1}{(x+1)} e^x (x+1) dx$$

$$= -\dfrac{xe^x}{(x+1)} + \int e^x dx = -\dfrac{xe^x}{(x+1)} + e^x + C$$

範例 7

試證明**降階公式**（reduction formula）

$$\int \sin^n x \, dx = -\dfrac{1}{n} \cos x \sin^{n-1} x + \dfrac{n-1}{n} \int \sin^{n-2} x \, dx,\ n = 2, 3, 4, \cdots。$$

解 （本題利用部分積分後，再合併項以證得結果）

設 $u = \sin^{n-1} x$, $dv = \sin x \, dx$，則 $du = (n-1)\sin^{n-2} x \cos x \, dx$, $v = -\cos x$。

由部分積分公式，我們有

$$\int \sin^n x \, dx = -\cos x \sin^{n-1} x + (n-1) \int \sin^{n-2} x \cos^2 x \, dx$$

$$= -\cos x \sin^{n-1} x + (n-1) \int \sin^{n-2} x (1 - \sin^2 x) \, dx$$

$$= -\cos x \sin^{n-1} x + (n-1) \int \sin^{n-2} x \, dx - (n-1) \int \sin^n x \, dx。$$

將右邊的積分 $\int \sin^n x \, dx$ 與左邊的合併，我們可得

$$n \int \sin^n x \, dx = -\cos x \sin^{n-1} x + (n-1) \int \sin^{n-2} x \, dx。$$

因此，$\int \sin^n x \, dx = -\dfrac{1}{n} \cos x \sin^{n-1} x + \dfrac{n-1}{n} \int \sin^{n-2} x \, dx$

範例 7 的應用

1. $\int \sin^4 x \, dx = -\dfrac{1}{4}\cos x \sin^3 x + \dfrac{3}{4}\int \sin^2 x \, dx$

$= -\dfrac{1}{4}\cos x \sin^3 x + \dfrac{3}{4}\left[-\dfrac{1}{2}\cos x \sin x + \dfrac{1}{2}\int \sin^0 x \, dx\right]$

$= -\dfrac{1}{4}\cos x \sin^3 x + \dfrac{3}{4}\left[-\dfrac{1}{2}\cos x \sin x + \dfrac{1}{2}\int 1 \, dx\right]$

$= -\dfrac{1}{4}\cos x \sin^3 x + \dfrac{3}{4}\left[-\dfrac{1}{2}\cos x \sin x + \dfrac{1}{2}x\right] + C$

$= -\dfrac{1}{4}\cos x \sin^3 x - \dfrac{3}{8}\cos x \sin x + \dfrac{3}{8}x + C$

2. $\int \sin^5 x \, dx = -\dfrac{1}{5}\cos x \sin^4 x + \dfrac{4}{5}\int \sin^3 x \, dx$

$= -\dfrac{1}{5}\cos x \sin^4 x + \dfrac{4}{5}\left[-\dfrac{1}{3}\cos x \sin^2 x + \dfrac{2}{3}\int \sin x \, dx\right]$

$= -\dfrac{1}{5}\cos x \sin^4 x + \dfrac{4}{5}\left[-\dfrac{1}{3}\cos x \sin^2 x - \dfrac{2}{3}\cos x\right] + C$

$= -\dfrac{1}{5}\cos x \sin^4 x - \dfrac{4}{15}\cos x \sin^2 x - \dfrac{8}{15}\cos x + C$

3. $\int_0^{\pi/2} \sin^n x \, dx = -\dfrac{1}{n}\cos x \sin^{n-1} x \Big|_0^{\frac{\pi}{2}} + \dfrac{n-1}{n}\int_0^{\pi/2} \sin^{n-2} x \, dx$

$= \dfrac{n-1}{n}\int_0^{\pi/2} \sin^{n-2} x \, dx = \dfrac{n-1}{n} \cdot \dfrac{n-3}{n-2}\int_0^{\pi/2}\sin^{n-4} x \, dx$

$= \cdots$

$= \begin{cases} \dfrac{n-1}{n} \cdot \dfrac{n-3}{n-2} \cdots \dfrac{2}{3} \cdot \int_0^{\pi/2} \sin x \, dx & n = 3, 5, 7, \cdots \\ \dfrac{n-1}{n} \cdot \dfrac{n-3}{n-2} \cdots \dfrac{3}{4} \cdot \dfrac{1}{2} \cdot \int_0^{\pi/2} 1 \, dx & n = 2, 4, 6, \cdots \end{cases}$

$$= \begin{cases} \dfrac{n-1}{n} \cdot \dfrac{n-3}{n-2} \cdots \dfrac{2}{3} \cdot 1 & n = 3, 5, 7, \cdots \\ \dfrac{n-1}{n} \cdot \dfrac{n-3}{n-2} \cdots \dfrac{3}{4} \cdot \dfrac{1}{2} \cdot \dfrac{\pi}{2} & n = 2, 4, 6, \cdots \end{cases}$$

例如：

① $\displaystyle\int_0^{\pi/2} \sin^5 x\, dx = \dfrac{4}{5} \cdot \dfrac{2}{3} \cdot 1 = \dfrac{8}{15}$

② $\displaystyle\int_0^{\pi/2} \sin^6 x\, dx = \dfrac{5}{6} \cdot \dfrac{3}{4} \cdot \dfrac{1}{2} \cdot \dfrac{\pi}{2} = \dfrac{5\pi}{32}$

本節最後我們介紹列表法計算部分積分。

【註】列表法乃重複使用部分積分而得。（讀者可嘗試探討其原由）

範例 8

試利用列表法計算 $\displaystyle\int x^2 \sin x\, dx$。

解 先列出下面的表格後，再利用規則寫出不定積分的答案。

x^2	$\sin x$
$2x$	$-\cos x$
2	$-\sin x$
0	$\cos x$

$\displaystyle\int x^2 \sin x\, dx = -x^2 \cos x - 2x(-\sin x) + 2(\cos x) + C$

$\qquad\qquad\quad = -x^2 \cos x + 2x \sin x + 2\cos x + C$

【註】左邊為向下逐欄微分，而右邊為向下逐欄找出特別反導數。

列表法的規則如下：

原式之特別反導數為左邊第一格乘右邊第二格減去左邊第二格乘右邊第三格加上左邊第三格乘右邊第四格，以此類推，一直計算至左邊為 0 之前一項為止。請牢記各項之正負號。

範例 9

試利用列表法計算 $\int x^3 e^{2x} dx$。

解 先列出下面的表格後，再利用規則寫出不定積分的答案。

x^3	e^{2x}
$3x^2$	$\oplus \quad \dfrac{1}{2}e^{2x}$
$6x$	$\ominus \quad \dfrac{1}{4}e^{2x}$
6	$\oplus \quad \dfrac{1}{8}e^{2x}$
0	$\ominus \quad \dfrac{1}{16}e^{2x}$

$$\int x^3 e^{2x} dx = \frac{1}{2}x^3 e^{2x} - \frac{3}{4}x^2 e^{2x} + \frac{6}{8}xe^{2x} - \frac{6}{16}e^{2x} + C$$

$$= \frac{1}{2}x^3 e^{2x} - \frac{3}{4}x^2 e^{2x} + \frac{3}{4}xe^{2x} - \frac{3}{8}e^{2x} + C$$

習題演練

・基本題

第 1 題至第 10 題，試利用部分積分計算下列的積分。

1. $\int xe^{-x}\, dx$
2. $\int x\cos x\, dx$
3. $\int x\sec^2 x\, dx$
4. $\int x\sqrt{x-1}\, dx$
5. $\int x\tan^{-1} x\, dx$
6. $\int \cos^{-1} x\, dx$
7. $\int_0^1 \tan^{-1} x\, dx$
8. $\int x^3 \ln x\, dx$
9. $\int_0^1 x5^x\, dx$
10. $\int \cos x \ln(\sin x)\, dx$

• **進階題**

第 11 題至第 20 題，試利用部分積分計算下列的積分。

11. $\int x^2 e^{-x}\, dx$ 　　 12. $\int \sec^{-1}\sqrt{x}\, dx$ 　　 13. $\int (\ln x)^2\, dx$

14. $\int \sin(\ln x)\, dx$ 　　 15. $\int x^5 e^{x^2}\, dx$ 　　 16. $\int_1^4 e^{\sqrt{x}}\, dx$

17. $\int \sec^5 x\, dx$ 　　 18. $\int e^x \sin x\, dx$ 　　 19. $\int x^2 \sin^2 x\, dx$

20. $\int \dfrac{x^5}{\sqrt{1-x^3}}\, dx$

21. (a) 試證明降階公式

$$\int \cos^n x\, dx = \frac{1}{n}\sin x \cos^{n-1} x + \frac{n-1}{n}\int \cos^{n-2} x\, dx \quad (n\in Z^+,\ n\geq 2)$$

(b) 試利用 (a) 計算 (i) $\int \cos^4 x\, dx$ 及 (ii) $\int \cos^5 x\, dx$

(c) (i) 設 $n\in\{2,4,6,\cdots\}$，則試證明

$$\int_0^{\frac{\pi}{2}} \cos^n x\, dx = \frac{n-1}{n}\cdot\frac{n-3}{n-2}\cdots\cdots\frac{1}{2}\cdot\frac{\pi}{2}$$

(ii) 設 $n\in\{3,5,7,\cdots\}$，則試證明

$$\int_0^{\frac{\pi}{2}} \cos^n x\, dx = \frac{n-1}{n}\cdot\frac{n-3}{n-2}\cdots\cdots\frac{2}{3}\cdot 1$$

22. 試證明降階公式

$$\int (\ln x)^n\, dx = x(\ln x)^n - n\int (\ln x)^{n-1}\, dx \quad (n\in Z^+,\ n\geq 2)$$

23. 試證明降階公式

$$\int \sec^n x\, dx = \frac{\tan x \sec^{n-2} x}{n-1} + \frac{n-2}{n-1}\int \sec^{n-2} x\, dx \quad (n\in Z^+,\ n\geq 2)$$

6-3 三角函數之積分

本節之目的主要是為了下一節的三角代換方法預作準備。我們直接用例題來介紹一些代表性的積分計算。

第一型：$\quad \int \sin^n x \cos^m x \, dx \quad (n,m \in \{0,1,2,\cdots\})$

範例 1

試計算 $\int \sin^3 x \, dx$。（$n=3, m=0$）

[解題要領：利用等式 $\sin^2 x = 1 - \cos^2 x$ 及 u-代換]

解 設 $u = \cos x$，則 $du = -\sin x \, dx$。此時，我們有

$$\int \sin^3 x \, dx = \int \sin^2 x \sin x \, dx = \int (1 - \cos^2 x) \sin x \, dx$$

$$= -\int (1 - u^2) \, du = -u + \frac{u^3}{3} + C = -\cos x + \frac{\cos^3 x}{3} + C$$

範例 2

試計算 $\int \cos^2 x \, dx$。（$n=0, m=2$）

[解題要領：利用 ① $\cos^2 x = \dfrac{1+\cos 2x}{2}$ 及 ② $\int \cos kx \, dx = \dfrac{1}{k} \sin kx + C \quad (k \neq 0)$]

解 $\displaystyle\int \cos^2 x \, dx = \int \frac{1+\cos 2x}{2} \, dx = \frac{1}{2} \int (1 + \cos 2x) \, dx$

$= \dfrac{1}{2}\left(x + \dfrac{1}{2}\sin 2x\right) + C = \dfrac{x}{2} + \dfrac{\sin 2x}{4} + C$

範例 3

試計算 $\int \sin^4 x\, dx$。($n=4, m=0$)

[解題要領：利用 ① $\sin^2 x = \dfrac{1-\cos 2x}{2}$ ② $\cos^2 x = \dfrac{1+\cos 2x}{2}$ 及

③ $\int \cos kx\, dx = \dfrac{1}{k}\sin kx + C$ （$k \neq 0$）]

解
$$\int \sin^4 x\, dx = \int (\sin^2 x)^2\, dx = \int \left(\dfrac{1-\cos 2x}{2}\right)^2 dx$$

$$= \dfrac{1}{4}\int (1-2\cos 2x + \cos^2 2x)\, dx = \dfrac{1}{4}\int \left(1-2\cos 2x + \dfrac{1+\cos 4x}{2}\right) dx$$

$$= \dfrac{1}{4}\left(x - \sin 2x + \dfrac{x}{2} + \dfrac{\sin 4x}{8}\right) + C = \dfrac{3x}{8} - \dfrac{\sin 2x}{4} + \dfrac{\sin 4x}{32} + C$$

範例 4

試計算 $\int \sin^2 x \cos^5 x\, dx$。($n=2, m=5$)

[解題要領：利用等式 $\cos^2 x = 1 - \sin^2 x$ 及 u-代換]

解 設 $u = \sin x$，則 $du = \cos x\, dx$。此時，我們有

$$\int \sin^2 x \cos^5 x\, dx = \int \sin^2 x \cos^4 x \cos x\, dx = \int \sin^2 x (1-\sin^2 x)^2 \cos x\, dx$$

$$= \int u^2 (1-u^2)^2\, du = \int (u^2 - 2u^4 + u^6)\, du$$

$$= \dfrac{u^3}{3} - \dfrac{2u^5}{5} + \dfrac{u^7}{7} + C = \dfrac{\sin^3 x}{3} - \dfrac{2\sin^5 x}{5} + \dfrac{\sin^7 x}{7} + C$$

第二型： $\int \sec^n x \tan^m x\, dx$ ($n, m \in \{0, 1, 2, \cdots\}$)

範例 5

試計算 $\int \sec^4 x \tan^6 x \, dx$。$(n=4, m=6)$

[解題要領：利用等式 $1+\tan^2 x = \sec^2 x$ 及 u-代換]

解 設 $u = \tan x$，則 $du = \sec^2 x \, dx$。此時，我們有

$$\int \sec^4 x \tan^6 x \, dx = \int \sec^2 x \tan^6 x \sec^2 x \, dx = \int (1+\tan^2 x) \tan^6 x \sec^2 x \, dx$$

$$= \int (1+u^2) u^6 \, du = \int (u^6 + u^8) \, du$$

$$= \frac{u^7}{7} + \frac{u^9}{9} + C = \frac{\tan^7 x}{7} + \frac{\tan^9 x}{9} + C$$

範例 6

試計算 $\int \sec^7 x \tan^5 x \, dx$。$(n=7, m=5)$

[解題要領：利用等式 $\tan^2 x = \sec^2 x - 1$ 及 u-代換]

解 設 $u = \sec x$，則 $du = \sec x \tan x \, dx$。此時，我們有

$$\int \sec^7 x \tan^5 x \, dx = \int \sec^6 x \tan^4 x \sec x \tan x \, dx$$

$$= \int \sec^6 x (\sec^2 x - 1)^2 \sec x \tan x \, dx$$

$$= \int u^6 (u^2 - 1)^2 \, du$$

$$= \int (u^{10} - 2u^8 + u^6) \, du$$

$$= \frac{u^{11}}{11} - \frac{2}{9} u^9 + \frac{u^7}{7} + C$$

$$= \frac{\sec^{11} x}{11} - \frac{2}{9} \sec^9 x + \frac{\sec^7 x}{7} + C$$

範例 7

試計算 $\int \tan^3 x \, dx$。($n = 0, m = 3$)

[解題要領：利用等式 $\tan^2 x = \sec^2 x - 1$ 及 u-代換]

解 設 $u = \tan x$，則 $du = \sec^2 x \, dx$。此時，我們有

$$\int \tan^3 x \, dx = \int \tan x \tan^2 x \, dx = \int \tan x (\sec^2 x - 1) dx$$

$$= \int \tan x \sec^2 x \, dx - \int \tan x \, dx = \int u \, du - \int \tan x \, dx$$

$$= \frac{u^2}{2} - \ln|\sec x| + C = \frac{\tan^2 x}{2} - \ln|\sec x| + C$$

範例 8

試計算 $\int \sec^3 x \, dx$。($n = 3, m = 0$)

[解題要領：利用 ① 部分積分及 ② $\tan^2 x = \sec^2 x - 1$ 後，再合併項以求得答案]

解 設 $u = \sec x$，$dv = \sec^2 x \, dx$，則 $du = \sec x \tan x \, dx$，$v = \tan x$。

此時，我們有

$$\int \sec^3 x \, dx = \int \sec x \sec^2 x \, dx$$

$$= \sec x \tan x - \int \sec x \tan^2 x \, dx$$

$$= \sec x \tan x - \int \sec x (\sec^2 x - 1) dx$$

$$= \sec x \tan x - \int \sec^3 x \, dx + \int \sec x \, dx$$

$$= \sec x \tan x - \int \sec^3 x \, dx + \ln|\sec x + \tan x|$$

將等式右邊之積分 $\int \sec^3 x \, dx$ 移項至左邊時，我們可得

$$2 \int \sec^3 x \, dx = \sec x \tan x + \ln|\sec x + \tan x| + C'$$。

因此，$\int \sec^3 x \, dx = \frac{1}{2} (\sec x \tan x + \ln|\sec x + \tan x|) + C$

第三型：$\int \sin ax \cos bx\, dx$，$\int \sin ax \sin bx\, dx$ 及 $\int \cos ax \cos bx\, dx$ $\quad (a,b \in \mathbb{R})$

範例 9

試計算 $\int \sin 3x \cos 5x\, dx$。 $(a=3, b=5)$

[解題要領：
① $\sin A \cos B = \dfrac{1}{2}[\sin(A-B) + \sin(A+B)]$
② $\sin A \sin B = \dfrac{1}{2}[\cos(A-B) - \cos(A+B)]$
③ $\cos A \cos B = \dfrac{1}{2}[\cos(A-B) + \cos(A+B)]$

解 [本題用解題要領①]

$$\int \sin 3x \cos 5x\, dx = \int \dfrac{1}{2}[\sin(3x-5x) + \sin(3x+5x)]\, dx$$

$$= \dfrac{1}{2}\int [\sin(-2x) + \sin 8x]\, dx = \dfrac{1}{2}\int (-\sin 2x + \sin 8x)\, dx$$

$$= \dfrac{1}{2}\left(\dfrac{1}{2}\cos 2x - \dfrac{1}{8}\cos 8x\right) + C$$

【註】三角函數的組合積分有太多的型式，無法完整地以範例呈現，爾後有碰到其他沒介紹過的積分型式，我們再想辦法解決。

習題演練

・**基本題**

第 1 題至第 10 題，試計算下列的積分。

1. $\int \cos^3 x\, dx$
2. $\int \sin^2 x\, dx$
3. $\int \cos^4 x\, dx$
4. $\int_0^{\frac{\pi}{4}} \sin^3 x \cos^2 x\, dx$
5. $\int \tan^3 x \sec^3 x\, dx$
6. $\int \tan^3 x \sqrt{\sec x}\, dx$
7. $\int \cot^3 x \csc^4 x\, dx$
8. $\int \dfrac{\sin^3(\ln x)}{x}\, dx$
9. $\int \sin 3x \sin 5x\, dx$
10. $\int \cos 3x \cos 5x\, dx$

・進階題

第 11 題至第 20 題，試計算下列的積分。

11. $\int \tan^6 x \, dx$
12. $\int \csc^3 x \, dx$
13. $\int \dfrac{1}{1-\sin x} \, dx$
14. $\int (1+\sqrt{\sin x})^2 \cos x \, dx$
15. $\int \dfrac{\cos^2 x - \sin^2 x}{\cos x} \, dx$
16. $\int \sec^4 x \, dx$
17. $\int \sin^6 x \, dx$
18. $\int \sin^4 x \cos^4 x \, dx$
19. $\int \dfrac{\cos^3 x}{\sqrt{\sin x}} \, dx$
20. $\int \dfrac{\cos x + \sin x}{\sin 2x} \, dx$

6-4 三角代換

三角代換法有下列三種型式：

第一型：積分底（integrand）包含 $\sqrt{a^2-u^2}$ 時。（設 $a>0$）

設 $u = a\sin\theta$，$\theta \in \left[-\dfrac{\pi}{2}, \dfrac{\pi}{2}\right]$

則 $\sqrt{a^2-u^2} = \sqrt{a^2-a^2\sin^2\theta} = a\sqrt{1-\sin^2\theta} = a\sqrt{\cos^2\theta} = a|\cos\theta| = a\cos\theta$。

($\theta \in \left[-\dfrac{\pi}{2}, \dfrac{\pi}{2}\right] \overset{\uparrow}{\Rightarrow} \cos\theta \geq 0$)

第二型：積分底（integrand）包含 $\sqrt{a^2+u^2}$ 時。（設 $a>0$）

設 $u = a\tan\theta$，$\theta \in \left(-\dfrac{\pi}{2}, \dfrac{\pi}{2}\right)$

則 $\sqrt{a^2+u^2} = \sqrt{a^2+a^2\tan^2\theta} = a\sqrt{1+\tan^2\theta} = a\sqrt{\sec^2\theta} = a|\sec\theta| = a\sec\theta$。

($\theta \in \left(-\dfrac{\pi}{2}, \dfrac{\pi}{2}\right) \overset{\uparrow}{\Rightarrow} \sec\theta \geq 1$)

第三型：積分底 (integrand) 包含 $\sqrt{u^2-a^2}$ 時。(設 $a>0$)

設 $u=a\sec\theta$，$\theta\in\left[0,\dfrac{\pi}{2}\right)\cup\left[\pi,\dfrac{3\pi}{2}\right)$

則 $\sqrt{u^2-a^2}=\sqrt{a^2\sec^2\theta-a^2}=a\sqrt{\sec^2\theta-1}=a\sqrt{\tan^2\theta}=a|\tan\theta|=a\tan\theta$。

$$(\theta\in\left[0,\dfrac{\pi}{2}\right)\cup\left[\pi,\dfrac{3\pi}{2}\right)\overset{\uparrow}{\Rightarrow}\tan\theta\geq 0)$$

【註】θ 的範圍要隨著積分底做修正，請看下列的範例即可明白其意思。

範例 1

試計算 $\displaystyle\int\dfrac{1}{x^2\sqrt{16-x^2}}dx$。(積分底包含 $\sqrt{4^2-x^2}$)

[解題要領：利用第一型代換，即設 $x=4\sin\theta$]

注意：由於函數 $f(x)=\dfrac{1}{x^2\sqrt{16-x^2}}$ 在 $x=-4$、$x=0$ 及 $x=4$ 沒有定義，

因此 $\theta=-\dfrac{\pi}{2}$、$\theta=0$ 及 $\theta=\dfrac{\pi}{2}$ 必須剔除。

解 設 $x=4\sin\theta$，$\theta\in\left(-\dfrac{\pi}{2},0\right)\cup\left(0,\dfrac{\pi}{2}\right)$，則 $dx=4\cos\theta\,d\theta$ 且 $\sqrt{4^2-x^2}=4\cos\theta$。

利用第一型代換，我們有

$$\int\dfrac{1}{x^2\sqrt{16-x^2}}dx=\int\dfrac{1}{16\sin^2\theta\cdot 4\cos\theta}4\cos\theta\,d\theta=\dfrac{1}{16}\int\dfrac{1}{\sin^2\theta}d\theta$$

$$=\dfrac{1}{16}\int\csc^2\theta\,d\theta=-\dfrac{1}{16}\cot\theta+C\,。$$

因為 $\cot\theta=\dfrac{\cos\theta}{\sin\theta}=\dfrac{\sqrt{1-\sin^2\theta}}{\sin\theta}=\dfrac{\sqrt{1-(\frac{x}{4})^2}}{\frac{x}{4}}=\dfrac{\sqrt{16-x^2}}{x}$，

所以 $\displaystyle\int\dfrac{1}{x^2\sqrt{16-x^2}}dx=-\dfrac{1}{16}\dfrac{\sqrt{16-x^2}}{x}+C\,。$

【註】將 $\cot\theta$ 還原成自變數 x 之函數亦可用下列圖形求得：

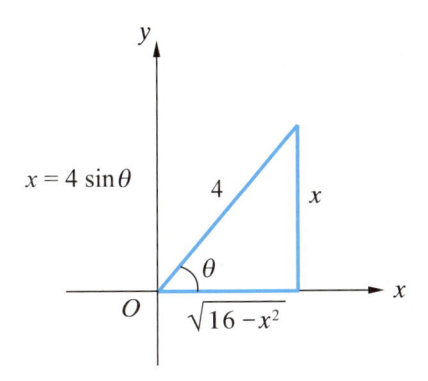

由圖可知，$\cot\theta = \dfrac{\sqrt{16-x^2}}{x}$。

範例 2

試計算 $\displaystyle\int \dfrac{1}{x\sqrt{25x^2+16}}\,dx$。(積分底包含 $\sqrt{(5x)^2+4^2}$)

[解題要領：利用第二型代換，即設 $5x = 4\tan\theta$]

注意：由於函數 $f(x) = \dfrac{1}{x\sqrt{25x^2+16}}$ 在 $x = 0$ 沒有定義，因此 $\theta = 0$ 必須剔除。

解 設 $5x = 4\tan\theta$，$\theta \in \left(-\dfrac{\pi}{2}, 0\right) \cup \left(0, \dfrac{\pi}{2}\right)$，則 $dx = \dfrac{4}{5}\sec^2\theta\, d\theta$

且 $\sqrt{(5x)^2+4^2} = 4\sec\theta$。利用第二型代換，我們有

$$\int \dfrac{1}{x\sqrt{25x^2+16}}\,dx = \int \dfrac{1}{\dfrac{4}{5}\tan\theta \cdot 4\sec\theta} \cdot \dfrac{4}{5}\sec^2\theta\, d\theta$$

$$= \dfrac{1}{4}\int \dfrac{\sec\theta}{\tan\theta}\,d\theta = \dfrac{1}{4}\int \dfrac{1}{\sin\theta}\,d\theta = \dfrac{1}{4}\int \csc\theta\, d\theta$$

$$= -\dfrac{1}{4}\ln\left|\csc\theta + \cot\theta\right| + C。$$

因為 $\csc\theta = \dfrac{1}{\sin\theta} = \dfrac{1}{\tan\theta} \cdot \sec\theta = \dfrac{1}{\tan\theta} \cdot \sqrt{1+\tan^2\theta} = \dfrac{1}{\dfrac{5x}{4}} \cdot \sqrt{1+\left(\dfrac{5x}{4}\right)^2}$

$$= \frac{\sqrt{25x^2+16}}{5x} \quad \text{且} \quad \cot\theta = \frac{1}{\tan\theta} = \frac{1}{\frac{5x}{4}} = \frac{4}{5x}\text{，所以}$$

$$\int \frac{1}{x\sqrt{25x^2+16}}\,dx = -\frac{1}{4}\ln\left|\frac{\sqrt{25x^2+16}}{5x} + \frac{4}{5x}\right| + C \text{。}$$

【註】將 $\csc\theta$ 與 $\cot\theta$ 還原成自變數 x 之函數亦可用下列圖形求得：

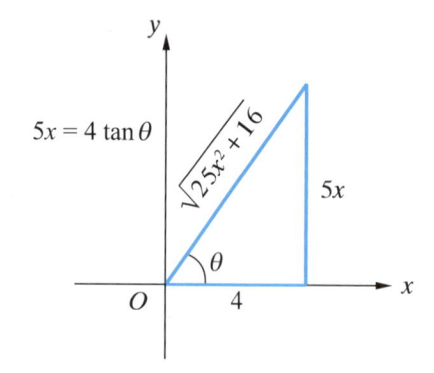

由圖可知，$\csc\theta = \dfrac{\sqrt{25x^2+16}}{5x}$ 及 $\cot\theta = \dfrac{4}{5x}$。

範例 3

試計算 $\displaystyle\int \frac{\sqrt{x^2-9}}{x}\,dx$。(積分底包含 $\sqrt{x^2-3^2}$)

[解題要領：利用第三型代換，即設 $x = 3\sec\theta$]

解 設 $x = 3\sec\theta$，$\theta \in \left[0, \dfrac{\pi}{2}\right) \cup \left[\pi, \dfrac{3\pi}{2}\right)$，則 $dx = 3\sec\theta\tan\theta\,d\theta$

且 $\sqrt{x^2-3^2} = 3\tan\theta$。

利用第三型代換，我們有

$$\int \frac{\sqrt{x^2-9}}{x}\,dx = \int \frac{3\tan\theta}{3\sec\theta} \cdot 3\sec\theta\tan\theta\,d\theta = 3\int \tan^2\theta\,d\theta$$

$$= 3\int(\sec^2\theta - 1)\,d\theta = 3(\tan\theta - \theta) + C\text{。}$$

因為 $\tan\theta = \sqrt{\sec^2\theta - 1} = \sqrt{\left(\dfrac{x}{3}\right)^2 - 1} = \dfrac{\sqrt{x^2-9}}{3}$ 且 $\theta = \sec^{-1}\left(\dfrac{x}{3}\right)$，所以

$$\int \dfrac{\sqrt{x^2-9}}{x}\,dx = 3\left(\dfrac{\sqrt{x^2-9}}{3} - \sec^{-1}\left(\dfrac{x}{3}\right)\right) = \sqrt{x^2-9} - 3\sec^{-1}\left(\dfrac{x}{3}\right) + C \text{。}$$

【註】將 $\tan\theta$ 還原成自變數 x 之函數亦可用下列圖形求得：

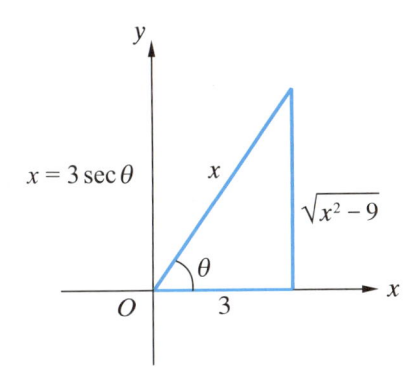

由圖可知，$\tan\theta = \dfrac{\sqrt{x^2-9}}{3}$。

範例 4

試計算 $\displaystyle\int_0^{3\sqrt{3}/2} \dfrac{x^3}{(4x^2+9)^{3/2}}\,dx$。（積分底包含 $((2x)^2 + 3^2)^{3/2}$）

[解題要領：利用第二型代換，即設 $2x = 3\tan\theta$]

解 設 $2x = 3\tan\theta$，$\theta \in \left[0, \dfrac{\pi}{3}\right]$，則 $dx = \dfrac{3}{2}\sec^2\theta\,d\theta$，$((2x)^2+3^2)^{3/2} = (3\sec\theta)^3$

及 $\begin{cases} x = 0 \Rightarrow \theta = \tan^{-1} 0 = 0 \\ x = \dfrac{3\sqrt{3}}{2} \Rightarrow \theta = \tan^{-1}\sqrt{3} = \dfrac{\pi}{3} \end{cases}$。

利用第二型代換，我們有

$$\int_0^{3\sqrt{3}/2} \dfrac{x^3}{(4x^2+9)^{3/2}}\,dx = \int_0^{\pi/3} \dfrac{\left(\dfrac{3}{2}\right)^3 \tan^3\theta}{(3\sec\theta)^3} \cdot \dfrac{3}{2}\sec^2\theta\,d\theta = \dfrac{3}{16}\int_0^{\pi/3} \dfrac{\tan^3\theta}{\sec\theta}\,d\theta$$

$$= \frac{3}{16} \int_0^{\pi/3} \frac{\sin^3 \theta}{\cos^2 \theta} d\theta = \frac{3}{16} \int_0^{\pi/3} \frac{1-\cos^2 \theta}{\cos^2 \theta} \cdot \sin \theta \, d\theta \, \text{。}$$

再設 $u = \cos \theta$，則 $du = -\sin \theta \, d\theta$ 且 $\begin{cases} \theta = 0 \Rightarrow u = \cos 0 = 1 \\ \theta = \dfrac{\pi}{3} \Rightarrow u = \cos\left(\dfrac{\pi}{3}\right) = \dfrac{1}{2} \end{cases}$。

由 u-代換積分公式，我們可得

$$\int_0^{3\sqrt{3}/2} \frac{x^3}{(4x^2+9)^{3/2}} dx = -\frac{3}{16} \int_1^{1/2} \frac{1-u^2}{u^2} du = \frac{3}{16} \int_1^{1/2} (1 - u^{-2}) \, du$$

$$= \frac{3}{16} \cdot \left(u + \frac{1}{u}\right)\bigg|_1^{1/2} = \frac{3}{16} \cdot \left[\left(\frac{1}{2} + 2\right) - (1+1)\right] = \frac{3}{32} \, \text{。}$$

習題演練

・基本題

第 1 題至第 6 題，試利用三角代換計算下列的積分。

1. $\int \dfrac{\sqrt{9-x^2}}{x} dx$
2. $\int x\sqrt{1+x^2} \, dx$
3. $\int \dfrac{x}{\sqrt{x^2-1}} dx$

4. $\int \sqrt{1-9x^2} \, dx$
5. $\int \sec^{-1} x \, dx$
6. $\int_0^1 \sqrt{1-x^2} \, dx$

・進階題

第 7 題至第 12 題，試利用三角代換計算下列的積分。

7. $\int_{3/2}^{3/\sqrt{2}} x^3 \sqrt{4x^2-9} \, dx$
8. $\int \dfrac{1}{\sqrt{4x^2-25}} dx$
9. $\int \dfrac{1}{x\sqrt{25x^2+16}} dx$

10. $\int \dfrac{x^2}{(4-9x^2)^{3/2}} dx$
11. $\int \dfrac{x^2}{\sqrt{2x-x^2}} dx$
12. $\int_0^4 x^2 \sqrt{16-x^2} \, dx$

6-5 有理式函數之積分

設 $p(x)$ 及 $q(x)$ 為任意兩個多項式，這一節將討論有理式函數 $f(x) = \dfrac{p(x)}{q(x)}$ 之積分，即計算 $\displaystyle\int \dfrac{p(x)}{q(x)}\,dx$。我們趕快來介紹處理此類積分的步驟及規則。

步驟一：

如果 $\dfrac{p(x)}{q(x)}$ 是一個假分式（即分子之最高次方大於或等於分母之最高次方），則利用長除法將 $\dfrac{p(x)}{q(x)}$ 表示成一個商再加上一個真分式，即 $\dfrac{p(x)}{q(x)} = r(x) + \dfrac{p_1(x)}{q(x)}$。而如果 $\dfrac{p(x)}{q(x)}$ 是一個真分式，則直接進入第二個步驟。

步驟二：

將分母之多項式 $q(x)$ 做因式分解。

步驟三：

如果因子的型式出現 $(ax+b)^n$ 時，則寫出它們的分項分式

$$\dfrac{A_1}{ax+b} + \dfrac{A_2}{(ax+b)^2} + \cdots + \dfrac{A_n}{(ax+b)^n} \text{。}$$

當然，$n=1$ 時，只有一項，即 $\dfrac{A_1}{ax+b}$；

$n=2$ 時，有兩項相加，即 $\dfrac{A_1}{ax+b} + \dfrac{A_2}{(ax+b)^2}$；

$\quad\vdots$

$n=k$ 時，有 k 項相加，即 $\dfrac{A_1}{ax+b} + \dfrac{A_2}{(ax+b)^2} + \cdots + \dfrac{A_k}{(ax+b)^k}$。

步驟四：

如果因子的型式出現 $(ax^2+bx+c)^n$ 且 $b^2-4ac<0$ 時，則寫出它們的分項分式

$$\dfrac{B_1 x + C_1}{(ax^2+bx+c)} + \dfrac{B_2 x + C_2}{(ax^2+bx+c)^2} + \cdots\cdots + \dfrac{B_n x + C_n}{(ax^2+bx+c)^n} \text{。}$$

當然，$n=1$ 時，只有一項，即 $\dfrac{B_1 x + C_1}{(ax^2+bx+c)}$；

$n = 2$ 時，有兩項相加，即 $\dfrac{B_1 x + C_1}{(ax^2 + bx + c)} + \dfrac{B_2 x + C_2}{(ax^2 + bx + c)^2}$；

$\vdots$

$n = k$ 時，有 k 項相加，

即 $\dfrac{B_1 x + C_1}{(ax^2 + bx + c)} + \dfrac{B_2 x + C_2}{(ax^2 + bx + c)^2} + \cdots + \dfrac{B_k x + C_k}{(ax^2 + bx + c)^k}$。

步驟五：

設 $\dfrac{p(x)}{q(x)}$ 為眞分式，則令 $\dfrac{p(x)}{q(x)}$ 等於所有在步驟三與步驟四所寫出之分項分式之和。接著再做通分之處理。

步驟六：

利用比較等式兩邊之係數關係決定未知常數 $A_1, \cdots, A_n, B_1, \cdots, B_n, C_1, \cdots$ 及 C_n。

步驟七：

可嘗試計算有理式函數的積分 $\int \dfrac{p(x)}{q(x)} dx$ 了。

範例 1

試計算 $\int \dfrac{x^2 + x - 7}{(x+2)(x^2+1)} dx$。

[解題要領：有理式函數 $f(x) = \dfrac{x^2 + x - 7}{(x+2)(x^2+1)}$ 之分母有兩個因式分別為 $x+2$ 及 x^2+1，因此它們的分項分式分別為 $\dfrac{A}{x+2}$ 及 $\dfrac{Bx+C}{x^2+1}$。而

$$\dfrac{x^2 + x - 7}{(x+2)(x^2+1)} = \dfrac{A}{x+2} + \dfrac{Bx+C}{x^2+1}$$

$$\Rightarrow x^2 + x - 7 = A(x^2+1) + (Bx+C)(x+2)$$
$$= (A+B)x^2 + (2B+C)x + (A+2C)$$

$$\Rightarrow \begin{cases} A+B = 1 \\ 2B+C = 1 \\ A+2C = -7 \end{cases} \Rightarrow \begin{cases} A = -1 \\ B = 2 \\ C = -3 \end{cases}$$

換言之，$\dfrac{x^2+x-7}{(x+2)(x^2+1)} = \dfrac{-1}{x+2} + \dfrac{2x-3}{x^2+1}$]

【解】
$$\int \frac{x^2+x-7}{(x+2)(x^2+1)}dx = \int \left(\frac{-1}{x+2}+\frac{2x-3}{x^2+1}\right)dx$$

$$= -\int \frac{1}{x+2}dx + \int \frac{2x}{x^2+1}dx - 3\int \frac{1}{x^2+1}dx$$

$$= -\ln|x+2| + \ln|x^2+1| - 3\tan^{-1}x + C$$

【註】① 設 $u = x+2$，則 $du = dx$。由代換積分公式，我們有

$$\int \frac{1}{x+2}dx = \int \frac{1}{u}du = \ln|u| + C = \ln|x+2| + C$$

② 設 $u = x^2+1$，則 $du = 2xdx$。由代換積分公式，我們有

$$\int \frac{2x}{x^2+1}dx = \int \frac{1}{u}du = \ln|u| + C = \ln(x^2+1) + C$$

③ $\int \frac{1}{x^2+1}dx = \tan^{-1}x + C$

範例 2

試計算 $\int \frac{2x-3}{x^5+2x^3+x}dx$。

[解題要領：將有理式函數 $f(x) = \frac{2x-3}{x^5+2x^3+x}$ 之分母 x^5+2x^3+x 分解因式，我們可得 $x^5+2x^3+x = x(x^4+2x^2+1) = x(x^2+1)^2$。分母有兩個因式分別為 x 及 $(x^2+1)^2$，因此它們的分項分式分別為 $\frac{A}{x}$ 及 $\frac{Bx+C}{x^2+1} + \frac{Dx+E}{(x^2+1)^2}$。而

$$\frac{2x-3}{x^5+2x^3+x} = \frac{A}{x} + \frac{Bx+C}{x^2+1} + \frac{Dx+E}{(x^2+1)^2}$$

$$= (A+B)x^4 + Cx^3 + (2A+B+D)x^2 + (C+E)x + A$$

$$\Rightarrow \begin{cases} A+B = 0 \\ C = 0 \\ 2A+B+D = 0 \\ C+E = 2 \\ A = -3 \end{cases} \Rightarrow \begin{cases} A = -3 \\ B = 3 \\ C = 0 \\ D = 3 \\ E = 2 \end{cases}$$

換言之，$\dfrac{2x-3}{x^5+2x^3+x} = \dfrac{-3}{x} + \dfrac{3x}{x^2+1} + \dfrac{3x+2}{(x^2+1)^2}$]

解
$$\int \dfrac{2x-3}{x^5+2x^3+x} dx = \int \left[\dfrac{-3}{x} + \dfrac{3x}{x^2+1} + \dfrac{3x+2}{(x^2+1)^2} \right] dx$$

$$= -3\int \dfrac{1}{x} dx + \dfrac{3}{2}\int \dfrac{2x}{x^2+1} dx + \dfrac{3}{2}\int \dfrac{2x}{(x^2+1)^2} dx + 2\int \dfrac{1}{(x^2+1)^2} dx$$

$$= -3\ln|x| + \dfrac{3}{2}\ln(x^2+1) - \dfrac{3}{2}(x^2+1)^{-1} + \tan^{-1} x + \dfrac{x}{x^2+1} + C$$

【註】① $\int \dfrac{1}{x} dx = \ln|x| + C$

② 設 $u = x^2 + 1$，則 $du = 2x\,dx$。由代換積分公式，我們有
$$\int \dfrac{2x}{x^2+1} dx = \int \dfrac{1}{u} du = \ln|u| + C = \ln(x^2+1) + C$$

③ 設 $u = x^2 + 1$，則 $du = 2x\,dx$。由代換積分公式，我們有
$$\int \dfrac{2x}{(x^2+1)^2} dx = \int \dfrac{1}{u^2} du = -\dfrac{1}{u} + C = -\dfrac{1}{x^2+1} + C$$

④ 利用三角代換計算 $\int \dfrac{1}{(x^2+1)^2} dx$。

設 $x = \tan\theta$，$\theta \in \left(-\dfrac{\pi}{2}, \dfrac{\pi}{2}\right)$，則 $dx = \sec^2\theta\,d\theta$ 且 $x^2 + 1 = \sec^2\theta$。

由第二型三角代換，我們有
$$\int \dfrac{1}{(x^2+1)^2} dx = \int \dfrac{1}{\sec^4\theta} \sec^2\theta\,d\theta = \int \cos^2\theta\,d\theta = \int \dfrac{1+\cos 2\theta}{2} d\theta$$

$$= \dfrac{1}{2}\int (1+\cos 2\theta)\,d\theta = \dfrac{1}{2}\left(\theta + \dfrac{\sin 2\theta}{2}\right) + C$$

$$= \dfrac{\theta}{2} + \dfrac{1}{2}\sin\theta\cos\theta + C = \dfrac{1}{2}\tan^{-1} x + \dfrac{1}{2} \cdot \dfrac{x}{\sqrt{x^2+1}} \cdot \dfrac{1}{\sqrt{x^2+1}} + C$$

$$= \dfrac{1}{2}\tan^{-1} x + \dfrac{x}{2(x^2+1)} + C$$

範例 3

試計算 $\int_0^1 \dfrac{x^3 - x^2 - 11x + 10}{x^3 - 2x + 4}\, dx$。

[解題要領：① $\dfrac{x^3 - x^2 - 11x + 10}{x^3 - 2x + 4}$ 不是一個真分式，利用長除法或直接化簡可得

$$\dfrac{x^3 - x^2 - 11x + 10}{x^3 - 2x + 4} = \dfrac{(x^3 - 2x + 4) - (x^2 + 9x - 6)}{x^3 - 2x + 4} = 1 - \dfrac{x^2 + 9x - 6}{x^3 - 2x + 4}。$$

而 $\dfrac{x^2 + 9x - 6}{x^3 - 2x + 4} = \dfrac{x^2 + 9x - 6}{(x+2)(x^2 - 2x + 2)}$。

② 由分項分式之規則可設

$$\dfrac{x^2 + 9x - 6}{(x+2)(x^2 - 2x + 2)} = \dfrac{A}{x+2} + \dfrac{Bx + C}{x^2 - 2x + 2}。$$

通分後可得

$$x^2 + 9x - 6 = A(x^2 - 2x + 2) + (Bx + C)(x + 2)$$
$$= (A + B)x^2 + (-2A + 2B + C)x + (2A + 2C)。$$

比較等式兩邊之係數，我們有 $\begin{cases} A + B = 1 \\ -2A + 2B + C = 9 \\ 2A + 2C = -6 \end{cases}$。

解此方程組，我們很容易得到 $\begin{cases} A = -2 \\ B = 3 \\ C = -1 \end{cases}$。

換言之，$\dfrac{x^3 - x^2 - 11x + 10}{x^3 - 2x + 4} = 1 - \left(\dfrac{-2}{x+2} + \dfrac{3x - 1}{x^2 - 2x + 2} \right)$]

解
$$\int_0^1 \dfrac{x^3 - x^2 - 11x + 10}{x^3 - 2x + 4}\, dx = \int_0^1 \left[1 - \left(\dfrac{-2}{x+2} + \dfrac{3x - 1}{x^2 - 2x + 2} \right) \right] dx$$

$$= \int_0^1 1\, dx + 2\int_0^1 \dfrac{1}{x+2}\, dx - \int_0^1 \dfrac{3x - 1}{x^2 - 2x + 2}\, dx$$

$$= x\Big|_0^1 + 2\ln|x+2|\Big|_0^1 - \int_0^1 \dfrac{3x - 1}{x^2 - 2x + 2}\, dx$$

$$= 1 + 2(\ln 3 - \ln 2) - \dfrac{3}{2}\int_0^1 \dfrac{2(x - 1)}{(x - 1)^2 + 1}\, dx - 2\int_0^1 \dfrac{1}{(x - 1)^2 + 1}\, dx$$

$$= 1 + 2(\ln 3 - \ln 2) - \frac{3}{2}\ln[(x-1)^2 + 1]\Big|_0^1 - 2\tan^{-1}(x-1)\Big|_0^1$$

$$= 1 + 2(\ln 3 - \ln 2) + \frac{3}{2}\ln 2 + 2\left(-\frac{\pi}{4}\right) = 1 + 2\ln 3 - \frac{1}{2}\ln 2 - \frac{\pi}{2}$$

【註】① $\int 1\, dx = x + C$

② 設 $u = x + 2$，則 $du = xdx$。由代換積分公式，我們有

$$\int \frac{1}{x+2}\, dx = \int \frac{1}{u}\, du = \ln|u| + C = \ln|x+2| + C$$

③ 設 $u = (x-1)^2 + 1$，則 $du = 2(x-1)dx$。由代換積分公式，我們有

$$\int \frac{2(x-1)}{(x-1)^2 + 1}\, dx = \int \frac{1}{u}\, du = \ln|u| + C = \ln[(x-1)^2 + 1] + C$$

④ 設 $u = x - 1$，則 $du = dx$。由代換積分公式，我們有

$$\int \frac{1}{(x-1)^2 + 1}\, dx = \int \frac{1}{u^2 + 1}\, du = \tan^{-1} u + C = \tan^{-1}(x-1) + C$$

習題演練

・基本題

第 1 題至第 6 題，試利用分項分式計算下列的積分。

1. $\int \dfrac{1}{(x-2)(x+3)}\, dx$
2. $\int \dfrac{x^2 - 2}{x(x^2 + 2)}\, dx$
3. $\int \dfrac{5x + 7}{x^2 + 2x - 3}\, dx$
4. $\int \dfrac{1}{x^3 - x}\, dx$
5. $\int \dfrac{6x - 11}{(x-1)^2}\, dx$
6. $\int \dfrac{x^5}{(x^2 + 4)^2}\, dx$

・進階題

第 7 題至第 12 題，試利用分項分式計算下列的積分。

7. $\int \dfrac{5x^2 + 20x + 6}{x^3 + 2x^2 + x}\, dx$
8. $\int \dfrac{6x^2 + 1}{x^2(x-1)^3}\, dx$
9. $\int \dfrac{4x}{(x^2 + 1)^3}\, dx$
10. $\int \dfrac{x^4 + 2x^2 + 4x + 1}{(x^2 + 1)^3}\, dx$
11. $\int \dfrac{x^3 + x^2 - 12x + 1}{x^2 + x - 12}\, dx$
12. $\int \dfrac{2x^3 - x^2 - 4x + 5}{x^2 - 1}\, dx$

6-6 特殊代換

● 有理式化代換 (Rationalizing Substitution)

範例 1

試計算 $\int \dfrac{x}{\sqrt{1-x}}\,dx$。

[解題要領：設 $u=\sqrt{1-x}$，則 $u^2=1-x$ （或 $x=1-u^2$） 且 $dx=-2u\,du$。]

解
$$\int \dfrac{x}{\sqrt{1-x}}\,dx = \int \dfrac{1-u^2}{u}\cdot -2u\,du = -2\int (1-u^2)\,du = -2\left(u-\dfrac{u^3}{3}\right)+C$$
$$= -2\left[\sqrt{1-x}-\dfrac{(1-x)^{3/2}}{3}\right]+C$$
$$= -2\sqrt{1-x}+\dfrac{2(1-x)^{3/2}}{3}+C$$

範例 2

試計算 $\int \dfrac{1}{\sqrt{x}\,(1+\sqrt[3]{x})}\,dx$。

[解題要領：設 $u=\sqrt[6]{x}$，則 $x=u^6$ 且 $dx=6u^5\,du$。]

解
$$\int \dfrac{1}{\sqrt{x}\,(1+\sqrt[3]{x})}\,dx = \int \dfrac{1}{u^3(1+u^2)}\cdot 6u^5\,du = 6\int \dfrac{u^2}{1+u^2}\,du$$
$$= 6\int \dfrac{(1+u^2)-1}{1+u^2}\,du = 6\int\left(1-\dfrac{1}{1+u^2}\right)du$$
$$= 6(u-\tan^{-1}u)+C = 6(\sqrt[6]{x}-\tan^{-1}\sqrt[6]{x})+C$$

範例 3

試計算 $\int \dfrac{x}{\sqrt[5]{3x+2}}\,dx$。

[解題要領：設 $u = \sqrt[5]{3x+2}$，則 $3x+2 = u^5$（或 $x = \dfrac{u^5-2}{3}$）且 $dx = \dfrac{5}{3}u^4\, du$。]

解
$$\int \frac{x}{\sqrt[5]{3x+2}}\, dx = \int \frac{\frac{1}{3}(u^5-2)}{u} \cdot \frac{5}{3}u^4\, du = \frac{5}{9}\int (u^8 - 2u^3)\, du$$

$$= \frac{5}{9}\left(\frac{u^9}{9} - \frac{u^4}{2}\right) + C = \frac{5}{9}\left[\frac{(3x+2)^{9/5}}{9} - \frac{(3x+2)^{4/5}}{2}\right] + C$$

$$= \frac{5(3x+2)^{9/5}}{81} - \frac{5(3x+2)^{4/5}}{18} + C$$

半角代換 (Half-angle Substitution)

設 $u = \tan\dfrac{x}{2}, x \in (-\pi, \pi)$，則 $\cos\dfrac{x}{2} = \dfrac{1}{\sec\left(\dfrac{x}{2}\right)} = \dfrac{1}{\sqrt{1+\tan^2\left(\dfrac{x}{2}\right)}} = \dfrac{1}{\sqrt{1+u^2}}$ 且

$$\sin\frac{x}{2} = \tan\left(\frac{x}{2}\right)\cos\left(\frac{x}{2}\right) = \frac{u}{\sqrt{1+u^2}}。$$

因此，$\sin x = 2\sin\dfrac{x}{2}\cos\dfrac{x}{2} = \dfrac{2u}{1+u^2}$ 且 $\cos x = 2\cos^2\dfrac{x}{2} - 1 = \dfrac{1-u^2}{1+u^2}$。

因為 $u = \tan\dfrac{x}{2}, x \in (-\pi, \pi)$，所以 $x = 2\tan^{-1} u$。因此，$dx = \dfrac{2}{1+u^2}\, du$。

有了以上的資訊，我們即可進行半角代換了。

範例 4

試利用半角代換計算 $\displaystyle\int \frac{1}{4\sin x - 3\cos x}\, dx$。

解
$$\int \frac{1}{4\sin x - 3\cos x}\, dx = \int \frac{1}{4\cdot\dfrac{2u}{1+u^2} - 3\cdot\dfrac{1-u^2}{1+u^2}} \cdot \frac{2}{1+u^2}\, du$$

$$= \int \frac{2}{3u^2 + 8u - 3}\, du = 2\int \frac{1}{(3u-1)(u+3)}\, du$$

[由分項分式，我們有 $\dfrac{1}{(3u-1)(u+3)} = \dfrac{3/10}{3u-1} + \dfrac{(-1/10)}{u+3}$]

$$= 2\int \left(\dfrac{3/10}{3u-1} + \dfrac{(-1/10)}{u+3}\right) du = \dfrac{1}{5}\int \dfrac{3}{3u-1} du - \dfrac{1}{5}\int \dfrac{1}{u+3} du$$

$$= \dfrac{1}{5}\ln|3u-1| - \dfrac{1}{5}\ln|u+3| + C = \dfrac{1}{5}\ln\left|3\tan\dfrac{x}{2}-1\right| - \dfrac{1}{5}\ln\left|\tan\dfrac{x}{2}+3\right| + C。$$

【註】① 設 $y = 3u-1$，則 $dy = 3du$。由代換積分公式，我們有

$$\int \dfrac{3}{3u-1} du = \int \dfrac{1}{y} dy = \ln|y| + C = \ln|3u-1| + C$$

② 設 $y = u+3$，則 $dy = du$。由代換積分公式，我們有

$$\int \dfrac{1}{u+3} du = \int \dfrac{1}{y} dy = \ln|y| + C = \ln|u+3| + C$$

範例 5

試利用半角代換計算 $\int \dfrac{1}{2+\sin x} dx$。

【解】$\displaystyle\int \dfrac{1}{2+\sin x} dx = \int \dfrac{1}{2+\dfrac{2u}{1+u^2}} \cdot \dfrac{2}{1+u^2} du = \int \dfrac{1}{u^2+u+1} du$

$$= \int \dfrac{1}{\left(u+\dfrac{1}{2}\right)^2 + \dfrac{3}{4}} du = \dfrac{2}{\sqrt{3}}\tan^{-1}\left[\dfrac{2}{\sqrt{3}}\left(u+\dfrac{1}{2}\right)\right] + C$$

$$= \dfrac{2}{\sqrt{3}}\tan^{-1}\left[\dfrac{2}{\sqrt{3}}\left(\tan\dfrac{x}{2}+\dfrac{1}{2}\right)\right] + C$$

【註】設 $y = u + \dfrac{1}{2}$，則 $dy = du$。由代換積分公式，我們有

$$\int \dfrac{1}{\left(u+\dfrac{1}{2}\right)^2 + \left(\dfrac{\sqrt{3}}{2}\right)^2} du = \int \dfrac{1}{y^2 + \left(\dfrac{\sqrt{3}}{2}\right)^2} dy = \dfrac{1}{\dfrac{\sqrt{3}}{2}}\tan^{-1}\left(\dfrac{y}{\dfrac{\sqrt{3}}{2}}\right) + C$$

$$= \dfrac{2}{\sqrt{3}}\tan^{-1}\left(\dfrac{2y}{\sqrt{3}}\right) + C = \dfrac{2}{\sqrt{3}}\tan^{-1}\left[\dfrac{2}{\sqrt{3}}\left(u+\dfrac{1}{2}\right)\right] + C。$$

習題演練

第 1 題至第 6 題，試利用合適的代換計算下列的積分。

1. $\int \dfrac{1}{\sqrt{x} - \sqrt[3]{x}} \, dx$
2. $\int \dfrac{\sqrt{x}}{\sqrt{x} - \sqrt[3]{x}} \, dx$
3. $\int \dfrac{\sqrt[3]{x} + 1}{\sqrt[3]{x} - 1} \, dx$
4. $\int \dfrac{x^3}{\sqrt[3]{x^2 + 1}} \, dx$
5. $\int \dfrac{x}{(x-1)^7} \, dx$
6. $\int \dfrac{1}{(x+1)\sqrt{x-2}} \, dx$

第 7 題至第 12 題，試利用半角代換計算下列的積分。

7. $\int \dfrac{1}{3 + 2\cos x} \, dx$
8. $\int \dfrac{\sec x}{4 - 3\tan x} \, dx$
9. $\int \dfrac{1}{1 + \sin x - \cos x} \, dx$
10. $\int \dfrac{\sec x}{1 + \sin x} \, dx$
11. $\int \dfrac{\sin x}{3 - 2\cos x} \, dx$
12. $\int \dfrac{\sin x}{\cos x \,(1 + \sin x)} \, dx$

CHAPTER 7

瑕積分

- 7-1 第一類型瑕積分
- 7-2 第二類型瑕積分
- 7-3 第一類型瑕積分之比較檢定
- 7-4 第二類型瑕積分之比較檢定

函數 f 在閉區間 $[a,b]$ 上連續時，其定積分 $\int_a^b f(x)\,dx$ 是存在的；而如果定積分 $\int_a^b f(x)\,dx$ 有定義時，則函數在閉區間 $[a,b]$ 上必為有界，即 $\exists\, M>0$ 使得 $|f(x)|\le M\ \forall x\in[a,b]$。舉個例子來說明：

設 $f(x)=\begin{cases}\dfrac{1}{x^2}, & x\ne 0\\ 0, & x=0\end{cases}$，則很容易得知此函數之定積分 $\int_0^2 f(x)\,dx$ 是不存在。

再者，若函數 f 在區間 $[a,\infty)$ 上連續時，則也很容易得知此函數 f 在區間 $[a,\infty)$ 上之定積分也是不存在的。

【註】上述兩種定積分不存在的理由都是黎曼和的極限 $\lim\limits_{\|P\|\to 0^+}\sum\limits_{i=1}^{n} f(x_i^*)\Delta x_i$ 不存在。

在這一節，我們將積分推廣到下列兩種情況：
(i) 積分區間長度為無限時。
(ii) 函數 f 在閉區間 $[a,b]$ 上不為有界時。
以上兩種情況所定義之積分稱之為**瑕積分**（ improper integral ）或廣義積分。瑕積分在很多的後續課程被廣泛的應用，例如：級數、機率或工程數學。

7-1 第一類型瑕積分

第一類型瑕積分之動機如下：

設函數 $f(x)=\dfrac{1}{x^2}$，$x\in[1,\infty)$，我們很想知道函數 f 之圖形下方與 x-軸之上方及直線 $x=1$ 之右邊所圍成之無界區域的面積 A 為何？（如圖 7-1 所示）

(a)　　　　　　　　　　(b)

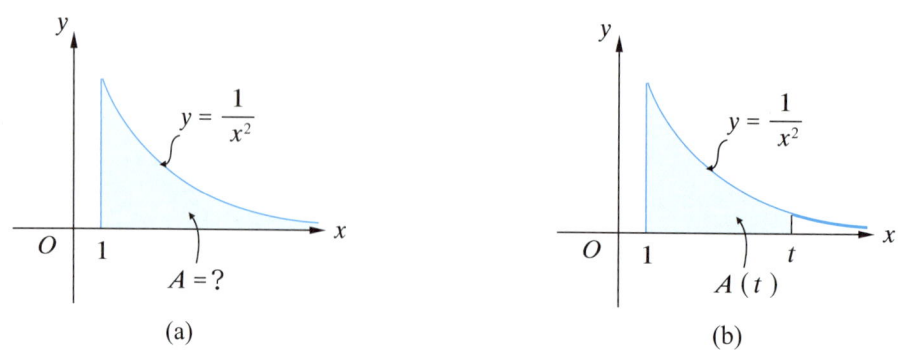

圖 7-1　第一類型瑕積分之動機

首先，在區間 $[1,\infty)$ 內任意找一個點 t，則函數 f 之圖形下方與 x-軸之上方及兩條直線 $x=1$ 及 $x=t$ 之間所圍成之區域的面積 $A(t)$ 為

$$A(t) = \int_1^t f(x)\,dx = \int_1^t \frac{1}{x^2}\,dx = \left(-\frac{1}{x}\right)\bigg|_1^t = 1 - \frac{1}{t}。$$

很明顯地，當 t 越來越大時，$A(t)$ 就越來越靠近 A。因此，如果極限 $\lim\limits_{t\to\infty} A(t)$ 存在時，我們就定義 $A = \lim\limits_{t\to\infty} A(t)$。

由於 $\lim\limits_{t\to\infty} A(t) = \lim\limits_{t\to\infty}\left(1 - \frac{1}{t}\right) = 1$，所以此無界區域的廣義面積為 $A = \lim\limits_{t\to\infty} A(t) = 1$。此時，我們以積分符號 $\int_1^\infty \frac{1}{x^2}\,dx$ 來表示 $\lim\limits_{t\to\infty} A(t)$ 或 $\lim\limits_{t\to\infty} \int_1^t \frac{1}{x^2}\,dx$。而此積分 $\int_1^\infty \frac{1}{x^2}\,dx$ 就是我們將定義的第一類型瑕積分。

Definition 7.1 (Improper Integral of Type 1)

(a) Let f be continuous on $[a,\infty)$.

We define $\int_a^\infty f(x)\,dx = \lim\limits_{t\to\infty} \int_a^t f(x)\,dx$ provided the limit exists.

If the limit exists, we say that the improper integral $\int_a^\infty f(x)\,dx$ is convergent; otherwise, it is said to be divergent.

(b) Let f be continuous on $(-\infty, b]$.

We define $\int_{-\infty}^b f(x)\,dx = \lim\limits_{t\to-\infty} \int_t^b f(x)\,dx$ provided the limit exists.

If the limit exists, we say that the improper integral $\int_{-\infty}^b f(x)\,dx$ is convergent; otherwise, it is said to be divergent.

(c) Let f be continuous on $(-\infty,\infty)$.

We define $\int_{-\infty}^\infty f(x)\,dx = \int_{-\infty}^a f(x)\,dx + \int_a^\infty f(x)\,dx$ provided the improper integrals $\int_{-\infty}^a f(x)\,dx$ and $\int_a^\infty f(x)\,dx$ are both convergent. (Here, a is an arbitrary constant)

【註】通常我們選取 $a=0$ 來計算瑕積分 $\int_{-\infty}^{\infty} f(x)\,dx$，即

$$\int_{-\infty}^{\infty} f(x)\,dx = \int_{-\infty}^{0} f(x)\,dx + \int_{0}^{\infty} f(x)\,dx \text{。}$$

因為當瑕積分 $\int_{-\infty}^{\infty} f(x)\,dx$ 收斂時，我們有

$$\int_{-\infty}^{\infty} f(x)\,dx = \int_{-\infty}^{a} f(x)\,dx + \int_{a}^{\infty} f(x)\,dx$$

$$= \int_{-\infty}^{0} f(x)\,dx + \int_{0}^{a} f(x)\,dx + \int_{a}^{0} f(x)\,dx + \int_{0}^{\infty} f(x)\,dx$$

$$= \int_{-\infty}^{0} f(x)\,dx + \int_{0}^{a} f(x)\,dx - \int_{0}^{a} f(x)\,dx + \int_{0}^{\infty} f(x)\,dx$$

$$= \int_{-\infty}^{0} f(x)\,dx + \int_{0}^{\infty} f(x)\,dx \text{。}$$

範例 1

試計算瑕積分 $\int_{1}^{\infty} \frac{1}{x}\,dx$。

解 因為 $\lim\limits_{t \to \infty} \int_{1}^{t} \frac{1}{x}\,dx = \lim\limits_{t \to \infty} \ln|x|\Big|_{1}^{t} = \lim\limits_{t \to \infty}(\ln t - \ln 1) = \lim\limits_{t \to \infty} \ln t = \infty$，

所以瑕積分 $\int_{1}^{\infty} \frac{1}{x}\,dx$ 發散。

範例 2

試計算瑕積分 $\int_{1}^{\infty} \frac{1}{x^2}\,dx$。

解 因為 $\lim\limits_{t \to \infty} \int_{1}^{t} \frac{1}{x^2}\,dx = \lim\limits_{t \to \infty}\left(-\frac{1}{x}\right)\Big|_{1}^{t} = \lim\limits_{t \to \infty}\left(1 - \frac{1}{t}\right) = 1$，

所以瑕積分 $\int_{1}^{\infty} \frac{1}{x^2}\,dx = \lim\limits_{t \to \infty} \int_{1}^{t} \frac{1}{x^2}\,dx = 1$。

範例 3

試找出瑕積分 $\int_1^\infty \dfrac{1}{x^p}\,dx$ 會收斂之所有的 p 值。

解 (i) 當 $p = 1$ 時，由範例 1 可知瑕積分 $\int_1^\infty \dfrac{1}{x}\,dx$ 發散。

(ii) 當 $p \neq 1$ 時，

因為 $\displaystyle\lim_{t \to \infty} \int_1^t \dfrac{1}{x^p}\,dx = \lim_{t \to \infty} \dfrac{x^{-p+1}}{-p+1}\bigg|_1^t = \lim_{t \to \infty}\left[\dfrac{t^{-p+1}}{-p+1} - \dfrac{1}{-p+1}\right]$

$$= \begin{cases} \infty &, p < 1 \\ \dfrac{1}{p-1} &, p > 1 \end{cases},$$

所以瑕積分 $\int_1^\infty \dfrac{1}{x^p}\,dx$ 在 $p > 1$ 時收斂，而在 $p < 1$ 時發散。

因此，由 (i) 及 (ii) 可知，瑕積分 $\int_1^\infty \dfrac{1}{x^p}\,dx$ 在 $p > 1$ 時收斂。

【註】範例 3 的結果在證明 p-級數之收斂時會直接被採用。(請參考 9-2 節)

範例 4

試計算瑕積分 $\int_{-\infty}^0 xe^x\,dx$。

[解題要領：① 利用瑕積分定義　② $\int xe^x\,dx = xe^x - e^x + C$ (利用部分積分計算)

③ $\displaystyle\lim_{t \to \infty} te^t = \lim_{t \to \infty} \dfrac{t}{e^{-t}} \overset{H}{=} \lim_{t \to -\infty} \dfrac{1}{-e^{-t}} = 0$ (利用 L'Hôpital's rule)]

解 瑕積分 $\displaystyle\int_{-\infty}^0 xe^x\,dx = \lim_{t \to -\infty}\int_t^0 xe^x\,dx = \lim_{t \to -\infty}[xe^x - e^x]\bigg|_t^0 = \lim_{t \to -\infty}[(-1) - (te^t - e^t)] = -1$

【註】(範例 4 之推廣)

$$\int_{-\infty}^0 x^n e^x\,dx = (-1)^n n! \quad (n \in N)$$

例如：$\int_{-\infty}^{0} x^2 e^x \, dx = (-1)^2 2! = 2$、$\int_{-\infty}^{0} x^3 e^x \, dx = (-1)^3 3! = -6$。

範例 5

試計算瑕積分 $\int_{-\infty}^{\infty} \dfrac{1}{\pi(1+x^2)} \, dx$。

[解題要領：① $\lim\limits_{t \to -\infty} \tan^{-1} t = -\dfrac{\pi}{2}$ 及 ② $\lim\limits_{t \to \infty} \tan^{-1} t = \dfrac{\pi}{2}$]

解 ① $\int_{-\infty}^{0} \dfrac{1}{1+x^2} \, dx = \lim\limits_{t \to -\infty} \int_{t}^{0} \dfrac{1}{1+x^2} \, dx = \lim\limits_{t \to -\infty} [\tan^{-1} x] \Big|_{t}^{0}$

$\qquad = \lim\limits_{t \to -\infty} [0 - \tan^{-1} t] = -\left(-\dfrac{\pi}{2}\right) = \dfrac{\pi}{2}$

② $\int_{0}^{\infty} \dfrac{1}{1+x^2} \, dx = \lim\limits_{t \to \infty} \int_{0}^{t} \dfrac{1}{1+x^2} \, dx = \lim\limits_{t \to \infty} [\tan^{-1} x] \Big|_{0}^{t} = \lim\limits_{t \to \infty} [\tan^{-1} t - 0] = \dfrac{\pi}{2}$

因此，由 ①、② 可知，瑕積分

$$\int_{-\infty}^{\infty} \dfrac{1}{\pi(1+x^2)} \, dx = \dfrac{1}{\pi} \left[\int_{-\infty}^{0} \dfrac{1}{1+x^2} \, dx + \int_{0}^{\infty} \dfrac{1}{1+x^2} \, dx \right] = \dfrac{1}{\pi} \left[\dfrac{\pi}{2} + \dfrac{\pi}{2} \right] = 1$$

【註】 在機率論之課程裡，函數 $f(x) = \dfrac{1}{\pi(1+x^2)}$，$x \in \mathbb{R}$，稱為柯西分配的機率密度函數。範例 5 之幾何意義為函數 f 之圖形下方與 x-軸之上方所圍成之區域面積 $A = 1$。(參考圖形 7-2)

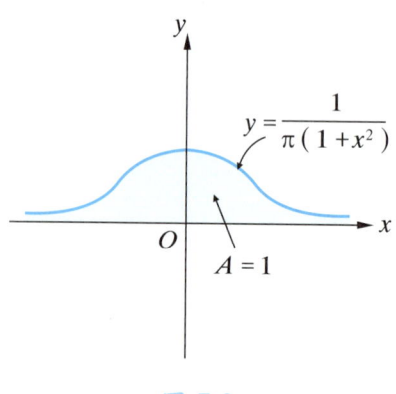

圖 7-2

習題演練

・基本題

第 1 題至第 6 題，試計算下列的瑕積分。

1. $\int_{-\infty}^{0} e^x \, dx$
2. $\int_{2}^{\infty} \frac{x}{\sqrt[3]{(x^2+1)^5}} \, dx$
3. $\int_{2}^{\infty} \frac{1}{x(\ln x)^2} \, dx$
4. $\int_{-\infty}^{\infty} xe^{-x^2} \, dx$
5. $\int_{-\infty}^{1} \frac{1}{4x^2+9} \, dx$
6. $\int_{-\infty}^{0} \frac{1}{x^2-3x+2} \, dx$ （提示：利用 L'Hôpital's Rule）

・進階題

7. 設 $n \in Z^+$，試證明 $\int_{-\infty}^{0} x^n e^x \, dx = (-1)^n n!$。(提示：利用數學歸納法)

8. (a) 試計算瑕積分 $\int_{0}^{\infty} xe^{-sx} \, dx$，並決定所有使得此瑕積分收斂的 s 值。

   (b) 試計算瑕積分 $\int_{0}^{\infty} e^x e^{-sx} \, dx$，並決定所有使得此瑕積分收斂的 s 值。

   (c) 試計算瑕積分 $\int_{0}^{\infty} \cos x \, e^{-sx} \, dx$，並決定所有使得此瑕積分收斂的 s 值。

9. 我們已知 Gamma 函數 Γ 被定義成 $\Gamma(\alpha) = \int_{0}^{\infty} x^{\alpha-1} e^{-x} \, dx$，而當 $\alpha \in \mathbb{R}^+$ 時，可以證明此瑕積分收斂。

   (a) 試計算 $\Gamma(1)$、$\Gamma(2)$ 及 $\Gamma(3)$。
   (b) 如果 $\alpha \in \mathbb{R}^+$，試證明 $\Gamma(\alpha+1) = \alpha \Gamma(\alpha)$。
   (c) 如果 $\alpha \in Z^+$，試利用數學歸納法證明 $\Gamma(\alpha+1) = \alpha!$。
   (d) 試計算瑕積分 $\int_{0}^{\infty} e^{tx} \cdot \frac{x^{\alpha-1} e^{-\frac{x}{\beta}}}{\Gamma(\alpha) \beta^{\alpha}} \, dx$，其中 $\alpha, \beta \in \mathbb{R}^+$，並決定所有使得此瑕積分收斂的 t 值。(提示：先說明瑕積分 $\int_{0}^{\infty} \frac{x^{\alpha-1} e^{-\frac{x}{\beta}}}{\Gamma(\alpha) \beta^{\alpha}} \, dx = 1$)

10. 試證明 $\lim_{t \to \infty} \int_{-t}^{t} \frac{x}{1+x^2} \, dx = 0$，但是瑕積分 $\int_{-\infty}^{\infty} \frac{x}{1+x^2} \, dx$ 卻是發散的。

11. 試計算 $\int_{-\infty}^{\infty} e^{-|x|} \, dx$。

12. 試找出所有使得瑕積分 $\int_{e}^{\infty} \frac{1}{x(\ln x)^p} \, dx$ 會收斂的 p 值。

7-2 第二類型瑕積分

第二類型瑕積分之動機如下：

設函數 $f(x) = \dfrac{1}{\sqrt{x}}$，$x \in (0,4]$，我們很想知道函數 f 之圖形下方與 x-軸之上方及兩條直線 $x=0$ 及 $x=4$ 所圍成之無界區域的面積 A 為何？(如圖 7-3 所示)

首先，在區間 $(0,4)$ 內任意找一個點 t，則函數 f 之圖形下方與 x-軸之上方及兩條直線 $x=t$ 及 $x=4$ 之間所圍成之區域的面積 $A(t)$ 為

$$A(t) = \int_t^4 f(x)\ dx = \int_t^4 \dfrac{1}{\sqrt{x}}\ dx = 2\sqrt{x}\,\Big|_t^4 = 2\sqrt{4} - 2\sqrt{t}\ 。$$

很明顯地，當 t 越來越往左邊靠近 0 時，$A(t)$ 就越來越靠近 A。因此，如果極限 $\lim\limits_{t \to 0^+} A(t)$ 存在時，我們就定義 $A = \lim\limits_{t \to 0^+} A(t)$。

由於 $\lim\limits_{t \to 0^+} A(t) = \lim\limits_{t \to 0^+}(2\sqrt{4} - 2\sqrt{t}) = 4$，所以此無界區域的廣義面積為 $A = \lim\limits_{t \to 0^+} A(t) = 4$。此時，我們以符號 $\int_0^4 \dfrac{1}{\sqrt{x}}\ dx$ 來表示 $\lim\limits_{t \to 0^+} A(t)$ 或 $\lim\limits_{t \to 0^+} \int_t^4 \dfrac{1}{\sqrt{x}}\ dx$。而此積分 $\int_0^4 \dfrac{1}{\sqrt{x}}\ dx$ 就是我們將定義的第二類型瑕積分。特別要注意的是第二類型瑕積分乍看之下很像定積分。

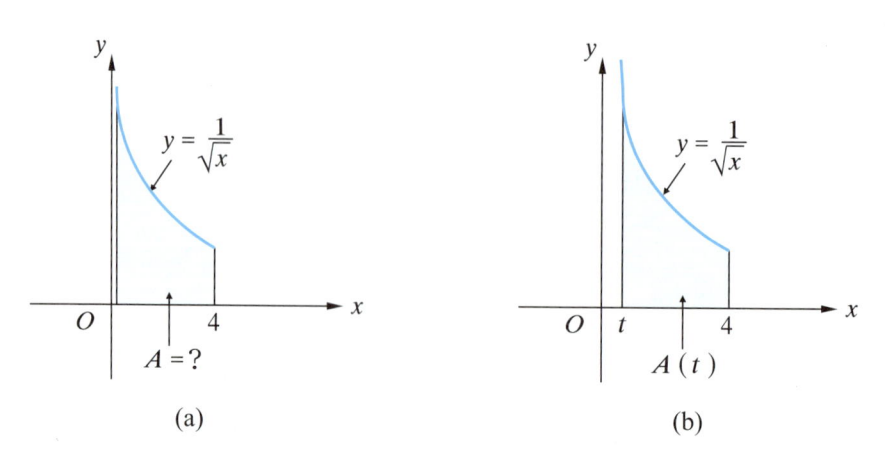

圖 7-3 第二類型瑕積分之動機

Definition 7.2 (Improper Integral of Type 2)

(a) Let f be continuous on $(a, b]$, and let $\lim\limits_{x \to a^+} |f(x)| = \infty$.

We define $\int_a^b f(x)\,dx = \lim\limits_{t \to a^+} \int_t^b f(x)\,dx$ provided the limit exists.

If the limit exists, we say that the improper integral $\int_a^b f(x)\,dx$ is convergent；otherwise, it is said to be divergent.

(b) Let f be continuous on $[a, b)$, and let $\lim\limits_{x \to b^-} |f(x)| = \infty$.

We define $\int_a^b f(x)\,dx = \lim\limits_{t \to b^-} \int_a^t f(x)\,dx$ provided the limit exists.

If the limit exists, we say that the improper integral $\int_a^b f(x)\,dx$ is convergent；otherwise, it is said to be divergent.

(c) Let f be continuous on $[a, b]$, except at a number c in (a, b), and let $\lim\limits_{x \to c^-} |f(x)| = \infty$ or $\lim\limits_{x \to c^+} |f(x)| = \infty$.

We define $\int_a^b f(x)\,dx = \int_a^c f(x)\,dx + \int_c^b f(x)\,dx$ provided that $\int_a^c f(x)\,dx$ and $\int_c^b f(x)\,dx$ are both convergent.

範例 1

試計算瑕積分 $\int_2^5 \dfrac{1}{\sqrt{x-2}}\,dx$。

解 [因為 $\lim\limits_{x \to 2^+} \dfrac{1}{\sqrt{x-2}} = \infty$，所以此積分 $\int_2^5 \dfrac{1}{\sqrt{x-2}}\,dx$ 為瑕積分]

$$\int_2^5 \frac{1}{\sqrt{x-2}}\,dx = \lim_{t \to 2^+} \int_t^5 \frac{1}{\sqrt{x-2}}\,dx = \lim_{t \to 2^+} [2\sqrt{x-2}]\Big|_t^5$$

$$= \lim_{t \to 2^+} [2\sqrt{3} - 2\sqrt{t-2}] = 2\sqrt{3}$$

【註】設 $u = x-2$，則 $du = dx$。由代換積分公式，我們有

$$\int \frac{1}{\sqrt{x-2}} dx = \int \frac{1}{\sqrt{u}} du = \frac{u^{\left(-\frac{1}{2}\right)+1}}{\left(-\frac{1}{2}\right)+1} + C = 2\sqrt{u} + C = 2\sqrt{x-2} + C$$

*範例 1 的錯誤解法：(直接利用微積分基本定理)

$$\int_2^5 \frac{1}{\sqrt{x-2}} dx = [2\sqrt{x-2}]\Big|_2^5 = 2\sqrt{3}。$$

第二類型瑕積分很容易被看成定積分，而直接用微積分基本定理來計算，雖然答案可能剛好相同，不過整個觀念是錯誤的。

範例 2

試計算瑕積分 $\int_1^2 \frac{1}{x^2\sqrt{4-x^2}} dx$。

解 [因為 $\lim\limits_{x \to 2^-} \frac{1}{x^2\sqrt{4-x^2}} = \infty$，所以此積分 $\int_1^2 \frac{1}{x^2\sqrt{4-x^2}} dx$ 為瑕積分]

由瑕積分定義，我們有 $\int_1^2 \frac{1}{x^2\sqrt{4-x^2}} dx = \lim\limits_{t \to 2^-} \int_1^t \frac{1}{x^2\sqrt{4-x^2}} dx$。

設 $x = 2\sin\theta, \theta \in \left[\frac{\pi}{6}, \frac{\pi}{2}\right)$，則 $dx = 2\cos\theta\, d\theta$ 且 $\begin{cases} x = 1 \Rightarrow \theta = \frac{\pi}{6} \\ x = t \Rightarrow \theta = \sin^{-1}\frac{t}{2} \end{cases}$。

因此，由三角代換公式，我們有

$$\int_1^t \frac{1}{x^2\sqrt{4-x^2}} dx = \int_{\pi/6}^{\sin^{-1}\left(\frac{t}{2}\right)} \frac{1}{4\sin^2\theta \cdot 2\cos\theta} \cdot 2\cos\theta\, d\theta$$

$$= \frac{1}{4} \int_{\pi/6}^{\sin^{-1}\left(\frac{t}{2}\right)} \frac{1}{\sin^2\theta} d\theta = \frac{1}{4} \int_{\pi/6}^{\sin^{-1}\left(\frac{t}{2}\right)} \csc^2\theta\, d\theta$$

$$= \frac{1}{4}[-\cot\theta]\Big|_{\pi/6}^{\sin^{-1}\left(\frac{t}{2}\right)} = \frac{1}{4}\left[-\cot\left(\sin^{-1}\frac{t}{2}\right) + \cot\left(\frac{\pi}{6}\right)\right]。$$

最後，$\int_1^2 \frac{1}{x^2\sqrt{4-x^2}} dx = \lim\limits_{t \to 2^-} \int_1^t \frac{1}{x^2\sqrt{4-x^2}} dx = \lim\limits_{t \to 2^-} \frac{1}{4}\left[-\cot\left(\sin^{-1}\frac{t}{2}\right) + \cot\left(\frac{\pi}{6}\right)\right]$

$$= \frac{1}{4}\left[-\cot\left(\frac{\pi}{2}\right)+\cot\left(\frac{\pi}{6}\right)\right]=\frac{\sqrt{3}}{4}\text{。}$$

範例 3

試計算瑕積分 $\int_0^1 \ln x \, dx$。

[解題要領：① 利用瑕積分定義

(因為 $\lim\limits_{x\to 0^+} \ln x = -\infty$，所有此積分 $\int_0^1 \ln x \, dx$ 為瑕積分)

② $\int \ln x \, dx = x\ln x - x + C$ (利用部分積分計算)

③ $\lim\limits_{t\to 0^+} t\ln t = \lim\limits_{t\to 0^+} \dfrac{\ln t}{\dfrac{1}{t}} \overset{H}{=} \lim\limits_{t\to 0^+} \dfrac{\dfrac{1}{t}}{\dfrac{-1}{t^2}} = \lim\limits_{t\to 0^+}(-t) = 0$ (利用 L'Hôpital's rule)]

解 $\int_0^1 \ln x \, dx = \lim\limits_{t\to 0^+}\int_t^1 \ln x \, dx = \lim\limits_{t\to 0^+}[x\ln x - x]\Big|_t^1 = \lim\limits_{t\to 0^+}[(-1)-(t\ln t - t)] = -1$。

【註】(範例 3 之推廣)

$$\int_0^1 (\ln x)^n \, dx = (-1)^n n! \quad (n \in N)$$

例如：$\int_0^1 (\ln x)^2 \, dx = (-1)^2 2! = 2$、$\int_0^1 (\ln x)^3 \, dx = (-1)^3 3! = -6$。

範例 4

試計算瑕積分 $\int_0^4 \dfrac{1}{x^2+x-6} dx$。

[解題要領：① $\dfrac{1}{x^2+x-6} = \dfrac{1}{(x-2)(x+3)}$ (分母因式分解)

② 因為 $\lim\limits_{x\to 2}\left|\dfrac{1}{(x-2)(x+3)}\right| = \infty$，所以此積分 $\int_0^4 \dfrac{1}{x^2+x-6} dx$ 為瑕積分。

③ 如果 $\int_0^2 \dfrac{1}{x^2+x-6} dx$ 與 $\int_2^4 \dfrac{1}{x^2+x-6} dx$ 都收斂，則 $\int_0^4 \dfrac{1}{x^2+x-6} dx$ 才會收斂。]

解 因為 $\int_0^2 \frac{1}{x^2+x-6}dx = \int_0^2 \frac{1}{(x-2)(x+3)}dx = \lim_{t\to 2^-}\int_0^t \frac{1}{(x-2)(x+3)}dx$

$= \lim_{t\to 2^-}\int_0^t \left[\frac{1/5}{(x-2)} + \frac{-1/5}{(x+3)}\right]dx$ (利用分項分式)

$= \lim_{t\to 2^-}\frac{1}{5}\left[\ln|x-2| - \ln|x+3|\right]\Big|_0^t$

$= \lim_{t\to 2^-}\frac{1}{5}[(\ln|t-2| - \ln|t+3|) - (\ln 2 - \ln 3)]$

$= -\infty$。(表示瑕積分發散)

所以瑕積分 $\int_0^4 \frac{1}{x^2+x-6}dx$ 發散。

【註】當瑕積分 $\int_0^2 \frac{1}{x^2+x-6}dx$ 發散時，不論瑕積分 $\int_2^4 \frac{1}{x^2+x-6}dx$ 是收斂或者發散，瑕積分 $\int_0^4 \frac{1}{x^2+x-6}dx$ 一定發散。

換言之，當瑕積分 $\int_0^2 \frac{1}{x^2+x-6}dx$ 發散時，我們不必再花時間去計算另一個瑕積分 $\int_2^4 \frac{1}{x^2+x-6}dx$。

習題演練

・基本題

第 1 題至第 6 題，試計算下列的瑕積分。

1. $\int_0^5 \frac{1}{\sqrt{x}}dx$
2. $\int_1^9 \frac{1}{\sqrt[3]{x-9}}dx$
3. $\int_0^1 \frac{e^{\sqrt{x}}}{\sqrt{x}}dx$
4. $\int_0^9 \frac{x}{\sqrt[3]{x-1}}dx$
5. $\int_0^\pi \frac{\sin x}{\sqrt[3]{\cos x}}dx$
6. $\int_0^1 (\ln x)^2 dx$

・進階題

7. 設 $n \in Z^+$，試證明 $\int_0^1 (\ln x)^n dx = (-1)^n n!$。(提示：利用數學歸納法)

8. 試找出所有使得瑕積分 $\int_0^1 \dfrac{1}{x^p}\, dx$ 會收斂的 p 值。

9. 試找出所有使得瑕積分 $\int_0^1 x^p \ln x\, dx$ 會收斂的 p 值。

10. 試計算瑕積分 $\int_{-1}^1 \dfrac{\sqrt{1+x}}{\sqrt{1-x}}\, dx$。（提示：$\dfrac{\sqrt{1+x}}{\sqrt{1-x}} = \dfrac{(1+x)}{\sqrt{1-x^2}}$）

11. 試計算瑕積分 $\int_0^1 x \ln x\, dx$。

12. 試計算瑕積分 $\int_{1/e}^{e} \dfrac{1}{x(\ln x)^2}\, dx$。

7-3　第一類型瑕積分之比較檢定

Theorem 7.3.1　(The Comparison Test)
Suppose that the functions f and g are nonnegative and continuous on $[a,\infty)$.

(a) If $f(x) \leq g(x)$　$\forall x \in [a,\infty)$　and　$\int_a^\infty g(x)\, dx < \infty$, then $\int_a^\infty f(x)\, dx$ converges.

(b) If $f(x) \geq g(x)$　$\forall x \in [a,\infty)$　and　$\int_a^\infty g(x)\, dx = \infty$, then $\int_a^\infty f(x)\, dx$ diverges.

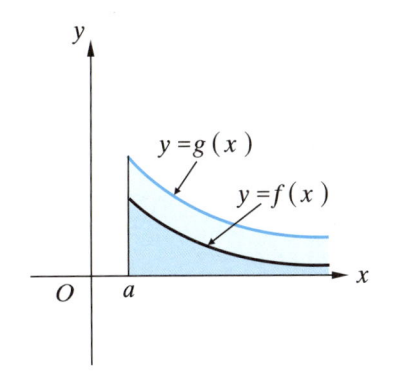

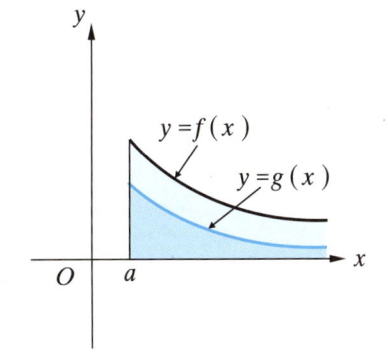

(a) $\int_a^\infty g(x)\, dx < \infty \Rightarrow \int_a^\infty f(x)\, dx < \infty$　　(b) $\int_a^\infty g(x)\, dx = \infty \Rightarrow \int_a^\infty f(x)\, dx = \infty$

圖 7-3　第一類型瑕積分之比較檢定

範例 1

試證明瑕積分 $\int_1^\infty \dfrac{1+e^{-x}}{x}\,dx$ 發散。

解 因為 $\dfrac{1+e^{-x}}{x} \geq \dfrac{1}{x}$ $\quad \forall x \in [1,\infty)$，且 $\int_1^\infty \dfrac{1}{x}\,dx = \infty$，

所以，由比較檢定法可知瑕積分 $\int_1^\infty \dfrac{1+e^{-x}}{x}\,dx$ 發散。

範例 2

試證明瑕積分 $\int_1^\infty e^{-x^2}\,dx$ 收斂。

解 因為 $x^2 \geq x$ $\quad \forall x \in [1,\infty) \Rightarrow -x^2 \leq -x$ $\quad \forall x \in [1,\infty) \Rightarrow e^{-x^2} \leq e^{-x}$ $\quad \forall x \in [1,\infty)$ 且

$$\int_1^\infty e^{-x}\,dx = \lim_{t \to \infty} \int_1^t e^{-x}\,dx = \lim_{t \to \infty}(-e^{-x})\Big|_1^t = \lim_{t \to \infty}[(-e^{-t})-(-e^{-1})] = e^{-1} < \infty，$$

所以，由比較檢定法可知瑕積分 $\int_1^\infty e^{-x^2}\,dx$ 收斂。

【註】如果要直接計算瑕積分 $\int_1^\infty e^{-x^2}\,dx$ 之值是非常困難的。

Theorem 7.3.2 (The Limiting Comparison Test)

Suppose that the functions f and g are positive and continuous on $[a,\infty)$.

(a) If $\lim\limits_{x\to\infty}\dfrac{f(x)}{g(x)} = L > 0$, then $\int_a^\infty g(x)\,dx < \infty \Leftrightarrow \int_a^\infty f(x)\,dx < \infty$.

(b) If $\lim\limits_{x\to\infty}\dfrac{f(x)}{g(x)} = 0$, then $\int_a^\infty g(x)\,dx < \infty \Rightarrow \int_a^\infty f(x)\,dx < \infty$.

(c) If $\lim\limits_{x\to\infty}\dfrac{f(x)}{g(x)} = \infty$, then $\int_a^\infty g(x)\,dx = \infty \Rightarrow \int_a^\infty f(x)\,dx = \infty$.

範例 3

試證明瑕積分 $\int_2^\infty \dfrac{1}{e^x - 1}\,dx$ 收斂。

解 因為 $\lim\limits_{x\to\infty}\dfrac{\dfrac{1}{e^x-1}}{\dfrac{1}{e^x}}=\lim\limits_{x\to\infty}\dfrac{e^x}{e^x-1}=\lim\limits_{x\to\infty}\dfrac{1}{1-\dfrac{1}{e^x}}=1>0$ 且

$$\int_2^\infty \dfrac{1}{e^x}\,dx=\lim\limits_{t\to\infty}\int_2^t \dfrac{1}{e^x}\,dx=\lim\limits_{t\to\infty}(-e^{-x})\Big|_2^t=\lim\limits_{t\to\infty}[e^{-2}-e^{-t}]=e^{-2}<\infty,$$

所以瑕積分 $\int_2^\infty \dfrac{1}{e^x-1}\,dx$ 收斂。

【註】 由於 $\dfrac{1}{e^x-1}\geq\dfrac{1}{e^x}$ $\forall x\geq 2$ 且 $\int_2^\infty \dfrac{1}{e^x}\,dx<\infty$，因此，比較檢定法失敗。

範例 4

試證明瑕積分 $\int_1^\infty \dfrac{\sqrt{x}}{e^x}\,dx$ 收斂。

解 因為 $\lim\limits_{x\to\infty}\dfrac{\dfrac{\sqrt{x}}{e^x}}{\dfrac{1}{x^2}}=\lim\limits_{x\to\infty}\dfrac{x^{5/2}}{e^x}\overset{H}{=}\lim\limits_{x\to\infty}\dfrac{\dfrac{5}{2}x^{3/2}}{e^x}\overset{H}{=}\lim\limits_{x\to\infty}\dfrac{\dfrac{5}{2}\cdot\dfrac{3}{2}x^{1/2}}{e^x}\lim\limits_{x\to\infty}\dfrac{\dfrac{5}{2}\cdot\dfrac{3}{2}\cdot\dfrac{1}{2}x^{-1/2}}{e^x}=0$ 且

$$\int_1^\infty \dfrac{1}{x^2}\,dx=\lim\limits_{t\to\infty}\int_1^t \dfrac{1}{x^2}\,dx=\lim\limits_{t\to\infty}\left(-\dfrac{1}{x}\right)\Big|_1^t=\lim\limits_{t\to\infty}\left[1-\dfrac{1}{t}\right]=1<\infty,$$

所以瑕積分 $\int_1^\infty \dfrac{\sqrt{x}}{e^x}\,dx$ 收斂。

範例 5

試證明瑕積分 $\int_2^\infty \dfrac{1}{\ln x}\,dx$ 發散。

解 因為 $\lim\limits_{x\to\infty}\dfrac{\dfrac{1}{\ln x}}{\dfrac{1}{x}}=\lim\limits_{x\to\infty}\dfrac{x}{\ln x}\overset{H}{=}\lim\limits_{x\to\infty}\dfrac{1}{\dfrac{1}{x}}=\lim\limits_{x\to\infty}x=\infty$ 且

$$\int_2^\infty \dfrac{1}{x}\,dx=\lim\limits_{t\to\infty}\int_2^t \dfrac{1}{x}\,dx=\lim\limits_{t\to\infty}(\ln x)\Big|_2^t=\lim\limits_{t\to\infty}[\ln t-\ln 2]=\infty,$$

所以瑕積分 $\int_2^\infty \dfrac{1}{\ln x}\,dx$ 發散。

習題演練

第 1 題至第 8 題，試利用比較檢定法判定下列的瑕積分是否收斂。

1. $\int_1^\infty \dfrac{x^3}{x^5+1}\, dx$
2. $\int_2^\infty \dfrac{x^3}{x^5-1}\, dx$
3. $\int_1^\infty \dfrac{1+e^{-\sqrt{x}}}{\sqrt{x}}\, dx$
4. $\int_1^\infty \dfrac{1}{\sqrt{x^3+1}}\, dx$
5. $\int_2^\infty \dfrac{1}{\sqrt[3]{2x^2-3}}\, dx$
6. $\int_1^\infty \dfrac{1}{x^2+\cos^4 x}\, dx$
7. $\int_e^\infty \dfrac{1}{x^2 \ln x}\, dx$
8. $\int_1^\infty \dfrac{1}{x+e^{5x}}\, dx$

7-4　第二類型瑕積分之比較檢定

Theorem 7.4.1 (The Comparison Test)

Suppose that the functions f and g are nonnegative and continuous on $(a,b]$, and let $\lim\limits_{x\to a^+} f(x) = \infty$ and $\lim\limits_{x\to a^+} g(x) = \infty$.

(a) If $f(x) \le g(x) \quad \forall x \in (a,b]$ and $\int_a^b g(x)\, dx < \infty$, then $\int_a^b f(x)\, dx$ converges.

(b) If $f(x) \ge g(x) \quad \forall x \in (a,b]$ and $\int_a^b g(x)\, dx = \infty$, then $\int_a^b f(x)\, dx$ diverges.

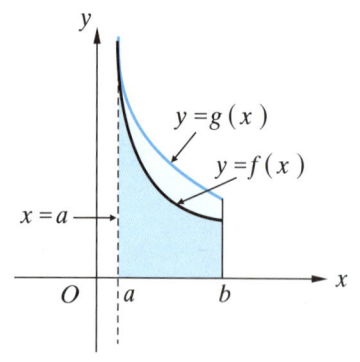

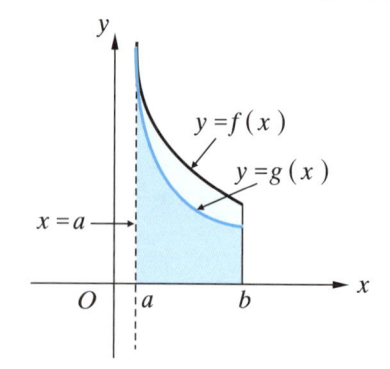

(a) $\int_a^b g(x)\, dx < \infty \Rightarrow \int_a^b f(x)\, dx < \infty$

(b) $\int_a^b g(x)\, dx = \infty \Rightarrow \int_a^b f(x)\, dx = \infty$

圖 7-4　第二類型瑕積分之比較檢定

範例 1

試證明瑕積分 $\int_0^1 \dfrac{1}{\sqrt{x}\, e^x}\, dx$ 收斂。

解 因為 $\dfrac{1}{\sqrt{x}\, e^x} \leq \dfrac{1}{\sqrt{x}}$ $\quad \forall x \in (0,1]$，且

$$\int_0^1 \dfrac{1}{\sqrt{x}}\, dx = \lim_{t \to 0^+} \int_t^1 \dfrac{1}{\sqrt{x}}\, dx = \lim_{t \to 0^+} (2\sqrt{x})\Big|_t^1 = \lim_{t \to 0^+} [2 - 2\sqrt{t}] = 2 < \infty,$$

所以，由比較檢定法可知瑕積分 $\int_0^1 \dfrac{1}{\sqrt{x}\, e^x}\, dx$ 收斂。

範例 2

試證明瑕積分 $\int_0^1 \dfrac{e^x}{x}\, dx$ 發散。

解 因為 $\dfrac{e^x}{x} \geq \dfrac{1}{x}$ $\quad \forall x \in (0,1]$，且

$$\int_0^1 \dfrac{1}{x}\, dx = \lim_{t \to 0^+} \int_t^1 \dfrac{1}{x}\, dx = \lim_{t \to 0^+} (\ln x)\Big|_t^1 = \lim_{t \to 0^+} [0 - \ln t] = \infty,$$

所以，由比較檢定法可知瑕積分 $\int_0^1 \dfrac{e^x}{x}\, dx$ 發散。

Theorem 7.4.2 (The Limiting Comparison Test)

Suppose that the functions f and g are positive and continuous on $(a, b]$, and let $\lim_{x \to a^+} f(x) = \infty$ and $\lim_{x \to a^+} g(x) = \infty$.

(a) If $\lim_{x \to a^+} \dfrac{f(x)}{g(x)} = L > 0$, then $\int_a^b g(x)\, dx < \infty \Leftrightarrow \int_a^b f(x)\, dx < \infty$.

(b) If $\lim_{x \to a^+} \dfrac{f(x)}{g(x)} = 0$, then $\int_a^b g(x)\, dx < \infty \Rightarrow \int_a^b f(x)\, dx < \infty$.

(c) If $\lim_{x \to a^+} \dfrac{f(x)}{g(x)} = \infty$, then $\int_a^b g(x)\, dx = \infty \Rightarrow \int_a^b f(x)\, dx = \infty$.

範例 3

試證明瑕積分 $\int_0^1 \dfrac{1}{\sqrt{x}\,(x^2+1)}\,dx$ 收斂。

解 因為 $\lim\limits_{x\to 0^+} \dfrac{\frac{1}{\sqrt{x}\,(x^2+1)}}{\frac{1}{\sqrt{x}}} = \lim\limits_{x\to 0^+} \dfrac{1}{x^2+1} = 1 > 0$ 且

$$\int_0^1 \dfrac{1}{\sqrt{x}}\,dx = \lim_{t\to 0^+}\int_t^1 \dfrac{1}{\sqrt{x}}\,dx = \lim_{t\to 0^+}(2\sqrt{x})\Big|_t^1 = \lim_{t\to 0^+}[2 - 2\sqrt{t}] = 2 < \infty,$$

所以瑕積分 $\int_0^1 \dfrac{1}{\sqrt{x}\,(x^2+1)}\,dx$ 收斂。

範例 4

試證明瑕積分 $\int_0^1 \dfrac{1}{xe^x}\,dx$ 發散。

解 因為 $\lim\limits_{x\to 0^+} \dfrac{\frac{1}{xe^x}}{\frac{1}{x}} = \lim\limits_{x\to 0^+} \dfrac{1}{e^x} = 1 > 0$ 且

$$\int_0^1 \dfrac{1}{x}\,dx = \lim_{t\to 0^+}\int_t^1 \dfrac{1}{x}\,dx = \lim_{t\to 0^+}(\ln x)\Big|_t^1 = \lim_{t\to 0^+}[0 - \ln t] = \infty,$$

所以瑕積分 $\int_0^1 \dfrac{1}{xe^x}\,dx$ 發散。

習題演練

第 1 題至第 5 題，試利用比較檢定法判定下列的瑕積分是否收斂。

1. $\int_0^1 \dfrac{e^{-x}}{\sqrt{x}}\,dx$

2. $\int_0^{\pi/2} \dfrac{1}{x\sin x}\,dx$

3. $\int_0^1 \dfrac{1}{\sqrt{x}\,(1+x)}\,dx$

4. $\int_0^\pi \dfrac{\cos^2 x}{\sqrt{x}}\,dx$

5. $\int_0^1 \dfrac{1+e^{-3x}}{x(x-1)}\,dx$

6. 我們已知 Gamma 函數 Γ 被定義成 $\Gamma(\alpha) = \int_0^\infty x^{\alpha-1} e^{-x} \, dx$，其中 $\alpha > 0$。

   (a) 如果 $x \in (0, 1]$，試證明 $x^{\alpha-1} e^{-x} \leq x^{\alpha-1}$。

   (b) 試證明存在一個正實數 N 使得 $x > N \Rightarrow x^{\alpha-1} e^{-x} \leq \dfrac{1}{x^2}$。

   (c) 當 $\alpha > 0$ 時，試證明瑕積分 $\int_0^\infty x^{\alpha-1} e^{-x} \, dx$ 收斂。(提示：利用 (a) 與 (b))

CHAPTER 8

無窮序列

- 8-1 無窮序列之收斂與發散
- 8-2 序列極限之計算
- 8-3 序列之單調收斂定理

這一章我們要介紹非常重要的單元，即**序列**或**數列** (sequence)，到了下一章，讀者將發現幾乎每一個章節都少不了它。第 8 章 (序列) 與第 9 章 (級數) 是所有學過微積分的同學都一致覺得最抽象且最難進入狀況的兩章，很多微積分書籍都把這兩章合併為同一章，但是以作者多年的教學經驗，還是分成兩章來介紹它們比較好，希望讀者可因此成功的區別它們不同的地方，並且有效率地學習與使用。

8-1 無窮序列之收斂與發散

顧名思義，序列 (或無窮序列) 乃無限多個實數作有順序的排列。現在我們給序列一個正式的定義。

Definition 8.1.1 (Definition of a Sequence)

A sequence (or An infinite sequence) is a real function whose domain is the set of all positive integers.

【註】 1. (無窮)序列乃定義域為所有正整數之實數函數。

2. (用符號表示序列 f 的定義)

$f : Z^+ \longrightarrow \mathbb{R}$ （表示 f 是從集合 Z^+ 對應到實數 $\mathbb{R}$ 的函數）

$n \in Z^+ \xrightarrow{\;f\;} a_n = f(n)$ （表示 n 的函數值為 $f(n) = a_n$）

此時，所有函數值為

$$f(1) = a_1, f(2) = a_2, f(3) = a_3, \cdots, f(n) = a_n, \cdots \text{。} \tag{8-1}$$

(8-1) 式中，a_1 稱為序列之**第一項** (1_{st} term)，a_2 稱為序列之**第二項** (2_{nd} term)，以此類推，而 a_n 稱為序列之**第 n 項** (n_{th} term) 或**一般項** (general term)。

(無窮) 序列的描述符號有下列六個：

① $\{a_1, a_2, \cdots, a_n, \cdots\}$ 　　② $a_1, a_2, \cdots, a_n, \cdots$
③ $\{a_n \,;\, n \geq 1\}$ 　　　　　　　④ $\{a_n\}_{n=1}^{\infty}$
⑤ $\{a_n\}$ 　　　　　　　　　　⑥ a_n

例如：若 $a_n = f(n) = \dfrac{1}{n}$，$n \geq 1$，則此序列之描述法有

① $\left\{1, \dfrac{1}{2}, \cdots, a_n, \cdots\right\}$ 　　② $1, \dfrac{1}{2}, \cdots, \dfrac{1}{n}, \cdots$

③ $\left\{a_n = \dfrac{1}{n}; n \geq 1\right\}$ ④ $\left\{a_n = \dfrac{1}{n}\right\}_{n=1}^{\infty}$

⑤ $\left\{a_n = \dfrac{1}{n}\right\}$ ⑥ $a_n = \dfrac{1}{n}$

序列之圖形為一平面上之集合 $S = \{(n, a_n) \mid n = 1, 2, 3, \cdots\}$，所以序列在任意正整數點 n 無法討論極限、連續與微分 (請參考圖 8-1)。事實上，我們有興趣的是想知道極限 $\lim\limits_{n \to \infty} a_n$ 之存在與否。即當 n 極大時，序列 a_n 的值是否會靠近某一個實數。

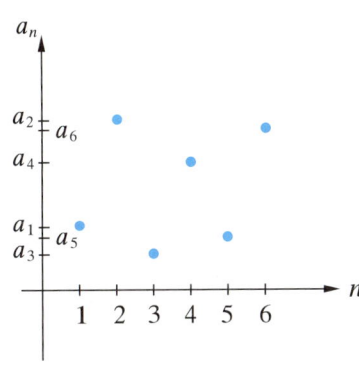

圖 8-1

範例 1

試給出下列序列前 5 項之值。

(a) $\left\{\dfrac{n}{n+1}\right\}$ (b) $\left\{\sin\left(\dfrac{n\pi}{6}\right)\right\}$ (c) $\left\{(-1)^{n+1}\right\}$

解 (a) 設 $a_n = \dfrac{n}{n+1}$，則

$$a_1 = \dfrac{1}{1+1} = \dfrac{1}{2},\ a_2 = \dfrac{2}{2+1} = \dfrac{2}{3},\ a_3 = \dfrac{3}{3+1} = \dfrac{3}{4},\ a_4 = \dfrac{4}{4+1} = \dfrac{4}{5},\ a_5 = \dfrac{5}{5+1} = \dfrac{5}{6}。$$

(b) 設 $b_n = \sin\left(\dfrac{n\pi}{6}\right)$，則

$$b_1 = \sin\left(\dfrac{\pi}{6}\right) = \dfrac{1}{2},\ b_2 = \sin\left(\dfrac{2\pi}{6}\right) = \dfrac{\sqrt{3}}{2},\ b_3 = \sin\left(\dfrac{3\pi}{6}\right) = 1,\ b_4 = \sin\left(\dfrac{4\pi}{6}\right) = \dfrac{\sqrt{3}}{2}$$

$$b_5 = \sin\left(\dfrac{5\pi}{6}\right) = \dfrac{1}{2}$$

(c) 設 $c_n = (-1)^{n+1}$，則
$c_1 = (-1)^{1+1} = 1$, $c_2 = (-1)^{2+1} = -1$, $c_3 = (-1)^{3+1} = 1$, $c_4 = (-1)^{4+1} = -1$,
$c_5 = (-1)^{5+1} = 1$。

有些序列是用**遞迴關係**（recursive relation）來定義的，範例 2 是一個代表性的例子。

範例 2

(Fibonacci 序列)
定義一個序列 $\{a_n\}$ 如下：

$$a_1 = 1, a_2 = 1, a_n = a_{n-2} + a_{n-1} \quad \forall n \geq 3 \text{。}$$

則此序列之一些項之值為

$$a_1 = 1, a_2 = 1, a_3 = 2, a_4 = 3, a_5 = 5, a_6 = 8, a_7 = 13, \cdots$$

【註】範例 2 之一般項 a_n 無法直接看出來，而務必先計算出前面兩項。有興趣的讀者可透過程式設計來計算此序列任何一項之值。

我們現在趕快進入本章之主題，即序列的極限。在第 9 章，讀者會發現序列的極限幾乎是無所不在的。

Definition 8.1.2 (The Limit of A Sequence)

A sequence $\{a_n\}$ has the limit L, written by $\lim_{n \to \infty} a_n = L$, if for every $\varepsilon > 0$, there is a corresponding positive integer N such that $n > N \Rightarrow |a_n - L| < \varepsilon$.

If the limit exists, we say that the sequence $\{a_n\}$ is convergent；otherwise, it is said to be divergent.

【註】1. (直觀定義) 只要 n 取得足夠地大，則序列 $\{a_n\}$ 之值 a_n 就可以任意地靠近極限值 L（要多靠近就可以多靠近，隨心所欲）。在嚴格定義中，ε 是任意先給定的正數，因此不等式 $|a_n - L| < \varepsilon$ 用來描述 a_n 與 L 之距離要多小就可以多小，而不等式 $n > N$ 是用來描述 N 需要取得多大才可以使得下列敘述能夠成立，此敘述即 $n > N \Rightarrow |a_n - L| < \varepsilon$。(請參考圖 8-2)

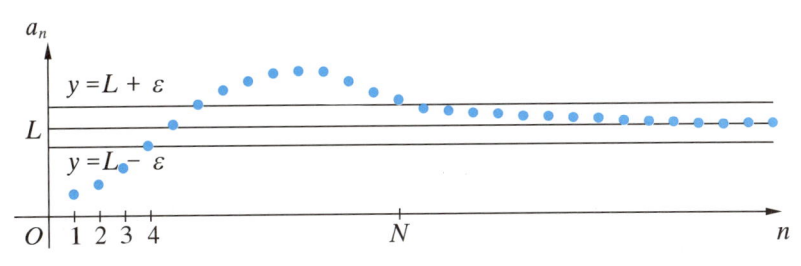

圖 8-2　序列的嚴格定義

一般的情況為 ε 選得越小時，N 必須選得越大才可滿足 ε 之要求。
(用符號來表現定義 8.1.2)

$$\lim_{n\to\infty} a_n = L \iff \forall\ \varepsilon > 0,\ \exists\ N \in Z^+\ \text{such that}\ n > N \Rightarrow |a_n - L| < \varepsilon\text{。}$$

定義 8.1.2 中的 N 並不是唯一的，任何大過 N 之整數皆可滿足定義 8.1.2。換言之，有無限多個 N 值可以滿足定義 8.1.2。
(如果 $N' > N$，則敘述 $n > N' \Rightarrow |a_n - L| < \varepsilon$ 一定成立)

極限之唯一性

Theorem 8.1.1　(The Uniqueness of the Limit)

If the limit $\lim_{n\to\infty} a_n$ exists, then it is unique.

證明：(沒有興趣之讀者可跳過)

假設 $\lim_{n\to\infty} a_n = L$ 且 $\lim_{n\to\infty} a_n = M$，我們證明 $L = M$。

對於任意給定的正數 ε，因為 $\lim_{n\to\infty} a_n = L$ 及 $\lim_{n\to\infty} a_n = M$，所以由極限之定義可知，必存在一個正整數 N 使得

$$n > N \Rightarrow \begin{cases} |a_n - L| < \dfrac{\varepsilon}{2} \\ \qquad \text{且} \\ |a_n - M| < \dfrac{\varepsilon}{2} \end{cases}\text{。}$$

因此，對任意的 $n_0 \in Z^+$ 滿足 $n_0 > N$，我們有

$$|L - M| = |(L - a_{n_0}) + (a_{n_0} - M)| \leq |L - a_{n_0}| + |a_{n_0} - M|$$

$$= |a_{n_0} - L| + |a_{n_0} - M| < \dfrac{\varepsilon}{2} + \dfrac{\varepsilon}{2} = \varepsilon\text{。}$$

由於 ε 是任意正數，所以 $|L-M|<\varepsilon \quad \forall \varepsilon>0 \Rightarrow |L-M|=0$ 或 $L=M$。因此，我們證得極限之唯一性。

讀者有沒有發現，序列極限之定義與第一章函數極限之定義有很多雷同之處。換言之，表面上看似不同，但極限之精神其實是相同的。

範例 3

試利用定義證明極限 $\lim\limits_{n\to\infty}\dfrac{1}{n}=0$。

解 對任意給定的正數 ε，我們可以選取 $N=\left[\!\left[\dfrac{1}{\varepsilon}\right]\!\right]+1$，其中 $[\![x]\!]$ 表示最大整數函數。則

$$n>N \Rightarrow n>\dfrac{1}{\varepsilon} \Rightarrow 0<\dfrac{1}{n}<\varepsilon \Rightarrow \left|\dfrac{1}{n}-0\right|<\varepsilon$$

因此，由定義可知 $\lim\limits_{n\to\infty}\dfrac{1}{n}=0$。

【註】當 $\varepsilon>1$ 時，$\left[\!\left[\dfrac{1}{\varepsilon}\right]\!\right]=0\notin Z^+$。因此，選取 $N=\left[\!\left[\dfrac{1}{\varepsilon}\right]\!\right]+1$ 而不選 $N=\left[\!\left[\dfrac{1}{\varepsilon}\right]\!\right]$。

當然，我們也可以選取 $N=\max\left\{\left[\!\left[\dfrac{1}{\varepsilon}\right]\!\right],1\right\}$。

Theorem 8.1.2

For $r\in Q^+$, $\lim\limits_{n\to\infty}\dfrac{1}{n^r}=0$.

(Q^+ means all positive rational numbers)

(證明沒興趣之讀者可跳過，但是其結果要記得哦)

證明：對任意給定的正數 ε，我們可以選取 $N=\left[\!\left[\left(\dfrac{1}{\varepsilon}\right)^{1/r}\right]\!\right]+1$。則

$$n>N \Rightarrow n>\left(\dfrac{1}{\varepsilon}\right)^{1/r} \Rightarrow n^r>\dfrac{1}{\varepsilon} \Rightarrow 0<\dfrac{1}{n^r}<\varepsilon \Rightarrow \left|\dfrac{1}{n^r}-0\right|<\varepsilon$$

所以，由極限之定義可知 $\lim\limits_{n\to\infty}\dfrac{1}{n^r}=0$。

定理 8.1.2 的應用（以幾個簡單的例子做說明）

1. $\lim\limits_{n\to\infty}\dfrac{1}{n}=0$
2. $\lim\limits_{n\to\infty}\dfrac{1}{n^{2/3}}=0$
3. $\lim\limits_{n\to\infty}\dfrac{1}{n^2}=0$
4. $\lim\limits_{n\to\infty}\dfrac{1}{\sqrt{n}}=0$

下面定理 8.1.3 的結果在證明幾何級數之斂散性時會用到。（參考 9-1 節）

Theorem 8.1.3

$$\lim_{n\to\infty} r^n = \begin{cases} 0, & |r|<1 \\ 1, & r=1 \\ \nexists & r=-1\ or\ |r|>1 \end{cases}$$

(證明沒興趣之讀者可跳過，但是其結果要記得哦)

證明：(i) 如果 $r=0$，則 $\lim\limits_{n\to\infty} 0^n = \lim\limits_{n\to\infty} 0 = 0$。(此時，任何正整數 N 都可以滿足定義，因為 $\forall \varepsilon>0$：$|0-0|=0<\varepsilon$)

(ii) 設 r 滿足不等式 $0<|r|<1$，我們要證明 $\lim\limits_{n\to\infty} r^n = 0$。

對任意給定的正數 ε，我們特別選取 $N=\max\left\{1,\left[\!\left[\dfrac{\ln\varepsilon}{\ln|r|}\right]\!\right]\right\}$。則

$$n>N \Rightarrow n>\dfrac{\ln\varepsilon}{\ln|r|} \Rightarrow n\ln|r|<\ln\varepsilon \Rightarrow \ln|r|^n<\ln\varepsilon$$

$$\Rightarrow |r|^n<\varepsilon \Rightarrow |r^n|<\varepsilon \Rightarrow |r^n-0|<\varepsilon \text{。}$$

因此，由極限之定義可知 $\lim\limits_{n\to\infty} r^n = 0$。

(iii) 如果 $r=1$，則 $\lim\limits_{n\to\infty} 1^n = \lim\limits_{n\to\infty} 1 = 1$。(此情形與 $r=0$ 相同)

(iv) 設 $r=-1$，我們利用反證法來說明極限 $\lim\limits_{n\to\infty}(-1)^n$ 不存在。

假設極限 $\lim\limits_{n\to\infty}(-1)^n$ 存在且 $\lim\limits_{n\to\infty}(-1)^n = L$，則 $\exists N\in Z^+$ 使得

$n>N \Rightarrow |(-1)^n - L|<1$。(此時，$\varepsilon=1$)

情況 1：$n>N$ 且 n 是偶數 $\Rightarrow |(-1)^n - L|<1 \Rightarrow |1-L|<1 \Rightarrow 0<L<2$。

情況 2：$n > N$ 且 n 是奇數 $\Rightarrow |(-1)^n - L| < 1 \Rightarrow |-1 - L| < 1 \Rightarrow -2 < L < 0$。

因為找不到實數 L 可同時滿足不等式 $0 < L < 2$ 及不等式 $-2 < L < 0$，所以我們得到了矛盾。因此，極限 $\lim_{n \to \infty} (-1)^n$ 不存在。

(v) 設 $|r| > 1$，我們須證明極限 $\lim_{n \to \infty} r^n$ 不存在。

在證明第 (v) 部分之前，我們先定義無限大之極限。(極限不存在之表現方式)

Definition 8.1.3 (Infinite Limits)

(a) $\lim_{n \to \infty} a_n = \infty \Leftrightarrow \forall P > 0, \exists N \in Z^+ \text{ such that } n > N \Rightarrow a_n > P$.

(b) $\lim_{n \to \infty} a_n = -\infty \Leftrightarrow \forall Q < 0, \exists N \in Z^+ \text{ such that } n > N \Rightarrow a_n < Q$.

現在我們利用定義 8.1.2(a) 來證明第 (v) 部分，而我們只須證明極限 $\lim_{n \to \infty} |r|^n$ 不存在。(為什麼？)

第 (v) 部分之證明：(我們將證明 $\lim_{n \to \infty} |r|^n = \infty$)

對於任意給定之正數 P，我們特別選取 $N = \max\left\{1, \left[\!\left[\dfrac{\ln P}{\ln |r|}\right]\!\right]\right\}$。則

$$n > N \Rightarrow n > \frac{\ln P}{\ln |r|} \Rightarrow n \ln |r| > P \Rightarrow \ln |r|^n > \ln P \Rightarrow |r|^n > P。$$

由極限定義可知，$\lim_{n \to \infty} |r|^n = \infty$，因此，$\lim_{n \to \infty} r^n$ 不存在。

定理 8.1.3 的應用（以幾個簡單的例子做說明）

1. $\lim_{n \to \infty} 2^n = \infty$ 2. $\lim_{n \to \infty} \left(\dfrac{1}{2}\right)^n = 0$ 3. $\lim_{n \to \infty} \left(-\dfrac{4}{5}\right)^n = 0$ 4. $\lim_{n \to \infty} \left(-\dfrac{3}{2}\right)^n$ 不存在

數列極限之直觀定義

Definition 8.1.4　The Limit of A Sequence (數列的極限)

A sequence $\{a_n\}$ has the limit L, written by $\lim\limits_{n\to\infty} a_n = L$, if the value of a_n can be made as close to the value L as we please by taking n to be sufficiently large. This means that as $n \to \infty$, $a_n \to L$.

Definition 8.1.5　The Infinite Limit of A Sequence (數列的無限極限)

(a) The statement $\lim\limits_{n\to\infty} a_n = \infty$ means that the value of a_n can be made as large as possible by taking n to be sufficiently large.
This means that as $n \to \infty$, $a_n \to \infty$.

(b) The statement $\lim\limits_{n\to\infty} a_n = -\infty$ means that the value of $-a_n$ can be made as large as possible by taking n to be sufficiently large.
This means that as $n \to \infty$, $a_n \to -\infty$.

範例 1

試計算數列 $\left\{\dfrac{1}{1+n^2}\right\}$ 的極限。

解　從直觀的方式可知，當 n 慢慢變大時，$1+n^2$ 也會更快速的變大。

此時，數列值 $\dfrac{1}{1+n^2}$ 就會隨著 n 越來越大而越來越趨近於 0。

因此，我們可得 $\lim\limits_{n\to\infty} \dfrac{1}{1+n^2} = 0$。

範例 2

試計算下列給定數列的極限。

(a) $\lim\limits_{n\to\infty} \sqrt{n}$ 　　　　　　(b) $\lim\limits_{n\to\infty} \left(\sqrt{n} - n\right)$

解 (a) 從直觀的方式可知，當 n 慢慢變大時，$\sqrt{n}$ 也會慢慢的變大。
因此，我們可得 $\lim\limits_{n\to\infty}\sqrt{n}=\infty$。

(b) 從直觀的方式可知，當 n 慢慢變大時，$\sqrt{n}$ 也會慢慢的變大，而 $1-\sqrt{n}$ 則會慢慢的變小。因此，我們可得 $\lim\limits_{n\to\infty}\sqrt{n}=\infty$ 及 $\lim\limits_{n\to\infty}\left(1-\sqrt{n}\right)=-\infty$。
因此，$\lim\limits_{n\to\infty}\left(\sqrt{n}-n\right)=\lim\limits_{n\to\infty}\sqrt{n}\left(1-\sqrt{n}\right)=-\infty$。

習題演練

· 基本題

第 1 題至第 6 題，試列出下列序列的前五項。

1. $\left\{\dfrac{2n}{n+1}\right\}$ 2. $\left\{\dfrac{\cos n}{n^2}\right\}$ 3. $\left\{(-1)^{n+1}\dfrac{\ln n}{n}\right\}$ 4. $\left\{2+(0.1)^n\right\}$

5. $a_1=3,\ a_n=\sqrt{a_{n-1}},\ n\geq 2$ 6. $a_1=3,\ a_n=3^{1+\frac{1}{2}+\frac{1}{2^2}+\frac{1}{2^3}+\cdots+\frac{1}{2^{n-1}}},\ n\geq 2$

第 7 題至第 10 題，試寫出下列序列的一般項。

7. $\left\{\dfrac{1}{2},\dfrac{1}{4},\dfrac{1}{8},\dfrac{1}{16},\cdots\right\}$ 8. $\left\{-\dfrac{1}{2},\dfrac{1}{4},-\dfrac{1}{8},\dfrac{1}{16},\cdots\right\}$

9. $\left\{\dfrac{4}{4},\dfrac{5}{9},\dfrac{6}{16},\dfrac{7}{25},\cdots\right\}$ 10. $\left\{\dfrac{1}{7},-\dfrac{3}{10},\dfrac{5}{13},-\dfrac{7}{16},\cdots\right\}$

第 11 題至第 14 題，試利用定理 8.1.2 及定理 8.1.3 計算下列序列的極限或說明該序列發散。

11. $\lim\limits_{n\to\infty}\dfrac{1}{n^3}$ 12. $\lim\limits_{n\to\infty}\dfrac{1}{\sqrt[5]{n}}$

13. $\lim\limits_{n\to\infty}\left(-\dfrac{3}{2}\right)^n$ 14. $\lim\limits_{n\to\infty}\left(-\dfrac{9}{10}\right)^n$

· 進階題

15. 試證明極限 $\lim\limits_{n\to\infty}\dfrac{1}{\sqrt[5]{n}}=0$。

16. 試證明極限 $\lim\limits_{n\to\infty}\left(-\dfrac{1}{3}\right)^n = 0$。

17. 試找出所有使得序列 $\{nr^n\}$ 會收斂的 r 值。

18. 如果極限 $\lim\limits_{n\to\infty} a_n = L \in \mathbb{R}$，試證明極限 $\lim\limits_{n\to\infty}|a_n| = |L|$。

19. 試舉例說明下列敘述是錯的：

    "如果極限 $\lim\limits_{n\to\infty}|a_n| = L > 0$，則極限 $\lim\limits_{n\to\infty} a_n = L$ 或極限 $\lim\limits_{n\to\infty} a_n = -L$"

20. 如果極限 $\lim\limits_{n\to\infty} a_n = L \in \mathbb{R}$，試證明極限 $\lim\limits_{n\to\infty} a_{n-1} = L$ 且極限 $\lim\limits_{n\to\infty} a_{n+1} = L$。

8-2 序列極限之計算

這一節我們介紹序列極限之性質及各種計算序列極限之方法。而這一些計算在下一章將扮演非常重要的角色。

首先，我們介紹序列極限之性質。

Theorem 8.2.1 (Properties of the Limit of Sequences)

Suppose that $\lim\limits_{n\to\infty} a_n = L$ and $\lim\limits_{n\to\infty} b_n = M$. Then

(a) $\lim\limits_{n\to\infty}[a_n + b_n] = \lim\limits_{n\to\infty} a_n + \lim\limits_{n\to\infty} b_n = L + M$.

(b) $\lim\limits_{n\to\infty}[a_n - b_n] = \lim\limits_{n\to\infty} a_n - \lim\limits_{n\to\infty} b_n = L - M$.

(c) $\lim\limits_{n\to\infty} c a_n = c \lim\limits_{n\to\infty} a_n = cL$. ($c \in \mathbb{R}$)

(d) $\lim\limits_{n\to\infty}[a_n \cdot b_n] = \lim\limits_{n\to\infty} a_n \cdot \lim\limits_{n\to\infty} b_n = L \cdot M$.

(e) $\lim\limits_{n\to\infty}\dfrac{a_n}{b_n} = \dfrac{\lim\limits_{n\to\infty} a_n}{\lim\limits_{n\to\infty} b_n} = \dfrac{L}{M}$. ($b_n \neq 0$ for all $n \geq 1$ and $M \neq 0$)

證明：我們只證明 (a) 及 (c)。

(a) 對任意給定的正數 ε，因為 $\lim\limits_{n\to\infty} a_n = L$ 且 $\lim\limits_{n\to\infty} b_n = M$，所以必存在

一個正整數 N 使得 $n > N \Rightarrow \begin{cases} |a_n - L| < \dfrac{\varepsilon}{2} \\ \quad 且 \\ |b_n - M| < \dfrac{\varepsilon}{2} \end{cases}$。

而 $\begin{cases} |a_n - L| < \dfrac{\varepsilon}{2} \\ \quad 且 \\ |b_n - M| < \dfrac{\varepsilon}{2} \end{cases} \Rightarrow \begin{aligned} |(a_n + b_n) - (L + M)| &= |(a_n - L) + (b_n - M)| \\ &\leq |a_n - L| + |b_n - M| < \dfrac{\varepsilon}{2} + \dfrac{\varepsilon}{2} = \varepsilon \end{aligned}$

因此，由極限定義可知 $\lim\limits_{n \to \infty}[a_n + b_n] = L + M$。

(c) 對任意給定的正數 ε，因為 $\lim\limits_{n \to \infty} a_n = L$，所以必存在一個正整數 N 使得 $n > N \Rightarrow |a_n - L| < \dfrac{\varepsilon}{1 + |c|}$。而

$|a_n - L| < \dfrac{\varepsilon}{1 + |c|} \Rightarrow |ca_n - cL| = |c||a_n - L| \leq |c| \cdot \dfrac{\varepsilon}{1 + |c|} < \varepsilon$。

因此，由極限定義可知 $\lim\limits_{n \to \infty} ca_n = cL$。

範例 1

試計算序列 $\left\{ 1 - \dfrac{1}{n} + \dfrac{5}{\sqrt{n}} \right\}$ 之極限。

解 $\lim\limits_{n \to \infty}\left(1 - \dfrac{1}{n} + \dfrac{5}{\sqrt{n}} \right) = \lim\limits_{n \to \infty} 1 - \lim\limits_{n \to \infty} \dfrac{1}{n} + \lim\limits_{n \to \infty} \dfrac{5}{\sqrt{n}} = 1 - 0 + 0 = 1$。

範例 2

試計算序列 $\left\{ \dfrac{4n - 3}{3n + 6} \right\}$ 之極限。

解 $\lim\limits_{n\to\infty}\dfrac{4n-3}{3n+6}=\lim\limits_{n\to\infty}\dfrac{4-\dfrac{3}{n}}{3+\dfrac{6}{n}}=\dfrac{4-0}{3+0}=\dfrac{4}{3}$。

接著介紹一些計算序列極限之各種方法。

Theorem 8.2.2

Let the function f be defined on $[1,\infty)$ and let $f(n)=a_n$ for all $n\geq 1$.

Then (a) $\lim\limits_{x\to\infty}f(x)=L\Rightarrow\lim\limits_{n\to\infty}a_n=L$.

(b) $\lim\limits_{x\to\infty}f(x)=\pm\infty\Rightarrow\lim\limits_{n\to\infty}a_n=\pm\infty$.

證明：我們只證明 (a)。

對任意給定的正數 ε，因為 $\lim\limits_{x\to\infty}f(x)=L$，所以必存在一個正數 N^* 使得

$x>N^*\Rightarrow|f(x)-L|<\varepsilon$。

如果我們選取 $N=[\![N^*]\!]+1$，則我們有

$n>N\Rightarrow n>N^*\Rightarrow|f(n)-L|<\varepsilon\Leftrightarrow|a_n-L|<\varepsilon$。

因此，由極限定義可知 $\lim\limits_{n\to\infty}a_n=L$。

範例 3

試計算序列 $\left\{\dfrac{\ln n}{n}\right\}$ 之極限。

解 (序列是不能微分的，須先作函數轉換後，再利用 *L'Hôpital's Rule*)

設 $f(x)=\dfrac{\ln x}{x}$，$x\geq 1$。(此時 $f(n)=\dfrac{\ln n}{n}$，$n\geq 1$)

因為 $\lim\limits_{x\to\infty}f(x)=\lim\limits_{x\to\infty}\dfrac{\ln x}{x}\overset{H}{=}\lim\limits_{x\to\infty}\dfrac{\dfrac{1}{x}}{1}=\lim\limits_{x\to\infty}\dfrac{1}{x}=0$，所以 $\lim\limits_{n\to\infty}\dfrac{\ln n}{n}=0$。

＊(錯誤的寫法)

$$\lim_{n\to\infty}\frac{\ln n}{n}\overset{H}{=}\lim_{n\to\infty}\frac{\frac{1}{n}}{1}=\lim_{n\to\infty}\frac{1}{n}=0 \text{。}$$

範例 4

試計算序列 $\left\{\dfrac{e^{5n}}{n}\right\}$ 之極限。

解 設 $f(x)=\dfrac{e^{5x}}{x},\ x\ge 1$。(此時 $f(n)=\dfrac{e^{5n}}{n},\ n\ge 1$)

因為 $\displaystyle\lim_{x\to\infty}f(x)=\lim_{x\to\infty}\frac{e^{5x}}{x}\overset{H}{=}\lim_{x\to\infty}\frac{5e^{5x}}{1}=\infty$，所以 $\displaystyle\lim_{n\to\infty}\frac{e^{5n}}{n}=\infty$。

【註】$\displaystyle\lim_{n\to\infty}\frac{e^{5n}}{n}=\infty$ 表示序列 $\left\{\dfrac{e^{5n}}{n}\right\}$ 發散。

＊(錯誤的寫法)

$$\lim_{n\to\infty}\frac{e^{5n}}{n}\overset{H}{=}\lim_{n\to\infty}\frac{5e^{5n}}{1}=\lim_{n\to\infty}5e^{5n}=\infty \text{。}$$

Theorem 8.2.3

$$\lim_{n\to\infty}|a_n|=0 \Leftrightarrow \lim_{n\to\infty}a_n=0$$

證明：$\displaystyle\lim_{n\to\infty}|a_n|=0 \ \Leftrightarrow\ \forall\ \varepsilon>0,\ \exists N\in Z^+\ such\ that\ n>N \Rightarrow ||a_n|-0|<\varepsilon$

$\Leftrightarrow\ \forall\ \varepsilon>0,\ \exists N\in Z^+\ such\ that\ n>N \Rightarrow |a_n-0|<\varepsilon$

$\Leftrightarrow \displaystyle\lim_{n\to\infty}a_n=0 \text{。}$

範例 5

試計算極限 $\displaystyle\lim_{n\to\infty}(-1)^n\frac{\ln n}{n}$。

解 因為 $\lim\limits_{n\to\infty}\left|(-1)^n\dfrac{\ln n}{n}\right|=\lim\limits_{n\to\infty}\dfrac{\ln n}{n}=0$，（由範例 3）

所以 $\lim\limits_{n\to\infty}(-1)^n\dfrac{\ln n}{n}=0$。

範例 6

試計算極限 $\lim\limits_{n\to\infty}(-1)^n\dfrac{1}{\sqrt{n}}$。

解 因為 $\lim\limits_{n\to\infty}\left|(-1)^n\dfrac{1}{\sqrt{n}}\right|=\lim\limits_{n\to\infty}\dfrac{1}{\sqrt{n}}=0$，所以 $\lim\limits_{n\to\infty}(-1)^n\dfrac{1}{\sqrt{n}}=0$。

下面的定理稱為三明治定理或夾擠定理。

> **Theorem 8.2.4** (The Sandwich Theorem)
> If $a_n \le b_n \le c_n$ for $n \ge n_0$, where $n_0 \in Z^+$ and if $\lim\limits_{n\to\infty}a_n=L=\lim\limits_{n\to\infty}c_n$,
> then $\lim\limits_{n\to\infty}b_n=L$.

證明：對任意給定的正數 ε，因為 $\lim\limits_{n\to\infty}a_n=L=\lim\limits_{n\to\infty}c_n$，所以必存在一個正整數 N^*

使得 $n>N^* \Rightarrow \begin{cases} L-\varepsilon<a_n<L+\varepsilon \\ \quad\quad\text{且} \\ L-\varepsilon<c_n<L+\varepsilon \end{cases}$。

如果我們選取 $N=\max\{n_0,N^*\}$，則我們有

$n>N \Rightarrow \begin{cases} a_n\le b_n\le c_n, \\ L-\varepsilon<a_n<L+\varepsilon \Rightarrow L-\varepsilon<a_n\le b_n\le c_n<L+\varepsilon \Rightarrow L-\varepsilon<b_n<L+\varepsilon \\ \quad\quad\text{且} \quad\quad\quad\quad\quad\quad\quad\quad\quad\quad\quad\quad\quad\quad\quad\quad\quad\quad\quad\quad\quad\quad \Leftrightarrow |b_n-L|<\varepsilon \\ L-\varepsilon<c_n<L+\varepsilon \end{cases}$

因此，由極限定義可知 $\lim\limits_{n\to\infty}b_n=L$。

範例 7

試計算極限 $\lim\limits_{n\to\infty}\dfrac{n!}{n^n}$。

解 (i) (先找不等式)

對每一個正整數 n，我們有 $0\le\dfrac{n!}{n^n}=\dfrac{n}{n}\cdot\dfrac{n-1}{n}\cdot\dfrac{n-2}{n}\cdot\ldots\cdot\dfrac{2}{n}\cdot\dfrac{1}{n}\le\dfrac{1}{n}$。

(ii) 如果設 $a_n=0$ 且 $c_n=\dfrac{1}{n}$，則 $\lim\limits_{n\to\infty}a_n=\lim\limits_{n\to\infty}0=0$ 且 $\lim\limits_{n\to\infty}c_n=\lim\limits_{n\to\infty}\dfrac{1}{n}=0$。

因此，由三明治定理可得 $\lim\limits_{n\to\infty}\dfrac{n!}{n^n}=0$。

範例 8

試計算極限 $\lim\limits_{n\to\infty}\dfrac{2^n}{n!}$。

解 (i) (先找不等式)

對每一個正整數 n，我們有 $0<\dfrac{2^n}{n!}=\dfrac{2}{n}\cdot\dfrac{2}{n-1}\cdot\dfrac{2}{n-2}\cdot\ldots\cdot\dfrac{2}{2}\cdot\dfrac{2}{1}\le\dfrac{2}{n}\cdot\dfrac{2}{1}=\dfrac{4}{n}$。

(ii) 如果設 $a_n=0$ 且 $c_n=\dfrac{4}{n}$，則 $\lim\limits_{n\to\infty}a_n=\lim\limits_{n\to\infty}0=0$ 且 $\lim\limits_{n\to\infty}c_n=\lim\limits_{n\to\infty}\dfrac{4}{n}=0$。

因此，由三明治定理可得 $\lim\limits_{n\to\infty}\dfrac{2^n}{n!}=0$。

Theorem 8.2.5

If $\lim\limits_{n\to\infty}a_n=L$, and if the function f is continuous at L,

then $\lim\limits_{n\to\infty}f(a_n)=f(\lim\limits_{n\to\infty}a_n)=f(L)$.

證明：(與定理 1.5.2 類似，有興趣的讀者可嘗試證明此定理)

範例 9

試計算序列 $\{\ln(n+1) - \ln n\}$ 之極限。

解 因為 $\lim\limits_{n\to\infty} \dfrac{n+1}{n} = \lim\limits_{n\to\infty}\left[1 + \dfrac{1}{n}\right] = 1 + 0 = 1$，再加上函數 $y = \ln x$ 在 $x = 1$ 連續，

所以 $\lim\limits_{n\to\infty}[\ln(n+1) - \ln n] = \lim\limits_{n\to\infty} \ln\left(\dfrac{n+1}{n}\right) = \ln\left(\lim\limits_{n\to\infty} \dfrac{n+1}{n}\right) = \ln 1 = 0$。

範例 10

試計算序列 $\{n^{1/n}\}$ 之極限。

解 因為 $\lim\limits_{n\to\infty} \dfrac{\ln n}{n} = 0$（參考範例 3），再加上函數 $y = e^x$ 在 $x = 0$ 連續，

所以 $\lim\limits_{n\to\infty} n^{1/n} = \lim\limits_{n\to\infty} e^{\frac{1}{n}\ln n} = \lim\limits_{n\to\infty} e^{\lim\limits_{n\to\infty}\frac{1}{n}\ln n} = e^0 = 1$。

習題演練

・基本題

第 1 題至第 10 題，試計算下列序列的極限或說明該序列發散。

1. $\left\{\dfrac{3n-2}{2n+3}\right\}$ 　　2. $\left\{\dfrac{3n^2 - 2n + 5}{4n^2 + 3}\right\}$ 　　3. $\left\{\dfrac{n}{\sqrt{2n^2 + 3}}\right\}$

4. $\left\{(-1)^n \dfrac{n}{3n^2 + 5}\right\}$ 　　5. $\left\{\dfrac{\ln(n^2)}{2n}\right\}$ 　　6. $\{\tan^{-1}(2n+3)\}$

7. $\left\{\dfrac{e^{2n}}{n^2}\right\}$ 　　8. $\left\{n \sin\left(\dfrac{1}{n}\right)\right\}$ 　　9. $\left\{\dfrac{1 + \cos n}{n^2}\right\}$

10. $\left\{\dfrac{n^3}{2^n}\right\}$

・進階題

第 11 題至第 20 題，試計算下列序列的極限或說明該序列發散。

11. $\{n[\ln(n+1) - \ln n]\}$
12. $\left\{\dfrac{2^n}{(2n)!}\right\}$
13. $\left\{\dfrac{2^n n!}{(2n)!}\right\}$

14. $\left\{2^{\frac{n+1}{2n+3}}\right\}$
15. $\left\{\dfrac{\ln n}{\ln(\ln n)}\right\}$
16. $\left\{\dfrac{n^2}{2n+1} - \dfrac{n^2}{2n-1}\right\}$

17. $\left\{\dfrac{n \ln n}{1+n^2}\right\}$
18. $\left\{\dfrac{(-3)^n}{n!}\right\}$
19. $\left\{\left(1+\dfrac{3}{n}\right)^{5n}\right\}$

20. $\left\{n \displaystyle\int_{-\infty}^{-n} e^{2x}\, dx\right\}$

21. 如果 $|r|<1$，試計算極限 $\displaystyle\lim_{n\to\infty} nr^n$。

8-3　序列之單調收斂定理

底下我們介紹序列之單調性及序列之單調收斂定理。

> **Definition 8.3.1**
> (a) We say that the sequence $\{a_n\}$ is increasing if
> $a_1 \le a_2 \le a_3 \le \cdots \le a_n \le \cdots$.
> (b) We say that the sequence $\{a_n\}$ is decreasing if
> $a_1 \ge a_2 \ge a_3 \ge \cdots \ge a_n \ge \cdots$.
> The sequence $\{a_n\}$ is a monotonic sequence if it is an increasing sequence or it is a decreasing sequence.

範例 1

試說明序列 $\left\{\dfrac{n}{n+1}\right\}$ 為一個遞增序列。

解　方法一：我們直接利用定義說明。

設 $a_n = \dfrac{n}{n+1}$。我們證明，對每一個正整數 n，$a_n \le a_{n+1}$。

因為 $a_n \leq a_{n+1} \Leftrightarrow \dfrac{n}{n+1} \leq \dfrac{n+1}{n+2} \Leftrightarrow n(n+2) \leq (n+1)(n+1)$

$\Leftrightarrow n^2+2n \leq n^2+2n+1 \Leftrightarrow 0 \leq 1$

所以 $a_n \leq a_{n+1}$。

因此，序列 $\left\{\dfrac{n}{n+1}\right\}$ 為一個遞增序列。

方法二：利用函數之遞增來判定

設 $f(x)=\dfrac{x}{x+1}$，$x \geq 1$ （此時，$f(n)=a_n=\dfrac{n}{n+1}$，$n \geq 1$）

因為 $f'(x)=\dfrac{(x+1)\cdot 1 - x\cdot 1}{(x+1)^2}=\dfrac{1}{(x+1)^2}>0 \quad \forall x>1$

所以函數 f 在區間 $[1,\infty)$ 上遞增。

因為對每一個正整數 n，我們有 $a_n=f(n) \leq f(n+1)=a_{n+1}$，

因此，序列 $\left\{\dfrac{n}{n+1}\right\}$ 為一個遞增序列。

【註】一般來說，利用方法二比較簡單。

範例 2

試說明序列 $\left\{\dfrac{n}{n^2+1}\right\}$ 為一個遞減序列。

解 設 $f(x)=\dfrac{x}{x^2+1}$，$x \geq 1$ （此時，$f(n)=a_n=\dfrac{n}{n^2+1}$，$n \geq 1$）

因為 $f'(x)=\dfrac{(x^2+1)\cdot 1 - x\cdot 2x}{(x^2+1)^2}=\dfrac{1-x^2}{(x^2+1)^2}<0 \quad \forall x>1$

所以函數 f 在區間 $[1,\infty)$ 上遞減。

因為對每一個正整數 n，我們有 $a_n=f(n) \geq f(n+1)=a_{n+1}$，

因此，序列 $\left\{\dfrac{n}{n^2+1}\right\}$ 為一個遞減序列。

Definition 8.3.2

Let $\{a_n\}$ be a sequence.

(a) We say that the sequence $\{a_n\}$ is bounded above by a number U if
$a_n \leq U$ for all $n \geq 1$.
The number U is called an upper bound of the sequence $\{a_n\}$.

(b) We say that the sequence $\{a_n\}$ is bounded below by a number V if
$a_n \geq V$ for all $n \geq 1$.
The number V is called a lower bound of the sequence $\{a_n\}$.

(c) We say that the sequence $\{a_n\}$ is bounded by a positive number M
if $|a_n| \leq M$ for all $n \geq 1$.

(d) We say that u is the least upper bound of the sequence $\{a_n\}$
if (i) u is an upper bound of $\{a_n\}$ and (ii) if u^* is an upper bound of $\{a_n\}$, then $u \leq u^*$.

(e) We say that v is the greatest lower bound of the sequence $\{a_n\}$
if (i) v is a lower bound of $\{a_n\}$ and (ii) if v^* is a lower bound of $\{a_n\}$, then $v \geq v^*$.

【註】請參考第 0-1 節（實數之完備性）。

範例 3

(a) 所有大或等於 1 的實數都會是序列 $\left\{\dfrac{n}{n+1}\right\}$ 的一個上界，而序列 $\left\{\dfrac{n}{n+1}\right\}$ 的最小上界 $u=1$。我們也知道極限 $\lim\limits_{n\to\infty}\dfrac{n}{n+1}=1$，即極限值剛好等於它的最小上界。(請看下一個定理)

(b) 所有小或等於 0 的實數都會是序列 $\left\{\dfrac{1}{n}\right\}$ 的一個下界，而序列 $\left\{\dfrac{1}{n}\right\}$ 的最大下界 $v=0$。我們也知道極限 $\lim\limits_{n\to\infty}\dfrac{1}{n}=0$，即極限值剛好等於它的最大下界。(也請看下一個定理)

在介紹序列之單調收斂定理前，我們必須再介紹或複習實數之完備性公設。

Completeness Axiom (The Completeness Property of the Real Numbers)
(a) Any nonempty set of the real numbers has a least upper bound if it has an upper bound.
(b) Any nonempty set of the real numbers has a greatest lower bound if it has a lower bound.

定理 8.3 就是非常重要的序列之單調收斂定理。

Theorem 8.3 (The Monotonic Convergence Theorem of a Sequence)
Every bounded, monotonic sequence is convergent.

證明：設序列 $\{a_n\}$ 為一個有界單調序列，則此序列只有兩個情況需要討論，其中一種情況為序列 $\{a_n\}$ 為一個遞增序列且有一個上界，而另一種情況為序列 $\{a_n\}$ 為一個遞減序列且有一個下界。我們將分別證明此兩種序列之極限都會存在。

(i) 設 $\{a_n\}$ 為一個遞增序列且有一個上界，我們想證明極限 $\lim\limits_{n\to\infty} a_n$ 存在。

因為序列 $\{a_1, a_2, a_3, \cdots, a_n, \cdots\}$ 為一個非空的實數集合且有一個上界，所以由實數之完備性公設可知序列 $\{a_n\}$ 會有一個最小上界，符號記成 L。

對任意給定的正數 ε，則 $L-\varepsilon$ 當然不是序列 $\{a_n\}$ 的一個上界。

（如果 $L-\varepsilon$ 是序列 $\{a_n\}$ 的一個上界，則 L 就不是序列 $\{a_n\}$ 的一個最小上界了）

因此，必存在一個正整數 N 使得 $a_N > L-\varepsilon$。

因為序列 $\{a_n\}$ 為一個遞增序列，即 $a_1 \leq a_2 \leq \cdots \leq a_n \leq \cdots$，所以

$$a_N > L-\varepsilon \Rightarrow a_n > L-\varepsilon \quad \forall\, n > N$$
$$\Rightarrow 0 \leq L - a_n < \varepsilon \quad \forall\, n > N$$
$$\Rightarrow -\varepsilon < L - a_n < \varepsilon \quad \forall\, n > N$$
$$\Rightarrow |L - a_n| < \varepsilon \quad \forall\, n > N$$
$$\Rightarrow |a_n - L| < \varepsilon \quad \forall\, n > N$$

最後，我們推得 $n > N \Rightarrow |a_n - L| < \varepsilon$。

因此，由極限定義可得 $\lim_{n\to\infty} a_n = L$。

(ii) 設 $\{a_n\}$ 為一個遞減序列且有一個下界，我們想證明極限 $\lim_{n\to\infty} a_n$ 存在。

因為序列 $\{a_1, a_2, a_3, \cdots, a_n, \cdots\}$ 為一個非空的實數集合且有一個下界，所以由實數之完備性公設可知序列 $\{a_n\}$ 會有一個最大下界，符號也記成 L。

考慮一個新序列 $\{-a_n\}$，則序列 $\{-a_n\}$ 為一遞增序列且其最小上界為 $-L$。

此乃因為 $a_1 \geq a_2 \geq a_3 \geq \cdots \geq a_n \geq \cdots \Rightarrow -a_1 \leq -a_2 \leq -a_3 \leq \cdots \leq -a_n \leq \cdots$

且 $a_n \geq L \quad \forall n \geq 1 \Rightarrow -a_n \leq -L \quad \forall n \geq 1$。

因此，由 (i) 之結果可知 $\lim_{n\to\infty}(-a_n) = -L$ 或 $\lim_{n\to\infty} a_n = L$。

定理 8.3 的應用請看下面的範例。

範例 4

試利用定理 8.3 說明序列 $\left\{\dfrac{n!}{n^n}\right\}$ 之極限存在。

解 設 $a_n = \dfrac{n!}{n^n}$，$n \geq 1$。

(i) 我們說明序列 $\{a_n\}$ 為一個遞減序列。

對每一個正整數 n，

因為 $\dfrac{a_{n+1}}{a_n} = \dfrac{(n+1)!/(n+1)^{(n+1)}}{n!/n^n} = \left(\dfrac{n}{n+1}\right)^n < 1$，所以序列 $\{a_n\}$ 為一個遞減序列。

(ii) 我們說明序列 $\{a_n\}$ 有一個下界。

對每一個正整數 n，因為 $a_n = \dfrac{n!}{n^n} \geq 0$，所以 0 是序列 $\{a_n\}$ 的一個下界。

由 (i) 及 (ii) 可知，極限 $\lim_{n\to\infty} \dfrac{n!}{n^n}$ 是存在的。

【註】我們已知 $\lim_{n\to\infty} a_n = \lim_{n\to\infty} \dfrac{n!}{n^n} = 0$。(請參考 8-2 節之範例 7)

範例 5

設 $a_1 = \sqrt{3}$ 且 $a_n = \sqrt{3a_{n-1}}$，$n \geq 2$，試證明序列 $\{a_n\}$ 收斂，並且計算其極限。

解 (i) 我們先證明序列 $\{a_n\}$ 收斂。

因為 $a_1 = \sqrt{3} = 3^{1/2}$，$a_2 = \sqrt{3a_1} = \sqrt{3 \cdot 3^{1/2}} = 3^{1/2+1/4}$，$a_3 = 3^{1/2+1/4+1/8}$，$\cdots$，

$a_n = 3^{1/2+1/4+\cdots+1/2^n}$，$\cdots$，

所以 $a_1 < a_2 < \cdots < a_n < \cdots$。換言之，序列 $\{a_n\}$ 為一個遞增序列。

又因為 $a_n = 3^{1/2+1/4+\cdots+1/2^n} = 3^{1-\frac{1}{2^n}} \leq 3$ $\forall\, n \geq 1$，所以 3 為 $\{a_n\}$ 的一個上界。因此，由單調收斂定理可知，序列 $\{a_n\}$ 之極限是存在的。

(ii) 設序列 $\{a_n\}$ 之極限值為 L，即設 $\lim_{n\to\infty} a_n = L$，則由此序列之關係式

$a_n = \sqrt{3a_{n-1}}$，$n \geq 1$，我們有

$\lim_{n\to\infty} a_n = \lim_{n\to\infty} \sqrt{3a_{n-1}} = \sqrt{\lim_{n\to\infty} 3a_{n-1}} = \sqrt{3 \lim_{n\to\infty} a_n}$ 或 $L = \sqrt{3L}$。

解方程式 $L = \sqrt{3L}$，我們可得其解為 $L = 3$。（為什麼 $L \neq 0$？）

因此，$\lim_{n\to\infty} a_n = 3$。

習題演練

・基本題

第 1 題至第 10 題，試說明下列序列為一個遞增序列或一個遞減序列，或此序列不是一個單調序列。

1. $\left\{\dfrac{3n}{2n+3}\right\}$
2. $\left\{\dfrac{n^2}{1+n^3}\right\}_{n=2}^{\infty}$
3. $\left\{\dfrac{2^n}{n!}\right\}$

4. $\left\{\dfrac{n^n}{n!}\right\}$　　　5. $\left\{\dfrac{\ln(n^2)}{2n}\right\}_{n=3}^{\infty}$　　　6. $\left\{\tan^{-1}(2n+3)\right\}$

7. $\left\{5+(-1)^n\right\}$　　　8. $\left\{\dfrac{1}{2^n}\right\}$　　　9. $\left\{n^2 e^{-n}\right\}_{n=2}^{\infty}$

10. $\left\{\dfrac{(\ln n)^2}{n}\right\}_{n=8}^{\infty}$

・進階題

11. 試計算序列 $\left\{\sqrt{2},\sqrt{2\sqrt{2}},\sqrt{2\sqrt{2\sqrt{2}}},\cdots\right\}$ 之極限。

12. 設序列 $a_n=\dfrac{1}{n+1}+\dfrac{1}{n+2}+\dfrac{1}{n+3}+\cdots+\dfrac{1}{n+n}$，試說明此序列收斂並計算序列 $\{a_n\}$ 之極限。（提示：$a_n\leq\dfrac{n}{n+n}=\dfrac{1}{2}$，$n\geq 1$）

13. 設 $a_1=3$, $a_n=2-\dfrac{1}{a_{n-1}}$, $n\geq 2$，試計算序列 $\{a_n\}$ 之極限。

14. 設 $a_1=\sqrt{2}$, $a_n=\sqrt{2+a_{n-1}}$, $n\geq 2$，試計算序列 $\{a_n\}$ 之極限。

CHAPTER 9

無窮級數

- 9-1 無窮級數之收斂與發散
- 9-2 積分檢定法
- 9-3 基本比較法與極限比較法
- 9-4 交錯級數
- 9-5 絕對收斂與條件收斂
- 9-6 冪級數
- 9-7 函數之冪級數表示
- 9-8 麥克勞林級數與泰勒級數
- 9-9 二項級數

這一章我們將介紹非常有用的單元，即無窮級數。除了介紹無窮級數之收斂與發散之 8 個檢定方法外，接著將介紹函數的**冪級數表現** (Power Series Representation)，最後介紹函數的**麥克勞林級數** (Maclaurin Series) 及函數的**泰勒級數** (Taylor Series) 並介紹 4 個求得函數的泰勒級數之方法。這一章除了序列的角色非常吃重外，也可以看得到微分與積分 (含瑕積分) 的應用。無論如何，這一章是作者認為非常精彩的一章。底下我們先介紹這一些方法與其講授之章節，以方便讀者查閱。

(一) 無窮級數之收斂與發散之 8 個檢定方法如下：

1. 發散檢定法（9-1 節）
2. 積分檢定法（9-2 節）
3. 基本比較檢定法（9-3 節）
4. 極限比較檢定法（9-3 節）
5. 交錯級數之檢定法（9-4 節）
6. 絕對收斂檢定法（9-5 節）
7. 比值檢定法（9-5 節）
8. 根式檢定法（9-5 節）

(二) 求得函數的冪級數表現（或泰勒級數）之 4 個方法如下：

1. 代入法（9-7 節）
2. 微分法（9-7 節）
3. 積分法（9-7 節）
4. 定義法（9-8 節）

9-1　無窮級數之收斂與發散

這一節我們將定義無窮級數及討論它的收斂與發散，再探討級數之性質。

Definition 9.1.1

(i) Let $\{a_n\}$ be any sequence. An infinite series (or A series) is an expression of the form
$$\sum_{n=1}^{\infty} a_n = a_1 + a_2 + a_3 + \cdots + a_n + \cdots$$

(ii) Define a sequence $\{S_n\}$ by
$S_1 = a_1, S_2 = a_1 + a_2, S_3 = a_1 + a_2 + a_3, \cdots, S_n = a_1 + a_2 + \cdots a_n, \cdots$.
Then the sequence $\{S_n\}$ is called a sequence of the partial sums of the series $\sum_{n=1}^{\infty} a_n$, and $S_n = \sum_{k=1}^{n} a_k$ is called the n th partial sum of the series $\sum_{n=1}^{\infty} a_n$.

(iii) If the sequence $\{S_n\}$ converges to a finite limit S, then we say that the series $\sum_{n=1}^{\infty} a_n$ converges and has sum S, and we write

$$\sum_{n=1}^{\infty} a_n = S.$$

Otherwise, the series $\sum_{n=1}^{\infty} a_n$ is divergent. A divergent series has no sum.

【註】1. 序列 $\{a_1, a_2, a_3, \cdots, a_n, \cdots\}$ 乃一串實數之排列，而級數 $\sum_{n=1}^{\infty} a_n = a_1 + a_2 + a_3 + \cdots$ 是把序列 $\{a_1, a_2, a_3, \cdots, a_n, \cdots\}$ 的每一項加起來；序列 $\{a_1, a_2, a_3, \cdots, a_n, \cdots\}$ 的收斂或發散是觀察極限 $\lim_{n \to \infty} a_n$ 的存在或不存在，而級數 $\sum_{n=1}^{\infty} a_n$ 的收斂或發散是觀察極限 $\lim_{n \to \infty} S_n$ 的存在或不存在，其中 $S_n = \sum_{k=1}^{n} a_k = a_1 + a_2 + \cdots + a_n$。序列與級數之定義差很多，但是初學者的確很容易混淆。

2. a_1 稱為級數 $\sum_{n=1}^{\infty} a_n = a_1 + a_2 + a_3 + \cdots$ 的第一項（即序列 $\{a_1, a_2, a_3, \cdots, a_n, \cdots\}$ 的第一項）、a_2 稱為級數 $\sum_{n=1}^{\infty} a_n = a_1 + a_2 + a_3 + \cdots$ 的第二項（即序列 $\{a_1, a_2, a_3, \cdots, a_n, \cdots\}$ 的第二項）、…、a_n 稱為級數 $\sum_{n=1}^{\infty} a_n = a_1 + a_2 + a_3 + \cdots$ 的第 n 項（即序列 $\{a_1, a_2, a_3, \cdots, a_n, \cdots\}$ 的第 n 項）。

接下來的範例 1 與範例 2 的級數稱為**疊鏡級數**（telescoping series）。

範例 1

試求級數 $\sum_{n=1}^{\infty} \dfrac{1}{n \cdot (n+1)} = \dfrac{1}{1 \cdot 2} + \dfrac{1}{2 \cdot 3} + \dfrac{1}{3 \cdot 4} + \cdots + \dfrac{1}{n \cdot (n+1)} + \cdots$ 之和。

[解題技巧：利用分項分式 $\dfrac{1}{k \cdot (k+1)} = \dfrac{1}{k} - \dfrac{1}{k+1}$]

解 (i) 先計算 n 項部分和 S_n。

當 $n \geq 1$ 時,
$$S_n = \sum_{k=1}^{n} \frac{1}{k \cdot (k+1)} = \sum_{k=1}^{n} \left[\frac{1}{k} - \frac{1}{k+1}\right] = \left(1 - \frac{1}{2}\right) + \left(\frac{1}{2} - \frac{1}{3}\right) + \cdots + \left(\frac{1}{n-1} - \frac{1}{n}\right)$$
$$+ \left(\frac{1}{n} - \frac{1}{n+1}\right) = 1 - \frac{1}{n+1} \text{。}$$

(ii) 因為 $\lim\limits_{n \to \infty} S_n = \lim\limits_{n \to \infty} \left[1 - \frac{1}{n+1}\right] = 1$,所以 $\sum\limits_{n=1}^{\infty} \frac{1}{n \cdot (n+1)} = \lim\limits_{n \to \infty} S_n = 1$。

範例 2

試判定級數 $\sum\limits_{n=1}^{\infty} \ln \frac{n}{n+1}$ 之收斂或發散。

[解題技巧:利用 $\ln \frac{k}{k+1} = \ln k - \ln(k+1)$]

解 (i) 先計算 n 項部分和 S_n。

當 $n \geq 1$ 時,
$$S_n = \sum_{k=1}^{n} \ln \frac{k}{k+1} = \sum_{k=1}^{n} [\ln k - \ln(k+1)]$$
$$= (\ln 1 - \ln 2) + (\ln 2 - \ln 3) + \cdots + (\ln(n-1) - \ln n) + \ln n - \ln(n+1)$$
$$= -\ln(n+1) \text{。}$$

(ii) 因為 $\lim\limits_{n \to \infty} S_n = \lim\limits_{n \to \infty} [-\ln(n+1)] = -\infty$,所以級數 $\sum\limits_{n=1}^{\infty} \ln \frac{n}{n+1}$ 發散。

現在我們介紹非常重要的**幾何級數** (geometric series)。

Definition 9.1.2 (Geometric Series)

For $a \neq 0$, the series
$$\sum_{n=1}^{\infty} ar^{n-1} = a + ar + ar^2 + ar^3 + \cdots + ar^{n-1} + \cdots$$
is called a geometric series,where $a, r \in \mathbb{R}$.

【註】只有在討論級數時,我們特別定義 $0^0 = 1$。(純粹為了方便)

底下的定理 9.1.1 在後續之章節裡會顯得非常重要。

> **Theorem 9.1.1**
> For $a \neq 0$, the geometric series
> $$\sum_{n=1}^{\infty} ar^{n-1} = a + ar + ar^2 + ar^3 + \cdots + ar^n + \cdots$$
> converges and has the sum $\dfrac{a}{1-r}$ if $|r| < 1$, and it diverges if $|r| \geq 1$.

證明：我們已知：① 如果 $|r| < 1$，則極限 $\lim\limits_{n \to \infty} r^n = 0$。

② 如果 $r = -1$ 或 $|r| > 1$，則極限 $\lim\limits_{n \to \infty} r^n$ 不存在。

(i) 設 $r = 1$，則我們有 $S_n = \sum\limits_{k=1}^{n} a \cdot 1^{k-1} = \sum\limits_{k=1}^{n} a = na$。

① 如果 $a > 0$，則 $\lim\limits_{n \to \infty} S_n = \lim\limits_{n \to \infty} na = \infty$。

② 如果 $a < 0$，則 $\lim\limits_{n \to \infty} S_n = \lim\limits_{n \to \infty} na = -\infty$。

因此，由①及②可知幾何級數 $\sum\limits_{n=1}^{\infty} ar^{n-1}$ 在 $r = 1$ 時發散。

(ii) 設 $r \neq 1$，則由
$S_n = a + ar + ar^2 + \cdots + ar^{n-1}$ 且 $rS_n = ar + ar^2 + \cdots + ar^{n-1} + ar^n$，

我們可得 $(1-r)S_n = a(1-r^n)$ 或 $S_n = \dfrac{a(1-r^n)}{1-r}$。

① 如果 $|r| < 1$，則 $\lim\limits_{n \to \infty} S_n = \lim\limits_{n \to \infty} \dfrac{a(1-r^n)}{1-r} = \dfrac{a}{1-r}$。

② 如果 $|r| > 1$ 或 $r = -1$，則 $\lim\limits_{n \to \infty} S_n = \lim\limits_{n \to \infty} \dfrac{a(1-r^n)}{1-r}$ 不存在。

因此，由①及②可知幾何級數 $\sum\limits_{n=1}^{\infty} ar^{n-1}$ 在 $|r| < 1$ 時收斂且其和為

$S = \dfrac{a}{1-r}$，而幾何級數 $\sum\limits_{n=1}^{\infty} ar^{n-1}$ 在 $|r| > 1$ 或 $r = -1$ 時發散。

範例 3

試判定級數 $\sum_{n=1}^{\infty} 2^{2n} 5^{1-n}$ 之收斂與發散。

解 化簡此級數 $\sum_{n=1}^{\infty} 2^{2n} 5^{1-n}$，我們有

$$\sum_{n=1}^{\infty} 2^{2n} 5^{1-n} = \sum_{n=1}^{\infty} \frac{(2^2)^n}{5^{n-1}} = \sum_{n=1}^{\infty} \frac{4^n}{5^{n-1}} = \sum_{n=1}^{\infty} 4 \cdot \frac{4^{n-1}}{5^{n-1}} = \sum_{n=1}^{\infty} 4 \left(\frac{4}{5}\right)^{n-1} \text{。}$$

因為級數 $\sum_{n=1}^{\infty} 4 \left(\frac{4}{5}\right)^{n-1}$ 為一個 $a=4$、$r=\frac{4}{5}$ 的幾何級數且 $|r|=\left|\frac{4}{5}\right|=\frac{4}{5}<1$，

所以，此級數 $\sum_{n=1}^{\infty} 2^{2n} 5^{1-n}$ 收斂。

【註】 此級數 $\sum_{n=1}^{\infty} 2^{2n} 5^{1-n}$ 之和為 $S = \dfrac{4}{1-\dfrac{4}{5}} = 20$。

底下範例 4 之計算過程與結果，在 9-6 節時將會顯現它的重要性。

範例 4

找出所有使得級數 $\sum_{n=1}^{\infty} \dfrac{(-1)^{n-1} x^n}{2^{n-1}}$ 收斂之 x 值，而當級數 $\sum_{n=1}^{\infty} \dfrac{(-1)^{n-1} x^n}{2^{n-1}}$ 收斂時，其和之表現為何？

解 化簡此級數 $\sum_{n=1}^{\infty} \dfrac{(-1)^{n-1} x^n}{2^{n-1}}$，我們有

$$\sum_{n=1}^{\infty} \frac{(-1)^{n-1} x^n}{2^{n-1}} = \sum_{n=1}^{\infty} x \frac{(-1)^{n-1} x^{n-1}}{2^{n-1}} = \sum_{n=1}^{\infty} x \cdot \left(\frac{-x}{2}\right)^{n-1} \text{。}$$

很明顯地，級數 $\sum_{n=1}^{\infty} \dfrac{(-1)^{n-1} x^n}{2^{n-1}}$ 為一個 $a=x$ 且 $r=-\dfrac{x}{2}$ 的幾何級數。

如果 $|r|=\left|\dfrac{-x}{2}\right|<1$ 或 $|x|<2$，則級數 $\sum_{n=1}^{\infty} \dfrac{(-1)^{n-1} x^n}{2^{n-1}}$ 收斂且此級數之和為

$$S = \frac{x}{1-\left(\dfrac{-x}{2}\right)} = \frac{2x}{x+2} \text{。}$$

換言之，如果 $|x|<2$，則 $\sum_{n=1}^{\infty}\dfrac{(-1)^{n-1}x^n}{2^{n-1}}=\dfrac{2x}{x+2}$。

【註】我們可以利用範例 4 之結果計算出很多級數之和，例如

① 如果 $x=\dfrac{1}{3}$，則 $\sum_{n=1}^{\infty}\dfrac{(-1)^{n-1}\left(\dfrac{1}{3}\right)^n}{2^{n-1}}=\dfrac{2\cdot\dfrac{1}{3}}{\dfrac{1}{3}+2}=\dfrac{2}{7}$。

② 如果 $x=-\dfrac{1}{3}$，則 $\sum_{n=1}^{\infty}\dfrac{(-1)^{n-1}\left(-\dfrac{1}{3}\right)^n}{2^{n-1}}=\dfrac{2\cdot\left(-\dfrac{1}{3}\right)}{-\dfrac{1}{3}+2}=-\dfrac{2}{5}$。

透過幾何級數，我們有能力將無限循環小數化簡成分數。

範例 5

試將無限循環小數 $0.\overline{3}=0.333\cdots$ 化簡成分數。

解 $0.\overline{3}=0.333\cdots$

$=0.3+0.03+0.003+0.0003+\cdots$

$=0.3+0.3\cdot\dfrac{1}{10}+0.3\cdot\left(\dfrac{1}{10}\right)^2+0.3\cdot\left(\dfrac{1}{10}\right)^3+\cdots$

(此時，$a=0.3$ 且 $|r|=\left|\dfrac{1}{10}\right|=\dfrac{1}{10}<1$)

$=\dfrac{0.3}{1-\dfrac{1}{10}}=\dfrac{3}{9}=\dfrac{1}{3}$

底下所定義之調和級數也有其重要性。(很快就會看到它的應用)

Definition 9.1.3

The series
$$\sum_{n=1}^{\infty}\frac{1}{n}=1+\frac{1}{2}+\frac{1}{3}+\cdots+\frac{1}{n}+\cdots$$
is called the Harmonic series.

Theorem 9.1.2
The Harmonic series
$$\sum_{n=1}^{\infty}\frac{1}{n}=1+\frac{1}{2}+\frac{1}{3}+\cdots+\frac{1}{n}+\cdots$$
is divergent.

證明：設 $S_n=1+\dfrac{1}{2}+\cdots+\dfrac{1}{n}$, $n\geq 1$，我們將說明極限 $\lim\limits_{n\to\infty}S_n$ 不存在。但是直接證明極限 $\lim\limits_{n\to\infty}S_n$ 不存在之難度較高，因此我們利用下列的技巧來證明。

考慮序列 $\{S_n\}$ 的一個子序列 $\{S_{2^n}\}$，即考慮序列 $\{S_2, S_4, S_8, \cdots\}$，我們將證明極限 $\lim\limits_{n\to\infty}S_{2^n}$ 不存在，而如果極限 $\lim\limits_{n\to\infty}S_{2^n}$ 不存在，則就可證明極限 $\lim\limits_{n\to\infty}S_n$ 不存在了。

[注意：如果極限 $\lim\limits_{n\to\infty}S_n=S$，則極限 $\lim\limits_{n\to\infty}S_{2^n}=\lim\limits_{n'\to\infty}S_{n'}=S$ $(n'=2^n)$]

因為
$$S_2=1+\frac{1}{2},$$
$$S_{2^2}=1+\frac{1}{2}+\frac{1}{3}+\frac{1}{4}>1+\frac{1}{2}+\frac{1}{4}+\frac{1}{4}=1+2\cdot\frac{1}{2},$$
$$S_{2^3}=1+\frac{1}{2}+\frac{1}{3}+\frac{1}{4}+\frac{1}{5}+\frac{1}{6}+\frac{1}{7}+\frac{1}{8}>1+\frac{1}{2}+\frac{1}{4}+\frac{1}{4}+\frac{1}{8}+\frac{1}{8}+\frac{1}{8}+\frac{1}{8}$$
$$=1+3\cdot\frac{1}{2},$$
$$\vdots$$

所以，我們可推得 $S_{2^n}>1+n\cdot\dfrac{1}{2}=1+\dfrac{n}{2}$ $\forall\ n>1$。

又因為 $\lim\limits_{n\to\infty}\left(1+\dfrac{n}{2}\right)=\infty$，所以 $\lim\limits_{n\to\infty}S_{2^n}$ 不存在。因此 $\lim\limits_{n\to\infty}S_n$ 也不存在，也因

此調和級數 $\sum_{n=1}^{\infty} \dfrac{1}{n}$ 就發散了。

【註】調和級數 $\sum_{n=1}^{\infty} \dfrac{1}{n}$ 之發散亦可用下節之積分檢定證之。

Theorem 9.1.3

If the series $\sum_{n=1}^{\infty} a_n$ is convergent, then $\lim\limits_{n \to \infty} a_n = 0$。

證明：因為級數 $\sum_{n=1}^{\infty} a_n$ 收斂，所以必存在一個實數 S 使得

$$\lim_{n \to \infty} S_n = S\text{，其中 } S_n = a_1 + a_2 + \cdots + a_n。$$

對於任意的正整數 n，我們有

$$a_n = (a_1 + a_2 + \cdots + a_n) - (a_1 + a_2 + \cdots + a_{n-1}) = S_n - S_{n-1} \text{（可設 } S_0 = 0\text{）}$$

因此，$\lim\limits_{n \to \infty} a_n = \lim\limits_{n \to \infty}(S_n - S_{n-1}) = \lim\limits_{n \to \infty} S_n - \lim\limits_{n \to \infty} S_{n-1} = S - S = 0$。

【註】設 $n' = n - 1$，則 $\lim\limits_{n \to \infty} S_{n-1} = \lim\limits_{n' \to \infty} S_{n'} = S$。

利用定理 9.1.3，我們立刻可以得到第一個檢定，即發散檢定。

Corollary 9.1.4 (Test for Divergence)

If $\lim\limits_{n \to \infty} a_n \neq 0$ or $\lim\limits_{n \to \infty} a_n$ does not exist, then the series $\sum_{n=1}^{\infty} a_n$ diverges.

【註】下面三個敘述要牢牢記住哦：

1. 如果級數 $\sum_{n=1}^{\infty} a_n$ 收斂，則極限 $\lim\limits_{n \to \infty} a_n = 0$。

2. 如果極限 $\lim\limits_{n \to \infty} a_n \neq 0$ 或極限 $\lim\limits_{n \to \infty} a_n$ 不存在，則級數 $\sum_{n=1}^{\infty} a_n$ 必發散。

3. 如果極限 $\lim\limits_{n \to \infty} a_n = 0$，則級數 $\sum_{n=1}^{\infty} a_n$ 不一定收斂。(此時，必須用後面的其他方法去判定級數 $\sum_{n=1}^{\infty} a_n$ 之收斂或發散。)

範例 6

試判定級數 $\sum_{n=1}^{\infty} \dfrac{3n+5}{2n+3}$ 之收斂或發散。

解 因為 $\lim_{n\to\infty} \dfrac{3n+5}{2n+3} = \lim_{n\to\infty} \dfrac{3+\dfrac{5}{n}}{2+\dfrac{3}{n}} = \dfrac{3+0}{2+0} = \dfrac{3}{2} \neq 0$，

所以，由發散檢定可知級數 $\sum_{n=1}^{\infty} \dfrac{3n+5}{2n+3}$ 發散。

範例 7

雖然極限 $\lim_{n\to\infty} \dfrac{1}{n} = 0$，但是調和級數 $\sum_{n=1}^{\infty} \dfrac{1}{n}$ 是發散的。

最後，我們介紹級數的性質。

Theorem 9.1.5 (Properties of the Series)

If the series $\sum_{n=1}^{\infty} a_n$ and the series $\sum_{n=1}^{\infty} b_n$ are both convergent, then

(a) $\sum_{n=1}^{\infty}(a_n + b_n) = \sum_{n=1}^{\infty} a_n + \sum_{n=1}^{\infty} b_n$ 　　(b) $\sum_{n=1}^{\infty}(a_n - b_n) = \sum_{n=1}^{\infty} a_n - \sum_{n=1}^{\infty} b_n$

(c) $\sum_{n=1}^{\infty} ca_n = c\sum_{n=1}^{\infty} a_n$ 　$(c \in \mathbb{R})$

證明：設 $\sum_{n=1}^{\infty} a_n = A \in \mathbb{R}$ 且 $\sum_{n=1}^{\infty} b_n = B \in \mathbb{R}$。

(a) 我們證明 $\sum_{n=1}^{\infty}(a_n + b_n) = A + B$。

因為 $\sum_{n=1}^{\infty} a_n = A$ 且 $\sum_{n=1}^{\infty} b_n = B$，所以我們有

$\lim_{n\to\infty} S_n = A$ 且 $\lim_{n\to\infty} T_n = B$，其中 $S_n = \sum_{k=1}^{n} a_k$ 且 $T_n = \sum_{k=1}^{n} b_k$。

因此，

$$\sum_{n=1}^{\infty}(a_n+b_n) = \lim_{n\to\infty}\sum_{k=1}^{n}(a_k+b_k) = \lim_{n\to\infty}(\sum_{k=1}^{n}a_k+\sum_{k=1}^{n}b_k) = \lim_{n\to\infty}S_n+\lim_{n\to\infty}T_n = A+B \text{。}$$

(b) 及 (c) 之證明與 (a) 類似，請有興趣的讀者自己嘗試證明之。

範例 8

試求級數 $\sum_{n=1}^{\infty}\left(\dfrac{3}{n(n+1)}+\dfrac{7}{2^{n-1}}\right)$ 之和。

解 (i) 由範例 1，我們有 $\sum_{n=1}^{\infty}\dfrac{1}{n(n+1)}=1$。

(ii) 因為 $\sum_{n=1}^{\infty}\dfrac{1}{2^{n-1}}=\sum_{n=1}^{\infty}\left(\dfrac{1}{2}\right)^{n-1}$ 為一個 $a=1$、$r=\dfrac{1}{2}$ 的幾何級數且 $|r|=\left|\dfrac{1}{2}\right|=\dfrac{1}{2}<1$，

所以 $\sum_{n=1}^{\infty}\dfrac{1}{2^{n-1}}=\dfrac{1}{1-\dfrac{1}{2}}=2$。

由 (i) 及 (ii)，我們有

$$\sum_{n=1}^{\infty}\left(\dfrac{3}{n(n+1)}+\dfrac{7}{2^{n-1}}\right) = \sum_{n=1}^{\infty}\dfrac{3}{n(n+1)}+\sum_{n=1}^{\infty}\dfrac{7}{2^{n-1}} = 3\sum_{n=1}^{\infty}\dfrac{1}{n(n+1)}+7\sum_{n=1}^{\infty}\dfrac{1}{2^{n-1}}$$
$$= 3\cdot 1+7\cdot 2 = 17$$

如果我們只關心級數 $\sum_{n=1}^{\infty}a_n$ 的收斂或發散，則相差有限項的級數其收斂或發散是一致的，請看下面的定理。

Theorem 9.1.6

If $a_k=b_k$ for all $k>k_0$, where $k_0 \in Z^+$, then the series $\sum_{n=1}^{\infty}a_n$ and $\sum_{n=1}^{\infty}b_n$ are both convergent or divergent.

證明：設 $S_n=\sum_{k=1}^{n}a_k$ 且 $T_n=\sum_{k=1}^{n}b_k$。

因為 $a_k=b_k \ \forall \ k>k_0$，所以當 $n>k_0$ 時，我們有

$$S_n - \sum_{k=1}^{k_0} a_k = T_n - \sum_{k=1}^{k_0} b_k 。$$

(i) 如果級數 $\sum_{n=1}^{\infty} a_n$ 收斂且 $\lim_{n \to \infty} S_n = A$，則我們有

$$\lim_{n \to \infty} T_n = \lim_{n \to \infty} S_n - \sum_{k=1}^{k_0} a_k + \sum_{k=1}^{k_0} b_k = A - \sum_{k=1}^{k_0} a_k + \sum_{k=1}^{k_0} b_k 。$$

因此，$\sum_{n=1}^{\infty} b_n$ 也會收斂。

(ii) 如果級數 $\sum_{n=1}^{\infty} b_n$ 收斂且 $\lim_{n \to \infty} T_n = B$，則我們有

$$\lim_{n \to \infty} S_n = \lim_{n \to \infty} T_n - \sum_{k=1}^{k_0} b_k + \sum_{k=1}^{k_0} a_k = B - \sum_{k=1}^{k_0} b_k + \sum_{k=1}^{k_0} a_k 。$$

因此，$\sum_{n=1}^{\infty} a_n$ 也會收斂。

範例 9

(a) $\sum_{n=1}^{\infty} \frac{1}{n}$ 及 $\sum_{n=23}^{\infty} \frac{1}{n}$ 都是發散的級數。

(b) $\sum_{n=1}^{\infty} \frac{1}{2^{n-1}}$ 及 $\sum_{n=11}^{\infty} \frac{1}{2^{n-1}}$ 都是收斂的級數，而它們的和分別是

$$\sum_{n=1}^{\infty} \frac{1}{2^{n-1}} = \frac{1}{1-\frac{1}{2}} = 2 \quad 及 \quad \sum_{n=11}^{\infty} \frac{1}{2^{n-1}} = \frac{\frac{1}{2^{10}}}{1-\frac{1}{2}} = \frac{1}{2^9} 。$$

【註】有時候為了方便，我們直接說級數 $\sum \frac{1}{n}$ 發散、級數 $\sum \frac{1}{2^{n-1}}$ 收斂。

換言之，我們不用知道這一些級數是從哪一項開始加起的。如果想知道一個收斂的級數之和，則另當別論。

習題演練

·基本題

第 1 題至第 10 題，試計算下列級數的和或說明該級數為一個發散級數。

1. $\displaystyle\sum_{n=1}^{\infty}\frac{3}{5^{n-1}}$
2. $\displaystyle\sum_{n=1}^{\infty}2\left(\frac{e}{3}\right)^{n-1}$
3. $\displaystyle\sum_{n=3}^{\infty}\frac{5}{(n-1)n}$
4. $\displaystyle\sum_{n=1}^{\infty}\ln\left(\frac{n+1}{2n+3}\right)$
5. $\displaystyle\sum_{n=1}^{\infty}\frac{1}{1+(0.2)^n}$
6. $\displaystyle\sum_{n=1}^{\infty}\left[\frac{3}{n}+\left(\frac{4}{5}\right)^{n-1}\right]$
7. $\displaystyle\sum_{n=1}^{\infty}\left(\frac{1}{2^{n-1}}-\frac{1}{5^{n-1}}\right)$
8. $\displaystyle\sum_{n=1}^{\infty}(-1)^{n+1}$
9. $\displaystyle\sum_{n=1}^{\infty}\tan^{-1}n$
10. $\displaystyle\sum_{n=2}^{\infty}\frac{n}{\ln n}$

·進階題

第 11 題至第 16 題，試計算下列級數的和或說明該級數為一個發散級數。

11. $\displaystyle\sum_{n=1}^{\infty}\frac{2}{n(n+2)}$
12. $\displaystyle\sum_{n=1}^{\infty}\left[\frac{5}{n(n+1)}+3\left(\frac{1}{e}\right)^{n-1}\right]$
13. $\displaystyle\sum_{n=1}^{\infty}n\sin\frac{1}{n}$
14. $\displaystyle\sum_{n=1}^{\infty}\frac{1}{4n^2-1}$
15. $\displaystyle\sum_{n=1}^{\infty}\frac{1}{n(n+1)(n+2)}$
16. $\displaystyle\sum_{n=2}^{\infty}\frac{1}{n^2-1}$

17. 試將下列的無限循環小數化簡成分數。

    (a) $0.3\overline{5}$ (b) $0.\overline{25}$ (c) $1.2\overline{35}$ (d) $4.\overline{2535}$

18. 試找出所有的 x 值使得下列的級數收斂，並將其和表示成一個 x 的函數。

    (a) $\displaystyle\sum_{n=0}^{\infty}2^n x^n$ (b) $\displaystyle\sum_{n=0}^{\infty}\frac{(x-2)^n}{4^{n+1}}$

19. 試判定下列敘述何者為真或何者為假。

    (a) 如果級數 $\displaystyle\sum_{n=1}^{\infty}a_n$ 發散，則 $\displaystyle\lim_{n\to\infty}a_n=L\neq 0$。

    (b) 如果 $\displaystyle\lim_{n\to\infty}a_n=0$，則級數 $\displaystyle\sum_{n=1}^{\infty}a_n$ 收斂。

(c) 如果級數 $\sum_{n=1}^{\infty}(a_n+b_n)$ 收斂，則級數 $\sum_{n=1}^{\infty}a_n$ 收斂且級數 $\sum_{n=1}^{\infty}b_n$ 收斂。

(d) 如果級數 $\sum_{n=1}^{\infty}a_n$ 收斂且級數 $\sum_{n=1}^{\infty}b_n$ 發散，則級數 $\sum_{n=1}^{\infty}(a_n+b_n)$ 發散。

(e) 如果級數 $\sum_{n=1}^{\infty}a_n$ 發散且級數 $\sum_{n=1}^{\infty}b_n$ 發散，則級數 $\sum_{n=1}^{\infty}(a_n+b_n)$ 發散。

(f) 如果級數 $\sum_{n=1}^{\infty}a_n$ 收斂且 $a_n \neq 0$，$n \geq 1$，則級數 $\sum_{n=1}^{\infty}\frac{1}{a_n}$ 發散。

(g) 如果級數 $\sum_{n=1}^{\infty}a_n$ 發散且 $c \neq 0$，則級數 $\sum_{n=1}^{\infty}ca_n$ 發散。

20. 試找出滿足等式 $\sum_{n=1}^{\infty}(2+c)^{-n}=4$ 之 c 值。

9-2 積分檢定法

9-2 節及 9-3 節我們將介紹 3 個有關正項級數之檢定方法。

Definition 9.2.1 (Positive Term Series)

Let $a_n > 0$ for all $n \in Z^+$. Then the series $\sum_{n=1}^{\infty}a_n$ is called a positive term series.

設級數 $\sum_{n=1}^{\infty}a_n$ 為一個正項級數，再設 $S_n = \sum_{k=1}^{n}a_k$，$n \geq 1$，則我們當然有

$$S_1 = a_1 < S_2 = a_1 + a_2 < S_3 = a_1 + a_2 + a_3 < \cdots < S_n = \sum_{k=1}^{n}a_k < \cdots$$

換言之，正項級數 $\sum_{n=1}^{\infty}a_n$ 之部分和序列 $\{S_n\}$ 為一個遞增序列。因此，由序列之單調收斂定理，如果序列 $\{S_n\}$ 有一個上界，則正項級數 $\sum_{n=1}^{\infty}a_n$ 就收斂了。

我們將此結果寫成一個定理。

Theorem 9.2.1 (Convergence Theorem of a Positive Term Series)

Let the series $\sum_{n=1}^{\infty} a_n$ be a positive term series and let $S_n = \sum_{k=1}^{n} a_k$, $n \geq 1$ be its n_{th} partial sum.

If $S_n \leq U$ for some $U > 0$, then the series $\sum_{n=1}^{\infty} a_n$ converges.

現在我們可以介紹在使用上顯得比較複雜的積分檢定。

Theorem 9.2.2 (The Integral Test)

Let the function f be positive, continuous and decreasing on $[1, \infty)$, and let $a_n = f(n)$ for all $n \geq 1$. Then

(a) If $\int_1^{\infty} f(x) \, dx < \infty$, then the series $\sum_{n=1}^{\infty} a_n$ converges.

(b) If $\int_1^{\infty} f(x) \, dx = \infty$, then the series $\sum_{n=1}^{\infty} a_n$ diverges.

證明：(請參考圖 9-1)

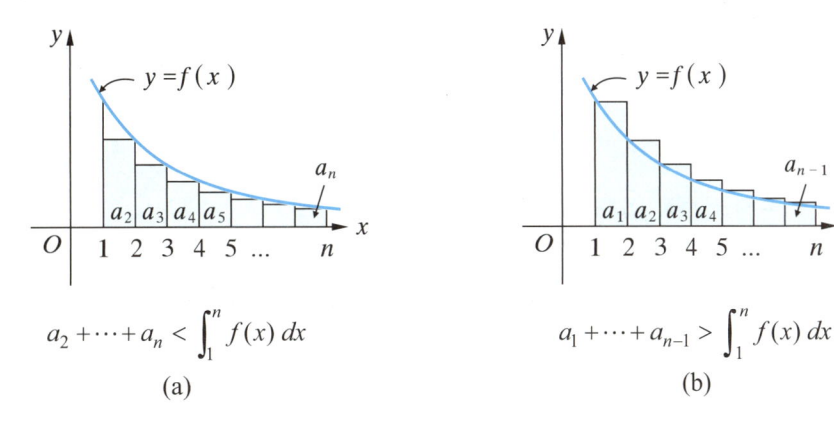

$$a_2 + \cdots + a_n < \int_1^n f(x) \, dx \qquad a_1 + \cdots + a_{n-1} > \int_1^n f(x) \, dx$$
$$(a) \qquad\qquad\qquad (b)$$

圖 9-1 積分檢定法參考圖

由圖 9-1 可知

$f(2) \cdot (2-1) < \int_1^2 f(x) \, dx < f(1) \cdot (2-1)$ 或 $a_2 < \int_1^2 f(x) \, dx < a_1$，

$$f(3)\cdot(3-2) < \int_2^3 f(x)\,dx < f(2)\cdot(3-2) \quad \text{或} \quad a_3 < \int_2^3 f(x)\,dx < a_2 \text{,}$$

$\vdots$

$$f(n)\cdot(n-(n-1)) < \int_{n-1}^n f(x)\,dx < f(n-1)\cdot(n-(n-1)) \quad \text{或} \quad a_n < \int_{n-1}^n f(x)\,dx < a_{n-1}\text{。}$$

因此，我們得到了不等式

$$\sum_{k=2}^n a_k < \sum_{k=1}^{n-1} \int_k^{k+1} f(x)\,dx = \int_1^n f(x)\,dx < \sum_{k=1}^{n-1} a_k \text{。}$$

(i) 如果 $\int_1^\infty f(x)\,dx < \infty$（設 $\int_1^\infty f(x)\,dx = A \in \mathbb{R}^+$），則由不等式 $\sum_{k=2}^n a_k < \int_1^n f(x)\,dx$，

我們可得 $S_n = \sum_{k=1}^n a_k < \int_1^n f(x)\,dx + a_1 \leq A + a_1 = U \quad \forall n \geq 1$。

由定理 9.2.1 可知，級數 $\sum_{n=1}^\infty a_n$ 收斂。

(ii) 由不等式 $\int_1^n f(x)\,dx < \sum_{k=1}^{n-1} a_k$ 或 $S_{n-1} = \sum_{k=1}^{n-1} a_k > \int_1^n f(x)\,dx$，再加上

$\int_1^\infty f(x)\,dx = \infty$，我們可得 $\lim_{n\to\infty} S_n = \infty$。（表示極限 $\lim_{n\to\infty} S_n$ 不存在）

因此，級數 $\sum_{n=1}^\infty a_n$ 發散。

範例 1

利用積分檢定法證明調和級數 $\sum_{n=1}^\infty \dfrac{1}{n}$ 發散。

解 設函數 $f(x) = \dfrac{1}{x}$，$x \geq 1$，則我們很容易知道函數 f 在區間 $[1, \infty)$ 上之函數值為正數、函數 f 在區間 $[1, \infty)$ 上連續且函數 f 在區間 $[1, \infty)$ 上遞減。

因為 $\int_1^\infty \dfrac{1}{x}\,dx = \infty$（請參考 7-1 節之範例 1），所以調和級數 $\sum_{n=1}^\infty \dfrac{1}{n}$ 發散。

範例 2

利用積分檢定法判定級數 $\sum_{n=1}^{\infty} ne^{-n^2}$ 之收斂或發散。

解 設函數 $f(x) = xe^{-x^2}$，$x \geq 1$，則我們很容易知道函數 f 在區間 $[1,\infty)$ 上之函數值為正數且函數 f 在區間 $[1,\infty)$ 上連續。

由於

$$f'(x) = \frac{d}{dx} xe^{-x^2} = xe^{-x^2}(-2x) + e^{-x^2} = e^{-x^2}(1-2x^2) < 0 \quad \forall \ x > 1$$

所以函數 f 在區間 $[1,\infty)$ 上也遞減。

因為

$$\int_1^{\infty} xe^{-x^2} dx = \lim_{t \to \infty} \int_1^t xe^{-x^2} dx = \lim_{t \to \infty} \left(-\frac{1}{2}\right) e^{-x^2} \Big|_1^t = \lim_{t \to \infty}\left[\left(-\frac{1}{2}\right)e^{-t^2} - \left(-\frac{1}{2}\right)e^{-1}\right] = \frac{e^{-1}}{2} < \infty$$

所以級數 $\sum_{n=1}^{\infty} ne^{-n^2}$ 收斂。

【註】積分檢定法在應用上，其區間可以是 $[n_0,\infty)$。(這裡的 $n_0 \in Z^+$)

範例 3

利用積分檢定法判定級數 $\sum_{n=2}^{\infty} \frac{\ln n}{n}$ 之收斂或發散。

解 設函數 $f(x) = \frac{\ln x}{x}$，$x \geq 2$，則我們很容易知道函數 f 在區間 $[2,\infty)$ 上之函數值為正數且函數 f 在區間 $[2,\infty)$ 上連續。

由於 $f'(x) = \frac{d}{dx} \frac{\ln x}{x} = \frac{x \cdot \frac{1}{x} - \ln x \cdot 1}{x^2} = \frac{1 - \ln x}{x^2} < 0 \quad \forall x > e$，所以函數 f 在區間 $[3,\infty)$ 上遞減。(3 為大於 e 的最小整數)

因為

$$\int_3^\infty \frac{\ln x}{x}\,dx = \lim_{t\to\infty}\int_3^t \frac{\ln x}{x}\,dx = \lim_{t\to\infty}\int_{\ln 3}^{\ln t} u\,du = \lim_{t\to\infty}\frac{u^2}{2}\bigg|_{\ln 3}^{\ln t} = \lim_{t\to\infty}\left[\frac{(\ln t)^2}{2} - \frac{(\ln 3)^2}{2}\right] = \infty$$

所以級數 $\sum_{n=2}^\infty \frac{\ln n}{n}$ 發散。

底下我們介紹非常有用的 p-級數。

Definition 9.2.2 (The p-Series)
For $p \in \mathbb{R}$, the series
$$\sum_{n=1}^\infty \frac{1}{n^p} = 1 + \frac{1}{2^p} + \frac{1}{3^p} + \cdots + \frac{1}{n^p} + \cdots$$
is called the p-series.

【註】當 $p=1$ 時，此級數 $\sum_{n=1}^\infty \frac{1}{n}$ 就是發散的調和級數。

接著，我們來看看 p-級數之斂散性。

Theorem 9.2.3
The p-series
$$\sum_{n=1}^\infty \frac{1}{n^p} = 1 + \frac{1}{2^p} + \frac{1}{3^p} + \cdots + \frac{1}{n^p} + \cdots$$
is convergent if $p > 1$, and it diverges if $p \leq 1$.

證明：(i) 設 $p \leq 0$。(我們利用發散檢定)

因為 $\lim_{n\to\infty}\frac{1}{n^p} = \lim_{n\to\infty} e^{(-p)\ln n} = \begin{cases} 1, & p=0 \\ \infty, & p<0 \end{cases}$，所以級數 $\sum_{n=1}^\infty \frac{1}{n^p}$ 發散。

(ii) 設 $p=1$，則級數 $\sum_{n=1}^\infty \frac{1}{n}$ 發散。

(iii) 設 $p>0$ 且 $p \neq 1$。(我們利用積分檢定)

設函數 $f(x) = \frac{1}{x^p}$，$x \geq 1$，則我們很容易知道函數 f 在區間 $[1,\infty)$ 上之函數值為正數且函數 f 在區間 $[1,\infty)$ 上連續。

(函數 $f(x) = \dfrac{1}{x^p} = e^{(-p)\ln x}$ 確實在區間 $[1,\infty)$ 上連續)

由於 $f'(x) = \dfrac{d}{dx}\dfrac{1}{x^p} = (-p)x^{-p-1} < 0 \quad \forall x > 1$，所以函數 f 在區間 $[1,\infty)$ 上遞減。

因為 $\displaystyle\int_1^\infty \dfrac{1}{x^p}\,dx = \lim_{t\to\infty}\int_1^t \dfrac{1}{x^p}\,dx = \begin{cases} \dfrac{1}{p-1}, & p > 1 \\ \infty, & 0 < p < 1 \end{cases}$。(請參考 7-1 節之範例 3)

所以級數 $\displaystyle\sum_{n=1}^\infty \dfrac{1}{n^p}$ 在 $p > 1$ 時收斂，而在 $0 < p < 1$ 時發散。

範例 4

(p-級數的應用)

級數 $\displaystyle\sum_{n=1}^\infty \dfrac{1}{n^2}$ 收斂，因為 $p = 2 > 1$。

級數 $\displaystyle\sum_{n=1}^\infty \dfrac{1}{\sqrt{n}}$ 發散，因為 $p = \dfrac{1}{2} \leq 1$。

級數 $\displaystyle\sum_{n=1}^\infty \dfrac{1}{n^{1.001}}$ 收斂，因為 $p = 1.001 > 1$。

習題演練

第 1 題至第 10 題，試利用積分檢定法判定下列級數之收斂或發散。

1. $\displaystyle\sum_{n=1}^\infty \dfrac{1}{1+n^2}$
2. $\displaystyle\sum_{n=1}^\infty \dfrac{n}{4+n^2}$
3. $\displaystyle\sum_{n=2}^\infty \dfrac{1}{n\ln n}$
4. $\displaystyle\sum_{n=1}^\infty \dfrac{\ln n}{n^2}$
5. $\displaystyle\sum_{n=1}^\infty \dfrac{1}{4n+5}$
6. $\displaystyle\sum_{n=1}^\infty \dfrac{1}{n(n+1)}$
7. $\displaystyle\sum_{n=1}^\infty \dfrac{1}{\sqrt{n}+9}$
8. $\displaystyle\sum_{n=1}^\infty ne^{-n}$
9. $\displaystyle\sum_{n=1}^\infty \dfrac{\tan^{-1} n}{1+n^2}$
10. $\displaystyle\sum_{n=2}^\infty \dfrac{1}{n(3n-5)}$

9-3 基本比較法與極限比較法

這一節我們將介紹兩個判定正項級數收斂或發散之方法，而這兩個方法在使用上比積分檢定法簡單。

Theorem 9.3.1 (Basic Comparison Test)

Let $\sum_{n=1}^{\infty} a_n$ and $\sum_{n=1}^{\infty} b_n$ be two positive term series.

(a) If $a_n \leq b_n$ for all $n \geq 1$, and if $\sum_{n=1}^{\infty} b_n$ converges, then $\sum_{n=1}^{\infty} a_n$ converges.

(b) If $a_n \geq b_n$ for all $n \geq 1$, and if $\sum_{n=1}^{\infty} b_n$ diverges, then $\sum_{n=1}^{\infty} a_n$ diverges.

證明：對每一個正整數 n，設 $S_n = \sum_{k=1}^{n} a_k$ 且 $T_n = \sum_{k=1}^{n} b_k$。

(a) 因為級數 $\sum_{n=1}^{\infty} b_n$ 收斂，所以極限 $\lim_{n\to\infty} T_n = T \in \mathbb{R}^+$。(當然，$T_n \leq T \ \forall n \geq 1$)

又因為 $a_n \leq b_n$，$\forall n \geq 1$，所以我們有 $S_n \leq T_n \leq T$，$\forall n \geq 1$。

因此，級數 $\sum_{n=1}^{\infty} a_n$ 就收斂了。

(b) 因為級數 $\sum_{n=1}^{\infty} b_n$ 發散，所以極限 $\lim_{n\to\infty} T_n = \infty$。

又因為 $a_n \geq b_n$，$\forall n \geq 1$，所以我們有 $S_n \geq T_n$，$\forall n \geq 1$。

因為 $\lim_{n\to\infty} T_n = \infty$，所以 $\lim_{n\to\infty} S_n = \infty$ (表示極限 $\lim_{n\to\infty} S_n$ 不存在)。

因此，級數 $\sum_{n=1}^{\infty} a_n$ 就發散了。

【註】如果 $\sum_{n=1}^{\infty} a_n$ 與 $\sum_{n=1}^{\infty} b_n$ 是兩個非負項的級數，本定理亦成立。

範例 1

試判定級數 $\sum_{n=1}^{\infty} \dfrac{1}{n2^n}$ 之收斂或發散。

解 因為 $\dfrac{1}{n2^n} \leq \dfrac{1}{2^n}$ $\forall n \geq 1$ 且幾何級數 $\sum_{n=1}^{\infty} \dfrac{1}{2^n}$ 收斂 $(r = \dfrac{1}{2} < 1)$，所以

級數 $\sum_{n=1}^{\infty} \dfrac{1}{n2^n}$ 收斂。

範例 2

試判定級數 $\sum_{n=1}^{\infty} \dfrac{1}{1+n^3}$ 之收斂或發散。

解 因為 $\dfrac{1}{1+n^3} \leq \dfrac{1}{n^3}$ $\forall n \geq 1$ 且 p-級數 $\sum_{n=1}^{\infty} \dfrac{1}{n^3}$ 收斂 $(p = 3 > 1)$，所以

級數 $\sum_{n=1}^{\infty} \dfrac{1}{1+n^3}$ 收斂。

範例 3

試判定級數 $\sum_{n=2}^{\infty} \dfrac{\ln n}{n}$ 之收斂或發散。

解 因為 $\dfrac{\ln n}{n} \geq \dfrac{1}{n}$ $\forall n \geq 3$ 且 p-級數 $\sum_{n=1}^{\infty} \dfrac{1}{n}$ 發散 $(p = 1 \leq 1)$，所以

級數 $\sum_{n=2}^{\infty} \dfrac{\ln n}{n}$ 發散。

範例 4

試判定級數 $\sum_{n=2}^{\infty} \dfrac{1}{\sqrt{n-1}}$ 之收斂或發散。

解 因為 $\dfrac{1}{\sqrt{n-1}} \geq \dfrac{1}{\sqrt{n}}$ $\forall n \geq 2$，且 p-級數 $\sum_{n=1}^{\infty} \dfrac{1}{\sqrt{n}}$ 發散 $(p = \dfrac{1}{2} \leq 1)$，所以

級數 $\sum_{n=2}^{\infty} \dfrac{1}{\sqrt{n-1}}$ 發散。

【註】有時題目稍微修改一下，則基本比較法可能就失敗了。

例如：

將範例 4 之級數改為 $\sum_{n=1}^{\infty} \dfrac{1}{\sqrt{n+1}}$ 時，不等式變成 $\dfrac{1}{\sqrt{n+1}} \leq \dfrac{1}{\sqrt{n}}$，$n \geq 1$，而此時級數 $\sum_{n=1}^{\infty} \dfrac{1}{\sqrt{n}}$ 是發散的，我們無法知道級數 $\sum_{n=1}^{\infty} \dfrac{1}{\sqrt{n+1}}$ 之斂散性，還好我們有下面的極限比較檢定法可以使用。

Theorem 9.3.1 (Limiting Comparison Test)

Let $\sum_{n=1}^{\infty} a_n$ and $\sum_{n=1}^{\infty} b_n$ be two positive term series.

(a) If $\lim\limits_{n\to\infty} \dfrac{a_n}{b_n} = L \in \mathbb{R}^+$, then $\sum_{n=1}^{\infty} a_n$ converges if and only if $\sum_{n=1}^{\infty} b_n$ converges.

(b) If $\lim\limits_{n\to\infty} \dfrac{a_n}{b_n} = 0$, then $\sum_{n=1}^{\infty} b_n$ converges implies $\sum_{n=1}^{\infty} a_n$ converges.

(c) If $\lim\limits_{n\to\infty} \dfrac{a_n}{b_n} = \infty$, then $\sum_{n=1}^{\infty} b_n$ diverges implies $\sum_{n=1}^{\infty} a_n$ diverges.

證明：(a) 給定 $\varepsilon = \dfrac{L}{2}$，因為 $\lim\limits_{n\to\infty} \dfrac{a_n}{b_n} = L$，所以必存在一個正整數 N 使得

$$n > N \Rightarrow \left| \dfrac{a_n}{b_n} - L \right| < \dfrac{L}{2} \text{。}$$

而 $\left| \dfrac{a_n}{b_n} - L \right| < \dfrac{L}{2} \Leftrightarrow L - \dfrac{L}{2} < \dfrac{a_n}{b_n} < L + \dfrac{L}{2} \Leftrightarrow \dfrac{L}{2} b_n < a_n < \dfrac{3L}{2} b_n$。

(i) 如果級數 $\sum_{n=1}^{\infty} b_n$ 收斂，則級數 $\sum_{n=1}^{\infty} \dfrac{3L}{2} b_n$ 也會收斂，再加上不等式

$$a_n < \dfrac{3L}{2} b_n, \ n > N，$$

我們由基本比較檢定法可知級數 $\sum_{n=1}^{\infty} a_n$ 收斂。

(ii) 如果級數 $\sum_{n=1}^{\infty} b_n$ 發散，則級數 $\sum_{n=1}^{\infty} \frac{L}{2} b_n$ 也會發散，再加上不等式

$a_n > \frac{L}{2} b_n$, $n > N$,

我們由基本比較檢定法可知級數 $\sum_{n=1}^{\infty} a_n$ 發散。

同理可證明：

(i) 如果級數 $\sum_{n=1}^{\infty} a_n$ 收斂，則級數 $\sum_{n=1}^{\infty} b_n$ 收斂。

(ii) 如果級數 $\sum_{n=1}^{\infty} a_n$ 發散，則級數 $\sum_{n=1}^{\infty} b_n$ 發散。

(b) 給定 $\varepsilon = 1$，因為 $\lim_{n \to \infty} \frac{a_n}{b_n} = 0$，所以必存在一個正整數 N 使得

$n > N \Rightarrow \left| \frac{a_n}{b_n} - 0 \right| < 1$。

而 $\left| \frac{a_n}{b_n} - 0 \right| < 1 \Leftrightarrow \frac{a_n}{b_n} < 1 \Leftrightarrow a_n < b_n$。

因為級數 $\sum_{n=1}^{\infty} b_n$ 收斂，再加上不等式 $a_n < b_n$, $n > N$，所以，由基本比較檢定法，級數 $\sum_{n=1}^{\infty} a_n$ 收斂。

(c) 給定 $P = 1$，因為 $\lim_{n \to \infty} \frac{a_n}{b_n} = \infty$，所以必存在一個正整數 N 使得

$n > N \Rightarrow \frac{a_n}{b_n} > 1$。

而 $\frac{a_n}{b_n} > 1 \Leftrightarrow a_n > b_n$。

因為級數 $\sum_{n=1}^{\infty} b_n$ 發散，再加上不等式 $a_n > b_n$, $n > N$，所以，由基本比較檢定法，級數 $\sum_{n=1}^{\infty} a_n$ 發散。

範例 5

試判定級數 $\sum_{n=1}^{\infty} \dfrac{1}{n2^n}$ 之收斂或發散。

解 因為 $\lim\limits_{n\to\infty} \dfrac{\frac{1}{n2^n}}{\frac{1}{2^n}} = \lim\limits_{n\to\infty} \dfrac{1}{n} = 0$，且級數 $\sum_{n=1}^{\infty} \dfrac{1}{2^n}$ 收斂 $(r=\dfrac{1}{2}<1)$，所以

級數 $\sum_{n=1}^{\infty} \dfrac{1}{n2^n}$ 收斂。

範例 6

試判定級數 $\sum_{n=1}^{\infty} \dfrac{1}{1+n^3}$ 之收斂或發散。

解 因為 $\lim\limits_{n\to\infty} \dfrac{\frac{1}{1+n^3}}{\frac{1}{n^3}} = \lim\limits_{n\to\infty} \dfrac{n^3}{1+n^3} = \lim\limits_{n\to\infty} \dfrac{1}{\frac{1}{n^3}+1} = 1 > 0$，且 p-級數 $\sum_{n=1}^{\infty} \dfrac{1}{n^3}$ 收斂 $(p=3>1)$，

所以級數 $\sum_{n=1}^{\infty} \dfrac{1}{1+n^3}$ 收斂。

範例 7

試判定級數 $\sum_{n=2}^{\infty} \dfrac{\ln n}{n}$ 之收斂或發散。

解 因為 $\lim\limits_{n\to\infty} \dfrac{\frac{\ln n}{n}}{\frac{1}{n}} = \lim\limits_{n\to\infty} \ln n = \infty$，且 p-級數 $\sum_{n=1}^{\infty} \dfrac{1}{n}$ 發散 $(p=1\leq 1)$，所以

級數 $\sum_{n=2}^{\infty} \dfrac{\ln n}{n}$ 發散。

範例 8

試判定級數 $\sum_{n=1}^{\infty} \dfrac{1}{\sqrt{n+1}}$ 之收斂或發散。

解 因為 $\lim_{n\to\infty} \dfrac{\frac{1}{\sqrt{n+1}}}{\frac{1}{\sqrt{n}}} = \lim_{n\to\infty} \dfrac{\sqrt{n}}{\sqrt{n+1}} = \lim_{n\to\infty} \dfrac{1}{1+\frac{1}{\sqrt{n}}} = 1 > 0$，且 p-級數 $\sum_{n=1}^{\infty} \dfrac{1}{\sqrt{n}}$ 發散

($p = \dfrac{1}{2} \le 1$)，所以級數 $\sum_{n=2}^{\infty} \dfrac{1}{\sqrt{n-1}}$ 發散。

範例 9

試判定級數 $\sum_{n=1}^{\infty} \dfrac{2n^2+n^3}{\sqrt{5n^7+3n^3}}$ 之收斂或發散。

解 因為 $\lim_{n\to\infty} \dfrac{\frac{2n^2+n^3}{\sqrt{5n^7+3n^3}}}{\frac{1}{\sqrt{n}}} = \lim_{n\to\infty} \dfrac{2n^{5/2}+n^{7/2}}{\sqrt{5n^7+3n^3}} = \lim_{n\to\infty} \dfrac{\frac{2}{n}+1}{\sqrt{5+\frac{3}{n^4}}} = \dfrac{1}{\sqrt{5}} > 0$ 且 p-級數

$\sum_{n=1}^{\infty} \dfrac{1}{\sqrt{n}}$ 發散 ($p=\dfrac{1}{2}\le 1$)，所以級數 $\sum_{n=1}^{\infty} \dfrac{2n^2+n^3}{\sqrt{5n^7+3n^3}}$ 發散。

【註】比較分子 $2n^2+n^3$ 與分母 $\sqrt{5n^7+3n^3}$ 之 n 的最高次方，我們可選擇

$b_n = \dfrac{n^3}{n^{7/2}} = \dfrac{1}{\sqrt{n}}$。

習題演練

・基本題

第 1 題至第 10 題，試利用基本比較法判定下列級數之收斂或發散。

1. $\sum_{n=1}^{\infty} \dfrac{1}{4+n^2}$
2. $\sum_{n=1}^{\infty} \dfrac{1}{3n-1}$
3. $\sum_{n=2}^{\infty} \dfrac{1}{\sqrt{n^2-1}}$

4. $\displaystyle\sum_{n=1}^{\infty}\frac{1}{5^n+3}$

5. $\displaystyle\sum_{n=1}^{\infty}\frac{1}{n!}$

6. $\displaystyle\sum_{n=1}^{\infty}\frac{1}{\sqrt{n(n+1)(n+2)}}$

7. $\displaystyle\sum_{n=1}^{\infty}\sin\left(\frac{1}{n^2}\right)$

8. $\displaystyle\sum_{n=1}^{\infty}\frac{3+\cos n}{n^3}$

9. $\displaystyle\sum_{n=1}^{\infty}\frac{\tan^{-1}n}{1+n^2}$

10. $\displaystyle\sum_{n=1}^{\infty}\frac{\ln n}{n^3}$

第 11 題至第 20 題，試利用極限比較法判定下列級數之收斂或發散。

11. $\displaystyle\sum_{n=3}^{\infty}\frac{1}{n^2-4}$

12. $\displaystyle\sum_{n=1}^{\infty}\frac{1}{3n+1}$

13. $\displaystyle\sum_{n=1}^{\infty}\frac{1}{\sqrt{n^2+1}}$

14. $\displaystyle\sum_{n=1}^{\infty}\frac{1}{5^n-3}$

15. $\displaystyle\sum_{n=1}^{\infty}\sin\left(\frac{1}{n}\right)$

16. $\displaystyle\sum_{n=1}^{\infty}\frac{n^2-3n+9}{\sqrt{2n^7+5}}$

17. $\displaystyle\sum_{n=1}^{\infty}\frac{n}{(n^2+9)5^n}$

18. $\displaystyle\sum_{n=1}^{\infty}\frac{2}{e^n+e^{-n}}$

19. $\displaystyle\sum_{n=1}^{\infty}\frac{\sqrt{n+1}-\sqrt{n}}{n}$

20. $\displaystyle\sum_{n=1}^{\infty}\frac{\ln n}{n^3}$

・進階題

21. 如果 $a_n>0$，$n\geq 1$ 且 $\displaystyle\sum_{n=1}^{\infty}a_n$ 收斂，試證明 $\displaystyle\sum_{n=1}^{\infty}a_n^2$ 亦收斂。

    (提示：利用極限比較法)

22. 如果 $\displaystyle\sum_{n=1}^{\infty}a_n$ 及 $\displaystyle\sum_{n=1}^{\infty}b_n$ 都是正項級數且都收斂，試證明 $\displaystyle\sum_{n=1}^{\infty}a_nb_n$ 亦收斂。

    (提示：$a_nb_n=\dfrac{1}{2}[(a_n+b_n)^2-a_n^2-b_n^2]$)

23. 如果 $a_n\geq 0$，$n\geq 1$ 且 $\displaystyle\sum_{n=1}^{\infty}a_n$ 收斂，試證明 $\displaystyle\sum_{n=1}^{\infty}a_n^2$ 亦收斂。

    (提示：利用 $\displaystyle\lim_{n\to\infty}a_n=0$)

9-4 交錯級數

這一節我們將介紹交錯級數及其檢定法，最後再介紹交錯級數之和的估計方法。

Definition 9.4　(Definition of an Alternating Series)

Let $a_n > 0$, $n \geq 1$.

An alternating series is a series of the form

$$\sum_{n=1}^{\infty}(-1)^{n-1}a_n = a_1 - a_2 + a_3 - a_4 + \cdots$$

or　$\sum_{n=1}^{\infty}(-1)^{n}a_n = -a_1 + a_2 - a_3 + a_4 - \cdots$

【註】由於 $\sum_{n=1}^{\infty}(-1)^n a_n = -\sum_{n=1}^{\infty}(-1)^{n-1}a_n$，所以此二級數同時收斂或發散。因此，我們後面的定理所討論的交錯級數是級數 $\sum_{n=1}^{\infty}(-1)^{n-1}a_n = a_1 - a_2 + a_3 - a_4 + \cdots$。

範例 1

下面兩個級數都是交錯級數：

(a) $\sum_{n=1}^{\infty}(-1)^{n-1}\dfrac{1}{\sqrt{n}} = 1 - \dfrac{1}{\sqrt{2}} + \dfrac{1}{\sqrt{3}} - \dfrac{1}{\sqrt{4}} + \cdots$（為了方便，我們定義 $(-1)^0 = 1$）

(b) $\sum_{n=1}^{\infty}(-1)^{n}\dfrac{n}{n^2+1} = -\dfrac{1}{2} + \dfrac{2}{5} - \dfrac{3}{10} + \dfrac{4}{17} - \cdots$

交錯級數有屬於它自己的檢定方法，請看下面的定理。

> **Theorem 9.4.1**
>
> If an alternating series
>
> $$\sum_{n=1}^{\infty}(-1)^{n-1}a_n = a_1 - a_2 + a_3 - a_4 + \cdots$$
>
> satisfying (i) $a_n \geq a_{n+1}$, $n \geq 1$ and (ii) $\lim\limits_{n \to \infty} a_n = 0$, then the series converges.

證明：設 $S_n = \sum\limits_{k=1}^{n}(-1)^{n-1}a_n$，$n \geq 1$，我們想證明極限 $\lim\limits_{n \to \infty} S_n$ 存在。

我們先考慮序列 $\{S_n\}$ 之子序列 $\{S_{2n}\}$ 或 $\{S_2, S_4, S_6, S_8, \cdots\}$。

對於任意的正整數 n，由於

$$S_{2n} = a_1 - a_2 + a_3 - a_4 + \cdots + a_{2n-1} - a_{2n}$$

$$\leq a_1 - a_2 + a_3 - a_4 + \cdots + a_{2n-1} - a_{2n} + a_{2n+1} - a_{2n+2} = S_{2(n+1)},$$

所以序列 $\{S_{2n}\}$ 是一個遞增序列。(此處 $a_{2n+1} - a_{2n+2} \geq 0$)

對於任意的正整數 n，又由於

$$S_{2n} = a_1 - a_2 + a_3 - a_4 + \cdots + a_{2n-1} - a_{2n}$$
$$= a_1 - (a_2 - a_3) - (a_4 - a_5) - \cdots - (a_{2n-2} - a_{2n-1}) - a_{2n} \leq a_1,$$

所以序列 $\{S_{2n}\}$ 有一個上界 a_1。

因此，利用單調收斂定理，極限 $\lim\limits_{n \to \infty} S_{2n}$ 存在，記成 $\lim\limits_{n \to \infty} S_{2n} = S$。

接著我們再考慮序列 $\{S_n\}$ 之子序列 $\{S_{2n+1}\}$ 或 $\{S_3, S_5, S_7, S_9, \cdots\}$。則我們有

$$\lim_{n \to \infty} S_{2n+1} = \lim_{n \to \infty}(S_{2n} + a_{2n+1}) = \lim_{n \to \infty} S_{2n} + \lim_{n \to \infty} a_{2n+1} = S + 0 = S。$$

($\lim\limits_{n \to \infty} a_n = 0 \overset{\uparrow}{\Rightarrow} \lim\limits_{n \to \infty} a_{2n+1} = 0$)

因為極限 $\lim\limits_{n \to \infty} S_{2n} = S$ 且極限 $\lim\limits_{n \to \infty} S_{2n+1} = S$，所以極限 $\lim\limits_{n \to \infty} S_n = S$。

換言之，交錯級數 $\sum\limits_{n=1}^{\infty}(-1)^{n-1}a_n$ 就收斂了。

【註】如果序列 $\{a_n\}$ 為一個遞減序列且極限 $\lim\limits_{n \to \infty} a_n = 0$，則兩個交錯級數 $\sum\limits_{n=1}^{\infty}(-1)^{n-1}a_n$ 及 $\sum\limits_{n=1}^{\infty}(-1)^{n}a_n$ 都會收斂。

範例 2

試判定交錯級數 $\sum_{n=1}^{\infty}(-1)^{n-1}\dfrac{1}{n}$ 之收斂或發散。

解 設 $a_n = \dfrac{1}{n}, n \geq 1$。因為 $a_n = \dfrac{1}{n} \geq \dfrac{1}{n+1} = a_{n+1}, n \geq 1$ 且 $\lim\limits_{n \to \infty} a_n = \lim\limits_{n \to \infty} \dfrac{1}{n} = 0$，

所以交錯級數 $\sum_{n=1}^{\infty}(-1)^{n-1}\dfrac{1}{n}$ 收斂。

範例 3

試判定交錯級數 $\sum_{n=1}^{\infty}(-1)^{n-1}\dfrac{n}{n^2+1}$ 之收斂或發散。

解 設 $a_n = \dfrac{n}{n^2+1}, n \geq 1$。

(i) 我們證明序列 $\{a_n\}$ 為一個遞減序列。(請參考 8-3 節之範例 2)

設 $f(x) = \dfrac{x}{x^2+1}$，$x \geq 1$（此時，$f(n) = a_n = \dfrac{n}{n^2+1}$，$n \geq 1$）

因為 $f'(x) = \dfrac{(x^2+1) \cdot 1 - x \cdot 2x}{(x^2+1)^2} = \dfrac{1-x^2}{(x^2+1)^2} < 0 \quad \forall x > 1$，

所以函數 f 在區間 $[1, \infty)$ 上遞減。

因為對每一個正整數 n，我們有 $a_n = f(n) \geq f(n+1) = a_{n+1}$，

因此，序列 $\left\{\dfrac{n}{n^2+1}\right\}$ 為一個遞減序列。

(ii) $\lim\limits_{n \to \infty} \dfrac{n}{n^2+1} = \lim\limits_{n \to \infty} \dfrac{\dfrac{1}{n}}{1+\dfrac{1}{n^2}} = \dfrac{0}{1+0} = 0$。

因此，由 (i) 及 (ii)，交錯級數 $\sum_{n=1}^{\infty}(-1)^{n-1}\dfrac{n}{n^2+1}$ 收斂。

範例 4

試判定交錯級數 $\sum_{n=1}^{\infty}(-1)^{n-1}\dfrac{2n+5}{3n+1}$ 之收斂或發散。

解（利用發散檢定）

因為 $\lim\limits_{n\to\infty}\dfrac{2n+5}{3n+1}=\lim\limits_{n\to\infty}\dfrac{2+\dfrac{5}{n}}{3+\dfrac{1}{n}}=\dfrac{2+0}{3+0}=\dfrac{2}{3}\neq 0$，所以交錯級數 $\sum_{n=1}^{\infty}(-1)^{n-1}\dfrac{2n+5}{3n+1}$ 發散。

【註】如果極限 $\lim\limits_{n\to\infty}\dfrac{2n+5}{3n+1}\neq 0$，則極限 $\lim\limits_{n\to\infty}(-1)^{n-1}\dfrac{2n+5}{3n+1}\neq 0$。

這一節結束之前，我們討論交錯級數之和的估計方法。

如果交錯級數 $\sum_{n=1}^{\infty}(-1)^{n-1}a_n=a_1-a_2+a_3-a_4+\cdots$ 滿足：(i) $a_n\geq a_{n+1}$，$n\geq 1$，且 (ii) $\lim\limits_{n\to\infty}a_n=0$，則我們已證明其部分和子序列 $\{S_2,S_4,S_6,S_8,\cdots\}$ 為一個遞增序列且 $\lim\limits_{n\to\infty}S_{2n}=S\in\mathbb{R}$。同樣道理，我們亦可證明其部分和子序列 $\{S_3,S_5,S_7,S_9,\cdots\}$ 為一個遞減序列且 $\lim\limits_{n\to\infty}S_{2n+1}=S\in\mathbb{R}$。（參考圖 9-2）

```
←———•—•—————————→
 S₂  S₄  S₆  ⋯  S  ⋯  S₇  S₃  S₁
```

$$\begin{array}{c}
\xrightarrow{\quad S_n\ \ S\ \ S_{n+1}\quad}\ (n=2,4,6,\cdots)\\
|S_n-S|\leq S_{n+1}-S_n=a_{n+1}
\end{array}$$

$$\begin{array}{c}
\xrightarrow{\quad S_{n+1}\ \ S\ \ S_n\quad}\ (n=1,3,5,\cdots)\\
|S_n-S|\leq S_n-S_{n+1}=a_{n+1}
\end{array}$$

圖 9-2　交錯級數之 S_{2n} 與 S_{2n+1}

對任意的正整數 n，此時，n 可能是偶數或奇數。

① 如果 n 是偶數，此時 $S_n < S$ 且 $S_{n+1} > S$，則我們有

$|S_n - S| \leq S_{n+1} - S_n = a_{n+1}$。

② 如果 n 是奇數，此時 $S_n > S$ 且 $S_{n+1} < S$，則我們有

$|S_n - S| \leq S_n - S_{n+1} = a_{n+1}$。

換言之，不管 n 是偶數或奇數，我們都有

$|S_n - S| \leq a_{n+1}$。

我們將以上之結果寫成一個定理。

Theorem 9.4.2

If an alternating series $\sum_{n=1}^{\infty}(-1)^{n-1}a_n$ satisfying

(i) $a_n \geq a_{n+1}$, $n \geq 1$ and (ii) $\lim_{n \to \infty} a_n = 0$, then $|S_n - S| \leq a_{n+1}$, where

$S_n = \sum_{k=1}^{n}(-1)^{n-1}a_k$ and $\sum_{n=1}^{\infty}(-1)^{n-1}a_n = S$.

範例 5

我們已知交錯級數 $\sum_{n=1}^{\infty}(-1)^{n-1}\dfrac{1}{n}$ 滿足 (i) $\dfrac{1}{n} \geq \dfrac{1}{n+1}$，$n \geq 1$ 及 (ii) $\lim_{n \to \infty}\dfrac{1}{n} = 0$，

所以此交錯級數 $\sum_{n=1}^{\infty}(-1)^{n-1}\dfrac{1}{n}$ 收斂，其和記成 S，即 $\sum_{n=1}^{\infty}(-1)^{n-1}\dfrac{1}{n} = S$。

由定理 9.4.2，我們可得

$\left|\sum_{k=1}^{n}(-1)^{k-1}\dfrac{1}{k} - S\right| = |S_n - S| \leq \dfrac{1}{n+1}$。

例如：① $|S_{101} - S| \leq \dfrac{1}{101+1} = \dfrac{1}{102} \approx 0.0098 < 0.5 \cdot 10^{-1}$

（表示利用 S_{101} 估計 S，可以精確至小數點以下第 1 位）

② $|S_{2006} - S| \leq \dfrac{1}{2006+1} = \dfrac{1}{2007} \approx 0.000498 < 0.5 \cdot 10^{-3}$

（表示利用 S_{2006} 估計 S，可以精確至小數點以下第 3 位）

【註】如果 $|S_n - S| < a_{n+1} < 0.5 \cdot 10^{-k}$，$k \in Z^+$，則表示利用 S_n 估計 S，可以精確至小數點以下第 k 位。（這是一般的定義）

習題演練

・基本題

第 1 題至第 10 題，試判定下列交錯級數之收斂或發散。

1. $\sum_{n=1}^{\infty}(-1)^{n-1}\dfrac{1}{\sqrt{n}}$

2. $\sum_{n=2}^{\infty}(-1)^{n}\dfrac{1}{n\ln n}$

3. $\sum_{n=1}^{\infty}(-1)^{n-1}\dfrac{\sqrt{n}}{n+4}$

4. $\sum_{n=1}^{\infty}(-1)^{n}\dfrac{n^n}{n!}$

5. $\sum_{n=1}^{\infty}(-1)^{n}\dfrac{n^2}{n^2+1}$

6. $\sum_{n=1}^{\infty}(-1)^{n}\dfrac{\ln n}{n}$

7. $\sum_{n=1}^{\infty}(-1)^{n}\dfrac{e^n}{n^3}$

8. $\sum_{n=1}^{\infty}(-1)^{n}\ln\left(1+\dfrac{1}{n}\right)$

9. $\sum_{n=1}^{\infty}(-1)^{n-1}\dfrac{1}{\ln(n+1)}$

10. $\sum_{n=1}^{\infty}(-1)^{n}\ln\dfrac{2n+3}{2n+1}$

第 11 題至第 14 題，試估計下列交錯級數之和精確至小數點以下第三位。

11. $\sum_{n=1}^{\infty}(-1)^{n-1}\dfrac{1}{\sqrt{n}}$

12. $\sum_{n=1}^{\infty}(-1)^{n-1}\dfrac{1}{n^2}$

13. $\sum_{n=1}^{\infty}(-1)^{n-1}\dfrac{1}{n\,2^n}$

14. $\sum_{n=1}^{\infty}(-1)^{n-1}\dfrac{1}{2^n\,n!}$

・進階題

15. 如果 $p > 0$，試證明交錯的 p-級數 $\sum_{n=1}^{\infty}(-1)^{n-1}\dfrac{1}{n^p}$ 收斂。

16. (a) 如果級數 $\sum_{n=1}^{\infty}a_n$ 收斂且級數 $\sum_{n=1}^{\infty}b_n$ 收斂，則級數 $\sum_{n=1}^{\infty}a_n b_n$ 是否一定收斂？

(b) 如果級數 $\sum_{n=1}^{\infty}a_n$ 發散且級數 $\sum_{n=1}^{\infty}b_n$ 發散，則級數 $\sum_{n=1}^{\infty}a_n b_n$ 是否一定發散？

(c) 如果級數 $\sum_{n=1}^{\infty}a_n$ 收斂，則級數 $\sum_{n=1}^{\infty}(-1)^n a_n$ 是否一定收斂？

17. 試判定下列交錯級數之收斂或發散。

(a) $\sum_{n=1}^{\infty}(-1)^{n-1}\dfrac{(\ln n)^k}{n}$ $(k \in Z^+)$

(b) $\sum_{n=1}^{\infty}(-1)^{n-1}\dfrac{1}{n^{1/k}}$ $(k \in \mathbb{R}^+)$

9-5　絕對收斂與條件收斂

這一節我們將討論級數（不一定是正項級數）之收斂型態及介紹絕對收斂檢定法，最後再介紹比值檢定法及根式檢定法。

我們先看看甚麼是絕對收斂及條件收斂。

Definition 9.5.1

(a) An infinite series $\sum_{n=1}^{\infty} a_n$ is said to be absolutely convergent if the series $\sum_{n=1}^{\infty} |a_n| = |a_1| + |a_2| + |a_3| + \cdots$ is convergent.

(b) An infinite series $\sum_{n=1}^{\infty} a_n$ is said to be conditionally convergent if $\sum_{n=1}^{\infty} a_n$ is convergent, but $\sum_{n=1}^{\infty} |a_n|$ is divergent.

範例 1

(a) 級數 $\sum_{n=1}^{\infty} (-1)^{n-1} \dfrac{1}{n^2}$ 為絕對收斂，因為級數 $\sum_{n=1}^{\infty} \left|(-1)^{n-1} \dfrac{1}{n^2}\right| = \sum_{n=1}^{\infty} \dfrac{1}{n^2}$ 收斂 $(p = 2 > 1)$。

(b) 級數 $\sum_{n=1}^{\infty} (-1)^{n-1} \dfrac{1}{n}$ 為條件收斂，因為級數 $\sum_{n=1}^{\infty} (-1)^{n-1} \dfrac{1}{n}$ 收斂，但是級數 $\sum_{n=1}^{\infty} \left|(-1)^{n-1} \dfrac{1}{n}\right| = \sum_{n=1}^{\infty} \dfrac{1}{n}$ 發散。

接著我們介紹絕對收斂檢定法，而此方法交錯級數亦可使用。

Theorem 9.5.1　(Absolutely Convergent Test)

If the series $\sum_{n=1}^{\infty} a_n$ is absolutely convergent, then it is convergent.

證明：對每一個正整數 n，我們有不等式

$$0 \leq |a_n| - a_n \leq 2|a_n|$$

因為級數 $\sum_{n=1}^{\infty} a_n$ 絕對收斂，即級數 $\sum_{n=1}^{\infty} |a_n|$ 收斂，所以級數 $\sum_{n=1}^{\infty} 2|a_n|$ 也會收斂。因此，利用基本比較檢定法，級數 $\sum_{n=1}^{\infty} (|a_n| - a_n)$ 就收斂了。

因為級數 $\sum_{n=1}^{\infty} |a_n|$ 收斂及級數 $\sum_{n=1}^{\infty} (|a_n| - a_n)$ 也收斂，所以級數

$$\sum_{n=1}^{\infty} a_n = \sum_{n=1}^{\infty} [|a_n| - (|a_n| - a_n)]$$ 也就收斂了。

範例 2

判定級數 $\sum_{n=1}^{\infty} (-1)^{n-1} \frac{1}{n^2}$ 之收斂或發散。

解 方法 1：利用交錯級數檢定

因為 $\frac{1}{n^2} \geq \frac{1}{(n+1)^2}$ $\forall n \geq 1$，且 $\lim_{n \to \infty} \frac{1}{n^2} = 0$，所以交錯級數 $\sum_{n=1}^{\infty} (-1)^{n-1} \frac{1}{n^2}$ 收斂。

方法 2：利用絕對收斂檢定

因為 $\sum_{n=1}^{\infty} \left| (-1)^{n-1} \frac{1}{n^2} \right| = \sum_{n=1}^{\infty} \frac{1}{n^2}$ 收斂（$p = 2 > 1$），所以交錯級數 $\sum_{n=1}^{\infty} (-1)^{n-1} \frac{1}{n^2}$ 收斂。

絕對收斂檢定法有時可應用在非交錯級數之情況。（請看底下的例子）

範例 3

判定級數 $\sum_{n=1}^{\infty} \frac{\sin n}{n^{3/2}}$ 之收斂或發散。

解 因為 $0 \leq \left| \frac{\sin n}{n^{3/2}} \right| \leq \frac{1}{n^{3/2}}$ $\forall n \geq 1$，且級數 $\sum_{n=1}^{\infty} \frac{1}{n^{3/2}}$ 收斂（$p = \frac{3}{2} > 1$），

所以，利用基本比較檢定法，級數 $\sum_{n=1}^{\infty} \left| \frac{\sin n}{n^{3/2}} \right|$ 收斂。

因為級數 $\sum_{n=1}^{\infty} \left| \frac{\sin n}{n^{3/2}} \right|$ 收斂，所以級數 $\sum_{n=1}^{\infty} \frac{\sin n}{n^{3/2}}$ 也收斂。

最後，我們介紹如何判定一個級數絕對收斂的兩個方法，而這兩個方法也可應用於正項級數。在下一節計算冪級數之收斂半徑時，我們會利用這兩個方法。

Theorem 9.5.2 (The Ratio Test)

Let $\sum_{n=1}^{\infty} a_n$ be a series with nonzero terms.

(a) If $\lim_{n \to \infty} \left| \dfrac{a_{n+1}}{a_n} \right| = L < 1$, then the series $\sum_{n=1}^{\infty} a_n$ is absolutely convergent.

(b) If $\lim_{n \to \infty} \left| \dfrac{a_{n+1}}{a_n} \right| = L > 1$ or $\lim_{n \to \infty} \left| \dfrac{a_{n+1}}{a_n} \right| = \infty$, then the series $\sum_{n=1}^{\infty} a_n$ diverges.

證明：(我們只證明 (a))

因為 $\lim_{n \to \infty} \left| \dfrac{a_{n+1}}{a_n} \right| = L < 1$，所以給定一個正數 $\varepsilon = \dfrac{1-L}{2}$，必存在一個正整數 N 使得 $n > N \Rightarrow \left| \dfrac{a_{n+1}}{a_n} \right| < L + \dfrac{1-L}{2} = \dfrac{1+L}{2} < 1$。

$$\underset{0 \qquad\qquad L \;\; \frac{1+L}{2} \;\; 1}{\longleftrightarrow}$$

圖 9-3　比值檢定之參考圖

設 $r = \dfrac{1+L}{2}$，則

$$\left| \frac{a_{n+1}}{a_n} \right| < \frac{1+L}{2} \quad \forall n > N \Leftrightarrow \left| \frac{a_{n+1}}{a_n} \right| < r \quad \forall n > N \Leftrightarrow |a_{n+1}| < r|a_n| \quad \forall n > N \text{。}$$

因此，我們有 $\quad |a_{N+2}| < r|a_{N+1}|$

$$|a_{N+3}| < r|a_{N+2}| < r^2|a_{N+1}|$$

$$|a_{N+4}| < r|a_{N+3}| < r^3|a_{N+1}|$$

$$\vdots$$

$$|a_{N+m+1}| < r|a_{N+m}| < r^m|a_{N+1}| \quad (m \in Z^+)$$

因為級數 $\sum_{m=1}^{\infty} r^m |a_{N+1}| = |a_{N+1}| \sum_{m=1}^{\infty} r^m$ 收斂（$0 < r < 1$），所以級數 $\sum_{m=1}^{\infty} |a_{N+m+1}|$ 收斂，也因此級數 $\sum_{n=1}^{\infty} |a_n|$ 收斂。換言之，級數 $\sum_{n=1}^{\infty} a_n$ 絕對收斂。

Theorem 9.5.3 (The Root Test)

Let $\sum_{n=1}^{\infty} a_n$ be a series.

(a) If $\lim_{n \to \infty} \sqrt[n]{|a_n|} = L < 1$, then the series $\sum_{n=1}^{\infty} a_n$ is absolutely convergent.

(b) If $\lim_{n \to \infty} \sqrt[n]{|a_n|} = L > 1$ or $\lim_{n \to \infty} \sqrt[n]{|a_n|} = \infty$, then the series $\sum_{n=1}^{\infty} a_n$ diverges.

證明：(a) 部分請參考定理 9.5.2 (a) 之證明。

範例 4

判定級數 $\sum_{n=1}^{\infty} \dfrac{\sqrt{n}(-2)^n}{n!}$ 為絕對收斂或發散。

解 (利用比值檢定法)

因為 $\lim_{n \to \infty} \left| \dfrac{\dfrac{\sqrt{n+1}(-2)^{n+1}}{(n+1)!}}{\dfrac{\sqrt{n}(-2)^n}{n!}} \right| = \lim_{n \to \infty} \dfrac{\sqrt{n+1}}{\sqrt{n}} \cdot \dfrac{2}{n+1} = 1 \cdot 0 = 0 < 1$，所以

級數 $\sum_{n=1}^{\infty} \dfrac{\sqrt{n}(-2)^n}{n!}$ 為絕對收斂。(當然級數 $\sum_{n=1}^{\infty} \dfrac{\sqrt{n}(-2)^n}{n!}$ 也收斂)

範例 5

判定級數 $\sum_{n=1}^{\infty} \dfrac{(-2)^n}{n^3}$ 為絕對收斂或發散。

解 (利用比值檢定法或根式檢定法)

方法一：比值檢定法

因為 $\lim\limits_{n\to\infty} \left| \dfrac{\dfrac{(-2)^{n+1}}{(n+1)^3}}{\dfrac{(-2)^n}{n^3}} \right| = \lim\limits_{n\to\infty} \left(\dfrac{n}{n+1}\right)^3 \cdot 2 = 1^3 \cdot 2 = 2 > 1$，所以級數 $\sum\limits_{n=1}^{\infty} \dfrac{(-2)^n}{n^3}$ 發散。

【註】因為 $\lim\limits_{n\to\infty} \dfrac{n}{n+1} = \lim\limits_{n\to\infty} \dfrac{1}{1+\dfrac{1}{n}} = \dfrac{1}{1+0} = 1$ 且函數 $y = x^3$ 在 $x = 1$ 連續，所

以 $\lim\limits_{n\to\infty} \left(\dfrac{n}{n+1}\right)^3 = \left(\lim\limits_{n\to\infty} \dfrac{n}{n+1}\right)^3 = 1^3 = 1$。

方法二：根式檢定法

因為 $\lim\limits_{n\to\infty} \sqrt[n]{\left|\dfrac{(-2)^n}{n^3}\right|} = \lim\limits_{n\to\infty} \dfrac{2}{n^{3/n}} = \dfrac{2}{1} = 2 > 1$，所以級數 $\sum\limits_{n=1}^{\infty} \dfrac{(-2)^n}{n^3}$ 發散。

【註】因為 $\lim\limits_{n\to\infty} \dfrac{3}{n} \ln n = 0$ 且函數 $y = e^x$ 在 $x = 0$ 連續，所以

$\lim\limits_{n\to\infty} n^{3/n} = \lim\limits_{n\to\infty} e^{\frac{3}{n}\ln n} = e^{\lim\limits_{n\to\infty} \frac{3}{n}\ln n} = e^0 = 1$。

範例 6

試判定正項級數 $\sum\limits_{n=1}^{\infty} \dfrac{n!}{n^n}$ 之收斂或發散。

解 (利用基本比較法或比值檢定法)

方法 1：基本比較法

因為 $0 < \dfrac{n!}{n^n} = \dfrac{n \cdot (n-1) \cdots 2 \cdot 1}{n \cdot n \cdots n \cdot n} \leq \dfrac{2}{n^2}$ $\forall n \geq 1$，且級數 $\sum\limits_{n=1}^{\infty} \dfrac{2}{n^2} = 2 \sum\limits_{n=1}^{\infty} \dfrac{1}{n^2}$ 收

斂（$p = 2 > 1$），所以級數 $\sum\limits_{n=1}^{\infty} \dfrac{n!}{n^n}$ 收斂。

方法 2：比值檢定法

因為 $\lim\limits_{n\to\infty}\dfrac{\dfrac{(n+1)!}{(n+1)^{n+1}}}{\dfrac{n!}{n^n}}=\lim\limits_{n\to\infty}\dfrac{1}{\left(\dfrac{n+1}{n}\right)^n}=\lim\limits_{n\to\infty}\dfrac{1}{\left(1+\dfrac{1}{n}\right)^n}=\dfrac{1}{e}<1$，所以級數 $\sum\limits_{n=1}^{\infty}\dfrac{n!}{n^n}$ 收斂。

【註】因為 $\lim\limits_{x\to\infty}\left(1+\dfrac{1}{x}\right)^x=e$，所以 $\lim\limits_{n\to\infty}\left(1+\dfrac{1}{n}\right)^n=e$。($e\approx 2.71828$)

範例 7

試判定正項級數 $\sum\limits_{n=1}^{\infty}\left(\dfrac{3n+2}{4n+7}\right)^n$ 之收斂或發散。

解 (利用根式檢定法)

因為 $\lim\limits_{n\to\infty}\sqrt[n]{\left(\dfrac{3n+2}{4n+7}\right)^n}=\lim\limits_{n\to\infty}\dfrac{3n+2}{4n+7}=\lim\limits_{n\to\infty}\dfrac{3+\dfrac{2}{n}}{4+\dfrac{7}{n}}=\dfrac{3+0}{4+0}=\dfrac{3}{4}<1$，所以級數

$\sum\limits_{n=1}^{\infty}\left(\dfrac{3n+2}{4n+7}\right)^n$ 收斂。

這一節結束前，我們想說的是：當極限 $\lim\limits_{n\to\infty}\left|\dfrac{a_{n+1}}{a_n}\right|=1$ 或 $\lim\limits_{n\to\infty}\sqrt[n]{|a_n|}=1$ 時，這兩個檢定法全部失敗。此時，只好考慮其他的檢定法。

例如：

1. 級數 $\sum\limits_{n=1}^{\infty}\dfrac{1}{n}$ 發散，而極限 $\lim\limits_{n\to\infty}\left|\dfrac{\dfrac{1}{n+1}}{\dfrac{1}{n}}\right|=\lim\limits_{n\to\infty}\dfrac{n}{n+1}=1$。

2. 級數 $\sum\limits_{n=1}^{\infty}\dfrac{1}{n^2}$ 收斂，而極限 $\lim\limits_{n\to\infty}\left|\dfrac{\dfrac{1}{(n+1)^2}}{\dfrac{1}{n^2}}\right|=\lim\limits_{n\to\infty}\left(\dfrac{n}{n+1}\right)^2=\left(\lim\limits_{n\to\infty}\dfrac{n}{n+1}\right)^2=1^2=1$。

3. 級數 $\sum\limits_{n=1}^{\infty}\dfrac{1}{n}$ 發散，而極限 $\lim\limits_{n\to\infty}\sqrt[n]{\dfrac{1}{n}}=\lim\limits_{n\to\infty}\dfrac{1}{n^{1/n}}=\dfrac{1}{1}=1$。

4. 級數 $\sum\limits_{n=1}^{\infty}\dfrac{1}{n^2}$ 收斂，而極限 $\lim\limits_{n\to\infty}\sqrt[n]{\dfrac{1}{n^2}}=\lim\limits_{n\to\infty}\dfrac{1}{n^{2/n}}=\dfrac{1}{1}=1$。

範例 8

試判定正項級數 $\sum_{n=1}^{\infty} \dfrac{e^n n!}{n^n}$ 之收斂或發散。

解 首先，我們考慮比值檢定法。

由於 $\lim_{n\to\infty} \dfrac{\dfrac{e^{n+1}(n+1)!}{(n+1)^{n+1}}}{\dfrac{e^n n!}{n^n}} = \lim_{n\to\infty} \dfrac{e}{\left(\dfrac{n+1}{n}\right)^n} = \lim_{n\to\infty} \dfrac{e}{\left(1+\dfrac{1}{n}\right)^n} = \dfrac{e}{e} = 1$，所以比值檢定法失敗。

設序列 $a_n = \dfrac{e^n n!}{n^n}$，$n \geq 1$。

由於 $\dfrac{a_{n+1}}{a_n} = \dfrac{\dfrac{e^{n+1}(n+1)!}{(n+1)^{n+1}}}{\dfrac{e^n n!}{n^n}} = \dfrac{e}{\left(1+\dfrac{1}{n}\right)^n} > 1$ $\forall n \geq 1$，所以序列 $\{a_n\}_{n=1}^{\infty}$ 為一個遞增序列。

又由於 $a_1 = \dfrac{e^1 1!}{1^1} = e > 0$，所以極限 $\lim_{n\to\infty} a_n > 0$ 或極限 $\lim_{n\to\infty} a_n = \infty$。(當然極限 $\lim_{n\to\infty} a_n \neq 0$)

因此，由發散檢定法可知正項級數 $\sum_{n=1}^{\infty} \dfrac{e^n n!}{n^n}$ 發散。

【註】同理可知交錯級數 $\sum_{n=1}^{\infty} (-1)^n \dfrac{e^n n!}{n^n}$ 也必發散。

習題演練

・基本題

第 1 題至第 10 題，試判定下列級數為絕對收斂、條件收斂或發散。

1. $\sum_{n=1}^{\infty} (-1)^{n-1} \dfrac{1}{\sqrt{n}}$

2. $\sum_{n=2}^{\infty} (-1)^n \dfrac{1}{n \ln \sqrt{n}}$

3. $\sum_{n=1}^{\infty} (-1)^{n-1} \dfrac{\sqrt{n}}{n+4}$

4. $\displaystyle\sum_{n=1}^{\infty}(-1)^n \frac{n!}{n^n}$

5. $\displaystyle\sum_{n=1}^{\infty}\frac{(-5)^n}{n!}$

6. $\displaystyle\sum_{n=1}^{\infty}(-1)^n \frac{\ln n}{n}$

7. $\displaystyle\sum_{n=1}^{\infty}\frac{\sin(3n)}{n^3}$

8. $\displaystyle\sum_{n=1}^{\infty}\frac{\cos\left(\frac{n\pi}{6}\right)}{n\sqrt{n}}$

9. $\displaystyle\sum_{n=1}^{\infty}\left(\frac{1-3n}{5+7n}\right)^n$

10. $\displaystyle\sum_{n=1}^{\infty}(-1)^n \frac{n}{n^2+3}$

第 11 題至第 14 題,試判定下列正項級數為收斂或發散。

11. $\displaystyle\sum_{n=1}^{\infty}\frac{3^n}{n^2}$

12. $\displaystyle\sum_{n=1}^{\infty}\frac{2^n}{n!}$

13. $\displaystyle\sum_{n=1}^{\infty}\frac{\sqrt{n+1}}{n3^n}$

14. $\displaystyle\sum_{n=2}^{\infty}\left(\frac{\ln n}{n}\right)^n$

・進階題

第 15 題至第 18 題,試判定下列級數為絕對收斂、條件收斂或發散。

15. $\displaystyle\sum_{n=1}^{\infty}(-1)^{n-1}\frac{n!}{1\cdot 3\cdot 5\cdots(2n+1)}$

16. $\displaystyle\sum_{n=1}^{\infty}(-1)^{n-1}\frac{2^n n!}{1\cdot 3\cdot 5\cdots(2n+1)}$

17. $\displaystyle\sum_{n=1}^{\infty}(-1)^{n-1}\frac{1\cdot 3\cdot 5\cdots(2n-1)}{2\cdot 4\cdot 6\cdots(2n)}$

18. $\displaystyle\sum_{n=1}^{\infty}(-1)^{n-1}\frac{2^n n!}{5\cdot 8\cdot 11\cdots(3n+2)}$

19. (a) 如果級數 $\displaystyle\sum_{n=1}^{\infty}|a_n|$ 收斂,則證明級數 $\displaystyle\sum_{n=1}^{\infty}a_n^2$ 收斂。

 (b) 如果級數 $\displaystyle\sum_{n=1}^{\infty}a_n$ 收斂,則說明級數 $\displaystyle\sum_{n=1}^{\infty}a_n^2$ 不一定收斂。

 (c) 如果級數 $\displaystyle\sum_{n=1}^{\infty}a_n^2$ 收斂,則說明級數 $\displaystyle\sum_{n=1}^{\infty}a_n$ 不一定收斂。

9-6 冪級數

　　級數之基本概念在前 5 節已經討論得差不多了,這一節我們將更進一步討論包含變數之**冪級數**(power series)及其收斂之情況。

Definition 9.6.1 (Power Series in x)

A power series in x is a series of the form

$$\sum_{n=0}^{\infty} a_n x^n = a_0 + a_1 x + a_2 x^2 + \cdots + a_n x^n + \cdots$$

where $a_i \in \mathbb{R}$ for $i = 0, 1, 2, \cdots$, and x is a variable.

Definition 9.6.2 (Power Series in $x - a$)

A power series in $x - a$ is a series of the form

$$\sum_{n=0}^{\infty} a_n (x-a)^n = a_0 + a_1 (x-a) + a_2 (x-a)^2 + \cdots + a_n (x-a)^n + \cdots$$

where $a \in \mathbb{R}$, $a_i \in \mathbb{R}$ for $i = 0, 1, 2, \cdots$, and x is a variable.

【註】
1. 如果 $a = 0$，則 $\sum_{n=0}^{\infty} a_n (x-a)^n = \sum_{n=0}^{\infty} a_n (x-0)^n = \sum_{n=0}^{\infty} a_n x^n$。

2. 我們有興趣的是找出使得冪級數 $\sum_{n=0}^{\infty} a_n (x-a)^n$ 會收斂之變數 x 的最大範圍。很明顯地，冪級數 $\sum_{n=0}^{\infty} a_n x^n$ 在 $x = 0$ 一定收斂，而冪級數 $\sum_{n=0}^{\infty} a_n (x-a)^n$ 在 $x = a$ 也一定收斂。

我們底下利用 3 個範例來說明並引出冪級數之收斂定理。

範例 1

試找出使得冪級數 $\sum_{n=0}^{\infty} n! x^n$ 收斂之所有的 x 值。

解 當 $x \neq 0$ 時，因為 $\lim_{n \to \infty} \left| \frac{(n+1)! x^{n+1}}{n! x^n} \right| = \lim_{n \to \infty} (n+1)|x| = \infty$，

所以冪級數 $\sum_{n=0}^{\infty} n! x^n$ 發散。

因此，冪級數 $\sum_{n=0}^{\infty} n! x^n$ 只有在 $x = 0$ 時收斂。

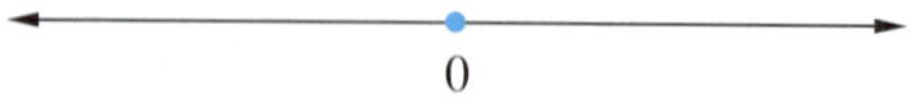

只有在 $x = 0$ 收斂

圖 9-4

範例 2

試找出使得冪級數 $\sum_{n=0}^{\infty} \dfrac{x^n}{n!}$ 收斂之所有的 x 值。

解 當 $x \neq 0$ 時，因為 $\lim\limits_{n \to \infty} \left| \dfrac{\dfrac{x^{n+1}}{(n+1)!}}{\dfrac{x^n}{n!}} \right| = \lim\limits_{n \to \infty} \dfrac{|x|}{n+1} = 0 < 1$，

所以冪級數 $\sum_{n=0}^{\infty} \dfrac{x^n}{n!}$ 絕對收斂。

因此，冪級數 $\sum_{n=0}^{\infty} \dfrac{x^n}{n!}$ 在 $x \in \mathbb{R}$ 時絕對收斂。

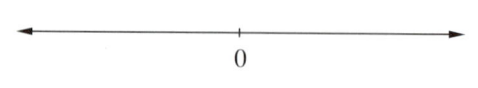

在整個 $\mathbb{R}$ 上絕對收斂

圖 9-5

【註】因為冪級數 $\sum_{n=0}^{\infty} \dfrac{x^n}{n!}$ 在 $x \in \mathbb{R}$ 時絕對收斂，所以冪級數 $\sum_{n=0}^{\infty} \left| \dfrac{x^n}{n!} \right|$ 在 $x \in \mathbb{R}$ 時收斂。因此，$\lim\limits_{n \to \infty} \left| \dfrac{x^n}{n!} \right| = 0 \quad \forall x \in \mathbb{R}$。（9-8 節會用到）

範例 3

試找出使得冪級數 $\sum_{n=1}^{\infty} \dfrac{(x-3)^n}{n2^n}$ 收斂之所有的 x 值。

解 (i) 當 $x \neq 3$ 時，因為 $\lim\limits_{n \to \infty} \left| \dfrac{\dfrac{(x-3)^{n+1}}{(n+1)2^{n+1}}}{\dfrac{(x-3)^n}{n2^n}} \right| = \lim\limits_{n \to \infty} \dfrac{n}{n+1} \cdot \dfrac{|x-3|}{2} = \dfrac{|x-3|}{2}$，

所以，由比值檢定法，當 $\dfrac{|x-3|}{2}<1$ 或 $|x-3|<2$ 時，

冪級數 $\sum_{n=1}^{\infty}\dfrac{(x-3)^n}{n2^n}$ 絕對收斂。

而當 $\dfrac{|x-3|}{2}>1$ 或 $|x-3|>2$ 時，冪級數 $\sum_{n=1}^{\infty}\dfrac{(x-3)^n}{n2^n}$ 發散。

此時，當 $1<x<5$ 時，冪級數 $\sum_{n=1}^{\infty}\dfrac{(x-3)^n}{n2^n}$ 絕對收斂。

($|x-3|<2 \Leftrightarrow -2<x-3<2 \Leftrightarrow 1<x<5$)

(ii) 因為當極限 $\lim\limits_{n\to\infty}\left|\dfrac{\dfrac{(x-3)^{n+1}}{(n+1)2^{n+1}}}{\dfrac{(x-3)^n}{n2^n}}\right|=1$ 時，比值檢定法是失敗的，所以我們必須

考慮 $\dfrac{|x-3|}{2}=1$ 或 $|x-3|=2$ 時，此冪級數之收斂或發散。

解方程式 $|x-3|=2$，我們得 $x=1$ 或 $x=5$。

① 如果 $x=1$，則級數 $\sum_{n=1}^{\infty}\dfrac{(1-3)^n}{n2^n}=\sum_{n=1}^{\infty}\dfrac{(-2)^n}{n2^n}=\sum_{n=1}^{\infty}(-1)^n\dfrac{1}{n}$ 收斂。

(因為 $\dfrac{1}{n}>\dfrac{1}{n+1}$，$n\geq 1$ 且 $\lim\limits_{n\to\infty}\dfrac{1}{n}=0$)

② 如果 $x=5$，則級數 $\sum_{n=1}^{\infty}\dfrac{(5-3)^n}{n2^n}=\sum_{n=1}^{\infty}\dfrac{2^n}{n2^n}=\sum_{n=1}^{\infty}\dfrac{1}{n}$ 發散（$p=1\leq 1$）。

因此，由 (i) 及 (ii) 可知，當 $1\leq x<5$ 時，冪級數 $\sum_{n=1}^{\infty}\dfrac{(x-3)^n}{n2^n}$ 收斂。

換言之，冪級數 $\sum_{n=1}^{\infty}\dfrac{(x-3)^n}{n2^n}$ 在區間 $[1,5)$ 上收斂。

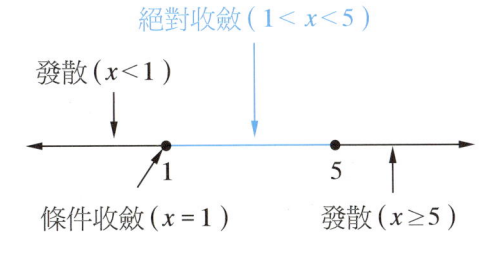

絕對收斂（$1<x<5$）

發散（$x<1$）

條件收斂（$x=1$）　　發散（$x\geq 5$）

圖 9-6

冪級數的所有收斂型態是不是只有上面所介紹的三種？答案是肯定的，請繼續看下去。

> **Theorem 9.6.1**
>
> (a) If a power series $\sum_{n=0}^{\infty} a_n(x-a)^n$ converges for a number $c \neq a$, then it is absolutely convergent whenever $|x-a| < |c-a|$.
>
> (b) If a power series $\sum_{n=0}^{\infty} a_n(x-a)^n$ diverges for a number $d \neq a$, then it is divergent whenever $|x-a| > |d-a|$.

證明：我們只證明 (a)。

因為級數 $\sum_{n=0}^{\infty} a_n(c-a)^n$ 收斂，所以 $\lim_{n \to \infty} a_n(c-a)^n = 0$。

由序列極限的定義，若給定 $\varepsilon = 1$，則必存在一個正整數 N 使得

$$n > N \Rightarrow |a_n(c-a)^n| < 1\text{。}$$

因此，當 $n > N$ 時，我們有

$$\left| a_n(x-a)^n \right| = \left| \frac{a_n(c-a)^n(x-a)^n}{(c-a)^n} \right| = \left| a_n(c-a)^n \right| \left(\left| \frac{x-a}{c-a} \right| \right)^n < \left(\left| \frac{x-a}{c-a} \right| \right)^n \quad \text{且}$$

當 $|x-a| < |c-a|$ 或 $\left| \dfrac{x-a}{c-a} \right| < 1$ 時，則幾何級數 $\sum_{n=N+1}^{\infty} \left(\left| \dfrac{x-a}{c-a} \right| \right)^n$ 會收斂。

因此，由基本比較檢定法，級數 $\sum_{n=N+1}^{\infty} \left| a_n(x-a)^n \right|$ 也會收斂。

也因此，當 $|x-a| < |c-a|$ 時，級數 $\sum_{n=0}^{\infty} \left| a_n(x-a)^n \right|$ 絕對收斂。

下面的定理說明冪級數的所有收斂型態確實只有三種。

Theorem 9.6.2 (Three Types of Convergence of the Power Series)

If $\sum_{n=0}^{\infty} a_n(x-a)^n$ is a power series in $x-a$, then exactly one of the following three statements is true：

(a) The power series $\sum_{n=0}^{\infty} a_n(x-a)^n$ converges only if $x=a$.

(b) The power series $\sum_{n=0}^{\infty} a_n(x-a)^n$ is absolutely convergent for all $x \in \mathbb{R}$.

(c) There exists a positive number R such that the power series $\sum_{n=0}^{\infty} a_n(x-a)^n$ is absolutely convergent if $|x-a| < R$ and it is divergent if $|x-a| > R$.

證明：如果 (a) 或 (b) 成立，則我們不用再多作說明。

如果 (a) 及 (b) 的情形都沒有發生，則必存在兩個不等於 a 的實數 c 及 d 使得冪級數 $\sum_{n=0}^{\infty} a_n(x-a)^n$ 在 $x=c$ 時收斂，而在 $x=d$ 時發散。由定理 9.6.1 可知下列兩個敘述會同時成立：

① 如果 $|x-a| < |c-a|$，則冪級數 $\sum_{n=0}^{\infty} a_n(x-a)^n$ 絕對收斂。

② 如果 $|x-a| > |d-a|$，則冪級數 $\sum_{n=0}^{\infty} a_n(x-a)^n$ 發散。

設集合 $S = \left\{ x-a \in \mathbb{R} \,\middle|\, 冪級數 \sum_{n=0}^{\infty} a_n(x-a)^n \; 絕對收斂 \right\}$。

由敘述 ② 可知，如果 $x-a \in S$，則 $|x-a| \leq |d-a|$，換言之，$|d-a|$ 是集合 S 的一個上界。

因為集合 S 不是一個空集合 (由敘述 ① 可知，$c-a \in S$)，所以由實數之完備性公設，集合 S 有一個最小上界，符號記成 R。

也因此，當 $|x-a| > R$ 時，則 $x-a \notin S$，冪級數 $\sum_{n=0}^{\infty} a_n(x-a)^n$ 發散。

而當 $|x-a| < R$ 時，則 $|x-a|$ 不是集合 S 的一個上界，此時一定存在一個實數 $b-a \in S$ 使得 $|x-a| < |b-a| < R$。

由基本比較檢定法可知，冪級數 $\sum_{n=0}^{\infty} a_n |x-a|^n$ 會收斂。

換言之，冪級數 $\sum_{n=0}^{\infty} a_n (x-a)^n$ 絕對收斂。

現在我們就可以定義冪級數的收斂半徑 R 及其收斂區間 I 了。

Definition 9.6.3 (The Radius and Interval of Convergence of a Power Series)

Let $\sum_{n=0}^{\infty} a_n (x-a)^n$ be a power series in $x-a$.

(a) If the power series converges only at $x=a$, then we define its radius convergence is $R=0$ and its interval of convergence is $I=\{a\}$.

(b) If the power series is absolutely convergent for all $x \in \mathbb{R}$, then we define its radius convergence is $R=\infty$ and its interval of convergence is $I=(-\infty,\infty)$ or $I=\mathbb{R}$.

(c) If the power series is absolutely convergent for $|x-a|<R \in \mathbb{R}^+$, then we define its radius convergence is R and its interval of convergence is $I=(a-R,a+R)$ or $I=[a-R,a+R)$ or $I=(a-R,a+R]$ or $I=[a-R,a+R]$ according to the convergence of the power series at $x=a-R$ and $x=a+R$.

【註】當 $x=a-R$ 或 $x=a+R$ 時，冪級數 $\sum_{n=0}^{\infty} a_n (x-a)^n$ 可能收斂，也可能發散。當它或它們收斂時，就可以放入收斂區間 I 內。

範例 4

由範例 1 ～ 範例 3 之結果，我們有

(a) 冪級數 $\sum_{n=0}^{\infty} n! x^n$ 之收斂半徑為 $R=0$ 且收斂區間為 $I=\{0\}$。

(b) 冪級數 $\sum_{n=0}^{\infty} \dfrac{x^n}{n!}$ 之收斂半徑為 $R=\infty$ 且收斂區間為 $I=\mathbb{R}$ 或 $I=(-\infty,\infty)$。

(c) 冪級數 $\sum_{n=1}^{\infty} \dfrac{(x-3)^n}{n2^n}$ 之收斂半徑為 $R=2$ 且收斂區間為 $I=[1,5)$。

範例 5

試找出冪級數 $\displaystyle\sum_{n=1}^{\infty}\frac{(-5)^n x^n}{\sqrt{n}}$ 之收斂半徑及收斂區間。

解 (i) 當 $x \neq 0$ 時，因為 $\displaystyle\lim_{n\to\infty}\left|\frac{\frac{(-5)^{n+1} x^{n+1}}{\sqrt{n+1}}}{\frac{(-5)^n x^n}{\sqrt{n}}}\right| = \lim_{n\to\infty}\sqrt{\frac{n}{n+1}}\cdot 5|x| = 5|x|$，

所以，由比值檢定法，當 $5|x|<1$ 或 $|x|<\dfrac{1}{5}$ 時，冪級數 $\displaystyle\sum_{n=1}^{\infty}\frac{(-5)^n x^n}{\sqrt{n}}$ 絕對收斂。而當 $5|x|>1$ 或 $|x|>\dfrac{1}{5}$ 時，冪級數 $\displaystyle\sum_{n=1}^{\infty}\frac{(x-3)^n}{n 2^n}$ 發散。

所以，冪級數 $\displaystyle\sum_{n=1}^{\infty}\frac{(-5)^n x^n}{\sqrt{n}}$ 之收斂半徑為 $R=\dfrac{1}{5}$。

(ii) 先計算兩個端點值，再分別判定此二端點值是否收斂。

解方程式 $|x|=\dfrac{1}{5}$，我們得 $x=-\dfrac{1}{5}$ 或 $x=\dfrac{1}{5}$。

① 如果 $x=-\dfrac{1}{5}$

則級數 $\displaystyle\sum_{n=1}^{\infty}\frac{(-5)^n\left(-\dfrac{1}{5}\right)^n}{\sqrt{n}}=\sum_{n=1}^{\infty}\frac{1}{\sqrt{n}}$ 發散 ($p=\dfrac{1}{2}\leq 1$)。

② 如果 $x=\dfrac{1}{5}$

則級數 $\displaystyle\sum_{n=1}^{\infty}\frac{(-5)^n\left(\dfrac{1}{5}\right)^n}{\sqrt{n}}=\sum_{n=1}^{\infty}(-1)^n\frac{1}{\sqrt{n}}$ 收斂。

(因為 $\dfrac{1}{\sqrt{n}}\geq\dfrac{1}{\sqrt{n+1}}$，$n\geq 1$ 且 $\displaystyle\lim_{n\to\infty}\frac{1}{\sqrt{n}}=0$)

因此，冪級數 $\displaystyle\sum_{n=1}^{\infty}\frac{(-5)^n x^n}{\sqrt{n}}$ 收斂區間為 $I=\left(-\dfrac{1}{5},\dfrac{1}{5}\right]$。

範例 6

試找出冪級數 $\sum_{n=0}^{\infty} \dfrac{n(x+5)^n}{2^{n+1}}$ 之收斂半徑及收斂區間。

解 (i) 當 $x \neq -5$ 時，因為 $\lim\limits_{n\to\infty} \left| \dfrac{\dfrac{(n+1)(x+5)^{n+1}}{2^{n+2}}}{\dfrac{n(x+5)^n}{2^{n+1}}} \right| = \lim\limits_{n\to\infty} \dfrac{n+1}{n} \cdot \dfrac{|x+5|}{2} = \dfrac{|x+5|}{2}$，

所以，由比值檢定法，當 $\dfrac{|x+5|}{2} < 1$ 或 $|x+5| < 2$ 時，冪級數 $\sum_{n=0}^{\infty} \dfrac{n(x+5)^n}{2^{n+1}}$

絕對收斂。而當 $\dfrac{|x+5|}{2} > 1$ 或 $|x+5| > 2$ 時，冪級數 $\sum_{n=0}^{\infty} \dfrac{n(x+5)^n}{2^{n+1}}$ 發散。

所以，冪級數 $\sum_{n=0}^{\infty} \dfrac{n(x+5)^n}{2^{n+1}}$ 之收斂半徑為 $R = 2$。

(ii) 先計算兩個端點值，再分別判定此二端點值是否收斂。

解方程式 $|x+5| = 2$，我們得 $x = -7$ 或 $x = -3$。

① 如果 $x = -7$

則級數 $\sum_{n=0}^{\infty} \dfrac{n((-7)+5)^n}{2^{n+1}} = \sum_{n=0}^{\infty} \dfrac{n(-2)^n}{2^{n+1}} = \sum_{n=0}^{\infty} (-1)^n \dfrac{n}{2}$ 發散。

(因為 $\lim\limits_{n\to\infty} \dfrac{n}{2} = \infty$)

② 如果 $x = -3$

則級數 $\sum_{n=0}^{\infty} \dfrac{n((-3)+5)^n}{2^{n+1}} = \sum_{n=0}^{\infty} \dfrac{n 2^n}{2^{n+1}} = \sum_{n=0}^{\infty} \dfrac{n}{2}$ 發散。

($\lim\limits_{n\to\infty} \dfrac{n}{2} = \infty$)

因此，冪級數 $\sum_{n=1}^{\infty} \dfrac{(-5)^n x^n}{\sqrt{n}}$ 收斂區間為 $I = (-7, -3)$。

習題演練

・基本題

第 1 題至第 10 題，試找出下列冪級數之收斂半徑與收斂區間（考慮兩個端點）。

1. $\displaystyle\sum_{n=1}^{\infty}\frac{x^n}{n}$

2. $\displaystyle\sum_{n=0}^{\infty}\frac{(-1)^n x^n}{1+n^2}$

3. $\displaystyle\sum_{n=0}^{\infty}\frac{(3x)^n}{(2n)!}$

4. $\displaystyle\sum_{n=0}^{\infty}(-1)^n\frac{x^n}{4^n}$

5. $\displaystyle\sum_{n=1}^{\infty}(-1)^n\frac{(2x-1)^n}{\sqrt{n}}$

6. $\displaystyle\sum_{n=1}^{\infty}\frac{(x+2)^n}{n(n+1)}$

7. $\displaystyle\sum_{n=0}^{\infty}\frac{(n+1)(x-3)^n}{10^n}$

8. $\displaystyle\sum_{n=0}^{\infty}\frac{(x+5)^n}{3^n(n+1)}$

9. $\displaystyle\sum_{n=0}^{\infty}\frac{n!(x+3)^n}{2^n}$

10. $\displaystyle\sum_{n=2}^{\infty}\left(\frac{3}{4}\right)^{n-2}(x+4)^n$

・進階題

第 11 題至第 17 題，試找出下列冪級數之收斂半徑與收斂區間 (不考慮兩個端點)。

11. $\displaystyle\sum_{n=1}^{\infty}\frac{n!}{n^n}x^n$

12. $\displaystyle\sum_{n=0}^{\infty}\frac{3^n+n}{4^n+3}x^n$

13. $\displaystyle\sum_{n=1}^{\infty}\frac{n!}{1\cdot 3\cdot 5\cdots(2n-1)}x^n$

14. $\displaystyle\sum_{n=1}^{\infty}\frac{2\cdot 4\cdot 6\cdots(2n)}{4\cdot 7\cdot 10\cdots(3n+1)}x^n$

15. $\displaystyle\sum_{n=2}^{\infty}(-1)^n\frac{(3x+4)^n}{n\ln n}$

16. $\displaystyle\sum_{n=2}^{\infty}\frac{(x-1)^n}{(\ln n)^n}$

17. $\displaystyle\sum_{n=1}^{\infty}\left(\frac{n+1}{n}\right)^{n^2}x^n$

18. 如果冪級數 $\displaystyle\sum_{n=1}^{\infty}a_n x^n$ 之收斂半徑為 R，則試求冪級數 $\displaystyle\sum_{n=1}^{\infty}a_n x^{2n}$ 之收斂半徑？

19. 如果級數 $\displaystyle\sum_{n=1}^{\infty}|a_n|$ 收斂，則證明，對任意的 $x\in[-1,1]$，級數 $\displaystyle\sum_{n=1}^{\infty}a_n x^n$ 絕對收斂。

20. 如果冪級數 $\displaystyle\sum_{n=1}^{\infty}a_n(x-a)^n$ 之收斂區間為 $(a-R,a+R)$，則證明，當 $x=a+R$ 時，級數 $\displaystyle\sum_{n=1}^{\infty}a_n(x-a)^n$ 為條件收斂。

9-7 函數之冪級數表示

設冪級數 $\sum_{n=0}^{\infty} a_n(x-a)^n$ 之收斂區間為 I。則以區間 I 為定義域，我們定義一個實數函數 f 如下：

$$f(x) = \sum_{n=0}^{\infty} a_n(x-a)^n, x \in I。$$

此時，我們說函數 f 在區間為 I 上被冪級數 $\sum_{n=0}^{\infty} a_n(x-a)^n$ 所表示，也可以說冪級數 $\sum_{n=0}^{\infty} a_n(x-a)^n$ 在區間為 I 上表示一個函數 f。

範例 1

如果 $|x|<1$ 時，幾何級數 $\sum_{n=0}^{\infty} x^n$ 之和為 $S = \dfrac{1}{1-x}$。

因此，若設函數 $f(x) = \dfrac{1}{1-x}$，則我們有

$$f(x) = \sum_{n=0}^{\infty} x^n, |x|<1 \quad \text{或} \quad \dfrac{1}{1-x} = \sum_{n=0}^{\infty} x^n, |x|<1。$$

【註】雖然函數 $f(x) = \dfrac{1}{1-x}$ 只有在 $x=1$ 沒有定義，但是冪級數 $\sum_{n=0}^{\infty} x^n$ 只有在 $|x|<1$ 時收斂。因此，當函數 $f(x) = \dfrac{1}{1-x}$ 被寫成冪級數 $\sum_{n=0}^{\infty} x^n$ 之表現時，千萬要注意等式成立時之範圍。

● 冪級數之代入法 (Substitution of the Power Series)

現在我們可以利用範例 1 之結果，再利用簡單的代入法，就能夠得到一些有用的函數之冪級數表示。

範例 2

試找出函數 $f(x)=\dfrac{1}{1+x}$ 之冪級數表示。

解 因為 $\dfrac{1}{1-x}=\sum\limits_{n=0}^{\infty}x^n$, $|x|<1$，如果左邊等式中的 x 以 $-x$ 代入，則我們有

$$\dfrac{1}{1-(-x)}=\sum_{n=0}^{\infty}(-x)^n=\sum_{n=0}^{\infty}(-1)^n x^n, \ |-x|<1$$

或 $\dfrac{1}{1+x}=\sum\limits_{n=0}^{\infty}(-1)^n x^n, \ |x|<1$。 ($|-x|<1 \Leftrightarrow |x|<1$)

範例 3

試找出函數 $f(x)=\dfrac{1}{1+x^2}$ 之冪級數表示。

解 因為 $\dfrac{1}{1+x}=\sum\limits_{n=0}^{\infty}(-1)^n x^n$, $|x|<1$，如果左邊等式中的 x 以 x^2 代入，則我們有

$$\dfrac{1}{1+x^2}=\sum_{n=0}^{\infty}(-1)^n(x^2)^n=\sum_{n=0}^{\infty}(-1)^n x^{2n}, \ |x^2|<1$$

或 $\dfrac{1}{1+x^2}=\sum\limits_{n=0}^{\infty}(-1)^n x^{2n}, \ |x|<1$。 ($|x^2|<1 \Leftrightarrow (|x|)^2<1 \Leftrightarrow |x|<1$)

範例 4

試找出函數 $f(x)=\dfrac{1}{3+x}$ 之冪級數表示。

解 (i) $\dfrac{1}{3+x}=\dfrac{1}{3}\dfrac{1}{1+\dfrac{x}{3}}$

(ii) 因為 $\dfrac{1}{1+x}=\sum\limits_{n=0}^{\infty}(-1)^n x^n$, $|x|<1$，如果左邊等式中的 x 以 $\dfrac{x}{3}$ 代入，則我們

有 $\dfrac{1}{1+\dfrac{x}{3}}=\sum\limits_{n=0}^{\infty}(-1)^n\left(\dfrac{x}{3}\right)^n=\sum\limits_{n=0}^{\infty}(-1)^n\dfrac{x^n}{3^n}, \ \left|\dfrac{x}{3}\right|<1$

或 $\dfrac{1}{1+\dfrac{x}{3}} = \sum_{n=0}^{\infty}(-1)^n\left(\dfrac{x}{3}\right)^n = \sum_{n=0}^{\infty}(-1)^n\dfrac{x^n}{3^n}$ ，$|x|<3$。$\left(\left|\dfrac{x}{3}\right|<1 \Leftrightarrow |x|<3\right)$

因此，由 (i) 及 (ii)，我們可得

$$\dfrac{1}{3+x} = \dfrac{1}{3}\dfrac{1}{1+\dfrac{x}{3}} = \dfrac{1}{3}\sum_{n=0}^{\infty}(-1)^n\left(\dfrac{x}{3}\right)^n = \sum_{n=0}^{\infty}(-1)^n\dfrac{x^n}{3^{n+1}}$$，$|x|<3$。

範例 5

試找出函數 $f(x) = \dfrac{x^3}{3+x}$ 之冪級數表示。

解 由範例 4 之結果，我們有

$$\dfrac{x^3}{3+x} = x^3\dfrac{1}{3+x} = x^3\sum_{n=0}^{\infty}(-1)^n\dfrac{x^n}{3^{n+1}} = \sum_{n=0}^{\infty}(-1)^n\dfrac{x^{n+3}}{3^{n+1}}$$，$|x|<3$。

範例 6

如果 $\dfrac{1}{x} = \sum_{n=0}^{\infty}a_n(x-3)^n$，$|x-3|<R$，試求 a_n 及 R 之值。

解 我們已知 $\dfrac{1}{3+x} = \sum_{n=0}^{\infty}(-1)^n\dfrac{x^n}{3^{n+1}}$，$|x|<3$，如果左邊等式中的 x 以 $x-3$ 代入，我們得 $\dfrac{1}{3+(x-3)} = \sum_{n=0}^{\infty}(-1)^n\dfrac{(x-3)^n}{3^{n+1}}$，$|x-3|<3$。

因此，$\dfrac{1}{x} = \dfrac{1}{3+(x-3)} = \sum_{n=0}^{\infty}\dfrac{(-1)^n}{3^{n+1}}(x-3)^n$，$|x-3|<3$。

與 $\dfrac{1}{x} = \sum_{n=0}^{\infty}a_n(x-3)^n$，$|x-3|<R$ 比較，我們得 $a_n = \dfrac{(-1)^n}{3^{n+1}}$，$n \geq 0$ 且 $R = 3$。

冪級數之微分與積分 (Differentiation and Integration of the Power Series)

利用冪級數之逐項微分與逐項積分，我們可以得到更多的函數之冪級數表示。請看下面的定理。

Theorem 9.7

Let $\sum_{n=0}^{\infty} a_n(x-a)^n$ be a power series in $x-a$ with nonzero radius of convergence R. Define a function f on $(a-R, a+R)$ by

$$f(x) = \sum_{n=0}^{\infty} a_n(x-a)^n = a_0 + a_1(x-a) + a_2(x-a)^2 + \cdots.$$

Then the function f is differentiable on $(a-R, a+R)$ (and therefore continuous on $(a-R, a+R)$) and

(a) $f'(x) = \sum_{n=1}^{\infty} n a_n(x-a)^{n-1} = a_1 + 2a_2(x-a) + 3a_3(x-a)^2 + \cdots$

(b) $\int f(x)\,dx = C + \sum_{n=0}^{\infty} a_n \dfrac{(x-a)^{n+1}}{n+1} = C + a_0(x-a) + a_1\dfrac{(x-a)^2}{2} + a_2\dfrac{(x-a)^3}{3} + \cdots$

(b′) $\int_a^x f(t)\,dt = \sum_{n=0}^{\infty} \int_a^x a_n(t-a)^n\,dt = \sum_{n=0}^{\infty} a_n \dfrac{(x-a)^{n+1}}{n+1}$

$\qquad = a_0(x-a) + a_1\dfrac{(x-a)^2}{2} + a_2\dfrac{(x-a)^3}{3} + \cdots$

The radii of convergence of the power series in (a) and (b) or (b′) are both R。

【註】我們只介紹此定理之應用，而不去探討它的證明。

範例 7

我們已知 $\dfrac{1}{1-x} = \sum_{n=0}^{\infty} x^n$，$|x|<1$（$R=1>0$）且 $\dfrac{d}{dx}\dfrac{1}{1-x} = (-1)\dfrac{-1}{(1-x)^2} = \dfrac{1}{(1-x)^2}$。

因此，$\dfrac{1}{(1-x)^2} = \sum_{n=1}^{\infty} n x^{n-1} = 1 + 2x + 3x^2 + \cdots$，$|x|<1$。

範例 8

我們已知 $\dfrac{1}{(1-x)^2} = \sum_{n=1}^{\infty} n x^{n-1}$，$|x|<1$（$R=1>0$），且 $\dfrac{d}{dx}\dfrac{1}{(1-x)^2} = (-2)\dfrac{-1}{(1-x)^3}$

$\qquad = \dfrac{2}{(1-x)^3}$。

因此，$\dfrac{2}{(1-x)^3} = \sum_{n=2}^{\infty} n(n-1)x^{n-2} = 2 + 3\cdot 2x + 4\cdot 3x^2 + \cdots$ ，$|x|<1$。

範例 9

試找出函數 $f(x) = \ln(1+x)$ 在區間 $(-1,1)$ 上之冪級數表示。

解 方法 1：用不定積分

[解題技巧：$\displaystyle\int \dfrac{1}{1+x}\,dx = \ln(1+x) + C$ 及 $\dfrac{1}{1+x} = \sum_{n=0}^{\infty}(-1)^n x^n$，$|x|<1$]

由定理 9.7 之 (b) 可知

$$\ln(1+x) = \int \dfrac{1}{1+x}\,dx = \int \sum_{n=0}^{\infty}(-1)^n x^n\,dx = C + \sum_{n=0}^{\infty}(-1)^n \dfrac{x^{n+1}}{n+1}$$

$$= C + x - \dfrac{x^2}{2} + \dfrac{x^3}{3} - \dfrac{x^4}{4} + \cdots \quad , |x| < 1$$

或 $\ln(1+x) = C + x - \dfrac{x^2}{2} + \dfrac{x^3}{3} - \dfrac{x^4}{4} + \cdots$，$|x|<1$。

將 $x = 0$ 代入上面的等式，我們有 $\ln(1+0) = C$。因此，$C = 0$。

換言之，$\ln(1+x) = x - \dfrac{x^2}{2} + \dfrac{x^3}{3} - \dfrac{x^4}{4} + \cdots$，$|x|<1$。

方法 2：用定積分

[解題技巧：$\displaystyle\int_0^x \dfrac{1}{1+t}\,dt = \ln(1+x)$ 及 $\dfrac{1}{1+t} = \sum_{n=0}^{\infty}(-1)^n t^n$，$|t|<1$]

由定理 9.7 之 (b′) 可知

$$\ln(1+x) = \int_0^x \dfrac{1}{1+t}\,dt = \int_0^x \sum_{n=0}^{\infty}(-1)^n t^n\,dt = \sum_{n=0}^{\infty}(-1)^n \dfrac{x^{n+1}}{n+1}$$

$$= x - \dfrac{x^2}{2} + \dfrac{x^3}{3} - \dfrac{x^4}{4} + \cdots \quad, |x|<1 \text{。}$$

【註】(幾個簡單的應用)

由 $\ln(1+x) = \sum_{n=0}^{\infty}(-1)^n \dfrac{x^{n+1}}{n+1}$，$|x|<1$，我們有一些級數和之計算，例如：

1. $\ln\left(1 + \left(-\dfrac{1}{2}\right)\right) = \sum_{n=0}^{\infty}(-1)^n \dfrac{\left(-\dfrac{1}{2}\right)^{n+1}}{n+1} = -\sum_{n=0}^{\infty} \dfrac{1}{(n+1)2^{n+1}} = -\sum_{n=1}^{\infty} \dfrac{1}{n 2^n}$

或 $\sum_{n=1}^{\infty}\dfrac{1}{n2^n}=\ln 2$。($\ln\left(1+\left(-\dfrac{1}{2}\right)\right)=\ln\dfrac{1}{2}=-\ln 2$)

2. $\ln\left(1+\dfrac{1}{2}\right)=\sum_{n=0}^{\infty}(-1)^n\dfrac{\left(\dfrac{1}{2}\right)^{n+1}}{n+1}=\sum_{n=0}^{\infty}(-1)^n\dfrac{1}{(n+1)2^{n+1}}=\sum_{n=1}^{\infty}(-1)^{n-1}\dfrac{1}{n2^n}$

或 $\sum_{n=1}^{\infty}(-1)^{n-1}\dfrac{1}{n2^n}=\ln\dfrac{3}{2}$。

範例 10

試找出函數 $f(x)=\tan^{-1}x$ 在區間 $(-1,1)$ 上之冪級數表示。

解 第一種寫法（用不定積分）

[解題技巧：$\int\dfrac{1}{1+x^2}\,dx=\tan^{-1}x+C$ 及 $\dfrac{1}{1+x^2}=\sum_{n=0}^{\infty}(-1)^n x^{2n}$，$|x|<1$]

由定理 9.7 之 (b) 可知

$$\tan^{-1}x=\int\dfrac{1}{1+x^2}\,dx=\int\sum_{n=0}^{\infty}(-1)^n x^{2n}\,dx=C+\sum_{n=0}^{\infty}(-1)^n\dfrac{x^{2n+1}}{2n+1}$$

$$=C+x-\dfrac{x^3}{3}+\dfrac{x^5}{5}-\dfrac{x^7}{7}+\cdots,\ |x|<1$$

或 $\tan^{-1}x=C+x-\dfrac{x^3}{3}+\dfrac{x^5}{5}-\dfrac{x^7}{7}+\cdots,\ |x|<1$。

將 $x=0$ 代入上面的等式，我們有 $\tan^{-1}0=C$。因此，$C=0$。

換言之，$\tan^{-1}x=x-\dfrac{x^3}{3}+\dfrac{x^5}{5}-\dfrac{x^7}{7}+\cdots,\ |x|<1$。

方法 2：（用定積分）

[解題技巧：$\int_0^x\dfrac{1}{1+t^2}\,dt=\tan^{-1}x$ 及 $\dfrac{1}{1+t^2}=\sum_{n=0}^{\infty}(-1)^n t^{2n}$，$|t|<1$]

由定理 9.7 之 (b′) 可知

$$\tan^{-1}x=\int_0^x\dfrac{1}{1+t^2}\,dt=\int_0^x\sum_{n=0}^{\infty}(-1)^n t^{2n}\,dt=\sum_{n=0}^{\infty}(-1)^n\dfrac{x^{2n+1}}{2n+1}$$

$$=x-\dfrac{x^3}{3}+\dfrac{x^5}{5}-\dfrac{x^7}{7}+\cdots,\ |x|<1\ 。$$

範例 11

我們已知冪級數 $\sum_{n=0}^{\infty} \dfrac{x^n}{n!}$ 之收斂半徑為 $R = \infty$。

(a) 設 $f(x) = \sum_{n=0}^{\infty} \dfrac{x^n}{n!}$，$x \in \mathbb{R}$，說明 $f'(x) = f(x)$，$x \in \mathbb{R}$。

(b) 利用 (a) 證明 $e^x = \sum_{n=0}^{\infty} \dfrac{x^n}{n!}$，$x \in \mathbb{R}$。

解 (a) 因為冪級數 $\sum_{n=0}^{\infty} \dfrac{x^n}{n!}$ 之收斂半徑為 $R = \infty$，所以

$$f'(x) = \sum_{n=1}^{\infty} \dfrac{nx^{n-1}}{n!} = \sum_{n=1}^{\infty} \dfrac{x^{n-1}}{(n-1)!} = \sum_{n=0}^{\infty} \dfrac{x^n}{n!} = f(x),\ x \in \mathbb{R}。$$

(b) 因為 $\dfrac{d}{dx} \dfrac{f(x)}{e^x} = \dfrac{e^x f'(x) - f(x)e^x}{e^{2x}} = \dfrac{e^x f(x) - f(x)e^x}{e^{2x}} = 0 \quad \forall x \in \mathbb{R}$

所以必存在一個實數 C 使得 $\dfrac{f(x)}{e^x} = C$，$x \in \mathbb{R}$。

將 $x = 0$ 代入上面的等式，我們有 $C = \dfrac{f(0)}{e^0} = \dfrac{1}{1} = 1$。因此，

$$f(x) = e^x,\ x \in \mathbb{R}。$$

也因此，$e^x = \sum_{n=0}^{\infty} \dfrac{x^n}{n!}$，$x \in \mathbb{R}$。

習題演練

· **基本題**

第 1 題至第 6 題，若已知 $\dfrac{1}{1-x} = \sum_{n=0}^{\infty} x^n$，$|x| < 1$，試利用代入法找函數在 $a = 0$ 之冪級數表示，並指出其收斂範圍。

1. $f(x) = \dfrac{1}{1-2x}$
2. $f(x) = \dfrac{x}{1+x}$
3. $f(x) = \dfrac{x^2}{1-x^3}$
4. $f(x) = \dfrac{x^2}{2-5x}$
5. $f(x) = \dfrac{3}{4x+7}$
6. $f(x) = \dfrac{x^5}{16+x^4}$

第 7 題至第 10 題，若已知 $\dfrac{1}{1-x} = \sum\limits_{n=0}^{\infty} x^n$，$|x|<1$，試利用代入法找出函數在 $a = 2$ 之冪級數表示，並指出其收斂範圍。

7. $f(x) = \dfrac{1}{3-x}$

8. $f(x) = \dfrac{x}{3x+2}$

9. $f(x) = \dfrac{1}{1-2x}$

10. $f(x) = \dfrac{(x-2)^2}{2-5x}$

- **進階題**

第 11 題至第 16 題，若已知 $\dfrac{1}{1+x} = \sum\limits_{n=0}^{\infty} (-1)^n x^n$，$|x|<1$，試利用微分法或積分法找出函數在 $a = 0$ 之冪級數表示，並指出其收斂範圍。

11. $f(x) = \dfrac{-1}{(1+x)^2}$

12. $f(x) = \dfrac{2}{(1+x)^3}$

13. $f(x) = \ln(1+2x)$

14. $f(x) = \ln(5-2x)$

15. $f(x) = \tan^{-1}\left(\dfrac{x}{2}\right)$

16. $f(x) = \ln\left(\dfrac{1+2x}{1-3x}\right)$

17. 若已知 $\dfrac{1}{1-x} = \sum\limits_{n=0}^{\infty} x^n$，$|x|<1$，試找出下列級數之和：

(a) $\sum\limits_{n=1}^{\infty} \dfrac{n}{2^n}$

(b) $\sum\limits_{n=1}^{\infty} \dfrac{n^2}{2^n}$

18. 如果 $|x|<1$，試找出級數 $\sum\limits_{n=1}^{\infty} n^2 x^n$ 之和。

19. 設 $f(x) = xe^x$，試利用 $e^x = \sum\limits_{n=0}^{\infty} \dfrac{x^n}{n!}$，$x \in \mathbb{R}$ 及 $f'(1)$ 計算級數 $\sum\limits_{n=0}^{\infty} \dfrac{n+1}{n!}$ 之和。

20. 如果 $0 < p < 1$，試計算級數 $\sum\limits_{n=1}^{\infty} np(1-p)^n$ 之和。

9-8 麥克勞林級數與泰勒級數

這一節將討論函數的麥克勞林級數與泰勒級數。

Definition 9.8.1 (Taylor Series)

The power series
$$\sum_{n=0}^{\infty}\frac{f^{(n)}(a)}{n!}(x-a)^n = f(a)+f'(a)(x-a)+\frac{f''(a)}{2!}(x-a)^2+\frac{f'''(a)}{3!}(x-a)^3+\cdots$$
is called the Taylor series of the function f at a (or about a or centered at a).

【註】對每一個正整數 n，只要 $f^{(n)}(a)$ 都存在，函數 f 之泰勒級數為
$$\sum_{n=0}^{\infty}\frac{f^{(n)}(a)}{n!}(x-a)^n = f(a)+f'(a)(x-a)+\frac{f''(a)}{2!}(x-a)^2+\frac{f'''(a)}{3!}(x-a)^3+\cdots 。$$

我們很想知道什麼時候函數會等於它自己的泰勒級數？

Definition 9.8.2 (Maclaurin Series)

The power series
$$\sum_{n=0}^{\infty}\frac{f^{(n)}(0)}{n!}x^n = f(0)+f'(0)x+\frac{f''(0)}{2!}x^2+\frac{f'''(0)}{3!}x^3+\cdots$$
is called the Maclaurin series of the function f.

【註】麥克勞林級數就是函數 f 在 $a=0$ 展開的泰勒級數。而我們也很想知道什麼時候函數會等於它自己的麥克勞林級數。

我們分兩個方向來回答上面的問題。一個方向是先知道函數之冪級數表現，而另一個方向是從泰勒級數之定義著手，只是此方向的難度較高。底下是第一個方向的方法，而剛好 9-7 節的方法可以派上用場。

如果 $f(x)=\sum_{n=0}^{\infty}a_n(x-a)^n$，$|x-a|<R\ne 0$，則由定理 9.7 (a) 可得

$$f'(x)=\sum_{n=1}^{\infty}na_n(x-a)^{n-1}，|x-a|<R\ne 0$$

$$f''(x) = \sum_{n=2}^{\infty} n(n-1)a_n(x-a)^{n-2} \, , \, |x-a| < R \neq 0$$

$$f'''(x) = \sum_{n=3}^{\infty} n(n-1)(n-2)a_n(x-a)^{n-3} \, , \, |x-a| < R \neq 0$$

$$\vdots$$

$$f^{(k)}(x) = \sum_{n=k}^{\infty} n(n-1)\cdots(n-k+1)a_n(x-a)^{n-k} \, , \, |x-a| < R \neq 0$$

$$\vdots$$

因此，將 $x = a$ 代入等式 $f^{(k)}(x) = \sum_{n=k}^{\infty} n(n-1)\cdots(n-k+1)a_n(x-a)^{n-k}$ 中，

我們可得 $f^{(k)}(a) = k(k-1)\cdots 2 \cdot 1 a_k = k! a_k$，$k \geq 1$ 或 $a_n = \dfrac{f^{(n)}(a)}{n!}$，$n \geq 1$。

(當然，$a_0 = f^{(0)}(a) = f(a)$)

換言之，$f(x) = \sum_{n=0}^{\infty} \dfrac{f^{(n)}(a)}{n!}(x-a)^n$，$|x-a| < R$。

如此一來，函數就會等於它自己的泰勒級數了。

我們將此結果寫成定理。

Theorem 9.8.1

If $f(x) = \sum_{n=0}^{\infty} a_n(x-a)^n$，$|x-a| < R \neq 0$，then $a_n = \dfrac{f^{(n)}(a)}{n!}$，$n \geq 1$ and hence

$f(x) = \sum_{n=0}^{\infty} \dfrac{f^{(n)}(a)}{n!}(x-a)^n$，$|x-a| < R$。

範例 1

由定理 9.8.1，我們已經可以寫出很多函數之麥克勞林級數或泰勒級數表現，例如：(直接由 9-7 節之範例 1～範例 11)

1. $f(x) = \dfrac{1}{1-x} = \sum_{n=0}^{\infty} \dfrac{f^{(n)}(0)}{n!} x^n = \sum_{n=0}^{\infty} x^n$，$|x| < 1$

2. $f(x) = \dfrac{1}{1+x} = \sum_{n=0}^{\infty} \dfrac{f^{(n)}(0)}{n!} x^n = \sum_{n=0}^{\infty} (-1)^n x^n$，$|x| < 1$

3. $f(x) = \dfrac{1}{1+x^2} = \sum\limits_{n=0}^{\infty} \dfrac{f^{(n)}(0)}{n!} x^n = \sum\limits_{n=0}^{\infty} (-1)^n x^{2n}$, $|x| < 1$

4. $f(x) = \dfrac{1}{3+x} = \sum\limits_{n=0}^{\infty} \dfrac{f^{(n)}(0)}{n!} x^n = \sum\limits_{n=0}^{\infty} (-1)^n \dfrac{x^n}{3^{n+1}}$, $|x| < 3$

5. $f(x) = \dfrac{x^3}{3+x} = \sum\limits_{n=0}^{\infty} \dfrac{f^{(n)}(0)}{n!} x^n = \sum\limits_{n=0}^{\infty} (-1)^n \dfrac{x^{n+3}}{3^{n+1}}$, $|x| < 3$

6. $f(x) = \dfrac{1}{x} = \sum\limits_{n=0}^{\infty} \dfrac{f^{(n)}(3)}{n!} (x-3)^n = \sum\limits_{n=0}^{\infty} \dfrac{(-1)^n}{3^{n+1}} (x-3)^n$, $|x-3| < 3$

7. $f(x) = \dfrac{1}{(1-x)^2} = \sum\limits_{n=0}^{\infty} \dfrac{f^{(n)}(0)}{n!} x^n = \sum\limits_{n=1}^{\infty} n x^{n-1}$, $|x| < 1$

8. $f(x) = \dfrac{2}{(1-x)^3} = \sum\limits_{n=0}^{\infty} \dfrac{f^{(n)}(0)}{n!} x^n = \sum\limits_{n=2}^{\infty} n(n-1) x^{n-2}$, $|x| < 1$

9. $f(x) = \ln(1+x) = \sum\limits_{n=0}^{\infty} \dfrac{f^{(n)}(0)}{n!} x^n = \sum\limits_{n=0}^{\infty} (-1)^n \dfrac{x^{n+1}}{n+1}$, $|x| < 1$

10. $f(x) = \tan^{-1} x = \sum\limits_{n=0}^{\infty} \dfrac{f^{(n)}(0)}{n!} x^n = \sum\limits_{n=0}^{\infty} (-1)^n \dfrac{x^{2n+1}}{2n+1}$, $|x| < 1$

11. $f(x) = e^x = \sum\limits_{n=0}^{\infty} \dfrac{f^{(n)}(0)}{n!} x^n = \sum\limits_{n=0}^{\infty} \dfrac{x^n}{n!}$, $x \in \mathbb{R}$

【註】我們來驗證第 1 個等式：

設 $f(x) = \dfrac{1}{1-x}$ （當然 $f(0) = 1$），則

$f'(x) = \dfrac{1}{(1-x)^2} \Rightarrow f'(0) = 1$，$f''(x) = \dfrac{2!}{(1-x)^3} \Rightarrow f''(0) = 2!$，

$f'''(x) = \dfrac{3!}{(1-x)^4} \Rightarrow f'''(0) = 3!$，$f^{(4)}(x) = \dfrac{4!}{(1-x)^5} \Rightarrow f^{(4)}(0) = 4!$，

$f^{(n)}(x) = \dfrac{n!}{(1-x)^{n+1}} \Rightarrow f^{(n)}(0) = n!$，…

因此，$\sum\limits_{n=0}^{\infty} \dfrac{f^{(n)}(0)}{n!} x^n = \sum\limits_{n=0}^{\infty} \dfrac{n!}{n!} x^n = \sum\limits_{n=0}^{\infty} x^n$, $|x| < 1$。

有興趣之讀者可以驗證其他的等式。

【註】以上 11 個等式，有一些是很容易驗證的 (如：1, 2, 4, 6, 7, 8, 9, 11)，而其他幾個等式則不容易驗證，因為它們的高階導數不容易求得。

範例 2

設函數 $f(x) = \tan^{-1} x$，試計算 $f^{(11)}(0)$。

解 我們不可能去計算 $f^{(11)}(x)$，因此要另外想辦法。

由下列等式 $f(x) = \tan^{-1} x = \sum_{n=0}^{\infty} \dfrac{f^{(n)}(0)}{n!} x^n = \sum_{n=0}^{\infty} (-1)^n \dfrac{x^{2n+1}}{2n+1}$，$|x| < 1$，再比較 x^{11} 這一項的係數，我們可得 $\dfrac{f^{(11)}(0)}{(11)!} = \dfrac{(-1)^5}{2 \cdot 5 + 1} = -\dfrac{1}{11}$。

因此，$f^{(11)}(0) = -\dfrac{(11)!}{11} = -(10)!$。

當我們利用定義找到泰勒級數時，且知此冪級數之收斂半徑為 $R > 0$，我們的問題是函數與其泰勒級數是否一定相等？答案是否定的，請看下面的反例。

範例 3

設函數 $f(x) = \begin{cases} e^{-\frac{1}{x^2}}, & x \neq 0 \\ 0, & x = 0 \end{cases}$，則可以證明

$$f(0) = 0 \text{、} f'(0) = 0 \text{、} f''(0) = 0 \text{、} f'''(0) = 0 \text{、} \cdots \text{。}$$

因此，此函數之麥克勞林級數為

$$\sum_{n=0}^{\infty} \dfrac{f^{(n)}(0)}{n!} x^n = f(0) + f'(0)x + \dfrac{f''(0)}{2!} x^2 + \dfrac{f'''(0)}{3!} x^3 + \cdots$$

$$= 0 + 0 \cdot x + 0 \cdot x^2 + 0 \cdot x^3 + \cdots$$

當然，此冪級數之收斂半徑為 $R = \infty$。

但是 $f(x) = \sum_{n=0}^{\infty} \dfrac{f^{(n)}(0)}{n!} x^n$ 只有在 $x = 0$ 時成立。

有了上面的反例，當我們利用定義找到泰勒級數時，我們必須透過其他的方法來證明 $f(x) = \sum_{n=0}^{\infty} \dfrac{f^{(n)}(a)}{n!} (x-a)^n$，$|x-a| < R$。

介紹第二個方向前，先介紹**泰勒公式** (Taylor's Formula)。我們也不去討論它的證明。

> **Theorem 9.8.2** (Taylor's Formula)
> Let the function f have $(n+1)th$-order derivatives throughout an interval I that contains a. If x is any number in I, then
> $$f(x) = f(a) + f'(a)(x-a) + \frac{f''(a)}{2!}(x-a)^2 + \cdots + \frac{f^{(n)}(a)}{n!}(x-a)^n + \frac{f^{(n+1)}(z)}{(n+1)!}(x-a)^{n+1}$$
> $$= \sum_{k=0}^{n} \frac{f^{(n)}(a)}{n!}(x-a)^n + \frac{f^{(n+1)}(z)}{(n+1)!}(x-a)^{n+1}$$
> where z is a number between a and x.

【註】1. $P_n(x) = \sum_{k=0}^{n} \dfrac{f^{(n)}(a)}{n!}(x-a)^n$ 稱為函數 f 在 a 展開之 **n 階泰勒多項式**

(The nth Taylor Polynomial of f at a)。

讀者有沒有發現，$P_n(x) = \sum_{k=0}^{n} \dfrac{f^{(k)}(a)}{k!}(x-a)^k$ 剛好是泰勒級數

$\sum_{n=0}^{\infty} \dfrac{f^{(n)}(a)}{n!}(x-a)^n$ 的 $n+1$ 項部分和，即 S_{n+1}。

2. $R_n(x) = \dfrac{f^{(n+1)}(z)}{(n+1)!}(x-a)^{n+1}$ 稱為**泰勒餘式** (The Taylor Remainder)。

因此，泰勒公式可寫成

$$f(x) = \sum_{k=0}^{n} \frac{f^{(k)}(a)}{k!}(x-a)^k + \frac{f^{(n+1)}(z)}{(n+1)!}(x-a)^{n+1} = P_n(x) + R_n(x) ,$$

其中 z 介於 a 與 x 之間。

3. 當 $a=0$ 時，我們稱此公式為**麥克勞林公式** (Maclaurin's Formula)。

當我們利用定義找到泰勒級數時，此時就可以透過泰勒公式來解決第二個方向的問題。(請看下面的定理)

Theorem 9.8.3

Let the function f have derivatives of all orders throughout an interval I that contains a.

If $\lim\limits_{n\to\infty} R_n(x) = \lim\limits_{n\to\infty} \dfrac{f^{(n+1)}(z)}{(n+1)!}(x-a)^{n+1} = 0$ for all x in I, then

$$f(x) = \sum_{n=0}^{\infty} \dfrac{f^{(n)}(a)}{n!}(x-a)^n, \ x \in I.$$

證明：由泰勒公式

$$f(x) = \sum_{k=0}^{n} \dfrac{f^{(k)}(a)}{k!}(x-a)^k + \dfrac{f^{(n+1)}(z)}{(n+1)!}(x-a)^{n+1} = P_n(x) + R_n(x),$$

及 $\lim\limits_{n\to\infty} R_n(x) = 0$，

我們有 $\lim\limits_{n\to\infty} P_n(x) = \lim\limits_{n\to\infty}[f(x)-R_n(x)] = f(x) - \lim\limits_{n\to\infty} R_n(x) = f(x) - 0 = f(x)$

$\forall x \in I$。

因此，$f(x) = \sum\limits_{n=0}^{\infty} \dfrac{f^{(n)}(a)}{n!}(x-a)^n$，$x \in I$。

範例 4

利用定義找出函數 $f(x)=e^x$ 之麥克勞林級數並求其收斂半徑，再證明函數 f 在 $\mathbb{R}$ 上會等於它的麥克勞林級數。

解 (i) 因為 $f^{(n)}(x)=e^x$，$n \geq 0$，所以 $f^{(n)}(0)=e^0=1$，$n \geq 0$。

因此，函數 $f(x)=e^x$ 之麥克勞林級數為

$$\sum_{n=0}^{\infty} \dfrac{f^{(n)}(0)}{n!}x^n = \sum_{n=0}^{\infty} \dfrac{1}{n!}x^n = \sum_{n=0}^{\infty} \dfrac{x^n}{n!}。$$

【註】(收斂半徑之簡易計算公式)

設 $\sum\limits_{n=0}^{\infty} a_n(x-a)^n$ 為一個冪級數，則其收斂半徑為

$$R = \lim_{n\to\infty}\left|\frac{a_n}{a_{n+1}}\right|$$。(為什麼？)

此冪級數之收斂半徑為 $R = \lim_{n\to\infty}\dfrac{\frac{1}{n!}}{\frac{1}{(n+1)!}} = \lim_{n\to\infty}(n+1) = \infty$。

(ii) 因為 $f^{(k)}(x) = e^x$，$k = 0, 1, 2, \cdots, n+1$，
所以 $f^{(k)}(0) = e^0 = 1$，$k = 0, 1, 2, \cdots, n$。
因此，此函數之麥克勞林公式為
$$e^x = \sum_{k=0}^{n}\frac{f^{(k)}(0)}{k!}x^k + \frac{f^{(n+1)}(z)}{(n+1)!}x^{n+1} = \sum_{k=0}^{n}\frac{x^k}{k!} + \frac{e^z}{(n+1)!}x^{n+1}$$，其中 z 介於 0 與 x 之間。

(iii) 我們將證明 $\lim_{n\to\infty} R_n(x) = \lim_{n\to\infty}\dfrac{e^z}{(n+1)!}x^{n+1} = 0 \quad \forall x \in \mathbb{R}$。

① 如果 $x > 0$，此時 $0 < z < x$，我們有 $e^z \leq e^x$。

因為 $0 \leq R_n(x) = \dfrac{e^z}{(n+1)!}x^{n+1} \leq e^x \dfrac{x^{n+1}}{(n+1)!}$

且 $\lim_{n\to\infty} e^x \dfrac{x^{n+1}}{(n+1)!} = e^x \lim_{n\to\infty}\dfrac{x^{n+1}}{(n+1)!} = e^x \cdot 0 = 0$，

所以 $\lim_{n\to\infty} R_n(x) = 0 \quad \forall x > 0$。

② 如果 $x < 0$，此時 $x < z < 0$，我們有 $e^z \leq e^0 = 1$。

因為 $0 \leq |R_n(x)| = \dfrac{e^z}{(n+1)!}|x^{n+1}| \leq \left|\dfrac{x^{n+1}}{(n+1)!}\right|$ 且 $\lim_{n\to\infty}\left|\dfrac{x^{n+1}}{(n+1)!}\right| = 0$，

所以 $\lim_{n\to\infty} R_n(x) = 0 \quad \forall x < 0$。

由 ① 及 ② 可得 $\lim_{n\to\infty} R_n(x) = 0 \quad \forall x \in \mathbb{R}$。

我們終於證得 $e^x = \sum_{n=0}^{\infty}\dfrac{x^n}{n!}$，$x \in \mathbb{R}$。(請與 9-7 節之範例 11 比較)

範例 5

（範例 4 之結果的一些應用）

因為 $e^x = \sum_{n=0}^{\infty} \frac{x^n}{n!}$，$x \in \mathbb{R}$，再利用代入法，我們可得

(a) $e^{-x} = \sum_{n=0}^{\infty} \frac{(-x)^n}{n!} = \sum_{n=0}^{\infty} (-1)^n \frac{x^n}{n!}$，$x \in \mathbb{R}$

(b) $e^{x^3} = \sum_{n=0}^{\infty} \frac{(x^3)^n}{n!} = \sum_{n=0}^{\infty} \frac{x^{3n}}{n!}$，$x \in \mathbb{R}$

(c) $x^5 e^{-x^3} = x^5 \sum_{n=0}^{\infty} \frac{(-x^3)^n}{n!} = \sum_{n=0}^{\infty} (-1)^n \frac{x^{3n+5}}{n!}$，$x \in \mathbb{R}$

(d) $\cosh x = \frac{e^x + e^{-x}}{2} = \frac{1}{2} \left[\sum_{n=0}^{\infty} \frac{x^n}{n!} + \sum_{n=0}^{\infty} (-1)^n \frac{x^n}{n!} \right] = \sum_{n=0}^{\infty} \frac{x^{2n}}{2n!}$，$x \in \mathbb{R}$

(e) 若 $a \in \mathbb{R}$，則 $e^x = e^{a+(x-a)} = e^a e^{x-a} = e^a \sum_{n=0}^{\infty} \frac{(x-a)^n}{n!} = \sum_{n=0}^{\infty} \frac{e^a}{n!} (x-a)^n$，$x \in \mathbb{R}$

當然，還有很多很多的相關結果。（可以自由發揮哦）

範例 6

利用 $e^x = \sum_{n=0}^{\infty} \frac{x^n}{n!}$，$x \in \mathbb{R}$，計算極限 $\lim\limits_{x \to 0} \frac{e^x - 1}{x}$。

解 $\lim\limits_{x \to 0} \frac{e^x - 1}{x} = \lim\limits_{x \to 0} \frac{\left(1 + x + \frac{x^2}{2!} + \frac{x^3}{3!} + \cdots\right) - 1}{x} = \lim\limits_{x \to 0} \left(1 + \frac{x}{2!} + \frac{x^2}{3!} + \cdots\right) = 1$。

範例 7

利用定義找出函數 $f(x) = \sin x$ 之麥克勞林級數並求其收斂半徑，再證明函數 f 在 $\mathbb{R}$ 上會等於它的麥克勞林級數。

解 (i) 因為 $f(x) = \sin x \Rightarrow f(0) = 0$，$f'(x) = \cos x \Rightarrow f'(0) = 1$，

$f''(x) = -\sin x \Rightarrow f''(0) = 0$，$f'''(x) = -\cos x \Rightarrow f'''(0) = -1$，

$f^{(4)}(x) = \sin x \Rightarrow f^{(4)}(0) = 0$，$f^{(5)}(x) = \cos x \Rightarrow f^{(5)}(0) = 1$，

$f^{(6)}(x) = -\sin x \Rightarrow f^{(6)}(0) = 0$，$f^{(7)}(x) = -\cos x \Rightarrow f^{(7)}(0) = -1$

$$f^{(n)}(x) = \begin{cases} \sin x, & n = 0, 4, 8, \cdots \\ \cos x, & n = 1, 5, 9, \cdots \\ -\sin x, & n = 2, 6, 10, \cdots \\ -\cos x, & n = 3, 7, 11, \cdots \end{cases} \Rightarrow f^{(n)}(0) = \begin{cases} 0, & n = 0, 4, 8, \cdots \\ 1, & n = 1, 5, 9, \cdots \\ 0, & n = 2, 6, 10, \cdots \\ -1, & n = 3, 7, 11, \cdots \end{cases}$$

因此，函數 $f(x) = \sin x$ 之麥克勞林級數為

$$\sum_{n=0}^{\infty} \frac{f^{(n)}(0)}{n!} x^n = f(0) + f'(0)x + \frac{f''(0)}{2!}x^2 + \frac{f'''(0)}{3!}x^3 + \cdots$$

$$= x - \frac{x^3}{3!} + \frac{x^5}{5!} - \frac{x^7}{7!} + \cdots$$

$$= \sum_{n=0}^{\infty} (-1)^n \frac{x^{2n+1}}{(2n+1)!}$$

此冪級數之收斂半徑為

$$R = \lim_{n \to \infty} \left| \frac{(-1)^n \frac{1}{(2n+1)!}}{(-1)^{n+1} \frac{1}{(2n+3)!}} \right| = \lim_{n \to \infty} (2n+2)(2n+3) = \infty$$

(ii) 此函數之麥克勞林公式為

$$\sin x = \sum_{k=0}^{n} \frac{f^{(k)}(0)}{k!} x^k + \frac{f^{(n+1)}(z)}{(n+1)!} x^{n+1}，其中 z 介於 0 與 x 之間。$$

(iii) 我們將證明 $\displaystyle \lim_{n \to \infty} R_n(x) = \lim_{n \to \infty} \frac{f^{(n+1)}(z)}{(n+1)!} x^{n+1} = 0 \quad \forall x \in \mathbb{R}$。

由 (i) 可知，我們有

$f^{(n+1)}(x) = \sin x$ 或 $f^{(n+1)}(x) = \cos x$ 或 $f^{(n+1)}(x) = -\sin x$ 或 $f^{(n+1)}(x) = -\cos x$，

因此，$\left| f^{(n+1)}(z) \right| \leq 1$。

因為 $0 \leq \left| R_n(x) \right| = \left| \frac{f^{(n+1)}(z)}{(n+1)!} x^{n+1} \right| \leq \left| \frac{x^{n+1}}{(n+1)!} \right|$ 且 $\displaystyle \lim_{n \to \infty} \left| \frac{x^{n+1}}{(n+1)!} \right| = 0$，

所以 $\displaystyle \lim_{n \to \infty} R_n(x) = 0 \quad \forall x < 0$。

最後，我們證得 $\displaystyle \sin x = \sum_{n=0}^{\infty} (-1)^n \frac{x^{2n+1}}{(2n+1)!}$，$x \in \mathbb{R}$。

範例 8

(範例 7 之結果的一些應用)

因為 $\sin x = \sum_{n=0}^{\infty}(-1)^n \dfrac{x^{2n+1}}{(2n+1)!}$，$x \in \mathbb{R}$，再利用代入法，我們可得

(a) $\cos x = \dfrac{d}{dx}\sin x = \sum_{n=0}^{\infty}(-1)^n \dfrac{x^{2n}}{(2n)!}$，$x \in \mathbb{R}$

$(\sin x = x - \dfrac{x^3}{3!} + \dfrac{x^5}{5!} - \dfrac{x^7}{7!} + \cdots \Rightarrow \cos x = 1 - \dfrac{x^2}{2!} + \dfrac{x^4}{4!} - \dfrac{x^6}{6!} + \cdots)$

(b) $x^3 \cos x = x^3 \sum_{n=0}^{\infty}(-1)^n \dfrac{x^{2n}}{(2n)!} = \sum_{n=0}^{\infty}(-1)^n \dfrac{x^{2n+3}}{(2n)!}$，$x \in \mathbb{R}$

(c) $\cos^2 x = \dfrac{1+\cos 2x}{2} = \dfrac{1}{2} + \dfrac{1}{2}\sum_{n=0}^{\infty}(-1)^n \dfrac{(2x)^{2n}}{(2n)!} = \dfrac{1}{2} + \sum_{n=0}^{\infty}(-1)^n \dfrac{2^{2n-1} x^{2n}}{(2n)!}$，$x \in \mathbb{R}$

(d) $\sin x \cos x = \dfrac{1}{2}\sin 2x = \dfrac{1}{2}\sum_{n=0}^{\infty}(-1)^n \dfrac{(2x)^{2n+1}}{(2n+1)!} = \sum_{n=0}^{\infty}(-1)^n \dfrac{2^{2n} x^{2n+1}}{(2n+1)!}$，$x \in \mathbb{R}$

(e) $\dfrac{\sin x}{x} = \dfrac{1}{x}\sum_{n=0}^{\infty}(-1)^n \dfrac{x^{2n+1}}{(2n+1)!} = \sum_{n=0}^{\infty}(-1)^n \dfrac{x^{2n}}{(2n+1)!}$，$x \neq 0$

當然，還有很多很多的相關結果。(可以自由發揮哦)

範例 9

利用 $\sin x = \sum_{n=0}^{\infty}(-1)^n \dfrac{x^{2n+1}}{(2n+1)!}$，$x \in \mathbb{R}$，計算極限 $\lim_{x \to 0}\dfrac{\sin x}{x}$。

解 $\lim_{x \to 0}\dfrac{\sin x}{x} = \lim_{x \to 0}\dfrac{x - \dfrac{x^3}{3!} + \dfrac{x^5}{5!} - \dfrac{x^7}{7!} + \cdots}{x} = \lim_{x \to 0}\left(1 - \dfrac{x^2}{3!} + \dfrac{x^4}{5!} - \dfrac{x^6}{7!} + \cdots\right) = 1$。

範例 10

利用定義找出函數 $f(x) = \sin x$ 在 $a = \dfrac{\pi}{4}$ 展開的泰勒級數。

解 因為 $f(x) = \sin x \Rightarrow f\left(\dfrac{\pi}{4}\right) = \dfrac{\sqrt{2}}{2}$，$f'(x) = \cos x \Rightarrow f'\left(\dfrac{\pi}{4}\right) = \dfrac{\sqrt{2}}{2}$

$$f''(x) = -\sin x \Rightarrow f''\left(\frac{\pi}{4}\right) = -\frac{\sqrt{2}}{2} \text{ 、 } f'''(x) = -\cos x \Rightarrow f'''\left(\frac{\pi}{4}\right) = -\frac{\sqrt{2}}{2}$$

$$f^{(4)}(x) = \sin x \Rightarrow f^{(4)}\left(\frac{\pi}{4}\right) = \frac{\sqrt{2}}{2} \text{ 、 } f^{(5)}(x) = \cos x \Rightarrow f^{(5)}\left(\frac{\pi}{4}\right) = \frac{\sqrt{2}}{2}$$

$$f^{(6)}(x) = -\sin x \Rightarrow f^{(6)}\left(\frac{\pi}{4}\right) = -\frac{\sqrt{2}}{2} \text{ 、 } f^{(7)}(x) = -\cos x \Rightarrow f^{(7)}\left(\frac{\pi}{4}\right) = -\frac{\sqrt{2}}{2}$$

$$\vdots$$

$$f^{(n)}(x) = \begin{cases} \sin x & , n = 0, 4, 8, \cdots \\ \cos x & , n = 1, 5, 9, \cdots \\ -\sin x & , n = 2, 6, 10, \cdots \\ -\cos x & , n = 3, 7, 11, \cdots \end{cases} \Rightarrow f^{(n)}\left(\frac{\pi}{4}\right) = \begin{cases} \dfrac{\sqrt{2}}{2} & , n = 0, 4, 8, \cdots \\ \dfrac{\sqrt{2}}{2} & , n = 1, 5, 9, \cdots \\ -\dfrac{\sqrt{2}}{2} & , n = 2, 6, 10, \cdots \\ -\dfrac{\sqrt{2}}{2} & , n = 3, 7, 11, \cdots \end{cases}$$

因此，函數 $f(x) = \sin x$ 在 $a = \dfrac{\pi}{4}$ 展開的泰勒級數為

$$\sum_{n=0}^{\infty} \frac{f^{(n)}\left(\frac{\pi}{4}\right)}{n!} \left(x - \frac{\pi}{4}\right)^n = f\left(\frac{\pi}{4}\right) + f'\left(\frac{\pi}{4}\right)\left(x - \frac{\pi}{4}\right) + \frac{f''\left(\frac{\pi}{4}\right)}{2!}\left(x - \frac{\pi}{4}\right)^2$$

$$+ \frac{f'''\left(\frac{\pi}{4}\right)}{3!}\left(x - \frac{\pi}{4}\right)^3 + \cdots$$

$$= \frac{\sqrt{2}}{2} + \frac{\sqrt{2}}{2}\left(x - \frac{\pi}{4}\right) - \frac{\frac{\sqrt{2}}{2}}{2!}\left(x - \frac{\pi}{4}\right)^2 - \frac{\frac{\sqrt{2}}{2}}{3!}\left(x - \frac{\pi}{4}\right)^3 + \frac{\frac{\sqrt{2}}{2}}{4!}\left(x - \frac{\pi}{4}\right)^4 + \frac{\frac{\sqrt{2}}{2}}{5!}\left(x - \frac{\pi}{4}\right)^5$$

$$- \frac{\frac{\sqrt{2}}{2}}{6!}\left(x - \frac{\pi}{4}\right)^6 - \frac{\frac{\sqrt{2}}{2}}{7!}\left(x - \frac{\pi}{4}\right)^7 + \cdots$$

$$= \left[\frac{\sqrt{2}}{2} - \frac{\frac{\sqrt{2}}{2}}{2!}\left(x - \frac{\pi}{4}\right)^2 + \frac{\frac{\sqrt{2}}{2}}{4!}\left(x - \frac{\pi}{4}\right)^4 - \frac{\frac{\sqrt{2}}{2}}{6!}\left(x - \frac{\pi}{4}\right)^6 + \cdots\right]$$

$$+\left[\frac{\sqrt{2}}{2}\left(x-\frac{\pi}{4}\right)-\frac{\frac{\sqrt{2}}{2}}{3!}\left(x-\frac{\pi}{4}\right)^3+\frac{\frac{\sqrt{2}}{2}}{5!}\left(x-\frac{\pi}{4}\right)^5-\frac{\frac{\sqrt{2}}{2}}{7!}\left(x-\frac{\pi}{4}\right)^7+\cdots\right]$$

$$=\sum_{n=0}^{\infty}(-1)^n\frac{\frac{\sqrt{2}}{2}}{(2n)!}\left(x-\frac{\pi}{4}\right)^{2n}+\sum_{n=0}^{\infty}(-1)^n\frac{\frac{\sqrt{2}}{2}}{(2n+1)!}\left(x-\frac{\pi}{4}\right)^{2n+1}\circ$$

因為冪級數 $\sum_{n=0}^{\infty}(-1)^n\dfrac{\frac{\sqrt{2}}{2}}{(2n)!}\left(x-\dfrac{\pi}{4}\right)^{2n}$ 之收斂半徑

$$R=\lim_{n\to\infty}\left|\frac{(-1)^n\frac{\frac{\sqrt{2}}{2}}{(2n)!}}{(-1)^{n+1}\frac{\frac{\sqrt{2}}{2}}{(2(n+1))!}}\right|=\lim_{n\to\infty}(2n+1)(2n+2)=\infty$$

且冪級數 $\sum_{n=0}^{\infty}(-1)^n\dfrac{\frac{\sqrt{2}}{2}}{(2n+1)!}\left(x-\dfrac{\pi}{4}\right)^{2n+1}$ 之收斂半徑

$$R=\lim_{n\to\infty}\left|\frac{(-1)^n\frac{\frac{\sqrt{2}}{2}}{(2n+1)!}}{(-1)^{n+1}\frac{\frac{\sqrt{2}}{2}}{(2n+3)!}}\right|=\lim_{n\to\infty}(2n+2)(2n+3)=\infty,$$

所以函數 $f(x)=\sin x$ 在 $a=\dfrac{\pi}{4}$ 展開的泰勒級數之收斂半徑也為 $R=\infty$。

【註】1. 我們可以仿照範例 7 的過程證明

$$\sin x=\sum_{n=0}^{\infty}(-1)^n\frac{\frac{\sqrt{2}}{2}}{(2n)!}\left(x-\frac{\pi}{4}\right)^{2n}+\sum_{n=0}^{\infty}(-1)^n\frac{\frac{\sqrt{2}}{2}}{(2n+1)!}\left(x-\frac{\pi}{4}\right)^{2n+1},\ x\in\mathbb{R}\circ$$

2. 我們可以將函數 $f(x)=\sin x$ 在 $a=\dfrac{\pi}{4}$ 展開的泰勒級數寫成一個冪級數，其結果如下：

$$\sin x = \frac{\sqrt{2}}{2} + \frac{\sqrt{2}}{2}\left(x-\frac{\pi}{4}\right) - \frac{\frac{\sqrt{2}}{2}}{2!}\left(x-\frac{\pi}{4}\right)^2 - \frac{\frac{\sqrt{2}}{2}}{3!}\left(x-\frac{\pi}{4}\right)^3 + \frac{\frac{\sqrt{2}}{2}}{4!}\left(x-\frac{\pi}{4}\right)^4$$

$$+ \frac{\frac{\sqrt{2}}{2}}{5!}\left(x-\frac{\pi}{4}\right)^5 - \frac{\frac{\sqrt{2}}{2}}{6!}\left(x-\frac{\pi}{4}\right)^6 - \frac{\frac{\sqrt{2}}{2}}{7!}\left(x-\frac{\pi}{4}\right)^7 + \cdots$$

$$= \sum_{n=0}^{\infty} (-1)^{\frac{n(n-1)}{2}} \frac{\frac{\sqrt{2}}{2}}{n!}\left(x-\frac{\pi}{4}\right)^n, \; x \in \mathbb{R} \; \circ$$

此泰勒級數之收斂半徑計算如下：

$$R = \lim_{n \to \infty} \left| \frac{(-1)^{\frac{n(n-1)}{2}} \frac{\frac{\sqrt{2}}{2}}{n!}}{(-1)^{\frac{(n+1)n}{2}} \frac{\frac{\sqrt{2}}{2}}{(n+1)!}} \right| = \lim_{n \to \infty} (n+1) = \infty \; \circ$$

這一節結束前，我們討論函數之泰勒多項式估計式。

由定理 9.8.2 (Taylor's Formula)，我們有

$$f(x) = \sum_{k=0}^{n} \frac{f^{(n)}(a)}{n!}(x-a)^n + \frac{f^{(n+1)}(z)}{(n+1)!}(x-a)^{n+1} = P_n(x) + R_n(x), \; x \in I \; \circ$$

如果能找到一個很小的正數 M 使得 $|R_n(x)| \le M$ $\forall x \in I$，則

$$|P_n(x) - f(x)| = |R_n(x)| \le M \; \circ$$

換言之，我們就找到了函數之泰勒多項式估計式。

範例 11

設 $n=6$，請寫出函數 $f(x) = e^x$ 之麥克勞林公式，而當我們利用 $P_6(1)$ 來估計 $f(1) = e$ 時，試估計其絕對誤差 $|P_6(1) - f(1)|$。

解 (i) 因為 $f^{(k)}(x) = e^x$，$k = 0, 1, 2, \cdots, 7$，

所以 $f^{(k)}(0) = e^0 = 1$，$k = 0, 1, 2, \cdots, 6$。

因此，此函數之麥克勞林公式為

$$e^x = \sum_{k=0}^{6} \frac{f^{(k)}(0)}{k!} x^k + \frac{f^{(7)}(z)}{7!} x^7 = \sum_{k=0}^{6} \frac{x^k}{k!} + \frac{e^z}{7!} x^7 \text{，其中 } z \text{ 介於 } 0 \text{ 與 } x \text{ 之間。}$$

(ii) $\left| P_6(1) - f(1) \right| = \left| \sum_{k=0}^{6} \frac{f^{(k)}(0)}{k!} (1)^k - e \right| = \left| R_6(x) \right| = \left| \frac{e^z}{7!} (1)^7 \right| \leq \frac{e(1)^7}{7!} \approx 0.53942 \cdot 10^{-3} \text{。}$

【註】估計值 $P_6(1) = 1 + 1 + \frac{1}{2!} + \frac{1}{3!} + \frac{1}{4!} + \frac{1}{5!} + \frac{1}{6!} \approx 2.71805555$；

真正的值 $e \approx 2.71828$。

範例 12

設 $n = 7$，請寫出函數 $f(x) = \sin x$ 之麥克勞林公式，而當我們利用 $P_7(0.1)$ 來估計 $f(0.1) = \sin(0.1)$ 時，試估計其絕對誤差 $\left| P_7(0.1) - f(0.1) \right|$。

解 (i) 因為 $f(x) = \sin x \Rightarrow f(0) = 0$，$f'(x) = \cos x \Rightarrow f'(0) = 1$

$f''(x) = -\sin x \Rightarrow f''(0) = 0$，$f'''(x) = -\cos x \Rightarrow f'''(0) = -1$

$f^{(4)}(x) = \sin x \Rightarrow f^{(4)}(0) = 0$，$f^{(5)}(x) = \cos x \Rightarrow f^{(5)}(0) = 1$

$f^{(6)}(x) = -\sin x \Rightarrow f^{(6)}(0) = 0$，$f^{(7)}(x) = -\cos x \Rightarrow f^{(7)}(0) = -1$

且 $f^{(8)}(x) = \sin x$，

所以函數 $f(x) = \sin x$ 之麥克勞林公式為

$$\sin x = x - \frac{x^3}{3!} + \frac{x^5}{5!} - \frac{x^7}{7!} + \frac{\sin(z)}{(n+1)!} x^{n+1} = P_7(x) + R_7(x) \text{，}$$

其中 z 介於 0 與 x 之間。

(ii) $\left| P_7(0.1) - f(0.1) \right| = \left| R_7(0.1) \right| = \frac{\sin z}{8!} (0.1)^8 \leq \frac{(0.1)^8}{8!} \approx 0.24802 \cdot 10^{-12} < 0.5 \cdot 10^{-12}$

【註】估計值 $P_7(0.1) = (0.1) - \frac{(0.1)^3}{3!} + \frac{(0.1)^5}{5!} - \frac{(0.1)^7}{7!} \approx 0.099833416$；

真正的值 $\sin(0.1) \approx 0.099833416$。

範例 13

設 $n = 4$，請寫出函數 $f(x) = \ln x$ 在 $a = 1$ 展開的泰勒公式，而當我們利用 $P_4(1.1)$ 來估計 $f(1.1) = \ln(1.1)$ 時，試估計其絕對誤差 $\left| P_4(1.1) - f(1.1) \right|$。

解 (i) 因為 $f(x)=\ln x \Rightarrow f(1)=\ln 1=0$，$f'(x)=\dfrac{1}{x} \Rightarrow f'(1)=1$，

$$f''(x)=-\dfrac{1}{x^2} \Rightarrow f''(1)=-1，f'''(x)=\dfrac{2!}{x^3} \Rightarrow f'''(2)=2!，$$

$$f^{(4)}(x)=-\dfrac{3!}{x^4} \Rightarrow f^{(4)}(1)=-3!\ 且\ f^{(5)}(x)=\dfrac{4!}{x^5}，$$

所以函數 $f(x)=\ln x$ 在 $a=1$ 展開的泰勒公式為

$$\ln x = f(1)+f'(1)(x-1)+\dfrac{f''(1)}{2!}(x-1)^2+\dfrac{f'''(1)}{3!}(x-1)^3$$

$$+\dfrac{f^{(4)}(1)}{4!}(x-1)^4+\dfrac{f^{(5)}(z)}{5!}(x-1)^5$$

$$=(x-1)-\dfrac{1}{2}(x-1)^2+\dfrac{1}{3}(x-1)^3-\dfrac{1}{4}(x-1)^4+\dfrac{1}{5z^5}(x-1)^5，$$

其中 z 介於 1 與 x 之間。

(ii) $|P_4(1.1)-f(1.1)|=\left|\dfrac{1}{5z^5}(1.1-1)^5\right|\leq\dfrac{(0.1)^5}{5}=0.2\cdot 10^{-5}<0.5\cdot 10^{-5}$

【註】估計值 $P_4(0.1)=(0.1)-\dfrac{1}{2}(0.1)^2+\dfrac{1}{3}(0.1)^3-\dfrac{1}{4}(0.1)^4\approx 0.095308$；

真正的值 $\ln(1.1)\approx 0.095310179$。

習題演練

· 基本題

第 1 題至第 8 題，試找出下列函數之麥克勞林級數並指出其收斂區間。

1. $f(x)=\dfrac{1}{1-2x}$ 2. $f(x)=\dfrac{x}{1+x^2}$

3. $f(x)=\tan^{-1}(3x)$ (不用考慮端點)

4. $f(x)=\ln(2-3x)$ 5. $f(x)=\dfrac{e^x+e^{-x}}{2}$ 6. $f(x)=e^{2x}$

7. $f(x)=\dfrac{x}{(1-x)^3}$ 8. $f(x)=\sin(3x)$

第 9 題至第 14 題，試找出下列函數在 $x=a$ 展開之泰勒級數並指出其收斂區間。

9. $f(x)=\cos x$，$a=-\dfrac{\pi}{3}$　　10. $f(x)=\dfrac{1}{x}$，$a=2$

11. $f(x)=\ln x$，$a=3$　　12. $f(x)=\sqrt{x}$，$a=5$　（不用考慮端點）

13. $f(x)=e^x$，$a=-2$　　14. $f(x)=5^x$，$a=1$

・進階題

15. 試利用定義找出函數 $f(x)=\cos x$ 之麥克勞林級數並指出其收斂區間且說明在此收斂區間內，函數 $f(x)=\cos x$ 與其麥克勞林級數會相等。

16. 試利用定義找出函數 $f(x)=e^x$ 在 $x=5$ 展開之泰勒級數並指出其收斂區間且說明在此收斂區間內，函數 $f(x)=e^x$ 與其泰勒級數會相等。

第 17 題至第 20 題，試找出下列函數之麥克勞林級數並指出其收斂區間。

17. $f(x)=\sin^2 x$　　18. $f(x)=\sin(x^2)$　　19. $f(x)=\begin{cases}\dfrac{1-\cos x}{x^2}, & x\neq 0 \\ \dfrac{1}{3}, & x=0\end{cases}$

20. $f(x)=\sqrt[3]{8-x}$　（不用考慮端點）

第 21 題至第 24 題，試利用麥克勞林多項式 $P_n(x)$ 估計下列給定之值。

21. $\sin 1°$，$n=6$　　22. $\tan^{-1}(0.1)$，$n=3$

23. $\ln(1.01)$，$n=4$　　24. $e^{-0.1}$，$n=3$

第 25 題至第 28 題，試利用泰勒多項式 $P_n(x)$ 估計下列給定之值。

25. $\cos(-61°)$，$n=3$　　26. $\cos(88°)$，$n=5$

27. $e^{3.01}$，$n=4$　　28. $\tan(46°)$，$n=3$

29. 試利用級數計算下列極限。

(a) $\displaystyle\lim_{x\to 0}\dfrac{e^x-1-x-\dfrac{x^2}{2!}}{x^3}$　　(b) $\displaystyle\lim_{x\to 0}\dfrac{1-\cos x}{1+x-e^x}$

9-9 二項級數

這一節我們討論很有趣又很有用的二項級數。

設 $a, b \in \mathbb{R}$ 且 $k \in Z^+$，則我們已知

$$(a+b)^k = a^k + ka^{k-1}b + \frac{k(k-1)}{2!}a^{k-2}b^2 + \frac{k(k-1)(k-2)}{3!}a^{k-3}b^3 + \cdots$$

$$+ \frac{k(k-1)\cdots(k-n+1)}{n!}a^{k-n}b^n + \cdots + b^k \; \text{。}$$

如果我們令 $a = 1$ 且 $b = x$，則上面的二項展開式變成

$$(1+x)^k = 1 + kx + \frac{k(k-1)}{2!}x^2 + \frac{k(k-1)(k-2)}{3!}x^3 + \cdots$$

$$+ \frac{k(k-1)\cdots(k-n+1)}{n!}x^n + \cdots + x^k \; \text{。}$$

換言之，如果設函數 $f(x) = (1+x)^k$，$k \in Z^+$，則

$$f(x) = 1 + kx + \frac{k(k-1)}{2!}x^2 + \frac{k(k-1)(k-2)}{3!}x^3 + \cdots$$

$$+ \frac{k(k-1)(k-2)\cdots(k-n+1)}{n!}x^n + \cdots + x^k \; , \; x \in \mathbb{R} \; \text{。}$$

當 $k \notin Z^+ \cup \{0\}$ 時，我們想找到函數 $f(x) = (1+x)^k$ 的冪級數表示。

首先，我們先定義二項級數。

Definition 9.9 (Binomial Series)

A binomial series is a power series of the form

$$1 + \sum_{n=1}^{\infty} \frac{k(k-1)(k-2)\cdots(k-n+1)}{n!}x^n$$

$$= 1 + kx + \frac{k(k-1)}{2!}x^2 + \frac{k(k-1)(k-2)}{3!}x^3 + \cdots + \frac{k(k-1)(k-2)\cdots(k-n+1)}{n!}x^n + \cdots$$

where $k \in \mathbb{R}$.

由收斂半徑之計算公式，我們可知二項級數之收斂半徑為

$$R = \lim_{n \to \infty} \left| \frac{\frac{k(k-1)(k-2)\cdots(k-n+1)}{n!}}{\frac{k(k-1)(k-2)\cdots(k-n)}{(n+1)!}} \right| = \lim_{n \to \infty} \left| \frac{n+1}{k-n} \right| = 1$$

因此，二項級數 $1 + \sum_{n=1}^{\infty} \frac{k(k-1)(k-2)\cdots(k-n+1)}{n!} x^n$ 在 $|x| < 1$ 時絕對收斂。

現在如果設 $f(x) = 1 + \sum_{n=1}^{\infty} \frac{k(k-1)(k-2)\cdots(k-n+1)}{n!} x^n$，$|x| < 1$，則我們想證明 $f(x) = (1+x)^k$，$|x| < 1$。

由定理 9.7 (a)，

因為 $f(x) = 1 + \sum_{n=1}^{\infty} \frac{k(k-1)(k-2)\cdots(k-n+1)}{n!} x^n$，$|x| < 1 \neq 0$，

所以

$$f'(x) = k + \sum_{n=2}^{\infty} \frac{k(k-1)(k-2)\cdots(k-n+1)}{(n-1)!} x^{n-1} = k + \sum_{n=1}^{\infty} \frac{k(k-1)(k-2)\cdots(k-n)}{n!} x^n, \ |x| < 1$$

因此，我們可得

$$f'(x) + xf'(x) = k + \sum_{n=1}^{\infty} \frac{k(k-1)(k-2)\cdots(k-n)}{n!} x^n + kx + \sum_{n=2}^{\infty} \frac{k(k-1)(k-2)\cdots(k-n+1)}{(n-1)!} x^n$$

$$= k + kx + k(k-1)x + \sum_{n=2}^{\infty} \frac{k(k-1)(k-2)\cdots(k-n)}{n!} x^n + \sum_{n=2}^{\infty} \frac{k(k-1)(k-2)\cdots(k-n+1)}{(n-1)!} x^n$$

$$= k + k^2 x + \sum_{n=2}^{\infty} \left[\frac{k(k-1)(k-2)\cdots(k-n)}{n!} + \frac{k(k-1)(k-2)\cdots(k-n+1)}{(n-1)!} \right] x^n$$

$$= k + k^2 x + \sum_{n=2}^{\infty} \left\{ \frac{k(k-1)(k-2)\cdots(k-n+1)}{n!} [(k-n) + n] x^n \right\}$$

$$= k + k^2 x + k \sum_{n=2}^{\infty} \frac{k(k-1)(k-2)\cdots(k-n+1)}{n!} x^n$$

$$= k \left[1 + kx + \sum_{n=2}^{\infty} \frac{k(k-1)(k-2)\cdots(k-n+1)}{n!} x^n \right]$$

$$= k \left[1 + \sum_{n=1}^{\infty} \frac{k(k-1)(k-2)\cdots(k-n+1)}{n!} x^n \right]$$

$$= kf(x), \ |x| < 1$$

或 $(1+x)f'(x) = kf(x)$，$|x| < 1$。

因為

$$\frac{d}{dx}\frac{(1+x)^k}{f(x)} = \frac{f(x)\cdot k(1+x)^{k-1} - (1+x)^k f'(x)}{[f(x)]^2} = \frac{(1+x)^{k-1}[kf(x) - (1+x)f'(x)]}{[f(x)]^2} = 0$$

$\forall x \in (-1, 1)$

所以必存在一個實數 C 使得 $\dfrac{(1+x)^k}{f(x)} = C \quad \forall x \in (-1, 1)$。

將 $x = 0$ 代入上面的等式，我們得 $C = \dfrac{(1+0)^k}{f(0)} = \dfrac{1}{1} = 1$。

最後，我們證得

$$(1+x)^k = 1 + \sum_{n=1}^{\infty} \frac{k(k-1)(k-2)\cdots(k-n+1)}{n!} x^n \, , \, |x| < 1 \neq 0 \, \circ$$

我們將此結果寫成一個定理。

Theorem 9.9 (Convergence of a Binomial Series)
If $|x| < 1$ and $k \in \mathbb{R}$, then

$$(1+x)^k = 1 + kx + \frac{k(k-1)}{2!}x^2 + \frac{k(k-1)(k-2)}{3!}x^3 + \cdots + \frac{k(k-1)(k-2)\cdots(k-n+1)}{n!}x^n + \cdots.$$

範例 1

試找出函數 $f(x) = \sqrt{1+x}$ 的冪級數表示。

解 將 $k = \dfrac{1}{2}$ 代入定理 9.9，我們得

$$\sqrt{1+x} = (1+x)^{1/2} = 1 + \frac{1}{2}x + \frac{\frac{1}{2}\left(\frac{1}{2}-1\right)}{2!}x^2 + \frac{\frac{1}{2}\left(\frac{1}{2}-1\right)\left(\frac{1}{2}-2\right)}{3!}x^3 + \cdots$$

$$+ \frac{\frac{1}{2}\left(\frac{1}{2}-1\right)\cdots\left(\frac{1}{2}-n+1\right)}{n!}x^n + \cdots$$

$$= 1 + \frac{1}{2}x - \frac{1\cdot 1}{2^2 2!}x^2 + \frac{1\cdot 1\cdot 3}{2^3 3!}x^3 + \cdots$$

$$+ (-1)^{n+1}\frac{1\cdot 1\cdot 3\cdot 5\cdots(2n-3)}{2^n n!}x^n + \cdots \, , \, |x| < 1 \, \circ$$

【註】(範例 1 的應用)

如果範例 1 中冪級數的 x 以 $2x$ 代入，我們得

$$f(x) = \sqrt{1+2x} = 1 + \frac{1}{2}(2x) - \frac{1 \cdot 1}{2^2 2!}(2x)^2 + \frac{1 \cdot 1 \cdot 3}{2^3 3!}(2x)^3 + \cdots$$

$$+ (-1)^{n+1} \frac{1 \cdot 1 \cdot 3 \cdot 5 \cdots (2n-3)}{2^n n!}(2x)^n + \cdots \;,\; |x| < \frac{1}{2}$$

$$= 1 + x - \frac{1 \cdot 1}{2!}x^2 + \frac{1 \cdot 1 \cdot 3}{3!}x^3 + \cdots + (-1)^{n+1} \frac{1 \cdot 1 \cdot 3 \cdot 5 \cdots (2n-3)}{n!}x^n + \cdots \;,\; |x| < \frac{1}{2}$$

$$(|2x| < 1 \Leftrightarrow |x| < \frac{1}{2})$$

範例 2

試找出函數 $f(x) = (1+x)^{-1/3}$ 的冪級數表示。

解 將 $k = -\frac{1}{3}$ 代入定理 9.9，我們得

$$(1+x)^{-1/3} = 1 + \left(-\frac{1}{3}\right)x + \frac{\left(-\frac{1}{3}\right)\left(\left(-\frac{1}{3}\right)-1\right)}{2!}x^2 + \frac{\left(-\frac{1}{3}\right)\left(\left(-\frac{1}{3}\right)-1\right)\left(\left(-\frac{1}{3}\right)-2\right)}{3!}x^3 + \cdots$$

$$+ \frac{\left(-\frac{1}{3}\right)\left(\left(-\frac{1}{3}\right)-1\right)\cdots\left(\left(-\frac{1}{3}\right)-n+1\right)}{n!}x^n + \cdots$$

$$= 1 - \frac{1}{3}x + \frac{1 \cdot 4}{3^2 2!}x^2 - \frac{1 \cdot 4 \cdot 7}{3^3 3!}x^3 + \cdots + (-1)^n \frac{1 \cdot 4 \cdot 7 \cdots (3n-2)}{3^n \cdot n!}x^n + \cdots \;,\; |x| < 1 \;\circ$$

【註】(範例 2 的應用)

如果範例 2 中冪級數的 x 以 x^3 代入，我們得

$$f(x) = (1+x^3)^{-1/3} = 1 - \frac{1}{3}x^3 + \frac{1 \cdot 4}{3^2 2!}(x^3)^2 - \frac{1 \cdot 4 \cdot 7}{3^3 3!}(x^3)^3 + \cdots$$

$$+ (-1)^n \frac{1 \cdot 4 \cdot 7 \cdots (3n-2)}{3^n \cdot n!}(x^3)^n + \cdots \;,\; |x| < 1$$

$$= 1 - \frac{1}{3}x^3 + \frac{1 \cdot 4}{3^2 2!}x^6 - \frac{1 \cdot 4 \cdot 7}{3^3 3!}x^9 + \cdots + (-1)^n \frac{1 \cdot 4 \cdot 7 \cdots (3n-2)}{3^n \cdot n!}x^{3n} + \cdots \;,\; |x| < 1$$

$$(|x^3| < 1 \Leftrightarrow |x| < 1)$$

習題演練

第 1 題至第 6 題，試找出下列函數在 $a=0$ 之冪級數表示，並指出其收斂範圍。
(都不用考慮端點)

1. $f(x) = \dfrac{1}{\sqrt{2+x}}$ 　　　　 2. $f(x) = \sqrt[3]{1+x^4}$ 　　　　 3. $f(x) = (1+x)^{-3}$

4. $f(x) = (5+x)^{3/2}$ 　　　　 5. $f(x) = \sqrt[3]{8+x}$ 　　　　 6. $f(x) = \dfrac{x}{\sqrt{1-x}}$

7. (a) 試找出函數 $f(x) = \dfrac{1}{\sqrt{1-x^2}}$ 在 $a=0$ 之冪級數表示 (不用考慮端點)。

   (b) 利用 (a) 找出函數 $f(x) = \sin^{-1} x$ 在 $a=0$ 之冪級數表示 (不用考慮端點)。

8. 試估計定積分 $\displaystyle\int_0^{1/3} \sqrt{1+x^2}\, dx$ 之值精確至小數點以下第三位。

CHAPTER 10

多變數函數

- 10-1 多變數函數
- 10-2 多變數函數之極限與連續
- 10-3 偏導函數
- 10-4 (全)微分量與線性估計
- 10-5 鍊鎖律
- 10-6 方向導數與梯度
- 10-7 曲面之切平面與法線
- 10-8 兩個變數函數之極值
- 10-9 拉格朗吉乘數
- 10-10 最小平方法

本章之前，我們所討論的函數都是單變數函數，即只有一個自變數的函數。例如：

$y = f(x) = x^3$、$y = f(x) = \sqrt[3]{x}$、$y = f(x) = \tan^{-1}(2x)$、$y = f(x) = x\ln(1 + x^2)$。

但很多時候，單變數函數是不足夠的，例如：

(a) 如果假設一個四方形區域的長為 x 而寬為 y，此時此四方形區域的面積為 $A = A(x, y) = xy$。（兩個自變數的函數）

(b) 如果假設一個立方體的長為 x、寬為 y 而高為 z，此時此立方體的體積為 $V = V(x, y, z) = xyz$。（三個自變數的函數）

(c) 如果某一個公司生產兩種產品，產品 A 的售價為 p，而產品 B 的售價為 q。假設此公司一週內可以賣出 A 產品 x 個及 B 產品 y 個，則此公司一週的收益為 $R = R(x, y) = px + qy$。（兩個自變數的函數）

(d) 如果某一個公司生產四種產品，產品 A 的售價為 p_1、產品 B 的售價為 p_2、產品 C 的售價為 p_3 而產品 D 的售價為 p_4。假設此公司一週內可以賣出 A 產品 x 個、B 產品 y 個、C 產品 z 個及 D 產品 l 個，則此公司一週的收益為 $R = R(x, y, z, l) = p_1 x + p_2 y + p_3 z + p_4 l$。（四個自變數的函數）

因此，有時候必須以兩個以上的自變數來描述一些現象或結果。

10-1 多變數函數

這一節我們將介紹**多變數函數** (functions of several variables) 及**等高曲線** (level curves) 與**等高曲面** (level surfaces)。

多變數函數的定義

Definition 10.1.1 (Functions of Two Variables)

Let $D \subseteq \mathbb{R}^2$. A function f of two variables x and y is a rule or a correspondence that assigns to each ordered pair $(x, y) \in D$ a unique real number z, denoted by $z = f(x, y)$.

The set D (or D_f) is called the domain of f and the range of f is the set R (or R_f) given by $R = \{ f(x, y) \mid (x, y) \in D \}$.

【註】 1. 兩個自變數的函數可以用下列符號來表現：
$$f : D \subseteq \mathbb{R}^2 \longrightarrow \mathbb{R} \quad (表示 f 是從平面 D 對應至實數 \mathbb{R} 的函數)$$
$$(x, y) \in D \longrightarrow z = f(x, y) \quad (表示點 (x, y) 的函數值為 f(x, y))$$
例如：$z = f(x, y) = x^2 + y^2$ 是兩個變數的函數。

2. 我們很容易將定義 10.1.1 推廣到三個變數以上的函數：
$$f : D \subseteq \mathbb{R}^n \longrightarrow \mathbb{R} \quad (n \in Z^+)$$
(表示 f 是從集合 D 對應至實數 $\mathbb{R}$ 的函數)
$$(x_1, x_2, \cdots, x_n) \in D \longrightarrow z = f(x_1, x_2, \cdots, x_n)$$
(表示點 $(x_1, x_2, \cdots, x_n)$ 的函數值為 $f(x_1, x_2, \cdots, x_n)$)
例如：$w = f(x, y, z) = x^2 + y^2 + z^2$ 是三個變數的函數。

範例 1

試找出下列函數之定義域。

(a) $f(x, y) = x^2 + y^2$

(b) $f(x, y) = \sqrt{1 - x^2 - y^2}$

(c) $f(x, y) = \dfrac{xy}{\sqrt{1 - x^2 - 2y^2}}$

(d) $f(x, y) = x \ln(y^2 - 2x)$

(e) $f(x, y, z) = xy \sin^{-1}\left(\dfrac{z}{x}\right)$

解 (a) 這裡的 x 與 y 沒有受到限制，即只要 $(x, y) \in \mathbb{R}^2$，$f(x, y) = x^2 + y^2$ 都是有意義的（或者都是可以被計算的）。因此，$D_f = \mathbb{R}^2$。

(b) 如果 $x \geq 0$，則 $\sqrt{x}$ 才有定義。因此，$D_f = \{(x, y) \in \mathbb{R}^2 \mid 1 - x^2 - y^2 \geq 0\}$。

(c) 如果 $x > 0$，則 $\dfrac{1}{\sqrt{x}}$ 才有定義。（分子則沒有受到限制）

因此，$D_f = \{(x, y) \in \mathbb{R}^2 \mid 1 - x^2 - 2y^2 > 0\}$。

(d) 如果 $x > 0$，則 $\ln x$ 才有定義。因此，$D_f = \{(x, y) \in \mathbb{R}^2 \mid y^2 - 2x > 0\}$。

(e) 如果 $|x| \leq 1$，則 $\sin^{-1} x$ 才有定義。因此，$D_f = \left\{(x, y, z) \in \mathbb{R}^3 \,\middle|\, \left|\dfrac{z}{x}\right| \leq 1\right\}$。

多變數函數的圖形

我們已知單變數函數之圖形為平面上之**曲線** (curve)，而兩個變數函數之圖形為三度空間上之**曲面** (surface)，其定義如下：

Definition 10.1.2 (The Graph of the Function of Two Variables)

Let $z = f(x, y), (x, y) \in D \subseteq \mathbb{R}^2$. The graph of the function f is the set S in $\mathbb{R}^3$ given by $S = \left\{ (x, y, z) \in \mathbb{R}^3 \mid (x, y) \in D, z = f(x, y) \right\}$.

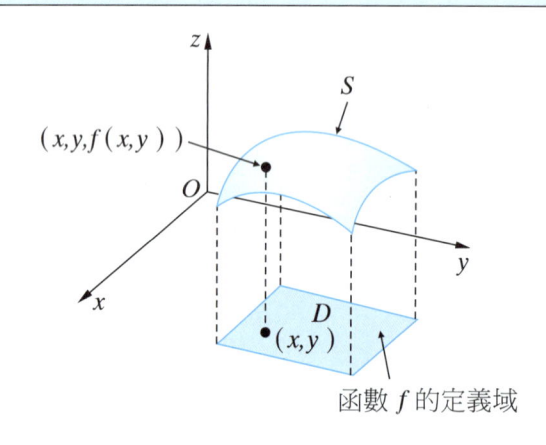

圖 10-1　兩個變數函數之圖形

【註】在 3-5 節，我們可以利用單變數函數之性質描繪其圖形，但是兩個變數函數圖形之描繪就不是那麼簡單了，一般都是利用電腦繪圖軟體描繪其圖形。

圖 10-2～圖 10-7 是利用電腦繪圖軟體所描繪的一些兩個變數函數之圖形供讀者參考與欣賞。

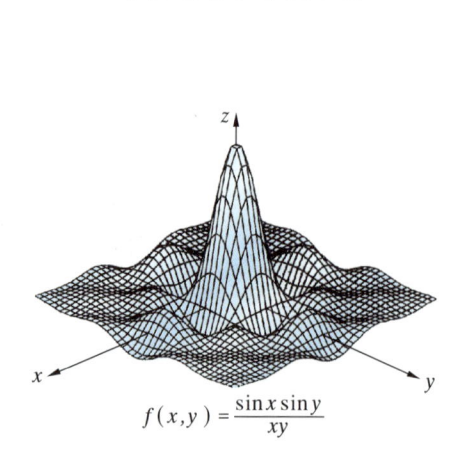

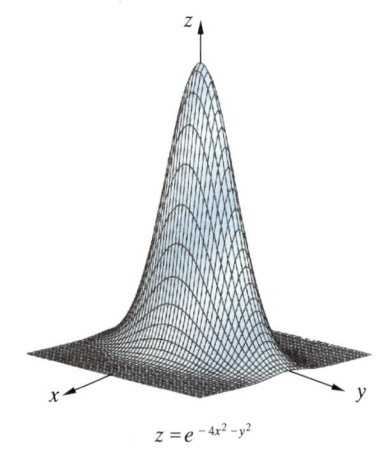

$f(x, y) = \dfrac{\sin x \sin y}{xy}$

$z = e^{-4x^2 - y^2}$

圖 10-2

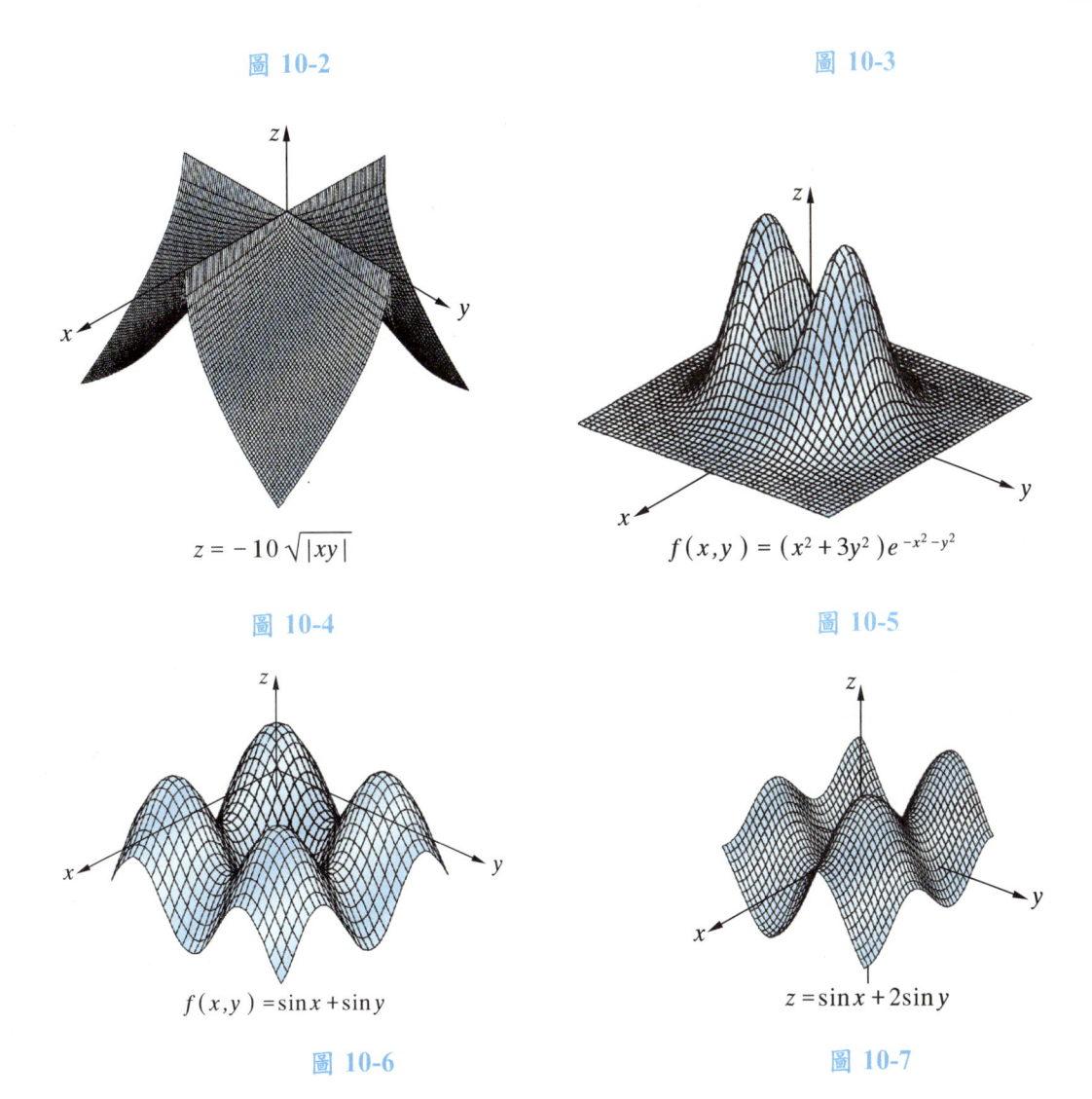

$z = -10\sqrt{|xy|}$

圖 10-3

$f(x,y) = (x^2 + 3y^2)e^{-x^2-y^2}$

圖 10-4

$f(x,y) = \sin x + \sin y$

圖 10-6

圖 10-5

$z = \sin x + 2\sin y$

圖 10-7

等高曲線

設函數 $z = f(x,y), (x,y) \in D \subseteq \mathbb{R}^2$ 之圖形如圖 10-8 所示，如果在函數之值域內任意選取一個數 k，即 $k \in R_f$ (R_f 為函數 f 之值域)，此時，函數之圖形與平面 $z = k$ 就會相交於一條曲線 C，而這一條曲線 C 我們就稱它為一條**軌跡** (trace)。當這一條軌跡 C 投影到 xy-平面時，我們就得到一條**等高曲線** (level curve) C_L。因為 $(x,y) \in C_L \Rightarrow z = f(x,y) = k$，所以 C_L 就可稱它為等高曲線了，而此等高曲線之方程式為 $f(x,y) = k$。

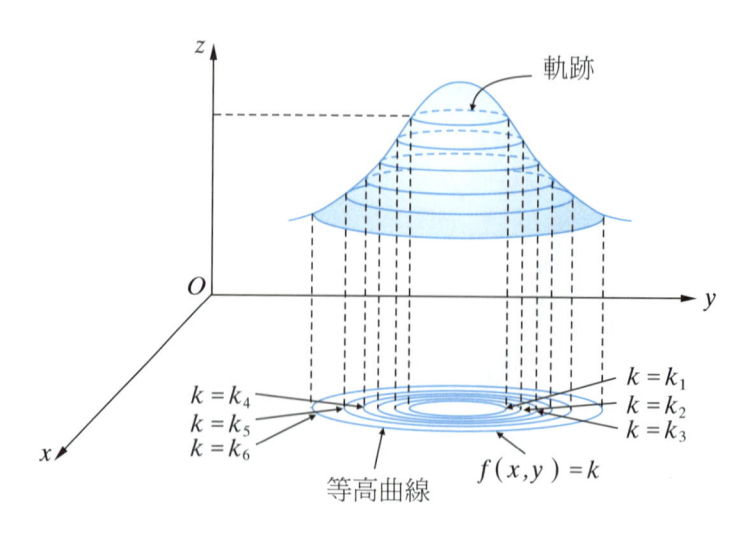

圖 10-8　軌跡與等高曲線

如果 $k_1, k_2, \cdots, k_n \in R_f$，則我們可以得到 n 條等高曲線，它們的方程式為 $f(x,y)=k_i$，$i=1,2,\cdots,n$，而這 n 條等高曲線的整個平面圖形就稱為**等高圖** (contour map)。當然，我們可以利用等高圖來猜測原函數圖形之表示式，再概略地描繪出此函數之圖形。

底下我們先給等高曲線及等高曲面的定義，再來看一些例子。

Definition 10.1.3　(Definition of the Level Curve)
Let the function $z = f(x,y)$ with the range R_f and let $k \in R_f$.
A level curve of the function f is a curve with equation $f(x,y)=k$.

Definition 10.1.4　(Definition of the Level Surface)
Let the function $w = f(x,y,z)$ with the range R_f and let $k \in R_f$.
A level surface of the function f is a surface with equation $f(x,y,z)=k$.

範例 2

當我們選取 k 值為 -5、0、5 及 10 時，請描繪出函數 $f(x,y)=5-2x+3y$ 的等高曲線。

解　由定義可知，函數 $f(x,y)=5-2x+3y$ 的等高曲線之方程式為 $f(x,y)=k$ 或 $5-2x+3y=k$。

因此，此四條等高曲線之方程式分別為

$5-2x+3y=-5$、$5-2x+3y=0$、$5-2x+3y=5$ 及 $5-2x+3y=10$

或 $2x-3y-10=0$、$2x-3y-5=0$、$2x-3y=0$ 及 $2x-3y+5=0$。（參考圖 10-9）

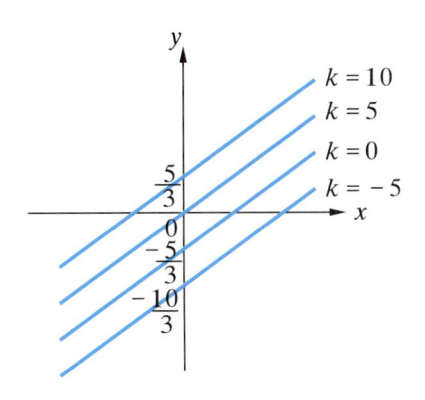

▶ 圖 10-9　範例 2 的等高曲線圖

【註】此四條等高曲線是互相平行的四條直線，由此可猜測函數 $f(x,y)=5-2x+3y$ 的圖形是一個平面，而此平面會通過 $\left(\dfrac{5}{2},0,0\right)$、$\left(0,-\dfrac{5}{3},0\right)$ 及 $(0,0,5)$ 等三個點。

範例 3

當我們選取 k 值為 4、$\sqrt{15}$、$\sqrt{12}$、$\sqrt{7}$ 及 0 時，請描繪出函數 $f(x,y)=\sqrt{16-x^2-y^2}$ 的等高曲線。

解　由定義可知，函數 $f(x,y)=\sqrt{16-x^2-y^2}$ 的等高曲線之方程式為 $f(x,y)=k$ 或 $\sqrt{16-x^2-y^2}=k$ 或 $x^2+y^2=16-k^2$。

因此，此五條等高曲線之方程式分別為

$x^2+y^2=16-4^2$、$x^2+y^2=16-(\sqrt{15})^2$、$x^2+y^2=16-(\sqrt{12})^2$、

$x^2+y^2=16-(\sqrt{7})^2$ 及 $x^2+y^2=16-0^2$

或 $x^2+y^2=0$、$x^2+y^2=1^2$、$x^2+y^2=2^2$、$x^2+y^2=3^2$ 及 $x^2+y^2=4^2$。（參考圖 10-10）

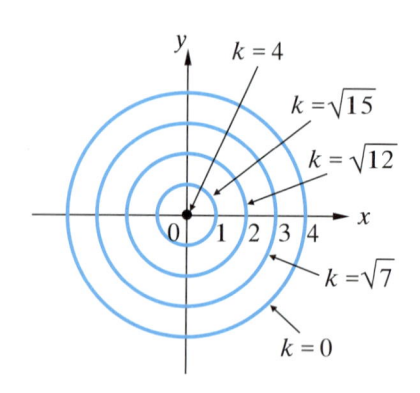

圖 10-10　範例 3 的等高曲線圖

【註】 1. 此五條等高曲線為原點及四個以原點 $(0,0)$ 為中心而半徑分別為 1、2、3 及 4 的圓，由此可猜測函數 $f(x,y)=\sqrt{16-x^2-y^2}$ 的圖形為一個半球。

2. 由函數的定義，也可以知道此函數之圖形。因為

$$z=\sqrt{16-x^2-y^2} \Rightarrow z^2=16-x^2-y^2 \text{ 且 } z\geq 0 \Leftrightarrow x^2+y^2+z^2=4^2 \text{ 且 } z\geq 0，$$

所以我們可知此函數 $f(x,y)=\sqrt{16-x^2-y^2}$ 的圖形為以原點 $(0,0,0)$ 為中心而半徑 $r=4$ 的球之上半部。

範例 4

當我們選取 k 值為 1、4、9 時，請描繪出函數 $f(x,y,z)=x^2+y^2+z^2$ 的等高曲面。

解 由定義可知，函數 $f(x,y,z)=x^2+y^2+z^2$ 的等高曲面之方程式為

$f(x,y,z)=k$ 或 $x^2+y^2+z^2=k$。

因此，此三個等高曲面之方程式分別為

$x^2+y^2+z^2=1\,(=1^2)$、$x^2+y^2+z^2=4\,(=2^2)$ 及 $x^2+y^2+z^2=9\,(=3^2)$。

換言之，此三個等高曲面為以原點 $(0,0,0)$ 為中心而半徑分別為 1、2 及 3 的球。

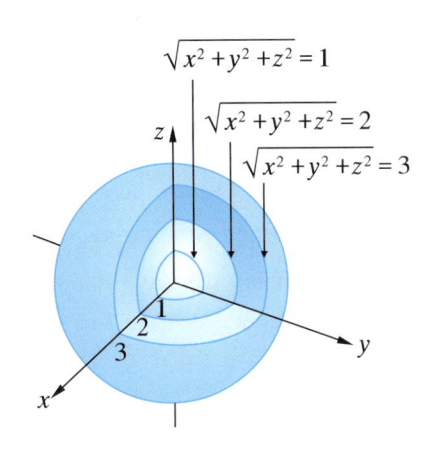

圖 10-11　範例 4 的等高曲面圖

習題演練

第 1 題至第 6 題，試找出下列多變數函數的定義域。

1. $f(x,y) = 3x^2 + 6xy - 5y^3$

2. $f(x,y) = \dfrac{y + 2x - 1}{x}$

3. $f(x,y) = \sqrt{y^2 - 2x^2 - 4}$

4. $f(x,y) = \sec^{-1}\left(\dfrac{1+y}{x}\right)$

5. $f(x,y,z) = \dfrac{x}{\sqrt{1 - x^2 - 2y^2 - 8z^2}}$

6. $f(x,y,z) = \dfrac{x}{y}\ln(xz - 1)$

第 7 題至第 12 題，試畫出下列多變數函數的等高曲線（或等高曲面）圖。

7. $f(x,y) = x + 2y$; $k = -2, -1, 0, 1, 2$

8. $f(x,y) = xy$; $k = -2, -1, 1, 2$

9. $f(x,y) = x^2 + 2y^2$; $k = 0, 2, 4, 6, 8$

10. $f(x,y) = y - x^2$; $k = 0, 1, 3, 5, 7$

11. $f(x,y,z) = x^2 + y^2$; $k = 4$

12. $f(x,y,z) = z$; $k = 0, 3, 5$

10-2　多變數函數之極限與連續

多變數函數之極限及連續與單變數函數之極限及連續其實是大同小異的，當我們以向量的方式來描述時，讀者會發現兩者之間幾乎是一模一樣。

這一節主要在介紹兩個變數函數在平面區域上之連續，而後面有很多性質的描述需要用到連續的概念。雖然連續的概念並不難，但是描述的過程則有一點兒繁雜，真的需要一點點的耐性。底下我們先看一看兩個變數函數之極限定義。

Definition 10.2.1 (Definition of the Limit of the Function of Two Variables)
Let the function $z = f(x, y)$ be defined on an open disk that contains a point (a,b), except possibly at (a,b) itself. Then we say that the limit of $f(x,y)$ as (x,y) approaches (a,b) is L and we write

$$\lim_{(x,y)\to(a,b)} f(x,y) = L \quad \text{or} \quad f(x,y) \to L \text{ as } (x,y) \to (a,b)$$

if for every positive number ε, there exists a corresponding positive number δ such that

$$0 < \sqrt{(x-a)^2 + (y-b)^2} < \delta \Rightarrow |f(x,y) - L| < \varepsilon.$$

【註】(請參考圖 10-12)

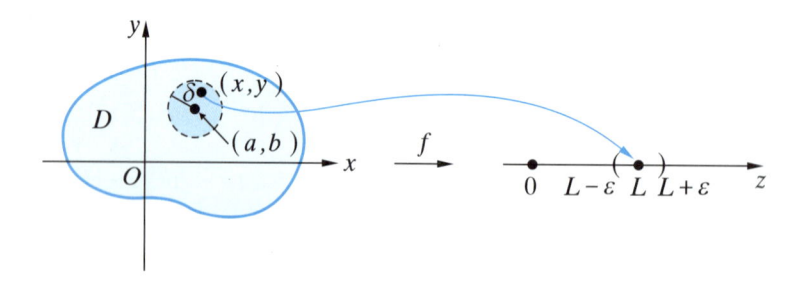

給定任一正數 ε，必存在一個正數 δ 使得

$$0 < \sqrt{(x-a)^2 + (y-b)^2} < \delta \Rightarrow |f(x,y) - L| < \varepsilon$$

圖 10-12 極限的定義

1. 極限定義的符號表示：

   $$\lim_{(x,y)\to(a,b)} f(x,y) = L \Leftrightarrow \forall \varepsilon > 0, \exists\, \delta > 0 \text{ 使得}$$

   $$0 < \sqrt{(x-a)^2 + (y-b)^2} < \delta \Rightarrow |f(x,y) - L| < \varepsilon \text{。}$$

2. 我們已經知道單變數函數之極限定義如下：

$$\lim_{x \to a} f(x) = L \Leftrightarrow \forall \varepsilon > 0, \exists \delta > 0 \text{ 使得 } 0 < |x-a| < \delta \Rightarrow |f(x) - L| < \varepsilon。$$

如果我們假設向量 $\vec{x} = \langle x, y \rangle$ 及向量 $\vec{a} = \langle a, b \rangle$ 且已知

$|\vec{x} - \vec{a}| = \sqrt{(x-a)^2 + (y-b)^2}$，則定義 10.2.1 可改寫如下：

$$\lim_{\vec{x} \to \vec{a}} f(\vec{x}) = L \Leftrightarrow \forall \varepsilon > 0, \exists \delta > 0 \text{ 使得 } 0 < |\vec{x} - \vec{a}| < \delta \Rightarrow |f(\vec{x}) - L| < \varepsilon。$$

讀者有沒有發現，當我們以向量來表現時，兩個變數函數之極限只是單變數函數之極限的推廣而已。也可以說，單變數函數之極限定義只是兩個變數函數之極限定義的特例而已。

3. 我們也可以將極限定義推廣至 n 個變數函數。

設向量 $\vec{x} = \langle x_1, x_2, \cdots, x_n \rangle$ 及向量 $\vec{a} = \langle a_1, a_2, \cdots, a_n \rangle$ 且已知

$$|\vec{x} - \vec{a}| = \sqrt{(x_1 - a_1)^2 + (x_2 - a_2)^2 + \cdots + (x_n - a_n)^2} = \sqrt{\sum_{i=1}^{n}(x_i - a_i)^2}，$$

則 n 個變數函數之極限定義如下：

$$\lim_{\vec{x} \to \vec{a}} f(\vec{x}) = L \Leftrightarrow \forall \varepsilon > 0, \exists \delta > 0 \text{ 使得 } 0 < |\vec{x} - \vec{a}| < \delta \Rightarrow |f(\vec{x}) - L| < \varepsilon。$$

4. 由於多變數函數之極限只是單變數函數之極限的推廣，因此很多在 1-2 節所介紹過的極限性質，在多變數函數之極限也會成立。例如：

(a) 如果極限 $\lim_{(x,y) \to (a,b)} f(x,y)$ 存在，則極限值是唯一的。（極限之唯一性）

(b) (極限之四則運算)

設 $\lim_{(x,y) \to (a,b)} f(x,y) = L$ 且 $\lim_{(x,y) \to (a,b)} g(x,y) = M$，則

(i) $\lim_{(x,y) \to (a,b)} [f(x,y) + g(x,y)] = L + M$

(ii) $\lim_{(x,y) \to (a,b)} [f(x,y) - g(x,y)] = L - M$

(iii) $\lim_{(x,y) \to (a,b)} kf(x,y) = kL \quad (k \in \mathbb{R})$

(iv) $\lim_{(x,y) \to (a,b)} [f(x,y) \cdot g(x,y)] = L \cdot M$

(v) $\lim_{(x,y)\to(a,b)} \dfrac{f(x,y)}{g(x,y)} = \dfrac{L}{M}$ ($M \neq 0$)

(c) (夾擠定理)

如果存在一個正數 δ 使得

$$0 < \sqrt{(x-a)^2 + (y-b)^2} < \delta \;\Rightarrow\; f(x,y) \leq g(x,y) \leq h(x,y)$$

且 $\lim\limits_{(x,y)\to(a,b)} f(x,y) = L = \lim\limits_{(x,y)\to(a,b)} h(x,y)$，則 $\lim\limits_{(x,y)\to(a,b)} g(x,y) = L$。

(d) 如果 $\lim\limits_{(x,y)\to(a,b)} g(x,y) = L$ 且函數 $y = f(t)$ 在 $t = L$ 連續，則

$$\lim_{(x,y)\to(a,b)} f(g(x,y)) = f(L) \text{。}$$

現在我們用嚴格定義證明一些極限，再以此結果結合四則運算可以得到更複雜的極限計算公式。

範例 1

試證明下列極限。

(a) $\lim\limits_{(x,y)\to(a,b)} k = k$ ($(a,b) \in \mathbb{R}^2$, $k \in \mathbb{R}$)

(b) $\lim\limits_{(x,y)\to(a,b)} x = a$ ($(a,b) \in \mathbb{R}^2$)

(c) $\lim\limits_{(x,y)\to(a,b)} y = b$ ($(a,b) \in \mathbb{R}^2$)

解 (a) (此題的 $f(x,y) = k$ 且 $L = k$)

對任意給定的正數 ε，我們可以選取任意正數 δ，則

$$0 < \sqrt{(x-a)^2 + (y-b)^2} < \delta \;\Rightarrow\; |k - k| = 0 < \varepsilon \text{。}$$

因此，由定義可知 $\lim\limits_{(x,y)\to(a,b)} k = k$。

(b) (此題的 $f(x,y) = x$ 且 $L = a$)

對任意給定的正數 ε，我們可以選取 $\delta = \varepsilon$，則

$$0 < \sqrt{(x-a)^2 + (y-b)^2} < \delta$$

$$\Rightarrow |x-a| = \sqrt{(x-a)^2} \leq \sqrt{(x-a)^2 + (y-b)^2} < \delta = \varepsilon$$

因此,由定義可知 $\lim_{(x,y) \to (a,b)} x = a$。

(c) (此題的 $f(x,y) = y$ 且 $L = b$)

對任意給定的正數 ε,我們可以選取 $\delta = \varepsilon$,則

$$0 < \sqrt{(x-a)^2 + (y-b)^2} < \delta$$

$$\Rightarrow |y-b| = \sqrt{(y-b)^2} \leq \sqrt{(x-a)^2 + (y-b)^2} < \delta = \varepsilon$$

因此,由定義可知 $\lim_{(x,y) \to (a,b)} y = b$。

現在我們先定義兩變數函數之多項式(函數)與有理式函數。

Definition 10.2.2 (Polynomial Function and Rational Function of Two Variables)

(a) A polynomial function of two variables is a function $P(x, y)$ given by

$$P(x, y) = \sum_{i=1}^{k} k_i x^{n_i} y^{m_i} = k_1 x^{n_1} y^{m_1} + k_2 x^{n_2} y^{m_2} + \cdots + k_k x^{n_k} y^{m_k}$$

where $k \in Z^+$, $k_i \in \mathbb{R}$, $i = 1, 2, \cdots, k$ and n_i, $m_i \in \{0\} \cup Z^+$, $i = 1, 2, \cdots, k$.

(b) A rational function of two variables is a function $R(x, y)$ given by

$$R(x, y) = \frac{P_1(x, y)}{P_2(x, y)}$$

where P_1 and P_2 are polynomials.

The domain of P is $D_P = \mathbb{R}^2$ and the domain of R is

$D_R = \{(x, y) \in \mathbb{R}^2 \mid P_2(x, y) \neq 0\}$.

【註】利用範例 1 的結果及極限的乘法運算,我們可得

$$\lim_{(x,y) \to (a,b)} k x^n y^m = k a^n b^m \text{。}$$

因此,利用極限的四則運算,我們可以得到下面的定理。

> **Theorem 10.2.1**
> (a) If $P(x,y)$ is a polynomial function, then
> $$\lim_{(x,y)\to(a,b)} P(x,y) = P(a,b) \quad \forall (a,b) \in \mathbb{R}^2.$$
> (b) If $R(x,y)$ is a rational function, then
> $$\lim_{(x,y)\to(a,b)} R(x,y) = R(a,b) \quad \forall (a,b) \in D_R.$$

範例 2

試計算下列極限。

(a) $\displaystyle\lim_{(x,y)\to(-2,3)} (2+3x^2y^3-5xy^2) = 2+3(-2)^2 3^3 - 5(-2)3^2 = 2+324+90 = 416$

(b) $\displaystyle\lim_{(x,y)\to(-2,3)} \frac{(2+3x^2y^3-5xy^2)}{5-3xy} = \frac{416}{5-3(-2)3} = \frac{416}{23}$

範例 3

試利用夾擠定理計算極限 $\displaystyle\lim_{(x,y)\to(0,0)} x\sin\left(\frac{xy}{x^2+y^2}\right)$。

解 因為 $0 \leq \left|x\sin\left(\dfrac{xy}{x^2+y^2}\right)\right| \leq |x|\left|\sin\left(\dfrac{xy}{x^2+y^2}\right)\right| \leq |x| \quad \forall (x,y) \neq (0,0)$

且 $\displaystyle\lim_{(x,y)\to(0,0)} 0 = 0 = \lim_{(x,y)\to(0,0)} |x|$,

所以由夾擠定理可得 $\displaystyle\lim_{(x,y)\to(0,0)} \left|x\sin\left(\frac{xy}{x^2+y^2}\right)\right| = 0$。

因此, $\displaystyle\lim_{(x,y)\to(0,0)} x\sin\left(\frac{xy}{x^2+y^2}\right) = 0$。

【註】1. 因為 $\displaystyle\lim_{(x,y)\to(0,0)} x = 0$ 且函數 $f(t)=|t|$ 在 $t=0$ 連續,所以

$$\lim_{(x,y)\to(0,0)} |x| = \left|\lim_{(x,y)\to(0,0)} x\right| = |0| = 0 \text{。}$$

2. 利用公式 $\lim\limits_{(x,y)\to(0,0)} \left| x\sin\left(\dfrac{xy}{x^2+y^2}\right) \right| = 0 \Leftrightarrow \lim\limits_{(x,y)\to(0,0)} x\sin\left(\dfrac{xy}{x^2+y^2}\right) = 0$。

兩條路徑法（Two Path Laws）

當我們欲判定極限不存在時，在單變數函數可以利用左極限與右極限之不相等來判定，但是在兩個變數函數則必須以兩條路徑法來判定。

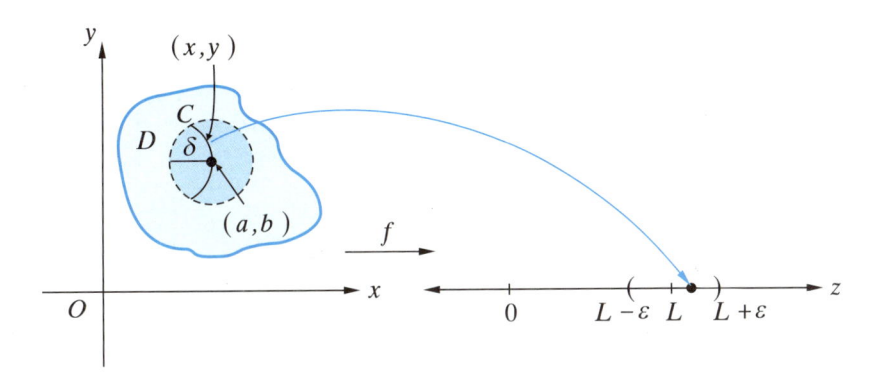

圖 10-13　兩條路徑法

當極限 $\lim\limits_{(x,y)\to(a,b)} f(x,y)$ 存在時，即 $\lim\limits_{(x,y)\to(a,b)} f(x,y) = L \in \mathbb{R}$，則我們有 $\forall \varepsilon > 0$, $\exists \delta > 0$ 使得 $0 < \sqrt{(x-a)^2+(y-b)^2} < \delta \Rightarrow |f(x,y)-L| < \varepsilon$。

此時，任何一條通過點 (a,b) 之路徑 $C \subset \left\{ (x,y) \,\middle|\, 0 < \sqrt{(x-a)^2+(y-b)^2} < \delta \right\}$，我們當然有 $\forall \varepsilon > 0$, $\exists \delta > 0$ 使得 $(x,y) \in C \Rightarrow |f(x,y)-L| < \varepsilon$。

換言之，當 (x,y) 沿著路徑 C 靠近 (a,b) 時，極限 $\lim\limits_{(x,y)\to(a,b)} f(x,y)$ 也會存在且 $\lim\limits_{(x,y)\to(a,b)} f(x,y) = L$。

因此，假如我們可以特別地找到兩條通過點 (a,b) 之路徑 C_1 及 C_2 而得到不相同的極限，那麼原極限 $\lim\limits_{(x,y)\to(a,b)} f(x,y)$ 當然就不存在了。請看下面的兩條路徑法。

Theorem 10.2.2 (Two Path Laws)

If $f(x,y) \to L_1$ as (x,y) approaches (a,b) along the path C_1 and $f(x,y) \to L_2$ as (x,y) approaches (a,b) along the path C_2 and if $L_1 \neq L_2$, then

$$\lim_{(x,y) \to (a,b)} f(x,y) \text{ does not exist.}$$

範例 4

試證明極限 $\displaystyle\lim_{(x,y) \to (0,0)} \frac{2x^2 + y^2}{x^2 + 2y^2}$ 不存在。

解 (i) 當 (x,y) 沿著 x-軸靠近 $(0,0)$ 時，此時

$$\lim_{(x,y) \to (0,0)} \frac{2x^2 + y^2}{x^2 + 2y^2} = \lim_{x \to 0} \frac{2x^2 + 0^2}{x^2 + 2 \cdot 0^2} = \lim_{x \to 0} \frac{2x^2}{x^2} = \lim_{x \to 0} 2 = 2 \text{。}$$

【註】當 (x,y) 沿著 x-軸靠近 $(0,0)$ 時，我們令 $y = 0$，然後讓 x 靠近 0。

(ii) 當 (x,y) 沿著直線 y-軸靠近 $(0,0)$ 時，此時

$$\lim_{(x,y) \to (0,0)} \frac{2x^2 + y^2}{x^2 + 2y^2} = \lim_{y \to 0} \frac{2 \cdot 0^2 + y^2}{0^2 + 2y^2} = \lim_{y \to 0} \frac{y^2}{2y^2} = \lim_{y \to 0} \frac{1}{2} = \frac{1}{2} \text{。}$$

【註】當 (x,y) 沿著 y-軸靠近 $(0,0)$ 時，我們令 $x = 0$，然後讓 y 靠近 0。

由於 $2 \neq \dfrac{1}{2}$，所以極限 $\displaystyle\lim_{(x,y) \to (0,0)} \frac{2x^2 + y^2}{x^2 + 2y^2}$ 不存在。

範例 5

試證明極限 $\displaystyle\lim_{(x,y) \to (0,0)} \frac{xy}{x^2 + 2y^2}$ 不存在。

解 (i) 當 (x,y) 沿著 x-軸靠近 $(0,0)$ 時，此時

$$\lim_{(x,y) \to (0,0)} \frac{xy}{x^2 + 2y^2} = \lim_{x \to 0} \frac{x \cdot 0}{x^2 + 2 \cdot 0^2} = \lim_{x \to 0} \frac{0}{x^2} = \lim_{x \to 0} 0 = 0 \text{。}$$

【註】當 (x,y) 沿著 x-軸靠近 $(0,0)$ 時，我們令 $y = 0$，然後讓 x 靠近 0。

(ii) 當 (x,y) 沿著直線 $y = x$ 靠近 $(0,0)$ 時，此時

$$\lim_{(x,y) \to (0,0)} \frac{xy}{x^2 + 2y^2} = \lim_{x \to 0} \frac{x \cdot x}{x^2 + 2x^2} = \lim_{x \to 0} \frac{x^2}{3x^2} = \lim_{x \to 0} \frac{1}{3} = \frac{1}{3} \text{。}$$

【註】當 (x,y) 沿著直線 $y=x$ 靠近 $(0,0)$ 時，我們令 $y=x$，然後讓 x 靠近 0。由於 $0 \neq \dfrac{1}{3}$，所以極限 $\lim\limits_{(x,y)\to(0,0)} \dfrac{xy}{x^2+2y^2}$ 不存在。

範例 6

試證明極限 $\lim\limits_{(x,y)\to(0,0)} \dfrac{xy^2}{x^2+2y^4}$ 不存在。

解 (i) 當 (x,y) 沿著 x-軸靠近 $(0,0)$ 時，此時

$$\lim_{(x,y)\to(0,0)} \frac{xy^2}{x^2+2y^4} = \lim_{x\to 0} \frac{x\cdot 0^2}{x^2+2\cdot 0^4} = \lim_{x\to 0} \frac{0}{x^2} = \lim_{x\to 0} 0 = 0 \text{。}$$

【註】當 (x,y) 沿著 x-軸靠近 $(0,0)$ 時，我們令 $y=0$，然後讓 x 靠近 0。

(ii) 當 (x,y) 沿著拋物線 $x=y^2$ 靠近 $(0,0)$ 時，此時

$$\lim_{(x,y)\to(0,0)} \frac{xy^2}{x^2+2y^4} = \lim_{y\to 0} \frac{y^2\cdot y^2}{(y^2)^2+2y^4} = \lim_{y\to 0} \frac{y^4}{3y^4} = \lim_{y\to 0} \frac{1}{3} = \frac{1}{3} \text{。}$$

【註】當 (x,y) 沿著拋物線 $x=y^2$ 靠近 $(0,0)$ 時，我們令 $x=y^2$，然後讓 y 靠近 0。

由於 $0 \neq \dfrac{1}{3}$，所以 $\lim\limits_{(x,y)\to(0,0)} \dfrac{xy^2}{x^2+2y^4}$ 不存在。

連續（Continuity）

現在我們來討論兩個變數函數之連續及其性質。我們先分別定義函數在內點及邊界點的連續，再定義函數在平面區域上的連續。

Definition 10.2.3

Let $z=f(x,y)$, $(x,y)\in D_f$, and let (a,b) be an interior point of D_f.

[(a,b) is an interior point of D_f if $\exists\, \delta > 0$ *such that*

$$\left\{(x,y)\,\Big|\,\sqrt{(x-a)^2+(y-b)^2} < \delta\right\} \subset D_f\ ]$$

Then we say that the function f is continuous at (a,b) if

$$\lim_{(x,y)\to(a,b)} f(x,y) = f(a,b).$$

【註】兩個變數函數在內點的連續定義與單變數相同。單變數函數 $y=f(x)$ 在內點 a 連續的條件為 $\lim\limits_{x\to a}f(x)=f(a)$。

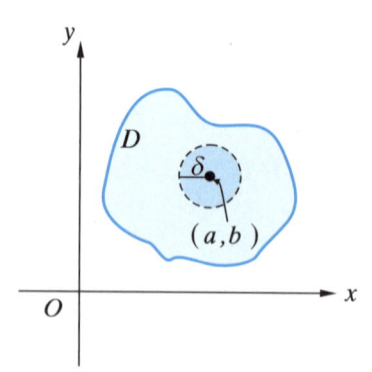

點 (a,b) 為集合 D 的一個內點

圖 10-14　集合的內點

Definition 10.2.4
Let $z=f(x,y)$, $(x,y)\in D_f$, and let (a,b) be a boundary point of D_f.
[(a,b) is a boundary point of D_f if $\forall\ \delta>0$, the set $\left\{(x,y)\big|\sqrt{(x-a)^2+(y-b)^2}<\delta\right\}$ contains some points in D_f and also contains some points not in D_f]
Then we say that the function f is continuous at (a,b) if $\forall\varepsilon>0$, $\exists\delta>0$ such that $(x,y)\in D_f$ and $\sqrt{(x-a)^2+(y-b)^2}<\delta\ \Rightarrow\ |f(x,y)-f(a,b)|<\varepsilon$.

【註】函數在邊界點 (a,b) 連續的意義如下：

當 (x,y) 在函數之定義域 D_f 內往邊界點 (a,b) 靠近時，函數值 $f(x,y)$ 就會往 $f(a,b)$ 靠近。換言之，當 (x,y) 沿著任何在函數之定義域 D_f 內通過點 (a,b) 之路徑靠近 (a,b) 時，我們都有 $\lim\limits_{(x,y)\to(a,b)}f(x,y)=f(a,b)$。例如：

函數 $z=\sqrt{9-x^2-y^2}$ 在邊界點 $(2,\sqrt{5})$ 連續。

(因為當 $9-x^2-y^2\geq 0$ 且 $(x,y)\to(2,\sqrt{5})$ 時，我們有

$\lim\limits_{(x,y)\to(2,\sqrt{5})}f(x,y)=\lim\limits_{(x,y)\to(2,\sqrt{5})}\sqrt{9-x^2-y^2}=\sqrt{9-2^2-(\sqrt{5})^2}=0=f(2,\sqrt{5})$。)

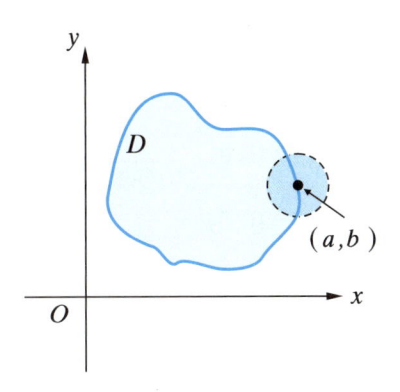

點 (a,b) 為集合 D 的一個邊界點

圖 10-15　集合的邊界點

現在我們可以定義平面區域上的連續了。

Definition 10.2.5
Let $z = f(x, y)$, $(x, y) \in D_f$.
The function f is continuous on D_f if f is continuous at every point in D_f.

【註】如果函數沒有邊界點，則使用定義 10.2.3 就可以了。如果函數有邊界點，則使用定義 10.2.3 及定義 10.2.4。

由定理 10.2.1 及定義 10.2.5，我們得到下面的結論。

Theorem 10.2.3
(a) A polynomial function $P(x, y)$ is continuous on $\mathbb{R}^2$.
(b) A rational function $R(x, y)$ is continuous on its domain D_R.

範例 7

(a) 函數 $P(x, y) = 1 - 2xy + 3y^2$ 在 $\mathbb{R}^2$ 上連續。

(b) 函數 $R(x, y) = \dfrac{1 - 2xy + 3y^2}{3xy}$ 在 $D_R = \left\{ (x, y) \in \mathbb{R}^2 \mid xy \neq 0 \right\}$ 上連續。

範例 8

設函數 $f(x,y) = \begin{cases} \dfrac{2x^2+y^2}{x^2+2y^2}, & (x,y) \neq (0,0) \\ 0, & (x,y) = (0,0) \end{cases}$，則函數 f 在點 $(0,0)$ 不連續，

因為極限 $\lim\limits_{(x,y) \to (0,0)} f(x,y) = \lim\limits_{(x,y) \to (0,0)} \dfrac{2x^2+y^2}{x^2+2y^2}$ 不存在。(參考範例 4)

本節結束之前，我們介紹如何利用函數的四則運算及合成來創造更複雜的連續函數。(其證明方法與單變數相同)

Theorem 10.2.4
Let f and g be two functions of two variables.
If f and g are continuous at (a,b), then the following functions are also continuous at (a,b):

1. $f+g$ 2. $f-g$ 3. kf $(k \in \mathbb{R})$ 4. fg 5. $\dfrac{f}{g}$ $(g(a,b) \neq 0)$.

範例 9

因為 $f(x,y) = 1 + 2xy - 3y^2$ 在 $\mathbb{R}^2$ 上連續且 $g(x,y) = \dfrac{1-x-y}{x-1}$ 在集合

$\{(x,y) \in \mathbb{R}^2 \mid x \neq 1\}$ 上連續，因此，我們可得

(a) $f(x,y) + g(x,y) = 1 + 2xy - 3y^2 + \dfrac{1-x-y}{x-1}$ 在集合 $\{(x,y) \in \mathbb{R}^2 \mid x \neq 1\}$ 上連續。

(b) $f(x,y) - g(x,y) = 1 + 2xy - 3y^2 - \dfrac{1-x-y}{x-1}$ 在集合 $\{(x,y) \in \mathbb{R}^2 \mid x \neq 1\}$ 上連續。

(c) $3f(x,y) = 3(1 + 2xy - 3y^2)$ 在 $\mathbb{R}^2$ 上連續。

(d) $f(x,y)g(x,y) = (1 + 2xy - 3y^2)\left(\dfrac{1-x-y}{x-1}\right)$ 在集合 $\{(x,y) \in \mathbb{R}^2 \mid x \neq 1\}$ 上連續。

(e) $\dfrac{f(x,y)}{g(x,y)} = \dfrac{(1 + 2xy - 3y^2)}{\left(\dfrac{1-x-y}{x-1}\right)}$ 在集合 $\{(x,y) \in \mathbb{R}^2 \mid x \neq 1, 1-x-y \neq 0\}$ 上連續。

Theorem 10.2.5

If $z = g(x,y)$ is continuous at (a,b) and $y = f(t)$ is continuous at $g(a,b)$, then the composite function $(f \circ g)(x,y) = f(g(x,y))$ is continuous at (a,b).

範例 10

(a) 函數 $g(x,y) = x^2 + y^2$ 在 $\mathbb{R}^2$ 上連續且函數 $f(t) = \ln t$ 在 $(0, \infty)$ 上連續，因此，合成函數 $f(g(x,y)) = \ln(x^2 + y^2)$ 在集合 $\{(x,y) \in \mathbb{R}^2 \mid (x,y) \neq (0,0)\}$ 上連續。

(b) 函數 $g(x,y) = 1 - x^2 - y^2$ 在 $\mathbb{R}^2$ 上連續且函數 $f(t) = \sqrt{t}$ 在 $[0, \infty)$ 上連續，因此，合成函數 $f(g(x,y)) = \sqrt{1 - x^2 - y^2}$ 在集合 $\{(x,y) \in \mathbb{R}^2 \mid 1 - x^2 - y^2 \geq 0\}$ 上連續。

(c) 函數 $g(x,y) = xy$ 在 $\mathbb{R}^2$ 上連續且函數 $f(t) = e^t$ 在 $\mathbb{R}$ 上連續，因此，合成函數 $f(g(x,y)) = e^{xy}$ 在集合 $\mathbb{R}^2$ 上連續。

【註】可以仿照兩個變數函數之討論將連續性推廣至三個變數或三個變數以上之函數。例如：

1. 函數 $f(x,y,z) = xy + yz + xz$ 在 $\mathbb{R}^3$ 上連續。

2. 函數 $f(x,y,z) = xz\ln(x^2 y)$ 在集合 $\{(x,y,z) \in \mathbb{R}^3 \mid x^2 y > 0\}$ 上連續。

3. 函數 $f(x,y,z) = x\sin^{-1}\left(\dfrac{y}{z}\right)$ 在集合 $\left\{(x,y,z) \in \mathbb{R}^3 \mid z \neq 0, \left|\dfrac{y}{z}\right| \leq 1\right\}$ 上連續。

習題演練

・基本題

第 1 題至第 6 題，試計算下列的極限。

1. $\lim\limits_{(x,y) \to (-1,3)} (2xy^2 + x^2 y^3 - y^3)$

2. $\lim\limits_{(x,y) \to (-1,3)} \dfrac{2xy^2 + x^2 y^3 - y^3}{5 - xy}$

3. $\lim\limits_{(x,y) \to (\frac{\pi}{2},0)} x\sin\left(\dfrac{x+y}{4}\right)$

4. $\lim\limits_{(x,y) \to (0,1)} y e^{x^2 + 3y^2}$

5. $\lim\limits_{(x,y,z)\to(-1,2,3)} \dfrac{xy^2 - yz^2}{xyz + 3}$
6. $\lim\limits_{(x,y,z)\to(-1,3,0)} [ye^{xz} - \ln(2y - x)]$

第 7 題至第 12 題，試利用兩條路徑法說明下列的極限不存在。

7. $\lim\limits_{(x,y)\to(0,0)} \dfrac{3x^2 - 5y^2}{x^2 + 3y^2}$
8. $\lim\limits_{(x,y)\to(0,0)} \dfrac{5xy}{2x^2 + 3y^2}$
9. $\lim\limits_{(x,y)\to(0,0)} \dfrac{x^2 y}{2x^4 + y^2}$

10. $\lim\limits_{(x,y)\to(0,0)} \dfrac{4xy^3}{3x^2 + 5y^6}$
11. $\lim\limits_{(x,y)\to(0,0)} \dfrac{x^2 - xy + y^2}{x^2 + y^2}$
12. $\lim\limits_{(x,y)\to(0,0)} \dfrac{x^{1/3} y^2}{2x + y^3}$

第 13 題至第 20 題，試討論下列各函數之連續性（即指出各函數連續的最大範圍）。

13. $f(x,y) = 2x^2 + 3xy - 5y^3$
14. $f(x,y) = \dfrac{y + 2x - 5}{x - 3}$

15. $f(x,y) = \sqrt{16 - 4y^2 - 2x^2}$
16. $f(x,y) = \sin^{-1}\left(\dfrac{1+y}{x}\right)$

17. $f(x,y) = \ln(y^2 - x)$
18. $f(x,y) = \tan^{-1}\left(\dfrac{x}{y}\right)$

19. $f(x,y,z) = e^{x^2 + y^2 + z^2}$
20. $f(x,y,z) = (2x + ye^z)^{1/3}$

・進階題

21. 試利用極限的定義證明 $\lim\limits_{(x,y)\to(1,2)} (4x - 3y + 7) = 5$。

22. 試計算極限

(a) $\lim\limits_{(x,y)\to(0,0)} \dfrac{yx^2 + y^3}{x^2 + y^2}$
(b) $\lim\limits_{(x,y)\to(0,0)} \dfrac{x^2 y^3}{x^2 + y^2}$
(c) $\lim\limits_{(x,y)\to(0,0)} \dfrac{\sqrt{x^2 y^2 + 1} - 1}{x^2 + y^2}$

(d) $\lim\limits_{(x,y)\to(0,0)} \dfrac{\sin(4x^2 + 6y^2)}{2x^2 + 3y^2}$
(e) $\lim\limits_{(x,y)\to(0,0)} \dfrac{x - y}{x^2 + y^2}$

23. 試討論下列各函數在點 $(0,0)$ 之連續性。

(a) $f(x,y) = \begin{cases} \dfrac{x^2 y^3}{2x^2 + y^2}, & (x,y) \neq (0,0) \\ 0, & (x,y) = (0,0) \end{cases}$

(b) $f(x,y) = \begin{cases} \dfrac{xy}{x^2 + xy + y^2}, & (x,y) \neq (0,0) \\ 0, & (x,y) = (0,0) \end{cases}$

10-3 偏導函數

多變數函數之偏導函數在後面的每一個章節中幾乎都會用到，我們必須了解偏導數之意義外，還必須熟悉偏導函數之計算規則。首先，我們要讓讀者知道的重點是偏導數和單變數之導數在觀念上其實是完全一樣的，我們不要被偏導數這個陌生的名詞給唬住了，讀者只要有單變數之導數概念就可以駕輕就熟了。

● 偏導數的動機

1. 設函數 $z = f(x,y)$，$(x,y) \in D_f$，再設 $(a,b) \in D_f$。

   當我們有興趣的點是 (x,b) 時，此時函數就變成單變數函數，即

   $$z = f(x,b) = g(x)，(x,b) \in D_f。$$

   由單變數導數之定義，我們有

   $$g'(a) = \lim_{h \to 0} \frac{g(a+h) - g(a)}{h} = \lim_{h \to 0} \frac{f(a+h,b) - f(a,b)}{h}。$$

   如果極限 $\lim_{h \to 0} \dfrac{f(a+h,b) - f(a,b)}{h}$ 存在，則我們稱此極限為函數 f 在點 (a,b) 對 x 的偏導數，並且記成 $f_x(a,b)$。換言之，我們定義

   $$f_x(a,b) = \lim_{h \to 0} \frac{f(a+h,b) - f(a,b)}{h}。（設極限存在）$$

2. 設函數 $z = f(x,y)$，$(x,y) \in D_f$，再設 $(a,b) \in D_f$。

   當我們有興趣的點是 (a,y) 時，此時函數就變成單變數函數，即

   $$z = f(a,y) = \tilde{g}(y)，(a,y) \in D_f。$$

   由單變數導數之定義，我們有

   $$\tilde{g}'(b) = \lim_{h \to 0} \frac{\tilde{g}(b+h) - \tilde{g}(b)}{h} = \lim_{h \to 0} \frac{f(a,b+h) - f(a,b)}{h}。$$

如果極限 $\lim\limits_{h \to 0} \dfrac{f(a,b+h) - f(a,b)}{h}$ 存在，則我們稱此極限為函數 f 在點 (a,b) 對 y 的偏導數，並且記成 $f_y(a,b)$。換言之，我們定義

$$f_y(a,b) = \lim_{h \to 0} \dfrac{f(a,b+h) - f(a,b)}{h}$$。(設極限存在)

看到這裡，讀者有沒有發現，偏導數其實就是單變數函數之導數。
現在我們就來定義函數之偏導函數。

Definition 10.3 (The Partial Derivatives)
The partial derivatives of the function $z = f(x,y)$ of two variables are the functions f_x and f_y defined by

$$f_x(x,y) = \lim_{h \to 0} \dfrac{f(x+h,y) - f(x,y)}{h}$$

and

$$f_y(x,y) = \lim_{h \to 0} \dfrac{f(x,y+h) - f(x,y)}{h}$$

provided that the limits exist.

【註】 1. 由偏導數之動機及偏導函數之定義可以知道，在計算偏導函數時，我們在第二章所介紹之所有微分公式都可以放心使用。其詳細計算過程如下：

① 將函數 $z = f(x,y)$ 中的變數 y 視為常數後，再將函數 $z = f(x,y)$ 對變數 x 微分，則我們可得 $f_x(x,y)$。例如：

設函數 $f(x,y) = 2xy + 3x^2 y^4$，則 $f_x(x,y) = 2y \dfrac{d}{dx} x + 3y^4 \dfrac{d}{dx} x^2$

$= 2y \cdot 1 + 3y^4 \cdot 2x = 2y + 6xy^4$。

② 將函數 $z = f(x,y)$ 中的變數 x 視為常數後，再將函數 $z = f(x,y)$ 對變數 y 微分，則我們可得 $f_y(x,y)$。例如：

設函數 $f(x,y) = 2xy + 3x^2 y^4$，則 $f_y(x,y) = 2x \dfrac{d}{dy} y + 3x^2 \dfrac{d}{dy} y^4 = 2x \cdot 1$

$+ 3x^2 \cdot 4y^3 = 2x + 12x^2 y^3$。

2. 偏導函數常用的符號如下：

設函數 $z = f(x,y)$，則兩個偏導函數的符號分別為

$$f_x(x,y) = f_1(x,y) = \frac{\partial z}{\partial x} = \frac{\partial}{\partial x} f(x,y) = D_x z = D_x f(x,y)$$

$$\text{及 } f_y(x,y) = f_2(x,y) = \frac{\partial z}{\partial y} = \frac{\partial}{\partial y} f(x,y) = D_y z = D_y f(x,y)$$

3. 偏導數常用的符號如下：

設函數 $z = f(x,y)$，則兩個偏導數的符號分別為

$$f_x(a,b) = f_1(a,b) = \frac{\partial z}{\partial x}\bigg|_{\substack{x=a\\y=b}} = \frac{\partial}{\partial x} f(x,y)\bigg|_{\substack{x=a\\y=b}} = D_x z\bigg|_{\substack{x=a\\y=b}} = D_x f(x,y)\bigg|_{\substack{x=a\\y=b}}$$

$$\text{及 } f_y(a,b) = f_2(a,b) = \frac{\partial z}{\partial y}\bigg|_{\substack{x=a\\y=b}} = \frac{\partial}{\partial y} f(x,y)\bigg|_{\substack{x=a\\y=b}} = D_y z\bigg|_{\substack{x=a\\y=b}} = D_y f(x,y)\bigg|_{\substack{x=a\\y=b}}$$

範例 1

設函數 $f(x,y) = 2xy + 3x^2 y^4$，試計算 $f_x(2,1)$ 及 $f_y(2,1)$。

解 (a) 用偏導數之動機來計算

(i) 因為 $g(x) = f(x,1) = 2x + 3x^2$ 及 $g'(x) = 2 + 6x$，

所以 $f_x(2,1) = g'(2) = 2 + 6 \cdot 2 = 14$。

(ii) 因為 $\tilde{g}(y) = f(2,y) = 4y + 12y^4$ 及 $\tilde{g}'(y) = 4 + 48y^3$，

所以 $f_y(2,1) = \tilde{g}'(1) = 4 + 48 \cdot 1^3 = 52$。

(b) 用偏微分公式來計算

(i) 因為 $f_x(x,y) = \frac{\partial}{\partial x}(2xy + 3x^2 y^4) = 2y + 6xy^4$，

所以 $f_x(2,1) = 2 \cdot 1 + 6 \cdot 2 \cdot 1^4 = 14$。

(ii) 因為 $f_y(x,y) = \frac{\partial}{\partial y}(2xy + 3x^2 y^4) = 2x + 12x^2 y^3$，

所以 $f_y(2,1) = 2 \cdot 2 + 12 \cdot 2^2 \cdot 1^3 = 52$。

【註】當然直接用偏微分公式計算偏導（函）數比較簡單。

範例 2

試求下列函數之偏導函數 f_x 及 f_y。

(a) $f(x,y) = \sqrt{x^2 + 2y^2}$ 　　　　　　　(b) $f(x,y) = \ln(x^2 + 2y^2)$

(c) $f(x,y) = \cos\left(\dfrac{y}{1+x}\right)$ (d) $f(x,y) = \tan^{-1}(1+e^{xy})$

解 (a) $f_x(x,y) = \dfrac{\partial}{\partial x}\sqrt{x^2+2y^2} = \dfrac{1}{2\sqrt{x^2+2y^2}} \cdot \dfrac{\partial}{\partial x}(x^2+2y^2) = \dfrac{1}{2\sqrt{x^2+2y^2}} \cdot 2x$

$= \dfrac{x}{\sqrt{x^2+2y^2}}$

且 $f_y(x,y) = \dfrac{\partial}{\partial y}\sqrt{x^2+2y^2} = \dfrac{1}{2\sqrt{x^2+2y^2}} \cdot \dfrac{\partial}{\partial y}(x^2+2y^2)$

$= \dfrac{1}{2\sqrt{x^2+2y^2}} \cdot 4y = \dfrac{2y}{\sqrt{x^2+2y^2}}$

(b) $f_x(x,y) = \dfrac{\partial}{\partial x}\ln(x^2+2y^2) = \dfrac{1}{x^2+2y^2}\dfrac{\partial}{\partial x}(x^2+2y^2) = \dfrac{2x}{x^2+2y^2}$

且 $f_y(x,y) = \dfrac{\partial}{\partial y}\ln(x^2+2y^2) = \dfrac{1}{x^2+2y^2}\dfrac{\partial}{\partial y}(x^2+2y^2) = \dfrac{4y}{x^2+2y^2}$

(c) $f_x(x,y) = \dfrac{\partial}{\partial x}\cos\left(\dfrac{y}{1+x}\right) = -\sin\left(\dfrac{y}{1+x}\right)\dfrac{\partial}{\partial x}\dfrac{y}{1+x} = -\sin\left(\dfrac{y}{1+x}\right)\dfrac{-y}{(1+x)^2}$

$= \dfrac{y}{(1+x)^2}\sin\left(\dfrac{y}{1+x}\right)$

且 $f_y(x,y) = \dfrac{\partial}{\partial y}\cos\left(\dfrac{y}{1+x}\right) = -\sin\left(\dfrac{y}{1+x}\right)\dfrac{\partial}{\partial y}\dfrac{y}{1+x} = -\sin\left(\dfrac{y}{1+x}\right)\dfrac{1}{(1+x)}$

$= -\dfrac{1}{(1+x)}\sin\left(\dfrac{y}{1+x}\right)$

(d) $f_x(x,y) = \dfrac{\partial}{\partial x}\tan^{-1}(1+e^{xy}) = \dfrac{1}{1+(1+e^{xy})^2}\dfrac{\partial}{\partial x}(1+e^{xy}) = \dfrac{ye^{xy}}{1+(1+e^{xy})^2}$

且 $f_y(x,y) = \dfrac{\partial}{\partial y}\tan^{-1}(1+e^{xy}) = \dfrac{1}{1+(1+e^{xy})^2}\dfrac{\partial}{\partial y}(1+e^{xy}) = \dfrac{xe^{xy}}{1+(1+e^{xy})^2}$

偏導數之幾何意義

由偏導數之動機可知，偏導數就是單變數之導數，因此，偏導數之幾何意義也必然是切線的斜率。我們解說如下：（請參考圖 10-16）

(a) $m_{L_{T_1}} = f_x(a,b)$ (b) $m_{L_{T_2}} = f_y(a,b)$

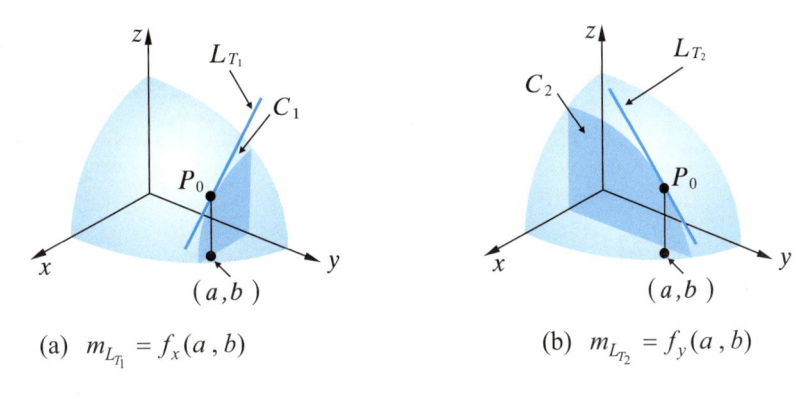

圖 10-16 偏導數的幾何意義

(a) 設函數 $z = f(x,y)$，則函數之圖形 S（為一個曲面）與垂直平面 $y = b$ 相交於一條曲線 C_1，此時通過曲線 C_1 上的點 $(a,b,f(a,b))$ 的切線之斜率為 $m_{L_{T_1}} = f_x(a,b)$。

(b) 設函數 $z = f(x,y)$，則函數之圖形 S（為一個曲面）與垂直平面 $x = a$ 相交於一條曲線 C_2，此時通過曲線 C_2 上的點 $(a,b,f(a,b))$ 的切線之斜率為 $m_{L_{T_2}} = f_y(a,b)$。

範例 3

設函數 $z = f(x,y) = 4 - x^2 - 2y^2$，試計算 $f_x(1,1)$ 及 $f_y(1,1)$ 並解釋其幾何意義。

解 (i) 因為 $f_x(x,y) = \dfrac{\partial}{\partial x}(4-x^2-2y^2) = -2x$ 且 $f_y(x,y) = \dfrac{\partial}{\partial y}(4-x^2-2y^2) = -4y$，

所以 $f_x(1,1) = (-2) \cdot 1 = -2$ 且 $f_y(1,1) = (-4) \cdot 1 = -4$。

(ii) ① 函數 $f(x,y) = 4 - x^2 - 2y^2$ 之圖形與垂直平面 $y = 1$ 相交於一條曲線 $C_1 = \{(x,y,z) \mid z = 2-x^2, y=1\}$，此時通過曲線 C_1 上的點 $(1,1,f(1,1))$ 或 $(1,1,1)$ 的切線之斜率為 $m_{L_{T_1}} = f_x(1,1) = -2$。

② 函數 $f(x,y) = 4 - x^2 - 2y^2$ 之圖形與垂直平面 $x = 1$ 相交於一條曲線 $C_2 = \{(x,y,z) \mid z = 3-2y^2, x=1\}$，此時通過曲線 C_2 上的點 $(1,1,f(1,1))$ 或 $(1,1,1)$ 的切線之斜率為 $m_{L_{T_2}} = f_y(1,1) = -4$。

【註】兩條曲線 C_1 與 C_2 都是拋物線。(請參考圖 10-17)

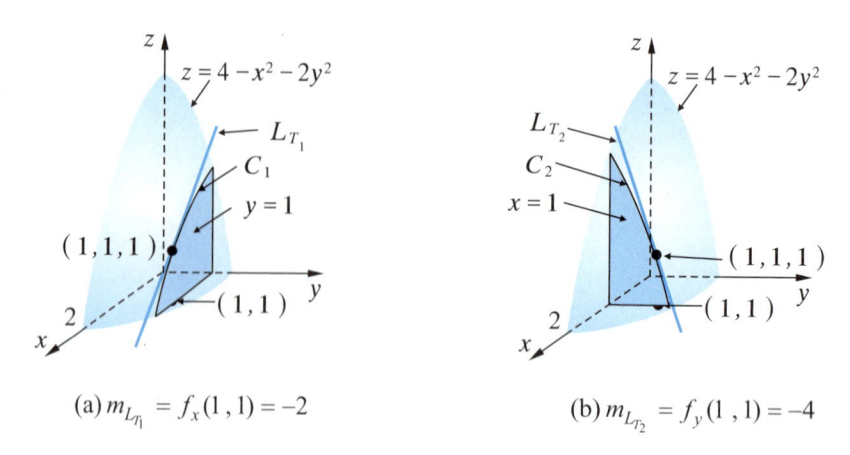

(a) $m_{L_{T_1}} = f_x(1,1) = -2$ (b) $m_{L_{T_2}} = f_y(1,1) = -4$

圖 10-17 　偏導數的幾何意義

兩個變數函數之隱微分

設 $F(x,y,z) = 0$ 為一個方程式，如果函數 $z = f(x,y)$，$(x,y) \in D_f$ 滿足

$$F(x, y, f(x, y)) = 0 \quad \forall (x, y) \in D_f，$$

則我們可以說函數 $z = f(x,y)$ 是一個隱藏在方程式 $F(x,y,z) = 0$ 中的一個隱函數。我們利用隱函數微分法來計算隱函數 $z = f(x,y)$ 的兩個偏導函數。

範例 4

設函數 $z = f(x,y)$ 隱藏在方程式 $x^2yz - 2y^2 + 3z^2 = 0$ 中，利用隱函數微分法求 $\dfrac{\partial z}{\partial x}$ 及 $\dfrac{\partial z}{\partial y}$。

解 (i) 將方程式 $x^2yz - 2y^2 + 3z^2 = 0$ 中之等號兩邊對 x 偏微分，我們有

$$\frac{\partial}{\partial x} yx^2 z - \frac{\partial}{\partial x} 2y^2 + 3\frac{\partial}{\partial x} z^2 = 0$$

或

$$y\left(x^2 \frac{\partial z}{\partial x} + 2xz\right) - 0 + 3 \cdot 2z \frac{\partial z}{\partial x} = 0$$

或

$$x^2 y \frac{\partial z}{\partial x} + 6z \frac{\partial z}{\partial x} + 2xyz = 0。$$

而解方程式 $x^2y\dfrac{\partial z}{\partial x}+6z\dfrac{\partial z}{\partial x}+2xyz=0$ 中的 $\dfrac{\partial z}{\partial x}$，我們可得 $\dfrac{\partial z}{\partial x}=-\dfrac{2xyz}{x^2y+6z}$。

(ii) 將方程式 $x^2yz-2y^2+3z^2=0$ 中之等號兩邊對 y 偏微分，我們有

$$\dfrac{\partial}{\partial y}x^2yz-\dfrac{\partial}{\partial y}2y^2+3\dfrac{\partial}{\partial y}z^2=0$$

或 $\quad x^2\left(y\dfrac{\partial z}{\partial y}+z\right)-4y+3\cdot 2z\dfrac{\partial z}{\partial y}=0$

或 $\quad x^2y\dfrac{\partial z}{\partial y}+6z\dfrac{\partial z}{\partial y}-4y+x^2z=0$。

而解方程式 $x^2y\dfrac{\partial z}{\partial y}+6z\dfrac{\partial z}{\partial y}-4y+x^2z=0$ 中的 $\dfrac{\partial z}{\partial y}$，我們可得

$$\dfrac{\partial z}{\partial y}=-\dfrac{x^2z-4y}{x^2y+6z}\text{。}$$

兩個變數以上之偏導函數

當函數自變數之個數為三個或三個以上時，偏導函數之定義與兩個變數之情形類似。例如：

(a) 設函數 $w=f(x,y,z)$，則我們定義函數 f 對 x、y 及 z 之偏導函數分別為

$$f_x(x,y,z)=\lim_{h\to 0}\dfrac{f(x+h,y,z)-f(x,y,z)}{h}\text{、}$$

$$f_y(x,y,z)=\lim_{h\to 0}\dfrac{f(x,y+h,z)-f(x,y,z)}{h}\text{ 及}$$

$$f_z(x,y,z)=\lim_{h\to 0}\dfrac{f(x,y,z+h)-f(x,y,z)}{h}\text{。}$$

由定義可知，在計算 $f_x(x,y,z)$ 時，我們先把變數 y 及 z 視為常數，再對 x 微分。在計算 $f_y(x,y,z)$ 時，我們先把變數 x 及 z 視為常數，再對 y 微分。而在計算 $f_z(x,y,z)$ 時，我們先把變數 x 及 y 視為常數，再對 z 微分。

(b) 設函數 $w=f(x_1,x_2,\cdots,x_n)$，則我們定義函數 f 對第 i 個變數 x_i 之偏導函數為

$$f_{x_i}(x_1,x_2,\cdots,x_n)=\lim_{h\to 0}\dfrac{f(x_1,\cdots,x_{i-1},x_i+h,x_{i+1},\cdots,x_n)-f(x_1,\cdots,x_i,\cdots,x_n)}{h}\text{，}$$

$i=1,2,\cdots,n$。

由定義可知，在計算 $f_{x_i}(x_1, x_2, \cdots, x_n)$ 時，我們先把變數 x_1、...、x_{i-1}、x_{i+1}、... 及 x_n 都視為常數，再對 x_i 微分。

偏導函數之符號在自變數之個數為三個或三個以上時，與兩個變數之符號類似。例如：

設函數 $w = f(x_1, x_2, \cdots, x_n)$，則

$$f_i(x_1, x_2, \cdots, x_n) = f_{x_i}(x_1, x_2, \cdots, x_n) = \frac{\partial w}{\partial x_i} = \frac{\partial}{\partial x_i} f(x_1, x_2, \cdots, x_n)$$

$$= D_{x_i} f(x_1, x_2, \cdots, x_n) \quad i = 1, 2, \cdots, n \text{。}$$

範例 5

設函數 $f(x, y, z) = xy + 2yz + 3xz$，則

$$f_x(x, y, z) = \frac{\partial}{\partial x}(xy + 2yz + 3xz) = y + 3z \text{、}$$

$$f_y(x, y, z) = \frac{\partial}{\partial y}(xy + 2yz + 3xz) = x + 2z \quad \text{及}$$

$$f_z(x, y, z) = \frac{\partial}{\partial z}(xy + 2yz + 3xz) = 2y + 3x \text{。}$$

高階偏導函數

高階偏導函數與單變數之高階導函數類似，我們先定義兩個變數函數之四個二階偏導函數如下：

設 $z = f(x, y)$，則定義其二階偏導函數分別為

(a) $f_{xx}(x, y) = \dfrac{\partial}{\partial x} f_x(x, y) = \lim\limits_{h \to 0} \dfrac{f_x(x+h, y) - f_x(x, y)}{h}$

(b) $f_{xy}(x, y) = \dfrac{\partial}{\partial y} f_x(x, y) = \lim\limits_{h \to 0} \dfrac{f_x(x, y+h) - f_x(x, y)}{h}$

(c) $f_{yx}(x, y) = \dfrac{\partial}{\partial x} f_y(x, y) = \lim\limits_{h \to 0} \dfrac{f_y(x+h, y) - f_y(x, y)}{h}$

(d) $f_{yy}(x,y) = \dfrac{\partial}{\partial y} f_y(x,y) = \lim\limits_{h \to 0} \dfrac{f_y(x, y+h) - f_y(x,y)}{h}$。(設極限都存在)

函數 $z = f(x,y)$ 的二階偏導函數的符號如下：

(a) $f_{xx}(x,y) = f_{11}(x,y) = \dfrac{\partial^2}{\partial x^2} f(x,y) = \dfrac{\partial^2 z}{\partial x^2}$

(b) $f_{xy}(x,y) = f_{12}(x,y) = \dfrac{\partial^2}{\partial y \partial x} f(x,y) = \dfrac{\partial^2 z}{\partial y \partial x}$

(c) $f_{yx}(x,y) = f_{21}(x,y) = \dfrac{\partial^2}{\partial x \partial y} f(x,y) = \dfrac{\partial^2 z}{\partial x \partial y}$

(d) $f_{yy}(x,y) = f_{22}(x,y) = \dfrac{\partial^2}{\partial y^2} f(x,y) = \dfrac{\partial^2 z}{\partial y^2}$。

範例 6

設函數 $f(x,y) = 2xy + 3x^2 y^4$，試計算此函數之四個二階偏導函數。

解　(i) 因為 $f_x(x,y) = \dfrac{\partial}{\partial x}(2xy + 3x^2 y^4) = 2y + 6xy^4$，所以

$$f_{xx}(x,y) = \dfrac{\partial}{\partial x}(2y + 6xy^4) = 6y^4 \quad 及 \quad f_{xy}(x,y) = \dfrac{\partial}{\partial y}(2y + 6xy^4) = 2 + 24xy^3。$$

(ii) 因為 $f_y(x,y) = \dfrac{\partial}{\partial y}(2xy + 3x^2 y^4) = 2x + 12x^2 y^3$，所以

$$f_{yx}(x,y) = \dfrac{\partial}{\partial x}(2x + 12x^2 y^3) = 2 + 24xy^3 \quad 及$$

$$f_{yy}(x,y) = \dfrac{\partial}{\partial y}(2x + 12x^2 y^3) = 36x^2 y^2。$$

【註】讀者有沒有發現，在範例 6 的四個二階偏導函數中，

$$f_{xy}(x,y) = 2 + 24xy^3 = f_{yx}(x,y)。$$

這並不是一個巧合的現象，其實大部分的函數幾乎都有此結果。請看下面的 *Clairaut's Theorem*。

> **Theorem 10.3** (*Clairaut's Theorem*)
> Suppose that the function $z = f(x, y)$ be defined on a disk D that contains a point (a, b).
> If the functions f_{xy} and f_{yx} are both continuous on D, then
> $$f_{xy}(a, b) = f_{yx}(a, b).$$

【註】因為函數 $f(x, y) = 2xy + 3x^2 y^4$ 之兩個二階偏導函數 $f_{xy}(x, y) = 2 + 24xy^3$ 及 $f_{yx}(x, y) = 2 + 24xy^3$ 都在 $\mathbb{R}^2$ 上連續，由 Clairaut's Theorem 可知

$$f_{xy}(x, y) = f_{yx}(x, y) \quad \forall (x, y) \in \mathbb{R}^2 \text{。}$$

本節結束前，我們概略地介紹三階以上之偏導函數。例如：
設 $z = f(x, y)$，則

$$f_{xyx}(x, y) = \frac{\partial}{\partial x} f_{xy}(x, y) = \lim_{h \to 0} \frac{f_{xy}(x+h, y) - f_{xy}(x, y)}{h} \text{ 及}$$

$$f_{xyxx}(x, y) = \frac{\partial}{\partial x} f_{xyx}(x, y) = \lim_{h \to 0} \frac{f_{xyx}(x+h, y) - f_{xyx}(x, y)}{h} \text{。}$$

當然，三個變數或三個變數以上的函數也可類似定義其高階偏導函數。

範例 7

設函數 $f(x, y) = 2xy + 3x^2 y^4$，則 $f_x(x, y) = \dfrac{\partial}{\partial x}(2xy + 3x^2 y^4) = 2y + 6xy^4$、$f_{xy}(x, y) = \dfrac{\partial}{\partial y}(2y + 6xy^4) = 2 + 24xy^3$ 及 $f_{xyx}(x, y) = \dfrac{\partial}{\partial x}(2 + 24xy^3) = 24y^3$。

範例 8

設函數 $f(x, y, z) = 2xyz + 3x^2 y^4 z^3$，則

$$f_x(x, y, z) = \frac{\partial}{\partial x}(2xyz + 3x^2 y^4 z^3) = 2yz + 6xy^4 z^3 \text{、}$$

$$f_{xy}(x, y, z) = \frac{\partial}{\partial y}(2yz + 6xy^4 z^3) = 2z + 24xy^3 z^3 \text{、}$$

$$f_{xyz}(x, y, z) = \frac{\partial}{\partial z}(2z + 24xy^3 z^3) = 2 + 72xy^3 z^2 \text{ 及}$$

$$f_{xyzz}(x,y,z) = \frac{\partial}{\partial z}(2+72xy^3z^2) = 144xy^3z \text{ 。}$$

有些偏導數無法用公式計算，只好用定義去處理了。

範例 9

設函數 $f(x,y) = \begin{cases} \dfrac{xy}{x^2+2y^2}, & (x,y) \neq (0,0) \\ 0, & (x,y) = (0,0) \end{cases}$，則試求 $f_x(0,0)$ 及 $f_y(0,0)$。

解 (i) $f_x(0,0) = \lim\limits_{h \to 0} \dfrac{f(0+h,0)-f(0,0)}{h} = \lim\limits_{h \to 0} \dfrac{f(h,0)}{h} = \lim\limits_{h \to 0} \dfrac{\frac{h \cdot 0}{h^2+2 \cdot 0^2}}{h} = \lim\limits_{h \to 0} \dfrac{0}{h} = \lim\limits_{h \to 0} 0 = 0$

(ii) $f_y(0,0) = \lim\limits_{h \to 0} \dfrac{f(0,0+h)-f(0,0)}{h} = \lim\limits_{h \to 0} \dfrac{f(0,h)}{h} = \lim\limits_{h \to 0} \dfrac{\frac{0 \cdot h}{0^2+2 \cdot h^2}}{h} = \lim\limits_{h \to 0} \dfrac{0}{h} = \lim\limits_{h \to 0} 0 = 0$

習題演練

・**基本題**

第 1 題至第 10 題，試找出下列各函數的第一階偏導函數。

1. $f(x,y) = 2x^2y + 3xy^2 + 5$
2. $f(x,y) = 2x^4y^2 + 3x^2y^3 + 5x + 6y$
3. $f(x,y) = \sqrt{2x^3+3y^2}$
4. $f(x,y) = \dfrac{x^2+y^3}{2x-3y}$
5. $f(x,y) = xe^y + ye^x$
6. $f(x,y) = x\sin 2y + y\cos 3x$
7. $f(x,y) = \ln\dfrac{x-y}{x+y}$
8. $f(x,y) = x\tan^{-1}\dfrac{x}{y}$
9. $f(x,y,z) = xyz\sin(xyz)$
10. $f(x,y,z) = xe^{-yz} + ye^{-xz} + ze^{-xy}$

第 11 題至第 16 題，試找出下列各函數的第二階偏導函數並確認 $f_{xy}(x,y) = f_{yx}(x,y)$。

11. $f(x,y) = 2x^2y + 3xy^2 + 5$
12. $f(x,y) = xe^y + ye^x$
13. $f(x,y) = x\sin 2y + y\cos 3x$
14. $f(x,y) = \dfrac{xy}{x+y}$

15. $f(x,y) = y\sin^{-1}\sqrt{x}$ 16. $f(x,y) = x\ln y$

· 進階題

第 17 題至第 21 題，試找出下列各函數的第一階偏導函數。

17. $f(x,y) = x^{\sqrt{y}}$ 18. $f(x,y) = \int_x^y \frac{1}{\sqrt{1+t^2}}\, dt$ 19. $f(x,y) = \int_y^x \frac{t}{e^t}\, dt$

20. $f(x,y,z) = x^{yz} + y^{xz} + z^{xy}$ 21. $f(x,y,z) = x^{y^z}$

第 22 題至第 25 題，試說明下列函數滿足方程式 $\frac{\partial^2 z}{\partial x^2} + \frac{\partial^2 z}{\partial y^2} = 0$。

22. $z = f(x,y) = x^2 - y^2$ 23. $z = f(x,y) = e^{-x}\cos y + e^{-y}\cos x$

24. $z = f(x,y) = \tan^{-1}\left(\frac{y}{x}\right)$ 25. $z = f(x,y) = x^3 - 3xy^2$

26. 設 $f(x,y) = \sqrt[3]{x^3 + y^3}$，試求 $f_x(0,0)$。

27. 設 $f(x,y) = \begin{cases} \dfrac{x^3 y - xy^3}{x^2 + y^2}, & (x,y) \neq (0,0) \\ 0, & (x,y) = (0,0) \end{cases}$，

　　試求 (a) $f_x(0,0)$ 及 $f_y(0,0)$　　(b) $f_{xy}(0,0)$ 及 $f_{yx}(0,0)$。

10-4　（全）微分量與線性估計

　　這一節要介紹的內容有點難且有一點抽象，讀者若覺得接受度不高時，只要知道多變數函數在滿足什麼條件下可以微分及如何做線性估計之計算就可以了。因為多變數函數之可微分條件在後面將介紹的鍊鎖律、方向導數及切平面都會用到，因此，我們必須記住什麼是多變數函數可微分的條件。

● 從單變數的可微分推廣至兩個變數函數的可微分

　　設函數 $y = f(x)$，則我們知道函數 f 在 $x = a$ 的導數定義為

$$f'(a) = \lim_{h \to 0} \frac{f(a+h) - f(a)}{h} = \lim_{\Delta x \to 0} \frac{f(a+\Delta x) - f(a)}{\Delta x} \; \text{。}$$

因此，如果極限 $\lim_{\Delta x \to 0} \frac{f(a+\Delta x) - f(a)}{\Delta x}$ 存在的話，我們可以說 "函數 f 在 $x = a$ 可微分"。

如果設函數 $\varepsilon = \varepsilon(\Delta x) = \frac{f(a+\Delta x) - f(a) - f'(a)\Delta x}{\Delta x}$，則我們有

$$\lim_{\Delta x \to 0} \varepsilon(\Delta x) = \lim_{\Delta x \to 0} \left[\frac{f(a+\Delta x) - f(a) - f'(a)\Delta x}{\Delta x} \right] = f'(a) - f'(a) = 0 \; \text{且} \; f(a+\Delta x) - f(a) = f'(a)\Delta x + \varepsilon(\Delta x)\Delta x \; \text{。}$$

換言之，如果可以找到實數 $f'(a)$ 使得 $\lim_{\Delta x \to 0} \left[\frac{f(a+\Delta x) - f(a) - f'(a)\Delta x}{\Delta x} \right] = 0$，則 "函數 f 在 $x = a$ 可微分"。

換成另一種寫法，如果 $\Delta y = f(a+\Delta x) - f(a) = f'(a)\Delta x + \varepsilon(\Delta x)\Delta x$ 且 $\lim_{\Delta x \to 0} \varepsilon(\Delta x) = 0$，則 "函數 f 在 $x = a$ 可微分"。

如此一來，我們很自然地推廣到兩個變數函數的可微分了。

我們先用一個例子來猜測兩個變數函數可微分的條件。

範例 1

設 $z = f(x, y) = x^2 + 3xy - 2y^2$，如果自變數 x 從 a 變成 $a + \Delta x$ 且自變數 y 從 b 變成 $b + \Delta y$，則函數 z 之增量或變化量為

$$\begin{aligned}
\Delta z &= f(a+\Delta x, b+\Delta y) - f(a,b) \\
&= [(a+\Delta x)^2 + 3(a+\Delta x)(b+\Delta y) - 2(b+\Delta y)^2] - [a^2 + 3ab - 2b^2] \\
&= 2a\Delta x + (\Delta x)^2 + 3a\Delta y + 3b\Delta x + 3\Delta x \Delta y - 4b\Delta y - 2(\Delta y)^2 \\
&= (2a+3b)\Delta x + (3a-4b)\Delta y + (\Delta x + 3\Delta y)\Delta x + (-2\Delta y)\Delta y \; \text{。}
\end{aligned}$$

由於 $f_x(x,y) = 2x + 3y$ 且 $f_y(x,y) = 3x - 4y$，

因此，$f_x(a,b) = 2a + 3b$ 且 $f_y(a,b) = 3a - 4b$。

此時，若設 $\varepsilon_1(\Delta x, \Delta y) = \Delta x + 3\Delta y$ 且 $\varepsilon_2(\Delta x, \Delta y) = -2\Delta y$，

(也可以設 $\varepsilon^*_1(\Delta x, \Delta y) = \Delta x$，$\varepsilon^*_2(\Delta x, \Delta y) = 3\Delta x - 2\Delta y$)

則我們有

$\Delta z = f(a+\Delta x, b+\Delta y) - f(a,b) = f_x(a,b)\Delta x + f_y(a,b)\Delta y + \varepsilon_1(\Delta x, \Delta y)\Delta x + \varepsilon_2(\Delta x, \Delta y)\Delta y$，

而當 $(\Delta x, \Delta y) \to (0,0)$ 時，$\varepsilon_1(\Delta x, \Delta y) = \Delta x + 3\Delta y \to 0$ 且 $\varepsilon_2(\Delta x, \Delta y) = -2\Delta y \to 0$。
(如果選擇 $\varepsilon^*_1(\Delta x, \Delta y) = \Delta x$ 及 $\varepsilon^*_2(\Delta x, \Delta y) = 3\Delta x - 2\Delta y$，則當 $(\Delta x, \Delta y) \to (0,0)$ 時，我們還是有 $\varepsilon^*_1(\Delta x, \Delta y) = \Delta x \to 0$ 且 $\varepsilon^*_2(\Delta x, \Delta y) = 3\Delta x - 2\Delta y \to 0$。)

如此一來，我們就得到兩個變數函數可微分的條件了。如果讀者看完定義 10.4.1 後面的註解，當我們以向量的方式來描述時，單變數函數可微分的條件就只是兩個變數函數可微分條件的特例而已。

由範例 1 的結果，我們有了下面的定義。

Definition 10.4.1 (The Differentiability of the Function of Two Variables)
Let $z = f(x,y)$ and let Δx and Δy are the increments of x and y. Then we say that f is differentiable at (a,b) if
$$\Delta z = f(a+\Delta x, b+\Delta y) - f(a,b) = f_x(a,b)\Delta x + f_y(a,b)\Delta y + \varepsilon_1(\Delta x, \Delta y)\Delta x + \varepsilon_2(\Delta x, \Delta y)\Delta y$$
where $\varepsilon_1(\Delta x, \Delta y) \to 0$ and $\varepsilon_2(\Delta x, \Delta y) \to 0$ as $(\Delta x, \Delta y) \to (0,0)$.

【註】(此處之討論與後面內容的銜接較沒有關係，只是讓讀者對兩個變數函數可微分的條件更有感覺而已)

在此定義中，我們看不出兩個變數函數在點 (a,b) 之導數是什麼？

在單變數函數時，如果

$\Delta y = f(a+\Delta x) - f(a) = f'(a)\Delta x + \varepsilon(\Delta x)\Delta x$ 且 $\lim\limits_{\Delta x \to 0} \varepsilon(\Delta x) = 0$，則

"函數 f 在 $x = a$ 可微分"。

此時，函數 f 在 $x = a$ 的導數為 $f'(a)$。

設 $z = f(x,y)$，我們再設 $\vec{D} = \langle f_x(a,b), f_y(a,b) \rangle$、$\vec{x} = \langle x,y \rangle$、$\vec{a} = \langle a,b \rangle$、
$\vec{\varepsilon}(\Delta \vec{x}) = \langle \varepsilon_1(\Delta x, \Delta y), \varepsilon_2(\Delta x, \Delta y) \rangle$ 及 $\Delta \vec{x} = \langle \Delta x, \Delta y \rangle$，

則定義 10.4.1 可以改寫如下：

如果 $\Delta z = f(\vec{a} + \Delta \vec{x}) - f(\vec{a}) = \vec{D} \cdot \Delta \vec{x} + \vec{\varepsilon}(\Delta \vec{x}) \cdot \Delta \vec{x}$ 且 $\lim\limits_{\Delta \vec{x} \to 0} \vec{\varepsilon}(\Delta \vec{x}) = 0$，則

"函數 f 在點 (a,b) 可微分"。

(設 $\vec{u} = \langle a,b \rangle$ 且 $\vec{v} = \langle c,d \rangle$，則此兩向量之內積為 $\vec{u} \cdot \vec{v} = \langle a,b \rangle \cdot \langle c,d \rangle = ac + bd$)
當我們以向量改寫時，可微分條件與單變數的樣子就完全一樣了。

與單變數作比較時，我們可定義函數 $z = f(x,y)$ 在點 (a,b) 之導數為向量 $\vec{D} = \langle f_x(a,b), f_y(a,b) \rangle$。

而此向量 $\langle f_x(a,b), f_y(a,b) \rangle$ 就是將在 10.6 節出現的梯度向量 $\vec{\nabla} f(a,b)$。

由以上之討論，我們確實不難發現單變數函數可微分的條件就只是兩個變數函數可微分條件的特例而已。

再回到主題，在單變數時，如果函數 f 在 $x=a$ 可微分，則函數 f 在 $x=a$ 連續。很明顯地，此結果在兩個變數函數時也會成立，請看定理 10.4.1。

Theorem 10.4.1 (Relationship Between Differentiability and Continuity)
Let $z = f(x,y)$. If f is differentiable at (a,b), then f is continuous at (a,b).

證明：因為函數 $z = f(x,y)$ 在點 (a,b) 可微分，所以，由定義 10.4.1，我們有

$$\Delta z = f(a+\Delta x, b+\Delta y) - f(a,b)$$
$$= f_x(a,b)\Delta x + f_y(a,b)\Delta y + \varepsilon_1(\Delta x,\Delta y)\Delta x + \varepsilon_2(\Delta x,\Delta y)\Delta y$$

且當 $(\Delta x, \Delta y) \to (0,0)$ 時，$\varepsilon_1(\Delta x,\Delta y) \to 0$ 且 $\varepsilon_2(\Delta x,\Delta y) \to 0$。

因為 $\lim\limits_{(\Delta x,\Delta y)\to(0,0)} [f(a+\Delta x, b+\Delta y) - f(a,b)]$

$$= \lim\limits_{(\Delta x,\Delta y)\to(0,0)} [f_x(a,b)\Delta x + f_y(a,b)\Delta y + \varepsilon_1(\Delta x,\Delta y)\Delta x + \varepsilon_2(\Delta x,\Delta y)\Delta y]$$
$$= f_x(a,b) \cdot 0 + f_y(a,b) \cdot 0 + 0 \cdot 0 + 0 \cdot 0$$
$$= 0,$$

所以 $\lim\limits_{(\Delta x,\Delta y)\to(0,0)} f(a+\Delta x, b+\Delta y) = f(a,b)$ 或 $\lim\limits_{(x,y)\to(a,b)} f(x,y) = f(a,b)$。

因此，函數 $z = f(x,y)$ 在點 (a,b) 連續。

由範例 1 的結果及定義 10.4.1，我們的結論是"函數 $z = f(x,y) = x^2 + 3xy - 2y^2$ 在任意的點 $(a,b) \in \mathbb{R}^2$ 都是可微分的"，也可以說"函數 $z = f(x,y) = x^2 + 3xy - 2y^2$ 在 $\mathbb{R}^2$ 上可微分"。

如果所有函數都要利用範例 1 的方式去處理，有些函數其化簡的過程極為細膩，不像多項式那麼簡單。因此，一定要有一個簡單的方法來判定兩個變數函數之可微分。下面的定理 10.4.2 給了我們一個非常簡單的方法，但此定理之證明較難，有興趣的讀者可以參考其他書籍。

> **Theorem 10.4.2** (Conditions of Differentiability)
> Let $z = f(x,y)$, $(x,y) \in D_f$.
> If the partial derivatives f_x and f_y exist on an open dick $D \subset D_f$ that contains a point (a,b) and are continuous at (a,b), then f is differentiable at (a,b).

【註】如果對每一個點 $(a,b) \in D \subseteq \mathbb{R}^2$，函數 $z = f(x,y)$ 在 (a,b) 都可微分，則我們說函數 f 在區域 D 上可微分。

我們現在來看一些定理 10.4.2 的應用。

範例 2

(a) 設 $f(x,y) = x^2 + 3xy - 2y^2$，因為

$$f_x(x,y) = \frac{\partial}{\partial x}(x^2 + 3xy - 2y^2) = 2x + 3y \quad \text{及} \quad f_y(x,y) = \frac{\partial}{\partial y}(x^2 + 3xy - 2y^2) = 3x - 4y$$

在 $\mathbb{R}^2$ 上連續，所以函數 $f(x,y) = x^2 + 3xy - 2y^2$ 在 $\mathbb{R}^2$ 上可微分。

(b) 設 $f(x,y) = xe^{xy}$，因為

$$f_x(x,y) = \frac{\partial}{\partial x}xe^{xy} = x\frac{\partial}{\partial x}e^{xy} + e^{xy}\frac{\partial}{\partial x}x = xye^{xy} + e^{xy} \quad \text{及} \quad f_y(x,y) = \frac{\partial}{\partial y}xe^{xy} = x\frac{\partial}{\partial y}e^{xy} = x^2e^{xy}$$

在 $\mathbb{R}^2$ 上連續，所以函數 $f(x,y) = xe^{xy}$ 在 $\mathbb{R}^2$ 上可微分。

(c) 設 $f(x,y) = \ln(x^2 + y^2)$，因為

$$f_x(x,y) = \frac{\partial}{\partial x}\ln(x^2 + y^2) = \frac{1}{x^2 + y^2}\frac{\partial}{\partial x}(x^2 + y^2) = \frac{2x}{x^2 + y^2}$$

及 $$f_y(x,y) = \frac{\partial}{\partial y}\ln(x^2 + y^2) = \frac{1}{x^2 + y^2}\frac{\partial}{\partial y}(x^2 + y^2) = \frac{2y}{x^2 + y^2}$$

在集合 $\{(x,y) \in \mathbb{R}^2 \mid (x,y) \neq (0,0)\}$ 上連續，所以函數 $f(x,y) = \ln(x^2 + y^2)$ 在集合 $\{(x,y) \in \mathbb{R}^2 \mid (x,y) \neq (0,0)\}$ 上可微分。

(d) 設 $f(x,y) = \sqrt{x^2 + y^2}$，因為

$$f_x(x,y) = \frac{\partial}{\partial x}\sqrt{x^2 + y^2} = \frac{1}{2\sqrt{x^2 + y^2}}\frac{\partial}{\partial x}(x^2 + y^2) = \frac{x}{\sqrt{x^2 + y^2}}$$

及 $$f_y(x,y) = \frac{\partial}{\partial y}\sqrt{x^2 + y^2} = \frac{1}{2\sqrt{x^2 + y^2}}\frac{\partial}{\partial y}(x^2 + y^2) = \frac{y}{\sqrt{x^2 + y^2}}$$

在集合 $\{(x,y) \in \mathbb{R}^2 | (x,y) \neq (0,0)\}$ 上連續，所以函數 $f(x,y) = \sqrt{x^2+y^2}$ 在集合 $\{(x,y) \in \mathbb{R}^2 | (x,y) \neq (0,0)\}$ 上可微分。

(全) 微分量與線性估計

我們花了不少的精神在兩個變數函數之可微分上面，現在就可以開始收穫了。在單變數函數時，設函數 $y = f(x)$ 且假設 $f'(a)$ 存在，則我們有

1. 微分量估計

   如果 $\Delta x \approx 0$ 時，$\Delta y = f(a+\Delta x) - f(a) \approx dy = f'(a)\Delta x$

   或 $f(a+\Delta x) \approx f(a) + f'(a)\Delta x$。

   ($dx = \Delta x$ 稱為 x 的增量，而 $dy = f'(a)\Delta x = f'(a)dx$ 稱為函數 $y = f(x)$ 在 $x = a$ 時的微分量)

2. 線性估計或切線估計

   如果 $x \approx a$ 時，$f(x) \approx f(a) + f'(a)(x-a)$

   [通過函數 $y = f(x)$ 之圖形上的點 $(a, f(a))$ 之切線方程式為 $y = f(a) + f'(a)(x-a)$]

   我們現在可以將此兩種（實際上只有一種，它們可以互相推得）估計式推廣至兩個變數函數或多個變數函數。

   如果函數 $z = f(x,y)$ 在 (a,b) 可微分，則我們有

   $$\Delta z = f(a+\Delta x, b+\Delta y) - f(a,b) = f_x(a,b)\Delta x + f_y(a,b)\Delta y + \varepsilon_1(\Delta x, \Delta y)\Delta x$$
   $$+ \varepsilon_2(\Delta x, \Delta y)\Delta y$$

   且當 $(\Delta x, \Delta y) \to (0,0)$ 時，$\varepsilon_1(\Delta x, \Delta y) \to 0$ 且 $\varepsilon_2(\Delta x, \Delta y) \to 0$。

   如果 $(\Delta x, \Delta y) \approx (0,0)$ 時，則 $\varepsilon_1(\Delta x, \Delta y)\Delta x \approx 0$ 且 $\varepsilon_2(\Delta x, \Delta y)\Delta y \approx 0$，因此，我們有了下面的估計式：

   $$\Delta z = f(a+\Delta x, b+\Delta y) - f(a,b) \approx f_x(a,b)\Delta x + f_y(a,b)\Delta y \text{。}$$

   此估計值 $f_x(a,b)\Delta x + f_y(a,b)\Delta y$ 就是等一下我們將定義的（全）微分量 dz，即函數 $z = f(x,y)$ 在 (a,b) 的（全）微分量 $dz = f_x(a,b)\Delta x + f_y(a,b)\Delta y$。

   現在如果設 $x = a + \Delta x$ 且 $y = a + \Delta y$，則微分量估計式

   $$\Delta z = f(a+\Delta x, b+\Delta y) - f(a,b) \approx f_x(a,b)\Delta x + f_y(a,b)\Delta y$$

   就變成線性估計式

   $$f(x,y) \approx f(a,b) + f_x(a,b)(x-a) + f_y(a,b)(y-b) \text{。}$$

   此線性估計式特別記成 $L(x,y)$，稱為函數 $z = f(x,y)$ 在點 (a,b) 的線性展式，

即　　$L(x,y) = f(a,b) + f_x(a,b)(x-a) + f_y(a,b)(y-b)$。

讀者在 10-7 節會發現，此線性估計又可以稱為切平面估計。此估計之幾何圖形也請看 10-7 節。

現在我們先定義（全）微分量 dz 及線性展式，再介紹幾個應用的例子。

Definition 10.4.2　(Total Differential of Function of Two Variables)

Let the function $z = f(x,y)$ be a differentiable function and let Δx and Δy be the increments of x and y, respectively.

The differential dx of x is given by $dx = \Delta x$.

The differential dy of y is given by $dy = \Delta y$.

The (total) differential dz of z is given by
$$dz = f_x(x,y)\Delta x + f_y(x,y)\Delta y = f_x(x,y)\,dx + f_y(x,y)\,dy.$$

Definition 10.4.3　(Linearization)

Let the function $z = f(x,y)$ be differentiable at (a,b).

The linearization of f at (a,b), denoted by $L(x,y)$, is given by
$$L(x,y) = f(a,b) + f_x(a,b)(x-a) + f_y(a,b)(y-b).$$

範例 3

設 $z = f(x,y) = x^2 + 3xy - 2y^2$。

(a) 試找出函數 z 的全微分量 dz。

(b) (i) 如果自變數 x 從 2 改變成 2.05 且自變數 y 從 1 改變成 0.94，則利用全微分量 dz 估計函數真正的變化量 Δz。

　　(ii) 如果自變數 x 從 2 改變成 2.01 且自變數 y 從 1 改變成 0.98，則利用全微分量 dz 估計函數真正的變化量 Δz。

解　(a) $dz = \dfrac{\partial}{\partial x}(x^2 + 3xy - 2y^2)\cdot dx + \dfrac{\partial}{\partial y}(x^2 + 3xy - 2y^2)\cdot dy$

　　　　$= (2x + 3y)dx + (3x - 4y)dy$。

(b) (i) 此時，$x=2$、$y=1$、$dx = \Delta x = 2.05 - 2 = 0.05$ 且 $dy = \Delta y = 0.94 - 1 = -0.06$。

因此，$\Delta z \approx dz = f_x(2,1)\,dx + f_y(2,1)\,dy$

$$= (2 \cdot 2 + 3 \cdot 1)(0.05) + (3 \cdot 2 - 4 \cdot 1)(-0.06) = 0.35 - 0.12 = 0.23$$

(ii) 此時，$x = 2$、$y = 1$、$dx = \Delta x = 2.01 - 2 = 0.01$ 且 $dy = \Delta y = 0.98 - 1 = -0.02$。

因此，$\Delta z \approx dz = f_x(2,1)\, dx + f_y(2,1)\, dy$

$$= (2 \cdot 2 + 3 \cdot 1)(0.01) + (3 \cdot 2 - 4 \cdot 1)(-0.02) = 0.07 - 0.04 = 0.03$$

【註】① 在 (b) 小題之(i)中，Δz 真正的值為

$\Delta z = f(2.05, 0.94) - f(2,1)$

$= [(2.05)^2 + 3(2.05)(0.94) - 2(0.94)^2] - [2^2 + 3 \cdot 2 \cdot 1 - 2 \cdot 1^2]$

$= 8.2163 - 8 = 0.2163$。

因此，其絕對誤差為 $E = |0.2163 - 0.23| = 0.23 - 0.2163 = 0.0137$。

② 在 (b)小題之(ii)中，Δz 真正的值為

$\Delta z = f(2.01, 0.98) - f(2,1)$

$= [(2.01)^2 + 3(2.01)(0.98) - 2(0.98)^2] - [2^2 + 3 \cdot 2 \cdot 1 - 2 \cdot 1^2]$

$= 8.0287 - 8 = 0.0287$。

因此，其絕對誤差為 $E = |0.0287 - 0.03| = 0.03 - 0.0287 = 0.0013$。

範例 4

設函數 $z = f(x, y) = \sqrt{10 + x^2 + 2y^2}$，試利用微分量估計函數值 $f(1.95, 1.03)$。

解 (i) 函數 z 的全微分量為 $dz = \dfrac{\partial}{\partial x}\sqrt{10 + x^2 + 2y^2} \cdot dx + \dfrac{\partial}{\partial y}\sqrt{10 + x^2 + 2y^2} \cdot dy$

$$= \dfrac{x}{\sqrt{10 + x^2 + 2y^2}} dx + \dfrac{2y}{\sqrt{10 + x^2 + 2y^2}} dy$$

(ii) 由於最靠近點 $(1.95, 1.03)$ 之整數點為點 $(2,1)$，我們特別選取 $x = 2$ 且 $y = 1$，此時 $dx = \Delta x = 1.95 - 2 = -0.05$ 且 $dy = \Delta y = 1.03 - 1 = 0.03$。

因此，$f(1.95, 1.03) \approx f(2,1) + dz$

$$= \sqrt{16} + \dfrac{2}{\sqrt{16}} \cdot (-0.05) + \dfrac{2 \cdot 1}{\sqrt{16}} \cdot (0.03)$$

$$= 4 - 0.025 + 0.015 = 3.99。$$

【註】 $f(1.95,1.03) = \sqrt{10+(1.95)^2+2(1.03)^2} \approx 3.990526281$。（估計值與真正的值非常接近）

範例 5

設函數 $z = f(x,y) = \sqrt{10+x^2+2y^2}$。

(a) 試計算函數 f 點 $(2,1)$ 的線性展式 $L(x,y)$。
(b) 試利用 $L(x,y)$ 估計函數值 $f(1.95,1.03)$。

解 (a) 因為 $f_x(x,y) = \dfrac{x}{\sqrt{10+x^2+2y^2}}$ 且 $f_y(x,y) = \dfrac{2y}{\sqrt{10+x^2+2y^2}}$，

所以函數 f 點 $(2,1)$ 的線性展式為

$$L(x,y) = f(2,1) + f_x(2,1)(x-2) + f_y(2,1)(y-1)$$

$$= \sqrt{16} + \dfrac{2}{\sqrt{16}}(x-2) + \dfrac{2\cdot 1}{\sqrt{16}}(y-1) = 4 + \dfrac{1}{2}(x-2) + \dfrac{1}{2}(y-1)。$$

(b) $f(1.95,1.03) \approx L(1.95,1.03)$

$$= 4 + \dfrac{1}{2}(1.95-2) + \dfrac{1}{2}(1.03-1) = 4 - 0.025 + 0.015 = 3.99。$$

【註】範例 4 與範例 5 之答案當然是相同的。

三個變數或三個變數以上的函數之可微分與其全微分量

1. 我們可以將定義 10.4.1 推廣至三個變數函數。
   設函數 $w = f(x,y,z)$。
   如果 $\Delta w = f(a+\Delta x, b+\Delta y, c+\Delta z) - f(a,b,c) = f_x(a,b,c)\Delta x + f_y(a,b,c)\Delta y + f_z(a,b,c)\Delta z + \varepsilon_1(\Delta x,\Delta y,\Delta z)\Delta x + \varepsilon_2(\Delta x,\Delta y,\Delta z)\Delta y + \varepsilon_3(\Delta x,\Delta y,\Delta z)\Delta z$
   且當 $(\Delta x,\Delta y,\Delta z) \to (0,0,0)$ 時，
   $\varepsilon_1(\Delta x,\Delta y,\Delta z) \to 0$、$\varepsilon_2(\Delta x,\Delta y,\Delta z) \to 0$ 及 $\varepsilon_3(\Delta x,\Delta y,\Delta z) \to 0$，則函數 f 在點 (a,b,c) 可微分。
   當然，也可以推廣至三個變數以上之函數。(讀者可嘗試以向量表示)

2. 同樣地，三個變數或三個變數以上的函數之可微分的條件也與定理 10.4.2 類似。

3. 設函數 $w = f(x,y,z)$ 為可微分函數且 Δx、Δy 及 Δz 分別為自變數 x、y 及 z 的增量時，我們定義 $dx = \Delta x$、$dy = \Delta y$、$dz = \Delta z$ 及 $dw = f_x(x,y,z)dx + f_y(x,y,z)dy + f_z(x,y,z)dz$。

我們也可寫出兩種估計式：

① 微分量估計式

如果 $(\Delta x, \Delta y, \Delta z) \approx (0,0,0)$，則
$$\Delta w = f(a+\Delta x, b+\Delta y, c+\Delta z) - f(a,b,c) \approx f_x(a,b,c)\Delta x + f_y(a,b,c)\Delta y + f_z(a,b,c)\Delta z$$

② 線性估計式

如果 $(x,y,z) \approx (a,b,c)$，則
$$f(x,y,z) \approx L(x,y,z) = f(a,b,c) + f_x(a,b,c)(x-a) + f_y(a,b,c)(y-b) + f_z(a,b,c)(z-c)$$

範例 6

設函數 $w = f(x,y,z) = \sqrt{10 + x^2 + 2y^2 + 9z^2}$，試利用微分量估計函數值 $f(1.95, 1.03, 0.98)$。

解 (i) 函數 w 的全微分量為

$$dw = f_x(x,y,z)dx + f_y(x,y,z)dy + f_z(x,y,z)dz$$

$$= \frac{\partial}{\partial x}\sqrt{10 + x^2 + 2y^2 + 9z^2} \cdot dx + \frac{\partial}{\partial y}\sqrt{10 + x^2 + 2y^2 + 9z^2} \cdot dy$$

$$+ \frac{\partial}{\partial z}\sqrt{10 + x^2 + 2y^2 + 9z^2} \cdot dz$$

$$= \frac{x}{\sqrt{10 + x^2 + 2y^2 + 9z^2}} dx + \frac{2y}{\sqrt{10 + x^2 + 2y^2 + 9z^2}} dy + \frac{9z}{\sqrt{10 + x^2 + 2y^2 + 9z^2}} dz$$

(ii) 由於最靠近點 $(1.95, 1.03, 0.98)$ 之整數點為點 $(2,1,1)$，我們特別選取 $x = 2$、$y = 1$ 及 $z = 1$，此時 $dx = \Delta x = 1.95 - 2 = -0.05$、$dy = \Delta y = 1.03 - 1 = 0.03$ 及 $dz = \Delta z = 0.98 - 1 = -0.02$。

因此，$f(1.95, 1.03, 0.98) \approx f(2,1,1) + dw$

$$= \sqrt{25} + \frac{2}{\sqrt{25}} \cdot (-0.05) + \frac{2 \cdot 1}{\sqrt{25}} \cdot (0.03) + \frac{9 \cdot 1}{\sqrt{25}} \cdot (-0.02)$$

$$= 5 - 0.02 + 0.012 - 0.036 = 4.956。$$

【註】 $f(1.95,1.03,0.98) = \sqrt{10+(1.95)^2+2(1.03)^2+9(0.98)^2} \approx 4.956601658$。（估計值與真正的值非常接近）

範例 7

設函數 $z = f(x,y) = \sqrt{10+x^2+2y^2+9z^2}$。

(a) 試計算函數 f 點 $(2,1,1)$ 的線性展式 $L(x,y,z)$。

(b) 試利用 $L(x,y,z)$ 估計函數值 $f(1.95,1.03,0.98)$。

解 (a) 因為 $f_x(x,y,z) = \dfrac{x}{\sqrt{10+x^2+2y^2+9z^2}}$、$f_y(x,y,z) = \dfrac{2y}{\sqrt{10+x^2+2y^2+9z^2}}$

及 $f_z(x,y,z) = \dfrac{9z}{\sqrt{10+x^2+2y^2+9z^2}}$，

所以函數 f 點 $(2,1,1)$ 的線性展式為

$$L(x,y,z) = f(2,1,1) + f_x(2,1,1)(x-2) + f_y(2,1,1)(y-1) + f_z(2,1,1)(z-1)$$

$$= \sqrt{25} + \frac{2}{\sqrt{25}}(x-2) + \frac{2\cdot 1}{\sqrt{25}}(y-1) + \frac{9\cdot 1}{\sqrt{25}}(z-1)$$

$$= 5 + \frac{2}{5}(x-2) + \frac{2}{5}(y-1) + \frac{9}{5}(z-1)。$$

(b) $f(1.95,1.03,0.98) \approx L(1.95,1.03,0.98)$

$$= 5 + \frac{2}{5}(1.95-2) + \frac{2}{5}(1.03-1) + \frac{9}{5}(0.98-1)$$

$$= 5 - 0.02 + 0.012 - 0.036$$

$$= 4.956。$$

【註】範例 6 與範例 7 之答案也必然是相同的。

習題演練

・基本題

第 1 題至第 2 題，試計算 $\Delta z = f(a+\Delta x, b+\Delta y) - f(a,b)$ 並找出滿足定義 10.4.1 的兩個函數 $\varepsilon_1(\Delta x, \Delta y)$ 及 $\varepsilon_2(\Delta x, \Delta y)$。

1. $f(x,y) = 2x^2y + 3xy^2 + 5$; $(a,b) = (2,-3)$
2. $f(x,y) = 2x^3 + 3y^2 + 5$; $(a,b) = (-2,3)$

第 3 題至第 8 題，試計算下列函數的微分量 dz (或 dw)。

3. $z = x^3y + 4xy^2$ 4. $z = \cos(2x - 3y)$ 5. $z = e^x \ln(x+y)$

6. $z = xe^y + ye^x$ 7. $w = x^3yz^2 + 4xy^2z^5$ 8. $w = \dfrac{y+z}{x+y}$

第 9 題至第 12 題，試利用函數的微分量 dz (或 dw)估計函數值 $f(x_0, y_0)$ (或 $f(x_0, y_0, z_0)$)。

9. $z = f(x,y) = x^3 - x^2y + 3y^2$; $(x_0, y_0) = (2.02, 3.05)$
10. $z = f(x,y) = \ln(2x - 3y)$; $(x_0, y_0) = (1.95, 1.03)$
11. $w = f(x,y,z) = xy^2z^3$; $(x_0, y_0, z_0) = (3.05, 2.03, 0.98)$
12. $w = f(x,y,z) = xze^y + xye^z$; $(x_0, y_0, z_0) = (3.05, 0.03, -0.02)$

第 13 題至第 16 題，試求函數 f 在點 (a,b) (或 (a,b,c)) 的線性展式 $L(x,y)$ (或 $L(x,y,z)$)，並估計函數值 $f(x_0, y_0)$ (或 $f(x_0, y_0, z_0)$)。

13. $z = f(x,y) = x^3 - x^2y + 3y^2$; $(a,b) = (2,3)$; $(x_0, y_0) = (2.02, 3.05)$
14. $z = f(x,y) = \ln(2x - 3y)$; $(a,b) = (2,1)$; $(x_0, y_0) = (1.95, 1.03)$
15. $w = f(x,y,z) = xy^2z^3$; $(a,b,c) = (3,2,1)$; $(x_0, y_0, z_0) = (3.05, 2.03, 0.98)$
16. $w = f(x,y,z) = xze^y + xye^z$; $(a,b,c) = (3,0,0)$; $(x_0, y_0, z_0) = (3.05, 0.03, -0.02)$

• 進階題

17. 試利用微分量估計下列各數之值。

    (a) $\sqrt[3]{27.02}\sqrt{24.95}$ (b) $(\sqrt{120} + \sqrt[3]{126})^{1/4}$ (c) $\cos(44°)\sin(59°)$

18. 設 $f(x,y) = \begin{cases} \dfrac{x^2y^2}{x^2+y^2}, & (x,y) \neq (0,0) \\ 0, & (x,y) = (0,0) \end{cases}$，試說明函數 f 在 $\mathbb{R}^2$ 上可微分。

(提示：說明函數 f_x 及 f_y 在點 $(0,0)$ 連續。)

19. 設 $f(x,y) = \begin{cases} \dfrac{xy}{x^2+y^2}, & (x,y) \neq (0,0) \\ 0, & (x,y) = (0,0) \end{cases}$，試說明函數 f 在點 $(0,0)$ 不可微分。

(提示：說明函數 f 在點 $(0,0)$ 不連續。)

10-5 鍊鎖律

這一節我們將介紹兩個變數或兩個變數以上之合成函數的微分公式並且介紹如何將鍊鎖律應用在隱函數微分法上面。

我們先回味一下單變數之鍊鎖律：

設 $y = f(u)$ 且 $u = g(x)$。(此時 $y = (f \circ g)(x) = f(g(x))$)

如果 $\dfrac{dy}{du}$ 及 $\dfrac{du}{dx}$ 都存在，則

$$\frac{dy}{dx} = \frac{dy}{du} \cdot \frac{du}{dx} = f'(u) \cdot g'(x) = f'(g(x))\ g'(x)$$

或 $\dfrac{d}{dx} f(g(x)) = f'(g(x))\ g'(x)$。

現在我們將鍊鎖律做簡單的推廣如下：

設 $z = f(x, y)$ 為可微分函數，其中 $x = g(t)$ 且 $y = h(t)$ 都是變數 t 的可微分函數。

我們想知道如何去計算 $\dfrac{dz}{dt} = \dfrac{d}{dt} f(g(t), h(t))$ ？

(當然，直接對變數 t 微分也是一種選擇，其缺點為需要複雜的計算。)

現在任意給自變數 t 一個不為 0 之增量 Δt，則 x 之增量為 $\Delta x = g(t + \Delta t) - g(t)$、$y$ 之增量為 $\Delta y = h(t + \Delta t) - h(t)$ 且 $z = f(x, y)$ 之增量為

$\Delta z = f(g(t + \Delta t), h(t + \Delta t)) - f(g(t), h(t)) = f(x + \Delta x, y + \Delta y) - f(x, y)$。

而當 $\Delta t \to 0$ 時，我們有 $\Delta x = g(t + \Delta t) - g(t) \to 0$ 及 $\Delta y = h(t + \Delta t) - h(t) \to 0$。

因為 $z = f(x, y)$ 為可微分函數，所以我們有

$$\Delta z = f(x + \Delta x, y + \Delta y) - f(x, y) = f_x(x, y)\Delta x + f_y(x, y)\Delta y + \varepsilon_1(\Delta x, \Delta y)\Delta x + \varepsilon_2(\Delta x, \Delta y)\Delta y$$

且當 $(\Delta x, \Delta y) \to (0, 0)$ 時，$\varepsilon_1(\Delta x, \Delta y) \to 0$ 及 $\varepsilon_2(\Delta x, \Delta y) \to 0$。

因此，$\dfrac{dz}{dt} = \lim\limits_{\Delta t \to 0} \dfrac{\Delta z}{\Delta t} = \lim\limits_{\Delta t \to 0} \left[f_x(x, y)\dfrac{\Delta x}{\Delta t} + f_y(x, y)\dfrac{\Delta y}{\Delta t} + \varepsilon_1(\Delta x, \Delta y)\dfrac{\Delta x}{\Delta t} + \varepsilon_2(\Delta x, \Delta y)\dfrac{\Delta y}{\Delta t} \right]$

$= f_x(x, y)\dfrac{dx}{dt} + f_y(x, y)\dfrac{dy}{dt} + 0 \cdot \dfrac{dx}{dt} + 0 \cdot \dfrac{dy}{dt} = \dfrac{\partial z}{\partial x}\dfrac{dx}{dt} + \dfrac{\partial z}{\partial y}\dfrac{dy}{dt}$。

換言之，我們得到了第一個鍊鎖律 $\dfrac{dz}{dt} = \dfrac{\partial z}{\partial x}\dfrac{dx}{dt} + \dfrac{\partial z}{\partial y}\dfrac{dy}{dt}$。

我們將此結果寫成一個定理。

> **Theorem 10.5.1** (The Chain Rule of Type I)
> Suppose that $z = f(x, y)$ is a differentiable function of x and y, where $x = g(t)$ and $y = h(t)$ are differentiable functions of t. Then z is a differentiable functions of t and
> $$\frac{dz}{dt} = \frac{\partial z}{\partial x}\frac{dx}{dt} + \frac{\partial z}{\partial y}\frac{dy}{dt}.$$

範例 1

設函數 $z = f(x, y) = x^2 y + 2x^3 y^2$，其中 $x = e^t$ 且 $y = \ln t$，試求 $\dfrac{dz}{dt}$ 在 $t = 1$ 之值。

解 (i) 先計算 $\dfrac{dz}{dt}$。

$$\frac{dz}{dt} = \frac{\partial z}{\partial x}\frac{dx}{dt} + \frac{\partial z}{\partial y}\frac{dy}{dt} = \frac{\partial}{\partial x}(x^2 y + 2x^3 y^2) \cdot \frac{d}{dt}e^t + \frac{\partial}{\partial y}(x^2 y + 2x^3 y^2) \cdot \frac{d}{dt}\ln t$$

$$= (2xy + 6x^2 y^2) \cdot e^t + (x^2 + 4x^3 y) \cdot \frac{1}{t}$$

(ii) 因為當 $t = 1$ 時，$x = e^1 = e$ 且 $y = \ln 1 = 0$，

所有 $\left.\dfrac{dz}{dt}\right|_{t=1} = (2 \cdot e \cdot 0 + 6e^2 \cdot 0^2) \cdot e^1 + (e^2 + 4e^3 \cdot 0) \cdot \dfrac{1}{1} = e^2$。

【註】如果不用鏈鎖律，其作法如下：

① $z = f(e^t, \ln t) = e^{2t} \ln t + 2e^{3t}(\ln t)^2$

② $\dfrac{dz}{dt} = \dfrac{dz}{dt}[e^{2t}\ln t + 2e^{3t}(\ln t)^2] = e^{2t} \cdot \dfrac{1}{t} + 2e^{2t}\ln t + 2e^{3t} \cdot 2(\ln t) \cdot \dfrac{1}{t} + 6e^{3t}(\ln t)^2$

③ $\left.\dfrac{dz}{dt}\right|_{t=1} = e^2 \cdot \dfrac{1}{1} + 2e^2 \ln 1 + 2e^3 \cdot 2(\ln 1) \cdot \dfrac{1}{1} + 6e^3(\ln 1)^2 = e^2$。

比較之下，我們還是選擇用鏈鎖律來計算比較簡單。

範例 2

設函數 $z = f(x,y) = e^{xy}$，其中 $x = \cos t$ 且 $y = \sin 2t$，試求 $\dfrac{dz}{dt}$。

解
$$\frac{dz}{dt} = \frac{\partial z}{\partial x}\frac{dx}{dt} + \frac{\partial z}{\partial y}\frac{dy}{dt}$$

$$= \frac{\partial}{\partial x}e^{xy} \cdot \frac{d}{dt}\cos t + \frac{\partial}{\partial y}e^{xy} \cdot \frac{d}{dt}\sin 2t$$

$$= ye^{xy} \cdot -\sin t + xe^{xy} \cdot 2\cos 2t$$

$$= -e^{\cos t \sin 2t}\sin t \sin 2t + 2e^{\cos t \sin 2t}\cos t \cos 2t \text{。}$$

接著我們介紹第二型的鍊鎖律，其證明可以直接利用定理 10.5.1。

Theorem 10.5.2 (The Chain Rule of Type 2)
Suppose that $z = f(x,y)$ is a differentiable function of x and y, where $x = g(s,t)$ and $y = h(s,t)$ are differentiable functions of s and t. Then $\dfrac{\partial z}{\partial s} = \dfrac{\partial z}{\partial x}\dfrac{\partial x}{\partial s} + \dfrac{\partial z}{\partial y}\dfrac{\partial y}{\partial s}$ and $\dfrac{\partial z}{\partial t} = \dfrac{\partial z}{\partial x}\dfrac{\partial x}{\partial t} + \dfrac{\partial z}{\partial y}\dfrac{\partial y}{\partial t}$.

【註】① 當我們想計算 $\dfrac{\partial z}{\partial s}$ 時，我們是把變數 t 看成常數後，再對變數 s 微分，若設 $x = g(s,t) = g^*(s)$ 且 $y = h(s,t) = h^*(s)$，此時 $z^* = f(x,y) = f(g^*(s), h^*(s))$，利用定理 10.5.1，我們可得

$$\frac{\partial z}{\partial s} = \frac{dz^*}{ds} = \frac{\partial z}{\partial x}\frac{dg^*}{ds} + \frac{\partial z}{\partial y}\frac{dh^*}{ds} = \frac{\partial z}{\partial x}\frac{\partial x}{\partial s} + \frac{\partial z}{\partial y}\frac{\partial y}{\partial s} \text{。}$$

② 當我們想計算 $\dfrac{\partial z}{\partial t}$ 時，我們是把變數 s 看成常數後，再對變數 t 微分，利用定理 10.5.1，我們一樣可得 $\dfrac{\partial z}{\partial t} = \dfrac{\partial z}{\partial x}\dfrac{\partial x}{\partial t} + \dfrac{\partial z}{\partial y}\dfrac{\partial y}{\partial t}$。

範例 3

設函數 $z = f(x, y) = e^y \cos x$，其中 $x = st$ 且 $y = s^2 t^2$，試求 $\dfrac{\partial z}{\partial s}$ 及 $\dfrac{\partial z}{\partial t}$。

解 (i) $\dfrac{\partial z}{\partial s} = \dfrac{\partial z}{\partial x}\dfrac{\partial x}{\partial s} + \dfrac{\partial z}{\partial y}\dfrac{\partial y}{\partial s}$

$= \dfrac{\partial}{\partial x}(e^y \cos x)\dfrac{\partial}{\partial s}(st) + \dfrac{\partial}{\partial y}(e^y \cos x)\dfrac{\partial}{\partial s}(s^2 t^2)$

$= -e^y \sin x \cdot t + e^y \cos x \cdot 2st^2$

$= -te^{s^2 t^2}\sin(st) + 2st^2 e^{s^2 t^2}\cos(st)$

(ii) $\dfrac{\partial z}{\partial t} = \dfrac{\partial z}{\partial x}\dfrac{\partial x}{\partial t} + \dfrac{\partial z}{\partial y}\dfrac{\partial y}{\partial t}$

$= \dfrac{\partial}{\partial x}(e^y \cos x)\dfrac{\partial}{\partial t}(st) + \dfrac{\partial}{\partial y}(e^y \cos x)\dfrac{\partial}{\partial t}(s^2 t^2)$

$= -e^y \sin x \cdot s + e^y \cos x \cdot 2s^2 t$

$= -se^{s^2 t^2}\sin(st) + 2s^2 t e^{s^2 t^2}\cos(st)$

範例 4

設函數 $z = f(x, y)$ 為可微分函數，其中 $x = r\cos\theta$ 且 $y = r\sin\theta$，試證明

$$\left(\dfrac{\partial z}{\partial x}\right)^2 + \left(\dfrac{\partial z}{\partial y}\right)^2 = \left(\dfrac{\partial z}{\partial r}\right)^2 + \dfrac{1}{r^2}\left(\dfrac{\partial z}{\partial \theta}\right)^2$$

解 (i) $\dfrac{\partial z}{\partial r} = \dfrac{\partial z}{\partial x}\dfrac{\partial x}{\partial r} + \dfrac{\partial z}{\partial y}\dfrac{\partial y}{\partial r} = \dfrac{\partial z}{\partial x}\dfrac{\partial}{\partial r}(r\cos\theta) + \dfrac{\partial z}{\partial y}\dfrac{\partial}{\partial r}(r\sin\theta)$

$= \dfrac{\partial z}{\partial x}\cdot\cos\theta + \dfrac{\partial z}{\partial y}\cdot\sin\theta$

且 $\dfrac{\partial z}{\partial \theta} = \dfrac{\partial z}{\partial x}\dfrac{\partial x}{\partial \theta} + \dfrac{\partial z}{\partial y}\dfrac{\partial y}{\partial \theta} = \dfrac{\partial z}{\partial x}\dfrac{\partial}{\partial \theta}(r\cos\theta) + \dfrac{\partial z}{\partial y}\dfrac{\partial}{\partial \theta}(r\sin\theta)$

$= \dfrac{\partial z}{\partial x}\cdot -r\sin\theta + \dfrac{\partial z}{\partial y}\cdot r\cos\theta$

(ii) 由 (i)，我們可得

$$\left(\frac{\partial z}{\partial r}\right)^2 + \frac{1}{r^2}\left(\frac{\partial z}{\partial \theta}\right)^2 = \left[\frac{\partial z}{\partial x}\cdot\cos\theta + \frac{\partial z}{\partial y}\cdot\sin\theta\right]^2 + \frac{1}{r^2}\left[\frac{\partial z}{\partial x}\cdot -r\sin\theta + \frac{\partial z}{\partial y}\cdot r\cos\theta\right]^2$$

$$= \left(\frac{\partial z}{\partial x}\right)^2\cdot\cos^2\theta + \left(\frac{\partial z}{\partial y}\right)^2\cdot\sin^2\theta + 2\frac{\partial z}{\partial x}\frac{\partial z}{\partial y}\cos\theta\sin\theta$$

$$+ \frac{1}{r^2}\left[r^2\left(\frac{\partial z}{\partial x}\right)^2\cdot\sin^2\theta + r^2\left(\frac{\partial z}{\partial y}\right)^2\cdot\cos^2\theta - 2r^2\frac{\partial z}{\partial x}\frac{\partial z}{\partial y}\sin\theta\cos\theta\right]$$

$$= \left(\frac{\partial z}{\partial x}\right)^2(\cos^2\theta + \sin^2\theta) + \left(\frac{\partial z}{\partial y}\right)^2(\sin^2\theta + \cos^2\theta) = \left(\frac{\partial z}{\partial x}\right)^2 + \left(\frac{\partial z}{\partial y}\right)^2$$

範例 5

設函數 $z = f(x, y)$ 有連續的二階偏導函數，其中 $x = r\cos\theta$ 且 $y = r\sin\theta$，試計算 $\dfrac{\partial^2 z}{\partial \theta^2}$。

解 (i) $\dfrac{\partial z}{\partial \theta} = \dfrac{\partial z}{\partial x}\dfrac{\partial x}{\partial \theta} + \dfrac{\partial z}{\partial y}\dfrac{\partial y}{\partial \theta}$

$$= \frac{\partial z}{\partial x}\frac{\partial}{\partial \theta}(r\cos\theta) + \frac{\partial z}{\partial y}\frac{\partial}{\partial \theta}(r\sin\theta) = \frac{\partial z}{\partial x}\cdot -r\sin\theta + \frac{\partial z}{\partial y}\cdot r\cos\theta$$

(ii) 由 (i)，我們可得

$$\frac{\partial^2 z}{\partial \theta^2} = \frac{\partial}{\partial \theta}\left(\frac{\partial z}{\partial \theta}\right)$$

$$= \frac{\partial}{\partial \theta}\left[\frac{\partial z}{\partial x}\cdot -r\sin\theta + \frac{\partial z}{\partial y}\cdot r\cos\theta\right]$$

$$= \frac{\partial z}{\partial x}\cdot\frac{\partial}{\partial \theta}(-r\sin\theta) + (-r\sin\theta)\frac{\partial}{\partial \theta}\frac{\partial z}{\partial x} + \frac{\partial z}{\partial y}\cdot\frac{\partial}{\partial \theta}(r\cos\theta)$$

$$+ (r\cos\theta)\frac{\partial}{\partial \theta}\frac{\partial z}{\partial y}$$

$$= \frac{\partial z}{\partial x}\cdot(-r\cos\theta) + (-r\sin\theta)\left[\frac{\partial^2 z}{\partial x^2}\frac{\partial x}{\partial \theta} + \frac{\partial^2 z}{\partial y\partial x}\frac{\partial y}{\partial \theta}\right]$$

$$+ \frac{\partial z}{\partial y}\cdot(-r\sin\theta) + (r\cos\theta)\left[\frac{\partial^2 z}{\partial x\partial y}\frac{\partial x}{\partial \theta} + \frac{\partial^2 z}{\partial y^2}\frac{\partial y}{\partial \theta}\right]$$

$$= \frac{\partial z}{\partial x} \cdot (-r\cos\theta) + (-r\sin\theta)\left[\frac{\partial^2 z}{\partial x^2}(-r\sin\theta) + \frac{\partial^2 z}{\partial y \partial x}(r\cos\theta)\right]$$

$$+ \frac{\partial z}{\partial y} \cdot (-r\sin\theta) + (r\cos\theta)\left[\frac{\partial^2 z}{\partial x \partial y}(-r\sin\theta) + \frac{\partial^2 z}{\partial y^2}(r\cos\theta)\right]$$

$$= (-r\cos\theta)\frac{\partial z}{\partial x} + (-r\sin\theta)\frac{\partial z}{\partial y} + r^2\sin^2\theta\frac{\partial^2 z}{\partial x^2} - r^2\sin 2\theta\frac{\partial^2 z}{\partial y \partial x} + r^2\cos^2\theta\frac{\partial^2 z}{\partial y^2} \; 。$$

【註】因為函數 $z = f(x, y)$ 有連續的二階偏導函數，所以 $\dfrac{\partial^2 z}{\partial x \partial y} = \dfrac{\partial^2 z}{\partial y \partial x}$ 。

我們現在可以考慮介紹一般的鍊鎖律。

> **Theorem 10.5.3** (The General Chain Rule)
> Suppose that $w = f(x_1, x_2, \cdots, x_n)$ is a differentiable function of n variables x_1, x_2,...,and x_n, where $x_1 = g_1(t_1, \cdots, t_m)$, $x_2 = g_2(t_1, \cdots, t_m)$,..., and $x_n = g_n(t_1, \cdots, t_m)$ are differentiable functions of $t_1, t_2, \ldots,$ and t_m. Then
> $$\frac{\partial w}{\partial t_j} = \frac{\partial w}{\partial x_1}\frac{\partial x_1}{\partial t_j} + \frac{\partial w}{\partial x_2}\frac{\partial x_2}{\partial t_j} + \cdots + \frac{\partial w}{\partial x_n}\frac{\partial x_n}{\partial t_j} = \sum_{i=1}^{n}\frac{\partial w}{\partial x_i}\frac{\partial x_i}{\partial t_j} \; \text{for} \; j = 1, 2, \cdots, m \; .$$

範例 6

設函數 $w = f(x, y, z) = xe^{yz}$，其中 $x = rst$、$y = rs^2t^2$ 及 $y = r^2st^2$，試求 $\dfrac{\partial w}{\partial r}$ 在 $r = 2$、$s = 1$ 及 $t = 1$ 之值。

解 (i) $\dfrac{\partial w}{\partial r} = \dfrac{\partial w}{\partial x}\dfrac{\partial x}{\partial r} + \dfrac{\partial w}{\partial y}\dfrac{\partial y}{\partial r} + \dfrac{\partial w}{\partial z}\dfrac{\partial z}{\partial r}$

$\qquad = \dfrac{\partial}{\partial x}xe^{yz}\dfrac{\partial}{\partial r}rst + \dfrac{\partial}{\partial y}xe^{yz}\dfrac{\partial}{\partial r}rs^2t^2 + \dfrac{\partial}{\partial z}xe^{yz}\dfrac{\partial}{\partial r}r^2st^2$

$\qquad = e^{yz} \cdot st + xze^{yz} \cdot s^2t^2 + xye^{yz} \cdot 2rst^2$

(ii) 當 $r = 2$、$s = 1$ 及 $t = 1$ 時，$x = 2 \cdot 1 \cdot 1 = 2$、$y = 2 \cdot 1^2 \cdot 1^2 = 2$ 及 $z = 2^2 \cdot 1 \cdot 1^2 = 4$。

因此，$\dfrac{\partial w}{\partial r}\bigg|_{\substack{r=2\\s=1\\t=1}} = e^{2 \cdot 4} \cdot 1 \cdot 1 + 2 \cdot 4e^{2 \cdot 4} \cdot 1^2 \cdot 1^2 + 2 \cdot 2e^{2 \cdot 4} \cdot 2 \cdot 2 \cdot 1 \cdot 1^2 = 25e^8$ 。

鍊鎖律與隱函數微分法

1. 設隱函數 $y = f(x)$ 隱藏在方程式 $F(x, y) = 0$ 中，此時若設函數 $z = F(x, y)$ 為可微分函數，則由定理 10.5.1，我們有

$$\frac{dz}{dx} = F_x(x, y)\frac{dx}{dx} + F_y(x, y)\frac{dy}{dx} = F_x(x, y) + F_y(x, y)\frac{dy}{dx} \text{。}$$

現在利用隱函數微分法，將方程式 $F(x, y) = 0$ 中等式的兩邊同時對變數 x 微分，則我們可得 $F_x(x, y) + F_y(x, y)\frac{dy}{dx} = 0$。

再解上面的方程式，我們得 $\frac{dy}{dx} = -\frac{F_x(x, y)}{F_y(x, y)}$。

範例 7

設函數 $x^3 + x^2 y + 4y^2 = 6$，試利用隱函數微分法求 $\frac{dy}{dx}$。

解 設 $F(x, y) = x^3 + x^2 y + 4y^2 - 6$，則 $\frac{dy}{dx} = -\frac{F_x(x, y)}{F_y(x, y)} = -\frac{3x^2 + 2xy}{x^2 + 8y}$。

2. 設隱函數 $z = f(x, y)$ 隱藏在方程式 $F(x, y, z) = 0$ 中，此時若設函數 $w = F(x, y, z)$ 為可微分函數，則由定理 10.5.2，我們有

$$\frac{\partial w}{\partial x} = F_x(x, y, z)\frac{\partial x}{\partial x} + F_y(x, y, z)\frac{\partial y}{\partial x} + F_z(x, y, z)\frac{\partial z}{\partial x}$$

$$= F_x(x, y, z) + F_z(x, y, z)\frac{\partial z}{\partial x} \text{（此處 } \frac{\partial x}{\partial x} = 1 \text{ 且 } \frac{\partial y}{\partial x} = 0\text{）}$$

且 $\frac{\partial w}{\partial y} = F_x(x, y, z)\frac{\partial x}{\partial y} + F_y(x, y, z)\frac{\partial y}{\partial y} + F_z(x, y, z)\frac{\partial z}{\partial y}$

$$= F_y(x, y, z) + F_z(x, y, z)\frac{\partial z}{\partial y} \text{。（此處 } \frac{\partial x}{\partial y} = 0 \text{ 且 } \frac{\partial y}{\partial y} = 1\text{）}$$

① 現在利用隱函數微分法，將方程式 $F(x, y, z) = 0$ 中等式的兩邊同時對變數 x 偏微分，則我們可得 $F_x(x, y, z) + F_z(x, y, z)\frac{\partial z}{\partial x} = 0$。

再解上面的方程式，我們得 $\dfrac{\partial z}{\partial x} = -\dfrac{F_x(x,y,z)}{F_z(x,y,z)}$。

② 現在利用隱函數微分法，將方程式 $F(x,y,z)=0$ 中等式的兩邊同時對變數 y 偏微分，則我們可得 $F_y(x,y,z) + F_z(x,y,z)\dfrac{\partial z}{\partial y} = 0$。

再解上面的方程式，我們得 $\dfrac{\partial z}{\partial y} = -\dfrac{F_y(x,y,z)}{F_z(x,y,z)}$。

範例 8

設函數 $x^2yz - 2y^2 + 3z^2 = 0$，試利用隱函數微分法求 $\dfrac{\partial z}{\partial x}$ 及 $\dfrac{\partial z}{\partial y}$。

解 設 $F(x,y,z) = x^2yz - 2y^2 + 3z^2$，則

$$\dfrac{\partial z}{\partial x} = -\dfrac{F_x(x,y,z)}{F_z(x,y,z)} = -\dfrac{2xyz}{x^2y + 6z} \quad 且 \quad \dfrac{\partial z}{\partial y} = -\dfrac{F_y(x,y,z)}{F_z(x,y,z)} = -\dfrac{x^2z - 4y}{x^2y + 6z}$$

習題演練

・基本題

第 1 題至第 4 題，試利用鍊鎖律 (i) 計算 $\dfrac{dz}{dt}$ (ii) 計算 $\dfrac{dz}{dt}$ 在 $t = t_0$ 之值。

1. $z = 2x^3y - 3xy^2$，$x = t^2$，$y = 2t$；$t_0 = 1$
2. $z = x\sin xy$，$x = 3t^2$，$y = \dfrac{1}{t}$；$t_0 = \dfrac{\pi}{3}$
3. $z = e^{xy}$，$x = 1 - 2t$，$y = 2t - 1$；$t_0 = 0$
4. $z = \ln(2x + y^2)$，$x = \sqrt{5+t}$，$y = 1 + \sqrt{t}$；$t_0 = 4$

第 5 題至第 8 題，試利用鍊鎖律 (i) 計算 $\dfrac{\partial z}{\partial s}$ 及 $\dfrac{\partial z}{\partial t}$ (ii) 計算 $\dfrac{\partial z}{\partial s}$ 及 $\dfrac{\partial z}{\partial t}$ 在 $(s,t) = (s_0, t_0)$ 之值。

5. $z = 2x^3y - 3xy^2$，$x = st^2$，$y = s^2t$；$(s_0, t_0) = (1, 2)$
6. $z = x\sin xy$，$x = st^2$，$y = \dfrac{s}{t}$；$(s_0, t_0) = \left(1, \dfrac{\pi}{3}\right)$

7. $z = e^{xy}$, $x = s^2 - t^2$, $y = t^2 - s^2$; $(s_0, t_0) = \left(\dfrac{1}{2}, -1\right)$

8. $z = \ln(2x + y^2)$, $x = \sqrt{s + 3t}$, $y = \sqrt{s} + \sqrt{t}$; $(s_0, t_0) = (4, 4)$

第 9 題至第 10 題，試利用鍊鎖律：

(i) 計算 $\dfrac{\partial w}{\partial t}$、$\dfrac{\partial w}{\partial u}$ 及 $\dfrac{\partial w}{\partial v}$

(ii) 計算 $\dfrac{\partial w}{\partial t}$、$\dfrac{\partial w}{\partial u}$ 及 $\dfrac{\partial w}{\partial v}$ 在 $(t, u, v) = (t_0, u_0, v_0)$ 之值。

9. $w = xy + yz + xz$, $x = tuv^2$, $y = t^2uv$, $z = tu^2v$; $(t_0, u_0, v_0) = (1, -2, 1)$

10. $w = \dfrac{x}{y}$, $x = te^{uv}$, $y = ue^{tv}$; $(t_0, u_0, v_0) = (1, 2, 0)$

第 11 題至第 12 題，試利用偏微分求隱函數 y 之導函數 $\dfrac{dy}{dx}$。

11. $x^2 - xy + y^3 = 8$ \hspace{2em} 12. $6x + \sqrt{xy} = 3y - 4$

第 13 題至第 14 題，試利用偏微分求隱函數 z 之偏導函數 $\dfrac{\partial z}{\partial x}$ 及 $\dfrac{\partial z}{\partial y}$。

13. $x^2yz - 2y^2 - 3z^3 = 0$ \hspace{2em} 14. $\tan^{-1}\left(\dfrac{x}{y}\right) - \tan^{-1}\left(\dfrac{y}{z}\right) = 2$

• 進階題

15. 設 $z = \cos(x + y) + \cos(x - y)$，試證明 $\dfrac{\partial^2 z}{\partial x^2} - \dfrac{\partial^2 z}{\partial y^2} = 0$。

16. 設 $z = f(x, y)$ 有連續的二階偏導函數，其中 $x = r^2 + s^2$ 且 $y = 2rs$，試計算 $\dfrac{\partial^2 z}{\partial r^2}$ 及 $\dfrac{\partial^2 z}{\partial s^2}$。

17. 設 $z = f(x, y)$ 有連續的二階偏導函數，其中 $x = e^r \cos\theta$ 且 $y = e^r \sin\theta$，試證明

$$\dfrac{\partial^2 z}{\partial x^2} + \dfrac{\partial^2 z}{\partial y^2} = \dfrac{1}{e^{2r}}\left[\dfrac{\partial^2 z}{\partial r^2} + \dfrac{\partial^2 z}{\partial \theta^2}\right]。$$

10-6 方向導數與梯度

這一節我們將介紹兩個或兩個變數以上的函數在定義域上的某一點沿著單位向量方向的方向導數。

設函數 $z = f(x, y)$，$(x, y) \in D_f$，再設 $(x_0, y_0) \in D_f$ 且存在一個正數 δ 使得

$$\left\{(x, y) \in \mathbb{R}^2 \,\middle|\, \sqrt{(x-x_0)^2 + (y-y_0)^2} < \delta \right\} \subset D_f \text{。}$$

如果向量 $\vec{u} = \langle a, b \rangle$ 為一個單位向量，即向量 $\vec{u} = \langle a, b \rangle$ 的長度 $|\vec{u}| = \sqrt{a^2 + b^2} = 1$，我們有興趣的是，函數 f 在點 (x_0, y_0) 沿著單位向量 $\vec{u} = \langle a, b \rangle$ 方向的瞬間變化率。(請參考圖 10-18)

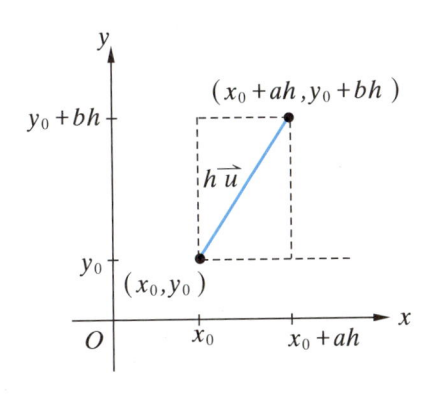

圖 10-18

當點 $P(x_0, y_0)$ 沿著單位向量 $\vec{u} = \langle a, b \rangle$ 方向給它一個長度為 $|h|$ 的改變後，並設改變後的座標為 $Q(x, y)$，則我們有 $\overrightarrow{PQ} = \langle x - x_0, y - y_0 \rangle = \langle ha, hb \rangle$。

(此處，我們設 $h > 0$，長度為 $|h| = h$；當然也可設 $h < 0$，而當 $h < 0$ 時，長度為 $|h| = -h$) 所以改變後的座標 (x, y) 滿足 $x - x_0 = ha$ 且 $y - y_0 = hb$。因此，改變後的點座標為 $(x_0 + ah, y_0 + bh)$，而函數 z 之增量（或改變量）為

$$\Delta z = f(x_0 + ah, y_0 + bh) - f(x_0, y_0) \text{。}$$

如此一來，函數 f 在點 (x_0, y_0) 沿著單位向量 $\vec{u} = \langle a, b \rangle$ 方向的瞬間變化率為

$$\lim_{h \to 0} \frac{\Delta z}{h} = \lim_{h \to 0} \frac{f(x_0 + ah, y_0 + bh) - f(x_0, y_0)}{h} \text{。(設極限存在)}$$

我們將此極限定義為函數 f 在點 (x_0, y_0) 沿著單位向量 $\vec{u} = \langle a, b \rangle$ 方向的方向導數，記成 $D_{\vec{u}} f(x_0, y_0)$，換言之，$D_{\vec{u}} f(x_0, y_0) = \lim_{h \to 0} \frac{f(x_0 + ah, y_0 + bh) - f(x_0, y_0)}{h}$。而我們會發現兩個偏導數 $f_x(x_0, y_0)$ 及 $f_y(x_0, y_0)$ 其實只是方向導數的特例而已。現在我們給方向導數正式的定義。

Definition 10.6.1 (The Directional Derivative of Function of Two Variables)
The directional derivative of the function $z = f(x, y)$ at the point (x_0, y_0) in the direction of a unit vector $\vec{u} = \langle a, b \rangle$, denoted by $D_{\vec{u}} f(x_0, y_0)$, is defined by

$$D_{\vec{u}} f(x_0, y_0) = \lim_{h \to 0} \frac{f(x_0 + ah, y_0 + bh) - f(x_0, y_0)}{h}$$

if the limit exists.

【註】 1. 如果 $\vec{u} = \langle 1, 0 \rangle$，則 $D_{\vec{u}} f(x_0, y_0) = \lim_{h \to 0} \frac{f(x_0 + 1 \cdot h, y_0 + 0 \cdot h) - f(x_0, y_0)}{h}$

$$= \lim_{h \to 0} \frac{f(x_0 + h, y_0) - f(x_0, y_0)}{h} = f_x(x_0, y_0) \text{。}$$

2. 如果 $\vec{u} = \langle 0, 1 \rangle$，則 $D_{\vec{u}} f(x_0, y_0) = \lim_{h \to 0} \frac{f(x_0 + 0 \cdot h, y_0 + 1 \cdot h) - f(x_0, y_0)}{h}$

$$= \lim_{h \to 0} \frac{f(x_0, y_0 + h) - f(x_0, y_0)}{h} = f_y(x_0, y_0) \text{。}$$

3. (方向導數的幾何意義)

在給方向導數之正式定義之前，我們已知方向導數 $D_{\vec{u}} f(x_0, y_0)$ 為函數 f 在點 (x_0, y_0) 沿著單位向量 $\vec{u} = \langle a, b \rangle$ 方向的瞬間變化率。因此，方向導數的幾何意義也應該是切線的斜率。(請參考圖 10-19)

設函數 $z = f(x, y)$ 之圖形為一個曲面 S，而它與通過點 (x_0, y_0, z_0) 之垂直平面 $\{(x, y, z) \in \mathbb{R}^3 \mid x = x_0 + ah, y = y_0 + bh, h \in \mathbb{R}\}$ 相交於一條曲線 C，而通過曲線 C 上的點 (x_0, y_0, z_0) 之切線斜率 $m_{L_T} = D_{\vec{u}} f(x_0, y_0)$。(此處 $z_0 = f(x_0, y_0)$)

圖 10-19　方向導數的幾何意義

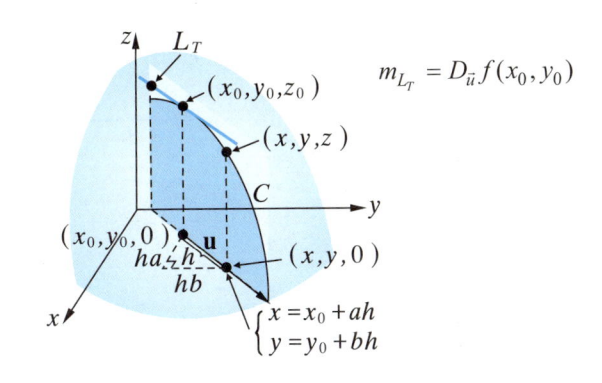

4. 我們以單位向量來定義方向導數，當然是讓此定義是偏導數之推廣且維持切線斜率的幾何意義。因此，為了一致性起見，函數 f 在點 (x_0, y_0) 沿著非單位向量 $\vec{v} = \langle c, d \rangle$ 方向的方向導數也是用該方向之單位向量來定義，即其方向導數為 $D_{\vec{u}} f(x_0, y_0)$，其中 $\vec{u} = \dfrac{\vec{v}}{|\vec{v}|} = \dfrac{\langle c, d \rangle}{\sqrt{c^2 + d^2}} = \left\langle \dfrac{c}{\sqrt{c^2 + d^2}}, \dfrac{d}{\sqrt{c^2 + d^2}} \right\rangle$。如此一來，方向導數如果存在的話，那麼它就唯一存在了。

範例 1

設函數 $f(x, y) = x^2 + 2y^2$，試求函數 f 在點 $(1, 2)$ 沿著單位向量 $\vec{u} = \left\langle \dfrac{1}{2}, -\dfrac{\sqrt{3}}{2} \right\rangle$ 方向之方向導數。

解　由定義 10.6.1，我們可知函數 f 在點 $(1, 2)$ 沿著單位向量 $\vec{u} = \left\langle \dfrac{1}{2}, -\dfrac{\sqrt{3}}{2} \right\rangle$ 方向之方向導數為

$$D_{\vec{u}} f(1, 2) = \lim_{h \to 0} \dfrac{f\left(1 + \left(\dfrac{1}{2}\right)h,\, 2 + \left(-\dfrac{\sqrt{3}}{2}\right)h\right) - f(1, 2)}{h}$$

$$= \lim_{h \to 0} \dfrac{f\left(1 + \dfrac{h}{2},\, 2 - \dfrac{\sqrt{3}h}{2}\right) - f(1, 2)}{h}$$

$$= \lim_{h \to 0} \dfrac{\left[\left(1 + \dfrac{h}{2}\right)^2 + 2\left(2 - \dfrac{\sqrt{3}h}{2}\right)^2\right] - [1^2 + 2 \cdot 2^2]}{h}$$

$$= \lim_{h \to 0} \frac{h + \frac{h^2}{4} - 4\sqrt{3}h + \frac{3h^2}{2}}{h}$$

$$= \lim_{h \to 0} \left[1 + \frac{h}{4} - 4\sqrt{3} + \frac{3h}{2} \right]$$

$$= 1 - 4\sqrt{3} \text{ 。}$$

【註】如果都要用極限來計算方向導數，那就非常辛苦了。但是不用擔心，我們有下面的定理可以使用。

下面的定理是直接計算方向導函數 $D_{\vec{u}} f(x, y)$。

> **Theorem 10.6.1** (Method of Finding Directional Derivative)
> If $z = f(x, y)$ is a differentiable function, then f has the directional derivative in the direction of any unit vector $\vec{u} = \langle a, b \rangle$ and
> $$D_{\vec{u}} f(x, y) = f_x(x, y)a + f_y(x, y)b.$$

證明：如果函數 $z = f(x, y)$ 在任意給定的點 (x_0, y_0) 可微分，我們必須證明

$$D_{\vec{u}} f(x_0, y_0) = f_x(x_0, y_0)a + f_y(x_0, y_0)b \text{ 。}$$

現在定義一個自變數為 h 的單變數函數 g 如下：

$g(h) = f(x_0 + ah, y_0 + bh)$，$h \in (-\delta, \delta)$。($\delta$ 是可以找到的某一個正數)

(i) 設 $g(h) = f(x, y)$，其中 $x = x_0 + ah$ 且 $y = y_0 + bh$，則由鍊鎖律可得

$$g'(h) = f_x(x, y)\frac{dx}{dh} + f_y(x, y)\frac{dy}{dh}$$

$$= f_x(x, y)\frac{d}{dh}(x_0 + ah) + f_y(x, y)\frac{d}{dh}(y_0 + bh)$$

$$= f_x(x, y)a + f_y(x, y)b \text{ 。}$$

當 $h = 0$ 時，我們有 $x = x_0 + a \cdot 0 = x_0$ 且 $y = y_0 + b \cdot 0 = y_0$。

因此，我們就有 $g'(0) = f_x(x_0, y_0)a + f_y(x_0, y_0)b$。(表示 $g'(0)$ 存在)

(ii) 如果直接用定義計算 $g'(0)$，則我們有

$$g'(0) = \lim_{h \to 0} \frac{g(0+h) - g(0)}{h} = \lim_{h \to 0} \frac{f(x_0 + ah, y_0 + bh) - f(x_0, y_0)}{h} = D_{\vec{u}} f(x_0, y_0)$$

所以利用 (i) 及 (ii) 的結果，我們證得方向導數之計算公式為

$$D_{\vec{u}} f(x_0, y_0) = f_x(x_0, y_0) a + f_y(x_0, y_0) b \text{。}$$

當然，方向導函數之計算公式為

$$D_{\vec{u}} f(x, y) = f_x(x, y) a + f_y(x, y) b \text{。}$$

範例 2

設函數 $f(x,y) = x^2 + 2y^2$，試求函數 f 在點 $(1,2)$ 沿著單位向量 $\vec{u} = \left\langle \frac{1}{2}, -\frac{\sqrt{3}}{2} \right\rangle$ 方向之方向導數。

解 (i) 因為 $f_x(x,y) = \frac{\partial}{\partial x}(x^2 + 2y^2) = 2x$ 且 $f_y(x,y) = \frac{\partial}{\partial y}(x^2 + 2y^2) = 4y$，

所以 $f_x(1,2) = 2 \cdot 1 = 2$ 且 $f_y(1,2) = 4 \cdot 2 = 8$。

(ii) $\vec{u} = \langle a, b \rangle = \left\langle \frac{1}{2}, -\frac{\sqrt{3}}{2} \right\rangle$ 表示 $a = \frac{1}{2}$ 且 $b = -\frac{\sqrt{3}}{2}$。

因此，由定理 10.6.1，我們可知函數 f 在點 $(1,2)$ 沿著單位向量 $\vec{u} = \left\langle \frac{1}{2}, -\frac{\sqrt{3}}{2} \right\rangle$ 方向之方向導數為

$$D_{\vec{u}} f(1,2) = f_x(1,2) a + f_y(1,2) b = 2 \cdot \frac{1}{2} + 8 \cdot \left(-\frac{\sqrt{3}}{2}\right) = 1 - 4\sqrt{3} \text{。}$$

【註】 1. 用公式計算要比用定義直接計算簡單多了。(與範例 1 比較)

2. 本題也可以先計算方向導函數

$$D_{\vec{u}} f(x,y) = f_x(x,y) a + f_y(x,y) b = 2x \cdot \frac{1}{2} + 4y \cdot \left(-\frac{\sqrt{3}}{2}\right) = x - 2\sqrt{3} y \text{，}$$

再計算方向導數 $D_{\vec{u}} f(1,2) = 1 - 2\sqrt{3} \cdot 2 = 1 - 4\sqrt{3}$。

範例 3

設函數 $f(x,y) = xe^y$，試求函數 f 在點 $(2,0)$ 沿著向量 $\vec{v} = 2\vec{i} - 3\vec{j}$ 方向之方向導數。
(單位向量 $\vec{i} = \langle 1,0 \rangle$；單位向量 $\vec{j} = \langle 0,1 \rangle$)

解 (此處 $\vec{v} = 2\vec{i} - 3\vec{j}$ 不是單位向量)

(i) 因為 $f_x(x,y) = \dfrac{\partial}{\partial x} xe^y = e^y$ 且 $f_y(x,y) = \dfrac{\partial}{\partial y} xe^y = xe^y$，

所以 $f_x(2,0) = e^0 = 1$ 且 $f_y(2,0) = 2e^0 = 2$。

(ii) $\vec{u} = \dfrac{\vec{v}}{|\vec{v}|} = \dfrac{\langle 2,-3 \rangle}{\sqrt{2^2 + (-3)^2}} = \left\langle \dfrac{2}{\sqrt{13}}, \dfrac{-3}{\sqrt{13}} \right\rangle$。

由 (i) 及 (ii)，我們可知函數 f 在點 $(2,0)$ 沿著向量 $\vec{v} = 2\vec{i} - 3\vec{j}$ 方向之方向導數為

$$D_{\vec{u}} f(2,0) = f_x(2,0) \cdot \dfrac{2}{\sqrt{13}} + f_y(2,0) \cdot \dfrac{-3}{\sqrt{13}} = 1 \cdot \dfrac{2}{\sqrt{13}} + 2 \cdot \dfrac{-3}{\sqrt{13}} = -\dfrac{4}{\sqrt{13}}$$

【註】本題也可以先計算方向導函數

$$D_{\vec{u}} f(x,y) = f_x(x,y)a + f_y(x,y)b = e^y \cdot \dfrac{2}{\sqrt{13}} + xe^y \cdot \left(-\dfrac{3}{\sqrt{13}} \right) = \dfrac{2e^y}{\sqrt{13}} - \dfrac{3xe^y}{\sqrt{13}},$$

再計算方向導數 $D_{\vec{u}} f(2,0) = \dfrac{2e^0}{\sqrt{13}} - \dfrac{3 \cdot 2e^0}{\sqrt{13}} = \dfrac{2-6}{\sqrt{13}} = -\dfrac{4}{\sqrt{13}}$。

梯度向量

這裡要介紹的**梯度向量**（gradient vector），除了可以討論方向導數的極大值與極小值外，在幾何上也會有它的特別發揮之處。

設兩向量 $\vec{u} = \langle a,b \rangle$ 及 $\vec{v} = \langle c,d \rangle$，則我們已知此兩向量之**內積**（inner product）的定義為 $\vec{u} \cdot \vec{v} = \langle a,b \rangle \cdot \langle c,d \rangle = ac + bd$。

由方向導數的計算公式，我們有

$$\begin{aligned} D_{\vec{u}} f(x_0, y_0) &= f_x(x_0, y_0)a + f_y(x_0, y_0)b \\ &= \langle f_x(x_0, y_0), f_y(x_0, y_0) \rangle \cdot \langle a, b \rangle \\ &= \langle f_x(x_0, y_0), f_y(x_0, y_0) \rangle \cdot \vec{u} \end{aligned}$$

換言之，方向導數 $D_{\vec{u}} f(x_0, y_0)$ 可以表示成兩個向量的內積，其中一個向量為 $\langle f_x(x_0, y_0), f_y(x_0, y_0) \rangle$，而另一個向量正是單位向量 $\vec{u} = \langle a,b \rangle$。

Definition 10.6.2 (The Gradient Vector)

If $z = f(x,y)$ is a function of two variables, then the gradient vector of the function f is the vector function $\vec{\nabla} f(x,y)$ defined by

$$\vec{\nabla} f(x,y) = \langle f_x(x,y), f_y(x,y) \rangle.$$

【註】有了梯度向量函數的定義，方向導函數之計算變成 $D_{\vec{u}} f(x,y) = \vec{\nabla} f(x,y) \cdot \vec{u}$，而方向導數之計算就變成 $D_{\vec{u}} f(x_0,y_0) = \vec{\nabla} f(x_0,y_0) \cdot \vec{u}$。$\vec{\nabla} f(x_0,y_0)$ 稱為函數 f 在點 (x_0, y_0) 的梯度向量或梯度。

範例 4

設函數 $f(x,y) = x^2 y + 3xy - 2y^3$。
(a) 試求函數 f 的梯度向量函數 $\vec{\nabla} f(x,y)$。
(b) 試求函數 f 在點 $(1,1)$ 沿著向量 $\vec{v} = \vec{i} - \vec{j}$ 方向之方向導數。

解 (a) 因為 $f_x(x,y) = \dfrac{\partial}{\partial x}(x^2 y + 3xy - 2y^3) = 2xy + 3y$ 且

$$f_y(x,y) = \dfrac{\partial}{\partial y}(x^2 y + 3xy - 2y^3) = x^2 + 3x - 6y^2，$$

所以函數 f 的梯度向量函數為

$$\vec{\nabla} f(x,y) = \langle f_x(x,y), f_y(x,y) \rangle = \langle 2xy + 3y, x^2 + 3x - 6y^2 \rangle。$$

(b) (i) $\vec{\nabla} f(1,1) = \langle 2 \cdot 1 \cdot 1 + 3 \cdot 1, 1^2 + 3 \cdot 1 - 6 \cdot 1^2 \rangle = \langle 5, -2 \rangle$。

(ii) $\vec{u} = \dfrac{\vec{v}}{|\vec{v}|} = \dfrac{\langle 1, -1 \rangle}{\sqrt{1^2 + (-1)^2}} = \left\langle \dfrac{1}{\sqrt{2}}, \dfrac{-1}{\sqrt{2}} \right\rangle$。

由 (i) 及 (ii)，我們可知函數 f 在點 $(1,1)$ 沿著向量 $\vec{v} = \vec{i} - \vec{j}$ 方向之方向導數為 $D_{\vec{u}} f(1,1) = \vec{\nabla} f(1,1) \cdot \vec{u} = \langle 5, -2 \rangle \cdot \left\langle \dfrac{1}{\sqrt{2}}, \dfrac{-1}{\sqrt{2}} \right\rangle = \dfrac{7}{\sqrt{2}}$。

三個自變數函數之方向導數及梯度

我們現在可以仿照兩個變數函數之方向導數定義、方向導數計算公式及梯度向量定義，將整個觀念推廣至三個自變數的函數。

Definition 10.6.3 (The Directional Derivative of Function of Three Variables)
The directional derivative of the function $w = f(x, y, z)$ at the point (x_0, y_0, z_0) in the direction of a unit vector $\vec{u} = \langle a, b, c \rangle$, denoted by $D_{\vec{u}} f(x_0, y_0, z_0)$, is defined by

$$D_{\vec{u}} f(x_0, y_0, z_0) = \lim_{h \to 0} \frac{f(x_0 + ah, y_0 + bh, z_0 + ch) - f(x_0, y_0, z_0)}{h}$$

if the limit exists.

【註】函數 f 在點 (x_0, y_0, z_0) 沿著單位向量 $\vec{u} = \langle a, b, c \rangle$ 方向的瞬間變化率為 $D_{\vec{u}} f(x_0, y_0, z_0)$。

設 $w = f(x, y, z)$，則函數 f 的梯度向量函數定義為

$$\vec{\nabla} f(x, y, z) = \langle f_x(x, y, z), f_y(x, y, z), f_z(x, y, z) \rangle \text{。}$$

仿照定理 10.6.1，我們可得三個自變數函數之方向導函數之計算公式為

$$\begin{aligned} D_{\vec{u}} f(x, y, z) &= f_x(x, y, z) a + f_y(x, y, z) b + f_z(x, y, z) c \\ &= \langle f_x(x, y, z), f_y(x, y, z), f_z(x, y, z) \rangle \cdot \langle a, b, c \rangle \\ &= \langle f_x(x, y, z), f_y(x, y, z), f_z(x, y, z) \rangle \cdot \vec{u} \\ &= \vec{\nabla} f(x, y, z) \cdot \vec{u} \text{。} \end{aligned}$$

而函數 f 在點 (x_0, y_0, z_0) 沿著單位向量 $\vec{u} = \langle a, b, c \rangle$ 方向的方向導數為

$$D_{\vec{u}} f(x_0, y_0, z_0) = \vec{\nabla} f(x_0, y_0, z_0) \cdot \vec{u} \text{。}$$

範例 5

設函數 $f(x, y, z) = y \cos xz$。
(a) 試求函數 f 的梯度向量函數 $\vec{\nabla} f(x, y, z)$。
(b) 試求函數 f 在點 $(3, 1, 0)$ 沿著向量 $\vec{v} = \vec{i} - \vec{j} + \vec{k}$ 方向之方向導數。
（單位向量 $\vec{i} = \langle 1, 0, 0 \rangle$；單位向量 $\vec{j} = \langle 0, 1, 0 \rangle$；單位向量 $\vec{k} = \langle 0, 0, 1 \rangle$）

解 (a) 因為 $f_x(x, y, z) = \dfrac{\partial}{\partial x} y \cos xz = -yz \sin xz$、$f_y(x, y, z) = \dfrac{\partial}{\partial y} y \cos xz = \cos xz$

及 $f_z(x, y, z) = \dfrac{\partial}{\partial z} y \cos xz = -xy \sin xz$，

所以函數 f 的梯度向量函數為

$$\vec{\nabla} f(x,y,z) = \langle f_x(x,y,z), f_y(x,y,z), f_z(x,y,z) \rangle$$

$$= \langle -yz\sin xz, \cos xz, -xy\sin xz \rangle \text{。}$$

(b) (i) $\vec{\nabla} f(3,1,0) = \langle 0,1,0 \rangle$ (ii) $\vec{u} = \dfrac{\vec{v}}{|\vec{v}|} = \dfrac{\langle 1,-1,1 \rangle}{\sqrt{1^2+(-1)^2+1^2}} = \left\langle \dfrac{1}{\sqrt{3}}, \dfrac{-1}{\sqrt{3}}, \dfrac{1}{\sqrt{3}} \right\rangle$

由 (i) 及 (ii)，我們可知函數 f 在點 $(3,1,0)$ 沿著向量 $\vec{v}=\vec{i}-\vec{j}+\vec{k}$ 方向之方向導數為 $D_{\vec{u}}f(3,1,0) = \vec{\nabla} f(3,1,0) \cdot \vec{u} = \langle 0,1,0 \rangle \cdot \left\langle \dfrac{1}{\sqrt{3}}, \dfrac{-1}{\sqrt{3}}, \dfrac{1}{\sqrt{3}} \right\rangle = -\dfrac{1}{\sqrt{3}}$。

方向導數之極值

由方向導數之計算公式 $D_{\vec{u}}f(x_0,y_0) = \vec{\nabla} f(x_0,y_0) \cdot \vec{u}$ 及向量的內積公式 $\vec{u} \cdot \vec{v} = |\vec{u}||\vec{v}|\cos\theta$（$\theta$ 為向量 $\vec{u}$ 與向量 $\vec{v}$ 的夾角），我們可得

$$D_{\vec{u}}f(x_0,y_0) = \vec{\nabla} f(x_0,y_0) \cdot \vec{u}$$

$$= \left| \vec{\nabla} f(x_0,y_0) \right| |\vec{u}| \cos\theta$$

$$= \left| \vec{\nabla} f(x_0,y_0) \right| \cos\theta \quad (|\vec{u}|=1)$$

$$= \begin{cases} \left| \vec{\nabla} f(x_0,y_0) \right|, & \theta = 0 \\ -\left| \vec{\nabla} f(x_0,y_0) \right|, & \theta = \pi \end{cases} \text{。}(\cos 0 = 1 \; ; \; \cos\pi = -1)$$

換言之，

1. 當單位向量 $\vec{u}$ 與梯度向量 $\vec{\nabla} f(x_0,y_0)$ 同方向時，我們得到最大的方向導數，其極大值為 $\left| \vec{\nabla} f(x_0,y_0) \right|$。

2. 當單位向量 $\vec{u}$ 與梯度向量 $\vec{\nabla} f(x_0,y_0)$ 方向相反時，我們得到最小的方向導數，其極小值為 $-\left| \vec{\nabla} f(x_0,y_0) \right|$。

當然，三個自變數的函數也有類似的結果。
我們將此結果寫成一個定理。

> **Theorem 10.6.2** (Extrema of the Directional Derivative)
> Let the function $z = f(x, y)$ be differentiable at (x_0, y_0). Then
> (a) f has the maximum directional derivative $\left|\vec{\nabla} f(x_0, y_0)\right|$, and it occurs when $\vec{u} = \langle a, b \rangle$ has the same direction as the gradient vector $\vec{\nabla} f(x_0, y_0)$.
> (b) f has the minimum directional derivative $-\left|\vec{\nabla} f(x_0, y_0)\right|$, and it occurs when $\vec{u} = \langle a, b \rangle$ has the opposite direction of the gradient vector $\vec{\nabla} f(x_0, y_0)$.

範例 6

設函數 $f(x, y) = x^2 y + 3xy - 2y^3$，則當單位向量 $\vec{u}$ 沿著什麼方向時，函數 f 在點 $(1,1)$ 的方向導數會發生極大值？此極大值是多少？

解 (i) 因為 $f_x(x, y) = \dfrac{\partial}{\partial x}(x^2 y + 3xy - 2y^3) = 2xy + 3y$ 且

$$f_y(x, y) = \frac{\partial}{\partial y}(x^2 y + 3xy - 2y^3) = x^2 + 3x - 6y^2,$$

所以函數 f 的梯度向量函數為

$$\vec{\nabla} f(x, y) = \langle f_x(x, y), f_y(x, y) \rangle = \langle 2xy + 3y, x^2 + 3x - 6y^2 \rangle。$$

因此，函數 f 在點 $(1,1)$ 的梯度向量為

$$\vec{\nabla} f(1, 1) = \langle 2 \cdot 1 \cdot 1 + 3 \cdot 1, 1^2 + 3 \cdot 1 - 6 \cdot 1^2 \rangle = \langle 5, -2 \rangle。$$

(ii) 當單位向量 $\vec{u}$ 與梯度向量 $\vec{\nabla} f(1, 1) = \langle 5, -2 \rangle$ 同方向時，即當 $\vec{u} = \dfrac{\vec{\nabla} f(1, 1)}{\left|\vec{\nabla} f(1, 1)\right|} = \left\langle \dfrac{5}{\sqrt{29}}, -\dfrac{2}{\sqrt{29}} \right\rangle$ 時，我們得到最大的方向導數，其極大值為

$$\left|\vec{\nabla} f(1, 1)\right| = \left|\langle 5, -2 \rangle\right| = \sqrt{5^2 + (-2)^2} = \sqrt{29}。$$

【註】當單位向量 $\vec{u}$ 與梯度向量 $\vec{\nabla} f(1, 1) = \langle 5, -2 \rangle$ 之方向相反時，即當 $\vec{u} = -\dfrac{\vec{\nabla} f(1, 1)}{\left|\vec{\nabla} f(1, 1)\right|} = \left\langle -\dfrac{5}{\sqrt{29}}, \dfrac{2}{\sqrt{29}} \right\rangle$ 時，我們得到最小的方向導數，其極小值為 $-\left|\vec{\nabla} f(1, 1)\right| = -\sqrt{29}。$

範例 7

設函數 $f(x,y,z) = e^{xyz}$，則當單位向量 $\vec{u}$ 沿著什麼方向時，函數 f 在點 $(1,2,1)$ 的方向導數會發生極大值？此極大值是多少？

解 (i) 因為 $f_x(x,y,z) = \dfrac{\partial}{\partial x} e^{xyz} = yze^{xyz}$、$f_y(x,y,z) = \dfrac{\partial}{\partial y} e^{xyz} = xze^{xyz}$ 且

$$f_z(x,y,z) = \dfrac{\partial}{\partial z} e^{xyz} = xye^{xyz}，$$

所以函數 f 的梯度向量函數為

$$\vec{\nabla}f(x,y,z) = \langle f_x(x,y,z), f_y(x,y,z), f_z(x,y,z) \rangle = \langle yze^{xyz}, xze^{xyz}, xye^{xyz} \rangle。$$

因此，函數 f 在點 $(1,2,1)$ 的梯度向量為 $\vec{\nabla}f(1,2,1) = \langle 2e^2, e^2, 2e^2 \rangle$。

(ii) 當單位向量 $\vec{u}$ 與梯度向量 $\vec{\nabla}f(1,2,1) = \langle 2e^2, e^2, 2e^2 \rangle$ 同方向時，即當

$$\vec{u} = \dfrac{\vec{\nabla}f(1,2,1)}{|\vec{\nabla}f(1,2,1)|} = \left\langle \dfrac{2}{3}, \dfrac{1}{3}, \dfrac{2}{3} \right\rangle$$ 時，我們得到最大的方向導數，其極大值為

$$|\vec{\nabla}f(1,2,1)| = |\langle 2e^2, e^2, 2e^2 \rangle| = \sqrt{(2e^2)^2 + (e^2)^2 + (2e^2)^2} = 3e^2。$$

[註] 當單位向量 $\vec{u}$ 與梯度向量 $\vec{\nabla}f(1,2,1) = \langle 2e^2, e^2, 2e^2 \rangle$ 之方向相反時，即當

$$\vec{u} = -\dfrac{\vec{\nabla}f(1,2,1)}{|\vec{\nabla}f(1,2,1)|} = \left\langle -\dfrac{2}{3}, -\dfrac{1}{3}, -\dfrac{2}{3} \right\rangle$$ 時，我們得到最小的方向導數，其極小值為 $-|\vec{\nabla}f(1,2,1)| = -3e^2$。

習題演練

・基本題

第 1 題至第 4 題，試計算下列函數 f 的梯度向量 $\vec{\nabla}f(x,y)$。

1. $f(x,y) = 2x^3 y - 3xy^2$
2. $f(x,y) = \sin(xy)$
3. $f(x,y) = xe^y + ye^x$
4. $f(x,y) = x^3 \ln y$

第 5 題至第 14 題，試計算下列函數 f 在點 (x_0, y_0)（或 (x_0, y_0, z_0)）沿著向量 $\vec{v}$ 方向的方向導數。（向量 $\vec{v}$ 可能不是單位向量）

5. $f(x,y) = 2x^3y - 3xy^2$; $(x_0, y_0) = (2,-3)$, $\vec{v} = \left\langle \dfrac{1}{\sqrt{2}}, -\dfrac{1}{\sqrt{2}} \right\rangle$

6. $f(x,y) = \sin(xy)$; $(x_0, y_0) = \left(1, \dfrac{\pi}{6}\right)$, $\vec{v} = \left\langle -\dfrac{3}{5}, \dfrac{4}{5} \right\rangle$

7. $f(x,y) = xe^y + ye^x$; $(x_0, y_0) = (-1,3)$, $\vec{v} = \left\langle \dfrac{\sqrt{3}}{2}, \dfrac{1}{2} \right\rangle$

8. $f(x,y) = x^3 \ln y$; $(x_0, y_0) = (2,1)$, $\vec{v} = \langle 2,-2 \rangle$

9. $f(x,y) = \dfrac{x}{x+y}$; $(x_0, y_0) = (1,1)$, $\vec{v} = \langle 1,-3 \rangle$

10. $f(x,y) = e^y \sin x$; $(x_0, y_0) = \left(\dfrac{\pi}{3}, -1\right)$, $\vec{v} = \langle -1,3 \rangle$

11. $f(x,y) = \tan^{-1}\left(\dfrac{x}{y}\right)$; $(x_0, y_0) = (2,-1)$, $\vec{v} = \langle 3,5 \rangle$

12. $f(x,y,z) = 2x^3yz - 3xy^2z^2$; $(x_0, y_0, z_0) = (2,-3,1)$, $\vec{v} = \left\langle \dfrac{1}{\sqrt{3}}, -\dfrac{1}{\sqrt{3}}, \dfrac{1}{\sqrt{3}} \right\rangle$

13. $f(x,y,z) = xe^{yz} + xze^y$; $(x_0, y_0, z_0) = (-1,2,1)$, $\vec{v} = \langle -1,2,1 \rangle$

14. $f(x,y,z) = z^2 \tan^{-1}(xy)$; $(x_0, y_0, z_0) = (-1,2,3)$, $\vec{v} = \langle 2,-3,1 \rangle$

第 15 題至第 20 題，當單位向量 $\vec{u}$ 沿著什麼方向時，函數 f 在點 (x_0, y_0)（或 (x_0, y_0, z_0)）的方向導數會發生極大值？此極大值是多少？

15. $f(x,y) = 2x^3y - 3xy^2$; $(x_0, y_0) = (2,-3)$

16. $f(x,y) = \sin(xy)$; $(x_0, y_0) = \left(1, \dfrac{\pi}{6}\right)$

17. $f(x,y) = xe^y + ye^x$; $(x_0, y_0) = (-1,3)$

18. $f(x,y) = x^3 \ln y$; $(x_0, y_0) = (2,1)$

19. $f(x,y,z) = 2x^3yz - 3xy^2z^2$; $(x_0, y_0, z_0) = (2,-3,1)$

20. $f(x,y,z) = xe^{yz} + xze^y$; $(x_0, y_0, z_0) = (-1,2,1)$

第 21 題至第 26 題，當單位向量 $\vec{u}$ 沿著什麼方向時，函數 f 在點 (x_0, y_0)（或 (x_0, y_0, z_0)）的方向導數會發生極小值？此極小值是多少？

21. $f(x,y) = 2x^3y - 3xy^2$; $(x_0, y_0) = (2,-3)$

22. $f(x,y) = \sin(xy)$; $(x_0, y_0) = \left(1, \dfrac{\pi}{6}\right)$

23. $f(x,y) = xe^y + ye^x$; $(x_0, y_0) = (-1, 3)$
24. $f(x,y) = x^3 \ln y$; $(x_0, y_0) = (2, 1)$
25. $f(x,y,z) = 2x^3 yz - 3xy^2 z^2$; $(x_0, y_0, z_0) = (2, -3, 1)$
26. $f(x,y,z) = xe^{yz} + xze^y$; $(x_0, y_0, z_0) = (-1, 2, 1)$

10-7 曲面之切平面與法線

這一節我們將介紹兩個變數或三個變數的函數之梯度向量的幾何意義。利用梯度向量，我們可以找到通過曲線上的點之切線方程式及法線方程式，與通過曲面上的點之切平面方程式及法線方程式。在 10-9 節時，還可以利用梯度向量去處理多變數函數在受到條件限制下之極值問題。

通過曲線上的點之切線方程式與法線方程式

設函數 $y = f(x)$，如果 $f'(a)$ 存在，則通過函數 $y = f(x)$ 圖形上的點 $(a, f(a))$ 之切線方程式為 $y - f(a) = f'(a)(x - a)$。當然，如果 $f'(a) \neq 0$，則通過函數 $y = f(x)$ 圖形上的點 $(a, f(a))$ 之法線方程式為 $y - f(a) = -\dfrac{1}{f'(a)}(x - a)$。換言之，切線與法線互相垂直。

現在我們來討論一般的情況如下：(請參考圖 10-20)
設 $F(x,y) = k$ 為函數 $w = F(x,y)$ 的一條等高曲線，再設點 (x_0, y_0) 為通過等高曲線上的一點。如果函數 $w = F(x,y)$ 在點 (x_0, y_0) 可微分，則可以證明函數 $w = F(x,y)$ 在

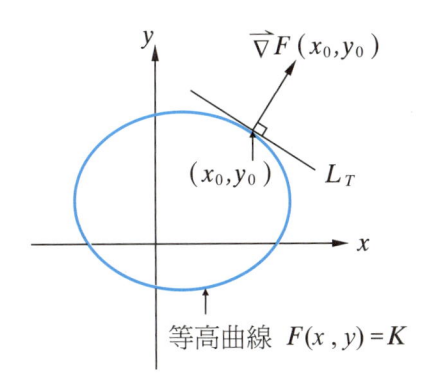

圖 10-20　梯度向量的幾何意義

點 (x_0, y_0) 之梯度向量 $\vec{\nabla} F(x_0, y_0) = \langle F_x(x_0, y_0), F_y(x_0, y_0) \rangle$ 與通過等高曲線上的點 (x_0, y_0) 之切線互相垂直。此時，以點 (x_0, y_0) 為起始點，而以切線上之任意點 (x, y) 為終點之向量 $\langle x - x_0, y - y_0 \rangle$ 就會與梯度向量 $\vec{\nabla} F(x_0, y_0)$ 互相垂直。如此一來，我們就得到通過等高曲線上的點 (x_0, y_0) 之切線方程式為

$$\langle F_x(x_0, y_0), F_y(x_0, y_0) \rangle \cdot \langle x - x_0, y - y_0 \rangle = 0$$

或 $\quad F_x(x_0, y_0)(x - x_0) + F_y(x_0, y_0)(y - y_0) = 0$ 。

而通過等高曲線上的點 (x_0, y_0) 之法線則與梯度向量 $\vec{\nabla} F(x_0, y_0)$ 互相平行，因此通過等高曲線上的點 (x_0, y_0) 之法線方程式為

$$\langle x, y \rangle = \langle x_0, y_0 \rangle + \langle F_x(x_0, y_0), F_y(x_0, y_0) \rangle \, t , \; t \in \mathbb{R} \qquad \text{(參數式)}$$

或 $\quad x = x_0 + F_x(x_0, y_0) \, t \;$ 且 $\; y = y_0 + F_y(x_0, y_0) \, t , \; t \in \mathbb{R} \qquad$ (參數式)

或 $\quad \dfrac{x - x_0}{F_x(x_0, y_0)} = \dfrac{y - y_0}{F_y(x_0, y_0)} \quad (F_x(x_0, y_0) \neq 0 \text{ 且 } F_y(x_0, y_0) \neq 0)$ 。

範例 1

試求通過橢圓 $\dfrac{x^2}{2} + \dfrac{y^2}{6} = 1$ 上的點 $(1, \sqrt{3})$ 之切線方程式與法線方程式。

解 設函數 $w = F(x, y) = \dfrac{x^2}{2} + \dfrac{y^2}{6}$，則橢圓 $\dfrac{x^2}{2} + \dfrac{y^2}{6} = 1$ 為函數

$w = F(x, y) = \dfrac{x^2}{2} + \dfrac{y^2}{6}$ 之一條等高曲線。

因為 $F_x(x, y) = \dfrac{\partial}{\partial x}\left(\dfrac{x^2}{2} + \dfrac{y^2}{6}\right) = x$ 且 $F_x(x, y) = \dfrac{\partial}{\partial y}\left(\dfrac{x^2}{2} + \dfrac{y^2}{6}\right) = \dfrac{y}{3}$，所以

$$\vec{\nabla} F(1, \sqrt{3}) = \langle F_x(1, \sqrt{3}), F_y(1, \sqrt{3}) \rangle = \left\langle 1, \dfrac{\sqrt{3}}{3} \right\rangle 。$$

因此，

(i) 通過橢圓 $\dfrac{x^2}{2} + \dfrac{y^2}{6} = 1$ 上的點 $(1, \sqrt{3})$ 之切線方程式為

$$\vec{\nabla} F(1, \sqrt{3}) \cdot \langle x - 1, y - \sqrt{3} \rangle = 0$$

或 $\quad \left\langle 1, \dfrac{\sqrt{3}}{3} \right\rangle \cdot \langle x - 1, y - \sqrt{3} \rangle = 0$

或 $\quad (y - \sqrt{3}) = (-\sqrt{3})(x - 1)$ 。

(ii) 通過橢圓 $\dfrac{x^2}{2}+\dfrac{y^2}{6}=1$ 上的點 $(1,\sqrt{3})$ 之法線方程式為

$$\dfrac{x-1}{F_x(x_0,y_0)}=\dfrac{y-\sqrt{3}}{F_y(x_0,y_0)} \text{ 或 } \dfrac{x-1}{1}=\dfrac{y-\sqrt{3}}{\sqrt{3}/3} \text{ 或 } (y-\sqrt{3})=\dfrac{1}{\sqrt{3}}(x-1) \text{。}$$

【註】利用隱微分法，我們可得 $\dfrac{dy}{dx}=-\dfrac{F_x(x,y)}{F_y(x,y)}=-\dfrac{x}{y/3}=-\dfrac{3x}{y}$，因此，通過橢圓 $\dfrac{x^2}{2}+\dfrac{y^2}{6}=1$ 上的點 $(1,\sqrt{3})$ 之切線斜率為

$$m_{L_T}=\dfrac{dy}{dx}\bigg|_{\substack{x=1\\y=\sqrt{3}}}=-\dfrac{3x}{y}\bigg|_{\substack{x=1\\y=\sqrt{3}}}=-\dfrac{3\cdot 1}{\sqrt{3}}=-\sqrt{3} \text{。}$$

此時，① 通過橢圓 $\dfrac{x^2}{2}+\dfrac{y^2}{6}=1$ 上的點 $(1,\sqrt{3})$ 之切線方程式為

$$(y-\sqrt{3})=(-\sqrt{3})(x-1) \text{。}$$

② 通過橢圓 $\dfrac{x^2}{2}+\dfrac{y^2}{6}=1$ 上的點 $(1,\sqrt{3})$ 之法線方程式為

$$(y-\sqrt{3})=\dfrac{1}{\sqrt{3}}(x-1) \text{。（與範例 1 之答案相同）}$$

● 通過曲面上的點之切平面方程式及法線方程式

設 $F(x,y,z)=k$ 為函數 $w=F(x,y,z)$ 的一個等高曲面，再設點 (x_0,y_0,z_0) 為通過等高曲面上的一個點。設曲線 C_1 為等高曲面上通過點 (x_0,y_0,z_0) 之曲線，如果函數 $w=F(x,y,z)$ 在點 (x_0,y_0,z_0) 可微分，則可以證明函數 $w=F(x,y,z)$ 在點 (x_0,y_0,z_0) 之梯度向量 $\vec{\nabla}F(x_0,y_0,z_0)=\langle F_x(x_0,y_0,z_0),F_y(x_0,y_0,z_0),F_z(x_0,y_0,z_0)\rangle$ 與通過曲線 C_1 上的點 (x_0,y_0,z_0) 之切線互相垂直。此時，若在等高曲面上再找另一條通過點 (x_0,y_0,z_0) 之曲線 C_2，同樣可以證明函數 $w=F(x,y,z)$ 在點 (x_0,y_0,z_0) 之梯度向量 $\vec{\nabla}F(x_0,y_0,z_0)=\langle F_x(x_0,y_0,z_0),F_y(x_0,y_0,z_0),F_z(x_0,y_0,z_0)\rangle$ 與通過曲線 C_2 上的點 (x_0,y_0,z_0) 之切線互相垂直。(請參考圖 10-21)

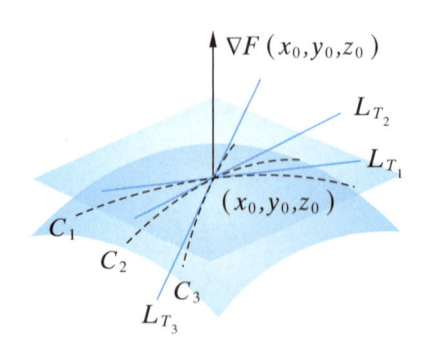

圖 10-21　梯度向量的幾何意義

　　換言之，由通過曲線 C_1 上的點 (x_0, y_0, z_0) 之切線及通過曲線 C_2 上的點 (x_0, y_0, z_0) 之切線所擴張而成的平面（我們稱它為切平面）就會與梯度向量互相垂直。因此，以點 (x_0, y_0, z_0) 為起始點，而以切平面上之任意點 (x, y, z) 為終點之向量 $\langle x-x_0, y-y_0, z-z_0 \rangle$ 就會與梯度向量 $\vec{\nabla}F(x_0, y_0, z_0)$ 互相垂直。如此一來，我們就得到通過等高曲面上的點 (x_0, y_0, z_0) 之切平面方程式為

$$\vec{\nabla}F(x_0, y_0, z_0) \cdot \langle x-x_0, y-y_0, z-z_0 \rangle = 0$$

或　　$\langle F_x(x_0, y_0, z_0), F_y(x_0, y_0, z_0), F_z(x_0, y_0, z_0) \rangle \cdot \langle x-x_0, y-y_0, z-z_0 \rangle = 0$

或　　$F_x(x_0, y_0, z_0)(x-x_0) + F_y(x_0, y_0, z_0)(y-y_0) + F_z(x_0, y_0, z_0)(z-z_0) = 0$。

而通過等高曲面上的點 (x_0, y_0, z_0) 之法線則與梯度向量 $\vec{\nabla}F(x_0, y_0, z_0)$ 互相平行，因此通過等高曲線上的點 (x_0, y_0, z_0) 之法線方程式為

$$\langle x, y, z \rangle = \langle x_0, y_0, z_0 \rangle + \langle F_x(x_0, y_0 z_0), F_y(x_0, y_0 z_0), F_z(x_0, y_0 z_0) \rangle t, \, t \in \mathbb{R} \quad \text{(參數式)}$$

或 $x = x_0 + F_x(x_0, y_0, z_0)t$ 、 $y = y_0 + F_y(x_0, y_0, z_0)t$ 且 $z = z_0 + F_z(x_0, y_0, z_0)t$ （參數式）

或　　$\dfrac{x-x_0}{F_x(x_0, y_0, z_0)} = \dfrac{y-y_0}{F_y(x_0, y_0, z_0)} = \dfrac{z-z_0}{F_z(x_0, y_0, z_0)}$

（$F_x(x_0, y_0, z_0) \neq 0$、$F_y(x_0, y_0, z_0) \neq 0$ 且 $F_z(x_0, y_0, z_0) \neq 0$）。

範例 2

試求通過橢圓體（ellipsoid）$\dfrac{x^2}{2} + y^2 + \dfrac{z^2}{4} = 4$ 上的點 $(2, -1, 2)$ 之切平面方程式與法線方程式。

解　設函數 $w = F(x, y, z) = \dfrac{x^2}{2} + y^2 + \dfrac{z^2}{4}$，則橢圓體 $\dfrac{x^2}{2} + y^2 + \dfrac{z^2}{4} = 4$ 為函數 $w = F(x, y, z) = \dfrac{x^2}{2} + y^2 + \dfrac{z^2}{4}$ 之一個等高曲面。

因為 $F_x(x,y,z) = \dfrac{\partial}{\partial x}\left(\dfrac{x^2}{2} + y^2 + \dfrac{z^2}{4}\right) = x$、$F_y(x,y,z) = \dfrac{\partial}{\partial y}\left(\dfrac{x^2}{2} + y^2 + \dfrac{z^2}{4}\right) = 2y$ 且

$F_z(x,y,z) = \dfrac{\partial}{\partial z}\left(\dfrac{x^2}{2} + y^2 + \dfrac{z^2}{4}\right) = \dfrac{z}{2}$，所以

$$\vec{\nabla}F(2,-1,2) = \langle F_x(2,-1,2), F_y(2,-1,2), F_z(2,-1,2)\rangle = \langle 2,-2,1\rangle \text{。}$$

因此，

(i) 通過橢圓體 $\dfrac{x^2}{2} + y^2 + \dfrac{z^2}{4} = 4$ 上的點 $(2,-1,2)$ 之切平面方程式為

$\vec{\nabla}F(2,-1,2) \cdot (x-2, y+1, z-2) = 0$

或　$\langle 2,-2,1\rangle \cdot \langle x-2, y+1, z-2\rangle = 0$

或　$2x - 2y + z = 8$。

(ii) 通過橢圓體 $\dfrac{x^2}{2} + y^2 + \dfrac{z^2}{4} = 4$ 上的點 $(2,-1,2)$ 之法線方程式為

$\dfrac{x-2}{F_x(2,-1,2)} = \dfrac{y+1}{F_y(2,-1,2)} = \dfrac{z-2}{F_z(2,-1,2)}$

或　$\dfrac{x-2}{2} = \dfrac{y+1}{-2} = \dfrac{z-2}{1}$。

● 通過函數 $z = f(x,y)$ 之圖形上的點之切平面方程式及法線方程式

設函數 $z = f(x,y)$，若再設函數 $w = F(x,y,z) = f(x,y) - z$，則 $f(x,y) - z = 0$ 或 $F(x,y,z) = 0$ 就可以看成函數 $w = F(x,y,z)$ 的一個等高曲面。因此，如果函數 $z = f(x,y)$ 在點 (a,b) 可以微分，則我們就得到通過函數 $z = f(x,y)$ 圖形上的點 $(a,b,f(a,b))$ 之切平面方程式為

$$\vec{\nabla}F(a,b,f(a,b)) \cdot \langle x-a, y-b, z-f(a,b)\rangle = 0$$

或　$\langle F_x(a,b,f(a,b)), F_y(a,b,f(a,b)), F_z(a,b,f(a,b))\rangle \cdot \langle x-a, y-b, z-f(a,b)\rangle = 0$

或　$f_x(a,b)(x-x_0) + f_y(a,b)(y-y_0) + (-1)(z - f(a,b)) = 0$

或　$z - f(a,b) = f_x(a,b)(x-x_0) + f_y(a,b)(y-y_0)$。

而通過函數 $z = f(x,y)$ 圖形上的點 $(a,b,f(a,b))$ 之法線方程式為

$$\langle x,y,z \rangle = \langle a,b,f(a,b) \rangle$$
$$+ \langle F_x(a,b,f(a,b)), F_y(a,b,f(a,b)), F_z(a,b,f(a,b)) \rangle t, t \in \mathbb{R} \quad \text{(參數式)}$$

或 $\quad x = a + f_x(a,b)t \cdot y = b + f_y(a,b)t$ 且 $z = f(a,b) + (-1)t \quad$ (參數式)

或 $\quad \dfrac{x-a}{f_x(a,b)} = \dfrac{y-b}{f_y(a,b)} = \dfrac{z-f(a,b)}{-1} \quad (f_x(a,b) \neq 0$ 且 $f_y(a,b) \neq 0)$。

【註】現在我們可解釋線性估計為什麼就是切平面估計了。

在 10-4 節，我們已介紹過函數 $z = f(x,y)$ 在點 (a,b) 的線性展式為

$$L(x,y) = f(a,b) + f_x(a,b)(x-x_0) + f_y(a,b)(y-y_0)。$$

如果 $(x,y) \approx (a,b)$ 時，則我們有 $f(x,y) \approx L(x,y)$。

現在與通過函數 $z = f(x,y)$ 圖形上的點 $(a,b,f(a,b))$ 之切平面方程式

$$z = f(a,b) + f_x(a,b)(x-x_0) + f_y(a,b)(y-y_0)$$

比較，我們可知 $L(x,y)$ 正是切平面在點 (x,y) 之高度(即切平面在點 (x,y) 之值)。因此，線性估計就是切平面估計了。

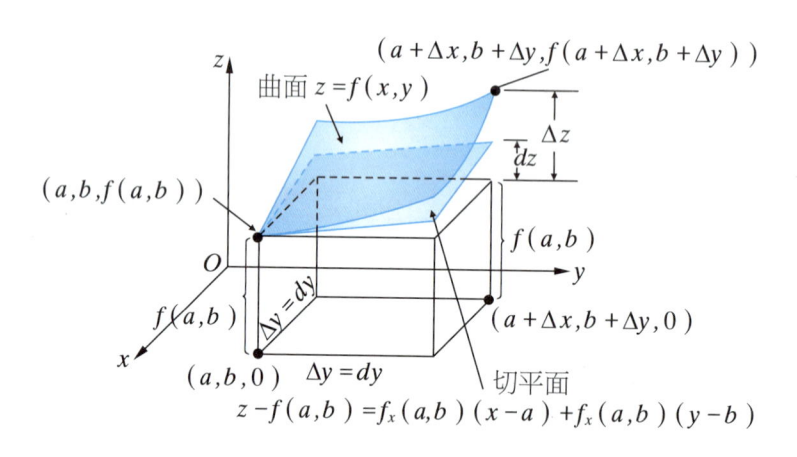

圖 10-22　切平面估計

範例 3

試求通過函數 $z = f(x,y) = x^2 + 2y^2$ 圖形上的點 $(1,-1,3)$ 之切平面方程式與法線方程式。

解　因為 $f_x(x,y) = \dfrac{\partial}{\partial x}(x^2 + 2y^2) = 2x$ 且 $f_y(x,y) = \dfrac{\partial}{\partial y}(x^2 + 2y^2) = 4y$，所以

$f_x(1,-1) = 2$　且　$f_y(1,-1) = -4$。

因此，

(i) 通過函數 $z = f(x,y) = x^2 + 2y^2$ 圖形上的點 $(1,-1,3)$ 之切平面方程式為

$f_x(1,-1)(x-1) + f_y(1,-1)(y+1) + (-1)(z-3) = 0$

或　$2(x-1) + (-4)(y+1) + (-1)(z-3) = 0$

或　$2x - 4y - z = 3$。

(ii) 通過函數 $z = f(x,y) = x^2 + 2y^2$ 圖形上的點 $(1,-1,3)$ 之法線方程式為

$$\frac{x-1}{f_x(1,-1)} = \frac{y+1}{f_y(1,-1)} = \frac{z-3}{-1}$$

或　$\dfrac{x-1}{2} = \dfrac{y+1}{-4} = \dfrac{z-3}{-1}$。

習題演練

第 1 題至第 5 題，試求通過函數 f 的圖形上點 (x_0, y_0, z_0) 之切平面方程式及法線方程式。

1. $f(x,y) = 3x^2 + 4y^2$; $(x_0, y_0, z_0) = \left(-1, \dfrac{1}{2}, 4\right)$

2. $f(x,y) = x^2 y - 4xy^2$; $(x_0, y_0, z_0) = \left(2, -\dfrac{1}{2}, -4\right)$

3. $f(x,y) = \ln(x + 2y)$; $(x_0, y_0, z_0) = (-1, 1, 0)$

4. $f(x,y) = 4e^{-y} \cos x$; $(x_0, y_0, z_0) = \left(\dfrac{\pi}{3}, 0, 2\right)$

5. $f(x,y) = \cos(2x + 3y)$; $(x_0, y_0, z_0) = \left(-\dfrac{\pi}{6}, \dfrac{\pi}{6}, \dfrac{\sqrt{3}}{2}\right)$

第 6 題至第 10 題，試求通過方程式 $F(x,y,z) = 0$ 的圖形上點 (x_0, y_0, z_0) 之切平面方程式及法線方程式。

6. $2x^2 + 3y^2 - z^2 - 2 = 0$; $(x_0, y_0, z_0) = (2, -1, 3)$

7. $2xy + 3yz + xz - 9 = 0$; $(x_0, y_0, z_0) = (3, -2, -7)$

8. $xe^{2y-z} - 1 = 0$; $(x_0, y_0, z_0) = (1, 2, 4)$

9. $\ln\left(\dfrac{2y}{3z}\right) - x = 0$; $(x_0, y_0, z_0) = (0, 3, 2)$

10. $xyz - 10 = 0$; $(x_0, y_0, z_0) = (2, -1, -5)$

10-8 兩個變數函數之極值

兩個變數函數之極值問題要比單變數函數之極值問題複雜，但是原理則大同小異。我們先定義兩個變數函數之局部極值（或相對極值）。

Definition 10.8.1 (Local Extrema of Functions of Two Variables)

Let $z = f(x, y)$, $(x, y) \in D_f$ and let (a, b) be an interior point of D_f.

(a) We say that the function f has a local maximum at (a, b) if there exists an open disk D centered at (a, b) such that
$f(x, y) \leq f(a, b)$ for all $(x, y) \in D$.
The number $f(a, b)$ is called a local maximum value of f.

(b) We say that the function f has a local minimum at (a, b) if there exists an open disk D centered at (a, b) such that
$f(x, y) \geq f(a, b)$ for all $(x, y) \in D$.
The number $f(a, b)$ is called a local minimum value of f.

【註】局部極大值或局部極小值統稱為局部極值。

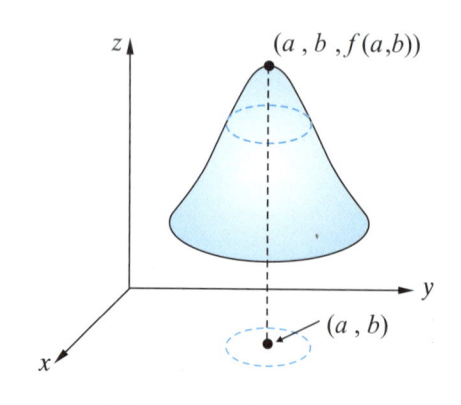

f 在點 (a, b) 發生局部極大
(a)

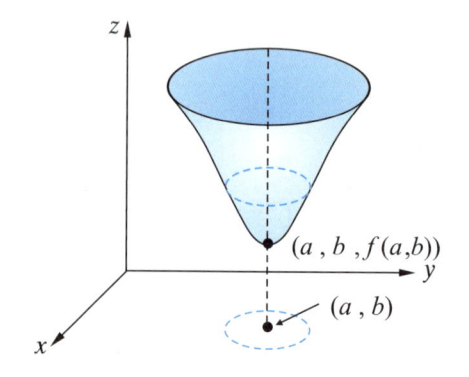

f 在點 (a, b) 發生局部極小
(b)

圖 10-23　函數之局部極值

接著我們再定義兩個變數函數之絕對極值。

> **Definition 10.8.2** (Extrema of Function of Two Variables)
> Let $z = f(x,y)$, $(x,y) \in D_f$, and let $(a,b) \in D_f$.
> (a) We say that the function f has an absolute maximum at (a,b) if $f(x,y) \leq f(a,b)$ for all $(x,y) \in D_f$.
> The number $f(a,b)$ is called the absolute maximum value of f on D_f.
> (b) We say that the function f has an absolute minimum at (a,b) if $f(x,y) \geq f(a,b)$ for all $(x,y) \in D_f$.
> The number $f(a,b)$ is called the absolute minimum value of f on D_f.

【註】絕對極大值或絕對極小值統稱為絕對極值。

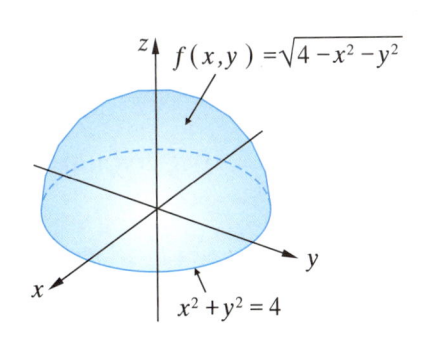

f 在點 $(0,0)$ 發生絕對極大
(a)

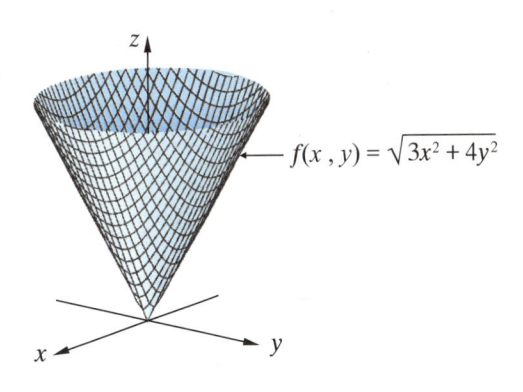

f 在點 $(0,0)$ 發生絕對極小
(b)

圖 10-24　函數之絕對極值

下面的定理說明如果函數 $z = f(x,y)$ 在點 (a,b) 發生局部極值時，則梯度向量 $\vec{\nabla} f(a,b) = \langle 0,0 \rangle$ 或 $f_x(a,b)$ 及 $f_y(a,b)$ 至少有一個不存在。

> **Theorem 10.8.1** (Necessary Conditions to Occur The Local Extrema)
> If the function $z = f(x,y)$ has a local extrema at (a,b), then either $f_x(a,b) = 0$ and $f_y(a,b) = 0$ or at least one of $f_x(a,b)$ and $f_y(a,b)$ does not exist.

證明：當函數 $z = f(x,y)$ 在點 (a,b) 發生局部極值時，如果 $f_x(a,b)$ 及 $f_y(a,b)$ 都存在，我們必須證明 $f_x(a,b) = 0$ 且 $f_y(a,b) = 0$。

(i) 設函數 $z = f(x,y)$ 在點 (a,b) 發生局部極大值，由定義 10.8.1 可知必存一個正數 δ 使得集合 $D = \left\{ (x,y) \in \mathbb{R}^2 \mid \sqrt{(x-a)^2 + (y-b)^2} < \delta \right\} \subset D_f$ 且

$$f(x,y) \leq f(a,b) \quad \forall\, (x,y) \in D\,.$$

因此，

① 如果設函數 $g(x) = f(x,b)$，則我們就有

$$g(x) = f(x,b) \leq f(a,b) = g(a) \quad \forall\, (x,b) \in D\,。$$

換言之，函數 g 在 $x = a$ 發生局部極大。
因此，$g'(a) = f_x(a,b) = 0$。

② 如果設函數 $\tilde{g}(y) = f(a,y)$，則我們就有

$$\tilde{g}(y) = f(a,y) \leq f(a,b) = \tilde{g}(b) \quad \forall\, (a,y) \in D\,。$$

換言之，函數 $\tilde{g}$ 在 $y = b$ 發生局部極大。
因此，$\tilde{g}'(b) = f_y(a,b) = 0$。

(ii) 設函數 $z = f(x,y)$ 在點 (a,b) 發生局部極小值，而 $f_x(a,b)$ 及 $f_y(a,b)$ 都存在時，同理亦可證得 $f_x(a,b) = 0$ 且 $f_y(a,b) = 0$。

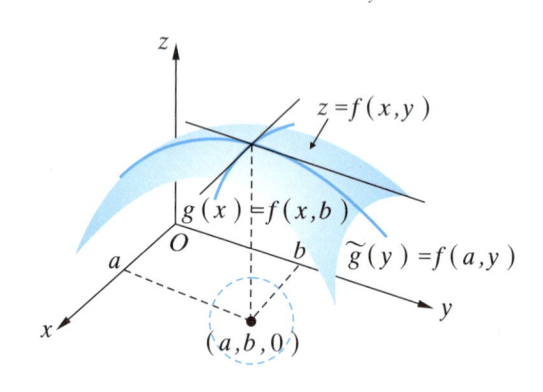

圖 10-25

範例 1

(定理 10.8.1 的結果)

設函數 $f(x,y) = x^2 - 4x + 2y^2 - 12y + 15$，$(x,y) \in \mathbb{R}^2$。
因為對任意的點 $(x,y) \in \mathbb{R}^2$，我們有

$$f(x,y) = x^2 - 4x + 2y^2 - 12y + 15$$

$$= (x-2)^2 + 2(y-3)^2 - 7$$
$$\geq -7 = f(2,3) \text{。}$$

所以函數 f 在點 $(2,3)$ 發生絕對極小，當然也發生局部極小。

【註】因為 $f_x(x,y) = \dfrac{\partial}{\partial x}(x^2 - 4x + 2y^2 - 12y + 15) = 2x - 4$ 且

$$f_y(x,y) = \dfrac{\partial}{\partial y}(x^2 - 4x + 2y^2 - 12y + 15) = 4y - 12 \text{，}$$

所以 $f_x(2,3) = 2 \cdot 2 - 4 = 0$ 且 $f_y(2,3) = 4 \cdot 3 - 12 = 0$。

換言之，我們已知函數 f 在點 $(2,3)$ 發生局部極小，因此，由定理 10.8.1 可知 $f_x(2,3) = 0$ 且 $f_y(2,3) = 0$。

範例 2

(定理 10.8.1 的結果)

設函數 $f(x,y) = \sqrt{4x^2 + 3y^2}$，$(x,y) \in \mathbb{R}^2$。

由於 $f(x,y) = \sqrt{4x^2 + 3y^2} \geq 0 = f(0,0)$ $\forall (x,y) \in \mathbb{R}^2$，所以函數 f 在點 $(0,0)$ 發生局部極小 (也是絕對極小)，此時，

$$f_x(0,0) = \lim_{h \to 0} \dfrac{f(0+h, 0) - f(0,0)}{h} = \lim_{h \to 0} \dfrac{\sqrt{4(0+h)^2 + 3 \cdot 0^2}}{h} = \lim_{h \to 0} \dfrac{2|h|}{h} \text{ 不存在，}$$

$$f_y(0,0) = \lim_{h \to 0} \dfrac{f(0, 0+h) - f(0,0)}{h} = \lim_{h \to 0} \dfrac{\sqrt{4 \cdot 0^2 + 3 \cdot (0+h)^2}}{h} = \lim_{h \to 0} \dfrac{\sqrt{3}|h|}{h} \text{ 也不存在。}$$

範例 3

(定理 10.8.1 的逆敘述不一定成立)

設函數 $f(x,y) = y^2 - x^2$，$(x,y) \in \mathbb{R}^2$。

因為 $f_x(x,y) = \dfrac{\partial}{\partial x}(y^2 - x^2) = -2x$ 且 $f_y(x,y) = \dfrac{\partial}{\partial y}(y^2 - x^2) = 2y$，

所以我們有 $f_x(0,0) = 0$ 且 $f_y(0,0) = 0$。

但是我們將說明函數 f 在點 $(0,0)$ 並沒有發生局部極值。

(i) 當我們只考慮 x-軸上的點時，我們有

$$f(x,0) = -x^2 < 0 = f(0,0) \quad \forall x \neq 0 \text{。}$$

(ii) 當我們只考慮 y-軸上的點時，我們有

$f(0, y) = y^2 > 0 = f(0,0) \quad \forall y \neq 0$。

由 (i) 及 (ii) 可知，函數值 $f(0,0) = 0$ 在點 $(0,0)$ 的附近不是最大的，也不是最小的，即函數 $f(x, y) = y^2 - x^2$ 在點 $(0,0)$ 沒有發生局部極值。

【註】雖然 $f_x(0,0) = 0$ 且 $f_y(0,0) = 0$，但是函數 $f(x, y) = y^2 - x^2$ 在點 $(0,0)$ 並沒有發生局部極值。(參考圖 10-26)

範例 4

(定理 10.8.1 的逆敘述不一定成立)

設函數 $f(x, y) = |x| - |y|$, $(x, y) \in \mathbb{R}^2$，則

$$f_x(0,0) = \lim_{h \to 0} \frac{f(0+h, 0) - f(0,0)}{h} = \lim_{h \to 0} \frac{|0+h| - |0|}{h} = \lim_{h \to 0} \frac{|h|}{h} \quad \text{不存在}$$

且 $f_y(0,0) = \lim_{h \to 0} \frac{f(0, 0+h) - f(0,0)}{h} = \lim_{h \to 0} \frac{|0| - |0+h|}{h} = \lim_{h \to 0} \left(-\frac{|h|}{h}\right) \quad$ 不存在。

(i) 利用範例 3 的討論，我們很容易看出函數 f 在點 $(0,0)$ 並沒有發生局部極值。

【註】雖然 $f_x(0,0)$ 不存在且 $f_y(0,0)$ 不存在，但是函數 $f(x, y) = |x| - |y|$ 在點 $(0,0)$ 並沒有發生局部極值。

(ii) 再找另一個點 $(1,0)$ 試試看，我們很容易可得

$$f_x(1,0) = \lim_{h \to 0} \frac{f(1+h, 0) - f(1,0)}{h} = \lim_{h \to 0} \frac{|1+h| - |1|}{h} = \lim_{h \to 0} \frac{(1+h) - 1}{h} = \lim_{h \to 0} \frac{h}{h} = 1 \quad \text{(存在)}$$

而 $f_y(1,0) = \lim_{h \to 0} \frac{f(1, 0+h) - f(1,0)}{h} = \lim_{h \to 0} \frac{|1| - |0+h| - |1|}{h} = \lim_{h \to 0} \left(-\frac{|h|}{h}\right) \quad$ 不存在。

利用範例 3 的討論，我們很容易看出函數 f 在點 $(1,0)$ 並沒有發生局部極值。

【註】雖然 $f_x(1,0)$ 存在且 $f_y(1,0)$ 不存在，但是函數 $f(x, y) = |x| - |y|$ 在點 $(1,0)$ 也沒有發生局部極值。

由範例 3 及範例 4 的討論，我們可以知道當 $f_x(a,b) = 0$ 且 $f_y(a,b) = 0$ 時或當 $f_x(a,b)$ 與 $f_y(a,b)$ 至少有一個不存在時，函數 $z = f(x, y)$ 不一定在點 (a,b) 發生局部極值，這些點只是可能發生局部極值的候選者而已，至於有沒有發生局部極值，是需要一些方法來做判定，我們稱這種點為**臨界點** (critical point)。

Definition 10.8.3 (Definition of a Critical Point)
We say that a point (a,b) is a critical point of the function $z = f(x,y)$ if $f_x(a,b) = 0$ and $f_y(a,b) = 0$ or at least one of $f_x(a,b)$ and $f_y(a,b)$ does not exist.

範例 5

設函數 $f(x,y) = x^3 + 3x^2 y - 6y^2 - 24y$，試找出函數 f 的所有臨界點。

解 (i) 計算 $f_x(x,y)$ 及 $f_y(x,y)$。

$$f_x(x,y) = \frac{\partial}{\partial x}(x^3 + 3x^2 y - 6y^2 - 24y) = 3x^2 + 6xy$$

且 $f_y(x,y) = \frac{\partial}{\partial y}(x^3 + 3x^2 y - 6y^2 - 24y) = 3x^2 - 12y - 24$。

(ii) 解聯立方程式 $\begin{cases} f_x(x,y) = 0 \\ f_y(x,y) = 0 \end{cases}$。

因為 $\begin{cases} f_x(x,y) = 0 \\ f_y(x,y) = 0 \end{cases} \Leftrightarrow \begin{cases} 3x^2 + 6xy = 0 \\ 3x^2 - 12y - 24 = 0 \end{cases} \Leftrightarrow \begin{cases} x(x+2y) = 0 \\ x^2 - 4y - 8 = 0 \end{cases}$，

① 如果 $x = 0$，則將 $x = 0$ 代入方程式 $x^2 - 4y - 8 = 0$ 中，我們解得 $y = -2$。

② 如果 $x \neq 0$，則我們有

$$\begin{cases} x(x+2y) = 0 \\ x^2 - 4y - 8 = 0 \end{cases} \Rightarrow \begin{cases} (x+2y) = 0 \\ x^2 - 4y - 8 = 0 \end{cases} \Leftrightarrow \begin{cases} x = -2y \\ (-2y)^2 - 4y - 8 = 0 \end{cases}$$

$$\Leftrightarrow \begin{cases} x = -2y \\ 4y^2 - 4y - 8 = 0 \end{cases} \Leftrightarrow \begin{cases} x = -2y \\ y^2 - y - 2 = 0 \end{cases} \Leftrightarrow \begin{cases} x = -2y \\ (y+1)(y-2) = 0 \end{cases},$$

所以當 $y = -1$ 時，$x = (-2) \cdot (-1) = 2$，而當 $y = 2$ 時，$x = (-2) \cdot 2 = -4$。
因此，函數 f 的臨界點為 $(0,-2)$、$(2,-1)$ 及 $(-4,2)$。

範例 6

設函數 $f(x,y)=\sqrt{4x^2+3y^2}$, $(x,y)\in\mathbb{R}^2$。試找出函數 f 的所有臨界點。

解 (i) 如果 $(x,y)\neq(0,0)$ 時，則

$$f_x(x,y)=\frac{\partial}{\partial x}\sqrt{4x^2+3y^2}=\frac{4x}{\sqrt{4x^2+3y^2}} \quad \text{及}$$

$$f_y(x,y)=\frac{\partial}{\partial y}\sqrt{4x^2+3y^2}=\frac{3y}{\sqrt{4x^2+3y^2}}$$

不會同時等於 0。換言之，這些點不會是臨界點。

(ii) 如果 $(x,y)=(0,0)$ 時，則

$$f_x(0,0)=\lim_{h\to 0}\frac{f(0+h,0)-f(0,0)}{h}=\lim_{h\to 0}\frac{\sqrt{4(0+h)^2+3\cdot 0^2}}{h}=\lim_{h\to 0}\frac{2|h|}{h} \text{ 不存在,}$$

$$f_y(0,0)=\lim_{h\to 0}\frac{f(0,0+h)-f(0,0)}{h}=\lim_{h\to 0}\frac{\sqrt{4\cdot 0^2+3\cdot(0+h)^2}}{h}=\lim_{h\to 0}\frac{\sqrt{3}|h|}{h} \text{ 也不存在。}$$

因此，函數 f 的臨界點只有點 $(0,0)$。

【註】後面的討論我們將臨界點限制在滿足 $f_x(a,b)=0$ 且 $f_y(a,b)=0$ 的點 (a,b) 上。

我們現在可以介紹滿足 $f_x(a,b)=0$ 且 $f_y(a,b)=0$ 的臨界點 (a,b) 到底有沒有發生局部極值？請看下面的二階導數試驗法。

Theorem 10.8.2 (Second Derivatives Test)

Let $z=f(x,y)$. Suppose that the second partial derivatives of f are continuous on an open disk with center (a,b), and suppose that

$f_x(a,b)=0$ and $f_y(a,b)=0$.

Let $D=D(a,b)=\begin{vmatrix} f_{xx}(a,b) & f_{xy}(a,b) \\ f_{xy}(a,b) & f_{yy}(a,b) \end{vmatrix}=f_{xx}(a,b)f_{yy}(a,b)-[f_{xy}(a,b)]^2$. Then

(a) If $D>0$ and $f_{xx}(a,b)<0$, then f has a local maximum at (a,b).

(b) If $D>0$ and $f_{xx}(a,b)>0$, then f has a local minimum at (a,b).

(c) If $D<0$, then f has no local extrema at (a,b).

$$z = y^2 - x^2$$

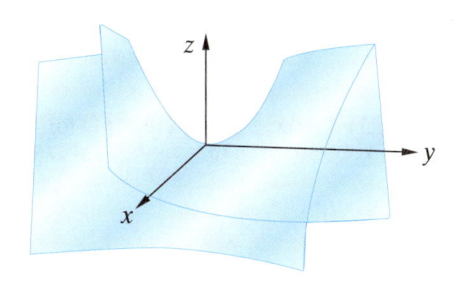

點 $(0, 0, 0)$ 稱為鞍點

圖 10-26

【註】如果滿足 $f_x(a,b) = 0$ 且 $f_y(a,b) = 0$ 的臨界點 (a,b) 沒有發生局部極值時，我們特別稱函數 $z = f(x,y)$ 圖形上的點 $(a, b, f(a,b))$ 為**鞍點** (saddle point)。

範例 7

試找出函數 $f(x,y) = y^2 - x^2$ 的局部極值。

解 (i) 找臨界點

因為 $\begin{cases} f_x(x,y) = 0 \\ f_y(x,y) = 0 \end{cases} \Leftrightarrow \begin{cases} \dfrac{\partial}{\partial x}(y^2 - x^2) = 0 \\ \dfrac{\partial}{\partial y}(y^2 - x^2) = 0 \end{cases} \Rightarrow \begin{cases} -2x = 0 \\ 2y = 0 \end{cases} \Rightarrow \begin{cases} x = 0 \\ y = 0 \end{cases}$,

所以函數 f 的臨界點只有點 $(0,0)$。

(ii) 找判別式函數 $D(x,y)$

因為 $f_{xx}(x,y) = \dfrac{\partial}{\partial x}(-2x) = -2$、$f_{yy}(x,y) = \dfrac{\partial}{\partial y}(2y) = 2$

且 $f_{xy}(x,y) = \dfrac{\partial}{\partial y}(-2x) = 0$,

所以 $D(x,y) = f_{xx}(x,y) f_{yy}(x,y) - [f_{xy}(x,y)]^2 = (-2) \cdot 2 - 0^2 = -4$。

(iii) 下結論

因為 $D(0,0) = -4 < 0$，所以函數 f 在臨界點 $(0,0)$ 沒有發生局部極值。換言之，函數 $f(x,y) = y^2 - x^2$ 圖形上的點 $(0, 0, f(0,0))$ 或 $(0, 0, 0)$ 是一個鞍點。

範例 8

試找出函數 $f(x,y) = x^2 - 2xy + 3y^2 - 6x + 10y + 1$ 的所有局部極值。

解 (i) 找臨界點

因為

$$\begin{cases} f_x(x,y) = 0 \\ f_y(x,y) = 0 \end{cases} \Leftrightarrow \begin{cases} \dfrac{\partial}{\partial x}(x^2 - 2xy + 3y^2 - 6x + 10y + 1) = 0 \\ \dfrac{\partial}{\partial y}(x^2 - 2xy + 3y^2 - 6x + 10y + 1) = 0 \end{cases} \Rightarrow \begin{cases} 2x - 2y - 6 = 0 \\ -2x + 6y + 10 = 0 \end{cases}$$

$$\Leftrightarrow \begin{cases} 2x - 2y - 6 = 0 \\ 4y + 4 = 0 \end{cases} \Leftrightarrow \begin{cases} x - y - 3 = 0 \\ y + 1 = 0 \end{cases},$$

所以當 $y = -1$ 時，$x = (-1) + 3 = 2$。因此，函數 f 的臨界點只有點 $(2, -1)$。

(ii) 找判別式函數 $D(x,y)$

因為 $f_{xx}(x,y) = \dfrac{\partial}{\partial x}(2x - 2y - 6) = 2$ 、 $f_{yy}(x,y) = \dfrac{\partial}{\partial y}(-2x + 6y + 10) = 6$ 且

$f_{xy}(x,y) = \dfrac{\partial}{\partial y}(2x - 2y - 6) = -2$，

所以 $D(x,y) = f_{xx}(x,y) f_{yy}(x,y) - [f_{xy}(x,y)]^2 = 2 \cdot 6 - (-2)^2 = 8$。

(iii) 下結論

因為 $D(2,-1) = 8 > 0$ 且 $f_{xx}(2,-1) = 2 > 0$，所以函數 f 在臨界點 $(2,-1)$ 發生局部極小，而 $f(2,-1) = -10$ 為局部極小值。

範例 9

試找出函數 $f(x,y) = x^3 + 3x^2 y - 6y^2 - 24y$ 的所有局部極值。

解 [已知 $f_x(x,y) = 3x^2 + 6xy$ 且 $f_y(x,y) = 3x^2 - 12y - 24$]

(i) 找臨界點

由範例 5 的計算，我們已知函數 f 的臨界點為 $(0,-2)$ 、 $(2,-1)$ 及 $(-4,2)$。

(ii) 找判別式函數 $D(x,y)$

因為 $f_{xx}(x,y) = \dfrac{\partial}{\partial x}(3x^2 + 6xy) = 6x + 6y$ 、 $f_{yy}(x,y) = \dfrac{\partial}{\partial y}(3x^2 - 12y - 24) = -12$

且 $f_{xy}(x,y) = \dfrac{\partial}{\partial y}(3x^2 + 6xy) = 6x$,

所以 $D(x,y) = f_{xx}(x,y)f_{yy}(x,y) - [f_{xy}(x,y)]^2 = (6x+6y)(-12) - (6x)^2$。

(iii) 下結論

① 當臨界點為 $(0,-2)$ 時,

因為 $D(0,-2) = [6 \cdot 0 + 6 \cdot (-2)](-12) - (6 \cdot 0)^2 = (-12)(-12) = 144 > 0$

且 $f_{xx}(0,-2) = 6 \cdot 0 + 6 \cdot (-2) = -12 < 0$,

所以函數 f 在臨界點 $(0,-2)$ 發生局部極大,而 $f(0,-2) = 24$ 為局部極大值。

② 當臨界點為 $(2,-1)$ 時,

因為 $D(2,-1) = [6 \cdot 2 + 6 \cdot (-1)](-12) - (6 \cdot 2)^2 = (-72) - 144 = -216 < 0$

所以函數 f 在臨界點 $(2,-1)$ 沒有發生局部極值。($(2,-1, f(2,-1))$ 是一個鞍點)

③ 當臨界點為 $(-4,2)$ 時,

因為 $D(-4,2) = [6 \cdot (-4) + 6 \cdot (2)] \cdot (-12) - [6 \cdot (-4)]^2 = 144 - 576 = -432 < 0$

所以函數 f 在臨界點 $(4,-2)$ 沒有發生局部極值。($(4,-2, f(4,-2))$ 是一個鞍點)

範例 10

試找出點 $(1,-1,1)$ 與平面 $2x + y + z = 3$ 間之最短距離。

解 設點 (x,y,z) 為平面 $2x+y+z=3$ 上的任意一個點,則此點與點 $(1,-1,1)$ 之間的距離為 $d = \sqrt{(x-1)^2 + (y+1)^2 + (z-1)^2}$。

我們想找到使得距離 d 會最小的 x、y 與 z 之值,就可以找到點 $(1,-1,1)$ 與平面 $2x+y+z=3$ 間之最短距離了。

由於點 (x,y,z) 為平面 $2x+y+z=3$ 上一個點,因此,滿足方程式 $2x+y+z=3$,所以我們可解得 $z = 3-2x-y$。也因此,此點與點 $(1,-1,1)$ 之間的距離

變成 $d = \sqrt{(x-1)^2 + (y+1)^2 + ((3-2x-y)-1)^2}$

或 $d = \sqrt{(x-1)^2 + (y+1)^2 + (2-2x-y)^2}$。

為了計算方便,我們設

$$d^2 = g(x,y) = (x-1)^2 + (y+1)^2 + (2-2x-y)^2 \text{。}$$

(i) 找臨界點

因為

$$\begin{cases} g_x(x,y) = 0 \\ g_y(x,y) = 0 \end{cases} \Leftrightarrow \begin{cases} 2(x-1) - 4(2-2x-y) = 0 \\ 2(y+1) - 2(2-2x-y) = 0 \end{cases} \Leftrightarrow \begin{cases} 5x + 2y = 5 \\ 2x + 2y = 1 \end{cases} \Leftrightarrow \begin{cases} 5x + 2y = 5 \\ 3x = 4 \end{cases},$$

所以如果 $x = \dfrac{4}{3}$，則 $y = \dfrac{5 - 5 \cdot \dfrac{4}{3}}{2} = -\dfrac{5}{6}$。

因此，函數 g 的臨界點為 $\left(\dfrac{4}{3}, -\dfrac{5}{6}\right)$。

(ii) 找判別式函數 $D(x,y)$

因為 $g_{xx}(x,y) = \dfrac{\partial}{\partial x}(10x + 4y - 10) = 10$、$g_{yy}(x,y) = \dfrac{\partial}{\partial y}(4x + 4y - 2) = 4$ 且

$g_{xy}(x,y) = \dfrac{\partial}{\partial y}(10x + 4y - 10) = 4$，

所以 $D(x,y) = g_{xx}(x,y) g_{yy}(x,y) - [g_{xy}(x,y)]^2 = 10 \cdot 4 - 4^2 = 24$。

(iii) 下結論

因為 $D\left(\dfrac{4}{3}, -\dfrac{5}{6}\right) = 24 > 0$ 且 $g_{xx}\left(\dfrac{4}{3}, -\dfrac{5}{6}\right) = 10 > 0$，

所以函數 g 在臨界點 $\left(\dfrac{4}{3}, -\dfrac{5}{6}\right)$ 發生局部極小，而

$$g\left(\dfrac{4}{3}, -\dfrac{5}{6}\right) = \left(\dfrac{4}{3} - 1\right)^2 + \left(-\dfrac{5}{6} + 1\right)^2 + \left[2 - 2 \cdot \dfrac{4}{3} - \left(-\dfrac{5}{6}\right)\right]^2 = \left(\dfrac{1}{3}\right)^2 + \left(\dfrac{1}{6}\right)^2 + \left(\dfrac{1}{6}\right)^2 = \dfrac{6}{36}$$

為局部極小值。

當然此局部極小值 $\dfrac{6}{36}$ 也是絕對極小值。

(點 $(1,1,0)$ 為平面 $2x + y + z = 3$ 上另一個點，而它與點 $(1,-1,1)$ 的距離平方為

$$d^2 = (1-1)^2 + [1-(-1)]^2 + (0-1)^2 = 5 > \dfrac{6}{36}\text{)}$$

所以點 $(1,-1,1)$ 與平面 $2x + y + z = 3$ 間之最短距離為 $d = \sqrt{g\left(\dfrac{4}{3}, -\dfrac{5}{6}\right)} = \sqrt{\dfrac{6}{36}} = \dfrac{\sqrt{6}}{6}$。

兩個變數函數在有界且封閉的區域上之極值問題

我們先定義有界與封閉之平面區域。

Definition 10.8.4 (Bounded Region)
We say that a region $D \subseteq \mathbb{R}^2$ is a bounded region if it is contained within some rectangular region R.

(a)

(b)

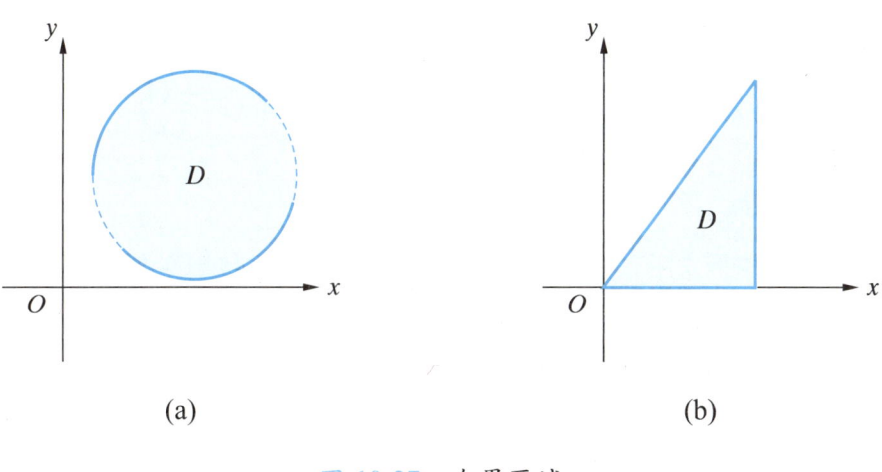

圖 10-27 有界區域

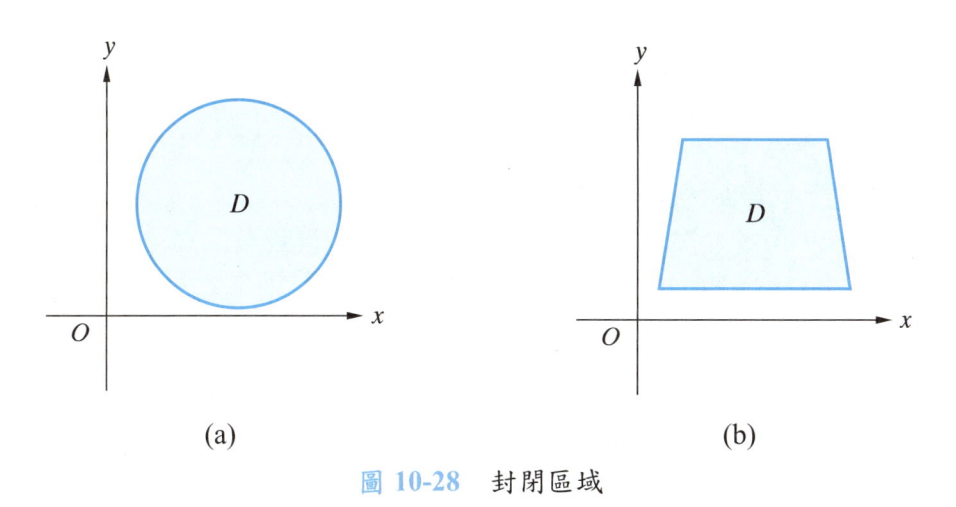

(a)

(b)

圖 10-28 封閉區域

Definition 10.8.5 (Closed Region)
We say that a region $D \subseteq \mathbb{R}^2$ is a closed region if it contains all its boundary points.

在單變數時，如果函數 $y = f(x)$ 在閉區間 $[a,b]$ 連續，則函數 f 在閉區間 $[a,b]$ 必有極大值與極小值。現在我們可以把它推廣至兩個變數函數。

> **Theorem 10.8.3** (Extreme Value Theorem)
> Let $z = f(x,y), (x,y) \in D_f$. If f is continuous on a bounded and closed region $D \subseteq D_f$, then f attains an absolute maximum value $f(a_1,b_1)$ and an absolute minimum value $f(a_2,b_2)$ on D, where (a_1,b_1)、$(a_2,b_2) \in D$.

範例 11

試找出函數 $f(x,y) = x^2 + 2xy + y^3$ 在四方形區域 $D = \{(x,y) \in \mathbb{R}^2 \mid 0 \leq x \leq 2, 0 \leq y \leq 2\}$ 上的絕對極值。

解 解題步驟如下：

先找出四方形區域內之所有臨界點並計算出其函數值，再找出四方形區域的四個邊界所有臨界點並計算出其函數值，最後再整個作比較後，最大那一個值就是絕對極大值，而最小那一個值就是絕對極小值。

(i) 找出四方形區域內之所有臨界點

因為 $\begin{cases} f_x(x,y) = 2x + 2y = 0 \\ f_y(x,y) = 2x + 3y^2 = 0 \end{cases} \Rightarrow \begin{cases} x = 0 \\ y = 0 \end{cases}$，而點 $(0,0)$ 不在四方形區域的內部，因此，我們可以暫時不去計算其函數值。(另一個臨界點 $\left(-\dfrac{2}{3}, \dfrac{2}{3}\right) \notin D$)

(ii) 找出四方形區域四個邊界之所有臨界點

由圖 10-29 所示，我們將四方形區域四個邊界以符號 C_1、C_2、C_3 及 C_4 來表示，其中 $C_1 = \{(x,0) \mid 0 \leq x \leq 2\}$、$C_2 = \{(2,y) \mid 0 \leq y \leq 2\}$、$C_3 = \{(x,2) \mid 0 \leq x \leq 2\}$ 及 $C_4 = \{(0,y) \mid 0 \leq y \leq 2\}$。

① 當 $(x,y) \in C_1$ 時，我們有

$$g_1(x) = f(x,0) = x^2 \ ,\ 0 \leq x \leq 2 \ \text{。}$$

由於 g_1 在閉區間 $[0,2]$ 上遞增，因此我們只需計算兩個端點值，即

$$g_1(0) = f(0,0) = 0 \ \text{及}\ g_1(2) = f(2,0) = 4 \text{。}$$

② 當 $(x,y) \in C_2$ 時，我們有

$$\tilde{g}_1(y) = f(2,y) = 4 + 4y + y^3 \ , \ 0 \le y \le 2 \ 。$$

由於 $\tilde{g}_1$ 在閉區間 $[0,2]$ 上遞增，因此我們只需計算兩個端點值，即

$$\tilde{g}_1(0) = f(2,0) = 4 \ 及 \ \tilde{g}_1(2) = f(2,2) = 20 \ 。$$

③ 當 $(x,y) \in C_3$ 時，我們有

$$g_2(x) = f(x,2) = x^2 + 4x + 8 \ , \ 0 \le x \le 2 \ 。$$

由於 $g_2'(x) = 2x + 4 = 0 \Rightarrow x = -2 \notin [0,2]$，因此，我們只需計算兩個端點值，即

$$g_2(0) = f(0,2) = 8 \ 及 \ g_2(2) = f(2,2) = 20 \ 。$$

④ 當 $(x,y) \in C_4$ 時，我們有

$$\tilde{g}_2(y) = f(0,y) = y^3 \ , \ 0 \le y \le 2 \ 。$$

由於 $\tilde{g}_2$ 在閉區間 $[0,2]$ 上遞增，因此我們只需計算兩個端點值，即

$$\tilde{g}_2(0) = f(0,0) = 0 \ 及 \ \tilde{g}_2(2) = f(0,2) = 8 \ 。$$

由 (i) 及 (ii) 之討論，我們可得知函數 f 在四方形區域上的絕對極大值為 $f(2,2) = 20$，而函數 f 在四方形區域上的絕對極小值為 $f(0,0) = 0$。

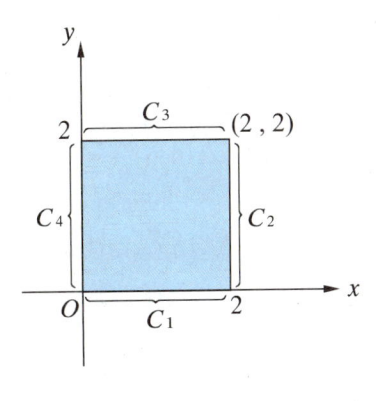

圖 10-29

習題演練

・基本題

第 1 題至第 10 題，試求函數 f 的臨界點及其局部極值 (或鞍點)。

1. $f(x,y) = x^2 + y^2 - 6x + 4y + 1$
2. $f(x,y) = x^2 + 2y^2 + 2xy - 2x - 2y$
3. $f(x,y) = x^3 - 3xy + y^3$
4. $f(x,y) = 4xy - x^4 - y^4$
5. $f(x,y) = x^2 + 2xy + 3y^2$
6. $f(x,y) = \sin x + \sin y$ （$0 < x < 2\pi$ 且 $0 < y < 2\pi$）
7. $f(x,y) = e^y \sin x$
8. $f(x,y) = x^2 + y - e^y$
9. $f(x,y) = \sqrt{x^2 + y^2}$
10. $f(x,y) = \dfrac{4}{xy} + \dfrac{1}{x} - \dfrac{2}{y}$

・進階題

第 11 題至第 15 題，試求函數 f 在給定的封閉及有界區域上的極大值及極小值。

11. $f(x,y) = x^2 + 2y^3$；由點 $(0,0)$、$(0,2)$ 及 $(1,0)$ 所圍成之三角形
12. $f(x,y) = x^2 y - xy^2 - y$；由 x-軸、y-軸、直線 $x = 2$ 及直線 $y = 2$ 所圍成之四方形
13. $f(x,y) = 4x^3 - 2x^2 y + y^2$；由拋物線 $y = x^2$ 及直線 $y = 9$ 所圍成之區域
14. $f(x,y) = 2x^2 + x + y^2 - 2$；區域 $D = \left\{(x,y)\,\middle|\, x^2 + y^2 \leq 4\right\}$
15. $f(x,y) = xy^2$；區域 $D = \left\{(x,y)\,\middle|\, x^2 + y^2 \leq 1\right\}$
16. 試求平面 $2x + 3y + z = 4$ 上離原點 $(0,0,0)$ 最近的點。
17. 設三正數 x、y 及 z 之和 $x + y + z = 50$，則試求此三正數 x、y 及 z 之積 xyz 的最大值。

10-9 拉格朗吉乘數

這一節我們將介紹如何計算多變數函數在受到條件限制下之極值，此方法稱為**拉格朗吉乘數法**（methods of Lagrange multipliers）。而此方法的來源也與梯度向量有很密切的關係。

兩個變數函數在受到條件限制下之極值問題

設函數 $z = f(x, y)$ 為一個可微分函數，我們想找出函數 f 在受到條件 $g(x, y) = k$ 的限制下之極值（極大值或極小值）。（設函數 $z = g(x, y)$ 也可微分）

若函數值 $f(x_0, y_0)$ 為函數 f 在受到條件 $g(x, y) = k$ 的限制下之極值，則可以證明函數 f 在點 (x_0, y_0) 的梯度向量 $\vec{\nabla} f(x_0, y_0)$ 與函數 g 在點 (x_0, y_0) 的梯度向量 $\vec{\nabla} g(x_0, y_0)$ 互相平行。因此，一定可以找到一個實數 $\lambda \neq 0$ 使得 $\vec{\nabla} f(x_0, y_0) = \lambda \vec{\nabla} g(x_0, y_0)$。（$\lambda$ 稱為拉格朗吉乘數）

因此，利用方程式 $\vec{\nabla} f(x_0, y_0) = \lambda \vec{\nabla} g(x_0, y_0)$ 及限制式 $g(x_0, y_0) = k$，我們就可以找到函數 f 在受到條件 $g(x, y) = k$ 的限制下之極值了。

我們將拉格朗吉乘數法 (I) 之步驟敘述如下：

Method of Lagrange Multiplier (I)

Let $z = f(x, y)$ and $z = g(x, y)$ be two differentiable functions.

The steps to find the extreme value(s) of $f(x, y)$ be given as follows :

(a) Find all values of x, y and λ by solving the equations

$\vec{\nabla} f(x, y) = \lambda \vec{\nabla} g(x, y)$ and $g(x, y) = k$.

(b) Evaluate $f(x, y)$ at all points (x, y) obtained in (a). The largest value of these values is the maximum value of f and the smallest is the minimum value of f subjected to the constraint $g(x, y) = k$.

【註】 如果只有一個點 (x_0, y_0) 滿足聯立方程式 $\vec{\nabla} f(x, y) = \lambda \vec{\nabla} g(x, y)$ 及 $g(x, y) = k$，則 $f(x_0, y_0)$ 是極大值或極小值。至於是極大值或極小值，則需加以判定。

範例 1

試找出函數 $f(x,y) = xy$ 在受到條件 $x+y=4$ 之限制下的極值。

解 (此時，$g(x,y) = x+y$)

(i) 解聯立方程式

因為 $\begin{cases} \vec{\nabla}f(x,y) = \lambda\vec{\nabla}g(x,y) \\ g(x,y) = 4 \end{cases} \Leftrightarrow \begin{cases} \langle y,x \rangle = \lambda\langle 1,1 \rangle \\ x+y=4 \end{cases} \Leftrightarrow \begin{cases} x = \lambda \\ y = \lambda \\ x+y=4 \end{cases} \Rightarrow \begin{cases} x=2 \\ y=2 \\ \lambda=2 \end{cases}$,

所以只有一個點 $(2,2)$ 滿足聯立方程式。

(ii) 由拉格朗吉乘數法可知，函數值 $f(2,2) = 4$ 是極大值或極小值。因此，我們只需任意找一個滿足 $x+y=4$ 的點 (x,y) 來做比較就可判別；例如，選取點 $(x,y) = (1,3)$，則 $x+y = 1+3 = 4$。

因為 $f(1,3) = 1 \cdot 3 = 3 < 4 = f(2,2)$，所以 $f(2,2) = 4$ 是函數 $f(x,y) = xy$ 在受到條件 $x+y=4$ 之限制下的極大值。

註 如果 $x+y=4$，則 $y = 4-x$。現在將 $y = 4-x$ 代入函數 $f(x,y) = xy$，則我們得到單變數函數 $f^*(x) = f(x, 4-x) = x(4-x) = 4x - x^2$，$x \in \mathbb{R}$。

① 找函數 f^* 的臨界值

因為 $f^{*\prime}(x) = \dfrac{d}{dx}(4x - x^2) = 4 - 2x = 0 \Rightarrow x = 2$，所以臨界值只有 $x=2$。

② 我們用二階導數試驗法判定

因為 $f^{*\prime\prime}(x) = \dfrac{d}{dx}(4-2x) = -2 < 0$ $\forall x \in \mathbb{R}$，所以函數 f^* 在 $\mathbb{R}$ 上凹向下。

因此，$f^*(2) = f(2,2) = 4$ 是函數 $f(x,y) = xy$ 在受到條件 $x+y=4$ 之限制下的極大值。

範例 2

試找出函數 $f(x,y) = 2x^2 + y^2$ 在受到條件 $x^2 + y^2 = 4$ 之限制下的極值。

解 (此時，$g(x,y) = x^2 + y^2$)

(i) 解聯立方程式

因為 $\begin{cases} \vec{\nabla}f(x,y) = \lambda\vec{\nabla}g(x,y) \\ g(x,y) = 4 \end{cases} \Leftrightarrow \begin{cases} \langle 4x, 2y \rangle = \lambda\langle 2x, 2y \rangle \\ x^2 + y^2 = 4 \end{cases} \Leftrightarrow \begin{cases} 4x = 2x\lambda \\ 2y = 2y\lambda \\ x^2 + y^2 = 4 \end{cases}$

$\Rightarrow \begin{cases} x = \pm 2 \\ y = 0 \\ \lambda = 2 \end{cases}$ 或 $\Rightarrow \begin{cases} x = 0 \\ y = \pm 2 \\ \lambda = 1 \end{cases}$,

所以滿足聯立方程式的點有 $(-2,0)$、$(2,0)$、$(0,-2)$ 或 $(0,2)$。

(ii) 計算此四個點的函數值，我們有

$f(-2,0) = 8$、$f(2,0) = 8$、$f(0,-2) = 4$ 及 $f(0,2) = 4$。

因此，由拉格朗吉乘數法可知，$f(\pm 2, 0) = 8$ 是函數 $f(x,y) = 2x^2 + y^2$ 在受到條件 $x^2 + y^2 = 4$ 之限制下的極大值；$f(0, \pm 2) = 4$ 是函數 $f(x,y) = 2x^2 + y^2$ 在受到條件 $x^2 + y^2 = 4$ 之限制下的極小值。

🔵 三個變數函數在受到條件限制下之極值問題

設函數 $w = f(x,y,z)$ 為一個可微分函數，我們想找出函數 f 在受到條件 $g(x,y,z) = k$ 的限制下之極值 (極大值或極小值)。(設函數 $w = g(x,y,z)$ 也可微分)

若函數值 $f(x_0, y_0, z_0)$ 為函數 f 在受到條件 $g(x,y,z) = k$ 的限制下之極值，則可以證明函數 f 在點 (x_0, y_0, z_0) 的梯度向量 $\vec{\nabla}f(x_0, y_0, z_0)$ 與函數 g 在點 (x_0, y_0, z_0) 的梯度向量 $\vec{\nabla}g(x_0, y_0, z_0)$ 互相平行。因此，一定可以找到一個實數 $\lambda \neq 0$ 使得 $\vec{\nabla}f(x_0, y_0, z_0) = \lambda\vec{\nabla}g(x_0, y_0, z_0)$。($\lambda$ 稱為拉格朗吉乘數)

因此，利用方程式 $\vec{\nabla}f(x_0, y_0, z_0) = \lambda\vec{\nabla}g(x_0, y_0, z_0)$ 及限制式 $g(x_0, y_0, z_0) = k$，我們就可以找到函數 f 在受到條件 $g(x,y,z) = k$ 的限制下之極值了。

我們將拉格朗吉乘數法 (II) 之步驟敘述如下：

Method of Lagrange Multiplier (II)

Let $w = f(x,y,z)$ and $w = g(x,y,z)$ be two differentiable functions.

The steps to find the extreme value(s) of $f(x,y,z)$ subject to the constraint $g(x,y,z) = k$ be given as follows :

(a) Find all values of x, y, z and λ by solving the equations

$$\vec{\nabla}f(x,y,z) = \lambda\vec{\nabla}g(x,y,z) \quad \text{and} \quad g(x,y,z) = k.$$

(b) Evaluate $f(x,y,z)$ at all points (x,y,z) obtained in (a). The largest value of these values is the maximum value of f and the smallest is the minimum value of f subject to the constraint $g(x,y,z)=k$.

【註】如果只有一個點 (x_0, y_0, z_0) 滿足聯立方程式 $\vec{\nabla} f(x,y,z) = \lambda \vec{\nabla} g(x,y,z)$ 及 $g(x,y,z)=k$，則 $f(x_0, y_0, z_0)$ 是極大值或極小值。至於是極大值或極小值，則需加以判定。

範例 3

試找出函數 $f(x,y,z)=xyz$ 在受到條件 $x+y+z=6$ 之限制下的極值。

解 （此時，$g(x,y,z)=x+y+z$）

(i) 解聯立方程式

因為 $\begin{cases} \vec{\nabla} f(x,y,z) = \lambda \vec{\nabla} g(x,y,z) \\ g(x,y,z)=6 \end{cases} \Leftrightarrow \begin{cases} \langle yz, xz, xy \rangle = \lambda \langle 1,1,1 \rangle \\ x+y+z=6 \end{cases} \Leftrightarrow \begin{cases} yz=\lambda \\ xz=\lambda \\ xy=\lambda \\ x+y+z=6 \end{cases}$

$\Rightarrow \begin{cases} \dfrac{y}{x}=1 \\ \dfrac{z}{y}=1 \\ \dfrac{z}{x}=1 \\ x+y+z=6 \end{cases} \Rightarrow \begin{cases} x=y \\ y=z \\ x=z \\ x+y+z=6 \end{cases} \Rightarrow \begin{cases} x=2 \\ y=2 \\ z=2 \end{cases}$ （$\lambda=4$ 只是橋樑），

所以只有一個點 $(2,2,2)$ 滿足聯立方程式。

(ii) 由拉格朗吉乘數法可知，函數值 $f(2,2,2)=2\cdot 2\cdot 2=8$ 是極大值或極小值。因此，我們只需任意找一個滿足 $x+y+z=6$ 的點 (x,y,z) 來做比較就可判別；例如，選一個點 $(x,y,z)=(1,1,4)$，則 $x+y+z=1+1+4=6$。因為 $f(1,1,4)=1\cdot 1\cdot 4=4<8=f(2,2,2)$，所以 $f(2,2,2)=8$ 是函數 $f(x,y,z)=xyz$ 在受到條件 $x+y+z=6$ 之限制下的極大值。

【註】先將 $z=6-x-y$ 代入函數 $f(x,y,z)=xyz$ 中，我們可得 $f^*(x,y)=f(x,y,6-x-y)$ $=xy(6-x-y)$，再利用兩個變數函數的二階導數檢定法去求得極值。

範例 4

試找出點 $(1,-1,1)$ 與平面 $2x+y+z=3$ 間之最短距離。

解 設點 (x,y,z) 為平面 $2x+y+z=3$ 上的任意一個點,則此點與點 $(1,-1,1)$ 之間的距離為 $d=\sqrt{(x-1)^2+(y+1)^2+(z-1)^2}$。

我們想找到使得距離 d 會最小的 x、y 與 z 之值,就可以找到點 $(1,-1,1)$ 與平面 $2x+y+z=3$ 間之最短距離了。

為了計算方便,我們設 $d^2=f(x,y,z)=(x-1)^2+(y+1)^2+(z-1)^2$。

這個問題就變成如何去找到函數 $f(x,y,z)=(x-1)^2+(y+1)^2+(z-1)^2$ 在受到條件 $2x+y+z=3$ 之限制下的極小值。(此時,$g(x,y,z)=2x+y+z$)

(i) 解聯立方程式

因為 $\begin{cases} \vec{\nabla}f(x,y,z)=\lambda\vec{\nabla}g(x,y,z) \\ g(x,y,z)=3 \end{cases} \Leftrightarrow \begin{cases} \langle 2(x-1),2(y+1),2(z-1)\rangle=\lambda\langle 2,1,1\rangle \\ 2x+y+z=3 \end{cases}$

$\Leftrightarrow \begin{cases} 2(x-1)=2\lambda \\ 2(y+1)=\lambda \\ 2(z-1)=\lambda \\ 2x+y+z=3 \end{cases} \Rightarrow \begin{cases} x=\lambda+1 \\ y=\dfrac{\lambda}{2}-1 \\ z=\dfrac{\lambda}{2}+1 \\ 2x+y+z=3 \end{cases}$

$\Rightarrow \begin{cases} x=\lambda+1 \\ y=\dfrac{\lambda}{2}-1 \\ z=\dfrac{\lambda}{2}+1 \\ 2(\lambda+1)+\left(\dfrac{\lambda}{2}-1\right)+\left(\dfrac{\lambda}{2}+1\right)=3 \end{cases} \Rightarrow \begin{cases} x=\dfrac{4}{3} \\ y=-\dfrac{5}{6} \\ z=\dfrac{7}{6} \\ \lambda=\dfrac{1}{3} \end{cases}$,

所以只有一個點 $\left(\dfrac{4}{3},-\dfrac{5}{6},\dfrac{7}{6}\right)$ 滿足聯立方程式。

(ii) 由拉格朗吉乘數法可知,函數值 $f\left(\dfrac{4}{3},-\dfrac{5}{6},\dfrac{7}{6}\right)=\left(\dfrac{4}{3}-1\right)^2+\left(-\dfrac{5}{6}+1\right)^2+\left(\dfrac{7}{6}-1\right)^2$

$=\dfrac{6}{36}$ 是極大值或極小值。因此，我們只需任意找一個滿足 $2x+y+z=3$ 的點 (x,y,z) 來做比較就可判定；例如，我們選取一個點 $(x,y,z)=(1,1,0)$，則 $2x+y+z=2+1+0=3$。

因為 $f(1,1,0)=(1-1)^2+(1+1)^2+(0-1)^2=5>\dfrac{6}{36}=f\left(\dfrac{4}{3},-\dfrac{5}{6},\dfrac{7}{6}\right)$，

所以 $f\left(\dfrac{4}{3},-\dfrac{5}{6},\dfrac{7}{6}\right)=\dfrac{6}{36}$ 是函數 f 在受到條件 $2x+y+z=3$ 之 限制下的極小值。

因此，點 $(1,-1,1)$ 與平面 $2x+y+z=3$ 間之最短距離為 $d=\sqrt{f\left(\dfrac{4}{3},-\dfrac{5}{6},\dfrac{7}{6}\right)}$

$=\sqrt{\dfrac{6}{36}}=\dfrac{\sqrt{6}}{6}$。

【註】與 10-8 節範例 10 的答案相同。

三個變數函數在受到兩個條件限制下之極值問題

設函數 $w=f(x,y,z)$ 為一個可微分函數，我們想找出函數 f 在受到兩個條件 $g_1(x,y,z)=k_1$ 及 $g_2(x,y,z)=k_2$ 的限制下之極值（極大值或極小值）。（設函數 $w=g_1(x,y,z)$ 及 $w=g_2(x,y,z)$ 也都可微分）

若函數值 $f(x_0,y_0,z_0)$ 為函數 f 在受到條件 $g_1(x,y,z)=k_1$ 及 $g_2(x,y,z)=k_2$ 的限制下之極值，則可以證明函數 f 在點 (x_0,y_0,z_0) 的梯度向量 $\vec{\nabla}f(x_0,y_0,z_0)$ 會落在由函數 g_1 在點 (x_0,y_0,z_0) 的梯度向量 $\vec{\nabla}g_1(x_0,y_0,z_0)$ 及函數 g_2 在點 (x_0,y_0,z_0) 的梯度向量 $\vec{\nabla}g_2(x_0,y_0,z_0)$ 所擴張之平面上。因此，一定可以找到兩個實數 $\lambda_1\neq 0$ 及 $\lambda_2\neq 0$ 使得 $\vec{\nabla}f(x_0,y_0,z_0)=\lambda_1\vec{\nabla}g_1(x_0,y_0,z_0)+\lambda_2\vec{\nabla}g_2(x_0,y_0,z_0)$。（$\lambda_1$ 及 λ_2 稱為拉格朗吉乘數）

因此，利用方程式 $\vec{\nabla}f(x_0,y_0,z_0)=\lambda_1\vec{\nabla}g_1(x_0,y_0,z_0)+\lambda_2\vec{\nabla}g_2(x_0,y_0,z_0)$ 及限制式 $g_1(x_0,y_0,z_0)=k_1$ 及 $g_2(x_0,y_0,z_0)=k_2$，我們就可以找到函數 f 在受到條件 $g_1(x,y,z)=k_1$ 及 $g_2(x,y,z)=k_2$ 的限制下之極值了。

我們將拉格朗吉乘數法 (III) 之步驟敘述如下：

Method of Lagrange Multiplier (III)

Let $w = f(x,y,z)$、$w = g_1(x,y,z)$ and $w = g_2(x,y,z)$ be three differentiable functions. The steps to find the extreme value(s) of $f(x,y,z)$ subject to the constraints $g_1(x,y,z) = k_1$ and $g_2(x,y,z) = k_2$ be given as follows :

(a) Find all values of x, y, z, λ_1 and λ_2 by solving the equations

$$\vec{\nabla} f(x,y,z) = \lambda_1 \vec{\nabla} g_1(x,y,z) + \lambda_2 \vec{\nabla} g_2(x,y,z),\ g_1(x,y,z) = k_1\ \text{and}\ g_2(x,y,z) = k_2.$$

(b) Evaluate $f(x,y,z)$ at all points (x,y,z) obtained in (a). The largest value of these values is the maximum value of f and the smallest is the minimum value of f subject to the constraints $g_1(x,y,z) = k_1$ and $g_2(x,y,z) = k_2$.

【註】如果只有一個點 (x_0, y_0, z_0) 滿足聯立方程式

$\vec{\nabla} f(x,y,z) = \lambda_1 \vec{\nabla} g_1(x,y,z) + \lambda_2 \vec{\nabla} g_2(x,y,z)$、$g_1(x,y,z) = k_1$ 及 $g_2(x,y,z) = k_2$，則 $f(x_0, y_0, z_0)$ 是極大值或極小值。至於是極大值或極小值，則需加以判定。

範例 5

試找出函數 $f(x,y,z) = x^2 + y^2 + z^2$ 在受到兩個條件 $x + y = 2$ 及 $y + z = 2$ 之限制下的極值。

解 (此時，$g_1(x,y,z) = x + y$ 且 $g_2(x,y,z) = y + z$)

(i) 解聯立方程式

$$\begin{cases} \vec{\nabla} f(x,y,z) = \lambda_1 \vec{\nabla} g_1(x,y,z) + \lambda_2 \vec{\nabla} g_2(x,y,z) \\ g_1(x,y,z) = 2 \\ g_2(x,y,z) = 2 \end{cases}$$

$$\Leftrightarrow \begin{cases} \langle 2x, 2y, 2z \rangle \\ = \lambda_1 \langle 1,1,0 \rangle + \lambda_2 \langle 0,1,1 \rangle \\ x + y = 2 \\ y + z = 2 \end{cases}$$

$$\Leftrightarrow \begin{cases} 2x = \lambda_1 \\ 2y = \lambda_1 + \lambda_2 \\ 2z = \lambda_2 \\ x + y = 2 \\ y + z = 2 \end{cases} \Rightarrow \begin{cases} x = \dfrac{2}{3} \\ y = \dfrac{4}{3} \\ z = \dfrac{2}{3} \\ \lambda_1 = \dfrac{4}{3} \\ \lambda_2 = \dfrac{4}{3} \end{cases},$$

所以只有一個點 $\left(\dfrac{2}{3}, \dfrac{4}{3}, \dfrac{2}{3}\right)$ 滿足聯立方程式。

(ii) 由拉格朗吉乘數法可知，函數值 $f\left(\dfrac{2}{3}, \dfrac{4}{3}, \dfrac{2}{3}\right) = \left(\dfrac{2}{3}\right)^2 + \left(\dfrac{4}{3}\right)^2 + \left(\dfrac{2}{3}\right)^2 = \dfrac{24}{9}$ 是極大值或極小值。因此，我們只需任意找一個滿足 $x+y=2$ 及 $y+z=2$ 的點 (x, y, z) 來做比較就可判定；例如，我們選取點 $(x,y,z) = (1,1,1)$，則 $x+y = 1+1 = 2$ 且 $y+z = 1+1 = 2$。

因為 $f(1,1,1) = 1^2 + 1^2 + 1^2 = 3 > \dfrac{24}{9} = f\left(\dfrac{2}{3}, \dfrac{4}{3}, \dfrac{2}{3}\right)$，所以 $f\left(\dfrac{2}{3}, \dfrac{4}{3}, \dfrac{2}{3}\right) = \dfrac{24}{9}$ 是函數 $f(x,y,z) = x^2 + y^2 + z^2$ 在受到兩個條件 $x+y=2$ 及 $y+z=2$ 之限制下的極小值。

習題演練

第 1 題至第 10 題，試求函數 f 在給定的受制條件下的極大值及極小值。

1. $f(x,y) = x^2 - y^2 - 2$; $x^2 + y^2 = 1$
2. $f(x,y) = xy$; $x^2 + 3y^2 = 4$
3. $f(x,y) = x^2 + 3y^2$; $3x^2 + y^2 = 9$
4. $f(x,y) = x^2 - y^2 - 2$; $y - x^2 = 0$
5. $f(x,y,z) = x + y + z$; $\dfrac{1}{x} + \dfrac{1}{y} + \dfrac{1}{z} = 1$
6. $f(x,y,z) = x + 3y + 5z$; $x^2 + y^2 + z^2 = 1$
7. $f(x,y,z) = xyz$; $2x^2 + y^2 + 3z^2 = 6$

8. $f(x,y,z) = x^2 + y^2 + z^2$; $x - y + z = 1$
9. $f(x,y,z) = x^2 + y^2 + z^2$; $x^2 + y^2 + 2z = 4$，$x - y + 2z = 0$ （兩個受制條件）
10. $f(x,y,z) = 3x - y + 3z$; $x + y - z = 0$，$x^2 + 2z^2 = 1$ （兩個受制條件）

10-10 最小平方法

設平面上有 n 個點，分別為 (x_1, y_1)、(x_2, y_2)、…、(x_{n-1}, y_{n-1}) 及 (x_n, y_n)，我們有興趣的是想找一條最能表現此 n 個點的一條直線 $y = ax + b$。（請參考圖 10-30）

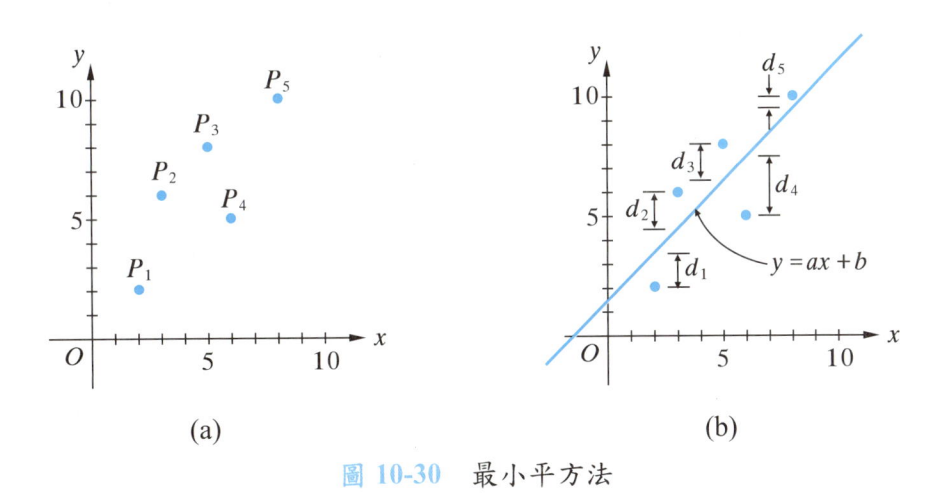

圖 10-30　最小平方法

第一種做法為考慮每一個點與直線 $y = ax + b$ 之間的垂直距離 $d_i = |y_i - (ax_i + b)|$，$i = 1, 2, \cdots, n$，再想辦法找到 $a = \tilde{a}$ 及 $b = \tilde{b}$ 的值使得函數 $\tilde{g}(a,b) = \sum_{i=1}^{n} d_i = \sum_{i=1}^{n} |y_i - (ax_i + b)|$ 在點 $(\tilde{a}, \tilde{b})$ 發生絕對極小。有此想法是很自然也很直覺的反應，但是欲解決上面的問題則不是一件簡單的工作。[需要一些**機率論** (Probability Theory) 的預備知識] 為了把上面的問題簡化又不會失去原來的想法，我們考慮利用**最小平方法** (method of least squares)，即想辦法找到 $a = \hat{a}$ 及 $b = \hat{b}$ 的值使得函數

$$g(a,b) = \sum_{i=1}^{n} d_i^2 = [y_i - (ax_i + b)]^2$$

在點 $(\hat{a}, \hat{b})$ 發生絕對極小。

(i) 先找出函數 g 之臨界點

解聯立方程式 $\begin{cases} g_a(a,b) = 0 \\ g_b(a,b) = 0 \end{cases}$ ，我們有

$\begin{cases} g_a(a,b) = 0 \\ g_b(a,b) = 0 \end{cases} \Leftrightarrow \begin{cases} -2\sum_{i=1}^{n}[y_i - (ax_i + b)]x_i = 0 \\ -2\sum_{i=1}^{n}[y_i - (ax_i + b)] = 0 \end{cases} \Leftrightarrow \begin{cases} a\sum_{i=1}^{n}x_i^2 + b\sum_{i=1}^{n}x_i = \sum_{i=1}^{n}x_i y_i \\ a\sum_{i=1}^{n}x_i + nb = \sum_{i=1}^{n}y_i \end{cases}$

$\Leftrightarrow \begin{cases} na\sum_{i=1}^{n}x_i^2 + nb\sum_{i=1}^{n}x_i = n\sum_{i=1}^{n}x_i y_i \\ a(\sum_{i=1}^{n}x_i)^2 + nb\sum_{i=1}^{n}x_i = \sum_{i=1}^{n}y_i\sum_{i=1}^{n}x_i \end{cases} \Leftrightarrow \begin{cases} a(n\sum_{i=1}^{n}x_i^2) - (\sum_{i=1}^{n}x_i)^2 = n\sum_{i=1}^{n}x_i y_i - \sum_{i=1}^{n}y_i\sum_{i=1}^{n}x_i \\ a\sum_{i=1}^{n}x_i + nb = \sum_{i=1}^{n}y_i \end{cases}$

$\Rightarrow \hat{a} = \dfrac{n\sum_{i=1}^{n}x_i y_i - \sum_{i=1}^{n}x_i \sum_{i=1}^{n}y_i}{n\sum_{i=1}^{n}x_i^2 - (\sum_{i=1}^{n}x_i)^2} = \dfrac{\sum_{i=1}^{n}(x_i - \overline{x})(y_i - \overline{y})}{\sum_{i=1}^{n}(x_i - \overline{x})^2}$ 及 $\hat{b} = \overline{y} - \hat{a}\overline{x}$ 。

(設 $\overline{x} = \dfrac{\sum_{i=1}^{n}x_i}{n}$ 及 $\overline{y} = \dfrac{\sum_{i=1}^{n}y_i}{n}$)

因此，如果存在某一個 $x_i \neq \dfrac{\sum_{i=1}^{n}x_i}{n} = \overline{x}$ ，則函數 g 之臨界點為 $(\hat{a}, \hat{b})$ 。

【註】① $n\sum_{i=1}^{n}x_i^2 - (\sum_{i=1}^{n}x_i)^2 = n[\sum_{i=1}^{n}x_i^2 - n(\overline{x})^2] = n\sum_{i=1}^{n}(x_i - \overline{x})^2$

② $n\sum_{i=1}^{n}x_i y_i - \sum_{i=1}^{n}x_i \sum_{i=1}^{n}y_i = n[\sum_{i=1}^{n}x_i y_i - n\overline{x}\,\overline{y}] = n\sum_{i=1}^{n}(x_i - \overline{x})(y_i - \overline{y})$

(ii) 利用二階導數試驗法

因為 $g_{aa}(a,b) = 2\sum_{i=1}^{n}x_i^2$ 、 $g_{bb}(a,b) = 2n$ 且 $g_{ab}(a,b) = 2\sum_{i=1}^{n}x_i$ ，所以

$D(a,b) = 2\sum_{i=1}^{n}x_i^2 \cdot 2n - \left(2\sum_{i=1}^{n}x_i\right)^2 = 4n\left[\sum_{i=1}^{n}x_i^2 - n(\overline{x})^2\right] = 4n\sum_{i=1}^{n}(x_i - \overline{x})^2$ 。

(iii) 判定

(假設存在某一個 $x_i \neq \dfrac{\sum_{i=1}^{n} x_i}{n} = \overline{x}$ 且 $x_i \neq 0 \quad \forall i = 1, 2, \cdots, n$)

因為 $D(a,b) = 4n \sum_{i=1}^{n}(x_i - \overline{x})^2 > 0$ 且 $g_{aa}(a,b) = 2\sum_{i=1}^{n} x_i^2 > 0$,所以函數 $g(a,b) = \sum_{i=1}^{n} d_i^2 = [y_i - (ax_i + b)]^2$ 在點 $(\hat{a}, \hat{b})$ 發生局部極小。因為函數 g 只有一個臨界點,因此,$g(\hat{a}, \hat{b})$ 一定是絕對極小值。而最能表現此 n 個點的直線為

$y = \hat{a}x + \hat{b}$。(其中 $\hat{a} = \dfrac{\sum_{i=1}^{n}(x_i - \overline{x})(y_i - \overline{y})}{\sum_{i=1}^{n}(x_i - \overline{x})^2}$ 且 $\hat{b} = \overline{y} - \hat{a}\overline{x}$) 這一條直線 $y = \hat{a}x + \hat{b}$

我們特別稱它**最小平方線** (least square line) 或**回歸線**(regression line)。

範例 1

設平面上有 5 個點,分別為 (1,1)、(2,3)、(3,4)、(4,5) 及 (5,7),試找出最能表現此 5 個點的最小平方線。

解 設 $(x_1, y_1) = (1,1)$、$(x_2, y_2) = (2,3)$、$(x_3, y_3) = (3,4)$、$(x_4, y_4) = (4,5)$ 及 $(x_5, y_5) = (5,7)$,

則 $\overline{x} = \dfrac{\sum_{i=1}^{5} x_i}{5} = \dfrac{1+2+3+4+5}{5} = 3$、

$\overline{y} = \dfrac{\sum_{i=1}^{5} y_i}{5} = \dfrac{1+3+4+5+7}{5} = 4$、

$\sum_{i=1}^{5}(x_i - \overline{x})^2 = (1-3)^2 + (2-3)^2 + (3-3)^2 + (4-3)^2 + (5-3)^2 = 10$ 及

$\sum_{i=1}^{5}(x_i - \overline{x})(y_i - \overline{y}) = (1-3)(1-4) + (2-3)(3-4) + (3-3)(4-4) + (4-3)(5-4)$
$\qquad\qquad\qquad\qquad\quad + (5-3)(7-4) = 14$

所以 $\hat{a} = \dfrac{\sum_{i=1}^{5}(x_i - \overline{x})(y_i - \overline{y})}{\sum_{i=1}^{5}(x_i - \overline{x})^2} = \dfrac{14}{10} = 1.4$ 且 $\hat{b} = \overline{y} - \hat{a}\overline{x} = 4 - \dfrac{14}{10} \cdot 3 = -0.2$。

因此，最能表現此 5 個點的最小平方線為 $y = 1.4x - 0.2$。(請參考圖 10-31)

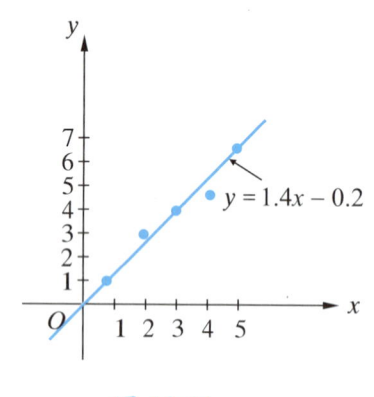

圖 10-31

範例 2

設 x 表示某公司一年的所有廣告支出及 y 表示某公司一年的所有利潤（x 與 y 的單位都是 10 萬元）。

下面的數據是該公司從 2000 年至 2005 年間的廣告年支出及所有年利潤。

西元年	2000	2001	2002	2003	2004	2005
廣告年支出，x	4	5	6	8	9	10
年利潤，y	22	25	32	36	36	47

(a) 試找出最能表現這些數據的最小平方線。

(b) 如果廣告年支出為 85 萬元時，試利用最小平方線去預測該公司的年利潤大約為多少？

解 (a) 設 $(x_1, y_1) = (4, 22)$、$(x_2, y_2) = (5, 25)$、$(x_3, y_3) = (6, 32)$、$(x_4, y_4) = (8, 36)$、$(x_5, y_5) = (9, 36)$ 及 $(x_6, y_6) = (10, 47)$，

則 $\overline{x} = \dfrac{\sum_{i=1}^{6} x_i}{6} = \dfrac{4+5+6+8+9+10}{6} = 7$、

$$\bar{y} = \frac{\sum_{i=1}^{6} y_i}{6} = \frac{22+25+32+36+36+47}{6} = 33 \text{ 、}$$

$$\sum_{i=1}^{6}(x_i - \bar{x})^2 = (4-7)^2 + (5-7)^2 + (6-7)^2 + (8-7)^2 + (9-7)^2 + (10-7)^2 = 28$$

及 $\sum_{i=1}^{6}(x_i - \bar{x})(y_i - \bar{y}) = (4-7)(22-33) + (5-7)(25-33) + (6-7)(32-33)$
$\qquad\qquad\qquad + (8-7)(36-33) + (9-7)(36-33) + (10-7)(47-33)$
$\qquad\qquad = 101$

所以 $\hat{a} = \dfrac{\sum_{i=1}^{6}(x_i-\bar{x})(y_i-\bar{y})}{\sum_{i=1}^{6}(x_i-\bar{x})^2} = \dfrac{101}{28} \approx 3.607$ 且 $\hat{b} = \bar{y} - \hat{a}\bar{x} = 33 - \dfrac{101}{28} \cdot 7 = 7.75$。

因此，最能表現這些數據的最小平方線為 $y = \dfrac{101}{28}x + 7.75$。

(b) 廣告年支出為 85 萬元時，年利潤之預測值為 $y = \dfrac{101}{28}\cdot(8.5) + 7.75 \approx 38.411$，即其預測值大約是 384 萬元。

習題演練

· 基本題

第 1 題至第 5 題，在給定的資料下，試找出最能表現這些數據的最小平方線。

1.

x	6	5	7	4
y	9	8	11	10

2.

x	12	10	11	15	11	7
y	7	13	12	10	9	8

3.

x	42	36	59	44	51	38
y	84	76	104	101	94	90

4.

x	16	18	19	20	22	24	21
y	4	6	7	8	5	9	10

5.

x	0	2	2	3	4	4
y	1	0	2	1	3	3

6. 某公司開發出一種新產品，其最近五週內之銷售量記錄如下：

週數 (x)	1	2	3	4	5
銷售量 (y)	9	14	21	46	60

　　(a) 試找出最能表現這些數據的最小平方線。

　　(b) 試利用最小平方線預測此產品下一週的銷售量為多少？

7. 某壽險公司最近五年 (2001~2005) 的理賠金額記錄如下：

年 (x)	2001	2002	2003	2004	2005
理賠金額 (y)(千萬元)	25	38	31	29	37

　　(a) 試找出最能表現這些數據的最小平方線。

　　(b) 試利用最小平方線預測此壽險公司下一年的理賠金額為多少？

CHAPTER 11

二重積分

- 11-1 四方形區域之二重積分
- 11-2 疊積分與 Fubini's Theorem
- 11-3 一般區域之二重積分
- 11-4 極座標之二重積分
- 11-5 二重積分之變數變換

這一章要介紹的是兩個變數函數 $z = f(x, y)$ 之二重積分，而其動機則是處理體積的問題。在單變數函數時，如果函數 $y = f(x)$ 在閉區間 $[a,b]$ 連續且 $P = \{a = x_0, x_1, \cdots, x_{n-1}, x_n = b\}$ 為閉區間 $[a,b]$ 的一個分割，則函數 $y = f(x)$ 在閉區間 $[a,b]$ 上的定積分，記成 $\int_a^b f(x)\, dx$，定義為 $\int_a^b f(x)\, dx = \lim_{\|P\| \to 0} \sum_{i=1}^n f(x_i^*) \Delta x_i$。

我們現在要將此觀念或過程推廣到兩個變數函數。

11-1　四方形區域之二重積分

體積問題（二重積分的動機）

設函數 $z = f(x, y)$ 在一個四方形區域 $R = \{(x, y) \mid a \leq x \leq b,\ c \leq y \leq d\}$ 上連續且 $f(x, y) \geq 0 \quad \forall (x, y) \in R$。我們有興趣的是想知道函數 $z = f(x, y)$ 之圖形下方與四方形區域 R 之上方所圍成之立體體積 V 是多少？(請參考圖 11-1)

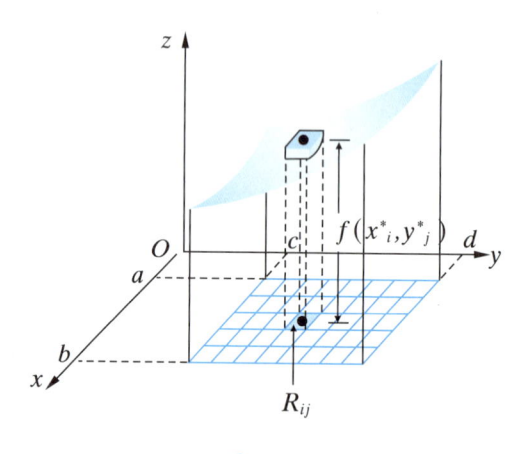

圖 11-1

當然，如果函數 $z = f(x, y) = k > 0 \quad \forall (x, y) \in R$，則此立體為一個長為 $b - a$、寬為 $d - c$ 而高為 k 的立方體，我們知道其體積為 $V = (b - a) \cdot (d - c) \cdot k$。

如果函數 $z = f(x, y)$ 在四方形區域上不是一個常數函數時，我們必須先利用立方體體積之計算估計此立體體積後，再透過極限之過程去定義其體積。

首先，將閉區間 $[a, b]$ 分割成 n 等份，即找到 x_0、x_1、$\ldots$、x_{n-1} 及 x_n 使得

$$a = x_0 < x_1 < \cdots < x_{n-1} < x_n = b \quad \text{且} \quad \Delta x = x_i - x_{i-1} = \frac{b - a}{n} \quad \forall i = 1, 2, \cdots, n\ 。$$

再將閉區間 $[c,d]$ 分割成 m 等份，即找到 y_0、y_1、…、y_{m-1} 及 y_m 使得 $c = y_0 < y_1 <$ … $< y_{m-1} < y_m = d$ 且 $\Delta y = y_j - y_{j-1} = \dfrac{d-c}{m}$ $\forall j = 1, 2, \cdots, m$。換言之，我們將四方形區域 $R = \{(x,y) \mid a \leq x \leq b,\ c \leq y \leq d\}$ 分割成 $n \cdot m$ 個小四方形區域，記成 R_{11}、…、R_{1m}、R_{21}、…、R_{2m}、…、R_{n1}、…、R_{nm}，其中

$$R_{ij} = \{(x,y) \mid x_{i-1} \leq x \leq x_i,\ y_{j-1} \leq y \leq y_j\},\ \begin{cases} i = 1, 2, \cdots, n \\ j = 1, 2, \cdots, m \end{cases},$$

且每一個小四方形區域 R_{ij} 的面積都是 $\Delta A = \Delta x \Delta y$。

由於函數 f 也會在每一個小四方形區域 R_{ij} 上連續，而此區域當然是有界且封閉的區域，因此，必存在 $(x_i^*, y_j^*) \in R_{ij}$ 使得 $f(x_i^*, y_j^*)$ 為函數 f 在四方形區域 R_{ij} 上絕對極大值。(也可以利用四方形區域 R_{ij} 上的絕對極小值或其他任意函數值)

如此一來，就可以用底面積為 ΔA 而高為 $f(x_i^*, y_j^*)$ 之立方體體積去估計函數 $z = f(x,y)$ 之圖形下方與四方形區域 R_{ij} 之上方所圍成之立體體積 V_{ij}，即

$$V_{ij} \approx f(x_i^*, y_j^*) \cdot \Delta A\ \ 。(請參考圖 11-2)$$

最後，我們就可以用 $n \cdot m$ 個立方體體積和去估計函數 $z = f(x,y)$ 之圖形下方與四方形區域 R 之上方所圍成之立體體積 V，即

$$V = \sum_{i=1}^{n} \sum_{j=1}^{m} V_{ij} \approx \sum_{i=1}^{n} \sum_{j=1}^{m} f(x_i^*, y_j^*) \cdot \Delta A\ 。$$

因此，如果極限 $\lim\limits_{\substack{n \to \infty \\ m \to \infty}} \sum\limits_{i=1}^{n} \sum\limits_{j=1}^{m} f(x_i^*, y_j^*) \cdot \Delta A$ 存在，則我們就可以定義此立體體積 V 為 $V = \lim\limits_{\substack{n \to \infty \\ m \to \infty}} \sum\limits_{i=1}^{n} \sum\limits_{j=1}^{m} f(x_i^*, y_j^*) \cdot \Delta A$。

【註】如果函數 $z = f(x,y)$ 在一個四方形區域 $R = \{(x,y) \mid a \leq x \leq b,\ c \leq y \leq d\}$ 上連續，則極限 $\lim\limits_{\substack{n \to \infty \\ m \to \infty}} \sum\limits_{i=1}^{n} \sum\limits_{j=1}^{m} f(x_i^*, y_j^*) \cdot \Delta A$ 可以證明一定會存在。

我們將它寫成正式的定義。

> **Definition 11.1.1** (Volume of a Solid)
> Let the function $z = f(x,y)$ be nonnegative and continuous on a rectangular region
> $$R = \{(x,y) \mid a \leq x \leq b,\ c \leq y \leq d\}.$$
> Then the volume V of the solid under the graph of f and above the region R is defined by $V = \lim\limits_{\substack{n \to \infty \\ m \to \infty}} \sum\limits_{i=1}^{n} \sum\limits_{j=1}^{m} f(x_i^*, y_j^*) \cdot \Delta A$.

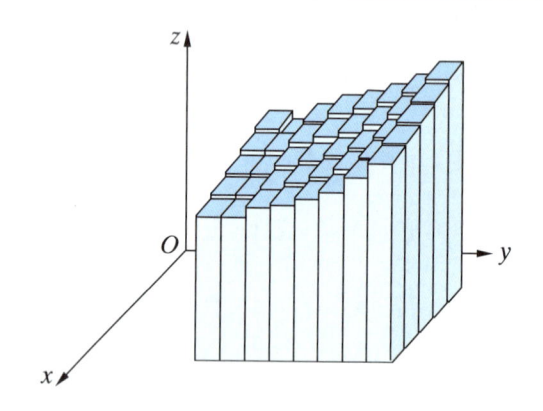

$$V \approx \sum_{i=1}^{n} \sum_{j=1}^{m} f(x_i^*, y_j^*) \Delta A$$

圖 11-2

範例 1

設 $f(x,y) = 5$，$(x,y) \in R = \{(x,y) \mid 0 \leq x \leq 2, 0 \leq y \leq 3\}$，則利用定義計算函數 f 之圖形下方與四方形區域 R 之上方所圍成之立體體積 V。(答案已知等於 30)

解 (i) 將閉區間 $[0,2]$ 分割成 n 等份，則 $x_0 = 0$、$x_1 = \dfrac{2}{n}$、…、$x_i = i \cdot \dfrac{2}{n}$、… 及 $x_n = n \cdot \dfrac{2}{n}$ 且 $\Delta x = x_i - x_{i-1} = \dfrac{2-0}{n} = \dfrac{2}{n}$，$i = 1, 2, \cdots, n$。

再將閉區間 $[0,3]$ 分割成 m 等份，則 $y_0 = 0$、$y_1 = \dfrac{3}{m}$、$\ldots$、$y_j = j \cdot \dfrac{3}{m}$、$\ldots$ 及 $y_m = m \cdot \dfrac{3}{m}$ 且 $\Delta y = y_j - y_{j-1} = \dfrac{3-0}{m} = \dfrac{3}{m}$，$j = 1, 2, \cdots, m$，則我們有

$$\sum_{i=1}^{n}\sum_{j=1}^{m} f(x_i^*, y_j^*) \cdot \Delta A = \sum_{i=1}^{n}\sum_{j=1}^{m} 5 \cdot \left(\dfrac{2}{n} \cdot \dfrac{3}{m}\right) = \dfrac{30}{nm}\sum_{i=1}^{n}\sum_{j=1}^{m} 1 = \dfrac{30}{nm} \cdot nm = 30 \text{。}$$

(此時，對每一個 $(x_i^*, y_j^*) \in R_{ij}$，$f(x_i^*, y_j^*) = 5$ 都是極大值)

(ii) 函數 f 之圖形下方與四方形區域 R 之上方所圍成之立體的體積

$$V = \lim_{\substack{n \to \infty \\ m \to \infty}} \sum_{i=1}^{n}\sum_{j=1}^{m} f(x_i^*, y_j^*) \cdot \Delta A = \lim_{\substack{n \to \infty \\ m \to \infty}} 30 = 30 \text{。}$$

範例 2

設 $f(x,y) = xy + 3y^2$，$(x,y) \in R = \{(x,y) \mid 0 \le x \le 2, 0 \le y \le 3\}$。

(a) 如果選取 $n=3$ 及 $m=4$，則試估計函數 f 之圖形下方與四方形區域 R 之上方所圍成之立體體積 V。

(b) 試利用定義計算函數 f 之圖形下方與四方形區域 R 之上方所圍成之立體的體積 V。

解 (a) 將閉區間 $[0,2]$ 分割成 3 等份，則 $x_0 = 0$、$x_1 = \dfrac{2}{3}$、$x_2 = \dfrac{4}{3}$ 及 $x_3 = 2$ 且

$$\Delta x = x_i - x_{i-1} = \dfrac{2-0}{3} = \dfrac{2}{3} \text{，} i = 1, 2, 3 \text{；}$$

再將閉區間 $[0,3]$ 分割成 4 等份，則 $y_0 = 0$、$y_1 = \dfrac{3}{4}$、$y_2 = \dfrac{6}{4}$、$y_3 = \dfrac{9}{4}$ 及 $y_4 = 3$，且 $\Delta y = y_j - y_{j-1} = \dfrac{3-0}{4} = \dfrac{3}{4}$，$j = 1,2,3,4$，加上 $(x_i^*, y_j^*) = \left(i \cdot \dfrac{2}{3}, j \cdot \dfrac{3}{4}\right)$，則我們有

$$V \approx \sum_{i=1}^{3}\sum_{j=1}^{4} f(x_i^*, y_j^*) \cdot \Delta A = \sum_{i=1}^{3}\sum_{j=1}^{4} f\left(\dfrac{2i}{3}, \dfrac{3j}{4}\right) \cdot \dfrac{2}{3} \cdot \dfrac{3}{4}$$

$$= \sum_{i=1}^{3}\sum_{j=1}^{4} \left[\dfrac{2i}{3} \cdot \dfrac{3j}{4} + 3\left(\dfrac{3j}{4}\right)^2\right] \cdot \dfrac{2}{3} \cdot \dfrac{3}{4} = \dfrac{1}{2}\sum_{i=1}^{3}\sum_{j=1}^{4}\left[\dfrac{1}{2}ij + \dfrac{27}{16}j^2\right]$$

$$= \frac{1}{2}\left[\frac{1}{2}\sum_{i=1}^{3}i\sum_{j=1}^{4}j + 3 \cdot \frac{27}{16}\sum_{j=1}^{4}j^2\right] = \frac{1}{2}\left[\frac{1}{2} \cdot \frac{3 \cdot 4}{2} \cdot \frac{4 \cdot 5}{2} + 3 \cdot \frac{27}{16} \cdot \frac{4 \cdot 5 \cdot 9}{6}\right]$$

$$= 90.9375$$

【註】此估計值 90.9375 比真正的值 63 高出許多。(此乃 n 與 m 之值不夠大)

(b) 將閉區間 [0,2] 分割成 n 等份，則

$$x_0 = 0 \text{、} x_1 = \frac{2}{n} \text{、} \ldots \text{、} x_i = i \cdot \frac{2}{n} \text{、} \ldots \text{及} x_n = n \cdot \frac{2}{n}$$

且 $\Delta x = x_i - x_{i-1} = \frac{2-0}{n} = \frac{2}{n}$, $i = 1, 2, \cdots, n$；

再將閉區間 [0,3] 分割成 m 等份，

則 $y_0 = 0$、$y_1 = \frac{3}{m}$、$\ldots$、$y_j = j \cdot \frac{3}{m}$、$\ldots$及 $y_m = m \cdot \frac{3}{m}$

且 $\Delta y = y_j - y_{j-1} = \frac{3-0}{m} = \frac{3}{m}$ $\forall j = 1, 2, \cdots, m$，加上 $(x_i^*, y_j^*) = \left(i \cdot \frac{2}{3}, j \cdot \frac{3}{4}\right)$，

則 $V = \lim_{\substack{n \to \infty \\ m \to \infty}} \sum_{i=1}^{n}\sum_{j=1}^{m} f(x_i^*, y_j^*) \cdot \Delta A$

$$= \lim_{\substack{n \to \infty \\ m \to \infty}} \sum_{i=1}^{n}\sum_{j=1}^{m} f\left(\frac{2i}{n}, \frac{3j}{m}\right) \cdot \left(\frac{2}{n} \cdot \frac{3}{m}\right)$$

$$= 6 \lim_{\substack{n \to \infty \\ m \to \infty}} \frac{1}{nm}\sum_{i=1}^{n}\sum_{j=1}^{m}\left[\frac{2i}{n}\frac{3j}{m} + 3\left(\frac{3j}{m}\right)^2\right]$$

$$= 6 \lim_{\substack{n \to \infty \\ m \to \infty}} \frac{1}{nm}\left[\frac{6}{nm}\sum_{i=1}^{n}i\sum_{j=1}^{m}j + n \cdot \frac{27}{m^2}\sum_{j=1}^{m}j^2\right]$$

$$= 6 \lim_{\substack{n \to \infty \\ m \to \infty}} \frac{1}{nm}\left[\frac{6}{nm} \cdot \frac{n(n+1)}{2} \cdot \frac{m(m+1)}{2} + n \cdot \frac{27}{m^2} \cdot \frac{m(m+1)(2m+1)}{6}\right]$$

$$= 9 + 54$$

$$= 63$$

【註】用定義計算體積當然比較辛苦，在 11-2 節，我們利用**疊積分**(iterated integral) 來計算體積就又快又簡單了。

四方形區域上的二重積分

設函數 $z = f(x,y)$ 在一個四方形區域 $R = \{(x,y)|\ a \leq x \leq b,\ c \leq y \leq d\}$ 上有定義（四方形區域內之函數值可能是正的、可能是負的或可能為 0），再設

$P_x = \{a = x_0, x_1, \cdots, x_{n-1}, x_n = b\}$ 為閉區間 $[a,b]$ 的一個分割

及 $P_y = \{c = y_0, y_1, \cdots, y_{m-1}, y_m = d\}$ 為閉區間 $[c,d]$ 的一個分割，

其中 $\Delta x_i = x_i - x_{i-1}$，$i = 1, 2, \cdots, n$. 且 $\Delta y_j = y_j - y_{j-1}$，$j = 1, 2, \cdots, m$。

換言之，我們將四方形區域 $R = \{(x,y)|\ a \leq x \leq b,\ c \leq y \leq d\}$ 分割成 $n \cdot m$ 個小四方形區域，記成 R_{11}、$\ldots$、R_{1m}、R_{21}、$\ldots$、R_{2m}、$\ldots$、R_{n1}、$\ldots$、R_{nm}，

其中 $R_{ij} = \left\{(x,y)\middle|\ x_{i-1} \leq x \leq x_i,\ y_{j-1} \leq y \leq y_j\right\}$，$\begin{cases} i = 1, 2, \cdots, n \\ j = 1, 2, \cdots, m \end{cases}$，

且小四方形區域 R_{ij} 的面積為 $\Delta A_{ij} = \Delta x_i \Delta y_j$。

現在我們再令 $\|P\| = \max\left\{\sqrt{(\Delta x_i)^2 + (\Delta y_j)^2}\ \middle|\ 1 \leq i \leq n,\ 1 \leq j \leq m\right\}$，即 $\|P\|$ 為此 $n \cdot m$ 個小四方形區域中對角線最長的那一個值。

現在我們可以著手定義兩個變數函數在四方形區域上的二重積分了。

Definition 11.1.2 (Definition of the Double Integral Over Rectangular Region)
Let the function $z = f(x,y)$ be defined on a rectangular region
$$R = \{(x,y)|\ a \leq x \leq b,\ c \leq y \leq d\}.$$
The double integral of f over the region R, denoted by $\iint\limits_R f(x,y)\,dA$, is defined by
$$\iint\limits_R f(x,y)\,dA = \lim_{\|P\| \to 0} \sum_{i=1}^{n} \sum_{j=1}^{m} f(x_i^*, y_j^*) \cdot \Delta A_{ij}$$
provided the limit exists regardless of the choice of the point $(x_i^*, y_j^*) \in R_{ij}$ for $i = 1, 2, \cdots, n$ and $j = 1, 2, \cdots, m$.

【註】1. $\sum_{i=1}^{n} \sum_{j=1}^{m} f(x_i^*, y_j^*) \cdot \Delta A_{ij}$ 稱為**二重黎曼和**（Double Riemann Sum），而由二重黎曼和的極限所定義的積分稱為二重黎曼積分。

2. 如果極限 $\lim\limits_{\|P\|\to 0}\sum\limits_{i=1}^{n}\sum\limits_{j=1}^{m}f(x_i^*,y_j^*)\cdot\Delta A_{ij}$ 存在，我們稱函數 f 在四方形區域 R 上可二重積分。

3. 在什麼條件下，函數 f 在四方形區域上的二重積分一定會存在？請看底下的定理。

Theorem 11.1.1 (Condition of Existence of the Double Integral)

If the function $z=f(x,y)$ be continuous on a rectangular region $R=\{(x,y)\,|\,a\le x\le b,\ c\le y\le d\}$, then f is double integrable over the region R.

---

4. 設函數 $z=f(x,y)$ 在一個四方形區域 $R=\{(x,y)\,|\,a\le x\le b,\ c\le y\le d\}$ 上連續且 $f(x,y)\ge 0$ $\forall (x,y)\in R$。則函數 $z=f(x,y)$ 之圖形下方與四方形區域 R 之上方所圍成之立體的體積 $V=\iint\limits_{R}f(x,y)\,dA$。

說明：因為函數 $z=f(x,y)$ 在一個四方形區域 $R=\{(x,y)\,|\,a\le x\le b,\ c\le y\le d\}$ 上連續，所以由定理可知，極限 $\lim\limits_{\|P\|\to 0}\sum\limits_{i=1}^{n}\sum\limits_{j=1}^{m}f(x_i^*,y_j^*)\cdot\Delta A_{ij}$ 一定存在且與兩個閉區間之分割及所選的點 (x_i^*,y_j^*) 無關。因此，我們可以都選擇均勻分割及選擇發生極大值的點 (x_i^*,y_j^*)，如此一來，

$$\iint\limits_{R}f(x,y)\,dA=\lim\limits_{\|P\|\to 0}\sum\limits_{i=1}^{n}\sum\limits_{j=1}^{m}f(x_i^*,y_j^*)\cdot\Delta A_{ij}=\lim\limits_{\substack{n\to\infty\\ m\to\infty}}\sum\limits_{i=1}^{n}\sum\limits_{j=1}^{m}f(x_i^*,y_j^*)\cdot\Delta x\Delta y=V.$$

範例 3

如果四方形區域 $R=\{(x,y)\,|\,-1\le x\le 1,\ -3\le y\le 3\}$，試計算二重積分 $\iint\limits_{R}\sqrt{1-x^2}\,dA$。

解 由於對每一個 $y\in[-3,3]$，函數 $z=\sqrt{1-x^2}$ 之圖形為以點 $(0,y,0)$ 為圓心而垂直於 xy-平面之單位圓之上半圓，所以函數 $z=\sqrt{1-x^2}$ 在四方形區域 $R=\{(x,y)\,|\,-1\le x\le 1,\ -3\le y\le 3\}$ 上之圖形為一個底半徑 $r=1$ 且高 $h=6$ 的半圓柱，而此半圓柱之體積 $V=\dfrac{\pi\cdot 1^2\cdot 6}{2}=3\pi$。

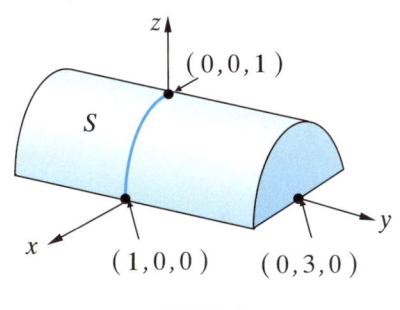

圖 11-3

因此，利用體積與二重積分的關係，我們得 $\iint_R \sqrt{1-x^2}\, dA = V = 3\pi$。

🔵 四方形區域上之二重積分的性質

我們在 11-3 節會再介紹一般區域之二重積分的性質，而這一些性質在四方形區域上的二重積分當然也適用。因此，我們在這裡只介紹線性性質。

如果設函數 f 及函數 g 都在一個四方形區域 $R = \{(x,y)\mid a\leq x\leq b,\ c\leq y\leq d\}$ 上連續，則

1. $\iint_R [f(x,y) + g(x,y)]\, dA = \iint_R f(x,y)\, dA + \iint_R g(x,y)\, dA$

2. $\iint_R [f(x,y) - g(x,y)]\, dA = \iint_R f(x,y)\, dA - \iint_R g(x,y)\, dA$

3. $\iint_R cf(x,y)\, dA = c \iint_R f(x,y)\, dA \qquad (c \in \mathbb{R})$

🔵 函數 $z = f(x,y)$ 在一個四方形區域 $R = \{(x,y)\mid a\leq x\leq b,\ c\leq y\leq d\}$ 上的平均值

設函數 $z = f(x,y)$ 在一個四方形區域 $R = \{(x,y)\mid a\leq x\leq b,\ c\leq y\leq d\}$ 上連續，

再設 $P_x = \{a = x_0, x_1, \cdots, x_{n-1}, x_n = b\}$ 為閉區間 $[a,b]$ 的一個均勻分割，及

$P_y = \{c = y_0, y_1, \cdots, y_{m-1}, y_m = d\}$ 為閉區間 $[c,d]$ 的一個均勻分割，

其中 $\Delta x = x_i - x_{i-1} = \dfrac{b-a}{n}$，$i=1,2,\cdots,n$ 且 $\Delta y = y_j - y_{j-1} = \dfrac{d-c}{m}$，$j=1,2,\cdots,m$。

換言之，我們將四方形區域 $R = \{(x,y) \mid a \leq x \leq b,\ c \leq y \leq d\}$ 分割成 $n \cdot m$ 個小四方形區域，記成 R_{11}、$\ldots$、R_{1m}、R_{21}、$\ldots$、R_{2m}、$\ldots$、R_{n1}、$\ldots$、R_{nm}，其中

$$R_{ij} = \{(x,y) \mid x_{i-1} \leq x \leq x_i,\ y_{j-1} \leq y \leq y_j\},\ \begin{cases} i=1,2,\cdots,n \\ j=1,2,\cdots,m \end{cases},$$

且小四方形區域 R_{ij} 的面積都為 $\Delta A = \Delta x_i \Delta y_j$。

此時，我們在每一個小四方形區域 R_{ij} 內任意選一個點 (x_i^*, y_j^*) 並計算其函數值 $f(x_i^*, y_j^*)$，則此 $n \cdot m$ 個數之平均數為 $\dfrac{\sum\limits_{i=1}^{n}\sum\limits_{j=1}^{m} f(x_i^*, y_j^*)}{nm}$。

因此，函數 $z = f(x,y)$ 在一個四方形區域 $R = \{(x,y) \mid a \leq x \leq b,\ c \leq y \leq d\}$ 上的平均值就可定義為

$$\lim_{\substack{n \to \infty \\ m \to \infty}} \dfrac{1}{nm} \sum_{i=1}^{n}\sum_{j=1}^{m} f(x_i^*, y_j^*) = \dfrac{1}{(b-a)(d-c)} \lim_{\substack{n \to \infty \\ m \to \infty}} \sum_{i=1}^{n}\sum_{j=1}^{m} f(x_i^*, y_j^*) \dfrac{b-a}{n} \cdot \dfrac{d-c}{m}$$

$$= \dfrac{1}{(b-a)(d-c)} \lim_{\substack{n \to \infty \\ m \to \infty}} \sum_{i=1}^{n}\sum_{j=1}^{m} f(x_i^*, y_j^*) \Delta A$$

$$= \dfrac{1}{(b-a)(d-c)} \iint_R f(x,y)\, dA$$

我們將它寫成正式之定義。

Definition 11.1.3 (The average value of f over the Rectangular region R)
Let the function $z = f(x,y)$ be continuous on a rectangular region $R = \{(x,y) \mid a \leq x \leq b,\ c \leq y \leq d\}$. Then the average value of f over the region R, denoted by f_{ave}, is defined by $f_{ave} = \dfrac{1}{(b-a)(d-c)} \iint_R f(x,y)\, dA$.

【註】在幾何上的解釋則與單變數函數在閉區間上的平均值類似。(請參考 4-6 節)

設函數 $z = f(x,y)$ 在一個四方形區域 $R = \{(x,y) \mid a \leq x \leq b,\ c \leq y \leq d\}$ 上連續且 $f(x,y) \geq 0 \quad \forall (x,y) \in R$，則函數 $z = f(x,y)$ 之圖形下方與四方形區域 R 之上方所圍成之立體的體積等於長為 $b-a$、寬為 $d-c$ 且高為平均值 f_{ave} 之立方體體積，即 $V = \iint\limits_R f(x,y)\,dA = (b-a)\cdot(d-c)\cdot f_{ave}$。

範例 4

設 $f(x,y) = xy + 3y^2$，$(x,y) \in R = \{(x,y) \mid 0 \leq x \leq 2, 0 \leq y \leq 3\}$，試求函數 f 在四方形區域 R 上的平均值。

解 由範例 2 及利用體積與二重積分的關係，我們得

$$\iint\limits_R (xy + 3y^2)\,dA = V = 63$$

因此，函數 f 在四方形區域 R 上的平均值為

$$f_{ave} = \frac{1}{(2-0)(3-0)} \iint\limits_R (xy + 3y^2)\,dA = \frac{63}{6} = \frac{21}{2}。$$

習題演練

第 1 題至第 4 題，試利用幾何法計算下列的重積分。

1. $\iint\limits_R e\,dA$，其中 $R = \{(x,y) \mid 0 \leq x \leq 3,\ 0 \leq y \leq 3\}$

2. $\iint\limits_R (2-y)\,dA$，其中 $R = \{(x,y) \mid 0 \leq x \leq 2,\ 0 \leq y \leq 2\}$

3. $\iint\limits_R \sqrt{4-y^2}\,dA$，其中 $R = \{(x,y) \mid -3 \leq x \leq 3,\ -2 \leq y \leq 2\}$

4. $\iint\limits_R (4-2y)\,dA$，其中 $R = \{(x,y) \mid 0 \leq x \leq 1,\ 0 \leq y \leq 1\}$

11-2　疊積分與 *Fubini's Theorem*

單變數函數之定積分的計算，我們有微積分基本定理，而兩個變數函數之二重積分，我們則有 Fubini's Theorem。我們先介紹什麼是疊積分？

● 疊積分

設函數 $z = f(x, y)$ 在一個四方形區域 $R = \{(x, y) \mid a \leq x \leq b,\ c \leq y \leq d\}$ 上連續，則我們可以考慮兩個疊積分，一個疊積分為 $\int_a^b \left[\int_c^d f(x, y)\, dy \right] dx$ 或 $\int_a^b \int_c^d f(x, y)\, dy dx$，而另一個疊積分為 $\int_c^d \left[\int_a^b f(x, y)\, dx \right] dy$ 或 $\int_c^d \int_a^b f(x, y)\, dx dy$。這兩個疊積分之差別只是積分的先後順序而已。

1. 疊積分 $\int_a^b \int_c^d f(x, y)\, dy dx$ 的計算

    首先，函數 f 先對變數 y 進行閉區間 $[c, d]$ 上的**偏積分**（partial integration），即將變數 x 視為常數後，在利用微積分基本定理計算定積分 $\int_c^d f(x, y)\, dy$。

    假設 $\dfrac{\partial}{\partial y} F(x, y) = f(x, y)$，

    則 $\int_c^d f(x, y)\, dy = F(x, y) \Big|_c^d = F(x, d) - F(x, c) = g(x),\ x \in [a, b]$。

    接著，函數 g 再對變數 x 進行閉區間 $[a, b]$ 上的定積分，即計算 $\int_a^b g(x)\, dx$。

    如果 $\dfrac{d}{dx} G(x) = g(x)$，則 $\int_a^b g(x)\, dx = G(x) \Big|_a^b = G(b) - G(a)$。

    換言之，

    $$\int_a^b \int_c^d f(x, y)\, dy dx = \int_a^b \left[\int_c^d f(x, y)\, dy \right] dx = \int_a^b \left[F(x, y) \Big|_c^d \right] dx$$

    $$= \int_a^b g(x)\, dx = G(b) - G(a)$$

2. 疊積分 $\int_c^d \int_a^b f(x,y)\, dxdy$ 的計算

首先，函數 f 先對變數 x 進行閉區間 $[a,b]$ 上的偏積分，即將變數 y 視為常數後，在利用微積分基本定理計算定積分 $\int_a^b f(x,y)\, dx$。

假設 $\dfrac{\partial}{\partial x} \tilde{F}(x,y) = f(x,y)$，

則 $\int_a^b f(x,y)\, dx = \tilde{F}(x,y)\Big|_a^b = \tilde{F}(b,y) - \tilde{F}(a,y) = \tilde{g}(y)$，$y \in [c,d]$。

接著，函數 $\tilde{g}$ 再對變數 y 進行閉區間 $[c,d]$ 上的定積分，即計算 $\int_c^d \tilde{g}(y)\, dy$。

如果 $\dfrac{d}{dy} \tilde{G}(y) = \tilde{g}(y)$，則 $\int_c^d \tilde{g}(y)\, dy = \tilde{G}(y)\Big|_c^d = \tilde{G}(d) - \tilde{G}(c)$。

換言之，

$$\int_c^d \int_a^b f(x,y)\, dxdy = \int_c^d \left[\int_a^b f(x,y)\, dx \right] dy = \int_c^d \left[\tilde{F}(x,y)\Big|_a^b \right] dy$$

$$= \int_c^d \tilde{g}(y)\, dy = \tilde{G}(d) - \tilde{G}(c)$$

範例 1

試計算下面兩個疊積分。

(a) $\int_0^2 \int_0^3 (xy + 3y^2)\, dydx$ 　　(b) $\int_0^3 \int_0^2 (xy + 3y^2)\, dxdy$

解 (a) $\int_0^2 \int_0^3 (xy + 3y^2)\, dydx = \int_0^2 \left[\int_0^3 (xy + 3y^2) \right] dydx = \int_0^2 \left\{ \left[x \cdot \dfrac{y^2}{2} + y^3 \right]\Big|_0^3 \right\} dx$

$= \int_0^2 \left(\dfrac{9}{2}x + 27 \right) dx = \left(\dfrac{9}{2} \cdot \dfrac{x^2}{2} + 27x \right) \Big|_0^2$

$= \dfrac{9}{4} \cdot 2^2 + 27 \cdot 2 = 9 + 54 = 63$

(b) $\int_0^3 \int_0^2 (xy + 3y^2)\, dxdy = \int_0^3 \left[\int_0^2 (xy + 3y^2) \right] dxdy = \int_0^3 \left\{ \left[y \cdot \dfrac{x^2}{2} + 3y^2 x \right]\Big|_0^2 \right\} dy$

$$= \int_0^3 (2y + 6y^2)\, dy = \left(2 \cdot \frac{y^2}{2} + 6 \cdot \frac{y^3}{3} \right)\Bigg|_0^3$$

$$= 3^2 + 2 \cdot 27 = 9 + 54 = 63$$

【註】1. 讀者有沒有發現，兩個疊積分 $\int_0^2 \int_0^3 (xy+3y^2)\, dydx$ 與 $\int_0^3 \int_0^2 (xy+3y^2)\, dxdy$ 之值是相同的。換言之，與積分的順序無關。

2. 與 11-1 節之範例 2 比較，讀者有沒有發現函數 $f(x,y) = xy + 3y^2$ 之圖形下方與四方形區域 $R = \{(x,y)\mid 0 \le x \le 2,\ 0 \le y \le 3\}$ 之上方所圍成之立體的體積 V 也等於 63。

這一些有趣的現象並不是巧合，下面的 Fubini's Theorem 可以回答上面的兩個結果。

Theorem 11.2

Let the function $z = f(x,y)$ be continuous on a rectangular region

$R = \{(x,y)\mid a \le x \le b,\ c \le y \le d\}$.

Then $\iint_R f(x,y)\, dA = \int_a^b \int_c^d f(x,y)\, dydx = \int_c^d \int_a^b f(x,y)\, dxdy$.

【註】因為 $\int_a^b \int_c^d f(x,y)\, dydx = \int_c^d \int_a^b f(x,y)\, dxdy$，到底要利用哪一個疊積分來計算二重積分 $\iint_R f(x,y)\, dA$ 則要看過題目才可定論，有時候兩個疊積分都很好計算，但有時候卻只有一個方向比較簡單。

範例 2

設四方形區域 $R = \{(x,y)\mid 1 \le x \le 2,\ 0 \le y \le 2\}$，試計算二重積分 $\iint_R (y - 3x^2)\, dA$。

解 (i) 方法一：$\iint_R (y-3x^3)\, dA = \int_1^2 \int_0^2 (y-3x^2)\, dydx = \int_1^2 \left[\left(\dfrac{y^2}{2}-3x^2 y\right)\Big|_0^2\right] dx$

$$= \int_1^2 (2-6x^2)\, dx = (2x-2x^3)\Big|_1^2$$

$$= (4-16)-(2-2) = -12$$

(ii) 方法二：$\iint_R (y-3x^3)\, dA = \int_0^2 \int_1^2 (y-3x^2)\, dxdy = \int_0^2 \left[(xy-x^3)\Big|_1^2\right] dy$

$$= \int_0^2 [(2y-8)-(y-1)]\, dy = \int_0^2 (y-7)\, dy$$

$$= \left(\dfrac{y^2}{2}-7y\right)\Big|_0^2 = 2-14 = -12$$

範例 3

設四方形區域 $R = \{(x,y)\mid 1 \le x \le 2,\ 0 \le y \le 3\}$，試計算二重積分 $\iint_R y e^{xy}\, dA$。

解 (i) 方法一：$\iint_R y e^{xy}\, dA = \int_0^3 \int_1^2 y e^{xy}\, dxdy = \int_0^3 \left[e^{xy}\Big|_1^2\right] dy \left(\dfrac{\partial}{\partial x} e^{xy} = y e^{xy}\right)$

$$= \int_0^3 (e^{2y}-e^y)\, dy = \left(\dfrac{e^{2y}}{2}-e^y\right)\Big|_0^3$$

$$= \left(\dfrac{e^6}{2}-e^3\right)-\left(\dfrac{1}{2}-1\right) = \dfrac{e^6}{2}-e^3+\dfrac{1}{2}$$

(ii) 方法二：

① 設 $u=y$、$dv=e^{xy}dy$，則 $du=dy$、$v=\dfrac{1}{x}e^{xy}$。由部分積分公式，我們有

$$\int y e^{xy}\, dy = \dfrac{y e^{xy}}{x} - \int \dfrac{e^{xy}}{x}\, dy = \dfrac{y e^{xy}}{x} - \dfrac{e^{xy}}{x^2} + C \text{。}$$

因此，$\iint_R y e^{xy}\, dA = \int_1^2 \int_0^3 y e^{xy}\, dydx = \int_1^2 \left[\left(\dfrac{y e^{xy}}{x}-\dfrac{e^{xy}}{x^2}\right)\Big|_0^3\right] dx$

$$= \int_1^2 \left(\frac{3e^{3x}}{x} - \frac{e^{3x}}{x^2} + \frac{1}{x^2} \right) dx$$

② 設 $u = \dfrac{1}{x}$、$dv = 3e^{3x}dx$，則 $du = -\dfrac{1}{x^2}dx$、$v = e^{3x}$。由部分積分公式，我們有

$$\int \left(\frac{3e^{3x}}{x} - \frac{e^{3x}}{x^2} + \frac{1}{x^2} \right) dx = \int \frac{3e^{3x}}{x} dx - \int \frac{e^{3x}}{x^2} dx + \int \frac{1}{x^2} dx$$

$$= \left[\frac{e^{3x}}{x} + \int \frac{e^{3x}}{x^2} dx \right] - \int \frac{e^{3x}}{x^2} dx + \int \frac{1}{x^2} dx$$

$$= \frac{e^{3x}}{x} + \int \frac{1}{x^2} dx$$

$$= \frac{e^{3x}}{x} - \frac{1}{x} + C$$

因此，由①及②可得

$$\iint_R y e^{xy}\, dA = \int_1^2 \left(\frac{3e^{3x}}{x} - \frac{e^{3x}}{x^2} + \frac{1}{x^2} \right) dx = \left. \left(\frac{e^{3x}}{x} - \frac{1}{x} \right) \right|_1^2 = \left(\frac{e^6}{2} - \frac{1}{2} \right) - (e^3 - 1)$$

$$= \frac{e^6}{2} - e^3 + \frac{1}{2}\text{。}$$

【註】這一題對變數 x 先作偏積分比較簡單。

範例 4

設四方形區域 $R = \{(x, y) | -1 \leq x \leq 1,\ -3 \leq y \leq 3\}$，試計算二重積分 $\iint_R \sqrt{1-x^2}\, dA$。

解 設 $x = \sin\theta$，$\theta \in \left[-\dfrac{\pi}{2}, \dfrac{\pi}{2} \right]$，則 $dx = \cos\theta\, d\theta$、$\sqrt{1-x^2} = \cos\theta$ 且

$$\begin{cases} x = -1 \Rightarrow \theta = -\dfrac{\pi}{2} \\ x = 1 \Rightarrow \theta = \dfrac{\pi}{2} \end{cases}\text{。}$$

由三角代換公式，我們有

$$\iint_R \sqrt{1-x^2}\, dA = \int_{-3}^{3} \int_{-1}^{1} \sqrt{1-x^2}\, dxdy = \int_{-3}^{3} \left[\int_{-\pi/2}^{\pi/2} \cos^2\theta\, d\theta \right] dy$$

$$= \int_{-3}^{3} \left[\int_{-\pi/2}^{\pi/2} \frac{1+\cos 2\theta}{2} d\theta \right] dy = \int_{-3}^{3} \left[\left(\frac{\theta}{2} + \frac{\sin 2\theta}{4} \right) \Big|_{-\pi/2}^{\pi/2} \right] dy$$

$$= \int_{-3}^{3} \frac{\pi}{2} dy = \left(\frac{\pi}{2} y \right) \Big|_{-3}^{3} = 3\pi$$

【註】1. 另一個方向請讀者自己計算，即 $\iint_R \sqrt{1-x^2}\, dA = \int_{-1}^{1} \int_{-3}^{3} \sqrt{1-x^2}\, dydx = 3\pi$。

2. 請與 11-1 節之範例 3 比較，有時候利用幾何意義計算二重積分比較方便。

二重積分有時候可以用兩個定積分的乘積來做計算。

設函數 $z = f(x,y) = g(x)h(y)$ 在四方形區域 $R = \{(x,y) \mid a \leq x \leq b, c \leq y \leq d\}$ 上連續，則 $\iint_R f(x,y)\, dA = \iint_R g(x)h(y)\, dA = \int_a^b \int_c^d g(x)h(y)\, dydx = \int_a^b g(x) \left[\int_c^d h(y)\, dy \right] dx$

$$= \left[\int_a^b g(x)\, dx \right] \left[\int_c^d h(y)\, dy \right]$$

範例 5

設四方形區域 $R = \{(x,y) \mid 0 \leq x \leq 2,\ 0 \leq y \leq 3\}$，則

$$\iint_R x^2 y\, dA = \int_0^2 x^2\, dx \cdot \int_0^3 y\, dy = \left[\frac{x^3}{3} \Big|_0^2 \right] \left[\frac{y^2}{2} \Big|_0^3 \right] = \frac{8}{3} \cdot \frac{9}{2} = 12$$

習題演練

・基本題

第 1 題至第 6 題，試計算下列的疊積分。

1. $\int_1^3 \int_0^2 (3x - 2y)\, dydx$
2. $\int_0^2 \int_1^3 (3x - 2y)\, dxdy$
3. $\int_0^{\frac{\pi}{3}} \int_0^2 y \sin x\, dydx$
4. $\int_0^2 \int_0^{\frac{\pi}{3}} y \sin x\, dxdy$
5. $\int_1^3 \int_{-1}^2 (3x^2 - 2xy)\, dydx$
6. $\int_{-1}^2 \int_1^3 (3x^2 - 2xy)\, dxdy$

第 7 題至第 12 題，試計算下列的二重積分。

7. $\iint_R (3x-2y)\, dA$，其中 $R = \{(x,y)\mid 1\le x\le 3,\ 0\le y\le 2\}$

8. $\iint_R y\sin x\, dA$，其中 $R = \{(x,y)\mid 0\le x\le \dfrac{\pi}{3},\ 0\le y\le 2\}$

9. $\iint_R (3x^2-2xy)\, dA$，其中 $R = \{(x,y)\mid 1\le x\le 3,\ -1\le y\le 2\}$

10. $\iint_R \sqrt{x+y}\, dA$，其中 $R = \{(x,y)\mid 0\le x\le 3,\ 0\le y\le 2\}$

11. $\iint_R \dfrac{1}{x+y}\, dA$，其中 $R = \{(x,y)\mid 1\le x\le 3,\ 1\le y\le 2\}$

12. $\iint_R e^{3x-2y}\, dA$，其中 $R = \{(x,y)\mid 0\le x\le \ln 3,\ 0\le y\le \ln 2\}$

・進階題

第 13 題至第 18 題，試計算下列的二重積分。

13. $\iint_R \dfrac{xy}{\sqrt{1+x^2+y^2}}\, dA$，其中 $R = \{(x,y)\mid 0\le x\le 2,\ 0\le y\le 2\}$

14. $\iint_R ye^{xy}\, dA$，其中 $R = \{(x,y)\mid 0\le x\le 1,\ 0\le y\le 2\}$

15. $\iint_R \dfrac{1}{1+y^2}\, dA$，其中 $R = \{(x,y)\mid -2\le x\le 2,\ 0\le y\le 2\}$

16. $\iint_R (x\cos y - y\cos x)\, dA$，其中 $R = \{(x,y)\mid 0\le x\le \dfrac{\pi}{6},\ 0\le y\le \dfrac{\pi}{3}\}$

17. $\iint_R \dfrac{1+x}{1+y}\, dA$，其中 $R = \{(x,y)\mid 0\le x\le 2,\ 0\le y\le 2\}$

18. $\iint_R xye^{xy^2}\, dA$，其中 $R = \{(x,y)\mid 0\le x\le 1,\ 0\le y\le 1\}$

19. 設四方形區域 $R = \{(x,y)\mid 0\le x\le 2,\ 0\le y\le 2\}$，試求函數 $z = x^2 + 2xy$ 之圖形的下方及四方形區域 R 之上方所圍成之立體的體積。

11-3　一般區域之二重積分

這一節我們將介紹兩個變數函數在一般區域上的二重積分。

● 一般區域上的二重積分

設函數 $z=f(x,y)$ 在一個有界且封閉的平面區域 D 上連續，我們想定義函數 f 在平面區域 D 上的二重積分 $\iint\limits_D f(x,y)\,dA$。（請參考圖 11-4）

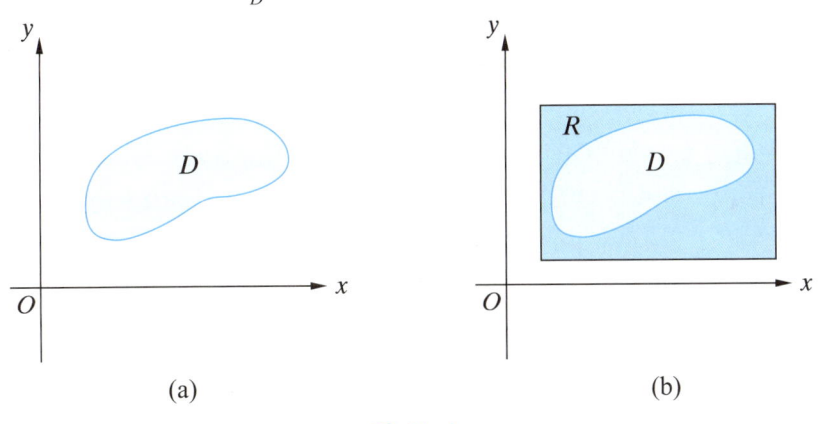

(a)　　　　　　　　　　(b)
圖 11-4

因為函數 f 定義在一個有界的平面區域 D 上，所以一定可以找到一個四方形區域 R 使得 $D \subseteq R$。現在我們在四方形區域 R 上定義一個新函數 $z=F(x,y)$ 如下：$F(x,y)=f(x,y)$，$(x,y) \in D$ 且 $F(x,y)=0$，$(x,y) \in R \cap D^c$，則在我們的假設條件下可以證明二重積分 $\iint\limits_R F(x,y)\,dA$ 會存在。因此，我們定義函數 $z=f(x,y)$ 在平面區域 D 上的二重積分為

$$\iint\limits_D f(x,y)\,dA = \iint\limits_R F(x,y)\,dA 。$$

如此一來，我們就將四方形區域 R 上二重積分推廣到一般區域 D 上的二重積分了。如果 $f(x,y) \geq 0 \ \forall (x,y) \in D$，則二重積分 $\iint\limits_D f(x,y)\,dA$ 的幾何意義為函數 f 之圖下方與平面區域 D 的上方所圍成之立體的體積。(請參考圖 11-5)

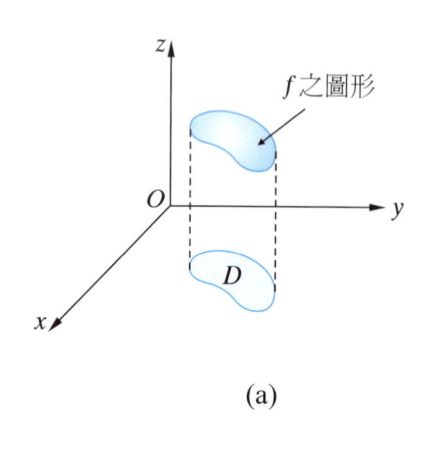

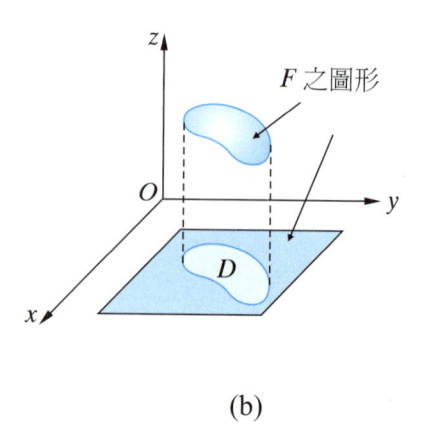

(a)　　　　　　　　　　　　　　　　(b)

圖 11-5

現在的問題是如何計算一般區域 D 上的二重積分 $\iint_D f(x,y)\,dA$？

在介紹定理之前，我們先介紹兩個比較特別的平面區域，一個稱為**第一型區域**（region of type I），而另一個稱為**第二型區域**（region of type II）。請看下面的兩個定義。

Definition 11.3.1　(Region of Type I)

Let the functions $y = g_1(x)$ and $y = g_2(x)$ be continuous on the closed interval $[a,b]$. The region $D_1 = \{(x,y) \mid a \leq x \leq b,\ g_1(x) \leq y \leq g_2(x)\}$ is called the region of type I.

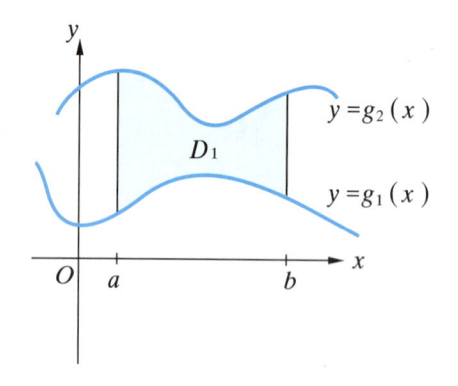

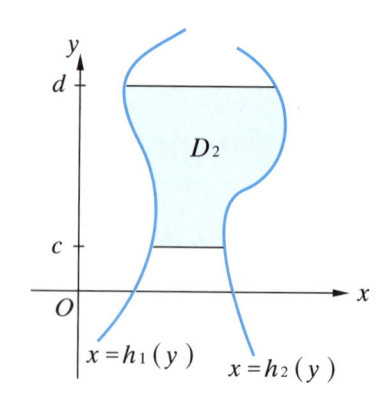

D_1 為第一型區域　　　　　　　　　　D_2 為第二型區域

圖 11-6　　　　　　　　　　　　　　　圖 11-7

> **Definition 11.3.2** (Region of Type II)
> Let the functions $x = h_1(y)$ and $x = h_2(y)$ be continuous on the closed interval $[c,d]$. The region $D_2 = \{(x,y) | h_1(y) \leq x \leq h_2(y), c \leq y \leq d\}$ is called the region of type II.

下面的兩個例題介紹這兩個區域之間的轉換，有時候在計算二重積分時非常有用。

範例 1

設平面區域 D 為函數 $y = x^2$ 之圖形與直線 $y = x$ 之圖形所圍成之區域，則此區域可以是第一型區域，也可以是第二型區域。

① $D = D_1 = \{(x,y) | 0 \leq x \leq 1, x^2 \leq y \leq x\}$ （請參考圖 11-8）

② $D = D_2 = \{(x,y) | y \leq x \leq \sqrt{y}, 0 \leq y \leq 1\}$ （請參考圖 11-9）

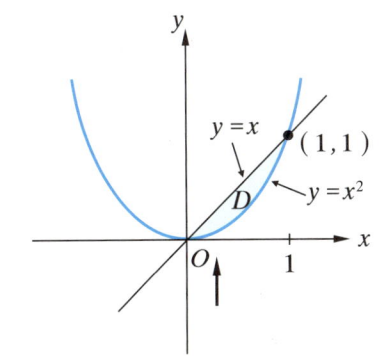

$D = D_1 = \{(x,y) | 0 \leq x \leq 1, x^2 \leq y \leq x\}$

圖 11-8

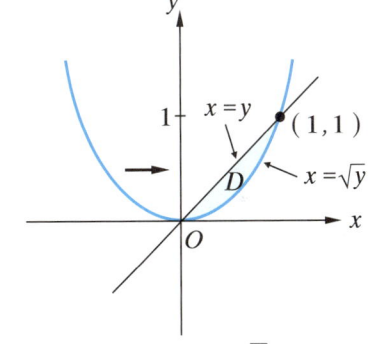

$D = D_2 = \{(x,y) | y \leq x \leq \sqrt{y}, 0 \leq y \leq 1\}$

圖 11-9

範例 2

設平面區域 D 為拋物線 $y = x^2$、直線 $x = 1$ 與 x-軸所圍成之區域，則此區域可以是第一型區域，也可以是第二型區域。

① $D = D_1 = \{(x,y) | 0 \leq x \leq 1, 0 \leq y \leq x^2\}$ （請參考圖 11-10）

② $D = D_2 = \{(x,y) | \sqrt{y} \leq x \leq 1, 0 \leq y \leq 1\}$ （請參考圖 11-11）

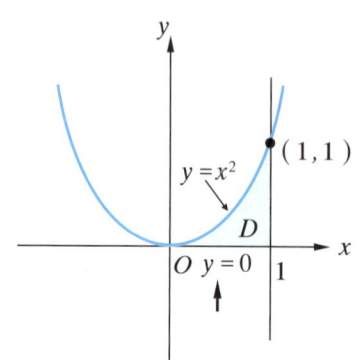

$D = D_1 = \{(x, y) \mid 0 \leq x \leq 1, 0 \leq y \leq x^2\}$

圖 11-10

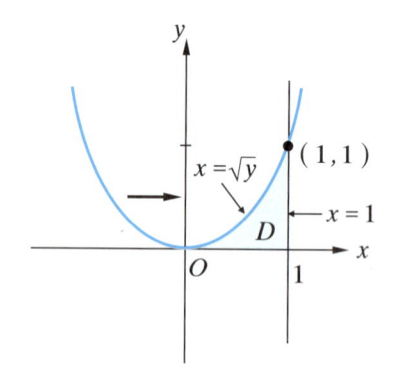

$D = D_2 = \{(x, y) \mid \sqrt{y} \leq x \leq 1, 0 \leq y \leq 1\}$

圖 11-11

現在我們就可以介紹如何計算函數在這兩個區域上的二重積分。

Theorem 11.3.1 (*Fubini's Theorem*)

Let $z = f(x, y)$ be continuous on the region $D_1 = \{(x, y) \mid a \leq x \leq b, g_1(x) \leq y \leq g_2(x)\}$.

Then $\iint\limits_{D_1} f(x, y)\, dA = \int_a^b \int_{g_1(x)}^{g_2(x)} f(x, y)\, dy\, dx$.

Theorem 11.3.2 (*Fubini's Theorem*)

Let $z = f(x, y)$ be continuous on the region $D_2 = \{(x, y) \mid h_1(y) \leq x \leq h_2(y), c \leq y \leq d\}$.

Then $\iint\limits_{D_2} f(x, y)\, dA = \int_c^d \int_{h_1(y)}^{h_2(y)} f(x, y)\, dx\, dy$.

範例 3

設平面區域 D 為拋物線 $y = x^2$、拋物線 $y = 1 + x^2$ 及兩條直線 $x = -1$ 與 $x = 1$ 所圍成之區域，試計算二重積分 $\iint\limits_D (2x + y)\, dA$。

解 （請參考圖 11-12）

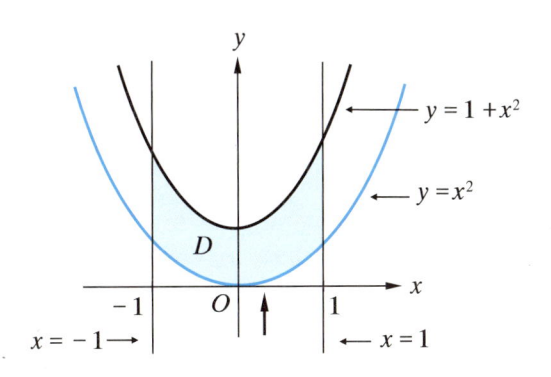

圖 11-12

由平面區域 D 之圖形，我們可以看出 D 為第一型區域且

$$D = D_1 = \left\{(x,y) \mid -1 \leq x \leq 1, x^2 \leq y \leq 1+x^2\right\}。$$

因此，由定理 11.3.1，我們有

$$\iint_D (2x+y)\, dA = \iint_{D_1} (2x+y)\, dA = \int_{-1}^{1} \int_{x^2}^{1+x^2} (2x+y)\, dy\, dx$$

$$= \int_{-1}^{1} \left[\left(2xy + \frac{y^2}{2}\right)\bigg|_{x^2}^{1+x^2} \right] dx$$

$$= \int_{-1}^{1} \left\{ \left[2x(1+x^2) + \frac{(1+x^2)^2}{2} \right] - \left[2x(x^2) + \frac{(x^2)^2}{2} \right] \right\} dx$$

$$= \int_{-1}^{1} \left(x^2 + 2x + \frac{1}{2} \right) dx = \left(\frac{x^3}{3} + x^2 + \frac{x}{2} \right)\bigg|_{-1}^{1}$$

$$= \left(\frac{1}{3} + 1 + \frac{1}{2}\right) - \left(-\frac{1}{3} + 1 - \frac{1}{2}\right) = \frac{5}{3}$$

範例 4

設平面區域 D 為拋物線 $y = x^2$ 與直線 $y = x$ 所圍成之區域，試計算二重積分 $\iint_D (3x^2 + 3y^2)\, dA$。

解 由範例 1 之圖 11-8 及圖 11-9，我們已知此區域 D 可以是第一型區域，也可以是第二型區域。

(i) 解法一：利用定理 11.3.1

此時，$D = D_1 = \{(x,y) | 0 \leq x \leq 1, x^2 \leq y \leq x\}$。

因此，$\iint_D (3x^2 + 3y^2)\, dA = \iint_{D_1} (3x^2 + 3y^2)\, dA = \int_0^1 \int_{x^2}^x (3x^2 + 3y^2)\, dydx$

$$= \int_0^1 \left[(3x^2 y + y^3) \Big|_{x^2}^x \right] dx = \int_0^1 (-x^6 - 3x^4 + 4x^3)\, dx$$

$$= \left(-\frac{x^7}{7} - \frac{3x^5}{5} + x^4 \right) \Big|_0^1 = -\frac{1}{7} - \frac{3}{5} + 1 = \frac{9}{35}$$

(ii) 解法二：利用定理 11.3.2

此時，$D = D_2 = \{(x,y) | y \leq x \leq \sqrt{y}, 0 \leq y \leq 1\}$。

因此，$\iint_D (3x^2 + 3y^2)\, dA = \iint_{D_2} (3x^2 + 3y^2)\, dA = \int_0^1 \int_y^{\sqrt{y}} (3x^2 + 3y^2)\, dxdy$

$$= \int_0^1 \left[(x^3 + 3y^2 x) \Big|_y^{\sqrt{y}} \right] dy = \int_0^1 [(y^{3/2} + 3y^{5/2}) - (y^3 + 3y^3)]\, dy$$

$$= \int_0^1 (-4y^3 + y^{3/2} + 3y^{5/2})\, dy = \left(-y^4 + \frac{2}{5} y^{5/2} + \frac{6}{7} y^{7/2} \right) \Big|_0^1$$

$$= -1 + \frac{2}{5} + \frac{6}{7} = \frac{9}{35}$$

【註】$\iint_D (3x^2 + 3y^2)\, dA = \iint_{D_1} (3x^2 + 3y^2)\, dA = \iint_{D_2} (3x^2 + 3y^2)\, dA = \frac{9}{35}$

範例 5

設平面區域 D 為拋物線 $x = y^2$ 與直線 $y = x - 2$ 所圍成之區域，試計算二重積分 $\iint_D 2xy^2\, dA$。

解 (i) 解法一：利用定理 11.3.2

由圖 11-13 所示，平面區域 D 為第二型區域，此時，

$D = D_2 = \{(x,y) | y^2 \leq x \leq y + 2, -1 \leq y \leq 2\}$。(請參考圖 11-13)

$$D = D_2 = \{(x, y) \mid y^2 \leq x \leq y+2, -1 \leq y \leq 2\}$$

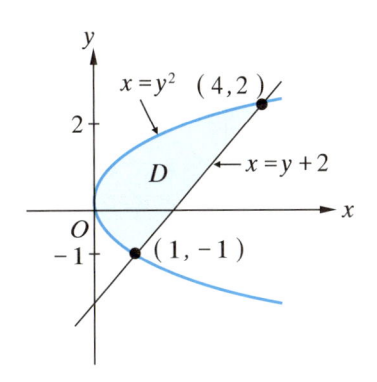

圖 11-13

【註】 將 $y = x - 2$ 代入方程式 $x = y^2$ 中，我們可得

$x = (x-2)^2 = x^2 - 4x + 4$ 或 $x^2 - 5x + 4 = 0$ 或 $(x-1)(x-4) = 0$。

而 $(x-1)(x-4) = 0 \Rightarrow x = 1$ 或 $x = 4$。

所以拋物線 $x = y^2$ 與直線 $y = x - 2$ 之兩個交點為 $(1, -1)$ 與 $(4, 2)$。

因此，$\iint_D 2xy^2 \, dA = \iint_{D_2} 2xy^2 \, dA$

$$= \int_{-1}^{2} \int_{y^2}^{y+2} 2xy^2 \, dxdy = \int_{-1}^{2} \left[(x^2 y^2) \Big|_{y^2}^{y+2} \right] dy$$

$$= \int_{-1}^{2} y^2 [(y+2)^2 - (y^2)^2] \, dy = \int_{-1}^{2} (-y^6 + y^4 + 4y^3 + 4y^2) \, dy$$

$$= \left(-\frac{y^7}{7} + \frac{y^5}{5} + y^4 + \frac{4y^3}{3} \right) \Big|_{-1}^{2}$$

$$= \left(-\frac{2^7}{7} + \frac{2^5}{5} + 2^4 + \frac{4 \cdot 2^3}{3} \right) - \left[-\frac{(-1)^7}{7} + \frac{(-1)^5}{5} + (-1)^4 + \frac{4 \cdot (-1)^3}{3} \right]$$

$$= 15 \frac{6}{35}$$

(ii) 解法二：利用定理 11.3.1

由圖 11-14 所示，平面區域 D 可以分割成兩個第一型區域，此時，

$D = D_{11} \cup D_{12}$

$= \{(x,y) \mid 0 \leq x \leq 1, -\sqrt{x} \leq y \leq \sqrt{x}\} \cup \{(x,y) \mid 1 \leq x \leq 4, x - 2 \leq y \leq \sqrt{x}\}$

$D_{11} = \{(x, y) \mid 0 \leq x \leq 1, -\sqrt{x} \leq y \leq \sqrt{x}\}$

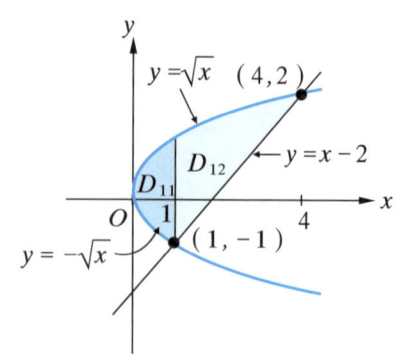

$D_{12} = \{(x, y) \mid 1 \leq x \leq 4, x-2 \leq y \leq \sqrt{x}\}$

圖 11-14

再利用隨後即將介紹的二重積分之區域可加性，我們有

$$\iint_D 2xy^2 \, dA = \iint_{D_{11}} 2xy^2 \, dA + \iint_{D_{12}} 2xy^2 \, dA = \int_0^1 \int_{-\sqrt{x}}^{\sqrt{x}} 2xy^2 \, dydx + \int_1^4 \int_{x-2}^{\sqrt{x}} 2xy^2 \, dydx \text{。}$$

① 計算 $\int_0^1 \int_{-\sqrt{x}}^{\sqrt{x}} 2xy^2 \, dydx$

$$\int_0^1 \int_{-\sqrt{x}}^{\sqrt{x}} 2xy^2 \, dydx = \int_0^1 \left[\left(\frac{2}{3} xy^3 \right) \Big|_{-\sqrt{x}}^{\sqrt{x}} \right] dx = \int_0^1 \frac{4}{3} x^{5/2} \, dx = \left(\frac{4}{3} \cdot \frac{2}{7} x^{7/2} \right) \Big|_0^1$$

$$= \frac{4}{3} \cdot \frac{2}{7} = \frac{8}{21} \text{。}$$

② 計算 $\int_1^4 \int_{x-2}^{\sqrt{x}} 2xy^2 \, dydx$

$$\int_1^4 \int_{x-2}^{\sqrt{x}} 2xy^2 \, dydx = \int_1^4 \left[\left(\frac{2}{3} xy^3 \right) \Big|_{x-2}^{\sqrt{x}} \right] dx = \int_1^4 \left[\frac{2}{3} x^{5/2} - \frac{2}{3} x(x-2)^3 \right] dx$$

$$= \int_1^4 \frac{2}{3} x^{5/2} \, dx - \int_1^4 \frac{2}{3} x(x-2)^3 \, dx$$

$$= \int_1^4 \frac{2}{3} x^{5/2} \, dx - \int_{-1}^2 \frac{2}{3} (u+2)u^3 \, du \quad (\text{設 } u = x-2)$$

$$= \int_1^4 \frac{2}{3} x^{5/2} \, dx - \int_{-1}^2 \frac{2}{3} (u^4 + 2u^3) \, du$$

$$= \frac{2}{3}\frac{2}{7}x^{7/2}\Big|_1^4 - \frac{2}{3}\left(\frac{u^5}{5} + \frac{1}{2}u^4\right)\Big|_{-1}^2$$

$$= \frac{508}{21} - \frac{141}{15} = \frac{1553}{105}$$

因此，

$$\iint_D 2xy^2\,dA = \int_0^1\int_{-\sqrt{x}}^{\sqrt{x}} 2xy^2\,dydx + \int_1^4\int_{x-2}^{\sqrt{x}} 2xy^2\,dydx = \frac{8}{21} + \frac{1553}{105} = \frac{1593}{105}$$

$$= \frac{531}{35} = 15\frac{6}{35}$$

【註】 $\iint_D 2xy^2\,dA = \iint_{D_1} 2xy^2\,dA = \iint_{D_{11}} 2xy^2\,dA + \iint_{D_{12}} 2xy^2\,dA = 15\frac{6}{35}$

二重積分之疊積分順序的對調

有時候二重積分之疊積分內之偏積分無法計算時，我們可以做區域之轉換以求得答案。例如偏積分 $\int e^{y^2}\,dy$ 或 $\int \sin x^3\,dx$ 無法順利計算。

範例 6

試計算疊積分 $\int_0^1\int_x^1 e^{y^2}\,dydx$ 。

解 （請參考圖 11-15）

由圖 11-15 可知，此疊積分之積分區域

$D = D_1 = \{(x,y)\mid 0\le x\le 1, x\le y\le 1\}$ 。

我們現在將此區域轉換成第二型區域，即

$D = D_2 = \{(x,y)\mid 0\le x\le y, 0\le y\le 1\}$ 。

則我們有

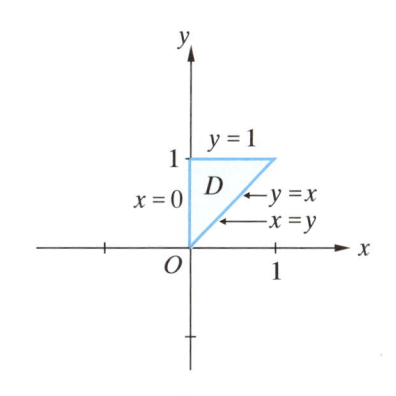

$D = D_1 = \{(x,y)\mid 0\le x\le 1, x\le y\le 1\}$
$D = D_2 = \{(x,y)\mid 0\le x\le y, 0\le y\le 1\}$

圖 11-15

$$\int_0^1 \int_x^1 e^{y^2} dy dx = \iint_D e^{y^2} dA = \iint_{D_2} e^{y^2} dA$$

$$= \int_0^1 \int_0^y e^{y^2} dx dy = \int_0^1 y e^{y^2} dy = \left(\frac{1}{2} e^{y^2}\right)\bigg|_0^1 = \frac{1}{2}(e-1) \text{。}$$

範例 7

試計算疊積分 $\int_0^1 \int_{\sqrt{y}}^1 \sin x^3 dx dy$。

解 由圖 11-16 可知，此疊積分之積分區域 $D = D_2 = \left\{(x,y) \big| \sqrt{y} \leq x \leq 1, 0 \leq y \leq 1\right\}$。我們現在將此區域轉換成第一型區域，即

$$D = D_1 = \left\{(x,y) \big| 0 \leq x \leq 1, 0 \leq y \leq x^2\right\} \text{。}$$

則我們有

$$\int_0^1 \int_{\sqrt{y}}^1 \sin x^3 dx dy = \iint_D \sin x^3 dA = \iint_{D_1} \sin x^3 dA$$

$$= \int_0^1 \int_0^{x^2} \sin x^3 dy dx$$

$$= \int_0^1 x^2 \sin x^3 dx$$

$$= -\frac{1}{3} \cos x^3 \bigg|_0^1$$

$$= \frac{1}{3}(1 - \cos 1)$$

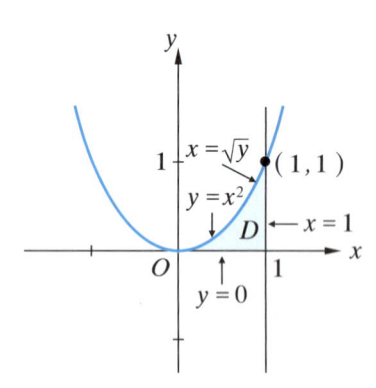

$D = D_2 = \{(x, y) \big| \sqrt{y} \leq x \leq 1, 0 \leq y \leq 1\}$
$D = D_1 = \{(x, y) \big| 0 \leq x \leq 1, 0 \leq y \leq x^2\}$

圖 11-16

● 一般區域上的二重積分之性質

設函數 $z = f(x, y)$ 及函數 $z = g(x, y)$ 在一個有界且封閉的平面區域 D 上連續，則我們有下列的一些性質：

1. $\iint_D [f(x,y) \pm g(x,y)] \, dA = \iint_D f(x,y) \, dA \pm \iint_D g(x,y) \, dA$

2. $\iint_D c f(x,y) \, dA = c \iint_D f(x,y) \, dA \quad (c \in \mathbb{R})$

3. 如果 $f(x,y) \geq 0 \quad \forall (x,y) \in D$，則 $\iint_D f(x,y)\, dA \geq 0$

4. (區域可加性)

   如果 $D = D^1 \cup D^2$ 且 D^1 與 D^2 的內點都不屬於 $D^1 \cap D^2$，則

   $$\iint_D f(x,y)\, dA = \iint_{D^1} f(x,y)\, dA + \iint_{D^2} f(x,y)\, dA$$

5. 如果 $f(x,y) = 1 \quad \forall (x,y) \in D$，則 $\iint_D 1\, dA = A(D)$

   ($A(D)$ 表示平面區域 D 的面積)

【註】

① 如果 $D = D_1$ 時，則 $A(D) = \iint_{D_1} 1\, dA = \int_a^b \int_{g_1(x)}^{g_2(x)} 1\, dydx = \int_a^b [g_2(x) - g_1(x)]\, dx$。

② 如果 $D = D_2$ 時，則 $A(D_2) = \iint_{D_2} 1\, dA = \int_c^d \int_{h_1(y)}^{h_2(y)} 1\, dxdy = \int_c^d [h_2(y) - h_1(y)]\, dy$。

6. 如果 $m \leq f(x,y) \leq M \quad \forall (x,y) \in D$，則

   $m A(D) \leq \iint_D f(x,y)\, dA \leq M A(D)$

● 函數在一般區域上之平均值

設函數 $z = f(x,y)$ 在一個有界且封閉的平面區域 D 上連續，此時，一定可以在 D 內找到兩個點 (x_0, y_0) 及 (x_1, y_1)，使得 $m = f(x_0, y_0)$ 為函數 $z = f(x,y)$ 在平面區域 D 上的極小值，且 $M = f(x_1, y_1)$ 為函數 $z = f(x,y)$ 在平面區域 D 上的極大值。

因此，由上面的性質 6，我們有 $m \leq \dfrac{\iint_D f(x,y)\, dA}{A(D)} \leq M$。因為函數 $z = f(x,y)$ 在平面區域 D 上連續，所以一定可以在 D 內找到一個點 (c_1, c_2) 使得

$$\dfrac{\iint_D f(x,y)\,dA}{A(D)} = f(c_1, c_2) \quad \text{或} \quad \iint_D f(x,y)\, dA = A(D) \cdot f(c_1, c_2)$$

如果 $f(x,y) \geq 0 \quad \forall (x,y) \in D$，則表示函數圖形的下方與平面區域 D 的上方所圍成之立體體積等於底面積為 $A(D)$ 且高為 $f(c_1, c_2)$ 之立體體積。

如此一來，我們就有下面的定義了。

Definition 11.3.3 (Average Value of A Function on D)

Let the functions $z = f(x,y)$ be continuous on a closed and bounded region D. The average value of a function on D, denoted by f_{ave}, is defined by

$$f_{ave} = \frac{\iint_D f(x,y)\,dA}{A(D)}.$$

範例 8

設平面區域 D 為函數 $y = x^2$ 之圖形與直線 $y = x$ 所圍成之區域，試計算函數 $f(x,y) = 3x^2 + 3y^2$ 在平面區域 D 上的平均值。

解

(i) 由範例 4，我們已知 $\iint_D (3x^2 + 3y^2)\,dA = \dfrac{9}{35}$。

(ii) $A(D) = \iint_D 1\,dA = \iint_{D_1} 1\,dA = \int_0^1 \int_{x^2}^x 1\,dydx = \int_0^1 (x - x^2)\,dx = \left(\dfrac{x^2}{2} - \dfrac{x^3}{3}\right)\Big|_0^1 = \dfrac{1}{6}$。

因此，函數 $f(x,y) = 3x^2 + 3y^2$ 在平面區域 D 上的平均值為

$$f_{ave} = \frac{\iint_D f(x,y)\,dA}{A(D)} = \frac{\dfrac{9}{35}}{\dfrac{1}{6}} = \frac{54}{35}。$$

習題演練

· 基本題

第 1 題至第 6 題，試計算下列的疊積分。

1. $\int_0^3 \int_0^{x^2} (3x - 2y)\,dydx$

2. $\int_0^9 \int_{\sqrt{y}}^3 (3x - 2y)\,dxdy$

3. $\int_0^1 \int_{x^2}^x y\sin x\,dydx$

4. $\int_0^1 \int_y^{\sqrt{y}} y\sin x\,dxdy$

5. $\int_0^1 \int_{x^3}^1 (3x^2 - 2xy)\,dydx$

6. $\int_0^1 \int_0^{y^{1/3}} (3x^2 - 2xy)\,dxdy$

第 7 題至第 12 題，試計算下列的二重積分。

7. $\iint_D (3x - 2y)\,dA$，其中 D 是由 x-軸、直線 $x = 3$ 及拋物線 $y = x^2$ 所圍成之區域。

8. $\iint_D y\sin x\,dA$，其中 D 是由直線 $y = x$ 及拋物線 $y = x^2$ 所圍成之區域。

9. $\iint\limits_D (3x^2 - 2xy)\ dA$，其中 D 是由 y-軸、直線 $y = 1$ 及曲線 $y = x^3$ 所圍成之區域。

10. $\iint\limits_D \dfrac{1}{x}\ dA$，其中 $D = \left\{(x, y)\ \middle|\ y^2 \le x \le y^4,\ 1 \le y \le e\right\}$

11. $\iint\limits_D xy^2\ dA$，其中 D 是由 y-軸、直線 $y = 1$ 及曲線 $y = x^3$ 所圍成之區域。

12. $\iint\limits_D (2x - 3y^2)\ dA$，其中 D 是由頂點為 $(0,0)$、$(3,0)$ 及 $(0,3)$ 所圍成之三角形區域。

- **進階題**

第 13 題至第 16 題，試計算下列的二重積分。

13. $\iint\limits_D \dfrac{y}{2 + x^3}\ dA$，其中 $D = \left\{(x, y)\ \middle|\ 0 \le x \le 1,\ 0 \le y \le 2x\right\}$

14. $\iint\limits_D \sqrt{\dfrac{2x^2 + 7}{y}}\ dA$，其中 $D = \left\{(x, y)\ \middle|\ 1 \le x \le 3,\ \dfrac{x^2}{4} \le y \le x^2\right\}$

15. $\iint\limits_D e^{x/y}\ dA$，其中 $D = \left\{(x, y)\ \middle|\ y \le x \le y^3,\ 1 \le y \le 2\right\}$

16. $\iint\limits_D e^y \cos x\ dA$，其中 $D = \left\{(x, y)\ \middle|\ \dfrac{\pi}{6} \le x \le \dfrac{\pi}{4},\ 0 \le y \le \sin x\right\}$

第 17 題至第 22 題，試利用改變積分的順序計算下列的疊積分。

17. $\int_0^4 \int_{\sqrt{y}}^2 \cos x^3\ dxdy$ 18. $\int_0^3 \int_{y^2}^9 y\sin x^2\ dxdy$ 19. $\int_0^1 \int_{\sqrt{y}}^1 \sqrt{x^3 + 2}\ dxdy$

20. $\int_0^1 \int_{x^2}^1 x^3 \cos y^3\ dydx$ 21. $\int_0^1 \int_{2x}^2 \sin y^2\ dydx$ 22. $\int_0^2 \int_{x^2}^4 \dfrac{1}{2 + y^{3/2}}\ dydx$

第 23 題至第 28 題，試求由給定之方程式圖形所圍成之立體在第一象限的體積。

23. $z = 4 - x^2$，$x + y = 2$，$x = 0$，$y = 0$，$z = 0$
24. $z = x^3$，$x = 4y^2$，$16y = x^2$，$z = 0$
25. $x^2 + y^2 = 16$，$x = z$，$y = 0$，$z = 0$
26. $x^2 + z^2 = 9$，$x + 2y = 2$，$x = 0$，$y = 0$，$z = 0$
27. $x + y + z = 1$，$x = 0$，$y = 0$，$z = 0$
28. $x^2 + y^2 = 9$，$y^2 + z^2 = 9$

11-4 極座標之二重積分

這一節我們將介紹計算二重積分的一個特殊方法，即透過極座標之轉換後，以方便計算二重積分 $\iint_D f(x,y)dA$。

有很多直角座標之平面區域，經過極座標之轉換後，即令 $x = r\cos\theta$、$y = r\sin\theta$ 且 $x^2 + y^2 = r^2$，可以變成極座標之四方形區域、極座標之第一型區域或極座標之第二型區域。例如：

1. 如果 $R = \{(x, y) | 0 \le x^2 + y^2 \le 9\}$，則此區域之極座標區域為四方形區域 $R = \{(r, \theta) | 0 \le r \le 3,\ 0 \le \theta \le 2\pi\}$。(請參考圖 11-17)

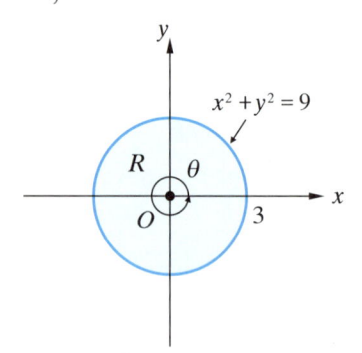

$R = \{(r,\theta) | 0 \le r \le 3,\ 0 \le \theta \le 2\pi\}$

圖 11-17

2. 如果 $R = \{(x, y) | 1 \le x^2 + y^2 \le 4\}$，則此區域之極座標區域為四方形區域 $R = \{(r, \theta) | 1 \le r \le 2,\ 0 \le \theta \le 2\pi\}$。(請參考圖 11-18)

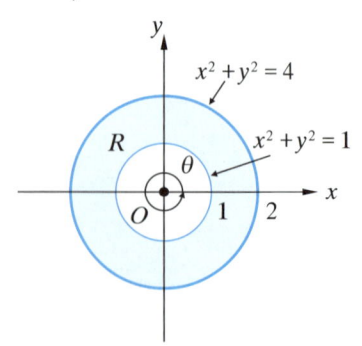

$R = \{(r,\theta) | 1 \le r \le 2,\ 0 \le \theta \le 2\pi\}$

圖 11-18

3. 如果平面區域 D 為兩直線 $y = x$ 與 $x = 1$ 及 x-軸所圍成之區域，則此區域之極座標區域為第二型區域 $D = D_2 = \left\{(r, \theta) \middle| 0 \leq r \leq \dfrac{1}{\cos\theta},\ 0 \leq \theta \leq \dfrac{\pi}{4}\right\}$。

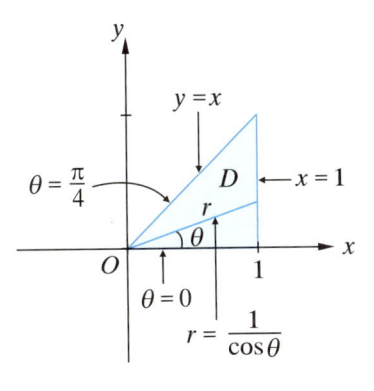

(請參考圖 11-19)

$$D = \left\{(r, \theta) \middle| 0 \leq r \leq \dfrac{1}{\cos\theta},\ 0 \leq \theta \leq \dfrac{\pi}{4}\right\}$$

圖 11-19

4. 如果平面區域 D 為三直線 $y = x$、$x = \dfrac{1}{2}$ 與 $x = 1$ 及 x-軸所圍成之區域，則此區域之極座標區域為第二型區域

$D = D_2 = \left\{(r, \theta) \middle| \dfrac{1}{2\cos\theta} \leq r \leq \dfrac{1}{\cos\theta},\ 0 \leq \theta \leq \dfrac{\pi}{4}\right\}$。（請參考圖 11-20）

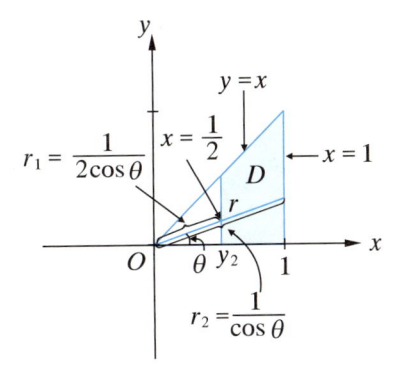

$$D = \left\{(r, \theta) \middle| \dfrac{1}{2\cos\theta} \leq r \leq \dfrac{1}{\cos\theta},\ 0 \leq \theta \leq \dfrac{\pi}{4}\right\}$$

圖 11-20

我們先處理直角座標之平面區域，經過極座標之轉換後變成極座標之四方形區域之二重積分。(請參考圖 11-21)

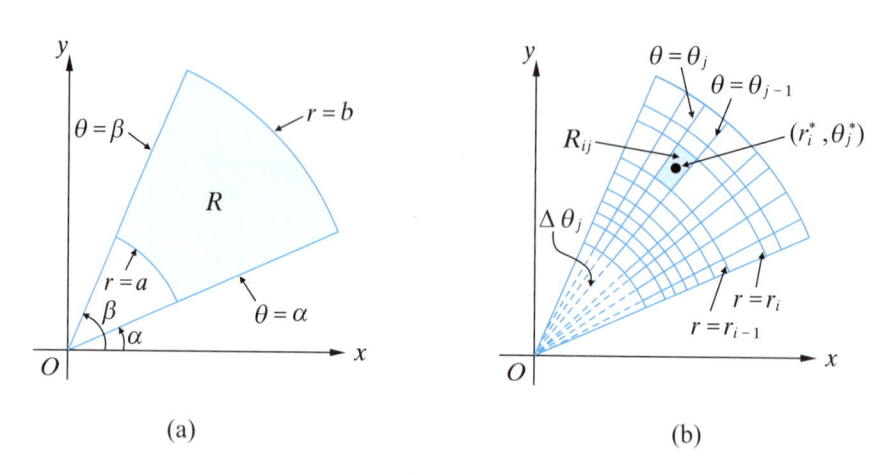

圖 11-21

設函數 $z = f(x, y)$ 在平面區域 R 上連續，且設平面區域 R 之極座標表示為四方形區域 $R = \{(r, \theta) | 0 \leq a \leq r \leq b, \alpha \leq \theta \leq \beta\}$，其中 $0 \leq \beta - \alpha \leq 2\pi$。

再設 $P_r = \{a = r_0, r_1, \cdots, r_{n-1}, r_n = b\}$ 為閉區間 $[a, b]$ 的一個分割
及 $P_\theta = \{\alpha = \theta_0, \theta_1, \cdots, \theta_{m-1}, \theta_m = \beta\}$ 為閉區間 $[\alpha, \beta]$ 的一個分割，其中
$\Delta r_i = r_i - r_{i-1}$, $i = 1, 2, \cdots, n$. 且 $\Delta \theta_j = \theta_j - \theta_{j-1}$, $j = 1, 2, \cdots, m$.
換言之，我們以 n 個同心圓 (圓心為 $(0,0)$) $r = r_i$, $i = 1, 2, \cdots, n$ 及 m 條射線 (起始點為 $(0,0)$) $\theta = \theta_j$, $j = 1, 2, \cdots, m$，將區域 $R = \{(r, \theta) | 0 \leq a \leq r \leq b, \alpha \leq \theta \leq \beta\}$ 分割成 $n \cdot m$ 個小區域，記成 R_{11}、…、R_{1m}、R_{21}、…、R_{2m}、…、R_{n1}、…、R_{nm}，其中
$$R_{ij} = \{(r, \theta) | r_{i-1} \leq r \leq r_i, \theta_{j-1} \leq \theta \leq \theta_j\}, \begin{cases} i = 1, 2, \cdots, n \\ j = 1, 2, \cdots, m \end{cases},$$
且小區域 R_{ij} 的面積為 $\Delta A_{ij} = \frac{1}{2}[r_i^2 - r_{i-1}^2]\Delta \theta_j = \frac{r_i + r_{i-1}}{2} \cdot (r_i - r_{i-1})\Delta \theta_j = r_i^* \Delta r_i \Delta \theta_j$，其中令 $r_i^* = \frac{r_i + r_{i-1}}{2}$。

我們在區域 R_{ij} 內任意選擇一個點 (r_i^*, θ_j^*)，其中 $r_i^* = \frac{r_i + r_{i-1}}{2}$ 且 $\theta_j^* \in [\theta_{j-1}, \theta_j]$。
此時，如果函數 $z = f(x, y) = f(r\cos\theta, r\sin\theta)$ 在極座標的四方形區域

$R = \{(r,\theta) | 0 \leq a \leq r \leq b, \alpha \leq \theta \leq \beta\}$ 上連續，則可以證明下列的極限會存在：

$$\lim_{\substack{n\to\infty \\ m\to\infty}} \sum_{i=1}^{n}\sum_{j=1}^{m} f(r_i^*\cos\theta_j^*, r_i^*\sin\theta_j^*)\Delta A_{ij} = \lim_{\substack{n\to\infty \\ m\to\infty}} \sum_{i=1}^{n}\sum_{j=1}^{m} f(r_i^*\cos\theta_j^*, r_i^*\sin\theta_j^*)r_i^*\Delta r_i \Delta \theta_j$$

$$= \lim_{\substack{n\to\infty \\ m\to\infty}} \sum_{i=1}^{n}\sum_{j=1}^{m} \tilde{f}(r_i^*,\theta_j^*)\Delta r_i \Delta \theta_j，$$

其中 $\tilde{f}(r,\theta) = f(r\cos\theta, r\sin\theta)r$。

而極限 $\lim_{\substack{n\to\infty \\ m\to\infty}} \sum_{i=1}^{n}\sum_{j=1}^{m} \tilde{f}(r_i^*,\theta_j^*)\Delta r_i \Delta \theta_j$ 正好是函數 $\tilde{f}(r,\theta) = f(r\cos\theta, r\sin\theta)r$ 在四方形區域 $R = \{(r,\theta) | 0 \leq a \leq r \leq b, \alpha \leq \theta \leq \beta\}$ 上之黎曼和的極限，因此，我們有

$$\iint_R \tilde{f}(r,\theta)dA = \lim_{\substack{n\to\infty \\ m\to\infty}} \sum_{i=1}^{n}\sum_{j=1}^{m} \tilde{f}(r_i^*,\theta_j^*)\Delta r_i \Delta \theta_j = \int_\alpha^\beta \int_a^b \tilde{f}(r,\theta)drd\theta$$

$$= \int_\alpha^\beta \int_a^b f(r\cos\theta, r\sin\theta)rdrd\theta$$

也因此，我們有二重積分之極座標轉換公式

$$\iint_R f(x,y)dA = \int_\alpha^\beta \int_a^b f(r\cos\theta, r\sin\theta)rdrd\theta \ 。$$

我們將上面的結果寫成一個定理。

Theorem 11.4.1 (Double Integral In Polar Coordinates (I))

If the function $z = f(x,y)$ is continuous on a polar rectangle

$$R = \{(r,\theta) | 0 \leq a \leq r \leq b, \alpha \leq \theta \leq \beta\}, \text{ where } 0 \leq \beta - \alpha \leq 2\pi.$$

Then $\iint_R f(x,y)dA = \int_\alpha^\beta \int_a^b f(r\cos\theta, r\sin\theta)rdrd\theta$.

範例 1

如果平面區域 $R = \{(x,y) | 1 \leq x^2 + y^2 \leq 4\}$，試計算 $\iint_R e^{x^2+y^2}dA$。

解 由圖 11-18 可知，此區域之極座標區域為四方形區域

$$R = \{(r,\theta) \mid 1 \leq r \leq 2,\ 0 \leq \theta \leq 2\pi\}。$$

因此，由定理 11.4.1，我們有

$$\iint_R e^{x^2+y^2}\,dA = \int_0^{2\pi}\int_1^2 e^{r^2} r\,dr\,d\theta = \int_0^{2\pi}\int_1^2 e^{r^2} r\,dr\,d\theta = \int_0^{2\pi} \left.\frac{e^{r^2}}{2}\right|_1^2 d\theta$$

$$= \int_0^{2\pi} \frac{e^4 - e}{2} d\theta = \left.\frac{e^4 - e}{2}\theta\right|_0^{2\pi} = (e^4 - e)\pi。$$

範例 2

試計算由拋物體 $z = 4 - x^2 - y^2$ 及 xy-平面所圍成之立體的體積。

解 由於此拋物體 $z = 4 - x^2 - y^2$ 與 xy-平面(或 $z=0$)之交集為半徑 $r=2$ 的圓，其方程式為 $x^2 + y^2 = 2^2$，所以此立體位於拋物體 $z = 4 - x^2 - y^2$ 之下方及在圓區域 $R = \{(x,y) \mid x^2 + y^2 \leq 4\}$ 的上方。(請參考圖 11-22)

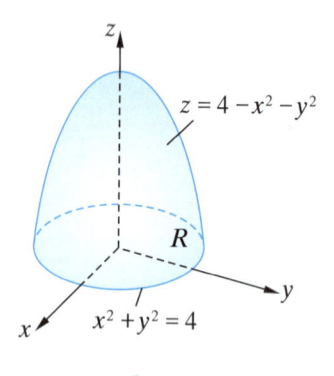

圖 11-22

而此區域之極座標區域為 $R = \{(r,\theta) \mid 0 \leq r \leq 2,\ 0 \leq \theta \leq 2\pi\}$

因此，此立體的體積為

$$V = \iint_R (4 - x^2 - y^2)\,dA = \int_0^{2\pi}\int_0^2 (4 - r^2) r\,dr\,d\theta$$

$$= \int_0^{2\pi}\int_0^2 (4r - r^3)\,dr\,d\theta = \int_0^{2\pi}\left.\left(2r^2 - \frac{r^4}{4}\right)\right|_0^2 d\theta$$

$$= \int_0^{2\pi} 4\,d\theta = 4\theta\Big|_0^{2\pi} = 8\pi$$

【註】如果不用極座標轉換，則此立體的體積計算為

$$V = \iint_R (4 - x^2 - y^2)\,dA = \int_{-2}^{2}\int_{-\sqrt{4-x^2}}^{\sqrt{4-x^2}} (4 - x^2 - y^2)\,dy\,dx。$$

如果函數 $z = f(x, y)$ 在平面區域 D 上連續，且設平面區域 D 之極座標表示為第二型區域 $D = \{(r, \theta) | h_1(\theta) \leq r \leq h_2(\theta), \alpha \leq \theta \leq \beta\}$，其中 $0 \leq \beta - \alpha \leq 2\pi$。此時可以仿照 11-3 節之步驟，將二重積分之極座標轉換公式推廣至第二型區域上，於是我們可以得到下面的定理。

Theorem 11.4.2 (Double Integral In Polar Coordinates (II))

If the function $z = f(x, y)$ is continuous on a polar region

$$D = \{(r, \theta) | h_1(\theta) \leq r \leq h_2(\theta), \alpha \leq \theta \leq \beta\}, \text{ where } 0 \leq \beta - \alpha \leq 2\pi,$$

Then $\iint\limits_D f(x, y) \, dA = \int_\alpha^\beta \int_{h_1(\theta)}^{h_2(\theta)} f(r\cos\theta, r\sin\theta) r \, dr \, d\theta$.

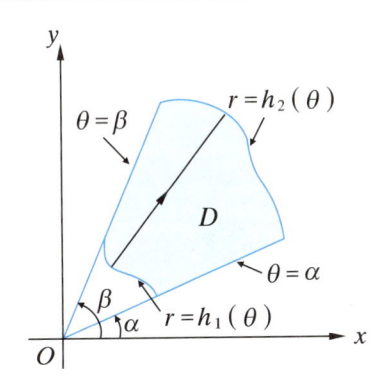

圖 11-23

範例 3

如果平面區域 D 為兩直線 $y = x$ 與 $x = 1$ 及 x-軸所圍成之區域，試計算 $\iint\limits_D \sqrt{x^2 + y^2} \, dA$。

解 由圖 11-20 可知，此區域之極座標區域為第二型區域

$$D = \left\{(r, \theta) \middle| 0 \leq r \leq \frac{1}{\cos\theta}, 0 \leq \theta \leq \frac{\pi}{4}\right\} \text{ 或 } D = \left\{(r, \theta) \middle| 0 \leq r \leq \sec\theta, 0 \leq \theta \leq \frac{\pi}{4}\right\}。$$

因此，由定理 11.4.2，我們有

$$\iint\limits_D \sqrt{x^2 + y^2} \, dA = \int_0^{\pi/4} \int_0^{\sec\theta} \sqrt{r^2} \, r \, dr \, d\theta = \int_0^{\pi/4} \int_0^{\sec\theta} r^2 \, dr \, d\theta$$

$$= \int_0^{\pi/4} \left[\frac{r^3}{3} \Big|_0^{\sec\theta} \right] d\theta = \int_0^{\pi/4} \frac{\sec^3\theta}{3} d\theta$$

$$= \frac{1}{6}(\sec\theta\tan\theta + \ln|\sec\theta + \tan\theta|)\Big|_0^{\pi/4}$$

$$= \frac{1}{6}[\sqrt{2} + \ln(1+\sqrt{2})]$$

【註】 $\int \sec^3 x \, dx = \frac{1}{2}[\sec x \tan x + \ln|\sec x + \tan x|] + C$

範例 4

如果平面區域 $D = \{(x,y) | (x-1)^2 + y^2 \leq 1\}$，試計算 $\iint_D xy^2 dA$。

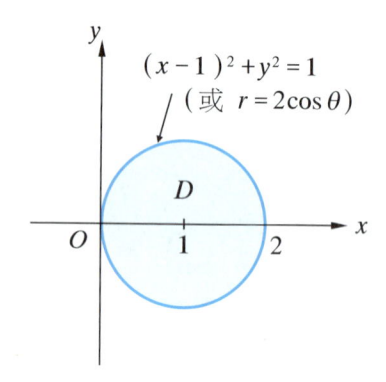

解 （請參考圖 11-24 ）

圖 11-24

由圖 11-24 可知平面區域 $D = \{(x,y) | (x-1)^2 + y^2 \leq 1\}$ 為一個以點 $(1,0)$ 為圓心而半徑 $r=1$ 的圓區域。將 $x = r\cos\theta$ 及 $y = r\sin\theta$ 代入方程式 $(x-1)^2 + y^2 = 1$ 或 $x^2 + y^2 = 2x$，我們有 $r^2 = 2r\cos\theta$ 或 $r = 2\cos\theta$。

所以此區域之極座標區域為第二型區域 $D = \left\{ (r,\theta) \Big| 0 \leq r \leq 2\cos\theta, -\frac{\pi}{2} \leq \theta \leq \frac{\pi}{2} \right\}$。

因此，$\iint_D xy^2 dA = \int_{-\frac{\pi}{2}}^{\frac{\pi}{2}} \int_0^{2\cos\theta} (r\cos\theta)(r\sin\theta)^2 \, r \, dr \, d\theta$

$$= \int_{-\frac{\pi}{2}}^{\frac{\pi}{2}} \int_0^{2\cos\theta} r^4 \cos\theta \sin^2\theta \, dr \, d\theta$$

$$= \int_{-\frac{\pi}{2}}^{\frac{\pi}{2}} \cos\theta \sin^2\theta \left[\frac{r^5}{5} \bigg|_0^{2\cos\theta} \right] d\theta$$

$$= \frac{32}{5} \int_{-\frac{\pi}{2}}^{\frac{\pi}{2}} \cos^6\theta \sin^2\theta \, d\theta = \frac{32}{5} \int_{-\frac{\pi}{2}}^{\frac{\pi}{2}} (\cos^6\theta - \cos^8\theta) \, d\theta$$

$$= \frac{64}{5} \int_0^{\frac{\pi}{2}} (\cos^6\theta - \cos^8\theta) \, d\theta$$

$$= \frac{64}{5} \left[\frac{5}{6} \cdot \frac{3}{4} \cdot \frac{1}{2} \cdot \frac{\pi}{2} - \frac{7}{8} \cdot \frac{5}{6} \cdot \frac{3}{4} \cdot \frac{1}{2} \cdot \frac{\pi}{2} \right] = \frac{\pi}{4}$$

【註】我們已證明下面的降階公式：

$$\int \sin^n x \, dx = -\frac{1}{n} \cos x \sin^{n-1} x + \frac{n-1}{n} \int \sin^{n-2} x \, dx \quad (n \geq 2)$$

及 $\int_0^{\pi/2} \sin^n x \, dx = \begin{cases} \dfrac{n-1}{n} \cdot \dfrac{n-3}{n-2} \cdots \dfrac{2}{3} \cdot 1 \, , \, n = 3, 5, 7, \cdots \\ \dfrac{n-1}{n} \cdot \dfrac{n-3}{n-2} \cdots \dfrac{3}{4} \cdot \dfrac{1}{2} \cdot \dfrac{\pi}{2} \, , \, n = 2, 4, 6, \cdots \end{cases}$。(請參考 6-2 節)

我們同樣可以證明下面的降階公式：

$$\int \cos^n x \, dx = \frac{1}{n} \sin x \cos^{n-1} x + \frac{n-1}{n} \int \cos^{n-2} x \, dx \quad (n \geq 2)$$

及 $\int_0^{\pi/2} \cos^n x \, dx = \begin{cases} \dfrac{n-1}{n} \cdot \dfrac{n-3}{n-2} \cdots \dfrac{2}{3} \cdot 1 \, , \, n = 3, 5, 7, \cdots \\ \dfrac{n-1}{n} \cdot \dfrac{n-3}{n-2} \cdots \dfrac{3}{4} \cdot \dfrac{1}{2} \cdot \dfrac{\pi}{2} \, , \, n = 2, 4, 6, \cdots \end{cases}$

習題演練

・基本題

第 1 題至第 6 題，試利用極座標轉換計算下列的疊積分。

1. $\int_0^2 \int_0^{\sqrt{4-x^2}} \sin(x^2 + y^2) \, dy \, dx$

2. $\int_0^2 \int_0^{\sqrt{4-y^2}} (x^2 + y^2)^{2/3} \, dx \, dy$

3. $\int_{-1}^{1}\int_{-\sqrt{1-x^2}}^{\sqrt{1-x^2}} e^{x^2+y^2}\,dydx$

4. $\int_{0}^{3}\int_{0}^{\sqrt{9-y^2}} 3xy^2\,dxdy$

5. $\int_{0}^{2}\int_{-\sqrt{4-x^2}}^{\sqrt{4-x^2}} xy\,dydx$

6. $\int_{0}^{1}\int_{0}^{\sqrt{1-y^2}} e^{\sqrt{x^2+y^2}}\,dxdy$

- **進階題**

第 7 題至第 12 題，試利用極座標轉換計算下列的疊積分。

7. $\int_{0}^{2}\int_{-\sqrt{8-y^2}}^{-y}(2x+2y)\,dxdy$

8. $\int_{0}^{1}\int_{x}^{\sqrt{2x-x^2}} y\,dydx$

9. $\int_{1}^{2}\int_{0}^{x}\dfrac{1}{\sqrt{x^2+y^2}}\,dydx$

10. $\int_{0}^{\sqrt{3}/2}\int_{1/2}^{\sqrt{1-x^2}}\sqrt{x^2+y^2}\,dydx$

11. $\int_{0}^{\sqrt{2}}\int_{y}^{\sqrt{4-y^2}}\sqrt{x^2+y^2}\,dxdy$

12. $\int_{0}^{4}\int_{3}^{\sqrt{25-x^2}} x\,dydx$

第 13 題至第 15 題，試利用極座標轉換計算下列的二重積分。

13. $\iint_{D} e^{-(x^2+y^2)}\,dA$，其中 $D=\{(x,y)\,|\,x^2+y^2\leq 4\}$

14. $\iint_{D}\sqrt{9-x^2-y^2}\,dA$，其中 $D=\{(x,y)\,|\,1\leq x^2+y^2\leq 3\}$

15. $\iint_{D}(x+y)\,dA$，其中 D 為由方程式 $x^2+y^2-2y=0$ 所圍成的區域。

11-5 二重積分之變數變換

這一節我們將介紹在計算二重積分時非常有用的積分技巧，即二重積分之變數變換，而極座標轉換只是它的特例。

設平面區域 D 為 xy-平面上的第一型或第二型區域及平面區域 S 為 uv-平面上的第一型或第二型區域。我們考慮一個從 uv-平面對應到 xy-平面的**變數變換** (transformation) T，其定義如下：

如果點 $(u,v)\in S$，則存在唯一的一個點 $(x,y)\in D$ 使得

$$T(u,v)=(g(u,v),h(u,v))=(x,y)$$

或 $x=g(u,v)$ 且 $y=h(u,v)$。（請參考圖 11-25）

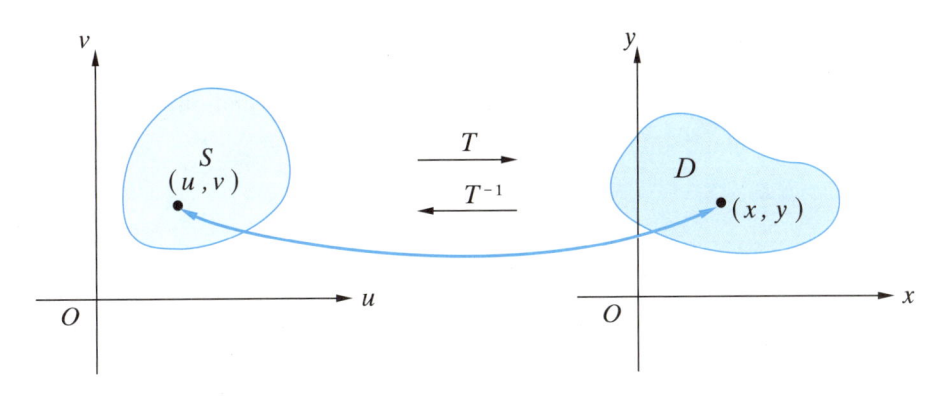

圖 11-25

通常我們假設函數 g 與 h 都有連續的一階偏導函數，此時符號記成 $T \in C^1$。

如果平面區域 D 上的每一個點 (x,y) 都只能在平面區域 S 上找到一個點 (u,v) 使得 $x = g(u,v)$ 且 $y = h(u,v)$，則我們稱此變數變換 T 為 1 對 1 變換。

如果 T 為 1 對 1 變換，則解聯立方程組 $\begin{cases} x = g(u,v) \\ y = h(u,v) \end{cases}$，我們可以得到唯一的解 $u = \tilde{g}(x,y)$ 且 $v = \tilde{h}(x,y)$。如此一來，我們就可以找到一個從 xy-平面對應到 uv-平面的反變數變換 T^{-1}，其定義為 $u = \tilde{g}(x,y)$ 且 $v = \tilde{h}(x,y)$。

我們先定義變數變換 T 的 Jacobian，再介紹二重積分之變數變換。

Definition 11.5 (Jacobian)
The Jacobian of the transformation T defined by $x = g(u,v)$ and $y = h(u,v)$, denoted by $\dfrac{\partial(x,y)}{\partial(u,v)}$, is given by

$$\frac{\partial(x,y)}{\partial(u,v)} = \begin{vmatrix} \dfrac{\partial x}{\partial u} & \dfrac{\partial x}{\partial v} \\ \dfrac{\partial y}{\partial u} & \dfrac{\partial y}{\partial v} \end{vmatrix} = \frac{\partial x}{\partial u} \cdot \frac{\partial y}{\partial v} - \frac{\partial x}{\partial v} \cdot \frac{\partial y}{\partial u}.$$

Theorem 11.5 (Transformation in A Double Integral)

Suppose that a transformation $T \in C^1$ is a one to one transformation which maps from a region S in uv-plane onto a region D in xy-plane, where the Jacobian of the transformation $\dfrac{\partial(x,y)}{\partial(u,v)} \neq 0$.

Then $\iint\limits_D f(x,y)\,dA = \iint\limits_S f(g(u,v), h(u,v)) \left| \dfrac{\partial(x,y)}{\partial(u,v)} \right| du\,dv$.

【註】設函數 $z = f(x,y)$ 在平面區域 D 上連續，且設平面區域 D 之極座標表示為四方形區域 $S = \{(r,\theta) \mid 0 < a \leq r \leq b, \alpha \leq \theta \leq \beta\}$，其中 $0 \leq \beta - \alpha \leq 2\pi$。

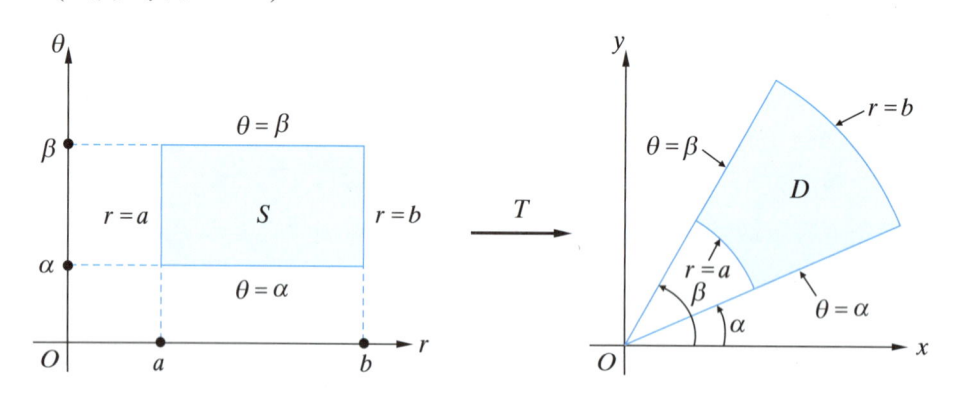

（請參考圖 11-26）

圖 11-26

我們考慮一個從為 $r\theta$-平面 S 對應到 xy-平面 D 的 1 對 1 變數變換 T，其定義如下：

$$x = g(r,\theta) = r\cos\theta \quad \text{且} \quad y = h(r,\theta) = r\sin\theta \text{。}$$

此時，變數變換 T 的 Jacobian 為

$$\dfrac{\partial(x,y)}{\partial(u,v)} = \begin{vmatrix} \dfrac{\partial x}{\partial r} & \dfrac{\partial x}{\partial \theta} \\ \dfrac{\partial y}{\partial r} & \dfrac{\partial y}{\partial \theta} \end{vmatrix} = \begin{vmatrix} \cos\theta & -r\sin\theta \\ \sin\theta & r\cos\theta \end{vmatrix} = r\cos^2\theta + r\sin^2\theta = r > 0 \text{。}$$

因此，由定理 11.5 可得

$$\iint_D f(x,y)\,dA = \iint_S f(r\cos\theta, r\sin\theta)\,r\,dr\,d\theta = \int_\alpha^\beta \int_a^b f(r\cos\theta, r\sin\theta)\,r\,dr\,d\theta \text{。}$$

換言之，二重積分的極座標轉換只是定理 11.5 的特例而已。

範例 1

假設我們已知半徑為 r 的圓 $x^2 + y^2 = r^2$ 所圍成之區域的面積為 $A = \pi r^2$，試計算橢圓 $\dfrac{x^2}{a^2} + \dfrac{y^2}{b^2} = 1$ 所圍成之區域的面積。(已知答案為 $A = \pi ab$)

解 令變數變換 T 定義如下：
$x = au$ 且 $y = bv$。

因為 $\dfrac{(au)^2}{a^2} + \dfrac{(bv)^2}{b^2} = u^2 + v^2 = 1$，所以此變數變換 T 是把單位圓 $u^2 + v^2 = 1$ 所圍成之區域 S 對應到橢圓 $\dfrac{x^2}{a^2} + \dfrac{y^2}{b^2} = 1$ 所圍成之區域 D。(請參考圖 11-27)

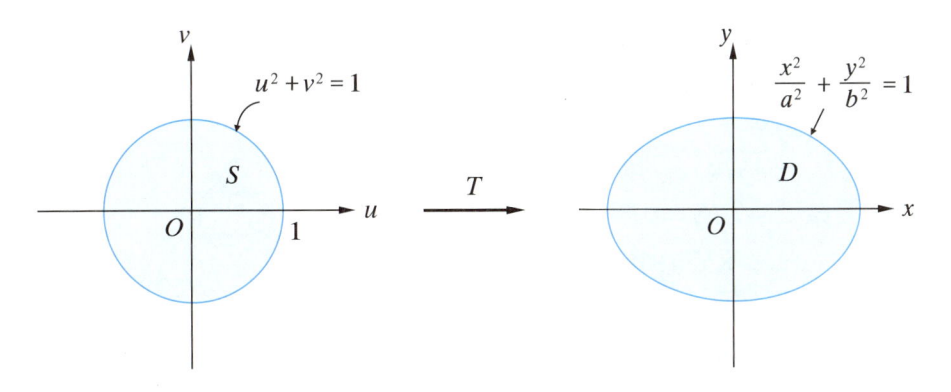

圖 11-27

而此變數變換 T 的 Jacobian 為

$$\frac{\partial(x,y)}{\partial(u,v)} = \begin{vmatrix} \dfrac{\partial x}{\partial u} & \dfrac{\partial x}{\partial v} \\ \dfrac{\partial y}{\partial u} & \dfrac{\partial y}{\partial v} \end{vmatrix} = \begin{vmatrix} a & 0 \\ 0 & b \end{vmatrix} = ab > 0 \text{。}$$

因此，橢圓 $\dfrac{x^2}{a^2} + \dfrac{y^2}{b^2} = 1$ 所圍成之區域的面積為

$$A = \iint_D 1\, dA = \iint_S \left|\frac{\partial(x,y)}{\partial(u,v)}\right| du\, dv = \iint_S ab\, du\, dv = ab \iint_S 1\, dA = ab \cdot \pi \cdot 1^2 = \pi ab \text{ 。}$$

【註】用變數變換計算橢圓 $\dfrac{x^2}{a^2} + \dfrac{y^2}{b^2} = 1$ 所圍成之區域的面積比用三角代換來計算要簡單多了。(請參考 6-4 節)

範例 2

如果平面區域 D 為一個頂點分別為 $(0,0)$、$(1,0)$ 及 $(1,1)$ 的三角形，試計算二重積分 $\iint_R (x+y)(x-y)^{2/3}\, dA$ 。

解 令反變數變換 T^{-1} 定義如下：

$u = x + y$ 且 $v = x - y$ 。

解聯立方程組 $\begin{cases} u = x + y \\ v = x - y \end{cases}$ ，我們可以得到唯一的解 $x = \dfrac{u+v}{2}$ 且 $y = \dfrac{u-v}{2}$ 。

因此，變數變換 T，其定義為 $x = \dfrac{u+v}{2}$ 且 $y = \dfrac{u-v}{2}$，是從 uv-平面上的區域 S 對應至 xy-平面上的區域 D 的一個 1 對 1 變換。

而此變數變換 T 的 Jacobian 為

$$\frac{\partial(x,y)}{\partial(u,v)} = \begin{vmatrix} \dfrac{\partial x}{\partial u} & \dfrac{\partial x}{\partial v} \\ \dfrac{\partial y}{\partial u} & \dfrac{\partial y}{\partial v} \end{vmatrix} = \begin{vmatrix} \dfrac{1}{2} & \dfrac{1}{2} \\ \dfrac{1}{2} & -\dfrac{1}{2} \end{vmatrix} = -\dfrac{1}{4} - \dfrac{1}{4} = -\dfrac{1}{2} \neq 0 \text{ 。}$$

現在就剩下如何找出 uv-平面上的區域 S 了？

從 xy-平面上的區域 D 可知，如果 $(x,y) \in D$，則 $0 \leq y \leq x \leq 1$ 。

因此，由變數變換 T 的定義，我們有

$$0 \leq y = \frac{u-v}{2} \leq x = \frac{u+v}{2} \leq 1 \text{ 或 } 0 \leq u - v \leq u + v \leq 2 \text{ 。}$$

因為① $0 \leq u - v \Rightarrow u \geq v$、② $u - v \leq u + v \Rightarrow v \geq 0$ 且③ $u + v \leq 2 \Rightarrow u \leq 2 - v$，所以 uv-平面上的區域 S 為三條直線 $u = v$、$v = 0$ 及 $u = 2 - v$ 所圍成之三角形。(請參考圖 11-28)

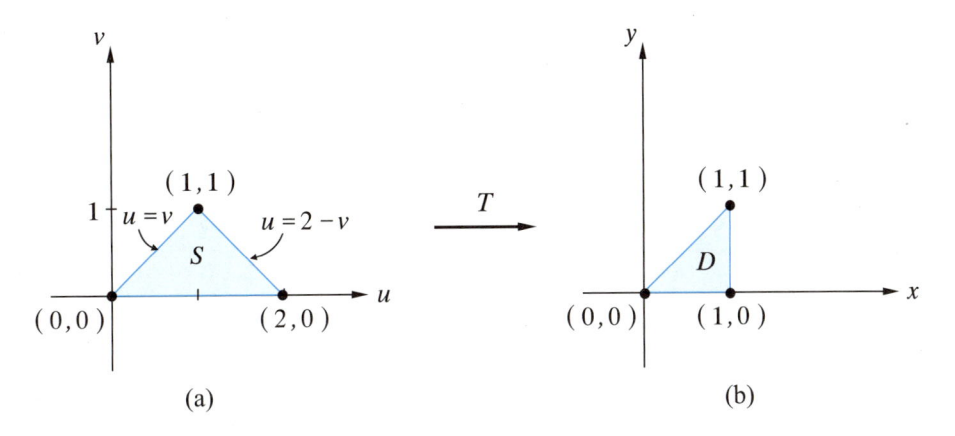

圖 11-28

因此，$\iint\limits_{D}(x+y)(x-y)^{2/3}\,dA = \iint\limits_{S} uv^{2/3}\left|\dfrac{\partial(x,y)}{\partial(u,v)}\right|du\,dv$

$$= \dfrac{1}{2}\int_{0}^{1}\int_{v}^{2-v} v^{2/3} u\,du\,dv$$

$$= \dfrac{1}{2}\int_{0}^{1}\left[v^{2/3}\left(\dfrac{u^{2}}{2}\right)\bigg|_{v}^{2-v}\right]dv$$

$$= \dfrac{1}{4}\int_{0}^{1}[v^{2/3}(2-v)^{2} - v^{8/3}]\,dv$$

$$= \dfrac{1}{4}\int_{0}^{1}[v^{2/3}(4-4v+v^{2}) - v^{8/3}]\,dv$$

$$= \dfrac{1}{4}\int_{0}^{1}[4v^{2/3} - 4v^{5/3}]\,dv$$

$$= \dfrac{1}{4}\left[\left(4\cdot\dfrac{3}{5}v^{5/3} - 4\cdot\dfrac{3}{8}v^{8/3}\right)\bigg|_{0}^{1}\right]$$

$$= \dfrac{1}{4}\left(4\cdot\dfrac{3}{5} - 4\cdot\dfrac{3}{8}\right) = \dfrac{9}{40}$$

範例 3

如果平面區域 D 為一個橢圓 $x^{2} - xy + y^{2} = 2$ 所圍成之區域，試計算二重積分 $\iint\limits_{D} e^{\frac{1}{2}(x^{2} - xy + y^{2})}\,dA$。

解 令變數變換 T 定義如下：

$$x = \sqrt{2}u - \sqrt{\frac{2}{3}}v \quad \text{且} \quad y = \sqrt{2}u + \sqrt{\frac{2}{3}}v \text{。}$$

因為 $x^2 - xy + y^2 = \left(\sqrt{2}u - \sqrt{\frac{2}{3}}v\right)^2 - \left(\sqrt{2}u - \sqrt{\frac{2}{3}}v\right)\left(\sqrt{2}u + \sqrt{\frac{2}{3}}v\right) + \left(\sqrt{2}u + \sqrt{\frac{2}{3}}v\right)^2$

$$= \left(2u^2 + \frac{2}{3}v^2\right) - \left(2u^2 - \frac{2}{3}v^2\right) + \left(2u^2 + \frac{2}{3}v^2\right) = 2u^2 + 2v^2 \text{，}$$

所以方程式 $x^2 - xy + y^2 = 2$ 就變成 $2u^2 + 2v^2 = 2$ 或 $u^2 + v^2 = 1$。換言之，此變數變換 T 是把單位圓 $u^2 + v^2 = 1$ 所圍成之區域 S 對應到橢圓 $x^2 - xy + y^2 = 2$ 所圍成之區域 D。(請參考圖 11-29)

而此變數變換 T 的 Jacobian 為

$$\frac{\partial(x,y)}{\partial(u,v)} = \begin{vmatrix} \frac{\partial x}{\partial u} & \frac{\partial x}{\partial v} \\ \frac{\partial y}{\partial u} & \frac{\partial y}{\partial v} \end{vmatrix} = \begin{vmatrix} \sqrt{2} & -\sqrt{\frac{2}{3}} \\ \sqrt{2} & \sqrt{\frac{2}{3}} \end{vmatrix} = \frac{2}{\sqrt{3}} + \frac{2}{\sqrt{3}} = \frac{4}{\sqrt{3}} > 0 \text{。}$$

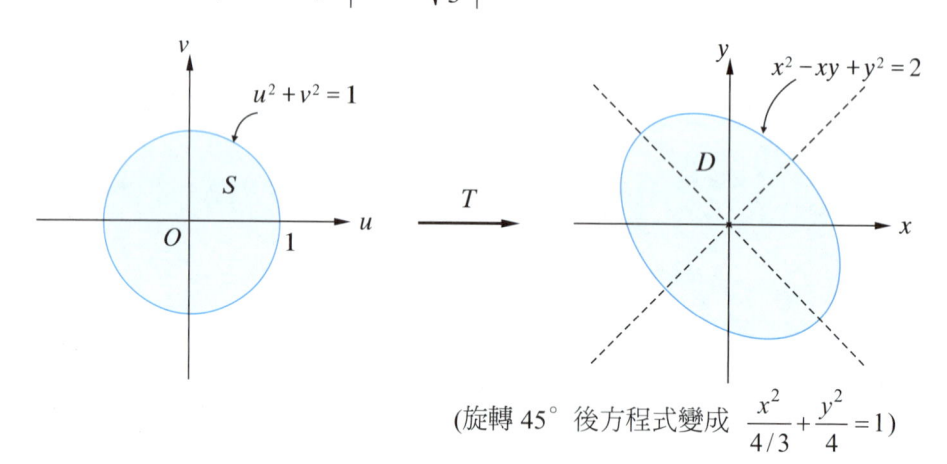

(旋轉 $45°$ 後方程式變成 $\frac{x^2}{4/3} + \frac{y^2}{4} = 1$)

圖 11-29

因此，$\iint\limits_{D} e^{\frac{1}{2}(x^2 - xy + y^2)} dA = \iint\limits_{S} e^{u^2 + v^2} \left|\frac{\partial(x,y)}{\partial(u,v)}\right| du dv = \frac{4}{\sqrt{3}} \iint\limits_{S} e^{u^2 + v^2} du dv$

$$= \frac{4}{\sqrt{3}} \int_0^{2\pi} \int_0^1 e^{r^2} r \, dr \, d\theta \quad \text{(利用極座標轉換)}$$

$$= \frac{4}{\sqrt{3}} \int_0^{2\pi} \frac{e^{r^2}}{2}\bigg|_0^1 d\theta = \frac{2}{\sqrt{3}} \int_0^{2\pi} (e-1)\, d\theta$$

$$= \frac{2}{\sqrt{3}} \cdot (e-1)\theta \bigg|_0^{2\pi} = \frac{4(e-1)\pi}{\sqrt{3}} \ \text{。}$$

【註】區域 S 之極座標表示為 $S = \{(r,\theta) | 0 \le r \le 1, 0 \le \theta \le 2\pi\}$。

習題演練

第 1 題至第 6 題，試計算下列變數變換的 Jacobian $\dfrac{\partial(x,y)}{\partial(u,v)}$。

1. $\begin{cases} u = x - y \\ v = x + y \end{cases}$

2. $\begin{cases} u = x + y \\ v = x - y \end{cases}$

3. $\begin{cases} u = \dfrac{x}{2} \\ v = \dfrac{y}{3} \end{cases}$

4. $\begin{cases} x = \sqrt{2}\, u - \sqrt{\dfrac{2}{3}}\, v \\ y = \sqrt{2}\, u + \sqrt{\dfrac{2}{3}}\, v \end{cases}$

5. $\begin{cases} x = u - v \\ y = u - 2v \end{cases}$

6. $\begin{cases} u = \dfrac{x+y}{2} \\ v = \dfrac{x-y}{2} \end{cases}$

第 7 題至第 12 題，試利用給定的變數變換計算下列的二重積分。

7. $\iint\limits_{D} (x+y)e^{x^2-y^2}\, dA$，其中 D 是由直線 $x+y=1$、直線 $x+y=2$ 及雙曲線 $x^2-y^2=-1$ 及雙曲線 $x^2-y^2=1$ 所圍成之區域；$\begin{cases} u = x - y \\ v = x + y \end{cases}$

8. $\iint\limits_{D} (x+2y)\, dA$，其中 D 是由四個頂點 $(1,0)$、$(0,1)$、$(1,2)$ 及 $(2,1)$ 所圍成之矩形區域；$\begin{cases} u = x + y \\ v = x - y \end{cases}$

9. $\iint\limits_{D} y^2\, dA$，其中 D 是由橢圓 $9x^2 + 4y^2 = 36$ 所圍成之區域；$\begin{cases} u = \dfrac{x}{2} \\ v = \dfrac{y}{3} \end{cases}$

10. $\iint_D (x^2 - xy + y^2)\, dA$，其中 D 是由橢圓 $x^2 - xy + y^2 = 2$ 所圍成之區域；

$$\begin{cases} x = \sqrt{2}\, u - \sqrt{\dfrac{2}{3}}\, v \\ y = \sqrt{2}\, u + \sqrt{\dfrac{2}{3}}\, v \end{cases}$$

11. $\iint_D (2x - y)\, dA$，其中 D 是由三個頂點 $(0,0)$、$(1,2)$ 及 $(3,3)$ 所圍成之三角形區域；$\begin{cases} x = u - v \\ y = u - 2v \end{cases}$

12. $\iint_D \sin\left(\dfrac{x+y}{2}\right)\cos\left(\dfrac{x-y}{2}\right) dA$，其中 D 由三個頂點 $(0,0)$、$(2,0)$ 及 $(1,1)$ 所圍成之三角形區域；$\begin{cases} x = u + v \\ y = u - v \end{cases}$。

參考書目(References)

[1] Roland E. Larson；Robert P. Hostetler
    Calculus with Analytic Geometry, Second Edition, JWANG YUAN PUBLISHING CO., 1982

[2] S.L. Salas
    Calculus with Analytic Geometry, Forth Edition, John Wiley and Sons, 1982

[3] Earl W. Swokowski
    Calculus with Analytic Geometry, Alternate Edition, PWS Publishers, 1983

[4] Leonard I Holder ；James DeFranza ；Jay M. Pasachoff
    Calculus, Second Edition, ITP, 1988

[5] Dennis D. Berkey；Paul Blanchard
    Calculus, Third Edition, Saunders College Publishing, 1992

[6] S.T. Tan
    Applied Calculus, Forth Edition, Brooks/Cole Publishing Company, 1999

[7] Dale Varberg；Edein J. Purcell；Steven E. Rigdon
    Calculus, Eighth Edition, Prentice Hall, Inc., 2000

[8] James Stewart
    Calculus, Fifth Edition, ITP, 2003

[9] Maurice D. Weir ；Joel Hass；Frank R. Giordano
    THOMAS' Calculus, Eleventh Edition, Pearson, 2005

[10] Howard Anton ；IrI Bivens；Stephen Davis
    Calculus, Eighth Edition, Wiley, 2005

[11] 朱紋藤(朱蘊礦)
    微積分寶典，第二版，東華書局，2004

習題解答

習題 0-1 解答

1. $\left\{x \in \mathbb{R} \mid x < \dfrac{11}{6}\right\}$

2. $\left\{x \in \mathbb{R} \mid x < -1\right\} \cup \left\{x \in \mathbb{R} \mid x > \dfrac{3}{2}\right\}$

3. $\left\{x \in \mathbb{R} \mid -3 < x < -2\right\} \cup \left\{x \in \mathbb{R} \mid x > \dfrac{1}{2}\right\}$

4. $x = \dfrac{2}{3}$ 或 $x = 4$

5. $\left\{x \in \mathbb{R} \mid x < \dfrac{2}{3}\right\} \cup \left\{x \in \mathbb{R} \mid x > 4\right\}$

6. $\left\{x \in \mathbb{R} \mid \dfrac{2}{3} < x < 4\right\}$

7. $v = 0$；$u = 5$ 8. $v = 0$；$u = 5$ 9. $v = 0$；$u = 5$

習題 0-2 解答

1. $y = \dfrac{3}{2}x + \dfrac{9}{2}$ 2. $y = -\dfrac{1}{3}x + \dfrac{11}{3}$ 3. $y = -\dfrac{3}{4}x + 10$

習題 0-3 解答

1. $D_f = \mathbb{R}$；$R_f = \mathbb{R}$ 2. $D_f = (-\infty, 0) \cup (0, \infty)$；$R_f = (-\infty, 0) \cup (0, \infty)$

3. $-\dfrac{3}{2}$ 4. $-\dfrac{9}{7}$ 5. $\dfrac{6-h}{-4+h}$ 6. $\dfrac{1}{2(-4+h)}$ 7. $\dfrac{1}{2(x-1)}$

習題 0-4 解答

1. $D_f = (0, 3) \cup (3, \infty)$

2. $D_f = (-\infty, -\sqrt{2}) \cup (-\sqrt{2}, \sqrt{2}) \cup (\sqrt{2}, \infty)$

3. (a) $(f \circ g)(x) = \sqrt{\dfrac{x+1}{x-1}}$，$x \in D_{f \circ g} = (-\infty, -1] \cup (1, \infty)$

   (b) $(g \circ f)(x) = \dfrac{\sqrt{x}+1}{\sqrt{x}-1}$，$x \in D_{g \circ f} = [0, 1) \cup (1, \infty)$

習題 0-5 解答

1. $-\dfrac{7}{13}$

習題 0-6 解答

1. $\left(2, \dfrac{7\pi}{6} + 2n\pi\right)$ 或 $\left(-2, \dfrac{7\pi}{6} + (2n+1)\pi\right)$，其中 $n \in Z$

2. $\left\{(r,\theta) \,\bigg|\, 0 \le r \le 5 \,,\, 0 \le \theta \le \dfrac{\pi}{2}\right\}$

3. $\left\{(r,\theta) \,\bigg|\, 0 \le r \le 2\cos\theta \,,\, -\dfrac{\pi}{2} \le \theta \le \dfrac{\pi}{2}\right\}$

習題 1-1 解答

1. (a) $f(1.1) = 2.1$、$f(1.01) = 2.01$、$f(1.001) = 2.001$、$f(1.0001) = 2.0001$
   (b) $f(0.9) = 1.9$、$f(0.99) = 1.99$、$f(0.999) = 1.999$、$f(0.9999) = 1.9999$

   由(a)及(b)之函數值表現，我們猜測 $\lim\limits_{x \to 1} \dfrac{x^2 - 1}{x - 1} = 2$。

2. (a) $f(-1.9) = 11.41$、$f(-1.99) = 11.9401$、$f(-1.999) = 11.994002$、
      $f(-1.9999) = 11.999406$
   (b) $f(-2.1) = 12.61$、$f(-2.01) = 12.0601$、$f(-2.001) = 12.006$、
      $f(-2.0001) = 12.000596$

   由(a)及(b)之函數值表現，我們猜測 $\lim\limits_{x \to -2} \dfrac{x^3 + 8}{x + 2} = 12$。

3. (a) $f(0.1) = 0.998334$、$f(0.01) = 0.999983$、$f(0.001) = 0.999999$、
      $f(0.0001) = 0.999999$
   (b) $f(-0.1) = 0.998334$、$f(-0.01) = 0.999983$、$f(-0.001) = 0.999999$、
      $f(-0.0001) = 0.999999$

   由(a)及(b)之函數值表現，我們猜測 $\lim\limits_{x \to 0} \dfrac{\sin x}{x} = 1$。

4. (a) $f(0.1) = 2.593742$、$f(0.01) = 2.704814$、$f(0.001) = 2.716924$、
      $f(0.0001) = 2.718146$
   (b) $f(-0.1) = 2.867972$、$f(-0.01) = 2.731999$、$f(-0.001) = 2.719642$、
      $f(-0.0001) = 2.718418$

由(a)及(b)之函數值表現，我們猜測 $\lim\limits_{h \to 0}(1+h)^{1/h} \approx 2.718$。

(無法猜出真正的值，因為其極限爾後可證明為一個無理數，其值約為 2.718282)

5. 2   6. 不存在   7. -3 8. 0

9. 任意給定 $\varepsilon > 0$，我們選取 $\delta = \dfrac{\varepsilon}{3}$，則

$$0 < |x-4| < \delta \Rightarrow |(5-3x)-(-7)| = |12-3x| = |3x-12| = 3|x-4| < 3 \cdot \dfrac{\varepsilon}{3} = \varepsilon。$$

因此，由極限定義可知 $\lim\limits_{x \to 4}(5-3x) = -7$。

10. 任意給定 $\varepsilon > 0$，我們選取 $\delta = \varepsilon$，則

$$0 < |x-2| < \delta \Rightarrow \left|\dfrac{x^2-4}{x-2}-4\right| = |(x+2)-4| = |x-2| < \varepsilon。$$

因此，由極限定義可知 $\lim\limits_{x \to 4}\dfrac{x^2-4}{x-2} = 4$。

20. 不為真

習題 1-2 解答

1. (a) -8 (b) -125 (c) $-\dfrac{1}{5}$ (d) $-\dfrac{5}{3}$ (e) 不存在   (f) $-\sqrt[3]{5}$ 2. 8

3. 190   4. 3   5. 3   6. 12   7. 2   8. $\dfrac{1}{8}$ 9. -4 10. 1

11. $-\dfrac{1}{2}$ 12. 3   13. $-\dfrac{1}{9}$ 14. $\dfrac{2^{2/3}}{3}$ 15. 0   20. 不為真

習題 1-3 解答

1. (a) 1；(b) 1；(c) -1；(d) -1；(e) 2；(f) 1；(g) -1；(h) 不存在
2. (a) 0；(b) 1；(c) $-\infty$；(d) ∞；(e) 1；(f) 1；(g) 0；(h) 1

3. 2   4. 不存在   5. 1   6. 4   7. $-\infty$ 8. $\dfrac{3}{2}$ 9. $-\dfrac{6}{5}$ 10. $\dfrac{5}{2}$

11. 水平漸近線：$y = -\dfrac{1}{6}$ 及 $y = \dfrac{1}{6}$；垂直漸近線：$x = \dfrac{5}{6}$

12. 水平漸近線：$y = 0$；垂直漸近線：$x = -4$ 及 $x = 4$

13. 水平漸近線：$y=1$；垂直漸近線：$x=0$ 及 $x=4$
14. 沒有水平漸近線；垂直漸近線：$x=1$ 及 $x=2$
15. $y=2x+2$ 16. $y=x+3$

習題 1-4 解答

1. f 在區間 $[-1,2)$ 及 $(2,3]$ 上連續。(因為 $f(2)$ 沒定義)
2. g 在區間 $[-1,3)$ 上連續。(因為 $\lim_{x \to 3^-} g(x) \neq g(3)$)
3. k 在區間 $[-1,1)$ 及 $[1,3]$ 上連續。(因為 $\lim_{x \to 1^-} k(x) \neq k(1)$)
4. h 在閉區間 $[-1,3]$ 上連續。   5. 連續   6. 不連續；$f\left(-\dfrac{5}{2}\right)$ 沒定義
7. 連續   8. 不連續；$\lim_{x \to 2} f(x) = 12 \neq 11.99 = f(2)$
9. f 在區間 $(-\infty, \infty)$ 上連續。   10. f 在區間 $(-\infty, -2)$、$(-2, 2)$ 及 $(2, \infty)$ 上連續。
11. f 在區間 $(-\infty, \infty)$ 上連續。   12. f 在區間 $(-\infty, 1]$ 上連續。
13. f 在區間 $[2n, 2n+2)$ 上連續。($n \in Z$)   14. $c=2$

習題 1-5 解答

1. f 在區間 $\left(-\infty, -\dfrac{3}{2}\right)$、$\left(-\dfrac{3}{2}, 1\right)$ 及 $(1, \infty)$ 上連續。

2. f 在區間 $\left(-\infty, \dfrac{5}{2}\right]$ 上連續。

3. f 在區間 $(-\infty, -4)$、$(-4, -3)$、$(-3, 2)$ 及 $(2, \infty)$ 上連續。
4. f 在區間 $(-\infty, -1)$、$(-1, 0)$、$(0, 1)$ 及 $(1, \infty)$ 上連續。
5. f 在區間 $(-\infty, 0)$、$(0, 1)$ 及 $(1, \infty)$ 上連續。
6. (a) 9；(b) 3；(c) $f \circ g$ 在 $x=0$ 連續；$g \circ f$ 在 $x=0$ 不連續

10. $c=8$；$d=8$ 11. 連續；$\lim_{x \to 0} f(x) = 0 = f(0)$

習題 2-1 解答

1. $f'(x)=0$；$D_{f'}=\mathbb{R}$ 2. $f'(x)=4$；$D_{f'}=\mathbb{R}$

3. $f'(x)=-2+10x$；$D_{f'}=\mathbb{R}$ 4. $f'(x)=\dfrac{-2}{(x-1)^3}$；$D_{f'}=(-\infty, 1) \cup (1, \infty)$

5. $f'(x)=-\dfrac{1}{2\sqrt{5-x}}$；$D_{f'}=(-\infty, 5)$ 6. $f(x)=x^5$；$a=1$

7. $f(x) = \sqrt{x}$; $a = 4$

8. $f(x) = \sin x$; $a = 0$

9. $f(x) = \dfrac{1}{\sqrt{x}}$; $a = 9$

10. $m = -12$; $y - 10 = (-12)(x + 1)$

11. $m = -2$; $y - 1 = (-2)(x - 2)$

12. $f'(x) = \dfrac{5}{(x+3)^2}$; $D_{f'} = (-\infty, -3) \cup (-3, \infty)$

13. $f'(x) = \dfrac{2}{3\sqrt[3]{(2x+1)^2}}$; $D_{f'} = \left(-\infty, -\dfrac{1}{2}\right) \cup \left(-\dfrac{1}{2}, \infty\right)$

14. 不存在　　15. 不存在　　16. $f'(0) = 0$　　17. $f'(0) = -1$

18. 可微分：$(|f|)'(a) = f'(a)$　　$(f(a) > 0)$ 且 $(|f|)'(a) = -f'(a)$　　$(f(a) < 0)$

19. $f'(x) = 0$; $D_{f'} = \{[n, n+1) \mid n \in \mathbb{Z}\}$

習題 2-2 解答

1. $f'(x) = 0$; $D_{f'} = \mathbb{R}$

2. $f'(x) = -12x^3$; $D_{f'} = \mathbb{R}$

3. $f'(x) = 21x^6 - 20x^4 + 10x$; $D_{f'} = \mathbb{R}$

4. $f'(x) = -\dfrac{1}{2\sqrt{x^3}} - \dfrac{1}{2\sqrt{x}}$; $D_{f'} = (0, \infty)$

5. $f'(x) = (x^3 - 6x + 1)\left(\dfrac{4}{3}x^{-2/3} + x^{-6/5}\right) + (3x^2 - 6)(4x^{1/3} - 5x^{-1/5})$; $D_{f'} = (-\infty, 0) \cup (0, \infty)$

6. $f'(x) = (8x^2 - 5x)(46x) + (16x - 5)(23x^2 + 4)$; $D_{f'} = \mathbb{R}$

7. $f'(x) = \dfrac{(3x^2 - 4x - 4) \cdot 2 - (2x+1)(6x-4)}{(3x^2 - 4x - 4)^2}$; $D_{f'} = \left(-\infty, -\dfrac{2}{3}\right) \cup \left(-\dfrac{2}{3}, 2\right) \cup (2, \infty)$

8. $f'(x) = \dfrac{(1 + x^2 + x^4 + x^6)(-1 + 2x - 3x^2) - (1 - x + x^2 - x^3)(2x + 4x^3 + 6x^5)}{(1 + x^2 + x^4 + x^6)^2}$; $D_{f'} = \mathbb{R}$

9. (a) -5；(b) 1；(c) -18；(d) -23；(e) $-\dfrac{7}{25}$；(f) -7；(g) -13；(h) -20

10. $m = -12$; $y - 10 = (-12)(x + 1)$　　11. $m = -2$; $y - 1 = (-2)(x - 2)$

12. $f'(x) = \dfrac{(x + \sqrt{x})\left(1 - \dfrac{1}{2\sqrt{x}}\right) - (x - \sqrt{x})\left(1 + \dfrac{1}{2\sqrt{x}}\right)}{(x + \sqrt{x})^2}$

13. $f'(x) = (x+1)(x+2) + x(x+2) + x(x+1)$

14. $f'(x) = 3x|x|$

15. $f'(x) = 2x[\![x]\!]$, $x \in \{[n, n+1) | n \in Z\}$ 且 $f'(0) = 0$

16. $m = 4$；$b = -4$ 17. 2006

習題 2-3 解答

1. $f'(x) = 1 - 2\cos x$
2. $f'(x) = x^2 \cos x + 2x \sin x$
3. $f'(x) = 4\sec x \tan x - 3\sec^2 x$
4. $f'(x) = \sec^3 x + \sec x \tan^2 x$
5. $f'(x) = \dfrac{(x + 2\cos x)(1 + 2\csc x \cot x) - (x - 2\csc x)(1 - 2\sin x)}{(x + 2\cos x)^2}$
6. $f'(x) = \dfrac{(1 + \tan x)(-\csc^2 x) - (\cot x - 3)\sec^2 x}{(1 + \tan x)^2}$
7. $m = 2$；$y - 1 = 2\left(x - \dfrac{\pi}{4}\right)$
8. $m = 1$；$y - 2 = x$

10. 2   11. $\dfrac{2}{5}$ 12. $\dfrac{1}{2}$ 13. $\dfrac{1}{\sqrt{2}}$ 14. -2 15. 0

習題 2-4 解答

1. $f'(x) = -4\sin 4x$
2. $f'(x) = \dfrac{5}{2\sqrt{3 + 5x}}$
3. $f'(x) = 3\sin^2 x \cos x + 3x^2 \cos x^3$
4. $f'(x) = \dfrac{\sec^2 \sqrt{x}}{2\sqrt{x}}$
5. $f'(x) = 4012(2x - 1)^{2005}$
6. $f'(x) = \dfrac{-30x + 9}{(5x^2 - 3x + 1)^4}$
7. $f'(x) = \dfrac{203(3x - 4)^6}{(5x + 3)^8}$
8. $f'(x) = 4(2x^2 - 3x + 6)^5 (3x^4 + 7x - 1)^3 (12x^3 + 7)$
   $+ 5(2x^2 - 3x + 6)^4 (4x - 3)(3x^4 + 7x - 1)^4$
9. $f'(x) = \dfrac{1}{2}(x + \sqrt{x})^{-1/2}\left(1 + \dfrac{1}{2\sqrt{x}}\right)$
10. $f'(x) = \dfrac{x + 2}{2(x + 1)^{3/2}} \cos\left(\dfrac{x}{\sqrt{x + 1}}\right)$
11. $f'(x) = \dfrac{1}{2}\left(x + \sqrt{x + \sqrt{x}}\right)^{-1/2}\left[1 + \dfrac{1}{2}(x + \sqrt{x})^{-1/2}\left(1 + \dfrac{1}{2\sqrt{x}}\right)\right]$
12. $f'(x) = 200[(2x + 1)^{10} + 1]^9 (2x + 1)^9$
13. $f'(x) = \cos(\tan(\sqrt{\csc x})) \cdot \sec^2(\sqrt{\csc x}) \cdot \dfrac{-\sqrt{\csc x} \cot x}{2}$

14. $f'(x) = \cos(\sin(\sin x)) \cdot \cos(\sin x) \cdot \cos x$

15. (a) $\dfrac{d}{dx}(f \circ g)(x) = \left[2\left(\dfrac{2x-1}{3x+1}\right) - 2 \right] \cdot \dfrac{5}{(3x+1)^2}$

(b) $\dfrac{d}{dx}(g \circ f)(x) = \dfrac{5}{[3(x^2 - 2x + 3) + 1]^2} \cdot (2x - 2)$

(c) $\dfrac{d}{dx}(f \circ f)(x) = [2(x^2 - 2x + 3) - 2] \cdot (2x - 2)$

(d) $\dfrac{d}{dx}(g \circ g)(x) = \dfrac{5}{\left[3\left(\dfrac{2x-1}{3x+1}\right) + 1 \right]^2} \cdot \dfrac{5}{(3x+1)^2}$

(e) $\dfrac{d}{dx} f(g(f(x))) = \left\{ 2\left[\dfrac{2(x^2 - 2x + 3) - 1}{3(x^2 - 2x + 3) + 1} \right] - 2 \right\} \cdot \dfrac{5}{[3(x^2 - 2x + 3) + 1]^2} \cdot (2x - 2)$

習題 2-5 解答

1. $\dfrac{dy}{dx} = \dfrac{x}{y}$
2. $\dfrac{dy}{dx} = -\dfrac{3x^2 - y}{-x + 4}$
3. $\dfrac{dy}{dx} = -\dfrac{y}{x + 2y}$
4. $\dfrac{dy}{dx} = -\dfrac{\sqrt{y}}{\sqrt{x}}$

5. $\dfrac{dy}{dx} = \dfrac{1 - y \cos xy}{x \cos xy}$
6. $\dfrac{dy}{dx} = \dfrac{\cos y}{2y + x \sin y}$
7. $\dfrac{dy}{dx} = -\dfrac{1 + \dfrac{y}{2\sqrt{xy}} \sin \sqrt{xy}}{\dfrac{x}{2\sqrt{xy}} \sin \sqrt{xy}}$

8. $\dfrac{dy}{dx} = -\dfrac{3x^2 + 2xy}{x^2 + 8y}$
9. $\dfrac{dy}{dx} = -\dfrac{2xy^3 - 4x^3 y}{5y^4 + 3x^2 y^2 - x^4}$
10. $\dfrac{dy}{dx} = -\dfrac{2x \sin y + y^2 \sin x}{x^2 \cos y - 2y \cos x}$

11. $\dfrac{dy}{dx} = -\dfrac{\sqrt[3]{y}}{\sqrt[3]{x}}$
12. $\dfrac{dy}{dx} = -\dfrac{\cos x - \cos x \cos y}{-\sin y + \sin x \sin y}$

14. $m = -1$; $y - 1 = (-1)(x - 1)$
15. $m = \dfrac{\sqrt{8}}{\sqrt{27}}$; $y + \sqrt{3} = \dfrac{\sqrt{8}}{\sqrt{27}}(x - \sqrt{2})$

習題 2-6 解答

1. $f'(x) = 10x^4 + 14x - 3$; $f''(x) = 40x^3 + 14$

2. $f'(x) = 3x^2 - 2\cos x$; $f''(x) = 6x + 2\sin x$

3. $f'(x) = \dfrac{3x^2}{2\sqrt{x^3 + 6}}$; $f''(x) = \dfrac{3(x^4 + 24x)}{4(x^3 + 6)^{3/2}}$

4. $f'(x) = -2\sin 2x$; $f''(x) = -4\cos 2x$

5. $f'''(x) = -3(5-2x)^{-5/2}$

6. $f'''(x) = \begin{cases} 6, & x > 0 \\ -6, & x < 0 \end{cases}$ (註：$f'''(0)$ 不存在)

7. $f^{(n)}(x) = \dfrac{1}{2} \cdot \left[\left(-\dfrac{1}{2}\right)\left(-\dfrac{3}{2}\right)\cdots\left(-\dfrac{2n-3}{2}\right)\right](3x-5)^{-\frac{2n-1}{2}} \cdot 3^n \quad (n \geq 2)$

   ($f'(x) = \dfrac{1}{2} \cdot (3x-5)^{-1/2} \cdot 3$)

8. $f^{(n)}(x) = \dfrac{1}{2}[n!(1-x)^{-(n+1)} + (-1)^n n!(1+x)^{-(n+1)}]$

9. $y'' = -\dfrac{2xy^3 + 2x^4}{y^5}$

10. $y'' = \dfrac{\dfrac{1}{2} + \dfrac{\sqrt{y}}{2\sqrt{x}}}{x}$

習題 2-7 解答

1. $dy = (5x^4 + 6)dx$

2. $dy = (x^2 \cos x + 2x \sin x)dx$

3. $dy = \dfrac{2x}{3(x^2+1)^{\frac{2}{3}}} dx$

4. $dy = \dfrac{6}{(1-2x)^4} dx$

5. $\Delta y \approx dy = 0.85$

6. $\Delta y \approx dy = -0.54$

7. $\Delta y \approx dy = -0.02$

8. $\Delta y \approx dy = \dfrac{1}{900}$

9. $(3.002)^6 \approx 731.916$

10. $\sqrt{65} \approx 8.0625$

11. $(26.99)^{2/3} \approx 9 - \dfrac{2}{900}$

12. $\cos(61°) \approx \dfrac{1}{2} - \dfrac{\sqrt{3}\pi}{360}$

13. $(f \circ f)(0.001) \approx 5.01$

14. (a) $L(x) = (-8) + (-27)(x-1) = -27x + 19$ (b) $f(1.02) \approx -8.54$

習題 3-1 解答

1. $\dfrac{3}{8}$ 2. 2   3. 沒有臨界值   4. $n\pi$、$\dfrac{2\pi}{3} + 2n\pi$ 及 $\dfrac{4\pi}{3} + 2n\pi$ ($n \in Z$)

5. -1、$\dfrac{1}{2}$ 及 2 6. 0

7. 極小值 $m = -\dfrac{19}{3}$ ；極大值 $M = -3$ 　　8. 極小值 $m = -1$ ；極大值 $M = 3$

9. 極小值 $m = -1$ ；極大值 $M = 1$ 　　10. 極小值 $m = -1$ ；極大值 $M = 2$

11. 沒有臨界值 　　12. $\dfrac{3\pi}{2} + 2n\pi$ ($n \in Z$) 　　13. 沒有臨界值

14. 所有的實數 　　15. $-\sqrt{2}$ 及 $\sqrt{2}$ 　　16. -1、0 及 1

17. 極小值 $m = 2$ ；極大值 $M = 66$ 　　18. 極小值 $m = 0$ ；極大值 $M = \dfrac{1}{2}$

19. 極小值 $m = -\sqrt{3}$ ；極大值 $M = 2$ 　　20. 極小值 $m = -\dfrac{\pi}{6} - \sqrt{3}$ ；極大值 $M = \pi + 2$

習題 3-2 解答

1. $c = 2$ 　　2. $c = 0$ 　　3. $c = \dfrac{\pi}{2}$ 　　4. $c = -\dfrac{1}{\sqrt{3}}$ 及 $c = \dfrac{1}{\sqrt{3}}$

5. $c = \sqrt{2}$ 　　6. $c = \dfrac{2}{\sqrt{3}}$ 　　7. $c = \left(\dfrac{4}{3}\right)^{3/2}$ 　　8. $c = 3\sqrt{2} - 2$

習題 3-3 解答

1. f 在區間 $(-\infty, -2]$ 及區間 $[2, \infty)$ 上遞增；f 在區間 $[-2, 2]$ 上遞減

2. f 在區間 $(-\infty, 0]$ 及區間 $[2, \infty)$ 上遞增；f 在區間 $[0, 2]$ 上遞減

3. f 在區間 $\left[\dfrac{\pi}{3}, \dfrac{5\pi}{3}\right]$ 上遞增；f 在區間 $\left[0, \dfrac{\pi}{3}\right]$ 及區間 $\left[\dfrac{5\pi}{3}, 2\pi\right]$ 上遞減

4. f 在區間 $(-\infty, -1]$ 及區間 $[1, \infty)$ 上遞增；f 在區間 $[-1, 0)$ 及區間 $(0, 1]$ 上遞減

5. f 在區間 $(-\infty, 1]$ 上遞增；f 在區間 $[1, \infty)$ 上遞減

6. $f(-2) = 21$ 為局部極大值；$f(2) = -11$ 為局部極小值

7. $f(0) = 3$ 為局部極大值；$f(2) = -1$ 為局部極小值

8. $f\left(\dfrac{5\pi}{3}\right) = \dfrac{8\pi}{3} + \sqrt{3}$ 為局部極大值；$f\left(\dfrac{\pi}{3}\right) = \dfrac{4\pi}{3} - \sqrt{3}$ 為局部極小值

9. $f(-1) = -4$ 為局部極大值；$f(1) = 4$ 為局部極小值

10. $f(1) = 1$ 為局部極大值；沒有局部極小值

11. f 在區間 $[-1, \infty)$ 上遞增；f 在區間 $(-\infty, -1]$ 上遞減

12. f 在區間 $[-\sqrt{2}, \sqrt{2}]$ 上遞增；f 在區間 $[-2, -\sqrt{2}]$ 及區間 $[\sqrt{2}, 2]$ 上遞減

13. f 在區間 $\left(-\infty, \dfrac{4}{3}\right]$ 及 $[4, \infty)$ 上遞增；f 在區間 $\left[\dfrac{4}{3}, 4\right]$ 上遞減

14. f 在區間 $[0,\infty)$ 上遞增；f 在區間 $(-\infty,0]$ 上遞減

15. f 在區間 $\left[0,\dfrac{\pi}{3}\right]$ 及區間 $\left[\pi,\dfrac{5\pi}{3}\right]$ 上遞增；f 在區間 $\left[\dfrac{\pi}{3},\pi\right]$ 及區間 $\left[\dfrac{5\pi}{3},2\pi\right]$ 上遞減

16. $f(-1) = -3$ 為局部極小值；沒有局部極大值

17. $f(\sqrt{2}) = 2$ 為局部極大值；$f(-\sqrt{2}) = -2$ 為局部極小值

18. $f\left(\dfrac{4}{3}\right) = \left(\dfrac{4}{3}\right)^{1/3}\left(\dfrac{8}{3}\right)^{2/3}$ 局部極大值；$f(4) = 0$ 為局部極小值

19. 沒有局部極大值；$f(0) = 0$ 為局部極小值

20. $f\left(\dfrac{\pi}{3}\right) = \dfrac{3}{2}$ 及 $f\left(\dfrac{5\pi}{3}\right) = \dfrac{3}{2}$ 為局部極大值；$f(\pi) = -3$ 為局部極小值

習題 3-4 解答

1. f 在區間 $(0,\infty)$ 上凹向上；f 在區間 $(-\infty,0)$ 上凹向下；$(0, f(0))$ 為反曲點

2. f 在區間 $(1,\infty)$ 上凹向上；f 在區間 $(-\infty,1)$ 上凹向下；$(1, f(1))$ 為反曲點

3. f 在區間 $(0,\pi)$ 上凹向上；f 在區間 $(\pi,2\pi)$ 上凹向下；$(\pi, f(\pi))$ 為反曲點

4. f 在區間 $(0,\infty)$ 上凹向上；f 在區間 $(-\infty,0)$ 上凹向下；沒有反曲點

5. f 在區間 $\left(0,\dfrac{2}{3}\right)$ 上凹向上；f 在區間 $(-\infty,0)$ 及區間 $\left(\dfrac{2}{3},\infty\right)$ 上凹向下；$(0, f(0))$ 及 $\left(\dfrac{2}{3}, f\left(\dfrac{2}{3}\right)\right)$ 為反曲點

6. $f''(-2) = -12 < 0 \Rightarrow f(-2)$ 為局部極大值；$f''(2) = 12 > 0 \Rightarrow f(2)$ 為局部極小值

7. $f''(0) = -6 < 0 \Rightarrow f(0)$ 為局部極大值；$f''(2) = 6 > 0 \Rightarrow f(2)$ 為局部極小值

8. $f''\left(\dfrac{5\pi}{3}\right) = -\sqrt{3} < 0 \Rightarrow f\left(\dfrac{5\pi}{3}\right)$ 為局部極大值；$f''\left(\dfrac{\pi}{3}\right) = \sqrt{3} > 0 \Rightarrow f\left(\dfrac{\pi}{3}\right)$ 為局部極小值

9. $f''(-1) = -12 < 0 \Rightarrow f(-1)$ 為局部極大值；$f''(1) = 12 > 0 \Rightarrow f(1)$ 為局部極小值

10. $f''(1) = -12 < 0 \Rightarrow f(1)$ 為局部極大值；沒有局部極小值

    (因為 $f'(0) = 0$ 且 $f''(0) = 0$，所以第二階導數試驗法失敗)

11. f 在區間 $(-\infty,0)$ 及區間 $(2,\infty)$ 上凹向上；f 在區間 $(0,2)$ 上凹向下；

    $(0, f(0))$ 及 $(2, f(2))$ 為反曲點

12. f 在區間 $(-2,0)$ 上凹向上；f 在區間 $(0,2)$ 上凹向下；$(0, f(0))$ 為反曲點

13. f 在區間 $(-\infty,-1)$、區間 $\left(-\dfrac{1}{\sqrt{5}},\dfrac{1}{\sqrt{5}}\right)$ 及區間 $(1,\infty)$ 上凹向上；

f 在區間 $\left(-1,-\dfrac{1}{\sqrt{5}}\right)$ 及區間 $\left(\dfrac{1}{\sqrt{5}},1\right)$ 上凹向下；$(-1,f(-1))$、$\left(-\dfrac{1}{\sqrt{5}},f(-\dfrac{1}{\sqrt{5}})\right)$、$\left(\dfrac{1}{\sqrt{5}},f(\dfrac{1}{\sqrt{5}})\right)$ 及 $(1,f(1))$ 為反曲點

14. f 在區間 $\left(-\infty,-\sqrt{\dfrac{5}{3}}\right)$ 及區間 $\left(\sqrt{\dfrac{5}{3}},\infty\right)$ 上凹向下；f 在區間 $\left(-\sqrt{\dfrac{5}{3}},\sqrt{\dfrac{5}{3}}\right)$ 上凹向上；$\left(-\sqrt{\dfrac{5}{3}},f\left(-\sqrt{\dfrac{5}{3}}\right)\right)$ 及 $\left(\sqrt{\dfrac{5}{3}},f\left(\sqrt{\dfrac{5}{3}}\right)\right)$ 為反曲點

15. f 在區間 $\left[\dfrac{3\pi}{4},\dfrac{7\pi}{4}\right]$ 上凹向上；f 在區間 $\left(0,\dfrac{3\pi}{4}\right)$ 及區間 $\left[\dfrac{7\pi}{4},2\pi\right)$ 上凹向下；$\left(\dfrac{3\pi}{4},f\left(\dfrac{3\pi}{4}\right)\right)$ 及 $\left(\dfrac{7\pi}{4},f\left(\dfrac{7\pi}{4}\right)\right)$ 為反曲點

16. $f''(-1)=\dfrac{12}{9}>0 \Rightarrow f(-1)$ 為局部極小值；沒有局部極大值(因為 $f'(0)$ 不存在，所以第二階導數試驗法失敗)

17. $f''(\sqrt{2})=-4<0 \Rightarrow f(\sqrt{2})$ 為局部極大值；$f''(-\sqrt{2})=4>0 \Rightarrow f(-\sqrt{2})$ 為局部極小值

18. 沒有局部極大值；$f''(0)=6>0 \Rightarrow f(0)$ 為局部極小值(因為 $f'(\pm 1)=0$ 且 $f''(\pm 1)=0$，所以第二階導數試驗法失敗)

19. 沒有局部極大值；$f''(0)=\dfrac{2}{5}>0 \Rightarrow f(0)$ 為局部極小值

20. $f''\left(\dfrac{\pi}{4}\right)=-\sqrt{2}<0 \Rightarrow f\left(\dfrac{\pi}{4}\right)$ 為局部極大值；$f''\left(\dfrac{5\pi}{4}\right)=\sqrt{2}>0 \Rightarrow f\left(\dfrac{5\pi}{4}\right)$ 為局部極小值

22. $a=\dfrac{2}{9}$；$b=\dfrac{3}{9}$；$c=-\dfrac{12}{9}$；$d=\dfrac{7}{9}$

習題 3-5 解答

1. (i) 列出所有可能資訊

$D_f=\mathbb{R}$；y-截距 $=1$；$\lim\limits_{x\to -\infty}f(x)=-\infty$、$\lim\limits_{x\to \infty}f(x)=\infty$；

臨界值：$\dfrac{1}{3}$、1；遞增區間：$\left(-\infty,\dfrac{1}{3}\right]\cup[1,\infty)$、遞減區間：$\left[\dfrac{1}{3},1\right]$；

局部極大值：$f\left(\dfrac{1}{3}\right)$、局部極小值：$f(1)$；

凹向上區間：$\left(\dfrac{2}{3},\infty\right)$、凹向下區間：$\left(-\infty,\dfrac{2}{3}\right)$；反曲點：$\left(\dfrac{2}{3},f\left(\dfrac{2}{3}\right)\right)$

(ii) 繪出函數 f 之圖形

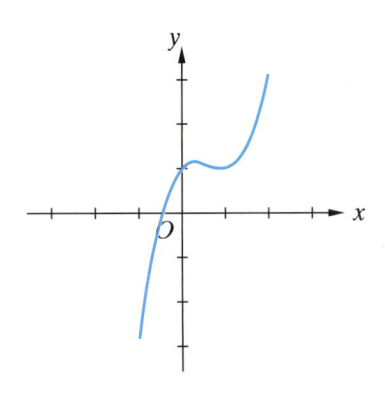

2. (i) 列出所有可能資訊

$D_f = \mathbb{R}$；y-截距 $= 6$；$\displaystyle\lim_{x\to -\infty} f(x) = \infty$、$\displaystyle\lim_{x\to \infty} f(x) = \infty$；
臨界值：0、1；遞增區間：$[1,\infty)$、遞減區間：$(-\infty,1]$；
局部極小值：$f(1)$；無局部極大值

凹向上區間：$(-\infty,0) \cup \left(\dfrac{2}{3},\infty\right)$、凹向下區間：$\left(0,\dfrac{2}{3}\right)$；

反曲點：$(0,f(0))$、$\left(\dfrac{2}{3},f\left(\dfrac{2}{3}\right)\right)$

(ii) 繪出函數 f 之圖形

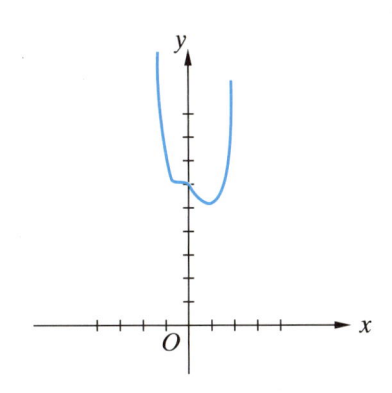

3. (i) 列出所有可能資訊

$D_f = \mathbb{R}$；x-截距 $= 1$、y-截距 $= -1$；$\displaystyle\lim_{x\to -\infty} f(x) = -\infty$、$\displaystyle\lim_{x\to \infty} f(x) = \infty$；
臨界值：0；遞增區間：$(-\infty,\infty)$；無局部極小值及局部極大值；
凹向上區間：$(-\infty,0)$、凹向下區間：$(0,\infty)$；反曲點：$(0,f(0))$

(ii) 繪出函數 f 之圖形

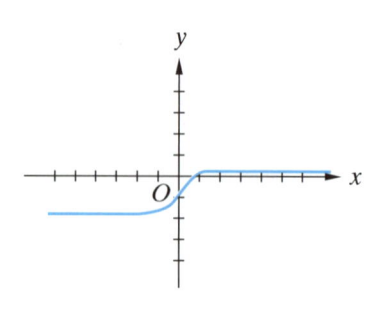

4. (i) 列出所有可能資訊

   $D_f = (-\infty, 0) \cup (0, \infty)$；$x$-截距為 $-(27)^{1/4}$ 及 $(27)^{1/4}$；$\lim\limits_{x \to -\infty} f(x) = \infty$、
   $\lim\limits_{x \to \infty} f(x) = \infty$；$\lim\limits_{x \to 0} f(x) = -\infty$（$x = 0$ 為垂直漸近線）；
   無臨界值；遞增區間：$(0, \infty)$、遞減區間：$(-\infty, 0)$；
   無局部極小值及局部極大值；
   凹向上區間：$(-\infty, -3) \cup (3, \infty)$、凹向下區間：$(-3, 0) \cup (0, 3)$；
   反曲點：$(-3, f(-3))$、$(3, f(3))$

   (ii) 繪出函數 f 之圖形

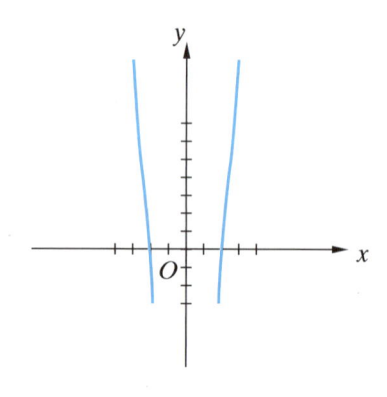

5. (i) 列出所有可能資訊

   $D_f = \mathbb{R}$；x-截距 $= 0$、y-截距 $= 0$；
   $\lim\limits_{x \to -\infty} f(x) = 0$、$\lim\limits_{x \to \infty} f(x) = 0$（$y = 0$ 為水平漸近線）；
   臨界值：-1、1；遞增區間：$[-1, 1]$、遞減區間：$(-\infty, -1]$、$[1, \infty)$；
   局部極小值：$f(-1)$、局部極大值：$f(1)$；
   凹向上區間：$(-\sqrt{3}, 0) \cup (\sqrt{3}, \infty)$、凹向下區間：$(-\infty, -\sqrt{3}) \cup (0, \sqrt{3})$；
   反曲點：$(-\sqrt{3}, f(-\sqrt{3}))$、$(0, f(0))$ 及 $(\sqrt{3}, f(\sqrt{3}))$

   (ii) 繪出函數 f 之圖形

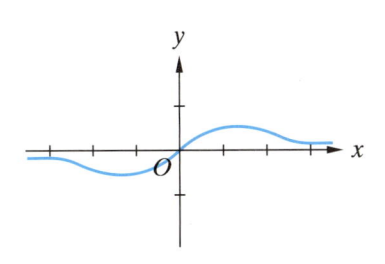

6. (i) 列出所有可能資訊

    $D_f = \mathbb{R}$；y-截距 $= 1$；$\lim\limits_{x \to -\infty} f(x) = -\infty$、$\lim\limits_{x \to \infty} f(x) = \infty$；

    臨界值：0、1；遞增區間：$(-\infty, 0] \cup [1, \infty)$、遞減區間：$[0, 1]$；

    局部極大值：$f(0)$、局部極小值：$f(1)$；

    凹向上區間：$(4^{-1/3}, \infty)$、凹向下區間：$(-\infty, 4^{-1/3})$；反曲點：$(4^{-1/3}, f(4^{-1/3}))$

    (ii) 繪出函數 f 之圖形

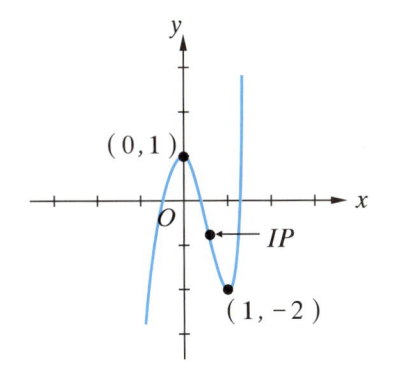

7. (i) 列出所有可能資訊

    $D_f = (-\infty, 5]$；x-截距：0、5；y-截距 $= 0$；$\lim\limits_{x \to -\infty} f(x) = -\infty$；

    臨界值：$\dfrac{10}{3}$；遞增區間：$\left(-\infty, \dfrac{10}{3}\right]$、遞減區間：$\left[\dfrac{10}{3}, 5\right]$；

    局部極大值：$f\left(\dfrac{10}{3}\right)$、無局部極小值；凹向下區間：$(-\infty, 5)$；無反曲點

    (ii) 繪出函數 f 之圖形

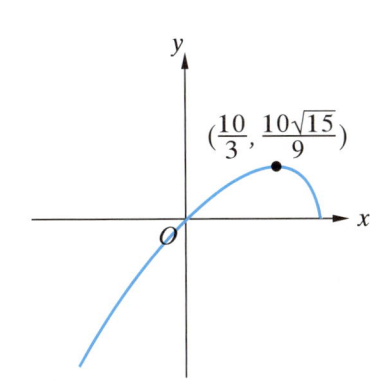

8. (i) 列出所有可能資訊

    $D_f = [-2\pi, 2\pi]$；x-截距：$0, \pm\pi, \pm 2\pi$、y-截距 $= 0$；

    臨界值：$-\dfrac{3\pi}{2}$、$-\dfrac{\pi}{2}$、$\dfrac{\pi}{2}$、$\dfrac{3\pi}{2}$；

    遞增區間：$\left[-2\pi, -\dfrac{3\pi}{2}\right] \cup \left[-\dfrac{\pi}{2}, \dfrac{\pi}{2}\right] \cup \left[\dfrac{3\pi}{2}, 2\pi\right]$、

    遞減區間：$\left[-\dfrac{3\pi}{2}, -\dfrac{\pi}{2}\right] \cup \left[\dfrac{\pi}{2}, \dfrac{3\pi}{2}\right]$；

    局部極小值：$f\left(-\dfrac{\pi}{2}\right)$、$f\left(\dfrac{3\pi}{2}\right)$；局部極大值：$f\left(-\dfrac{3\pi}{2}\right)$、$f\left(\dfrac{\pi}{2}\right)$；

    凹向上區間：$(-\pi, 0) \cup (\pi, 2\pi)$、凹向下區間：$(-2\pi, -\pi) \cup (0, \pi)$；

    反曲點：$(-\pi, f(-\pi))$、$(0, f(0))$、$(\pi, f(\pi))$

  (ii) 繪出函數 f 之圖形

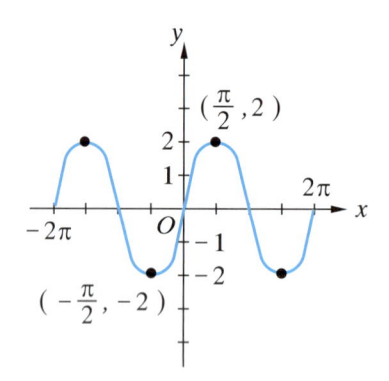

9. (i) 列出所有可能資訊

    $D_f = \mathbb{R}$；x-截距：0、-1；y-截距 $= 0$；$\lim\limits_{x \to -\infty} f(x) = -\infty$、$\lim\limits_{x \to \infty} f(x) = \infty$；

    臨界值：$-\dfrac{1}{4}$、0；遞增區間：$\left(-\infty, -\dfrac{1}{4}\right] \cup [0, \infty)$、遞減區間：$\left[-\dfrac{1}{4}, 0\right]$；

    局部極小值：$f(0)$、局部極大值：$f\left(-\dfrac{1}{4}\right)$

    凹向下區間：$(-\infty, 0) \cup (0, \infty)$；無反曲點

  (ii) 繪出函數 f 之圖形

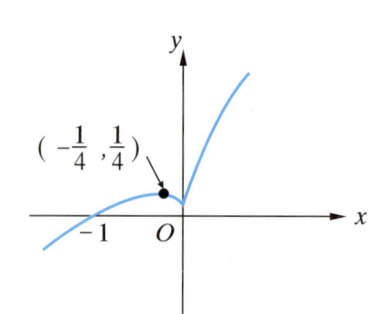

10. (i) 列出所有可能資訊

$D_f = \mathbb{R}$；x-截距：$-\dfrac{10}{3}$、0；y-截距 $= 0$；

$\lim\limits_{x \to -\infty} f(x) = -\infty$、$\lim\limits_{x \to \infty} f(x) = \infty$；

臨界值：$-\dfrac{4}{3}$、0；遞增區間：$\left(-\infty, -\dfrac{4}{3}\right] \cup [0, \infty)$、遞減區間：$\left[-\dfrac{4}{3}, 0\right]$；

局部極小值：$f(0)$、局部極大值：$f\left(-\dfrac{4}{3}\right)$

凹向上區間：$\left(\dfrac{2}{3}, \infty\right)$；凹向下區間：$(-\infty, 0) \cup \left(0, \dfrac{2}{3}\right)$；

反曲點：$\left(\dfrac{2}{3}, f\left(\dfrac{2}{3}\right)\right)$

(ii) 繪出函數 f 之圖形

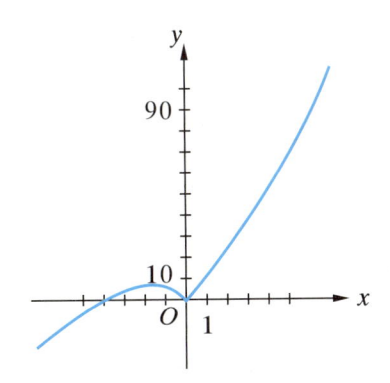

習題 3-6 解答

1. $F(x) = -\dfrac{5}{4}x^{-8} + C$

2. $F(x) = 3x + \dfrac{5x^3}{3} - x^4 + C$

3. $F(x) = \dfrac{x^4}{4} + 2\sin x + C$

4. $F(x) = \dfrac{2}{3}x^{3/2} + 2\sqrt{x} + C$

5. $F(x) = -\dfrac{3}{4}\cos 4x + C$

6. $f(x) = 4x^3 - 3x^2 + x + 4$

7. $f(x) = 4x^{3/2} + 2x^{5/2} - 3$

8. $F(x) = \dfrac{2}{3}\sin 3x - \dfrac{5}{7}\tan 7x + C$

9. $F(x) = \dfrac{x^3}{3} - 2x^{-1/2} - \dfrac{3}{2}x^{-2/3} + C$

10. $F(x) = x - \dfrac{1}{2}\cos 2x + C$

11. $F(x) = \dfrac{3}{8}x^{8/3} + \dfrac{5}{8}x^{8/5} + C$

12. $F(x) = \dfrac{x^3}{3} + \dfrac{5}{2}x^2 + x + C$

13. $f(x) = x^4 - \dfrac{x^3}{3} + 5x^2 - 8x + \dfrac{16}{3}$

14. $f(x) = -2\sin x - 2\cos 2x + 3x + 5$

習題 4-1 解答

1. 24　　2. 125　　3. $10c$　　4. $\dfrac{19}{30}$　　5. $\dfrac{597}{125} = 4.776$

6. $\displaystyle\sum_{i=1}^{7}\left(\dfrac{1}{2}\right)^{i-1}$　　7. $\displaystyle\sum_{i=1}^{5}(3i^2+4i+2)^2$　　8. $\displaystyle\sum_{i=1}^{5}\sqrt{1+i\left(\dfrac{i}{5}\right)^2}$　　9. $\displaystyle\sum_{i=1}^{n}\dfrac{1}{i(i+1)}$

10. $\displaystyle\sum_{i=1}^{7}(-1)^i\dfrac{i}{i+1}$　　11. $\dfrac{n+1}{n}+1$ 或 $2+\dfrac{1}{n}$　　12. $\dfrac{(n+1)(2n+1)}{3n^2}+3$

13. $\dfrac{(n+1)^2}{4n^2}+2$　　14. $\dfrac{(n+2)(n+3)(2n+5)}{2n^3} - \dfrac{15}{n^3}$　　15. $-n^5$

16. 12　　17. $\dfrac{34}{3}$　　18. $\dfrac{9}{4}$　　19. 1　　20. $\dfrac{1}{5}$

21. (a) $A \approx \displaystyle\sum_{i=1}^{5}\dfrac{3}{5}\left[2\left(\dfrac{3i}{5}\right)+1\right] = \dfrac{69}{5} = 13.8$　　(b) $A \approx \displaystyle\sum_{i=1}^{10}\dfrac{3}{10}\left[2\left(\dfrac{3i}{10}\right)+1\right] = \dfrac{129}{10} = 12.9$

(c) $A = \displaystyle\lim_{n\to\infty}\sum_{i=1}^{n}\dfrac{3}{n}\left[2\left(\dfrac{3i}{n}\right)+1\right] = 12$

22. (a) $A \approx \displaystyle\sum_{i=1}^{4}\dfrac{2}{4}\left[2\left(\dfrac{2i}{4}\right)^2+3\right] = \dfrac{81}{6} = 13.5$　　(b) $A \approx \displaystyle\sum_{i=1}^{8}\dfrac{2}{8}\left[2\left(\dfrac{2i}{8}\right)^2+3\right] = \dfrac{99}{8} = 12.375$

(c) $A = \displaystyle\lim_{n\to\infty}\sum_{i=1}^{n}\dfrac{2}{n}\left[2\left(\dfrac{2i}{n}\right)^2+3\right] = \dfrac{34}{3} = 11\dfrac{1}{3}$

習題 4-2 解答

1. $\dfrac{35}{2}$　　2. -3　　3. $\dfrac{37}{3}$　　4. $\dfrac{9\pi}{2}$　　5.(a) 14　(b) 27

6. $2 \leq \displaystyle\int_0^2 \sqrt{x^3+1}\ dx \leq 6$　　7. $\dfrac{1}{2} \leq \displaystyle\int_{1/10}^{1/5}\dfrac{1}{x}\ dx \leq 1$　　8. $\dfrac{\pi}{12} \leq \displaystyle\int_{\pi/6}^{\pi/3}\sin x\ dx \leq \dfrac{\sqrt{3}\pi}{12}$

9. $\displaystyle\int_0^3 (5x+1)\ dx$ 或 $\displaystyle\int_1^4 [5(x-1)+1]\ dx$ 或 $\displaystyle\int_{-1}^2 [5(x+1)+1]\ dx$ 或…

10. $\displaystyle\int_0^2 (2x^2+3)\ dx$ 或 $\displaystyle\int_1^3 [2(x-1)^2+3]\ dx$ 或 $\displaystyle\int_{-1}^1 [2(x+1)^2+3]\ dx$ 或…

11. $\int_0^1 x^4\ dx$ 或 $\int_1^2 (x-1)^4\ dx$ 或 $\int_{-1}^0 (x+1)^4\ dx$ 或…

12. $\int_0^1 \sqrt{1+x^2}\ dx$ 或 $\int_1^2 \sqrt{1+(x-1)^2}\ dx$ 或 $\int_{-1}^0 \sqrt{1+(x+1)^2}\ dx$ 或…

13. $\int_{-2}^5 (x+3)\ dx = \lim_{n\to\infty} \sum_{i=1}^n \left[\left(-2+\frac{7i}{n}\right)+3\right]\frac{7}{n} = \frac{63}{2}$

14. $\int_0^1 (3x^2 - 2x + 5)\ dx = \lim_{n\to\infty} \sum_{i=1}^n \left[3\left(\frac{i}{n}\right)^2 - 2\left(\frac{i}{n}\right) + 5\right]\frac{1}{n} = 5$

15. $\int_{-2}^3 |x+1|\ dx = \int_{-2}^{-1} |x+1|\ dx + \int_{-1}^3 |x+1|\ dx$

$= \lim_{n\to\infty} \sum_{i=1}^n \left[-\left(-2+\frac{i}{n}\right)-1\right]\frac{1}{n} + \lim_{n\to\infty} \sum_{i=1}^n \left[\left(-1+\frac{4i}{n}\right)+1\right]\frac{4}{n} = \frac{17}{2}$

習題 4-3 解答

1. $\sqrt{1+x^2}$
2. $-(1+x^3)$
3. $\sqrt{1+x^6}\cdot 3x^2$
4. $-(1+x^{3/2})\cdot\frac{1}{2\sqrt{x}}$

5. $\sqrt{1+x^4}\cdot 2x - \sqrt{1+\sin^2 x}\cdot\cos x$
6. $\cos(x+1)\cdot\frac{1}{2\sqrt{x}} - \cos(x^2+1)\cdot(-1)$

7. 15　　8. 39　　9. $4\frac{2}{3}$　　10. $13\frac{1}{3}$　　11. 0　　12. $\sqrt{2}$　　13. 5

14. $2\sqrt{3} - \frac{2}{\sqrt{3}}$　　15. $\frac{1}{2}+\frac{\pi}{4}$　　16. $\sqrt{2}-1$　　17. $25\frac{1}{2}$　　18. $11\frac{1}{3}$

19. $\frac{1}{5}$　　20. $\frac{2}{3}$　　21. $2\sqrt{257}$　　22. 4　　23. $18\frac{5}{6}$

24. $6\frac{8}{15}$　　25. 3　　26. $\int_{-1}^3 |x-1|\ dx = \left.\frac{(x-1)|x-1|}{2}\right|_{-1}^3 = 4$

27. $\int_{-1}^4 |3x-5|\ dx = \left.\frac{(3x-5)|3x-5|}{6}\right|_{-1}^4 = 18\frac{5}{6}$

28. 因此函數 f 之特別反導函數為 $F(x) = \begin{cases} \dfrac{x^3}{3},\ 0\leq x\leq 1 \\ \dfrac{x^5}{5}+\dfrac{2}{15},\ 1<x\leq 2 \end{cases}$，所以

$\int_0^2 f(x)\ dx = F(2) - F(0) = 6\frac{8}{15}$

29. 因此函數 f 之特別反導函數為 $F(x) = \begin{cases} \dfrac{x^2}{2}, & 0 \le x \le 1 \\ x - \dfrac{1}{2}, & 1 < x \le 2 \\ \dfrac{x^2}{2} - x + \dfrac{3}{2}, & 2 < x \le 3 \end{cases}$，所以

$$\int_0^3 f(x)\, dx = F(3) - F(0) = 3$$

習題 4-4 解答

1. $\dfrac{(x^2+3)^6}{6} + C$ 2. $-\cos(x^2-1) + C$ 3. $\dfrac{(x^4+5)^4}{16} + C$

4. $-\dfrac{1}{2(x^2+6x-7)} + C$ 5. $\dfrac{\sec 2x}{2} + C$ 6. $\cos\left(\dfrac{1}{x}\right) + C$

7. $-\dfrac{2}{3(\sqrt{x}+3)^3} + C$ 8. $-\dfrac{2(2-3x)^{3/2}}{9} + C$ 9. $-\dfrac{\cos^3 x}{3} + C$

10. $\dfrac{1}{1-\sin x} + C$ 11. $21\dfrac{7}{8}$ 12. 0 13. $\dfrac{1}{3}$ 14. $\dfrac{1}{858}$

15. $\dfrac{-(2-x)^6}{3} + \dfrac{(2-x)^7}{7} + C$ 16. $\dfrac{(x^3+2)^{7/3}}{7} - \dfrac{(x^3+2)^{4/3}}{2} + C$

17. $\dfrac{(2-x^{-2})^{7/2}}{7} + C$ 18. $\dfrac{4(x^{3/2}-5)^{5/2}}{15} + C$ 19. $\dfrac{2(x+3)^{5/2}}{5} - 2(x+3)^{3/2} + C$

20. $\dfrac{(2x+3)^{7/2}}{14} - \dfrac{3(2x+3)^{5/2}}{10} + C$ 21. 2 22. 3 23. $\dfrac{\pi}{4}$

習題 4-5 解答

1. $\dfrac{1}{6}$ 2. $\dfrac{1}{2}$ 3. $\dfrac{9}{2}$ 4. $2(\sqrt{2}-1)$ 5. $\dfrac{1}{3}$ 6. $\dfrac{2}{3}$ 7. $3\dfrac{1}{3}$

8. $4\dfrac{2}{3}$ 9. $10\dfrac{2}{3}$ 10. $11\dfrac{5}{6}$ 11. $14\dfrac{2}{3}$ 12. $\dfrac{1}{2}$

習題 4-6 解答

1. $c = 4$ 2. $c = -1$，$c = 0$ 及 $c = 1$ 3. $c = \sqrt{5}$ 4. $c = \dfrac{5}{4}$

5. $f_{ave} = -\dfrac{2}{3}$ 6. $f_{ave} = \dfrac{2}{\pi}$ 7. $f_{ave} = \dfrac{30}{13}$ 8. $f_{ave} = \dfrac{39}{10}$

習題 4-7 解答

(一)

1. $\dfrac{9\pi}{2}$ 2. $\dfrac{9\pi}{2}$ 3. $\dfrac{3^7\pi}{7}$ 4. $\dfrac{72\pi}{5}$ 5. $\dfrac{3\pi}{10}$

6. $\dfrac{64\pi}{15}$ 7. $\left(\dfrac{\pi}{2}-1\right)\pi$ 8. $\dfrac{\pi}{30}$ 9. $\dfrac{28\pi}{3}$ 10. $\dfrac{256\pi}{15}$

11. 24π 12. $\left(4\sqrt{2}-\dfrac{9}{2}\right)\pi$

(二)

1. 40π 2. $\dfrac{24\pi}{5}$ 3. $\dfrac{36\sqrt{3}\,\pi}{5}$ 4. $\dfrac{128\pi}{5}$ 5. $\dfrac{7\pi}{6}$

6. 8π 7. $\dfrac{12\pi}{5}$ 8. 6π 9. $\dfrac{216\pi}{15}$ 10. 8π

11. $\dfrac{28\pi}{3}$ 12. $\dfrac{256\pi}{3}$

(三)

1. $\dfrac{4}{3}$ 2. $\dfrac{4\sqrt{3}}{15}$ 3. $\dfrac{72\sqrt[3]{4}}{7}$ 4. $\dfrac{\pi}{80}$ 5. 4π 6. 8

習題 4-8 解答

1. $\dfrac{8}{27}\left[(10)^{3/2}-\left(\dfrac{13}{4}\right)^{3/2}\right]$ 2. $(20)^{3/2}-(17)^{3/2}$ 3. $\dfrac{32}{243}\left[\left(\dfrac{97}{16}\right)^{3/2}-1\right]$

4. $\dfrac{6^{3/2}-2^{3/2}}{3}+\sqrt{2}-\sqrt{6}$ 5. $\dfrac{33}{8}$ 6. $\dfrac{7^{3/2}-2^{3/2}}{3}+\sqrt{7}-\sqrt{2}$

習題 4-9 解答

1. $30\sqrt{5}\,\pi$ 2. $\dfrac{\pi}{27}[(59050)^{3/2}-1]$ 3. $\dfrac{16\pi}{3}(27-5^{3/2})$ 4. 4π

5. $\dfrac{15\sqrt{5}\,\pi}{4}$ 6. $\dfrac{13\pi}{3}$ 7. 2π 8. $\dfrac{\pi}{6}(27-5^{3/2})$

習題 5-1 解答

1. (a) f 在 $\mathbb{R}$ 上遞增 $\Rightarrow f$ 為 1-1 函數   (b) $f^{-1}(x)=\dfrac{x-7}{2}$ (c) $\dfrac{d}{dx}f^{-1}(x)=\dfrac{1}{2}$

2. (a) f 在 $\mathbb{R}$ 上遞增 $\Rightarrow f$ 為 1-1 函數　　(b) $f^{-1}(x) = (x-1)^{1/3}$

(c) $\dfrac{d}{dx}f^{-1}(x) = \dfrac{1}{3(x-1)^{2/3}}$

3. (a) f 在 $\left[\dfrac{3}{2}, \infty\right)$ 上遞增 $\Rightarrow f$ 為 1-1 函數　　(b) $f^{-1}(x) = \dfrac{x^2+3}{2}$, $x \geq 0$

(c) $\dfrac{d}{dx}f^{-1}(x) = x$

4. (a) f 在 $(2, \infty)$ 上遞減 $\Rightarrow f$ 為 1-1 函數　　(b) $f^{-1}(x) = 2 + \dfrac{1}{x}$, $x > 0$

(c) $\dfrac{d}{dx}f^{-1}(x) = -\dfrac{1}{x^2}$

5. (a) f 在 $\left(-\infty, \dfrac{5}{3}\right)$ 及 $\left(\dfrac{5}{3}, \infty\right)$ 上遞增 $\Rightarrow f$ 為 1-1 函數

(b) $f^{-1}(x) = \dfrac{5x-1}{2+3x}$　　　　(c) $\dfrac{d}{dx}f^{-1}(x) = \dfrac{13}{(2+3x)^2}$

6. (a) f 在 $[-1, \infty)$ 上遞增 $\Rightarrow f$ 為 1-1 函數

(b) $f^{-1}(x) = \sqrt{x+1} - 1$　　　　(c) $\dfrac{d}{dx}f^{-1}(x) = \dfrac{1}{2\sqrt{x+1}}$

7. $\dfrac{1}{2}$　　8. 12　　9. $-\dfrac{1}{25}$　　10. 1　　11. $\dfrac{1}{3}$　　12. $\dfrac{4}{13}$　　13. $\dfrac{3}{4}$

習題 5-2 解答

1. (a) $\ln 6 = \ln 2 + \ln 3 = 1.7917$　　(b) $\ln 50 = 2\ln 5 + \ln 2 = 3.9119$

(c) $\ln \sqrt{3} = \dfrac{1}{2}\ln 3 = 0.5493$　　(d) $\ln \dfrac{1}{200} = -(\ln 50 + 2\ln 2) = -5.2981$

(e) $\ln \dfrac{\sqrt{2}\, 3^{2/3}}{5^{1/3}} = \dfrac{1}{2}\ln 2 + \dfrac{2}{3}\ln 3 - \dfrac{1}{3}\ln 5 \approx 0.5425$

2. (a) $2\ln|x| + 4\ln|x+1|$　　　　(b) $\dfrac{2}{3}\ln x + \dfrac{4}{5}\ln(x^3+1) - \dfrac{1}{2}\ln x$

(c) $4\ln|x^5+1| + 2\ln|\sin x| - \dfrac{4}{3}\ln|x|$

3. $x^2 + 3x^2 \ln x$　　4. $\dfrac{\cos(\ln x)}{x}$　　5. $\dfrac{2x^4}{x^2+3} + 3x^2 \ln(x^2+3)$　　6. $-\dfrac{4}{(2x-1)(3x-2)}$

7. $\ln 5$　　8. $42\dfrac{1}{2} + \ln 9 - \ln 4$　　9. $-\dfrac{1}{\ln x} + C$　　10. $\ln(1+\sin x) + C$

11. $f'(x) = 1 + \ln x$ ； $f''(x) = \dfrac{1}{x}$

12. $f'(x) = \dfrac{\sqrt{x} \cdot \dfrac{1}{x+1} - \ln(x+1) \cdot \dfrac{1}{2\sqrt{x}}}{x}$ ； $f''(x) = -\dfrac{\sqrt{x} + \dfrac{x+1}{2\sqrt{x}}}{x(x+1)^2} - \dfrac{\dfrac{x^{3/2}}{x+1} - \dfrac{3}{2}\sqrt{x}\ln(x+1)}{2x^3}$

13. $f'(x) = \dfrac{1}{\sqrt{x^2+1}}$ ； $f''(x) = -\dfrac{x}{(x^2+1)^{3/2}}$ 14. $f'(x) = \sec x$ ； $f''(x) = \sec x \tan x$

15. 20   16. $-\dfrac{2}{3}\ln\left|1 - x\sqrt{x}\right| + C$ 17. $\ln\left|x\sin x + \cos x\right| + C$ 18. $\dfrac{1}{3}\ln\left|x^3 + 3x + 1\right| + C$

19.(a) $-\dfrac{\ln y - \dfrac{y}{x}}{\dfrac{x}{y} - \ln x}$ (b) $-\dfrac{2x\ln y - 5}{3y^2 + \dfrac{x^2}{y}}$ (c) $-\dfrac{\dfrac{2}{x} + \dfrac{\ln y}{x^2}}{\dfrac{1}{y} - \dfrac{1}{xy}}$

20. (a) $y' = \dfrac{(x+1)(x+2)(x+3)}{(x-1)(x-2)(x-3)}\left[\dfrac{1}{x+1} + \dfrac{1}{x+2} + \dfrac{1}{x+3} - \dfrac{1}{x-1} - \dfrac{1}{x-2} - \dfrac{1}{x-3}\right]$

   (b) $y' = \dfrac{\sqrt[3]{(x+1)^2}(4x-3)^2}{x^4(3x-2)^3}\left[\dfrac{2}{3(x+1)} + \dfrac{8}{4x-3} - \dfrac{4}{x} - \dfrac{9}{3x-2}\right]$

21. (a) (i) f 在區間 $(0, e^{-1}]$ 上遞減；f 在區間 $[e^{-1}, \infty)$ 上遞增

   (ii) f 在區間 $(0, \infty)$ 上凹向上；

   (iii) $f(e^{-1}) = -e^{-1}$ 為局部極小值(也是絕對極小值)

   (b) (i) f 在區間 $(0, e]$ 上遞增；f 在區間 $[e, \infty)$ 上遞減

   (ii) f 在區間 $(0, e^{3/2})$ 上凹向下；f 在區間 $(e^{3/2}, \infty)$ 上凹向上

   (iii) $f(e) = e^{-1}$ 為局部極大值 (也是絕對極大值)

習題 5-3 解答

1.(a) $x = e^{-\frac{3}{5}}$ (b) $x = \dfrac{e-5}{3}$ (c) $x = \dfrac{\ln 7 - 3}{2}$ (d) $x = -\ln 5 - 3$

2. $f'(x) = -3e^{-3x}$ 3. $f'(x) = -2xe^{-2x} + e^{-2x}$ 4. $f'(x) = e^{x\ln x}(1 + \ln x)$

5. $f'(x) = 3e^{-3x}\sin(e^{-3x})$ 6. $f'(x) = \dfrac{e^x}{e^x - 3}$ 7. $f'(x) = -\dfrac{e^{\frac{1}{x}}}{x^2} - e^{-x}$

8. $-\dfrac{1}{2}e^{3-x^2} + C$ 9. $-\dfrac{1}{2}\ln\left|1 - e^{2x}\right| + C$ 10. $1 - e^{-1}$

11. $\dfrac{1}{2}\left(\dfrac{1}{3^2}-\dfrac{1}{8^2}\right)$ 12. $-\cos(e^x)+C$ 13. $f'(x)=\dfrac{-3e^{-3x}+2}{2\sqrt{e^{-3x}+2x}}$

14. $f'(x)=\dfrac{8}{(e^{2x}+e^{-2x})^2}$ 15. $f'(x)=e^{2\cos 3x+3\sin 4x}(-6\sin 3x+12\cos 4x)$

16. $f'(x)=\dfrac{1}{3}(2x+e^{3x})^{-2/3}(2+3e^{3x})$ 17. $f'(x)=\dfrac{(1+e^{3x})\left(\dfrac{e^{2x}}{x}+2e^{2x}\ln x\right)-3e^{3x}(e^{2x}\ln x)}{(1+e^{3x})^2}$

18. $e^{-\frac{1}{x}}+C$ 19. $-\dfrac{2}{3}(1+e^{-x})^{\frac{3}{2}}+C$ 20. $\ln(e^x+e^{-x})+C$

21. $-e^{\cos^2 x}+C$ 22. $\ln 3-\ln(4-e)$

23. $x=\ln 2$ 或 $x=\ln 3$ 24.(a) $-\dfrac{e^{x+y}-y}{e^{x+y}-x}$ (b) $-\dfrac{-e^{-x}\sin y+e^{-y}\sin x}{e^{-x}\cos y+e^{-y}\cos x}$

25. (a) (i) f 在區間 $(-\infty,0]$ 上遞增；f 在區間 $[0,\infty)$ 上遞減

(ii) f 在區間 $\left(-\infty,-\dfrac{1}{\sqrt{2}}\right)$ 及區間 $\left(\dfrac{1}{\sqrt{2}},\infty\right)$ 上凹向上；

f 在區間 $\left(-\dfrac{1}{\sqrt{2}},\dfrac{1}{\sqrt{2}}\right)$ 上凹向下

(iii) $f(0)=1$ 為局部極大值 (也是絕對極大值)

(b) (i) f 在區間 $[0,2]$ 上遞增；f 在區間 $(-\infty,0]$ 及區間 $[2,\infty)$ 上遞減

(ii) f 在區間 $(-\infty,2-\sqrt{2})$ 及區間 $(2+\sqrt{2},\infty)$ 上凹向上；

f 在區間 $(2-\sqrt{2},2+\sqrt{2})$ 上凹向下

(iii) $f(0)=0$ 為局部極小值；$f(2)=4e^{-2}$ 為局部極大值

習題 5-4 解答

1. $6^x\ln 6$ 2. $\dfrac{7^{\sqrt{x}}\ln 7}{2\sqrt{x}}$ 3. $\dfrac{1-\ln x}{x\ln(10)\ln x}$ 4. $2x+2^x\ln 2$

5. $\dfrac{2+3\cos 3x}{\ln 5(2x+\sin 3x)}$ 6. $\dfrac{(10^5-1)}{5\ln(10)}$ 7. $-\dfrac{3^{-7x}}{7\ln 3}+C$ 8. $-\dfrac{9^{\frac{1}{x}}}{\ln 9}+C$

9. $\dfrac{5^{x^3}}{3\ln 5}+C$ 10. $\dfrac{3^{1+\sin x}}{\ln 3}+C$ 11. $3\pi^{x^3+1}x^2\ln\pi+3\pi x^2(x^3+1)^{\pi-1}$

12. $x^{\sin x}\left(\dfrac{\sin x}{x}+\cos x\ln x\right)$ 13. $(\cos 2x)^x\left(\dfrac{-2x\sin 2x}{\cos 2x}+\ln(\cos 2x)\right)$

14. $x^{(x^x)}[x^{x-1}+x^x(1+\ln x)\ln x]$ 15. $\dfrac{\ln(2^x+1)}{\ln 2}+C$ 16. $\dfrac{2}{\ln 8}8^{\sqrt{x}}+C$

17. $\dfrac{\ln(8^x+8^{-x})}{\ln 8}+C$ 18. $\dfrac{1}{2\ln 2(1+2^{-2x})}+C$ 19. $\dfrac{x^{\pi+1}}{\pi+1}+\dfrac{\pi^x}{\ln\pi}+C$ 20. x^x+C

21. $-\dfrac{yx^{y-1}-y^x\ln y}{x^y\ln x-xy^{x-1}}$ 22. $f^{-1}(x)=\log_{10}\left(\dfrac{x}{1-x}\right)$; $\dfrac{d}{dx}f^{-1}(x)=\dfrac{1}{x(1-x)\ln(10)}$

習題 5-5 解答

1. $\dfrac{3\pi}{4}$ 2. $-\dfrac{\pi}{4}$ 3. $\dfrac{\sqrt{8}}{3}$ 4. $\dfrac{4}{\sqrt{15}}$ 5. $-\dfrac{\pi}{3}$ 6. $\dfrac{\pi}{3}$ 7. $\dfrac{2}{\sqrt{1-(2x+3)^2}}$

8. $\dfrac{e^{-x}}{\sqrt{1-e^{-2x}}}$ 9. $\dfrac{1}{1+\left(\dfrac{x-1}{x+1}\right)^2}\cdot\dfrac{2}{(1+x)^2}=\dfrac{1}{x^2+1}$ 10. $\dfrac{1}{\sqrt{x}\sqrt{x-1}}\cdot\dfrac{1}{2\sqrt{x}}=\dfrac{1}{2x\sqrt{x-1}}$

11. $\dfrac{\pi}{16}$ 12. $\dfrac{\pi}{3}$ 13. $\dfrac{\pi}{12}$ 14. $\dfrac{24}{25}$ 15. $-\dfrac{24}{25}$ 16. $-\dfrac{\pi}{11}$ 17. $\dfrac{10\pi}{11}$

18. $\sin^{-1}(2x+3)\cdot\dfrac{2}{2x+3}+\ln(2x+3)\cdot\dfrac{2}{\sqrt{1-(2x+3)^2}}$

19. $\dfrac{1}{1+(x-\sqrt{1+x^2})^2}\cdot\left(1-\dfrac{x}{\sqrt{1+x^2}}\right)$ 20. $\sin x\csc^{-1}x+x\cos x\csc^{-1}x-\dfrac{\sin x}{\sqrt{x^2-1}}$

21. $(\tan x)^{\tan^{-1}x}\left[\tan^{-1}x\cdot\dfrac{\sec^2 x}{\tan x}+\ln\tan x\cdot\dfrac{1}{1+x^2}\right]$ 22. $\dfrac{1}{2}\ln(x^2+16)+\dfrac{1}{4}\tan^{-1}\left(\dfrac{x}{4}\right)+C$

23. $\dfrac{1}{2}\sin^{-1}(2x-1)+C$ 24. $\dfrac{1}{3}\sec^{-1}\left(\dfrac{2x}{3}\right)+C$ 25. $\sec^{-1}(e^x)+C$

26. $\dfrac{1}{9}\sec^{-1}\left(\dfrac{x^3}{3}\right)+C$ 27. $-\dfrac{2x+\sin^{-1}y-ye^x}{\dfrac{x}{\sqrt{1-y^2}}-e^x}$

習題 5-6 解答

5. $9(\cosh 3x)^2\sinh 3x$ 6. $-\dfrac{2\cosh 2x}{1+\sinh^2 2x}$

7. $\dfrac{(1+\operatorname{sech} x)\sinh x+\cosh x\operatorname{sech} x\tanh x}{(1+\operatorname{sech} x)^2}$ 8. $(\sinh x)^x\left[\dfrac{x\cosh x}{\sinh x}+\ln(\sinh x)\right]$

9. $\dfrac{\sinh^2 x}{2}+C$ 或 $\dfrac{\cosh^2 x}{2}+C$ 10. $\ln(\cosh x)+C$ 11. $\dfrac{\cosh^3 x}{3}-\cosh x+C$

12. $\dfrac{\pi}{12}$ 13. $\dfrac{3}{\sqrt{(3x)^2-1}}$ 14. $\dfrac{1}{1-\left(\dfrac{x-1}{x+1}\right)^2}\cdot\dfrac{2}{(x+1)^2}=\dfrac{1}{2x}$

15. $\dfrac{(1+\operatorname{sech}^{-1}x)\cdot\dfrac{1}{\sqrt{1+x^2}}-\sinh^{-1}x\cdot\left(-\dfrac{1}{x\sqrt{1-x^2}}\right)}{(1+\operatorname{sech}^{-1}x)^2}$

16. $e^x\cdot\dfrac{1}{\sqrt{1+(\ln x)^2}}\cdot\dfrac{1}{x}+e^x\sinh^{-1}x$ 17. $\dfrac{1}{3}\sinh^{-1}\left(\dfrac{3x}{5}\right)+C$

18. $\dfrac{1}{14}\tanh^{-1}\left(\dfrac{2x}{7}\right)+C$ $\left(\left|\dfrac{2x}{7}\right|<1\right)$ 或 $\dfrac{1}{14}\coth^{-1}\left(\dfrac{2x}{7}\right)+C$ $\left(\left|\dfrac{2x}{7}\right|>1\right)$

19. $-\dfrac{1}{6}\operatorname{sech}^{-1}\left(\dfrac{x^2}{3}\right)+C$ 20. $\tanh^{-1}\dfrac{1}{2}-\tanh^{-1}0=\ln\sqrt{3}$

習題 5-7 解答

1. $\ln 2$ 2. 0 3. 12 4. $-\infty$ (不存在)   5. $-\dfrac{1}{2}$

6. 0 7. ∞ (不存在)   8. 0 9. $\dfrac{1}{6}$ 10. 0

11. ∞ (不存在)   12. 1 13. $-\dfrac{1}{2}$ 14. 0 15. 0

16. 1 17. e^{15} 18. $e^{\frac{1}{2}}$

習題 6-2 解答

1. $-xe^{-x}-e^{-x}+C$ 2. $x\sin x+\cos x+C$ 3. $x\tan x-\ln|\sec x|+C$

4. $\dfrac{2x(x-1)^{3/2}}{3}-\dfrac{4(x-1)^{5/2}}{15}+C$ 5. $\dfrac{x^2\tan^{-1}x}{2}-\dfrac{x}{2}+\dfrac{\tan^{-1}x}{2}+C$

6. $x\cos^{-1}x-\sqrt{1-x^2}+C$ 7. $\dfrac{\pi}{4}-\ln\sqrt{2}$

8. $\dfrac{x^4\ln x}{4}-\dfrac{x^4}{16}+C$ 9. $\dfrac{5}{\ln 5}-\dfrac{4}{(\ln 5)^2}$

10. $\sin x\ln(\sin x)-\sin x+C$ 11. $-x^2e^{-x}-2xe^{-x}-2e^{-x}+C$

12. $x\sec^{-1}\sqrt{x}-\sqrt{x-1}+C$ 13. $x(\ln x)^2-2x\ln x+2x+C$

14. $\dfrac{x}{2}[\sin(\ln x) - \cos(\ln x)] + C$ 15. $\dfrac{x^4 e^{x^2}}{2} - x^2 e^{x^2} + e^{x^2} + C$ 16. $2e^2$

17. $\dfrac{\sec^3 x \tan x}{4} + \dfrac{3}{8}[\sec x \tan x + \ln|\sec x + \tan x|] + C$ 18. $\dfrac{1}{2}[e^x \sin x - e^x \cos x] + C$

19. $\dfrac{x^3 \sin^2 x}{3} + \dfrac{x^3 \cos 2x}{6} - \dfrac{x^2 \sin 2x}{4} - \dfrac{x \cos 2x}{4} + \dfrac{\sin 2x}{8} + C$

20. $-\dfrac{2x^3\sqrt{1-x^3}}{3} - \dfrac{4(1-x^3)^{3/2}}{9} + C$ 或 $-\dfrac{2\sqrt{1-x^3}}{3} + \dfrac{2(1-x^3)^{3/2}}{9} + C$

21. (b) (i) $\dfrac{\sin x \cos^3 x}{4} + \dfrac{3 \sin x \cos x}{8} + \dfrac{3x}{8} + C$

　　　 (ii) $\dfrac{\sin x \cos^4 x}{5} + \dfrac{4 \sin x \cos^2 x}{15} + \dfrac{8 \sin x}{15} + C$

習題 6-3 解答

1. $\sin x - \dfrac{\sin^3 x}{3} + C$ 2. $\dfrac{x}{2} - \dfrac{\sin 2x}{4} + C$ 3. $\dfrac{3x}{8} + \dfrac{\sin 2x}{4} + \dfrac{\sin 4x}{32} + C$

4. $\dfrac{2}{15} - \dfrac{1}{3\sqrt{2^3}} + \dfrac{1}{5\sqrt{2^5}}$ 5. $\dfrac{\sec^5 x}{5} - \dfrac{\sec^3 x}{3} + C$ 6. $\dfrac{2(\sec x)^{5/2}}{5} - 2\sqrt{\sec x} + C$

7. $-\dfrac{\csc^6 x}{6} + \dfrac{\csc^4 x}{4} + C$ 或 $-\dfrac{\cot^6 x}{6} - \dfrac{\cot^4 x}{4} + C$ 8. $-\cos(\ln x) + \dfrac{\cos^3(\ln x)}{3} + C$

9. $\dfrac{\sin 2x}{4} - \dfrac{\sin 8x}{16} + C$ 10. $\dfrac{\sin 8x}{16} + \dfrac{\sin 2x}{4} + C$

11. $\dfrac{\tan^5 x}{5} - \dfrac{\tan^3 x}{3} + \tan x - x + C$ 12. $-\dfrac{1}{2}[\csc x \cot x + \ln|\csc x + \cot x|] + C$

13. $\tan x + \sec x + C$ 14. $\sin x + \dfrac{4(\sin x)^{3/2}}{3} + \dfrac{\sin^2 x}{2} + C$

15. $2 \sin x - \ln|\sec x + \tan x| + C$ 16. $\tan x + \dfrac{\tan^3 x}{3} + C$

17. $\dfrac{5x}{16} - \dfrac{\sin 2x}{4} + \dfrac{3 \sin 4x}{64} + \dfrac{\sin^3 2x}{48} + C$ 18. $\dfrac{3x}{128} - \dfrac{\sin 4x}{128} + \dfrac{\sin 8x}{1024} + C$

19. $2\sqrt{\sin x} - \dfrac{2(\sin x)^{5/2}}{5} + C$ 20. $\dfrac{1}{2}[-\ln|\csc x + \cot x| + \ln|\sec x + \tan x|] + C$

習題 6-4 解答

1. $-3\ln\left|\dfrac{3}{x}+\dfrac{\sqrt{9-x^2}}{x}\right|+\sqrt{9-x^2}+C$ 2. $\dfrac{(1+x^2)^{3/2}}{3}+C$ 3. $\sqrt{x^2-1}+C$

4. $\dfrac{\sin^{-1}3x}{6}+\dfrac{x\sqrt{1-9x^2}}{2}+C$ 5. $x\sec^{-1}x-\ln\left|x+\sqrt{x^2-1}\right|+C$

6. $\dfrac{\pi}{4}$ 7. $\dfrac{81}{10}$ 8. $\dfrac{1}{2}\ln\left|\dfrac{2x}{5}+\dfrac{\sqrt{4x^2-25}}{5}\right|+C$

9. $\dfrac{-1}{4}\ln\left|\dfrac{\sqrt{25x^2+16}}{5x}+\dfrac{4}{5x}\right|+C$ 10. $\dfrac{1}{27}\left[\dfrac{3x}{\sqrt{4-9x^2}}-\sin^{-1}\left(\dfrac{3x}{2}\right)\right]+C$

11. $\dfrac{3\sin^{-1}(x-1)}{2}-2\sqrt{2x-x^2}-\dfrac{(x-1)\sqrt{2x-x^2}}{2}+C$ 12. 16π

習題 6-5 解答

1. $\dfrac{\ln|x-2|}{5}-\dfrac{\ln|x+3|}{5}+C$ 2. $-\ln|x|+\ln|x^2+2|+C$

3. $3\ln|x-1|+2\ln|x+3|+C$ 4. $-\ln|x|+\dfrac{\ln|x^2-1|}{2}+C$

5. $6\ln|x-1|+\dfrac{5}{x-1}+C$ 6. $\dfrac{x^2}{2}-4\ln(x^2+4)-\dfrac{8}{x^2+4}+C$

7. $6\ln|x|-\ln|x+1|-\dfrac{9}{x+1}+C$ 8. $-3\ln|x|+\dfrac{1}{x}+3\ln|x-1|+\dfrac{2}{x-1}-\dfrac{7}{2(x-1)^2}+C$

9. $-\dfrac{1}{(x^2+1)^2}+C$ 10. $\tan^{-1}x-\dfrac{1}{(x^2+1)^2}+C$

11. $\dfrac{x^2}{2}+\dfrac{\ln|x-3|}{7}-\dfrac{\ln|x+4|}{7}+C$ 12. $x^2-x+\ln|x-1|-3\ln|x+1|+C$

習題 6-6 解答

1. $2\sqrt[6]{x^3}+3\sqrt[6]{x^2}+6\sqrt[6]{x}+6\ln\left|\sqrt[6]{x}-1\right|+C$

2. $x+\dfrac{6\sqrt[6]{x^5}}{5}+\dfrac{3\sqrt[6]{x^4}}{2}+2\sqrt[6]{x^3}+3\sqrt[6]{x^2}+6\sqrt[6]{x}+6\ln\left|\sqrt[6]{x}-1\right|+C$

3. $x+3\sqrt[3]{x^2}+6\sqrt[3]{x}+6\ln\left|\sqrt[3]{x}-1\right|+C$ 4. $\dfrac{3\sqrt[3]{(x^2+1)^5}}{10}-\dfrac{3\sqrt[3]{(x^2+1)^2}}{4}+C$

5. $-\dfrac{1}{5(x-1)^5} - \dfrac{1}{6(x-1)^6} + C$

6. $\dfrac{2}{\sqrt{3}} \tan^{-1}\left(\dfrac{\sqrt{x-2}}{\sqrt{3}}\right) + C$

7. $\dfrac{2}{\sqrt{5}} \tan^{-1}\left(\dfrac{\tan\left(\dfrac{x}{2}\right)}{\sqrt{5}}\right) + C$

8. $-\dfrac{1}{5} \ln\left|\tan\left(\dfrac{x}{2}\right) - \dfrac{1}{2}\right| + \dfrac{1}{5} \ln\left|\tan\left(\dfrac{x}{2}\right) + 2\right| + C$

9. $\ln\left|\tan\left(\dfrac{x}{2}\right)\right| - \ln\left|1 + \tan\left(\dfrac{x}{2}\right)\right| + C$

10. $\dfrac{1}{2} \ln\left|\tan\left(\dfrac{x}{2}\right) + 1\right| - \dfrac{1}{2} \ln\left|\tan\left(\dfrac{x}{2}\right) - 1\right| + \dfrac{1}{\tan\left(\dfrac{x}{2}\right) + 1} - \dfrac{1}{\left[\tan\left(\dfrac{x}{2}\right) + 1\right]^2} + C$

11. $-\dfrac{1}{2} \ln\left|1 + \tan^2\left(\dfrac{x}{2}\right)\right| + \dfrac{1}{2} \ln\left|\dfrac{1}{5} + \tan^2\left(\dfrac{x}{2}\right)\right| + C$

12. $-\dfrac{1}{2} \ln\left|\tan\left(\dfrac{x}{2}\right) - 1\right| + \dfrac{1}{2} \ln\left|\tan\left(\dfrac{x}{2}\right) + 1\right| - \dfrac{1}{\tan\left(\dfrac{x}{2}\right) + 1} + \dfrac{1}{\left[\tan\left(\dfrac{x}{2}\right) + 1\right]^2} + C$

習題 7-1 解答

1. 1
2. $\dfrac{3}{4\sqrt[3]{5^2}}$
3. $\dfrac{1}{\ln 2}$
4. 0
5. $\dfrac{1}{6} \tan^{-1}\left(\dfrac{2}{3}\right) + \dfrac{\pi}{12}$
6. $\ln 2$

8. (a) $\dfrac{1}{s^2}$, $s > 0$ (b) $\dfrac{1}{s-1}$, $s > 1$ (c) $\dfrac{s}{1+s^2}$, $s > 0$

9. (a) $\Gamma(1) = 1$；$\Gamma(2) = 1$；$\Gamma(3) = 2$ (d) $\dfrac{1}{(1-\beta t)^\alpha}$, $t < \dfrac{1}{\beta}$

11. 2
12. $p > 1$

習題 7-2 解答

1. $2\sqrt{5}$
2. $-\dfrac{3\sqrt[3]{64}}{2} = -6$
3. $2(e-1)$
4. $24\dfrac{3}{10}$
5. 0
6. 2

8. $P < 1$
9. $P > -1$
10. π
11. $-\dfrac{1}{4}$
12. 此瑕積分發散

習題 7-3 解答

1. 收斂
2. 收斂
3. 發散
4. 收斂
5. 發散
6. 收斂
7. 收斂
8. 收斂

習題 7-4 解答

1. 收斂　　2. 發散　　3. 收斂　　4. 收斂　　5. 發散

習題 8-1 解答

1. 設 $a_n = \dfrac{2n}{n+1}$，則 $a_1 = \dfrac{2}{2}, a_2 = \dfrac{4}{3}, a_3 = \dfrac{6}{4}, a_4 = \dfrac{8}{5}, a_5 = \dfrac{10}{6}$。

2. 設 $a_n = \dfrac{\cos n}{n^2}$，則 $a_1 = \dfrac{\cos 1}{1}, a_2 = \dfrac{\cos 2}{2^2}, a_3 = \dfrac{\cos 3}{3^2}, a_4 = \dfrac{\cos 4}{4^2}, a_5 = \dfrac{\cos 5}{5^2}$。

3. 設 $a_n = (-1)^{n+1} \dfrac{\ln n}{n}$，則 $a_1 = 0, a_2 = -\dfrac{\ln 2}{2}, a_3 = \dfrac{\ln 3}{3}, a_4 = -\dfrac{\ln 4}{4}, a_5 = \dfrac{\ln 5}{5}$。

4. 設 $a_n = 2 + (0.1)^n$，
則 $a_1 = 2 + 0.1, a_2 = 2 + (0.1)^2, a_3 = 2 + (0.1)^3, a_4 = 2 + (0.1)^4, a_5 = 2 + (0.1)^5$。

5. $a_1 = 3, a_2 = \sqrt{3}, a_3 = \sqrt[4]{3}, a_4 = \sqrt[8]{3}, a_5 = \sqrt[16]{3}$。

6. $a_1 = 3, a_2 = 3^{1+\frac{1}{2}}, a_3 = 3^{1+\frac{1}{2}+\frac{1}{4}}, a_4 = 3^{1+\frac{1}{2}+\frac{1}{4}+\frac{1}{8}}, a_5 = 3^{1+\frac{1}{2}+\frac{1}{4}+\frac{1}{8}+\frac{1}{16}}$。

7. $a_n = \dfrac{1}{2^n}$　　8. $a_n = (-1)^n \dfrac{1}{2^n}$　　9. $a_n = \dfrac{n+3}{(n+1)^2}$　　10. $a_n = (-1)^{n+1} \dfrac{2n-1}{3n+4}$

11. 0　　12. 0　　13. 發散 $\left(\because \left|-\dfrac{3}{2}\right| = \dfrac{3}{2} > 1\right)$　　14. 0　　17. $|r| < 1$

19. $a_n = (-1)^n$

習題 8-2 解答

1. $\dfrac{3}{2}$　　2. $\dfrac{3}{4}$　　3. $\dfrac{1}{\sqrt{2}}$　　4. 0　　5. 0　　6. $\dfrac{\pi}{2}$　　7. ∞

8. 1　　9. 0　　10. 0　　11. 1　　12. 0　　13. 0　　14. $\sqrt{2}$

15. ∞　　16. $-\dfrac{1}{2}$　　17. 0　　18. 0　　19. e^{15}　　20. 0　　21. 0

習題 8-3 解答

1. 遞增　　2. 遞減　　3. 遞減　　4. 遞增　　5. 遞減
6. 遞增　　7. 非單調序列　　8. 遞減　　9. 遞減　　10. 遞減
11. 極限值為 2　　12. $\lim\limits_{n \to \infty} a_n = \ln 2$　　13. $\lim\limits_{n \to \infty} a_n = 1$　　14. $\lim\limits_{n \to \infty} a_n = 2$

習題 9-1 解答

1. $S = \dfrac{15}{4}$ 2. $S = \dfrac{6}{3-e}$ 3. $S = \dfrac{5}{2}$ 4. 發散 5. 發散

6. 發散 7. $S = \dfrac{3}{4}$ 8. 發散 9. 發散 10. 發散

11. $S = \dfrac{3}{2}$ 12. $S = \dfrac{8e-5}{e-1}$ 13. 發散 14. $S = \dfrac{1}{2}$ 15. $S = \dfrac{1}{4}$

16. $S = \dfrac{3}{4}$ 17. (a) $\dfrac{32}{90}$ (b) $\dfrac{25}{99}$ (c) $\dfrac{1223}{990}$ (d) $\dfrac{42531}{9999}$

18. (a) $\displaystyle\sum_{n=0}^{\infty} 2^n x^n = \dfrac{1}{1-2x}$, $|x| < \dfrac{1}{2}$ (b) $\displaystyle\sum_{n=0}^{\infty} \dfrac{(x-2)^n}{4^{n+1}} = \dfrac{1}{6-x}$, $|x-2| < 4$

19. (a) 非 (b) 非 (c) 非 (d) 是 (e) 非 (f) 是 (g) 是   20. $c = -\dfrac{3}{4}$

習題 9-2 解答

1. 收斂 2. 發散 3. 發散 4. 收斂 5. 發散
6. 收斂 7. 發散 8. 收斂 9. 收斂 10. 收斂

習題 9-3 解答

1. 收斂 2. 發散 3. 發散 4. 收斂 5. 收斂
6. 收斂 7. 收斂 8. 收斂 9. 收斂 10. 收斂
11. 收斂 12. 發散 13. 發散 14. 收斂 15. 發散
16. 收斂 17. 收斂 18. 收斂 19. 收斂 20. 收斂

習題 9-4 解答

1. 收斂 2. 收斂 3. 收斂 4. 發散 5. 發散
6. 收斂 7. 發散 8. 收斂 9. 收斂 10. 收斂

11. $\displaystyle\sum_{n=1}^{\infty} (-1)^{n-1} \dfrac{1}{\sqrt{n}} \approx \sum_{k=1}^{4\cdot 10^6} (-1)^{k-1} \dfrac{1}{\sqrt{k}}$ 且

$\left| \displaystyle\sum_{k=1}^{4\cdot 10^6} (-1)^{k-1} \dfrac{1}{\sqrt{k}} - \sum_{n=1}^{\infty} (-1)^{n-1} \dfrac{1}{\sqrt{n}} \right| \leq \dfrac{1}{\sqrt{4\cdot 10^6 + 1}} < 0.5 \cdot 10^{-3}$

12. $\sum_{n=1}^{\infty}(-1)^{n-1}\dfrac{1}{n^2} \approx \sum_{k=1}^{44}(-1)^{k-1}\dfrac{1}{k^2}$ 且

$\left|\sum_{k=1}^{44}(-1)^{k-1}\dfrac{1}{k^2} - \sum_{n=1}^{\infty}(-1)^{n-1}\dfrac{1}{n^2}\right| \leq \dfrac{1}{(45)^2} < 0.5 \cdot 10^{-3}$

13. $\sum_{n=1}^{\infty}(-1)^{n-1}\dfrac{1}{n2^n} \approx \sum_{k=1}^{7}(-1)^{k-1}\dfrac{1}{k2^k}$ 且

$\left|\sum_{k=1}^{7}(-1)^{k-1}\dfrac{1}{k2^k} - \sum_{n=1}^{\infty}(-1)^{n-1}\dfrac{1}{n2^n}\right| \leq \dfrac{1}{8\cdot 2^8} < 0.5 \cdot 10^{-3}$

14. $\sum_{n=1}^{\infty}(-1)^{n-1}\dfrac{1}{\sqrt{n}} \approx \sum_{k=1}^{4}(-1)^{k-1}\dfrac{1}{2^k k!}$ 且

$\left|\sum_{k=1}^{4}(-1)^{k-1}\dfrac{1}{2^k k!} - \sum_{n=1}^{\infty}(-1)^{n-1}\dfrac{1}{2^n n!}\right| \leq \dfrac{1}{2^5 5!} < 0.5 \cdot 10^{-3}$

16. (a) 不一定(取 $a_n = (-1)^n \dfrac{1}{\sqrt{n}}$ 且 $b_n = (-1)^n \dfrac{1}{\sqrt{n}}$)

(b) 不一定(取 $a_n = \dfrac{1}{n}$ 且 $b_n = \dfrac{1}{n}$)　　(c) 不一定(取 $a_n = (-1)^n \dfrac{1}{\sqrt{n}}$)

17. (a) 收斂　(b) 收斂

習題 9-5 解答

1. 條件收斂　　2. 條件收斂　　3. 條件收斂　　4. 絕對收斂　　5. 絕對收斂
6. 條件收斂　　7. 絕對收斂　　8. 絕對收斂　　9. 絕對收斂　　10. 條件收斂
11. 發散　　　 12. 收斂　　　 13. 收斂　　　 14. 收斂　　　 15. 絕對收斂
16. 條件收斂　 17. 條件收斂　 18. 絕對收斂

19. (a) 利用習題 9.3-23 題　(b) 取 $a_n = (-1)^n \dfrac{1}{\sqrt{n}}$　(c) 取 $a_n = \dfrac{1}{n}$

習題 9-6 解答

1. $R=1$；$I=[-1,1)$　　　　2. $R=1$；$I=[-1,1]$　　　　3. $R=\infty$；$I=\mathbb{R}$

4. $R=4$；$I=(-4,4)$　　　　5. $R=\dfrac{1}{2}$；$I=(0,1]$　　6. $R=1$；$I=[-3,-1]$

7. $R=10$；$I=(-7,13)$　　 8. $R=3$；$I=[-8,-2]$　　　9. $R=0$；$I=\{-3\}$

10. $R=\dfrac{4}{3}$；$I=\left(-\dfrac{16}{3},-\dfrac{8}{3}\right)$　　11. $R=e$；$I=(-e,e)$　　12. $R=\dfrac{4}{3}$；$I=\left(-\dfrac{4}{3},\dfrac{4}{3}\right)$

13. $R = 2$; $I = (-2, 2)$ 14. $R = \dfrac{3}{2}$; $I = \left(-\dfrac{3}{2}, \dfrac{3}{2}\right)$ 15. $R = \dfrac{1}{3}$; $I = \left(-\dfrac{5}{3}, -1\right)$

16. $R = \infty$; $I = \mathbb{R}$ 17. $R = \dfrac{1}{e}$; $I = \left(-\dfrac{1}{e}, \dfrac{1}{e}\right)$ 18. $\sqrt{R}$

習題 9-7 解答

1. $\dfrac{1}{1-2x} = \sum\limits_{n=0}^{\infty} 2^n x^n$, $|x| < \dfrac{1}{2}$ 2. $\dfrac{x}{1+x} = \sum\limits_{n=0}^{\infty} (-1)^n x^{n+1}$, $|x| < 1$

3. $\dfrac{x^2}{1-x^3} = \sum\limits_{n=0}^{\infty} x^{3n+2}$, $|x| < 1$ 4. $\dfrac{1}{2-5x} = \sum\limits_{n=0}^{\infty} \dfrac{5^n}{2^{n+1}} x^{n+2}$, $|x| < \dfrac{2}{5}$

5. $\dfrac{3}{4x+7} = \sum\limits_{n=0}^{\infty} \dfrac{(-1)^n \cdot 3 \cdot 4^n}{7^{n+1}} x^n$, $|x| < \dfrac{7}{4}$ 6. $\dfrac{x^5}{16+x^4} = \sum\limits_{n=0}^{\infty} \dfrac{(-1)^n}{2^{4n+4}} x^{4n+5}$, $|x| < 2$

7. $\dfrac{1}{3-x} = \sum\limits_{n=0}^{\infty} (x-2)^n$, $|x-2| < 1$ 8. $\dfrac{x}{3x+2} = \dfrac{1}{3} - \sum\limits_{n=0}^{\infty} \dfrac{(-1)^n 3^n}{12 \cdot 8^n} (x-2)^n$, $|x-2| < \dfrac{8}{3}$

9. $\dfrac{1}{1-2x} = \sum\limits_{n=0}^{\infty} \dfrac{(-1)^{n+1} 2^n}{3^{n+1}} (x-2)^n$, $|x-2| < \dfrac{3}{2}$

10. $\dfrac{(x-2)^2}{2-5x} = \sum\limits_{n=0}^{\infty} \dfrac{(-1)^{n+1} 5^n}{8^{n+1}} (x-2)^{n+2}$, $|x-2| < \dfrac{8}{5}$

11. $\dfrac{-1}{(1+x)^2} = \sum\limits_{n=1}^{\infty} (-1)^n n x^{n-1}$, $|x| < 1$ 12. $\dfrac{2}{(1+x)^3} = \sum\limits_{n=2}^{\infty} (-1)^n n(n-1) x^{n-2}$, $|x| < 1$

13. $\ln(1+2x) = \sum\limits_{n=0}^{\infty} \dfrac{(-1)^n 2^{n+1}}{n+1} x^{n+1}$, $|x| < \dfrac{1}{2}$

14. $\ln(5-2x) = \ln 5 + \sum\limits_{n=0}^{\infty} \dfrac{(-1) 2^{n+1}}{5^{n+1}(n+1)} x^{n+1}$, $|x| < \dfrac{5}{2}$

15. $\tan\left(\dfrac{x}{2}\right) = \sum\limits_{n=0}^{\infty} \dfrac{(-1)^n}{2^{2n+1}(2n+1)} x^{2n+1}$, $|x| < 2$

16. $\ln\left(\dfrac{1+2x}{1-3x}\right) = \sum\limits_{n=0}^{\infty} \left[\dfrac{(-1)^n 2^{n+1}}{n+1} + \dfrac{3^{n+1}}{n+1}\right] x^{n+1}$, $|x| < \dfrac{1}{3}$

17. (a) 2   (b) 6   18. $\dfrac{x}{(1-x)^2} + \dfrac{2x^2}{(1-x)^3}$ 19. $2e$ 20. $\dfrac{1-p}{p}$

習題 9-8 解答

1. $\sum_{n=0}^{\infty} 2^n x^n$, $x \in I = \left(-\dfrac{1}{2}, \dfrac{1}{2}\right)$

2. $\sum_{n=0}^{\infty} (-1)^n x^{2n+1}$, $x \in I = (-1,1)$

3. $\sum_{n=0}^{\infty} \dfrac{(-1)^n 3^{2n+1}}{2n+1} x^{2n+1}$, $x \in I = \left(-\dfrac{1}{3}, \dfrac{1}{3}\right)$

4. $\ln 2 + \sum_{n=0}^{\infty} \dfrac{-3^{n+1}}{(n+1)2^{n+1}} x^{n+1}$, $x \in I = \left[-\dfrac{2}{3}, \dfrac{2}{3}\right]$

5. $\sum_{n=0}^{\infty} \dfrac{x^{2n}}{(2n)!}$, $x \in I = \mathbb{R}$

6. $\sum_{n=0}^{\infty} \dfrac{2^n}{n!} x^n$, $x \in I = \mathbb{R}$

7. $\sum_{n=2}^{\infty} \dfrac{n(n-1)}{2} x^{n-1}$, $x \in I = (-1,1)$

8. $\sum_{n=0}^{\infty} \dfrac{(-1)^n 3^{2n+1}}{(2n+1)!} x^{2n+1}$, $x \in I = \mathbb{R}$

9. $\sum_{n=0}^{\infty} \dfrac{(-1)^n \frac{1}{2}}{(2n)!} \left(x+\dfrac{\pi}{3}\right)^{2n} + \sum_{n=0}^{\infty} \dfrac{(-1)^n \frac{\sqrt{3}}{2}}{(2n+1)!} \left(x+\dfrac{\pi}{3}\right)^{2n+1}$, $x \in I = \mathbb{R}$

10. $\sum_{n=0}^{\infty} \dfrac{(-1)^n}{2^{n+1}} (x-2)^n$, $x \in I = (0,4)$

11. $\ln 3 + \sum_{n=1}^{\infty} \dfrac{(-1)^{n-1}}{n 3^n} (x-3)^n$, $x \in I = (0,6]$

12. $\sqrt{5} + \dfrac{1}{2\sqrt{5}}(x-5) + \sum_{n=2}^{\infty} \dfrac{\frac{1}{2} \cdot \left(-\frac{1}{2}\right) \cdot \left(-\frac{3}{2}\right) \cdots \left(-\frac{2n-3}{2}\right) 5^{-\frac{2n-1}{2}}}{n!} (x-5)^n$, $x \in I = (0,10)$

13. $\sum_{n=0}^{\infty} \dfrac{e^{-2}}{n!} (x+2)^n$, $x \in I = \mathbb{R}$

14. $\sum_{n=0}^{\infty} \dfrac{5(\ln 5)^n}{n!} (x-1)^n$, $x \in I = \mathbb{R}$

17. $\dfrac{1}{2} + \sum_{n=0}^{\infty} (-1)^{n+1} \dfrac{2^{2n-1}}{(2n)!} x^{2n}$, $x \in I = \mathbb{R}$

18. $\sum_{n=0}^{\infty} (-1)^n \dfrac{1}{(2n+1)!} x^{4n+2}$, $x \in I = \mathbb{R}$

19. $\begin{cases} \sum_{n=1}^{\infty} \dfrac{(-1)^{n+1}}{(2n)!} x^{2n-2} & , x \neq 0 \\ \dfrac{1}{3} & , x = 0 \end{cases}$ $(I = \mathbb{R})$

20. $2 - \dfrac{2^{-2}}{3} x + \sum_{n=2}^{\infty} \dfrac{(-1)^n \frac{1}{3} \cdot \left(-\frac{2}{3}\right) \cdot \left(-\frac{5}{3}\right) \cdots \left(-\frac{3n-4}{3}\right) 2^{-(3n-1)}}{n!} x^n$, $x \in I = (-8,8)$

21. $P_6(x) = x - \dfrac{x^3}{3!} + \dfrac{x^5}{5!}$; $\sin 1° = \sin \dfrac{\pi}{180} \approx P_6\left(\dfrac{\pi}{180}\right) \approx 0.01745$

22. $P_3(x) = x - \dfrac{x^3}{3}$; $\tan^{-1}(0.1) \approx P_3(0.1) \approx 0.09967$

23. $P_4(x) = x - \dfrac{x^2}{2} + \dfrac{x^3}{3} - \dfrac{x^4}{4}$; $\ln(1.01) = \ln(1+0.01) \approx P_4(0.01) \approx 0.00995$

24. $P_3(x) = 1 + x + \dfrac{x^2}{2!} + \dfrac{x^3}{3!}$; $e^{-0.1} \approx P_3(-0.1) \approx 0.90483$

25. $P_3(x) = \dfrac{1}{2} + \dfrac{\sqrt{3}}{2}\left(x + \dfrac{\pi}{3}\right) - \dfrac{1/2}{2!}\left(x + \dfrac{\pi}{3}\right)^2 - \dfrac{\sqrt{3}/2}{3!}\left(x + \dfrac{\pi}{3}\right)^3$;

$\cos(-61°) = \cos\left(-\dfrac{61\pi}{180}\right) \approx P_3\left(-\dfrac{61\pi}{180}\right) \approx 0.48481$

26. $P_5(x) = -\left(x - \dfrac{\pi}{2}\right) + \dfrac{1}{3!}\left(x - \dfrac{\pi}{2}\right)^3 - \dfrac{1}{5!}\left(x - \dfrac{\pi}{2}\right)^5$;

$\cos(88°) = \cos\left(\dfrac{88\pi}{180}\right) \approx P_5\left(\dfrac{88\pi}{180}\right) \approx 0.03490$

27. $p_4(x) = e^3 + e^3(x-3) + \dfrac{e^3}{2!}(x-3)^2 + \dfrac{e^3}{3!}(x-3) + \dfrac{e^3}{4!}(x-3)^4$;

$e^{3.01} \approx P_4(3.01) \approx 20.28740$

28. $P_3(x) = 1 + 2\left(x - \dfrac{\pi}{4}\right) + \dfrac{4}{2!}\left(x - \dfrac{\pi}{4}\right)^2 + \dfrac{16}{3!}\left(x - \dfrac{\pi}{4}\right)^3$;

$\tan(46°) = \tan\left(\dfrac{46\pi}{180}\right) \approx P_3\left(\dfrac{46\pi}{180}\right) \approx 1.03553$

29.(a) $\dfrac{1}{6}$ (b) -1

習題 9-9 解答

1. $\dfrac{1}{\sqrt{2+x}} = \dfrac{1}{\sqrt{2}} + \dfrac{1}{2\sqrt{2}}\left(-\dfrac{1}{2}\right)x + \dfrac{\left(-\dfrac{1}{2}\right)\left(-\dfrac{1}{2}-1\right)}{2^2\sqrt{2}\,2!}x^2 + \dfrac{\left(-\dfrac{1}{2}\right)\left(-\dfrac{1}{2}-1\right)\left(-\dfrac{1}{2}-2\right)}{2^3\sqrt{2}\,3!}x^3 + \cdots$

$+ \dfrac{\left(-\dfrac{1}{2}\right)\left(-\dfrac{1}{2}-1\right)\cdots\left(-\dfrac{1}{2}-n+1\right)}{2^n\sqrt{2}\,n!}x^n + \cdots,\ |x| < 2$

2. $\sqrt[3]{1+x^4} = 1 + \dfrac{1}{3}x^4 + \dfrac{\left(\dfrac{1}{3}\right)\left(\dfrac{1}{3}-1\right)}{2!}x^8 + \dfrac{\left(\dfrac{1}{3}\right)\left(\dfrac{1}{3}-1\right)\left(\dfrac{1}{3}-2\right)}{3!}x^{12} + \cdots$

$$+\frac{\left(\frac{1}{3}\right)\left(\frac{1}{3}-1\right)\cdots\left(\frac{1}{3}-n+1\right)}{n!}x^{4n}+\cdots, \ |x|<1$$

3. $(1+x)^{-3}=1+(-3)x+\dfrac{(-3)(-3-1)}{2!}x^2+\dfrac{(-3)(-3-1)(-3-2)}{3!}x^3+\cdots$

$$+\frac{(-3)(-3-1)\cdots(-3-n+1)}{n!}x^n+\cdots \ , \ |x|<1$$

4. $(5+x)^{3/2}=5^{3/2}+\dfrac{5^{3/2}}{5}\left(\dfrac{3}{2}\right)x+\dfrac{5^{3/2}\left(\dfrac{3}{2}\right)\left(\dfrac{3}{2}-1\right)}{5^2 2!}x^2+\dfrac{5^{3/2}\left(\dfrac{3}{2}\right)\left(\dfrac{3}{2}-1\right)\left(\dfrac{3}{2}-2\right)}{5^3 3!}x^3+\cdots$

$$+\frac{5^{3/2}\left(\frac{3}{2}\right)\left(\frac{3}{2}-1\right)\cdots\left(\frac{3}{2}-n+1\right)}{5^n n!}x^n+\cdots, \ |x|<5$$

5. $\sqrt[3]{8+x}=8^{1/3}+\dfrac{8^{1/3}}{8}\left(\dfrac{1}{3}\right)x+\dfrac{8^{1/3}\left(\dfrac{1}{3}\right)\left(\dfrac{1}{3}-1\right)}{8^2 2!}x^2+\dfrac{8^{1/3}\left(\dfrac{1}{3}\right)\left(\dfrac{1}{3}-1\right)\left(\dfrac{1}{3}-2\right)}{8^3 3!}x^3+\cdots$

$$+\frac{8^{1/3}\left(\frac{1}{3}\right)\left(\frac{1}{3}-1\right)\cdots\left(\frac{1}{3}-n+1\right)}{8^n n!}x^n+\cdots, \ |x|<8$$

6. $\dfrac{x}{\sqrt{1-x}}=x-\left(-\dfrac{1}{2}\right)x^2+\dfrac{\left(-\dfrac{1}{2}\right)\left(-\dfrac{1}{2}-1\right)}{2!}x^3-\dfrac{\left(-\dfrac{1}{2}\right)\left(-\dfrac{1}{2}-1\right)\left(-\dfrac{1}{2}-2\right)}{3!}x^4+\cdots$

$$+\frac{(-1)^n\left(-\frac{1}{2}\right)\left(-\frac{1}{2}-1\right)\cdots\left(-\frac{1}{2}-n+1\right)}{n!}x^{n+1}+\cdots \ , \ |x|<1$$

7. (a) $\dfrac{1}{\sqrt{1-x^2}}=1-\left(-\dfrac{1}{2}\right)x^2+\dfrac{\left(-\dfrac{1}{2}\right)\left(-\dfrac{1}{2}-1\right)}{2!}x^4-\dfrac{\left(-\dfrac{1}{2}\right)\left(-\dfrac{1}{2}-1\right)\left(-\dfrac{1}{2}-2\right)}{3!}x^6+\cdots$

$$+\frac{(-1)^n\left(-\frac{1}{2}\right)\left(-\frac{1}{2}-1\right)\cdots\left(-\frac{1}{2}-n+1\right)}{n!}x^{2n}+\cdots \ , \ |x|<1$$

(b) $\sin^{-1}x=x-\left(-\dfrac{1}{2\cdot 3}\right)x^3+\dfrac{\left(-\dfrac{1}{2}\right)\left(-\dfrac{1}{2}-1\right)}{2!\cdot 5}x^5-\dfrac{\left(-\dfrac{1}{2}\right)\left(-\dfrac{1}{2}-1\right)\left(-\dfrac{1}{2}-2\right)}{3!\cdot 7}x^7+\cdots$

$$+\frac{(-1)^n\left(-\frac{1}{2}\right)\left(-\frac{1}{2}-1\right)\cdots\left(-\frac{1}{2}-n+1\right)}{n!(2n+1)}x^{2n+1}+\cdots, \ |x|<1$$

8. $\displaystyle\int_0^{1/3}\sqrt{1+x^2}\,dx\approx\dfrac{1}{3}+\dfrac{1}{2}\dfrac{\left(\dfrac{1}{3}\right)^3}{3}\approx 0.33951\ (\left|\dfrac{\dfrac{1}{2}\left(\dfrac{1}{2}-1\right)}{2!}\dfrac{\left(\dfrac{1}{3}\right)^5}{5}\right|<0.5\cdot(10)^{-3})$

習題 10-1 解答

1. $D_f = \mathbb{R}^2$

2. $D_f = \left\{(x,y) \in \mathbb{R}^2 \mid x \neq 0\right\}$

3. $D_f = \left\{(x,y) \in \mathbb{R}^2 \mid y^2 - 2x^2 - 4 \geq 0\right\}$

4. $D_f = \left\{(x,y) \in \mathbb{R}^2 \mid \left|\dfrac{1+y}{x}\right| \geq 1, x \neq 0\right\}$

5. $D_f = \left\{(x,y,z) \in \mathbb{R}^3 \mid 1 - x^2 - 2y^2 - 8z^2 > 0\right\}$

6. $D_f = \left\{(x,y,z) \in \mathbb{R}^3 \mid xz - 1 > 0, y \neq 0\right\}$

7. (i) 五個等高曲線方程式為
   $x + 2y = -2$、$x + 2y = -1$、$x + 2y = 0$、$x + 2y = 1$ 及 $x + 2y = 2$。

   (ii)

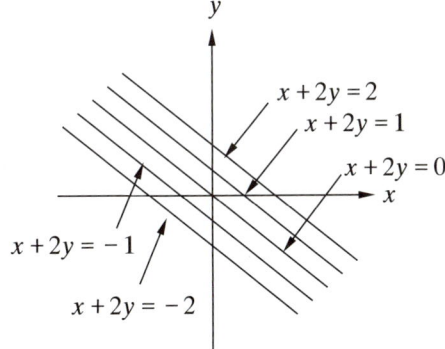

8. (i) 四個等高曲線方程式為 $xy = -2$、$xy = -1$、$xy = 1$ 及 $xy = 2$。

   (ii)

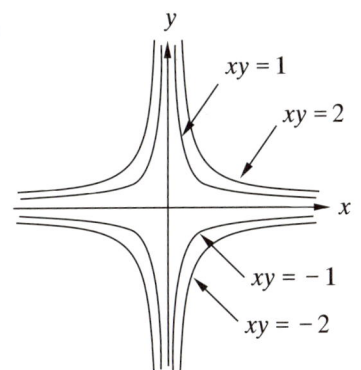

9. (i) 五個等高曲線方程式為
   $x^2 + 2y^2 = 0$、$x^2 + 2y^2 = 2$、$x^2 + 2y^2 = 4$、$x^2 + 2y^2 = 6$ 及 $x^2 + 2y^2 = 8$。

(ii)

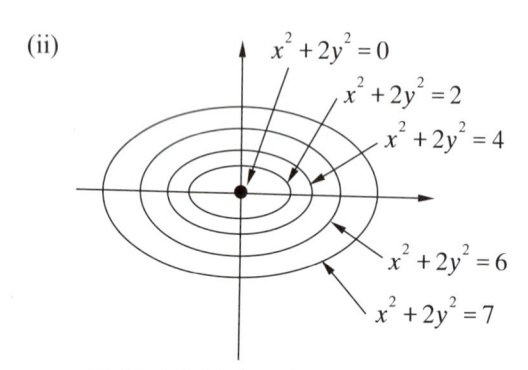

[图：五個橢圓等高線 $x^2+2y^2=0,2,4,6,7$]

10. (i) 五個等高曲線方程式為
    $y-x^2=0$、$y-x^2=1$、$y-x^2=3$、$y-x^2=5$ 及 $y-x^2=7$。
    (ii)

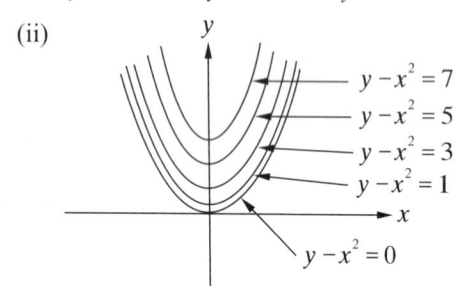

[圖：五條拋物線 $y-x^2=0,1,3,5,7$]

11. (i) 等高曲面方程式為 $x^2+y^2=4$。
    (ii)

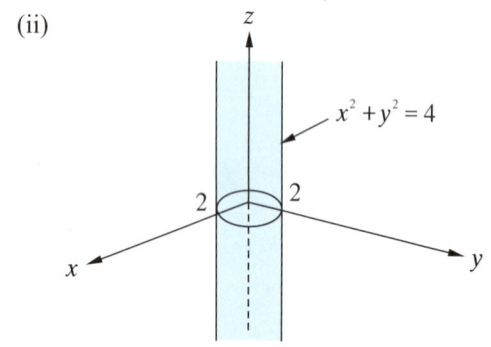

[圖：圓柱面 $x^2+y^2=4$]

12. (i) 三個等高曲面方程式為 $z=0$、$z=3$ 及 $z=5$。
    (ii)

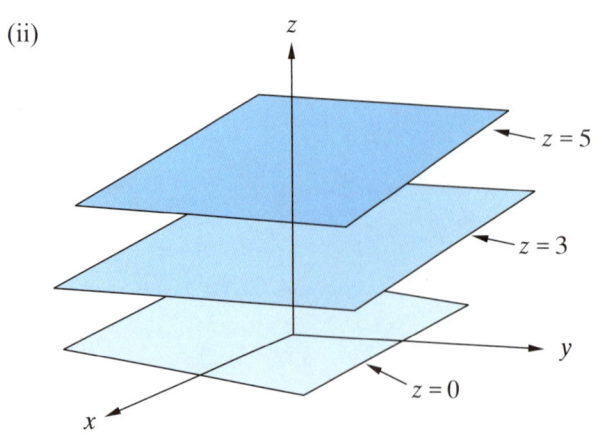

[圖：三個水平平面 $z=0$、$z=3$、$z=5$]

習題 10-2 解答

1. -18 2. $-\dfrac{9}{4}$ 3. $\dfrac{\pi}{2}\sin\left(\dfrac{\pi}{8}\right)$ 4. e^3 5. $\dfrac{22}{3}$ 6. $3-\ln 7$

7. 提示：考慮 x-軸與 y-軸。   8. 提示：考慮 x-軸與直線 $y=x$。

9. 提示：考慮 x-軸與拋物線 $y=x^2$。   10. 提示：考慮 x-軸與曲線 $x=y^3$。

11. 提示：考慮 x-軸與直線 $y=x$。   12. 提示：考慮 x-軸與曲線 $y=x^{1/3}$。

13. $D=\mathbb{R}^2$ 14. $D=\left\{(x,y)\in\mathbb{R}^2 \mid x\neq 3\right\}$ 15. $D=\left\{(x,y)\in\mathbb{R}^2 \mid 16-4y^2-2x^2\geq 0\right\}$

16. $D=\left\{(x,y)\in\mathbb{R}^2 \mid \left|\dfrac{1+y}{x}\right|\leq 1,\, x\neq 0\right\}$ 17. $D=\left\{(x,y)\in\mathbb{R}^2 \mid y^2-x>0\right\}$

18. $D=\left\{(x,y)\in\mathbb{R}^2 \mid y\neq 0\right\}$ 19. $D=\mathbb{R}^3$ 20. $D=\mathbb{R}^3$

22. (a) 0   (b) 0   (c) 0   (d) 2   (e) 不存在 (考慮 x-軸)

27. (a) 函數 f 在點 $(0,0)$ 連續   (b) 函數 f 在點 $(0,0)$ 不連續

習題 10-3 解答

1. $f_x(x,y)=4xy+3y^2$；$f_y(x,y)=2x^2+6xy$

2. $f_x(x,y)=8x^3y^2+6xy^3+5$；$f_y(x,y)=4x^4y+9x^2y^2+6$

3. $f_x(x,y)=\dfrac{3x^2}{\sqrt{2x^3+3y^2}}$；$f_y(x,y)=\dfrac{3y}{\sqrt{2x^3+3y^2}}$

4. $f_x(x,y)=\dfrac{(2x-3y)\cdot 2x-(x^2+y^3)\cdot 2}{(2x-3y)^2}$；$f_y(x,y)=\dfrac{(2x-3y)\cdot 3y^2-(x^2+y^3)\cdot(-3)}{(2x-3y)^2}$

5. $f_x(x,y)=e^y+ye^x$；$f_y(x,y)=xe^y+e^x$

6. $f_x(x,y)=\sin 2y-3y\sin 3x$；$f_y(x,y)=2x\cos 2y+\cos 3x$

7. $f_x(x,y)=\dfrac{1}{x-y}-\dfrac{1}{x+y}$；$f_y(x,y)=-\dfrac{1}{x-y}-\dfrac{1}{x+y}$

8. $f_x(x,y)=\dfrac{x}{1+\left(\dfrac{x}{y}\right)^2}\cdot\dfrac{1}{y}+\tan^{-1}\left(\dfrac{x}{y}\right)$；$f_y(x,y)=\dfrac{x}{1+\left(\dfrac{x}{y}\right)^2}\cdot\dfrac{-x}{y^2}$

9. $f_x(x,y,z)=yz[xyz\cos(xyz)+\sin(xyz)]$；$f_y(x,y,z)=xz[xyz\cos(xyz)+\sin(xyz)]$；

$f_z(x,y,z) = xy[xyz\cos(xyz) + \sin(xyz)]$

10. $f_x(x,y,z) = e^{-yz} - yze^{-xz} - yze^{-xy}$; $f_y(x,y,z) = -xze^{-yz} + e^{-xz} - xze^{-xy}$;

$f_z(x,y,z) = -xye^{-yz} - xye^{-xz} + e^{-xy}$

11. $f_{xx}(x,y) = 4y$; $f_{xy}(x,y) = 4x+6y$; $f_{yy}(x,y) = 6x$; $f_{yx}(x,y) = 4x+6y$

12. $f_{xx}(x,y) = ye^x$; $f_{xy}(x,y) = e^y + e^x$; $f_{yy}(x,y) = xe^y$; $f_{yx}(x,y) = e^y + e^x$

13. $f_{xx}(x,y) = -9y\cos 3x$; $f_{xy}(x,y) = 2\cos 2y - 3\sin 3x$;

$f_{yy}(x,y) = -4x\sin 2y$; $f_{yx}(x,y) = 2\cos 2y - 3\sin 3x$

14. $f_{xx}(x,y) = -\dfrac{2y^2}{(x+y)^3}$; $f_{xy}(x,y) = \dfrac{2xy}{(x+y)^3}$;

$f_{yy}(x,y) = -\dfrac{2x^2}{(x+y)^3}$; $f_{yx}(x,y) = \dfrac{2xy}{(x+y)^3}$

15. $f_{xx}(x,y) = -\dfrac{y(1-2x)}{4(x-x^2)^{3/2}}$; $f_{xy}(x,y) = \dfrac{1}{2\sqrt{x-x^2}}$; $f_{yy}(x,y) = 0$; $f_{yx}(x,y) = \dfrac{1}{2\sqrt{x-x^2}}$

16. $f_{xx}(x,y) = 0$; $f_{xy}(x,y) = \dfrac{1}{y}$; $f_{yy}(x,y) = -\dfrac{x}{y^2}$; $f_{yx}(x,y) = \dfrac{1}{y}$

17. $f_x(x,y) = \sqrt{y}\, x^{\sqrt{y}-1}$; $f_y(x,y) = \dfrac{x^{\sqrt{y}}\ln x}{2\sqrt{y}}$

18. $f_x(x,y) = -\dfrac{1}{\sqrt{1+x^2}}$; $f_y(x,y) = \dfrac{1}{\sqrt{1+y^2}}$ 19. $f_x(x,y) = \dfrac{x}{e^x}$; $f_y(x,y) = -\dfrac{y}{e^y}$

20. $f_x(x,y,z) = yzx^{yz-1} + zy^{xz}\ln y + yz^{xy}\ln z$; $f_y(x,y,z) = zx^{yz}\ln x + xzy^{xz-1} + xz^{xy}\ln z$

$f_z(x,y,z) = yx^{yz}\ln x + xy^{xz}\ln y + xyz^{xy-1}$

21. $f_x(x,y,z) = y^z x^{y^z-1}$; $f_y(x,y,z) = zx^{y^z} y^{z-1}\ln x$; $f_z(x,y,z) = x^{y^z} y^z \ln x \ln y$

26. $f_x(0,0) = 1$ 27.(a) $f_x(0,0) = 0$; $f_y(0,0) = 0$ (b) $f_{xy}(0,0) = -1$; $f_{yx}(0,0) = 1$

習題 10-4 解答

1. $\varepsilon_1(\Delta x, \Delta y) = 8\Delta y - 6\Delta x + 2\Delta x \Delta y$; $\varepsilon_2(\Delta x, \Delta y) = 6\Delta y - 18\Delta x + 3\Delta x \Delta y$

2. $\varepsilon_1(\Delta x, \Delta y) = -12\Delta x + 2(\Delta x)^2$; $\varepsilon_2(\Delta x, \Delta y) = 3\Delta y$

3. $dz = (3x^2 y + 4y^2)dx + (x^3 + 8xy)dy$ 4. $dz = -2\sin(2x-3y)dx + 3\sin(2x-3y)dy$

5. $dz = [\dfrac{e^x}{x+y} + e^x \ln(x+y)]dx + \dfrac{e^x}{x+y}dy$ 6. $dz = (e^y + ye^x)dx + (xe^y + e^x)dy$

7. $dw = (3x^2yz^2 + 4y^2z^5)dx + (x^3z^2 + 8xyz^5)dy + (2x^3yz + 20xy^2z^4)dz$

8. $dw = -\dfrac{y+z}{(x+y)^2}dx + \dfrac{x-z}{(x+y)^2}dy + \dfrac{1}{x+y}dz$

9. 23.7   10. –0.19   11. 11.84   12. 0.03

13. $L(x,y) = 23 + 0 \cdot (x-2) + 14(y-3) = 23 + 14(y-3)$ ； $f(2.02, 3.05) \approx 23.7$

14. $L(x,y) = 0 + 2 \cdot (x-2) + (-3)(y-1) = 2 \cdot (x-2) + (-3)(y-1)$ ；
    $f(1.95, 1.03) \approx -0.19$

15. $L(x,y,z) = 12 + 4(x-3) + 12(y-2) + 36(z-1)$ ； $f(3.05, 2.03, 0.98) \approx 11.84$

16. $L(x,y,z) = 0 + 0 \cdot (x-3) + 3(y-0) + 3(z-0) = 3y + 3z$ ；
    $f(3.05, 0.03, -0.02) \approx 0.03$

17. (a) 14.9887   (b) 1.9990   (c) 0.6169

習題 10-5 解答

1. (i) $\dfrac{dz}{dt} = (6x^2y - 3y^2) \cdot 2t + (2x^3 - 6xy) \cdot 2$ (ii) $\dfrac{dz}{dt}\bigg|_{t=1} = -20$

2. (i) $\dfrac{dz}{dt} = (xy\cos xy + \sin xy) \cdot 6t + x^2 \cos xy \cdot (\dfrac{-1}{t^2})$ (ii) $\dfrac{dz}{dt}\bigg|_{t=\frac{\pi}{3}} = -\pi^2$

3. (i) $\dfrac{dz}{dt} = ye^{xy} \cdot (-2) + xe^{xy} \cdot 2$ (ii) $\dfrac{dz}{dt}\bigg|_{t=0} = 4e^{-1}$

4. (i) $\dfrac{dz}{dt} = \dfrac{2}{2x+y^2} \cdot \dfrac{1}{2\sqrt{5+t}} + \dfrac{2y}{2x+y^2} \cdot \dfrac{1}{2\sqrt{t}}$ (ii) $\dfrac{dz}{dt}\bigg|_{t=4} = \dfrac{11}{90}$

5. (i) $\dfrac{\partial z}{\partial s} = (6x^2y - 3y^2)t^2 + (2x^3 - 6xy)2st$ ； $\dfrac{\partial z}{\partial t} = (6x^2y - 3y^2)2st + (2x^3 - 6xy)s^2$

   (ii) $\dfrac{\partial z}{\partial s}\bigg|_{\substack{s=1 \\ t=2}} = 1040$ ； $\dfrac{\partial z}{\partial t}\bigg|_{\substack{s=1 \\ t=2}} = 800$

6. (i) $\dfrac{\partial z}{\partial s} = (xy\cos xy + \sin xy)t^2 + (x^2\cos xy)\dfrac{1}{t}$ ；

   $\dfrac{\partial z}{\partial t} = (xy\cos xy + \sin xy)2st + (x^2\cos xy)\dfrac{-s}{t^2}$

   (ii) $\dfrac{\partial z}{\partial s}\bigg|_{\substack{s=1 \\ t=\frac{\pi}{3}}} = \dfrac{\pi^3}{27} + \dfrac{\sqrt{3}}{18}\pi^2$ ； $\dfrac{\partial z}{\partial t}\bigg|_{\substack{s=1 \\ t=\frac{\pi}{3}}} = \dfrac{\pi^2}{18} + \dfrac{\sqrt{3}}{3}\pi$

7. (i) $\dfrac{\partial z}{\partial s} = (ye^{xy})2s + (xe^{xy})(-2s)$ ； $\dfrac{\partial z}{\partial t} = (ye^{xy})(-2t) + (xe^{xy})2t$

(ii) $\dfrac{\partial z}{\partial s}\bigg|_{\substack{s=\frac{1}{2}\\t=-1}} = \dfrac{3e^{\frac{9}{16}}}{2}$; $\dfrac{\partial z}{\partial t}\bigg|_{\substack{s=\frac{1}{2}\\t=-1}} = 3e^{\frac{9}{16}}$

8. (i) $\dfrac{\partial z}{\partial s} = \dfrac{2}{2x+y^2} \cdot \dfrac{1}{2\sqrt{s+3t}} + \dfrac{2y}{2x+y^2} \cdot \dfrac{1}{2\sqrt{s}}$;

$\dfrac{\partial z}{\partial t} = \dfrac{2}{2x+y^2} \cdot \dfrac{3}{2\sqrt{s+3t}} + \dfrac{2y}{2x+y^2} \cdot \dfrac{1}{2\sqrt{t}}$

(ii) $\dfrac{\partial z}{\partial s}\bigg|_{\substack{s=4\\t=4}} = \dfrac{9}{96}$; $\dfrac{\partial z}{\partial t}\bigg|_{\substack{s=4\\t=4}} = \dfrac{11}{96}$

9. (i) $\dfrac{\partial w}{\partial t} = (y+z)uv^2 + 2(x+z)tuv + (x+y)u^2v$;

$\dfrac{\partial w}{\partial u} = (y+z)tv^2 + (x+z)t^2v + 2(x+y)tuv$;

$\dfrac{\partial w}{\partial v} = 2(y+z)tuv + (x+z)t^2u + (x+y)tu^2$

(ii) $\dfrac{\partial w}{\partial t}\bigg|_{\substack{t=1\\u=2\\v=0}} = -28$; $\dfrac{\partial w}{\partial u}\bigg|_{\substack{t=1\\u=2\\v=0}} = 20$; $\dfrac{\partial w}{\partial v}\bigg|_{\substack{t=1\\u=2\\v=0}} = -28$

10. (i) $\dfrac{\partial w}{\partial t} = \dfrac{1}{y} \cdot e^{uv} + \dfrac{-x}{y^2} \cdot uve^{tv}$; $\dfrac{\partial w}{\partial u} = \dfrac{1}{y} \cdot tve^{uv} + \dfrac{-x}{y^2} \cdot e^{tv}$; $\dfrac{\partial w}{\partial v} = \dfrac{1}{y} \cdot tue^{uv} + \dfrac{-x}{y^2} \cdot tue^{tv}$

(ii) $\dfrac{\partial w}{\partial t}\bigg|_{\substack{t=1\\u=-2\\v=1}} = \dfrac{1}{2}$; $\dfrac{\partial w}{\partial u}\bigg|_{\substack{t=1\\u=-2\\v=1}} = -\dfrac{1}{4}$; $\dfrac{\partial w}{\partial v}\bigg|_{\substack{t=1\\u=-2\\v=1}} = \dfrac{1}{2}$

11. $\dfrac{dy}{dx} = -\dfrac{2x-y}{-x+3y^2}$ 　　　　12. $\dfrac{dy}{dx} = -\dfrac{6 + \dfrac{y}{2\sqrt{xy}}}{\dfrac{x}{2\sqrt{xy}} - 3}$

13. $\dfrac{\partial z}{\partial x} = -\dfrac{2xyz}{x^2y - 9z^2}$; $\dfrac{\partial z}{\partial y} = -\dfrac{x^2z - 4y}{x^2y - 9z^2}$

14. $\dfrac{\partial z}{\partial x} = -\dfrac{y^2+z^2}{x^2+y^2}$; $\dfrac{\partial z}{\partial y} = -\dfrac{\dfrac{-x}{x^2+y^2} - \dfrac{z}{z^2+y^2}}{\dfrac{y}{y^2+z^2}}$

16. $\dfrac{\partial^2 z}{\partial r^2} = 4r^2 \dfrac{\partial^2 z}{\partial x^2} + 4s^2 \dfrac{\partial^2 z}{\partial y^2} + 8rs \dfrac{\partial^2 z}{\partial y \partial x} + 2\dfrac{\partial z}{\partial x}$ ；

$\dfrac{\partial^2 z}{\partial s^2} = 4s^2 \dfrac{\partial^2 z}{\partial x^2} + 4r^2 \dfrac{\partial^2 z}{\partial y^2} + 8rs \dfrac{\partial^2 z}{\partial y \partial x} + 2\dfrac{\partial z}{\partial x}$

習題 10-6 解答

1. $\vec{\nabla} f(x, y) = \langle 6x^2 y - 3y^2, 2x^3 - 6xy \rangle$

2. $\vec{\nabla} f(x, y) = \langle y \cos xy, x \cos xy \rangle$

3. $\vec{\nabla} f(x, y) = \langle e^y + ye^x, xe^y + e^x \rangle$

4. $\vec{\nabla} f(x, y) = \left\langle 3x^2 \ln y, \dfrac{x^3}{y} \right\rangle$

5. $-\dfrac{151}{\sqrt{2}}$

6. $\dfrac{\sqrt{3}(8-\pi)}{20}$

7. $\dfrac{\sqrt{3}(e^3 + 3e^{-1})}{2} + \dfrac{-e^3 + e^{-1}}{2}$

8. $-4\sqrt{2}$

9. $\dfrac{1}{\sqrt{10}}$

10. $\dfrac{(3\sqrt{3}-1)e^{-1}}{2\sqrt{10}}$

11. $\dfrac{-13}{5\sqrt{34}}$

12. $-\dfrac{307}{\sqrt{3}}$

13. $-\dfrac{9e^2}{\sqrt{6}}$

14. $\dfrac{63}{5\sqrt{14}} + \dfrac{6\tan^{-1}(-2)}{\sqrt{14}}$

15. $\vec{u} = \left\langle \dfrac{-99}{\sqrt{12505}}, \dfrac{52}{\sqrt{12505}} \right\rangle$；極大值為 $\sqrt{12505}$

16. $\vec{u} = \left\langle \dfrac{\sqrt{3}\pi}{\sqrt{108+3\pi^2}}, \dfrac{6\sqrt{3}}{\sqrt{108+3\pi^2}} \right\rangle$；極大值為 $\dfrac{\sqrt{108+3\pi^2}}{12}$

17. $\vec{u} = \left\langle \dfrac{e^4+3}{\sqrt{(e^4+3)^2+(1-e^4)^2}}, \dfrac{1-e^4}{\sqrt{(e^4+3)^2+(1-e^4)^2}} \right\rangle$；極大值為 $\dfrac{\sqrt{(e^4+3)^2+(1-e^4)^2}}{e}$

18. $\vec{u} = \langle 0, 1 \rangle$；極大值為 8

19. $\vec{u} = \left\langle \dfrac{-99}{\sqrt{36841}}, \dfrac{52}{\sqrt{36841}}, \dfrac{-156}{\sqrt{36841}} \right\rangle$；極大值為 $\sqrt{36841}$

20. $\vec{u} = \left\langle \dfrac{2}{\sqrt{17}}, \dfrac{-2}{\sqrt{17}}, \dfrac{-3}{\sqrt{17}} \right\rangle$；極大值為 $\sqrt{17}\, e^2$

21. $\vec{u} = \left\langle \dfrac{99}{\sqrt{12505}}, \dfrac{-52}{\sqrt{12505}} \right\rangle$；極小值為 $-\sqrt{12505}$

22. $\vec{u} = \left\langle \dfrac{-\sqrt{3}\pi}{\sqrt{108+3\pi^2}}, \dfrac{-6\sqrt{3}}{\sqrt{108+3\pi^2}} \right\rangle$；極小值為 $-\dfrac{\sqrt{108+3\pi^2}}{12}$

23. $\vec{u} = \left\langle -\dfrac{e^4+3}{\sqrt{(e^4+3)^2+(1-e^4)^2}}, -\dfrac{1-e^4}{\sqrt{(e^4+3)^2+(1-e^4)^2}} \right\rangle$；

    極小值為 $-\dfrac{\sqrt{(e^4+3)^2+(1-e^4)^2}}{e}$

24. $\vec{u} = \langle 0, -1 \rangle$；極小值為 -8

25. $\vec{u} = \left\langle \dfrac{99}{\sqrt{36841}}, \dfrac{-52}{\sqrt{36841}}, \dfrac{156}{\sqrt{36841}} \right\rangle$；極小值為 $-\sqrt{36841}$

26. $\vec{u} = \left\langle \dfrac{-2}{\sqrt{17}}, \dfrac{2}{\sqrt{17}}, \dfrac{3}{\sqrt{17}} \right\rangle$；極小值為 $-\sqrt{17}\, e^2$

習題 10-7 解答

1. 切線方程式為 $-6(x+1)+4\left(y-\dfrac{1}{2}\right)-(z-4)=0$；

   法線方程式為 $\dfrac{x+1}{-6} = \dfrac{y-\dfrac{1}{2}}{4} = \dfrac{z-4}{-1}$

2. 切線方程式為 $-3(x-2)+12\left(y+\dfrac{1}{2}\right)-(z+4)=0$；

   法線方程式為 $\dfrac{x-2}{-3} = \dfrac{y+\dfrac{1}{2}}{12} = \dfrac{z+4}{-1}$

3. 切線方程式為 $(x+1)+2(y-1)-(z-0)=0$；

   法線方程式為 $\dfrac{x+1}{1} = \dfrac{y-1}{2} = \dfrac{z-0}{-1}$

4. 切線方程式為 $-2\sqrt{3}\left(x-\dfrac{\pi}{3}\right)-2(y-0)-(z-2)=0$；

   法線方程式為 $\dfrac{x-\dfrac{\pi}{3}}{-2\sqrt{3}} = \dfrac{y-0}{-2} = \dfrac{z-2}{-1}$

5. 切線方程式為 $-\left(x+\dfrac{\pi}{6}\right)-\dfrac{3}{2}\left(y-\dfrac{\pi}{6}\right)-\left(z-\dfrac{\sqrt{3}}{2}\right)=0$；

   法線方程式為 $\dfrac{x+\dfrac{\pi}{6}}{-1} = \dfrac{y-\dfrac{\pi}{6}}{-\dfrac{3}{2}} = \dfrac{z-\dfrac{\sqrt{3}}{2}}{-1}$

6. 切線方程式為 $8(x-2)-6(y+1)-6(z-3)=0$；

   法線方程式為 $\dfrac{x-2}{8}=\dfrac{y+1}{-6}=\dfrac{z-3}{-6}$

7. 切線方程式為 $-11(x-3)-15(y+2)-3(z+7)=0$；

   法線方程式為 $\dfrac{x-3}{-11}=\dfrac{y+2}{-15}=\dfrac{z+7}{-3}$

8. 切線方程式為 $(x-1)+2(y-2)-(z-4)=0$；

   法線方程式為 $\dfrac{x-1}{1}=\dfrac{y-2}{2}=\dfrac{z-4}{-1}$

9. 切線方程式為 $-(x-0)+\dfrac{1}{3}(y-3)-\dfrac{1}{2}(z-2)=0$；

   法線方程式為 $\dfrac{x-0}{-1}=\dfrac{y-3}{\frac{1}{3}}=\dfrac{z-2}{-\frac{1}{2}}$

10. 切線方程式為 $5(x-2)-10(y+1)-2(z+5)=0$；

    法線方程式為 $\dfrac{x-2}{5}=\dfrac{y+1}{-10}=\dfrac{z+5}{-2}$

習題 10-8 解答

1. 臨界點為 $(3,-2)$；$f(3,-2)=-12$ 為局部極小值
2. 臨界點為 $(1,0)$；$f(1,0)=-1$ 為局部極小值
3. 臨界點為 $(0,0)$ 及 $(1,1)$；$(0,0,0)$ 為鞍點、$f(1,1)=-1$ 為局部極小值
4. 臨界點為 $(-1,-1)$、$(0,0)$ 及 $(1,1)$；$f(-1,-1)=2$ 為局部極大值、$(0,0,0)$ 為鞍點、$f(1,1)=2$ 為局部極大值
5. 臨界點為 $(0,0)$；$f(0,0)=0$ 為局部極小值
6. 臨界點為 $\left(\dfrac{\pi}{2},\dfrac{\pi}{2}\right)$、$\left(\dfrac{\pi}{2},\dfrac{3\pi}{2}\right)$、$\left(\dfrac{3\pi}{2},\dfrac{\pi}{2}\right)$ 及 $\left(\dfrac{3\pi}{2},\dfrac{3\pi}{2}\right)$；$f\left(\dfrac{\pi}{2},\dfrac{\pi}{2}\right)=2$ 為局部極大值、$\left(\dfrac{\pi}{2},\dfrac{3\pi}{2},0\right)$ 為鞍點、$\left(\dfrac{3\pi}{2},\dfrac{\pi}{2},0\right)$ 為鞍點、$f\left(\dfrac{3\pi}{2},\dfrac{3\pi}{2}\right)=-2$ 為局部極小值
7. 沒有臨界點
8. 臨界點為 $(0,0)$；$(0,0,0)$ 為鞍點
9. 臨界點為 $(0,0)$；$f(0,0)=0$ 為局部極小值

10. 臨界點為 $(2,-4)$；$\left(2,-4,\dfrac{1}{2}\right)$ 為鞍點

11. $f(0,0)=0$ 為極小值；$f(0,2)=16$ 為極大值

12. $f(1,2)=-4$ 為極小值；$f\left(2,\dfrac{3}{4}\right)=\dfrac{9}{8}$ 為極大值

13. $f(-3,9)=-189$ 為極小值；$f(0,9)=81$ 為極大值

14. $f\left(-\dfrac{1}{4},0\right)=-\dfrac{17}{8}$ 為極小值；$f(2,0)=8$ 為極大值

15. $f\left(-\dfrac{1}{\sqrt{3}},\sqrt{\dfrac{2}{3}}\right)=-\dfrac{\sqrt{2}}{3\sqrt{3}}$ 為極小值；$f\left(\dfrac{1}{\sqrt{3}},\sqrt{\dfrac{2}{3}}\right)=\dfrac{\sqrt{2}}{3\sqrt{3}}$ 為極大值

16. $\left(\dfrac{4}{7},\dfrac{6}{7},\dfrac{2}{7}\right)$

17. 最大值為 $\left(\dfrac{50}{3}\right)^3$

習題 10-9 解答

1. $f(0,\pm 1)=-3$ 為極小值；$f(\pm 1,0)=-1$ 為極大值

2. $f\left(-\sqrt{2},\sqrt{\dfrac{2}{3}}\right)=f\left(\sqrt{2},-\sqrt{\dfrac{2}{3}}\right)=-\dfrac{2}{\sqrt{3}}$ 為極小值；

   $f\left(-\sqrt{2},-\sqrt{\dfrac{2}{3}}\right)=f\left(\sqrt{2},\sqrt{\dfrac{2}{3}}\right)=\dfrac{2}{\sqrt{3}}$ 為極大值

3. $f(\pm\sqrt{3},0)=3$ 為極小值；$f(0,\pm 3)=27$ 為極大值

4. $f\left(\pm\dfrac{1}{\sqrt{2}},\dfrac{1}{2}\right)=-\dfrac{7}{4}$ 為極大值

5. $f(-1,1,1)=f(1,-1,1)=f(1,1,-1)=1$ 為極小值；$f(3,3,3)=9$ 為極大值

6. $f\left(-\dfrac{1}{\sqrt{35}},-\dfrac{3}{\sqrt{35}},-\dfrac{5}{\sqrt{35}}\right)=-\sqrt{35}$ 為極小值；$f\left(\dfrac{1}{\sqrt{35}},\dfrac{3}{\sqrt{35}},\dfrac{5}{\sqrt{35}}\right)=\sqrt{35}$ 為極大值

7. $-\dfrac{2}{\sqrt{3}}$ 為極小值；$\dfrac{2}{\sqrt{3}}$ 為極大值

8. $f\left(\dfrac{1}{3},-\dfrac{1}{3},\dfrac{1}{3}\right)=\dfrac{1}{3}$ 為極小值

9. $f(-1,1,1)=3$ 為極小值；$f(2,-2,-2)=12$ 為極大值

10. $f\left(-\dfrac{\sqrt{8}}{3},\dfrac{\sqrt{8}}{4},-\dfrac{\sqrt{8}}{12}\right)=-3\sqrt{2}$ 為極小值；$f\left(\dfrac{\sqrt{8}}{3},-\dfrac{\sqrt{8}}{4},\dfrac{\sqrt{8}}{12}\right)=3\sqrt{2}$ 為極大值

習題 10-10 解答

1. $y=0.4x+7.3$

2. $y=\dfrac{1}{17}x+\dfrac{937}{102}$

3. $y=\dfrac{353}{372}x+\dfrac{6051}{124}$

4. $y=0.5x-3$

5. $y=\dfrac{12}{23}x+\dfrac{25}{69}$

6. (a) $y=13.4x-10.2$ (b) 70.2

7. (a) $y=1.5x-2972.5$ (b) 36500 萬元

習題 11-1 解答

1. $9e$ 2. 4   3. 12π 4. 3

習題 11-2 解答

1. 16   2. 16   3. 1   4. 1   5. 66   6. 66   7. 16

8. 1   9. 66   10. $\dfrac{4(5^{5/2}-3^{5/2}-2^{5/2})}{15}$ 11. $\ln\dfrac{5^5 2^2}{3^3 4^4}$ 12. $\dfrac{13}{4}$

13. $\dfrac{28-2\cdot 5^{3/2}}{3}$ 14. e^2-3 15. $4\tan^{-1}2$ 16. $\dfrac{(\sqrt{3}-4)\pi^2}{144}$

17. $4\ln 3$ 18. $\dfrac{e-2}{2}$ 19. $\dfrac{40}{3}$

習題 11-3 解答

1. $\dfrac{243}{20}$ 2. $\dfrac{243}{20}$ 3. $11\sin 1+7\cos 1-13$

4. $11\sin 1+7\cos 1-13$ 5. $\dfrac{1}{8}$ 6. $\dfrac{1}{8}$ 7. $\dfrac{243}{20}$

8. $11\sin 1+7\cos 1-13$ 9. $\dfrac{1}{8}$ 10. 2   11. $\dfrac{3}{22}$

12. $-\dfrac{45}{4}$ 13. $\dfrac{2(\ln 3-\ln 2)}{3}$ 14. $\dfrac{49}{3}$ 15. $\dfrac{e^4-4e}{2}$

16. $e^{\sqrt{2}/2}-\sqrt{e}-\dfrac{\sqrt{2}}{2}+\dfrac{1}{2}$ 17. $\dfrac{\sin 8}{3}$ 18. $\dfrac{1-\cos 81}{4}$ 19. $\dfrac{2}{9}(3^{3/2}-2^{3/2})$

20. $\dfrac{\sin 1}{12}$
21. $\dfrac{1-\cos 4}{4}$
22. $\dfrac{2\ln 5}{3}$
23. $\dfrac{20}{3}$

24. $\dfrac{128}{9}$
25. $\dfrac{64}{3}$
26. $\dfrac{9\sin^{-1}\frac{2}{3}}{2}+\sqrt{5}+\dfrac{5^{3/2}-27}{6}$

27. $\dfrac{1}{6}$
28. 18

習題 11-4 解答

1. $\dfrac{\pi}{4}(1-\cos 4)$
2. $\dfrac{3\pi 2^{10/3}}{20}$
3. $\pi(e-1)$
4. $\dfrac{3^5}{5}$

5. 0
6. $\dfrac{\pi}{2}$
7. $\dfrac{32\sqrt{2}-64}{3}$
8. $\dfrac{1}{6}$

9. $\ln(\sqrt{2}+1)$
10. $\dfrac{\pi}{9}-\dfrac{\sqrt{3}}{24}-\dfrac{\ln(2+\sqrt{3})}{48}$
11. $\dfrac{2\pi}{3}$

12. $\dfrac{26}{3}$
13. $(1-e^{-4})\pi$
14. $\dfrac{2\pi(8^{3/2}-6^{3/2})}{3}$
15. π

習題 11-5 解答

1. $\dfrac{1}{2}$
2. $-\dfrac{1}{2}$
3. 6
4. $\dfrac{4}{\sqrt{3}}$

5. -1
6. -2
7. $\dfrac{e-e^{-1}}{2}$
8. 6

9. $\dfrac{27\pi}{2}$
10. $\dfrac{4\pi}{\sqrt{3}}$
11. $\dfrac{3}{2}$
12. $1-\dfrac{\sin 2}{2}$